1887

ENCYCLOPÉDIE DES TRAVAUX PUBLICS

STABILITÉ DES CONSTRUCTIONS

RÉSISTANCE DES MATÉRIAUX

Tous les exemplaires de cet ouvrage : *STABILITÉ DES CONSTRUC-TIONS, RÉSISTANCE DES MATÉRIAUX* devront être revêtus de la signature de l'Auteur.

ENCYCLOPÉDIE DES TRAVAUX PUBLICS

FONDÉE PAR M.-C. LECHALAS, INSPECTEUR GÉNÉRAL DES PONTS ET CHAUSSÉES

Médaille d'or à l'Exposition Universelle de 1889

STABILITÉ DES CONSTRUCTIONS

RÉSISTANCE DES MATÉRIAUX

·PAR

A. FLAMANT

INSPECTEUR GÉNÉRAL DES PONTS ET CHAUSSÉES

TROISIÈME ÉDITION

Revue et corrigée

PARIS

LIBRAIRIE POLYTECHNIQUE CH. BÉRANGER, ÉDITEUR

SUCCESSEUR DE BAUDRY ET Cie

15, RUE DES SAINTS-PÈRES, 15

MÊME MAISON À LIÈGE, 21, RUE DE LA RÉGENCE

1909

TABLE DES CHAPITRES

DEUXIÈME PARTIE

RÉSISTANCE DES MATÉRIAUX

PRÉFACE

Le titre de ce volume en indique le but et les divisions principales. Il a pour objet de donner les principes au moyen desquels le constructeur pourra déterminer les dimensions d'un ouvrage, de manière à lui assurer toutes les garanties de durée.

Deux conditions sont à remplir pour cela : la stabilité de l'ouvrage, sa résistance. Elles répondent à deux ordres d'idées distincts et peuvent être satisfaites indépendamment l'une de l'autre. Un mur vertical, à section rectangulaire, n'ayant à supporter aucun effort extérieur, sera stable, et il conservera une égale stabilité, quelle que soit sa hauteur, si son épaisseur y reste proportionnelle. Il sera résistant si la pression par unité de surface, sur chacune de ses assises, ne dépasse pas la limite que peuvent supporter les matériaux dont il est formé, et cette condition impose à sa hauteur une limite qu'il est impossible de dépasser sans voir l'assise inférieure s'écraser sous le poids de celles qui la surmontent.

Au contraire, si ce mur est soumis à une pression latérale, comme celle de l'eau ou du vent, il devra, pour être stable, avoir une épaisseur telle que la résultante de cette pression et de son poids passe dans l'intérieur de sa base, sans quoi il sera infailliblement renversé, quelle que soit la résistance des matériaux qui le composent.

1

Les dimensions d'un ouvrage doivent donc satisfaire,
à la fois, aux deux conditions de stabilité et de résistance
et s'il est possible, en théorie, de les considérer isolément,
on ne peut plus le faire dans la pratique. Les calculs qui
précèdent l'établissement d'une construction doivent,
pour être complets, tenir compte de l'une et de l'autre.

Toutefois, pour certaines constructions, celles en maçonnerie, par exemple, c'est la condition de stabilité qu'il
importe de considérer d'abord; celle qui est relative à la
résistance se trouve généralement satisfaite lorsque la
première l'est elle-même, ou du moins il suffit ordinairement, pour y satisfaire, d'accroître un peu la stabilité
du massif. L'étude de ces constructions se trouve ainsi
placée dans la première partie, consacrée à la Stabilité,
quoique cette classification ne veuille pas dire que l'on
y ait fait abstraction de la résistance des matériaux.
Dans la même partie sont étudiés les systèmes articulés,
dans lesquels la question de stabilité a une importance
prépondérante. Toutes ces constructions présentent
alors ce caractère commun, qu'on les considère comme
étant de forme invariable, puisque les conditions de
leur stabilité et de leur résistance se déterminent sans
tenir compte des déformations qu'elles subissent.

Dans la seconde partie, consacrée plus spécialement à
la Résistance des matériaux, au contraire, les dimensions
des différents éléments des constructions sont déterminées
en considérant les changements de forme, toujours supposés très petits, qu'ils éprouvent sous l'action des forces
extérieures. C'est alors la condition relative à la résistance
qui a le plus d'importance, et elle ne peut être satisfaite
que si la première l'est elle-même.

La théorie de la résistance des matériaux se rattache
donc intimement à celle de l'élasticité des corps solides,
et un traité de résistance devrait avoir pour base une

théorie de l'élasticité. Ce n'est pas ainsi cependant que l'on procède généralement, et cette anomalie est la conséquence de l'historique de ces deux sciences. La théorie de la résistance des matériaux a devancé, sur beaucoup de points, celle de l'élasticité; et, pouvant se contenter d'une moins grande exactitude, elle a cherché, pour chaque problème, une solution spéciale, en admettant des hypothèses particulières, suffisamment approximatives pour le but qu'elle poursuit et indépendantes des principes déduits de la théorie de l'élasticité.

Cette dernière théorie est restée, jusqu'à présent, dans le domaine de la science pure, quoique des travaux récents l'aient rendue abordable aux ingénieurs.

Il n'est plus permis, aujourd'hui, après les exposés si lucides et si élémentaires qui en ont été présentés par les savants, et en particulier par M. Sarrau, dans les *Nouvelles Annales de Mathématiques* (novembre et décembre 1888), d'en ignorer les éléments. J'ai donc cru nécessaire de donner, d'une façon très sommaire, les notions les plus élémentaires de cette science et la démonstration des équations générales de l'équilibre élastique. Si ces équations ne sont pas, dans la plupart des cas, d'une utilité immédiate, elles pourront fournir à l'ingénieur, pour l'étude de nouveaux problèmes, une base solide sur laquelle il pourra appuyer ses recherches.

La partie de cet ouvrage consacrée à la résistance des matériaux se subdivise en trois sections d'importance très inégale : l'extension et la compression simples, le glissement et la flexion. Cette dernière étude comprend à elle seule plus des trois quarts de l'ensemble. Appliquée aux travaux de l'ingénieur, la théorie de la résistance des matériaux n'est guère qu'une théorie de la flexion des poutres droites, des arcs, des poutres composées et des surfaces.

L'ouvrage se termine par une étude sur les effets des chocs et des charges roulantes.

Pour quelques-unes des questions, la solution est simplement indiquée, sans développements, afin de ne pas faire double emploi avec les études qui font partie des autres volumes de l'*Encyclopédie*, principalement de ceux qui sont consacrés aux ponts métalliques et aux ponts en maçonnerie.

Tous les problèmes traités dans cet ouvrage l'ont déjà été un grand nombre de fois dans des ouvrages analogues et je me suis abstenu d'innover sans nécessité. Je me suis borné à rassembler les solutions, à les exposer dans un ordre méthodique et de la manière qui m'a paru la plus claire. J'ai d'ailleurs cherché bien moins à réunir toutes les formules qui peuvent être employées dans les applications qu'à indiquer l'esprit de la méthode qui sert à les établir, afin de permettre à l'ingénieur de les modifier suivant les circonstances et d'en trouver de nouvelles.

L'ingénieur, véritablement digne de ce nom, ne doit pas en effet se contenter, comme le praticien, d'appliquer des formules toutes faites déduites d'hypothèses plus ou moins différentes de la réalité, ou des circonstances particulières dans lesquelles il se trouve. Il doit pénétrer plus avant dans l'étude de la nature des opérations qu'il exécute, et chercher à se rendre compte de la manière dont se comportent, dans les constructions, les matériaux qu'il y met en œuvre. J'espère que le présent ouvrage pourra lui servir de guide dans ces recherches souvent fort difficiles.

Cette troisième édition n'est guère, à part quelques corrections de fautes ou d'erreurs qui s'étaient glissées dans les précédentes, qu'une réimpression de la seconde, sans modifications importantes.

L'étude de la stabilité des constructions, qui forme la première partie, est précédée de trois chapitres contenant des notions élémentaires générales, sur la recherche des centres de gravité et des moments d'inertie des aires planes, sur les principes de la théorie de l'élasticité, et sur le problème de la répartition des efforts sur une surface plane.

J'ai cherché autant que possible à citer les sources originales où j'ai puisé la solution des divers problèmes particuliers que j'ai traités. Pour ce qui est des principes généraux, de la manière dont ils sont exposés, j'ai eu recours à des ouvrages analogues déjà publiés sur le même sujet; ceux que j'ai surtout consultés sont les suivants:

Cours (lithographié) de résistance des matériaux, par Bélanger;

Cours de Mécanique appliquée, par M. Bresse;

Cours de Mécanique appliquée, par M. Collignon;

Cours de résistance appliquée, par M. Contamin;

Cours (lithographié) de Construction, par M. le commandant Petit, professeur à l'École d'application de Fontainebleau;

Traité de Mécanique générale, par M. Résal;

Traité de mécanique appliquée de Navier, annoté par M. de Saint-Venant;

Théorie de l'Élasticité des corps solides de Clebsch, avec les notes de M. de Saint-Venant;

Applied Mechanics, par Rankine;

Civil Engineering, par le même.

NOTIONS PRÉLIMINAIRES

CHAPITRE PREMIER

DÉTERMINATION DES CENTRES DE GRAVITÉ ET DES MOMENTS D'INERTIE DES AIRES PLANES

§ 1er

CENTRES DE GRAVITÉ

1. Définition et formules générales. — Si, dans le plan d'une surface plane quelconque, nous prenons arbitrairement deux axes rectangulaires, et si nous supposons la surface divisée en éléments rectangulaires infiniment petits $dxdy$, le centre de gravité est le point dont les coordonnées x_0, y_0 ont pour expressions :

$$x_0 = \frac{\iint x\,dx\,dy}{\iint dx\,dy}, \quad y_0 = \frac{\iint y\,dx\,dy}{\iint dx\,dy}.$$

Le dénominateur $\iint dx\,dy$ n'est autre chose que l'étendue de la surface plane.

Lorsque celle-ci a un centre de figure, ce point est en même temps son centre de gravité; lorsqu'elle a un axe de symétrie, son centre de gravité se trouve sur cet axe, et, lorsqu'elle en a deux, il se trouve à leur point d'intersection.

Quand la surface donnée peut être divisée en plusieurs autres de dimensions finies dont on connaît les centres de gravité, on obtient immédiatement le centre de gravité de la surface totale au moyen de formules analogues à celles qui précèdent. Si Ω_1, Ω_2,... Ω_n sont les étendues des surfaces partielles dont la somme forme la surface Ω, et si x_1, y_1; x_2, y_2 ;... x_n, y_n sont les coordonnées de leurs centres de gravité respectifs, on aura

$$x_0 = \frac{\Omega_1 x_1 + \Omega_2 x_2 + ... + \Omega_n x_n}{\Omega_1 + \Omega_2 + ... + \Omega_n} = \frac{\Sigma \Omega_m x_m}{\Omega}$$

$$y_0 = \frac{\Omega_1 y_1 + \Omega_2 y_2 + ... + \Omega_n y_n}{\Omega_1 + \Omega_2 + ... + \Omega_n} = \frac{\Sigma \Omega_n y_m}{\Omega}.$$

Quelques-unes des surfaces de division peuvent être négatives, la surface Ω dont on cherche le centre de gravité étant alors une différence de surfaces dont les centres de gravité sont connus. Les mêmes formules s'appliquent en ayant soin d'attribuer le signe — aux surfaces à retrancher, aussi bien au numérateur qu'au dénominateur.

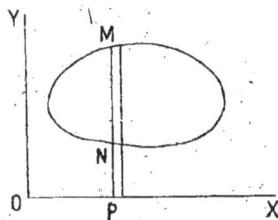

FIG. 1.

Au lieu de diviser la surface en éléments infiniment petits dans les deux sens, on peut simplement la diviser en bandes infiniment étroites de largeur dx. Si y_1, y_2 sont les ordonnées MP, NP (fig. 1) des deux points M, N du contour ayant la même abscisse OP$=x$, la surface d'une de ces bandes sera $(y_1 - y_2)\, dx$, son centre de gravité aura pour abscisse x, et pour ordonnée $\dfrac{y_1 + y_2}{2}$.

En appliquant les formules générales, nous aurons alors

$$x_0 = \frac{\int x\,(y_1 - y_2)\, dx}{\int (y_1 - y_2)\, dx}; \qquad y_0 = \frac{\int (y_1^2 - y_2^2)\, dx}{2\int (y_1 - y_2)\, dx}.$$

Cette dernière valeur de y_0 peut s'écrire plus simplement

$$y_0 = \frac{\int y^2 dx}{2\int y dx} = \frac{\int y^2 dx}{2\Omega},$$

en spécifiant que l'intégrale $\int y^2 dx$ doit être effectuée tout le long du périmètre de la surface, en parcourant ce contour dans un sens déterminé et en attribuant à dx le signe $+$ ou le signe $-$ suivant que, dans ce parcours, les abscisses x des points vont en augmentant ou en diminuant.

Enfin, si l'on a rapporté la surface à des coordonnées polaires r et θ, les coordonnées x_0 et y_0 du centre de gravité, par rapport à des axes rectangulaires menés par le pôle, l'axe des x coïncidant avec la ligne à partir de laquelle se comptent les angles θ, seront

$$x_0 = \frac{\iint r^2 \cos\theta \, d\theta dr}{\iint r \, d\theta dr}, \qquad y_0 = \frac{\iint r^2 \sin\theta \, d\theta dr}{\iint r \, d\theta dr}.$$

2. Cas particuliers. — La détermination des centres de gravité peut, dans certains cas, se simplifier par l'application des propriétés projectives des figures. Si la surface dont on cherche le centre de gravité peut être regardée comme la projection d'une autre surface dont on connaît le centre de gravité, la projection de ce point sera celui que l'on cherche. Soit, par exemple, à trouver le centre de gravité d'un secteur elliptique AOB (*fig.* 2), compris entre un arc d'ellipse AB et deux rayons vecteurs OA, OB. Ce secteur est la pro-

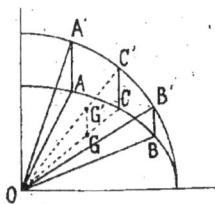

Fig. 2.

jection d'un secteur circulaire A'OB' faisant partie du cercle décrit sur le grand axe de l'ellipse comme diamètre et dont les extrémités A', B' sont déterminées par les parallèles AA', BB' au petit axe. Le centre de gravité de ce secteur circulaire se trouve sur le rayon OC', bissecteur de l'angle A'OB', à une distance OG′, facile à calculer et dont la valeur, si 2α désigne l'angle A′OB′ et r le rayon OA′, est égale à

$$\frac{2}{3}\, r\, \frac{\sin\alpha}{\alpha}.$$

Ce point G′ étant ainsi déterminé, il suffira de le projeter en G sur la ligne OC, projection de OC′, pour avoir, au point G, le centre de gravité du secteur elliptique.

Enfin, la surface dont on cherche le centre de gravité peut quelquefois être ramenée à une autre, dont le centre de gravité est connu, par le déplacement d'une de ses parties. On obtient alors le centre de gravité par la règle suivante. Soit par exemple une surface ABCD (*fig.* 3) dont on connaît le centre de gravité, G. Supposons que l'on ait transporté, en AEF, une partie BKH de cette surface et que l'on cherche le centre de gravité de la surface AEFHKCD. Si g et g_1 sont les positions du centre de gravité de la surface qui a été déplacée, avant et après son déplacement, et si ω est l'étendue de cette surface, celle de la surface totale ABCD = AEFHKCD étant représentée par Ω, il est facile de reconnaître, en prenant les moments des diverses parties par rapport à un axe perpendiculaire à gg_1, que le centre de gravité G_1 de la surface nouvelle sera sur une parallèle à gg_1, menée par le centre de gravité G de la surface primitive et à une distance

$$GG_1 = gg_1\,\frac{\omega}{\Omega}.$$

Après ces principes généraux, nous allons rappeler quelques exemples de détermination de centres de gravité de surfaces planes.

3. Exemples. — I. *Triangle.* — Le centre de gravité est au point de concours des trois médianes, soit au tiers de la longueur de chacune d'elles à partir de la base.

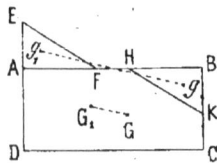

Fig. 3.

II. *Polygone quelconque.* — On trouvera son centre de gravité en le décomposant en triangles, et en opérant sur tous ces triangles comme il est dit au n° 1 (page 8).

III. *Trapèze (fig. 4).* — Si B et b sont les longueurs des deux bases parallèles, $B > b$, le centre de gravité se trouve sur la ligne EF qui joint leurs milieux; sa distance EG à la plus grande de ces bases est

$$EG = EF . \frac{B + 2b}{3(B + b)}.$$

Ou bien, sa distance au point H, milieu de la ligne EF, du côté de la plus grande base est

$$GH = \frac{EF}{2} . \frac{1}{3} . \frac{B - b}{B + b} = \frac{FH}{3} . \frac{B - b}{B + b}.$$

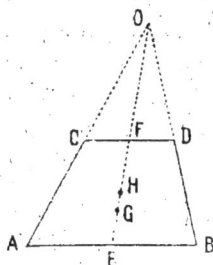

Fig. 4.

Si les côtés latéraux du trapèze sont prolongés jusqu'à leur intersection en O, on a

$$GH = \frac{\overline{FH^2}}{3 . OH}.$$

IV. *Secteur circulaire* AOB *(fig. 5).* — Le centre de gravité se trouve sur le rayon OC bissecteur de l'angle AOB et la distance OG au centre O du cercle, si r est le rayon du cercle OA et si 2α est l'angle AOB, de sorte que AOC = COB $= \alpha$, est exprimée par

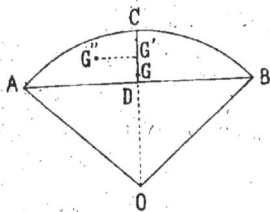

Fig. 5.

$$OG = \frac{2r \sin \alpha}{3\alpha}.$$

V. *Segment de cercle* ACB. — Le centre de gravité G' est encore sur le rayon bissecteur OC et sa distance au centre O est exprimée par

$$OG' = \frac{4r \sin^3 \alpha}{3(2\alpha - \sin 2\alpha)}.$$

S'il s'agit du demi-segment ACD, le centre de gravité G''

se projette sur le rayon extrême CD au point G' défini ci-dessus, et sa distance G″G' à sa projection a pour valeur

$$G''G' = 2r . \frac{2 - 3 \cos \alpha + \cos^3 \alpha}{3 (2\alpha - \sin 2\alpha)}.$$

VI. *Segment parabolique* ACD (*fig.* 6). — Le centre de gravité G se trouve sur le diamètre CD de la parabole qui divise en deux parties égales les cordes parallèles à AB et à une dis-

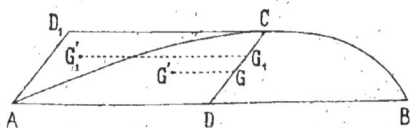

Fig. 6.

tance du point C, sommet de ce diamètre, égale aux trois cinquièmes de sa longueur

$$CG = \frac{3}{5} CD.$$

Pour le demi-segment ACD, le centre de gravité G' se trouve sur une parallèle à AB menée par le point G et à une distance

$$GG' = \frac{3}{8} AD.$$

S'il s'agit du segment extérieur ACD₁, son centre de gravité G'₁ se trouve sur une parallèle G'₁G₁ à CD, distante de cette ligne de la moitié de la distance de la ligne GG', soit

$$CG_1 = \frac{3}{10} CD$$

et à une distance du point G₁ égale au double de GG', soit

$$G_1 G'_1 = \frac{3}{4} AD.$$

VII. *Aire comprise entre un arc de la sinusoïde* $y = \sin x$ *et l'axe des x.* — Les coordonnées sont, pour l'arc limité à l'origine et à l'abscisse π,

$$x_0 = \frac{\pi}{2}, \quad y_0 = \frac{\pi}{8}.$$

VIII. *Aire comprise entre la droite* $y = mx$ *et la parabole* $y^2 = 2px$. — Les coordonnées sont

$$x_0 = \frac{4p}{5m}, \qquad y_0 = \frac{p}{m}.$$

IX. *Double* T *non symétrique* (*fig. 7*). — Soit h_0 la hauteur de l'âme entre les deux semelles, h_1 la hauteur de la semelle supérieure, h_2 celle de la semelle inférieure et h la hauteur totale : $h = h_0 + h_1 + h_2$. De même, soient Ω_0, Ω_1, Ω_2 les surfaces des rectangles partiels, et $\Omega = \Omega_0 + \Omega_1 + \Omega_2$ la surface totale. La distance y du centre de gravité à la base ou à la surface extérieure de la plus grande semelle sera

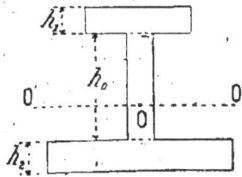

FIG. 7.

$$y = \frac{h}{2} - \frac{(h_0 + h_1)\,\Omega_2 - (h_0 + h_2)\,\Omega_1 - (h_2 - h_1)\,\Omega_0}{2\Omega}.$$

Si h_1 et h_2 sont assez petits par rapport à h pour qu'on puisse les négliger, et si l'on pose, pour abréger,

$$h' = h_0 + \frac{h_1 + h_2}{2},$$

on a

$$y = \frac{h'}{2} \cdot \frac{\Omega_0 + 2\Omega_1}{\Omega}.$$

Enfin, si Ω_0 est négligeable, il reste simplement

$$y = h'\,\frac{\Omega_1}{\Omega}.$$

X. T *simple* (*fig. 8*). — Soient encore h_0, h_1 les hauteurs des deux rectangles, Ω_0, Ω_1 leurs surfaces, $h = h_0 + h_1$, $h' = h_0 + \frac{h_1}{2}$, $\Omega = \Omega_0 + \Omega_1$, la distance y du centre de gravité à l'extrémité A du rectangle vertical est

$$y = \frac{h}{2} + \frac{h_0 \Omega_1 - h_1 \Omega_0}{2\Omega};$$

et si h' est petit par rapport à h_0

$$y = \frac{h'}{2}\left(1 + \frac{\Omega_1}{\Omega}\right).$$

Ces formules s'appliquent à une surface en forme d'U symétrique (*fig.* 9), à la condition de désigner par Ω_0 la somme des surfaces des deux rectangles verticaux.

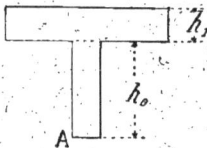

Nous nous bornerons à ces exemples. La recherche du centre de gravité est, en résumé, celle du point d'application de la résultante d'un certain nombre de forces parallèles, et elle peut se faire par tous les

FIG. 8.

FIG. 9.

procédés de composition des forces, y compris ceux de la statique graphique qui sont exposés dans des traités spéciaux faisant partie de l'*Encyclopédie*.

§ 2

MOMENTS D'INERTIE

4. Définition et formules générales. — Le moment d'inertie d'une surface autour d'un axe quelconque est la somme des produits de chacun de ses éléments par le carré de la distance de cet élément à l'axe considéré. Si dx, dy est un élément rectangulaire quelconque, y sa distance à un

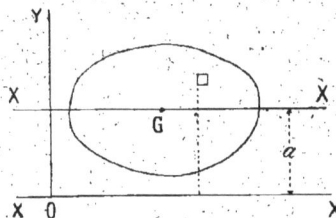

FIG. 10.

axe OX (*fig.* 10), le moment d'inertie de la surface par rapport à cet axe est

$$I = \iint y^2\, dx\, dy.$$

Nous désignerons le moment d'inertie par la lettre I affectée d'un indice marquant la direction de l'axe par rapport auquel il est pris.

On appelle rayon de giration une longueur égale à la racine carrée du quotient du moment d'inertie par la superficie Ω de la surface considérée. On a ainsi, en désignant par ρ le rayon de giration,

$$\rho = \sqrt{\frac{I}{\Omega}}, \qquad \text{d'où :} \qquad I = \Omega\rho^2.$$

Nous affecterons la lettre ρ des mêmes indices que les moments d'inertie correspondants.

Le moment d'inertie d'une surface par rapport à un axe quelconque XX est égal au moment d'inertie de cette surface par rapport à l'axe X'X' parallèle au premier, et mené par son centre de gravité, augmenté du produit de l'étendue de la surface par le carré de la distance a de ces deux axes. En effet, le moment d'inertie autour de l'axe X'X' passant par le centre de gravité étant $\iint y'^2 dx dy$, et la distance y étant, pour un élément quelconque, égale à $y' + a$, on aura

$$y^2 = y'^2 + 2ay' + a^2,$$

ou bien

$$\iint y^2 dx dy = \iint y'^2 dx dy + 2a \iint y' dx dy + a^2 \iint dx dy\,;$$

l'intégrale $\iint y' dx dy$ est nulle, puisque l'axe X'X' passe par le centre de gravité, et l'intégrale $\iint dx dy$ n'est autre chose que l'aire Ω de la surface. Alors, si nous désignons par I_0 le moment d'inertie $\iint y'^2 dx dy$ autour de l'axe X'X' passant par le centre de gravité, nous aurons

$$I = I_0 + \Omega a^2.$$

Cela donne, entre les rayons de giration, la relation simple

$$\rho^2 = \rho_0^2 + a^2.$$

Nous pourrons donc nous borner à chercher les moments

d'inertie autour des axes passant par le centre de gravité des surfaces.

5. Moments d'inertie principaux. — Cherchons

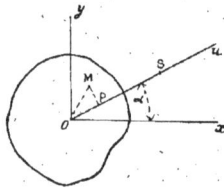

Fig. 11.

comment varie le moment d'inertie lorsque l'on fait varier, autour du centre de gravité, la direction de l'axe par rapport auquel on prend ce moment. Pour cela, rapportons la surface à deux axes rectangulaires d'abord quelconques Ox, Oy (fig. 11), menés par ce centre de gravité O et désignons par I_x, I_y, J les intégrales suivantes prises pour toute l'étendue de la surface et supposées calculées

$$I_x = \iint y^2 dx dy, \qquad I_y = \iint x^2 dx dy, \qquad J = \iint xy dx dy.$$

Cherchons le moment d'inertie de la surface par rapport à un axe quelconque Ou faisant, avec l'axe des x, un angle donné α. Ce moment sera, par définition,

$$I_u = \iint \overline{MP}^2 . dx dy.$$

Or,

$$\overline{MP}^2 = \overline{OM}^2 - \overline{OP}^2 = (x^2 + y^2) - (x \cos \alpha + y \sin \alpha)^2$$
$$= x^2 \sin^2 \alpha + y^2 \cos^2 \alpha - 2xy \sin \alpha \cos \alpha.$$

Par suite, le moment d'inertie cherché sera

$$(1) \qquad I_u = I_x \cos^2 \alpha + I_y \sin^2 \alpha - 2J \sin \alpha \cos \alpha.$$

Pour nous rendre compte de la façon dont varie cette quantité avec l'angle α, portons, sur la direction Ou, une longueur $OS = \dfrac{k}{\sqrt{I_u}}$, en posant $k^2 = \dfrac{I_x I_y}{\Omega}$. Alors, en appelant X, Y les coordonnées du point S, $\cos \alpha = \dfrac{X}{OS} = \dfrac{X\sqrt{I_u}}{k}$, $\sin \alpha = \dfrac{Y}{OS} = \dfrac{Y\sqrt{I_u}}{k}$ et, en substituant dans l'équation précédente, elle devient

$$h^2 = I_x X^2 + I_y Y^2 - 2JXY.$$

C'est l'équation du lieu des points S. Elle représente une conique rapportée à son centre, et c'est une ellipse puisque le rayon vecteur OS ne peut devenir infini.

6. Ellipse centrale d'inertie. — La direction des axes de cette ellipse est donnée par l'équation

$$\tan^2 \theta + \frac{I_y - I_x}{J} \tan \theta - 1 = 0,$$

en désignant par θ l'angle formé par l'un des axes de l'ellipse avec l'axe des x. Cette équation donne facilement

$$\tan 2\theta = \frac{2J}{I_y - I_x}.$$

L'angle θ étant ainsi calculé, la grandeur des axes de l'ellipse sera la valeur de I_u pour $\alpha = \theta$ et, comme on aura trouvé, pour l'angle θ, deux valeurs différant de $\frac{\pi}{2}$ et correspondant chacune à l'un des axes, on trouvera deux valeurs de I_u qui seront

$$I_u = \frac{I_x + I_y}{2} \pm \sqrt{\left(\frac{I_x - I_y}{2}\right)^2 + J^2}.$$

Si, au lieu de prendre des axes quelconques, nous rapportons la figure à des axes de coordonnées coïncidant avec les axes principaux de l'ellipse, l'équation de cette courbe ne contiendra plus le terme en XY, ce qui exigera que $J = 0$. Elle sera alors simplement

$$h^2 = I_x X^2 + I_y Y^2,$$

ou bien, en mettant pour k^2 sa valeur $\frac{I_x I_y}{\Omega}$,

$$\frac{X^2}{I_y} + \frac{Y^2}{I_x} = \frac{1}{\Omega},$$

ou bien encore, en remplaçant X, Y par x, y et exprimant

2

les moments d'inertie au moyen des rayons de giration,

$$\frac{x^2}{\rho_y^2} + \frac{y^2}{\rho_x^2} = 1.$$

On voit alors que chacun des axes de l'ellipse, dite ellipse centrale d'inertie, est le rayon de giration par rapport à la direction de l'autre.

Un rayon vecteur quelconque de cette ellipse, faisant avec l'axe des x un angle α, aura pour les coordonnées de son extrémité : $x = r \cos \alpha$, $y = r \sin \alpha$, et, cette extrémité étant sur l'ellipse, ces valeurs de x et de y devront satisfaire à l'équation de la courbe

$$\frac{r^2 \cos^2 \alpha}{\rho_y^2} + \frac{r^2 \sin^2 \alpha}{\rho_x^2} = 1,$$

ce qui peut s'écrire

$$\rho_x^2 \cos^2 \alpha + \rho_y^2 \sin^2 \alpha = \frac{\rho_x^2 \rho_y^2}{r^2}.$$

Or, si l'on calcule le rayon de giration ρ_u par rapport à la direction Ou de ce rayon vecteur, on aura, d'après l'équation (1) du n° 5, puisque $J = 0$

$$\rho_u^2 = \rho_x^2 \cos^2 \alpha + \rho_y^2 \sin^2 \alpha.$$

Rapprochant cette équation de la précédente, on en déduit

$$\rho_u^2 = \frac{\rho_x^2 \rho_y^2}{r^2}, \qquad \text{ou bien :} \qquad r\rho_u = \rho_x\rho_y.$$

Or, $\rho_x\rho_y$ est la surface du parallélogramme construit sur les demi-axes OA, OB (*fig.* 12). Le produit $r\rho_u$ qui lui est égal est la surface du parallélogramme construit sur les deux demi-diamètres conjugués OM, ON. L'un des côtés OM étant r, la hauteur OP de ce parallélogramme sera ρ_u. Ainsi, le rayon de giration, par rapport à une direction quelconque,

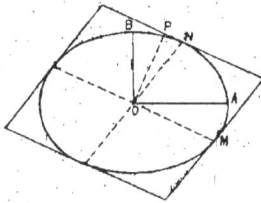

Fig. 12.

est la distance, au centre de l'ellipse, de la tangente parallèle à cette direction.

La direction des axes principaux d'inertie qui est celle des axes de l'ellipse d'inertie peut se trouver en appliquant la méthode générale exposée plus haut. Cette direction est celle pour laquelle l'intégrale $J = \int\int xy\,dx\,dy$ est nulle; si donc l'on reconnaît que la surface considérée a un axe de symétrie, cet axe sera nécessairement un des axes principaux. Car, si on le prend pour axe des x, à chaque élément $dx\,dy$, de coordonnées x et y, en correspondra un autre égal, de coordonnées x et $- y$, et la somme des deux produits $xy\,dx\,dy$ et $- xy\,dx\,dy$ étant identiquement nulle, il en sera de même de la somme de tous les produits semblables. Si une surface a deux axes de symétrie qui ne soient pas perpendiculaires l'un sur l'autre, chacun d'eux devant être un axe de l'ellipse centrale d'inertie, cette courbe devient un cercle. Les moments d'inertie autour de tous les axes passant par le centre de gravité sont alors égaux entre eux. Tel est le cas pour un triangle équilatéral et, en général, pour un polygone régulier quelconque.

7. Exemples. — Ces principes rappelés, nous allons donner quelques valeurs de moments d'inertie et de rayons de giration, pour les surfaces les plus usuelles.

I. *Rectangle (fig. 13).* — Longueur $2a$ suivant les x, largeur $2b$ suivant les y,

$$I_x = \frac{4}{3}ab^3, \qquad I_y = \frac{4}{3}a^3b;$$

$$\rho_x = \frac{b}{\sqrt{3}}, \qquad \rho_y = \frac{a}{\sqrt{3}}.$$

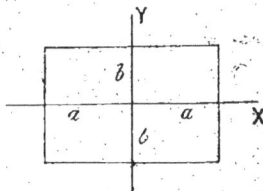

Fig. 13.

Si la longueur est a au lieu de $2a$, et la largeur b au lieu de $2b$, on a

$$I_x = \frac{ab^3}{12}, \quad I_y = \frac{ba^3}{12}; \qquad \rho_x = \frac{b}{2\sqrt{3}}, \quad \rho_y = \frac{a}{2\sqrt{3}}.$$

II. Carré dont le côté est a,

$$I_x = I_y = \frac{a^4}{12}; \qquad \rho_x = \rho_y = \frac{a}{2\sqrt{3}}.$$

III. Ellipse dont les demi-axes sont a suivant les x, et b suivant les y,

$$I_x = \frac{\pi a b^2}{4}, \quad I_y = \frac{\pi a^2 b}{4}; \qquad \rho_x = \frac{b}{2}, \quad \rho_y = \frac{a}{2}.$$

IV. Cercle dont le rayon est a,

$$I_x = I_y = \frac{\pi a^4}{4}; \qquad \rho_x = \rho_y = \frac{a}{2}.$$

V. Losange dont les diagonales sont $2a$, suivant les x, et $2b$ suivant les y (*fig. 14*),

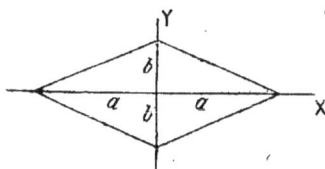

Fig. 14.

$$I_x = \frac{a b^3}{3}, \qquad I_y = \frac{a^3 b}{3};$$

$$\rho_x = \frac{b}{\sqrt{6}}, \qquad \rho_y = \frac{a}{\sqrt{6}}.$$

Si les deux diagonales sont égales, le losange devient un carré dont le côté $c = a\sqrt{2} = b\sqrt{2}$, et l'on a

$$I_x = I_y = \frac{c^2}{12}; \qquad \rho_x = \rho_y = \frac{c^2}{2\sqrt{3}},$$

comme ci-dessus.

VI. Lorsqu'une surface est formée de la différence de deux autres dont les centres de gravité et les axes de symétrie coïncident, son moment d'inertie est égal à la différence des moments d'inertie des deux surfaces dont elle est la différence.

Ainsi, par exemple, une couronne comprise entre deux ellipses concentriques comme celle qui est couverte de hachures, dans la figure 15, aura pour moments d'inertie, si a et a'

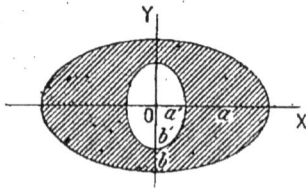

Fig. 15.

sont les demi-axes des deux ellipses dirigés suivant l'axe des

x, b et b' les demi-axes dirigés suivant les y,

$$I_x = \frac{\pi}{4}(ab^3 - a'b'^3), \qquad I_y = \frac{\pi}{4}(a^3b - a'^3b');$$

$$\rho_x = \frac{1}{2}\sqrt{\frac{ab^3 - a'b'^3}{ab - a'b'}}, \qquad \rho_y = \frac{1}{2}\sqrt{\frac{a^3b - a'^3b'}{ab - a'b'}}.$$

VII. Si une surface est composée d'un certain nombre de rectangles placés de manière à avoir leurs côtés b parallèles aux x et leurs autres côtés h parallèles aux y, les moments d'inertie seront, en appelant x_0 et y_0 les coordonnées du centre de gravité de l'un quelconque de ces rectangles,

$$I_x = \sum \frac{bh^3}{12} + \sum bhy_0^2; \qquad I_y = \sum \frac{hb^3}{12} + \sum bhx_0^2.$$

Soit, par exemple, la surface ci-contre (*fig.* 16) dont le centre de gravité serait en O, soit AB $= h$, BC $= b$, CD $= c$, EF $= d$. Les dimensions des rectangles CDFB sont c et b et la distance de leur centre de gravité à OX est $\dfrac{h-c}{2}$.

Alors, le moment d'inertie I_x sera

$$I_x = \frac{d(h-2c)^3}{12} + 3\frac{bc^3}{12} + 2bc\left(\frac{h-c}{2}\right)^2.$$

On aurait pu, dans ce cas, considérer la surface donnée comme la différence des deux rectangles ABCL et DEHK, ayant tous deux leur centre de gravité sur OX, et alors le moment d'inertie aurait été

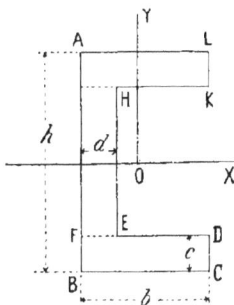

Fig. 16.

$$I_x = \frac{bh^3}{12} - \frac{(b-d)(h-2c)^3}{12}.$$

On peut vérifier que ces deux expressions sont identiques.

Le moment d'inertie autour de OY s'exprimerait de même par l'application de la formule générale ci-dessus.

VIII. *Double T symétrique.* — Cette surface est formée, comme celle dont nous venons de donner la formule générale, de rectangles ayant leurs côtés parallèles, et on peut lui appliquer cette formule générale; mais on arrive à un résultat d'une forme plus simple en la considérant comme la différence d'une série de rectangles.

Si on désigne par h la hauteur totale AA' (*fig.* 17) et par h', h'', h''' les hauteurs des autres parties BB', DD', FF'; de même par b la largeur totale AA$_1$, par b', b'', b''' les largeurs (BC + B$_1$C$_1$), (DE + D$_1$E$_1$), (FG + F$_1$G$_1$) des parties restant en dehors de chacun des rectangles successifs, la superficie de la section sera la différence des rectangles $bh - b'h' - b''h'' - b'''h'''$, et comme ils ont tous leur centre de gravité sur le même axe horizontal passant par le centre de gravité, le moment d'inertie de la section par rapport à cet axe sera

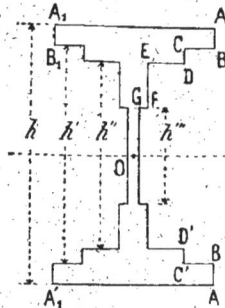

Fig. 17.

$$I = \frac{bh^3 - b'h'^3 - b''h''^3 - b'''h'''^3}{12}.$$

Dans le cas particulier où les largeurs FG, F$_1$G$_1$..... sont petites, ainsi que les hauteurs CD, C$_1$D$_1$... on peut les négliger et considérer la section comme formée simplement de trois rectangles dont deux sont ABA$_1$B$_1$, A'B'A'$_1$B'$_1$, égaux chacun à $b(h - h')$ et le troisième celui qui aurait l'épaisseur GG$_1$ = $b - b'$ et la hauteur BB' = h'. La valeur du moment d'inertie se réduit alors à

$$I = \frac{bh^3 - b'h'^3}{12},$$

et si l'on néglige encore, dans cette expression, le rectangle vertical, dont l'épaisseur $(b - b')$ est ordinairement fort petite, le moment d'inertie sera simplement celui des deux rectangles dont la superficie totale est $b(h - h')$.

Il aura donc pour valeur

$$I = \frac{bh^3 - bh'^3}{12} = b\frac{h^3 - h'^3}{12} = \frac{b(h - h')}{12}(h^2 + hh' + h'^2),$$

ou bien, approximativement, en remplaçant $h^2 + hh' + h'$ par $3h^2$ et en désignant par Ω_1 la superficie $b\left(\dfrac{h-h'}{2}\right)$ de chacun des rectangles,

$$I = h^2 \frac{\Omega_1}{2} = \Omega_1 \frac{h^2}{2}.$$

Cette formule approximative est d'un usage très fréquent. On voit qu'elle revient à supposer que toute l'aire Ω_1 de chacun des rectangles supérieur et inférieur est concentrée à une distance $\dfrac{h}{2}$ de l'axe autour duquel on prend les moments d'inertie. Car alors, le moment d'inertie total est bien

$$2\Omega_1 \times \left(\frac{h}{2}\right)^2 = \Omega_1 \frac{h^2}{2}.$$

En faisant cette hypothèse, on augmente un peu le moment d'inertie, puisque l'on augmente la distance moyenne à l'axe, des éléments superficiels. Cette augmentation compense, dans une certaine mesure, l'erreur que l'on a faite en sens contraire, en négligeant le moment d'inertie de la partie verticale de la surface.

IX. *Double* T *non symétrique* (*fig.* 18). — Prenons les notations du n° 3, page 13; le moment d'iner-

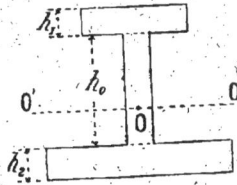

Fig. 18.

tie I de cette surface par rapport à l'axe OO' passant par le centre de gravité O sera

$$I = \frac{\Omega_1 h_1^2 + \Omega_2 h_2^2 + \Omega_0 h_0^2}{12}$$
$$+ \frac{1}{4\Omega} \left[\Omega_1 \Omega_2 (h_1 + h_2 + 2h_0)^2 + \Omega_0 \Omega_1 (h_0 + h_1)^2 + \Omega_0 \Omega_2 (h_0 + h_2)^2\right].$$

Lorsque les hauteurs h_1 et h_2 sont petites par rapport à h_0, on peut écrire approximativement

$$I = h_2' \left[\frac{\Omega_0}{12} + \frac{\Omega_0 \Omega_1 + \Omega_0 \Omega_2 + 4\Omega_1 \Omega_2}{4\Omega}\right],$$

et si enfin Ω_0 est négligeable, par rapport à Ω_1 et à Ω_2, on a

$$I = h'^2 \frac{\Omega_1 \Omega_2}{\Omega}.$$

X. T *simple (fig. 19).* — Prenons encore les notations du n° 3, page 13 ; le moment d'inertie par rapport à un axe horizontal passant par le centre de gravité sera

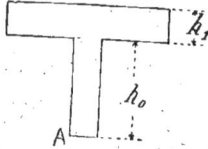

FIG. 19.

$$I = \frac{\Omega_1 h_1^2 + \Omega_0 h_0^2}{12} + \frac{\Omega_0 \Omega_1 (h_0 + h_1)^2}{4\Omega}.$$

Lorsque h_1 est petit par rapport à h_0 on peut se servir de la formule approximative suivante

$$I = h'^2 \left(\frac{\Omega_0}{12} + \frac{\Omega_0 \Omega_1}{4\Omega} \right).$$

7 bis. — Surfaces hétérogènes. — Les définitions et formules qui précèdent s'appliquent à des surfaces planes considérées au seul point de vue géométrique. Pour les étendre aux sections planes de corps solides, on doit généralement les compléter en tenant compte de la *densité* du solide en chaque point de la section. Cette densité étant représentée par δ, fonction donnée de x et de y, chaque élément dx, dy devra, pour figurer dans les formules, être multiplié par la densité δ correspondante.

Lorque la section plane est formée de plusieurs parties homogènes d'aires $\Omega_1, \Omega_2, \ldots$ et de densité $\delta_1, \delta_2, \ldots$ toutes les formules restent applicables à la condition de remplacer les aires partielles $\Omega_1, \Omega_2, \ldots$ par les produits $\delta_1 \Omega_1, \delta_2 \Omega_2, \ldots$ L'aire totale Ω doit alors être remplacée par la somme de ces mêmes produits : $\delta_1 \Omega_1 + \delta_2 \Omega_2 + \ldots$

CHAPITRE II

NOTIONS ÉLÉMENTAIRES
SUR LA THÉORIE DE L'ÉLASTICITÉ

8. Déformations élémentaires. Dilatations et glissements.

— La théorie de l'élasticité des corps solides repose sur l'étude de leurs déformations très petites et tend à exprimer les relations entre ces déformations et les forces extérieures qui peuvent être appliquées à ces corps.

L'étude des déformations et de leurs relations entre elles est purement géométrique ou cinématique; elle peut être poursuivie sans établir aucune corrélation entre ces déformations et les causes qui les ont produites. Envisagée ainsi, elle ne présente qu'un intérêt purement théorique; aussi, établirons-nous, dès le commencement de ce qui va suivre, les relations, basées sur l'expérience, entre les forces et les déformations élémentaires.

La matière des corps solides est considérée, en général, comme formée de points matériels isolés, sans dimension appréciable par rapport aux distances qui les séparent les uns des autres. Les déformations de corps ainsi constitués s'étudient, non pas en estimant les déplacements de ces points matériels innombrables, mais en considérant, dans le solide, des éléments superficiels, d'abord plans, supposés liés invariablement aux points matériels les plus voisins, entraînés par le déplacement de ceux-ci et dont on recherche les positions et les formes nouvelles après ce déplacement.

Prenons donc, dans un solide, six éléments rectangulaires plans, parallèles deux à deux et limitant, dans l'espace occupé par ce solide, un parallélépipède rectangle ABCD*abcd* (*fig.* 20) dont nous supposerons les dimensions d'abord très petites, puis infiniment petites. Après la déformation du solide, ce parallélépipède aura pris une forme et une position différentes. Supposons que ses dimensions soient assez petites et que la déformation qu'il aura subie soit également assez faible pour que, après cette déformation, nous puissions encore regarder ses faces comme planes et parallèles deux à deux, le parallélépipède rectangle étant ainsi transformé en un parallélépipède obliquangle.

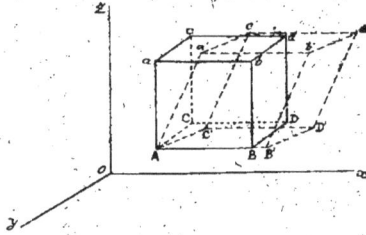

Fig. 20.

Ramenons ce nouveau parallélépipède vers sa position primitive en faisant coïncider le plan de l'une de ses faces, un des côtés de cette face et un des sommets, il affectera une position telle que AB'C'D'*a'b'c'd'*. Il nous suffira, pour nous rendre compte de la déformation, de comparer la position de la nouvelle face *a'b'c'd'* à sa position primitive *abcd*, car ce que nous dirons de cette face s'appliquerait à toute autre, en transportant de même le parallélépipède déformé de manière à faire coïncider les plans de la face parallèle. La nouvelle face *a'b'c'd'* étant, par hypothèse, restée parallèle à AB'C'D' est parallèle à *abcd*, et le déplacement qu'elle a subi peut se décomposer en deux : un déplacement du plan *abcd*, parallèlement à lui-même et un déplacement de la figure dans ce plan déplacé. La première de ces déformations qui se traduit par un changement de distance de plans parallèles porte le nom de *dilatation;* elle est positive lorsque la distance des plans a augmenté, négative dans le cas contraire. Elle se mesure par le rapport, à la distance primitive des deux plans, de l'augmentation (positive ou négative) de cette distance. Ainsi, si la distance primitive de deux plans parallèles était a, et si elle est devenue $a + \alpha$, la dilatation est $\dfrac{\alpha}{a}$.

Nous la désignerons par la lettre $\eth$, généralement affectée d'un indice faisant connaître la direction de la normale aux plans parallèles à laquelle elle se rapporte. Ainsi, si, comme dans la figure, on suppose que les plans ABCD, *abcd* aient été primitivement perpendiculaires à l'axe des z, la dilatation correspondant au changement de distance de ces deux plans sera désignée par $\eth_z$, et ainsi des autres.

Les dilatations négatives s'appellent des *contractions*.

La face *abcd*, amenée dans son nouveau plan, a dû se déplacer dans ce plan pour venir occuper la position définitive $a'b'c'd'$. Cette déformation porte le nom de *glissement*. Elle se mesure par l'angle que font, avec leur direction primitive, les lignes primitivement normales aux faces parallèles que l'on considère et dont l'une a glissé devant l'autre. Ainsi, dans la figure, la ligne Aa', primitivement normale aux faces du parallélépipède, fait, avec les normales à ces faces, après la déformation, un angle aAa' qui mesure le glissement de l'une de ces faces par rapport à l'autre. Nous la désignerons par la lettre i généralement affectée d'un ou de deux indices, faisant connaître la direction de la normale à la face qui a glissé et celle suivant laquelle le glissement s'est opéré. Dans la figure, cette dernière direction serait celle du plan aAa' définie par celle de sa trace sur le plan des xy.

Nous supposerons toujours les déformations relatives très petites, c'est-à-dire telles que l'on puisse négliger, dans les calculs, les carrés et les produits des quantités représentées par $\eth$ et par i. Cette hypothèse ne s'oppose pas d'ailleurs à ce que le solide, dans son ensemble, subisse des modifications de forme très sensibles ; ainsi, une verge droite pourra être courbée en cercle sans que les déformations élémentaires cessent d'être très petites.

Il est facile de reconnaître et de démontrer que les déformations élémentaires ainsi définies (dilatations et glissements) peuvent se composer et se décomposer suivant la règle du parallélogramme. Ainsi, par exemple, une dilatation $\eth$ dans une direction oblique par rapport à trois axes rectangulaires peut être regardée comme la résultante de trois dilatations ∂_x, ∂_y, ∂_z dans des directions parallèles aux axes auxquelles elle est liée par la relation $\partial = \sqrt{\partial_x{}^2 + \partial_y{}^2 + \partial_z{}^2}$. Dans la figure 20 le glissement i de la face supérieure du parallélépipède dans un plan parallèle aux xy serait la résultante de deux glissements i_x, i_y respectivement parallèles à ces deux axes et aurait pour valeur $i = \sqrt{i_x{}^2 + i_y{}^2}$.

Dans une déformation quelconque d'un solide, le glissement de deux plans rectangulaires dans un plan perpendiculaire à leur intersection est le même. Prenons en effet, pour plan de la figure, le plan dans lequel le glissement s'effectue (ce sera, dans la figure précédente, le plan aAa'), et, dans le solide, deux plans perpendiculaires entre eux ayant pour traces

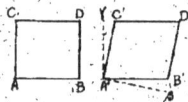

FIG. 21.

AB, AC (*fig.* 21), et concevons un parallélépipède élémentaire ayant pour base un rectangle ABCD construit sur ces traces. Après la déformation, le prisme rectangulaire sera devenu un prisme à base de parallélogramme A'B'C'D'. Le glissement de la face CD par rapport à AB sera mesuré par l'angle aigu C'A'γ formé par la ligne C'A' avec sa direction primitive A'γ normale à A'B'. De même, le glissement de la face BD par rapport à AC sera mesuré par l'angle B'A'β formé par la ligne B'A' avec la direction primitive A'β normale à A'C'. Or, ces deux angles sont égaux, ce qui démontre le théorème.

Un glissement est équivalent à une dilatation et à une contraction moitié moindres suivant des directions inclinées à 45° sur celle du glissement. — Prenons, dans le solide, un prisme à base carrée, AOBC (*fig.* 22) dont la base devient le losange A'OBC', par suite d'un glissement $i = \widehat{AOA'} = \dfrac{AA'}{AO} = \dfrac{CC'}{CA}$.

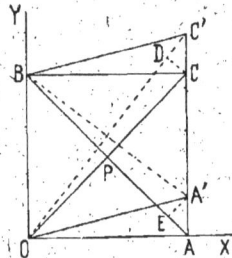

FIG. 22.

La diagonale OC est devenue OC' s'allongeant de DC' ou subissant une dilatation positive $\partial_1 = \dfrac{DC'}{OC}$; de même, la diagonale BA est devenue BA′, s'accourcissant de AE ou subissant une dilatation négative ou contractive $-\delta_2 = \dfrac{AE}{BA}$. Or, dans l'hypothèse où les déformations deviennent infiniment petites, les triangles CC′D, AA′E sont semblables au triangle rectangle isocèle CPA; on a donc $\dfrac{CC'}{CA} = \dfrac{DC'}{CP} = \dfrac{AE}{CP}$ et, par suite, puisque CP est la moitié de AB ou de CD, $i = 2\delta_1 = -2\delta_2$, ce qui démontre le théorème.

9. Forces intérieures. — Supposons mené, à travers un corps solide, regardé comme un ensemble de points matériels isolés, un plan quelconque P. Tous les points matériels situés d'un côté de ce plan exercent, sur ceux qui sont de l'autre côté, des actions d'attraction ou de répulsion, fonctions des distances mutuelles, et dont les directions le traversent. Soit, dans ce plan, au point M, un élément superficiel d'étendue ω; prenons toutes les actions mutuelles dont les directions traversent cet élément et, par la règle ordinaire de la composition des forces appliquées aux solides invariables, composons-les en une force résultante F et en un couple. Il est facile de voir que le bras de levier de ce couple sera d'un ordre de petitesse supérieur à celui des dimensions de l'élément, et par suite négligeable. La force résultante F sera généralement oblique au plan P. Le rapport $\dfrac{F}{\omega}$ pourra être regardé comme l'effort moyen exercé par unité de surface sur l'élément ω, et la limite de ce rapport, lorsque ω tendra vers zéro, s'appelle la force intérieure, par unité de surface sur la direction du plan P, au point M. Cette force intérieure $\dfrac{F}{\omega} = p$ varie généralement en grandeur et en direction avec la direction du plan P que l'on mène par un point donné M du solide et aussi avec la position du point M dans le plan. Ainsi, la force intérieure p est une fonction des coordonnées x, y, z du point M et des cosinus directeurs α, β, γ de la normale à la direction du plan P qui définissent cette direction. Elle est aussi fonction du temps t lorsque le corps est en mouvement. Par cette définition, on substitue, aux forces discontinues qui s'exercent réellement entre les différents points matériels constituant les solides, des forces qui sont des fonctions continues de ces variables x, y, z, α, β, γ et t.

Nous n'étudierons que des corps en repos, et par suite la variable t ne figurera pas dans nos équations.

La force p, généralement oblique au plan P, peut se décomposer en deux suivant la normale au plan et suivant sa projection sur le plan. Nous désignerons respectivement par les lettres N et T ces deux composantes qui sont dites les composantes *normale* et *tangentielle* de la force intérieure. Ces lettres seront en général affectées d'indices rappelant leur direction. Dans le plan P, la force tangentielle T elle-même sera ordinairement décomposée en deux, suivant deux directions rectangulaires. Chacune des composantes, comme la force p elle-même, sera rapportée à l'unité de surface. La force normale N s'appelle *pression* lorsqu'elle est dirigée du dehors vers l'élément plan sur lequel elle agit. C'est une *traction* dans le cas contraire.

10. Relations entre les forces intérieures et les déformations. — On admet, et c'est un fait que l'expérience vérifie, que les déformations produites dans un corps solide sont proportionnelles aux forces p ou à leurs composantes, tant que ces déformations restent très petites. On fait même de cette exacte proportionnalité la définition des corps *parfaitement élastiques*. Ce sont les seuls qu'étudie la théorie de l'élasticité. On distingue, dans les corps élastiques, les corps *isotropes* dans lesquels l'élasticité est la même dans tous les sens, c'est-à-dire telle qu'une force intérieure déterminée y produit toujours les mêmes déformations relatives, quelle que soit la direction suivant laquelle elle s'exerce en un point déterminé du solide. Nous ne considérerons que des corps isotropes [1].

---

[1] Beaucoup de corps solides naturels sont très voisins de l'isotropie parfaite. Presque tous les corps obtenus par fusion : le verre, l'acier, la plupart des métaux, etc., sont dans ce cas. Au contraire, les corps fibreux, comme les bois, le fer laminé, présentent une hétérotropie très marquée. Une même force n'y produit pas les mêmes déformations dans toutes les directions.

Dans de pareils corps, la relation entre les forces intérieures et les déformations correspondantes est des plus simples.

Une force normale N, appliquée à un élément plan, produit, dans sa direction perpendiculaire à cet élément, une dilatation $\eth$ proportionnelle à N. On a ainsi, entre ces quantités, une relation de la forme $\eth = \dfrac{N}{E}$ ou $N = E\eth$, la lettre E désignant un nombre fixe pour chaque corps solide, exprimé comme la force N elle-même en unités de force rapportée à l'unité de surface (en kilogrammes par mètre carré par exemple) et qu'on appelle coefficient ou module d'élasticité. La dilatation $\eth$ est positive ou négative en même temps que N; elle sera positive, par exemple, lorsque N est une traction, et négative lorsque N est une pression.

En même temps que cette dilatation $\eth$, la force normale N produit, sur toutes les lignes perpendiculaires à sa direction, ou parallèles au plan sur lequel elle agit, une dilatation de signe contraire $- \eth'$, dont la valeur est une fraction, que nous désignerons par η, de la dilatation $\eth$; nous aurons ainsi : $\eth' = - \eta\eth$. Le rapport η varie, dans les solides naturels, de $\dfrac{1}{4}$ à $\dfrac{1}{2}$. On démontre qu'il a la valeur $\dfrac{1}{4}$ dans les corps isotropes. Ce coefficient η est dit coefficient de contraction transversale. Il correspond à une dilatation positive ou à un allongement, lorsque la dilatation longitudinale $\eth$ est négative, c'est-à-dire représente un accourcissement.

Une force tangentielle T appliquée à un élément plan produit, dans sa direction, un glissement i proportionnel à T, et lié à cette force par une relation de la forme $i = \dfrac{T}{G}$ ou $T = Gi$, la lettre G désignant, comme la lettre E, un nombre fixe pour chaque corps solide, exprimé en unités de force rapportée à l'unité de surface, et qu'on appelle coefficient ou module d'élasticité transversale ou de glissement.

Il existe, dans les corps isotropes, une relation entre ces trois nombres E, G, η. Soit en effet, dans un pareil corps, un cube élémentaire dont nous supposerons les côtés pris pour unité de longueur et les faces pour unité superficielle, soumis sur deux faces opposées à un effort normal de traction N (*fig.* 23). Menons le plan diagonal, et soit T l'effort tangentiel sur ce plan dont la superficie sera $\sqrt{2}$. Pour que chacun des prismes triangulaires dans lesquels nous avons divisé le cube soit en équilibre, il faut qu'en projetant N sur le plan oblique sa projection $\dfrac{N}{\sqrt{2}}$ soit égale et

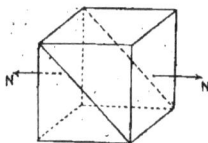

Fig. 23.

directement opposée à l'effort tangentiel T $\sqrt{2}$, ce qui donne $N = 2T$. Or, la traction N a allongé les côtés horizontaux du cube dont la longueur est devenue $1 + \dfrac{N}{E}$; au contraire, elle a accourci les côtés perpendiculaires dont la longueur est devenue $1 - \eta \dfrac{N}{E}$. D'autre part, l'effort tangentiel T a produit un glissement $i = \dfrac{T}{G}$, de sorte que l'angle des deux diagonales, d'abord égal à $\dfrac{\pi}{2}$ est devenu $\dfrac{\pi}{2} - i$. Si nous exprimons cet angle en fonction des nouvelles valeurs des côtés, nous écrirons $\dfrac{1 - \eta \dfrac{N}{E}}{1 + \dfrac{N}{E}} = \operatorname{tang}\left(\dfrac{\pi}{4} - \dfrac{i}{2}\right) = \dfrac{1 - \dfrac{i}{2}}{1 + \dfrac{i}{2}}$, puisque

i est très petit. D'où, en mettant pour i sa valeur $\dfrac{T}{G}$ ou $\dfrac{N}{2G}$, on déduit facilement la relation cherchée $G = \dfrac{E}{2(1 + \eta)}$.

Si, dans un solide, on prend un parallélépipède élémentaire, dont les côtés d'abord égaux à *a*, *b*, *c* sont devenus, à la suite de déformation, respectivement $a(1 + \partial_1)$, $b(1 + \partial_2)$, $c(1 + \partial_3)$, les dilatations ∂_1, ∂_2, ∂_3 pouvant être positives ou négatives, le volume primitif *abc* est devenu, après la déformation, $abc(1 + \partial_1)(1 + \partial_2)(1 + \partial_3)$, soit, en négligeant les produits de ces dilatations $abc[1 + (\partial_1 + \partial_2 + \partial_3)]$. Le rapport au volume primitif est ainsi $1 + (\partial_1 + \partial_2 + \partial_3)$, et l'augmentation de l'unité de volume est exprimée par $\partial_1 + \partial_2 + \partial_3$.

C'est ce qu'on appelle la dilatation cubique. Nous la représenterons par la lettre θ en posant $\theta = \partial_1 + \partial_2 + \partial_3$.

La dilatation cubique peut, bien entendu, être positive ou négative.

Soit un parallélépipède élémentaire en équilibre, ou tel que les forces intérieures exercées sur ses six faces soient égales deux à deux et de sens contraire. Décomposons, parallèlement aux trois côtés de ce parallélépipède, les forces qui agissent sur ces faces. Nous aurons d'abord trois composantes normales que nous désignerons par N_1, N_2, N_3, puis six composantes tangentielles, à raison de deux sur chaque face. Il est facile de reconnaître que ces six composantes sont égales deux à deux, et se réduisent à trois distinctes. Soient a, b, c (*fig.* 24), les trois côtés du parallélépipède. Prenons, sur les faces 1, de superficie bc, les composantes T parallèles à c, et sur les faces 3, de superficie ab, les composantes T' parallèles à a; ces quatre forces forment, deux à deux, deux couples qui tendent à faire tourner le parallélépipède autour d'un axe parallèle à b, et toutes les autres composantes, normales ou tangentielles, ont un moment nul par rapport à cet axe; il faut donc, pour l'équilibre, que ces deux couples aient même moment en valeur absolue. Or, les composantes T appliquées aux surfaces bc ont pour valeur T.bc; leur couple, a pour bras de levier a et pour moment T.$bc.a$; les composantes T' forment de même un couple dont le moment est T'.$ab.c$. L'égalité de ces deux moments donne bien T = T';

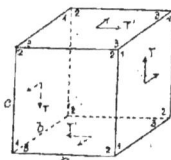

FIG. 24.

de même des autres. Il n'y a donc, en réalité, que trois composantes tangentielles distinctes, que nous désignerons par T_1, T_2, T_3, l'indice marquant la direction de la face parallèlement à laquelle agit le couple formé par les forces tangentielles considérées. Ainsi, dans la figure, les deux forces égales T et T' seraient désignées par T_2.

Alors, d'après ce qui a été dit plus haut, la force N_1, agissant normalement aux faces 1, produit, parallèlement aux côtés a, une dilatation $\dfrac{N_1}{E}$; la force N_2, agissant normalement

3

aux faces 2 ou perpendiculairement à la direction a, produit sur ces côtés une dilatation négative ou contraction latérale $- \eta \dfrac{N_2}{E}$, et, de même, la force N_3 produit une dilatation négative $- \eta \dfrac{N_3}{E}$, de sorte qu'en somme la dilatation totale subie par les côtés a, par unité de longueur, si nous la désignons par ∂_1, aura pour expression

$$\partial_1 = \frac{1}{E} (N_1 - \eta N_2 - \eta N_3).$$

Nous aurons de même, par un raisonnement analogue,

$$\partial_2 = \frac{1}{E} (N_2 - \eta N_3 - \eta N_1),$$

et

$$\partial_3 = \frac{1}{E} (N_3 - \eta N_1 - \eta N_2).$$

La composante tangentielle T_1 produit, suivant sa direction, un glissement $i_1 = \dfrac{T_1}{G}$, et de même les deux autres donneront $i_2 = \dfrac{T_2}{G}$, $i_3 = \dfrac{T_3}{G}$.

Ce sont les relations les plus générales entre les déformations élémentaires et les forces intérieures.

On peut les résoudre par rapport aux composantes N, T pour exprimer les forces intérieures en fonction des déformations. Et cette résolution, si l'on écrit, pour simplifier : $\dfrac{\eta E}{(1 + \eta)(1 - 2\eta)} = \lambda$, et $G = \dfrac{E}{2(1 + \eta)} = \mu$, donne les équations suivantes, où $\theta = \partial_1 + \partial_2 + \partial_3$,

$$(1) \begin{cases} N_1 = (\lambda + 2\mu)\, \partial_1 + \lambda\, (\partial_2 + \partial_3) = \lambda\theta + 2\mu\partial_1, & T_1 = \mu i_1, \\ N_2 = (\lambda + 2\mu)\, \partial_2 + \lambda\, (\partial_3 + \partial_1) = \lambda\theta + 2\mu\partial_2, & T_2 = \mu i_2, \\ N_3 = (\lambda + 2\mu)\, \partial_3 + \lambda\, (\partial_1 + \partial_2) = \lambda\theta + 2\mu\partial_3, & T_3 = \mu i_3; \end{cases}$$

les coefficients λ, μ sont souvent appelés coefficients de Lamé.

Dans les corps isotropes, pour lesquels η a exactement la valeur $\dfrac{1}{4}$, on a $\lambda = \mu$. Ces deux coefficients sont, au contraire,

assez différents l'un de l'autre pour les corps hétérotropes.
On déduit facilement de ces équations

$$N_1 + N_2 + N_3 = \frac{E\theta}{1 - 2\eta} = \theta (3\lambda + 2\mu).$$

Il est intéressant et utile d'exprimer les déformations en fonction des déplacements des points d'un solide supposé rapporté à trois axes rectangulaires. Soient x, y, z les coordonnées d'un point M quelconque ; u, v, w les projections sur les trois axes du déplacement de ce point supposé très petit, ainsi que la déformation. Par ce point M, menons trois axes parallèles aux axes coordonnés, prenons sur Mx un point A dont les coordonnées seront $(x + \alpha)$, y, z. Après le déplacement, les coordonnées du point M seront devenues $x + u$, $y + v$; $z + w$, et celles du point A seront de même

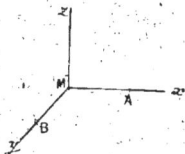

Fig. 25.

$$\left(x + \alpha + u + \alpha \frac{du}{dx}\right), \ y + v + \alpha \frac{dv}{dx}, \ z + w + \alpha \frac{dw}{dx}.$$

Alors la projection de MA sur l'axe des x sera

$$\alpha + \alpha \frac{du}{dx} = \alpha \left(1 + \frac{du}{dx}\right)$$

et, si on la compare à sa grandeur primitive α, on aura, en appelant ∂_1 la dilatation correspondante, $\alpha (1 + \partial_1) = \alpha \left(1 + \frac{du}{dx}\right)$, ou $\partial_1 = \frac{du}{dx}$.

La projection de MA sur l'axe des y sera $\alpha \frac{dv}{dx}$, ce qui montre que cette ligne MA fait avec la direction des x un angle mesuré par $\frac{dv}{dx}$. Si l'on raisonne de la même manière sur un point B pris sur l'axe des y, on reconnaîtra que la ligne MB, après la déformation, fait avec l'axe des y un angle $\frac{du}{dy}$. Donc l'angle droit BMA a diminué de $\frac{dv}{dx} + \frac{du}{dy}$ et cette diminution de l'angle mesure le glissement représenté par i_3; nous aurons donc $i_3 = \dfrac{dv}{dx} + \dfrac{du}{dy}$.

Par des raisonnements analogues sur les autres axes, nous obtiendrons les valeurs suivantes :

$$\partial_1 = \frac{du}{dx}, \qquad \partial_2 = \frac{dv}{dy}, \qquad \partial_3 = \frac{dw}{dz};$$

$$i_1 = \frac{dw}{dy} + \frac{dv}{dz}; \quad i_2 = \frac{du}{dz} + \frac{dw}{dx}; \quad i_3 = \frac{dv}{dx} + \frac{du}{dy}.$$

Ce sont les relations cherchées. En les mettant dans les équations ci-dessus, on leur donne la forme classique :

$$(2) \begin{cases} N_1 = (\lambda + 2\mu)\dfrac{du}{dx} + \lambda\dfrac{dv}{dy} + \lambda\dfrac{dw}{dz}, & T_1 = \mu\left(\dfrac{dw}{dy} + \dfrac{dv}{dz}\right), \\[2mm] N_2 = \lambda\dfrac{du}{dx} + (\lambda + 2\mu)\dfrac{dv}{dy} + \lambda\dfrac{dw}{dz}, & T_2 = \mu\left(\dfrac{du}{dz} + \dfrac{dw}{dx}\right), \\[2mm] N_3 = \lambda\dfrac{du}{dx} + \lambda\dfrac{dv}{dy} + (\lambda + 2\mu)\dfrac{dw}{dz}, & T_3 = \mu\left(\dfrac{dv}{dx} + \dfrac{du}{dy}\right). \end{cases}$$

11. Équations générales de l'équilibre élastique. — Parallélépipède et tétraèdre élémentaires. — Après avoir établi les relations précédentes entre les forces intérieures et les déformations d'un corps solide, nous allons en rechercher d'autres entre les mêmes forces intérieures et les forces extérieures qui peuvent agir sur ce solide, et pour cela nous écrirons les équations d'équilibre d'un parallélépipède et d'un tétraèdre élémentaire.

Prenons d'abord un parallélépipède rectangle, dont les côtés infiniment petits dx, dy, dz sont parallèles aux axes coordonnés. Décomposons, comme plus haut, en leurs trois composantes parallèles aux axes, les forces intérieures qui agissent sur les faces de ce parallélépipède. Admettons qu'il s'exerce, en outre, sur la masse intérieure de cet élément, une force extérieure proportionnelle à sa masse ou au produit de sa densité ρ par son volume $dx\,dy\,dz$ et décomposons cette force en trois composantes parallèles aux axes. Désignons par X_0, Y_0, Z_0 ces composantes, par unité de masse, de telle sorte que la composante parallèle aux x sera, par exemple, $\rho X_0 dx\,dy\,dz$, et ainsi des autres. Reprenons les notations N, T, définies plus haut, pour représenter les composantes des forces intérieures sur les faces du parallélépipède. L'équilibre de rotation étant établi par l'égalité que nous avons exprimée, des composantes tangentielles deux à deux, il ne reste à exprimer que les conditions de l'équilibre de translation ou à écrire que la somme des projections des forces sur chacun des trois axes est nulle. Les composantes perpendiculaires à l'axe des x donneront sur cet axe des projections nulles, il n'y a donc à mettre en compte que les composantes parallèles à cet axe. Ce sont d'abord la force extérieure $\rho X_0 dx dy dz$ dont il vient d'être parlé, puis sur les faces perpendiculaires aux x les composantes normales N_1, sur les faces perpendiculaires aux y les composantes tangentielles T_3, et sur les faces perpendiculaires aux z les composantes tangentielles T_2. Sur la face perpendiculaire aux x et la plus voisine de l'origine, la force normale a pour valeur $- N_1 dy dz$, et sur la face parallèle à celle-là, distante de dx, cette force devient : $\left(N_1 + \dfrac{dN_1}{dx} dx \right) dy dz$. La force T_3 agissant sur la face perpendiculaire aux y la plus rapprochée de l'origine a pour expression $- T_3 dx dz$, et sur la face parallèle $\left(T_3 + \dfrac{dT_3}{dy} dy \right) dx dz$; la force T_2 agissant sur la face perpendiculaire aux z, la plus rapprochée de l'origine, a pour expression $- T_2 dx dy$ et sur la face parallèle $\left(T_2 + \dfrac{dT_2}{dz} dz \right) dx dy$. Toutes ces forces se projettent en vraie grandeur sur l'axe des x, et la somme de leurs projections est la somme de leurs valeurs absolues. En faisant cette somme, en réduisant et en divisant tous les termes par $dx dy dz$, on obtient la première des équations suivantes dont les deux autres se trouvent de même en projetant les forces sur l'axe des y et sur l'axe des z :

$$(3) \quad \left\{ \begin{array}{l} \dfrac{dN_1}{dx} + \dfrac{dT_3}{dy} + \dfrac{dT_2}{dz} + \rho X_0 = 0, \\[2mm] \dfrac{dT_3}{dx} + \dfrac{dN_2}{dy} + \dfrac{dT_1}{dz} + \rho Y_0 = 0, \\[2mm] \dfrac{dT_2}{dx} + \dfrac{dT_1}{dy} + \dfrac{dN_3}{dz} + \rho Z_0 = 0. \end{array} \right.$$

Mettons pour les N, T, leurs valeurs ci-dessus, et représentons, pour abréger, par Δ^2 la somme des trois dérivées secondes partielles par rapport aux trois coordonnées,

$$\Delta^2 u = \frac{d^2 u}{dx^2} + \frac{d^2 u}{dy^2} + \frac{d^2 u}{dz^2},$$

et nous pourrons écrire simplement

$$(4) \quad \begin{cases} (\lambda + \mu)\dfrac{d\theta}{dx} + \mu\Delta^2 u + \rho X_0 = 0, \\[2mm] (\lambda + \mu)\dfrac{d\theta}{dy} + \mu\Delta^2 v + \rho Y_0 = 0, \\[2mm] (\lambda + \mu)\dfrac{d\theta}{dz} + \mu\Delta^2 w + \rho Z_0 = 0. \end{cases}$$

Sous cette forme, ces équations conduisent à un résultat important. Soit un solide qui n'est soumis à aucune force extérieure, ou soit $X_0 = Y_0 = Z_0 = 0$; si nous supposons, en outre, que les déplacements u, v, w des points soient les dérivées partielles d'une même fonction φ des coordonnées, c'est-à-dire si nous pouvons poser $u = \dfrac{d\varphi}{dx}$, $v = \dfrac{d\varphi}{dy}$, $w = \dfrac{d\varphi}{dz}$, nous en déduisons $\theta = \Delta^2\varphi$ et $\Delta^2 u = \Delta^2\dfrac{d\varphi}{dx} = \dfrac{d}{dx}\Delta^2\varphi = \dfrac{d\theta}{dx}$; si nous substituons dans la première équation, elle devient $(\lambda + \mu)\dfrac{d\theta}{dx} + \dfrac{d\theta}{dx} = 0$, et ne peut être satisfaite que par $\dfrac{d\theta}{dx} = 0$. De même les deux autres exigeront $\dfrac{d\theta}{dy} = 0$, $\dfrac{d\theta}{dz} = 0$, c'est-à-dire que la dilatation cubique θ est alors constante, ou la même en tous les points du solide.

Prenons maintenant un tétraèdre élémentaire formé de trois faces rectangulaires parallèles aux plans coordonnés et d'une face oblique ABC définie par les cosinus directeurs α, β, γ de la normale à son plan. Pour simplifier, prenons pour unité de surface la superficie du triangle ABC; celles des trois triangles OBC, OCA, OAB seront respectivement α, β, γ. Cherchons à établir des relations entre les composantes X, Y, Z parallèles aux axes, de la force intérieure qui agit sur la face oblique ABC et les composantes N, T, de celles qui agissent sur les trois autres faces du tétraèdre. En remarquant que les forces appliquées aux quatre faces sont du second ordre de petitesse, si les dimensions du côté sont du premier ordre, tandis qu'une force extérieure appliquée à la masse du tétraèdre serait du troisième ordre, nous n'aurons pas à tenir compte de cette dernière force, et nous exprimerons les conditions de

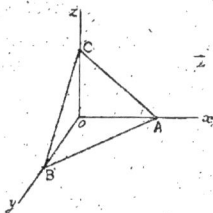

Fig. 26.

l'équilibre en écrivant que la somme des projections des forces sur chacun des trois axes est nulle. Cela nous conduira aux trois équations :

$$(5) \quad X = N_1\alpha + T_3\beta + T_2\gamma, \quad Y = T_3\alpha + N_2\beta + T_1\gamma, \quad Z = T_2\alpha + T_1\beta + N_3\gamma.$$

Avec ces composantes, parallèles aux axes, de la force intérieure qui agit sur l'élément ABC, nous pouvons obtenir la projection de cette force intérieure sur une direction quelconque, définie par les cosinus α', β', γ' des angles qu'elle fait avec les trois axes. Si nous appelons t cette projection, nous aurons $t = X\alpha' + Y\beta' + Z\gamma'$, ou bien, en substituant aux X, Y, Z leurs valeurs ci-dessus

$$(6) \quad t = N_1\alpha\alpha' + N_2\beta\beta' + N_3\gamma\gamma' + T_1(\beta\gamma' + \gamma\beta') + T_2(\gamma\alpha' + \alpha\gamma') + T_3(\beta\alpha' + \alpha\beta');$$

expression dont la valeur ne change pas quand on change α, β, γ en α', β', γ' respectivement. Cela donne ce théorème de réciprocité :

La composante, suivant une direction quelconque, de la force intérieure sur un élément plan est égale à la composante, suivant la normale à cet élément, de la force intérieure sur un autre élément normal à la première direction. Ou bien, autrement : si l'on prend en un point d'un solide deux éléments plans quelconques, leurs normales et les forces intérieures qui agissent sur eux, et si l'on projette chacune de ces forces intérieures sur la normale à l'autre élément, les deux projections sont égales.

L'égalité démontrée plus haut (p. 33) des deux composantes

tangentielles T, T' n'est qu'un cas particulier de ce théorème.

En particulier, on obtiendra la composante normale à l'élément ABC en faisant, dans l'équation précédente $\alpha' = \alpha$, $\beta' = \beta$, $\gamma' = \gamma$. Cela donne

$$t = N_1\alpha^2 + N_2\beta^2 + N_3\gamma^2 + 2T_1\beta\gamma + 2T_2\gamma\alpha + 2T_3\alpha\beta.$$

Supposons qu'à partir du point M pris pour origine des coordonnées, on porte, sur la normale à l'élément plan considéré, une longueur $MS = \dfrac{1}{\sqrt{\pm t}}$ dont le carré représente la valeur absolue de $\dfrac{1}{t}$; si x, y, z désignent les coordonnées du point S, on aura $MS = \dfrac{x}{\alpha} = \dfrac{y}{\beta} = \dfrac{z}{\gamma} = \dfrac{1}{\sqrt{\pm t}}$ en prenant le signe $+$ ou le signe $-$, suivant que t est positif ou négatif. En portant dans l'équation ci-dessus les valeurs de α, β, γ déduites de celle-ci, elle devient

$$N_1 x^2 + N_2 y^2 + N_3 z^2 + 2T_1 yz + 2T_2 zx + 2T_3 xy = \pm 1,$$

et elle représente alors le lieu des points S qui, comme on voit, est une surface du second degré dont le centre est au point M. Cette surface s'appelle surface directrice. Lorsque la valeur de t conserve le même signe pour toutes les directions, cette surface est un ellipsoïde. Dans le cas contraire l'équation représente un système de deux hyperboloïdes conjugués, ayant même cône asymptote. Si on rapporte cette surface à ses axes principaux, pris pour axes de coordonnées, les termes contenant les produits des coordonnées doivent disparaître de l'équation, ce qui exige que l'on ait $T_1 = T_2 = T_3 = 0$. Il n'y a donc pas de composantes tangentielles sur les trois nouveaux plans coordonnés, et les forces intérieures s'y réduisent à leurs composantes normales. Donc, en tout point d'un corps solide, il y a trois plans rectangulaires sur lesquels les forces intérieures sont normales. Ces plans s'appellent les *plans principaux*, et les forces intérieures correspondantes sont les *tensions* ou *pressions principales*.

Si, au lieu d'opérer comme on vient de le dire, on porte à partir du point M, sur la direction même de la force intérieure t, une longueur $MT = t$, les coordonnées x, y, z du point T ne sont autre chose que les composantes X, Y, Z de cette force intérieure. Supposons que nous ayons pris pour axes de coordonnées les directions des tensions principales, les composantes tangentielles T_1, T_2, T_3 sont nulles et les équations (5) se réduisent à $X = N_1\alpha$; $Y = N_2\beta$, $Z = N_3\gamma$. Si nous en tirons les valeurs de α, β, γ et si nous les substituons dans la relation $\alpha^2 + \beta^2 + \gamma^2 = 1$ qui existe entre ces trois cosinus des angles formés par une droite avec les trois axes rectangulaires, nous aurons en mettant aussi x, y, z au lieu de X, Y, Z, l'équation du lieu des points T qui sera ainsi : $\dfrac{x^2}{N_1^2} + \dfrac{y^2}{N_2^2} + \dfrac{z^2}{N_3^2} = 1$, c'est-à-dire un ellipsoïde rapporté à ses axes.

C'est l'ellipsoïde des tensions.

12. Solides indéfinis dans le sens longitudinal. — En vue de simplifier l'étude des déformations et de l'élasticité des corps solides, on considère souvent, au lieu de corps à trois dimensions, des corps supposés indéfinis dans un sens longitudinal, de sorte que l'on n'a à s'occuper que de ce qui se passe dans un plan perpendiculaire à cette dimension, en supposant, ce qui est d'une exactitude suffisante, que tout se passe de même dans les divers plans parallèles, sans intervention d'aucun effort ni d'aucune déformation dans le sens longitudinal. Toutes les forces intérieures et extérieures sont alors supposées contenues dans le plan unique considéré, ce qui revient à regarder le corps solide comme n'ayant que deux dimensions, et à n'avoir que deux coordonnées au lieu de trois. Les composantes des forces intérieures, agissant entre les faces d'un parallélépipède, qui devient alors un rectangle élémentaire, se réduisent à trois distinctes, les deux composantes normales N_1, N_2 et une composante tangentielle T qui est la même pour les deux faces. Et les équations de l'équilibre d'élasticité (3) deviennent simplement

$$(7) \quad \frac{dN_1}{dx} + \frac{dT}{dy} + \rho X_0 = 0, \qquad \frac{dT}{dx} + \frac{dN_2}{dy} + \rho Y_0 = 0.$$

Les équations exprimant l'équilibre d'un tétraèdre élémentaire, qui devient un prisme triangulaire ou un triangle élémentaire se réduisent de même à

$$X = N_1\alpha + T\beta, \qquad Y = T\alpha + N_2\beta.$$

Fig. 27.

Au lieu des cosinus désignés par α et β, il est plus usuel, alors, de faire figurer les sinus et cosinus d'un angle unique, que nous désignerons aussi par α et qui est l'angle NMx' (fig. 27) formé par la normale MN au côté oblique AB du triangle avec la direction de l'axe des x. Cela revient à remplacer α par $\cos\alpha$ et β par $\sin\alpha$. Les équations précédentes deviennent ainsi

$$(8)\quad X = N_1\cos\alpha + T\sin\alpha, \qquad Y = T\cos\alpha + N_2\sin\alpha.$$

La surface directrice devient une ellipse ou un système de deux hyperboles conjuguées et l'ellipsoïde des tensions se réduit à une ellipse. Si l'on prend pour axes de coordonnées les directions des axes principaux de ces surfaces, T devient nul, et l'on a simplement $X = N_1\cos\alpha$, $Y = N_2\sin\alpha$, N_1 et N_2 désignent alors les tensions ou pressions principales.

Par suite, la force intérieure p sur l'élément plan dont la normale fait l'angle α avec la direction de la tension principale N_1 a pour valeur $p = \sqrt{N_1^2\cos^2\alpha + N_2^2\sin^2\alpha}$. L'angle α' que la direction de cette force p fait avec celle de N_1, qui est celle de l'axe des x, est défini par $\tang\alpha' = \dfrac{Y}{X}$ ou bien $\tang\alpha' = \dfrac{N_2}{N_1}\tang\alpha.$

Si nous prenons un second élément plan, parallèle à la direction α', sa normale fera, avec l'axe des x, un angle $\alpha_1 = \dfrac{\pi}{2} + \alpha'$, et si nous appelons α'_1 l'angle, avec l'axe des x, de la direction de la force intérieure qui lui sera appliquée, nous aurons, pour déterminer α'_1, l'équation

$$\tang\alpha'_1 = \frac{N_2}{N_1}\tang\alpha_1 = -\frac{N_2}{N_1}\cot\alpha' = -\cot\alpha;$$

donc $\alpha'_1 = \dfrac{\pi}{2} + \alpha$, c'est-à-dire que la direction α'_1 de la force intérieure appliquée au second élément sera perpendiculaire à la direction α ou parallèle au premier élément auquel la direction α est normale. Ces deux éléments dont chacun est parallèle à la direction de la force intérieure qui agit sur l'autre sont dits *conjugués*, ainsi que les forces intérieures correspondantes.

Désignons par θ l'angle formé par chacune de ces forces intérieures avec la normale à l'élément sur lequel elle agit, angle qui est évidemment le même pour les deux éléments conjugués, ou posons $\theta = \alpha - \alpha'$. Nous obtenons facilement

$$\tan \theta = \frac{(N_1 - N_2)\tan\alpha}{N_1 + N_2 \tan^2\alpha}, \quad \sin\theta = \frac{N_1 - N_2}{2p}\sin 2\alpha,$$

et

$$\cos\theta = \frac{N_1 \cos^2\alpha + N_2 \sin^2\alpha}{p} = \frac{N_1 + N_2}{2p} + \frac{N_1 - N_2}{2p}\cos 2\alpha.$$

Ces valeurs de $\sin\theta$ et de $\cos\theta$ nous donnent immédiatement les grandeurs des composantes normale et tangentielle de la force intérieure p, puisque θ est l'angle de sa direction avec celle de la normale à l'élément sur lequel elle agit. Ces composantes normale et tangentielle que nous désignerons simplement par N et T sont ainsi

$$(9) \quad N = N_1 \cos^2\alpha + N_2 \sin^2\alpha = \frac{N_1 + N_2}{2} + \frac{N_1 - N_2}{2}\cos 2\alpha$$

$$T = \frac{N_1 - N_2}{2}\sin 2\alpha.$$

Si nous cherchons de même les composantes normale et tangentielle N′, T′ de la force intérieure sur un élément plan perpendiculaire au premier, pour lequel, par conséquent, la normale fera avec l'axe des x un angle $\alpha' = \frac{\pi}{2} - \alpha$, il suffira, dans les formules précédentes, pour avoir ces composantes N′, T′, de remplacer α par α' ou par $\frac{\pi}{2} - \alpha$, c'est-à-dire $\sin\alpha$ par $\cos\alpha$, et réciproquement. Nous obtiendrons ainsi

$$(10) \quad N' = N_1 \sin^2\alpha + N_2 \cos^2\alpha = \frac{N_1 + N_2}{2} - \frac{N_1 - N_2}{2}\cos 2\alpha,$$

$$T' = \frac{N_1 - N_2}{2}\sin 2\alpha = T.$$

Nous vérifions ainsi l'égalité des composantes tangentielles sur deux faces rectangulaires et, pour les composantes normales, nous établissons la relation importante

$$(11) \qquad N + N' = N_1 + N_2 = \text{Constante.}$$

Ces mêmes formules nous permettent, connaissant les composantes normale et tangentielle N_x, N_y, T, de la force inté-rieure sur deux éléments rectangulaires quelconques en un point d'un solide, d'en déduire les tensions principales N_1, N_2. Nous mettons ici N_x et N_y à la place de N et N' pour représenter les composantes normales des forces intérieures sur deux éléments plans rectangulaires, auxquels on peut supposer les axes perpendiculaires. On trouve facilement

$$(12) \quad N_1 + N_2 = N_x + N_y \quad \text{et} \quad N_1 - N_2 = \sqrt{(N_x - N_y)^2 + 4T^2}$$

ou bien

$$(13) \quad \text{ou} \left. \begin{matrix} N_1 \\ N_2 \end{matrix} \right\} = \frac{N_x + N_y}{2} \pm \sqrt{\left(\frac{N_x - N_y}{2}\right)^2 + T^2}.$$

Tous ces résultats peuvent se résumer en une construction géométrique très simple, indiquée par Rankine. Sur une droite ON (*fig.* 28), on prend, à partir d'un point O, une longueur $OM = \dfrac{N_1 + N_2}{2}$; puis, du point M comme centre, avec un rayon $MN = \dfrac{N_1 - N_2}{2}$; on décrit une demi-circonférence. Les longueurs des deux tensions principales sont repré-sentées par $ON = N_1$, $ON' = N_2$, en appelant N_1 la plus grande des deux.

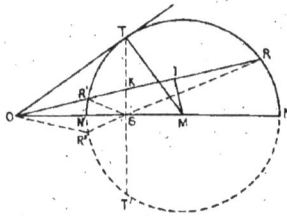

Fig. 28.

Si ces deux forces sont de même signe, le point O est à l'extérieur de la demi-circon-férence; il serait à l'intérieur si l'une des forces était une tension, et l'autre une pres-sion. Au point N', extrémité de $ON' = N_2$, on construit l'angle $RN'N = \alpha$ égal à l'angle formé avec la direction N_1 de la plus grande des deux tensions principales par la normale au plan sur lequel on veut avoir la force intérieure ; on joint OR. La longueur de cette droite OR est précisément égale à la force p cherchée, et l'angle θ formé par sa direction avec celle de la normale à l'élément plan sur lequel elle s'exerce est l'angle $\widehat{\text{RON}} = \theta$. En effet, l'angle RMN étant égal à 2α, on a

$$\text{OP} = \text{OR} \cos \widehat{\text{RON}} = \text{OM} + \text{MP} = \frac{N_1 + N_2}{2} + \frac{N_1 - N_2}{2} \cos 2\alpha = p \cos \theta,$$

et

$$\text{OR} \sin \widehat{\text{RON}} = \text{RP} = \frac{N_1 - N_2}{2} \sin 2\alpha = p \sin \theta.$$

D'où :

$$p = \text{OR} \quad \text{et} \quad \theta = \widehat{\text{RON}}.$$

La ligne OR rencontre la demi-circonférence en un autre point R'. La ligne OR' représente, pour la même raison, la force intérieure qui agit sur le plan dont la normale fait avec N_1 l'angle $\widehat{\text{R'NN}} = \alpha'$. Cette force intérieure fait, avec la normale au plan sur lequel elle agit, l'angle $\widehat{\text{R'ON'}} = \theta$; c'est donc la conjuguée de la première. La même droite OR'R donne ainsi les deux tensions conjuguées dont les grandeurs sont représentées par OR et OR'. Cette remarque va nous donner d'une façon très simple la valeur des deux tensions conjuguées $p = \text{OR}$, $p' = \text{OR'}$. En effet, si nous abaissons MI perpendiculaire sur RR', nous aurons $\text{OR} = \text{OI} + \text{IR}$ et $\text{OR'} = \text{OI} - \text{IR}$, ou bien

$$(14) \quad \text{ou} \left.\begin{array}{c} p \\ p' \end{array}\right\} = \frac{N_1 + N_2}{2} \left[\cos\theta \pm \sqrt{\left(\frac{N_1 - N_2}{N_1 + N_2}\right)^2 - \sin^2\theta} \right].$$

Si, ayant mené la tangente OT, nous désignons par φ l'angle TON qui représente la limite supérieure de l'angle θ, ou la limite de l'inclinaison que peut prendre, sur un élément plan quelconque, la force intérieure qui agit sur lui (limite qui n'existe que si le point O est en dehors de la circonférence, ou si N_1 et N_2 sont de même signe), nous aurons

$$\sin\varphi = \sin \text{TOM} = \frac{\text{MT}}{\text{OM}} = \frac{N_1 - N_2}{N_1 + N_2},$$ et l'expression précédente des deux forces intérieures s'écrira :

$$\text{ou} \left.\begin{array}{c} p \\ p' \end{array}\right\} = \frac{N_1 + N_2}{2} \left(\cos\theta \pm \sqrt{\cos^2\theta - \cos^2\varphi} \right).$$

Le rapport $\dfrac{p'}{p}$ de la plus petite à la plus grande de ces forces intérieures conjuguées sera

(51) $$\frac{p'}{p} = \frac{\cos \theta - \sqrt{\cos^2 \theta - \cos^2 \varphi}}{\cos \theta + \sqrt{\cos^2 \theta - \cos^2 \varphi}}.$$

Nous aurions pu, au lieu de déduire ces résultats de la construction graphique, les déduire des formules précédentes donnant la valeur de p en fonction de α et des relations établies entre p, θ et α. Il suffirait d'éliminer l'angle α; mais le calcul est assez compliqué [1].

Lorsque, comme dans ce paragraphe, il s'agit de solides indéfinis dans un certain sens que nous pouvons supposer horizontal, c'est-à-dire limités par une surface cylindrique à génératrices horizontales, une partie de cette surface est généralement en contact avec l'atmosphère, et l'on peut, en faisant abstraction de la pression atmosphérique, admettre que cette partie n'est soumise à aucune force extérieure. Alors, en un point de cette partie, autour duquel la surface limitant le corps solide ne diffère pas sensiblement de son plan tangent, l'action tangentielle, sur ce plan, est nulle, et il en est de même, par conséquent (page 33), sur un autre plan mené dans le solide perpendiculairement à la surface libre. Ces deux directions rectangulaires sur lesquelles ne s'exerce aucun effort tangentiel, sont ainsi celles des pressions principales N_1 et N_2; mais, d'après ce

[1] M. JACQUIER (*Annales des Ponts et Chaussées*, avril 1882) a remarqué que si l'on projette le point T en S sur la droite OM et si l'on joint R'S et RS, les deux angles R'ST, RST formés avec la ligne ST par les deux droites joignant le point S aux points R et R' sont égaux. Car TST' est la polaire du point O, le point K où elle coupe la droite OR'R est tel que $\dfrac{KR}{KR'} = \dfrac{OR}{OR'}$, et les deux lignes SK, SO étant perpendiculaires, chacune d'elles est la bissectrice des angles formés par les directions SR et SR'. Il en résulte que, si l'on retourne la figure autour du diamètre ON, la ligne SR' viendra en SR'' dans le prolongement de RS, ce qui donne, pour résoudre le problème, une solution qui n'est pas plus simple que celle de Rankine, mais qui est peut-être plus suggestive.

Ayant déterminé, comme ci-dessus, les points OM, N, N', tracé la circonférence et mené la tangente OT qui donnera le point S, on construira l'angle RN'N = α qui donnera le point R; on joindra RS qu'on prolongera en SR''; les lignes OR et OR' seront les pressions conjuguées cherchées.

qui vient d'être dit, l'une de ces deux pressions, celle que subit la surface libre et que nous appellerons N_2, est égale à zéro; il ne reste donc qu'une seule pression principale N_f.

Par le même point, menons dans le solide un autre plan dont la direction sera définie par l'angle α que fera sa normale avec la normale au plan sur lequel s'exerce la pression N_1; la pression normale N que supportera ce plan se déterminera par la formule (9) dans laquelle on devra faire $N_2 = 0$. On aura donc.

$$N = N_1 \cos^2 \alpha.$$

Dans certaines circonstances, il est possible de calculer ou de mesurer la pression normale N qui s'exerce ainsi, sur un plan d'une direction donnée au point de rencontre de ce plan avec la surface libre d'un solide, et cela suffit pour que l'on soit assuré qu'en ce même point, la pression sur un élément plan quelconque ne dépasse pas :

$$N_1 = \frac{N}{\cos^2 \alpha}.$$

L'angle α qui figure dans cette formule est celui qui est formé par la normale au plan sur lequel s'exerce la pression normale N avec la direction du plan tangent à la surface libre du solide.

La construction graphique fournirait le même résultat. La pression N_2 étant nulle, le point O coïncide alors avec N', et le diamètre de la circonférence est égal à N_1. La ligne N'R $= N_1 \cos \alpha$ représente la pression R qui s'exerce sur le plan dont la normale fait l'angle NN'R $= \alpha$ avec la direction de la pression principale N_1. Et la pression normale N sur ce plan est R cos α ou $N_1 \cos^2 \alpha$.

Je bornerai ici ces notions sommaires. Le lecteur qui désirerait les compléter devra lire les *Leçons sur l'Elasticité* de Lamé et le *Traité de l'Elasticité des corps solides* de Clebsch, traduit par Saint-Venant et Flamant.

CHAPITRE III

RÉPARTITION DES EFFORTS SUR UNE SURFACE PLANE

13. Considérations générales sur les efforts qui s'exercent dans les corps solides. — D'après les principes généraux de la mécanique, pour qu'une construction soit en équilibre, il faut et il suffit que la résultante de toutes les forces qui y sont appliquées soit nulle. Parmi ces forces quelques-unes sont connues ou peuvent être considérées comme des données de la question : par exemple, le poids propre de la construction, les charges qu'elle doit supporter, les efforts auxquels elle peut être soumise de la part des milieux où elle est établie. Il en est d'autres, au contraire, qui non seulement sont inconnues, mais qui sont variables, dans certaines limites, avec les premières; ce sont les *réactions* des corps solides sur lesquels s'appuie la construction que l'on considère. Il faudra donc, tout d'abord, déterminer ces réactions qui sont égales et contraires aux efforts qu'exerce, sur ces corps extérieurs, la construction qu'ils supportent. Ils sont, en général, supposés absolument fixes et invariables, c'est-à-dire infiniment résistants. S'il en était autrement et si l'on devait s'assurer que, sous l'action des

4

efforts dont il s'agit, ils restent eux-mêmes en équilibre, on
devrait les considérer comme une construction à laquelle
on appliquerait les règles qui vont être établies.

Une construction est généralement composée de plusieurs
parties dont chacune, pour que l'ensemble soit en équilibre,
doit elle-même, lorsqu'on la considère isolément, être en
équilibre sous l'action de toutes les forces qui y sont appliquées, c'est-à-dire des forces extérieures qui agissent directement sur elle, et des *réactions* qu'elle éprouve de la part
des parties avec lesquelles elle est en contact. Cette condition est d'ailleurs suffisante et, en écrivant qu'elle est satisfaite, on déterminera les réactions inconnues qui s'exercent
entre les diverses parties voisines.

Pour que la condition de résistance soit satisfaite, il faudra, de plus, qu'en aucun point des surfaces de contact l'effort ne dépasse la limite de la charge que peut supporter la
matière en ce point.

Les diverses parties dont on peut considérer une construction comme formée peuvent être réellement ou fictivement
distinctes les unes des autres. Dans ce dernier cas, les surfaces de séparation sont des surfaces fictives menées arbitrairement dans l'intérieur des corps solides, et sur lesquelles
on détermine les réactions, comme il vient d'être dit, par la
considération des conditions générales de l'équilibre.

Il convient de faire observer ici que les forces *naturelles*,
dont on s'occupe dans l'étude de la résistance des matériaux,
sont des forces réparties sur des surfaces ou sur des volumes.
La force finie, appliquée à un point unique, est une pure
abstraction destinée à faciliter les raisonnements. En réalité,
toute force quelconque, d'une grandeur finie, est répartie
sur un certain volume ou sur une certaine surface, d'une
étendue également finie. Si petite que paraisse la surface de
contact de deux corps solides, elle a cependant des dimensions appréciables, et si la force qu'elle transmet de l'un à
l'autre dépasse une certaine proportion de cette surface, la
matière se désagrégera ou au moins subira des déformations
qui auront pour effet d'agrandir l'étendue sur laquelle cette
force peut se répartir.

Les forces isolées que nous considérerons devront donc

toujours avoir le caractère de *résultantes* de forces infiniment petites, appliquées à des éléments de surface ou de volume.

D'après cela, lorsque nous parlerons de l'effort en un point d'une surface, nous entendrons toujours le rapport $\dfrac{d\mathrm{P}}{d\omega}$ de la résultante $d\mathrm{P}$ des efforts infiniment petits qui s'exercent sur l'étendue $d\omega$ d'une portion infiniment petite de cette surface, au point dont il s'agit. Lorsque ce rapport est le même en tous les points de la surface, l'effort est *uniformément réparti*, et il est en chaque point égal au rapport $\dfrac{\mathrm{P}}{\Omega}$, de la résultante totale des efforts, à la superficie totale de la surface.

14. Rupture. Charge de rupture. — Lorsque l'effort qui s'exerce entre deux corps en contact dépasse une certaine limite, la *rupture* se produit. La rupture, qui est une séparation définitive de diverses parties d'un corps, peut survenir de diverses manières, suivant le mode d'application des forces extérieures. Elle peut avoir lieu par compression ou écrasement, par extension ou traction, par glissement ou cisaillement, par flexion, etc. Elle se produit, dans tous les cas, lorsque l'effort, appliqué à la surface à rompre, dépasse une certaine limite par unité superficielle. Cette limite, qui s'appelle *charge de rupture* ou quelquefois *force portante instantanée*, varie avec la nature des matériaux et avec le sens des efforts qui leur sont appliqués. Nous en donnerons plus loin quelques exemples. Dans les constructions, les efforts qui se développent entre les diverses parties doivent toujours nécessairement rester au-dessous de la charge de rupture, et généralement on s'astreint à les limiter à une certaine fraction $\dfrac{1}{5}, \dfrac{1}{8}, \dfrac{1}{10}, \dfrac{1}{20}$ de cette charge, fraction variable également avec la nature des matériaux, le sens et la durée des efforts.

15. Charge de sécurité. — Cette nouvelle limite, fraction de la première, et estimée comme elle par unité superficielle, porte le nom de *charge de sécurité*. La condi-

tion de résistance d'une construction peut donc s'exprimer
en disant qu'en aucun point des surfaces, réelles ou fictives,
par lesquelles ses diverses parties sont en contact entre elles
et avec les corps voisins, l'effort, par unité de surface, ne
doit dépasser la charge de sécurité de la matière.

16. Répartition des efforts. — Les forces qui
s'exercent ainsi à travers ces surfaces, qui séparent les
diverses parties de la construction, ne sont, en général, connues que par leurs résultantes dont on peut calculer la grandeur et la direction. Ainsi, par exemple, si l'on considère
une partie sur laquelle ne s'exercent que des forces extérieures données et qui s'appuie, par une surface déterminée,
sur une partie voisine, elle doit être en équilibre sous l'action de toutes les forces qui agis-
sent sur elle, et pour cela il faut
que la résultante de toutes les
actions élémentaires, qui sont
exercées par cette partie voisine
sur la surface de séparation, soit
égale et directement opposée à
celle de toutes les forces extérieures. Cette condition nécessaire
est en même temps suffisante,
de sorte qu'elle laisse indéterminé le mode de répartition des
forces élémentaires sur la surface
de séparation.

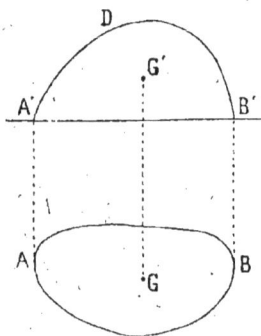

FIG. 29.

Pour fixer les idées, considérons le cas simple d'un corps
solide A'DB' (*fig.* 29), posé sur un plan horizontal A'B', sur
lequel il s'appuie dans toute l'étendue d'une face plane A'B',
projetée horizontalement en AB. Supposons que ce corps ne
soit soumis à aucune force autre que la pesanteur, et soient
G', G les projections de son centre de gravité, c'est-à-dire du
point d'application de la résultante des forces extérieures.
Cette résultante, étant verticale, rencontre en G la surface AB,
et la condition, nécessaire et suffisante, pour qu'il y ait équilibre, est que la résultante de tous les efforts qui s'exercent
sur les différents éléments superficiels de AB soit verticale.

égale au poids du corps et passe par le point G ; et l'équilibre subsistera si cette condition est remplie, quelle que soit d'ailleurs la répartition de ces efforts dont la grandeur, la direction et le sens peuvent varier d'un point à l'autre de la surface.

Cette indétermination est purement analytique. Dans la réalité, la répartition des efforts s'effectue suivant une certaine loi que nous ignorons, et que l'observation directe, aussi bien que les travaux des géomètres, ont été jusqu'ici impuissants à découvrir. On est alors obligé d'avoir recours à des hypothèses.

17. Hypothèses nécessaires pour lever l'indétermination analytique. —
Soit, pour plus de généralité, une surface plane A'B', AB (*fig.* 30), au travers de laquelle s'exercent, entre deux corps en contact ou entre deux parties d'un même corps, des efforts dont la résultante doit faire équilibre à une force P, donnée en grandeur et en direction, et soit C', C le point d'intersection de la direction de cette force avec la surface.

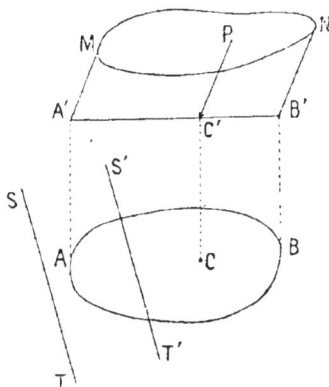

FIG. 30.

Nous supposerons d'abord que tous les efforts élémentaires qui s'exercent aux différents points de la surface AB ont des directions parallèles à celle de la force P. Cette hypothèse semble assez plausible, sans qu'il soit nécessaire de la justifier ; elle a pour conséquence d'assurer à la résultante la direction qu'elle doit avoir.

Pour ce qui est de l'intensité des efforts, imaginons qu'en chacun des points de la surface AB nous menions une ligne parallèle à P et d'une longueur proportionnelle à l'effort par unité de surface au point considéré. Les extrémités de toutes ces lignes formeront une surface telle que MN, dont nous ignorons la forme réelle, mais dont la connaissance équivaudrait à celle de la loi de la répartition des efforts.

On suppose ordinairement que cette surface est un plan ; et cette supposition est d'autant moins éloignée de la vérité que les dimensions de la surface AB sont plus petites, une surface quelconque, telle que MN, pouvant toujours, à une première approximation, être considérée comme se confondant avec son plan tangent dans une petite étendue autour du point de contact.

Dans cette *hypothèse du plan*, on voit que, si l'on prolonge, jusqu'à son intersection ST avec le plan AB, le plan que l'on substitue à la surface inconnue MN, l'effort, en un point quelconque de AB, sera proportionnel à la distance de ce point à la droite ST, intersection de ces deux plans, et l'hypothèse revient à supposer que les efforts, aux différents points de AB, varient proportionnellement aux distances de ces points à une droite fixe, comme le feraient, par exemple, les pressions exercées par un liquide dans lequel serait plongée la surface AB, et dont le niveau coïnciderait avec cette droite fixe ST.

La direction et la position de la ligne ST ne sont pas arbitraires. Elles sont déterminées, comme nous allons le voir, par la condition que la résultante des efforts, calculée d'après cette hypothèse, passe bien par le point donné C.

Lorsque la ligne ST se trouve, comme sur la figure, en dehors de la surface AB, les efforts ainsi calculés sont de même sens que leur résultante P en tous les points de cette surface, et il n'y a pas de difficulté. Mais si la ligne ST, placée par exemple en S'T', rencontre le contour de AB, de manière qu'une partie de cette surface se trouve d'un côté de S'T' et une autre partie de l'autre côté, il y aura lieu d'examiner, eu égard à la nature des corps séparés par la surface AB, ce que peuvent être les efforts exercés au-delà de S'T' par rapport au point C.

18. Exemple d'une surface rectangulaire. — Nous allons d'abord, pour bien comprendre ce qui précède, examiner un exemple simple.

Soit une surface rectangulaire AABB (*fig.* 31) séparant

deux corps ou deux portions d'un même corps, et à travers laquelle s'exercent, d'un côté à l'autre, des efforts dont la résultante doit avoir une grandeur donnée P et passer par un point C situé sur l'une des médianes du rectangle AABB. Tout est évidemment symétrique par rapport à la médiane OC, et, à cause de cette symétrie, la ligne ST, dont les distances aux différents points de AABB, sont par hypothèse, proportionnelles aux efforts qui s'exercent en ces points, sera perpendiculaire à OC. Dans ce cas, nous avons donc immédiatement la direction de cette ligne ST, il nous reste à connaître sa position qui sera définie par sa distance RO au centre O du rectangle. L'effort en un point quelconque d'une ligne MM, perpendiculaire à OC sera mesurée par la hauteur M'N de l'ordonnée comprise entre la surface A'B' et le plan TEF, mené par la ligne ST. La somme des efforts élémentaires sera mesurée par la surface du trapèze A'EFB' multipliée par la largeur AA ou BB du rectangle, c'est-à-dire par $O'D \times AB \times AA$. Or, cette somme doit être égale à la force donnée P. Il en résulte que l'ordonnée O'D qui mesure l'effort au centre O du rectangle, et sur tous les points de la ligne menée par le point O parallèlement à ST, est égale à

$\dfrac{P}{AB \times AA}$, c'est-à-dire à l'effort qui serait exercé en chacun des points de la surface si la force P était uniformément répartie sur toute cette surface. Si maintenant, nous posons

$$BA = 2a, \qquad AA = 2b, \qquad OG = p, \qquad \text{et } OR = q,$$

nous avons, d'après cela, $O'D = \dfrac{P}{4ab}$, et si R est l'effort exercé en un point quelconque d'une droite MM dont l'abscisse, comptée à partir du point O, est représentée par x, cet effort,

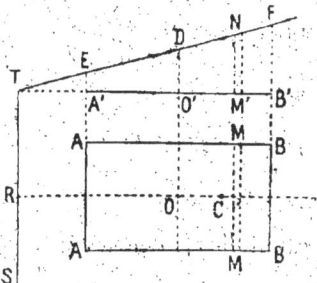

Fig. 31.

mesuré par l'ordonnée M'N, aura pour expression

$$R = M'N = Q'D \times \frac{TM'}{TO'} = \frac{P}{4ab} \cdot \frac{q+x}{q}.$$

L'effort sur une bande MM de largeur dx et de longueur $2b$ est $R.2b.dx$, et se trouve représenté par la surface du trapèze élémentaire M'N. La somme de tous ces efforts est ainsi figurée par l'aire du trapèze A'EFB', laquelle est bien égale à P.

Les efforts, en chaque point de AB, étant proportionnels aux ordonnées du trapèze A'EFB', leur résultante passera par le centre de gravité de ce trapèze, lequel doit se projeter par conséquent au point C. Or, la formule trouvée ci-dessus, n° 3, page 11, donne $OC = \frac{\overline{A'O}^2}{3.OR}$, ou bien $q = \frac{a^2}{3p}$.

La valeur de q se trouve ainsi déterminée et, par suite, la position de la ligne FE qui définit la grandeur de l'effort en chaque point de la surface AB.

C'est en raison de cette application aux surfaces rectangulaires que *l'hypothèse du plan,* que nous avons admise, porte quelquefois le nom de *loi du trapèze.*

Lorsque p devient très petit, le point C se rapprochant du point O, $q = OR$ grandit indéfiniment, et la ligne EF qui passe toujours par le point D, à une hauteur $O'D = \frac{P}{4ab}$, tend à devenir parallèle à A'B', direction qu'elle acquiert à la limite lorsque $p = 0$, ce qui donne $q = \infty$. Les efforts sont alors répartis uniformément sur toute la surface AABB.

Cette conséquence de l'hypothèse primordiale est générale, et elle se produit, comme nous le verrons, quelle que soit la forme de la section, lorsque le point d'application de la résultante coïncide avec son centre de gravité.

Tant que p est plus petit que $\frac{a}{3}$, q est plus grand que a et la ligne ST est, comme dans la figure, en dehors du rectangle; lorsque p devient égal à $\frac{a}{3}$, q devient égal à a, la ligne ST coïncide avec le côté AA du rectangle, et le trapèze se réduit à un triangle. L'effort en chacun des points de AA est nul, tandis que sur chacun des points de BB il est double de l'effort moyen.

19. Cas d'efforts de sens contraires. — Lorsque p dépasse $\frac{a}{3}$, q est plus petit que a et la ligne ST coupe le rectangle (*fig.* 32). En exami-
nant les formules précédentes,
nous reconnaissons qu'elles
admettent implicitement que
l'effort R en chaque point, variant proportionnellement aux
ordonnées de la ligne EF,
change de signe en même
temps que ces ordonnées elles-
mêmes; c'est-à-dire que, dans
la partie AASS, cet effort agit
en sens contraire de celui qui

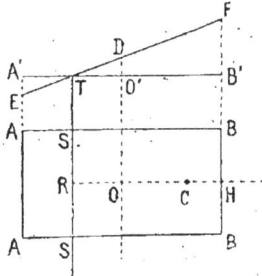

Fig. 32.

s'exerce dans la partie SSBB; si, par exemple, dans cette
dernière partie, l'effort est une *pression* ou *compression* ayant
pour tendance de rapprocher les deux corps séparés par la
surface AB, dans l'autre partie AS, il tendra à écarter les
deux corps et deviendra une *traction* ou *tension*. L'intensité
de cet effort sera proportionnelle aux ordonnées de la ligne
ET, et la résultante, égale à la force donnée P, sera la différence des efforts exercés sur la partie SB et de ceux, de sens
contraire, exercés sur SA. Elle sera mesurée par la différence des surfaces des triangles B'TF — A'TE.

Telle est l'hypothèse implicitement introduite dans la
formule qui nous a donné la distance q en fonction de p.
Pour qu'elle corresponde à la réalité, il faut que les deux
corps, séparés par la surface AB, soient capables d'exercer
l'un sur l'autre des actions de sens contraires, ou que cette
surface résiste à l'extension comme à la compression. Il en
est généralement ainsi lorsque cette surface est une séparation fictive de deux parties d'un même corps; mais, si elle
est une simple surface de contact de deux corps différents
posés l'un sur l'autre, on ne peut plus admettre que l'effort
change de sens, et alors il peut bien devenir nul, mais il
ne peut plus devenir négatif.

Dans ce cas, s'il est toujours, en chaque point, mesuré
par l'ordonnée d'une droite telle que TF, la résultante est

mesurée par la surface du triangle TFB′, et son point d'application, qui est la projection du centre de gravité de ce triangle, est situé au tiers de la distance RH à partir de BB, et, comme il doit coïncider avec le point C, on doit avoir

$$\frac{RH}{3} = CH \quad \text{ou} \quad q + a = 3\,(a - p), \quad \text{soit} \quad q = 2a - 3p;$$

ce qui donne, pour la ligne ST, une position différente de celle qui résulte de l'application de la formule $q = \dfrac{a^2}{3p}$. laquelle suppose que les efforts peuvent changer de sens.

Il peut arriver enfin, et cela semble même un cas fréquent dans la pratique [1], que les efforts de compression et d'extension, tout en pouvant être regardés, chacun de leur côté, comme à peu près proportionnels à la distance de leurs points d'application à la ligne ST, présentent un coefficient de proportionnalité différent, ce qui revient à dire que, les efforts de compression étant représentés par les ordonnées d'une ligne droite TF, ceux d'extension le sont par celles d'une autre droite TE (*fig.* 33) qui n'est pas dans le prolongement de la première.

Alors, si l'on désigne par k le rapport des coefficients angulaires de deux droites, ou si l'on pose $\dfrac{BF}{BF'} = k$, la ligne TF′ étant tracée dans le prolongement de ET, il est facile de voir que les efforts en chaque point étant représentés par les ordonnées de la ligne brisée ETF, la

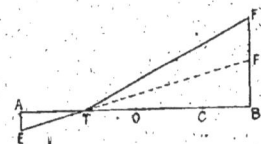

Fig. 33.

résultante des efforts dans un sens sera la surface du triangle BTF et sera appliquée au centre de gravité de ce triangle; celle des efforts en sens contraire sera la surface du triangle AET, également appliquée en son centre de gravité. Si l'on veut que la résultante générale passe au point C, à une distance OC $= p$ du milieu O de la section, il faut que la somme

<hr>

[1] On conçoit que la loi de variation des efforts étant, en général, représentée par une courbe, celle-ci peut être serrée de beaucoup plus près par deux droites formant une ligne brisée que par une droite unique.

des moments des deux résultantes partielles par rapport à ce point soit nulle, ou bien, en appelant q la distance inconnue OT, que l'on ait

$$\frac{1}{2}k(q+a)^2\left[\frac{1}{3}(q+a)-(a-p)\right]-\frac{1}{2}(a-q)^2\left[\frac{2}{3}(a-q)+(p+q)\right]=0,$$

ou bien

$$k(q+a)^2(3p+q-2a)-(a-q)^2(3p+q+2a)=0.$$

La détermination de q dépend ainsi de la résolution d'une équation du 3e degré qui prend, d'ailleurs, une forme plus simple lorsque l'on prend pour inconnue le rapport $\dfrac{\text{TA}}{\text{TB}}=\dfrac{q-a}{q+a}$.

Cette équation étant résolue pour une valeur de k, donnée par la nature des matériaux auxquels s'applique la question, on déduira facilement de la valeur calculée de q celle du plus grand effort représenté par BF et celle du plus grand effort de sens contraire représenté par AE. Il suffira, pour cela, d'exprimer que la différence des aires des deux triangles BFT, AET est égale à la résultante P, appliquée au point C.

On comprend que, pour des valeurs de k très différentes de l'unité, l'on puisse obtenir, pour ces efforts maximum, des chiffres très différents de ceux qu'aurait donnés l'hypothèse ordinaire $k=1$. M. Souleyre, ingénieur des Ponts et Chaussées, a trouvé que, pour des valeurs de k variant de 1 à $\dfrac{1}{10}$, l'effort maximum AE variait dans la proportion de 1 à 4 1/2, pour une position déterminée du point C. C'est-à-dire que les efforts d'extension développés dans des maçonneries pouvaient être quatre fois et demie plus grands que ceux que donne l'hypothèse du plan, en admettant toutefois que le rapport de proportionnalité k descende à 0,1, ce qui, eu égard à la nature de certaines maçonneries, ne serait pas improbable.

20. Solution générale. — Nous allons aborder le problème général en cherchant à déterminer, pour une surface plane quelconque, la position que doit avoir la ligne droite dont les distances aux différents points sont proportionnelles aux efforts en ces points, pour que leur résultante passe par un point donné que l'on appelle *centre de pression*, en admettant que les efforts sont positifs ou négatifs, suivant qu'ils sont appliqués en des points situés d'un côté ou de l'autre de cette ligne, à laquelle on donne le nom de *ligne neutre*, pour exprimer que les efforts sont nuls en tous ses points et qu'elle sépare les points du plan sur lesquels s'exerce une pression de ceux sur lesquels s'exerce une tension. A chaque centre de pression correspond une ligne neutre et réciproquement.

Soit donc, en général, une surface plane de forme quelconque AB (*fig.* 34), et un point C dans son plan, donné comme centre de pression. Nous voulons déterminer la ligne neutre correspondante.

Nous n'enlèverons rien à la généralité de la solution en choisissant pour axes coordonnés les axes principaux d'inertie de la surface AB, que nous avons appris à déterminer (n° 5).

Soit :

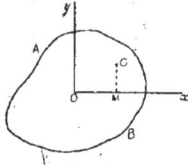

Fig. 34.

$$(1) \qquad ax + by + 1 = 0,$$

l'équation de la droite cherchée. La distance d'un point quelconque de coordonnées x, y à cette droite est $\dfrac{ax + by + 1}{\sqrt{a^2 + b^2}}$, et l'effort R en ce point devra être proportionnel à cette distance, c'est-à-dire, en appelant c un coefficient constant,

$$R = \frac{ax + by + 1}{\sqrt{a^2 + b^2}}\, c.$$

Posons, pour simplifier,

$$\frac{ac}{\sqrt{a^2 + b^2}} = A, \qquad \frac{bc}{\sqrt{a^2 + b^2}} = B, \qquad \frac{c}{\sqrt{a^2 + b^2}} = C,$$

l'effort R sera exprimé par

$$(2) \qquad R = Ax + By + C.$$

Soit P la force résultante appliquée au point C ; écrivons

les équations d'équilibre exprimant, d'une part, que la somme des efforts $R\,dx\,dy$ exercés sur tous les éléments rectangulaires de la surface est égale à la force P et, d'autre part, que les sommes de leurs moments par rapport aux axes OX, OY sont égales aux moments de cette force, nous aurons en appelant p, q les deux coordonnées OM, CM du point C, les équations :

$$(3) \quad \begin{cases} \iint R\,dx\,dy = P, \\ \iint R\,x\,dx\,dy = Pp, \\ \iint R\,y\,dx\,dy = Pq. \end{cases}$$

Mettons pour R sa valeur (2) et remarquons que, par suite du choix des axes, les trois intégrales $\iint x\,dx\,dy$, $\iint y\,dx\,dy$, $\iint xy\,dx\,dy$ sont identiquement nulles, les équations précédentes deviennent

$$(4) \quad \begin{cases} C \iint dx\,dy = P, \\ A \iint x^2\,dx\,dy = Pp, \\ B \iint y^2\,dx\,dy = Pq; \end{cases}$$

ou bien

$$(5) \quad \begin{cases} C\Omega = P. \\ AI_y = Pp = A\Omega\rho_y^2, \\ BI_x = Pq = B\Omega\rho_x^2. \end{cases}$$

en appelant Ω l'aire de la surface AB et I_x, I_y ses moments principaux d'inertie, et ρ_x, ρ_y les rayons de giration correspondants.

Mettant dans l'équation (2) les valeurs A, B, C tirées de ces dernières, nous obtenons

$$(6) \quad R = P\left(\frac{px}{I_y} + \frac{qy}{I_x} + \frac{1}{\Omega}\right) = \frac{P}{\Omega}\left(\frac{px}{\rho_y^2} + \frac{qy}{\rho_x^2} + 1\right)\cdot$$

On voit immédiatement que, quelle que soit la forme de la section et la position du point C, l'effort qui s'exerce au centre de gravité $(x = 0, y = 0)$ a pour valeur $\frac{P}{\Omega}$, c'est-à-dire la valeur moyenne de l'effort supposé uniformément réparti sur toute la surface. L'équation de la ligne neutre sera l'une ou l'autre des suivantes :

$$(7) \quad \frac{px}{I_y} + \frac{qy}{I_x} + \frac{1}{\Omega} = 0, \quad \text{ou bien} \quad \frac{px}{\rho_y^2} + \frac{qy}{\rho_x^2} + 1 = 0.$$

Le problème se trouve ainsi résolu.

L'interprétation géométrique du résultat est d'ailleurs facile.

Prenons sur l'axe des x, à partir de l'origine, comme nous l'avons déjà fait au n° 6, page 18, une longueur égale au rayon de giration ρ_y autour de l'axe des y et, de même, sur ce dernier axe, une longueur égale à ρ_x, ces longueurs étant prises comme les demi-axes de l'ellipse centrale d'inertie qui aura pour équation

$$(8) \qquad \frac{x^2}{\rho_y^2} + \frac{y^2}{\rho_x^2} = 1.$$

L'équation de sa tangente en un point quelconque (p, q) sera

$$(9) \qquad \frac{px}{\rho_y^2} + \frac{qy}{\rho_x^2} = 1,$$

si le point (p, q) est sur la courbe. Si le point (p, q) n'est pas sur la courbe, l'équation (9) représente alors la *polaire* de ce point par rapport à l'ellipse (8). Cette équation (9) est la même que celle (7) de la ligne neutre, lorsqu'on y change p en $- p$ et q en $- q$. Ainsi la ligne neutre est la polaire, par rapport à l'ellipse (8), du point symétrique, par rapport au centre de gravité, du centre de pression donné; ou, comme on l'appelle quelquefois, l'*antipolaire* du centre de pression.

Ainsi, en résumé, le problème que nous nous étions posé, consistant à trouver la ligne neutre correspondant à un centre de pression donné dans le plan d'une surface plane également donnée, se résout par les opérations suivantes :

1° Trouver le centre de gravité de la surface donnée;

2° Trouver la direction de ses axes principaux d'inertie ;

3° Construire l'ellipse centrale d'inertie ;

4° Prendre, par rapport au centre de gravité, le point symétrique du centre de pression donné, et tracer la polaire de ce point par rapport à l'ellipse centrale d'inertie. Cette droite est la ligne neutre cherchée.

21. Analogie du centre de pression avec le centre de percussion. — Nous avons dit que le centre de pression d'une surface plane, correspondant à une ligne neutre donnée, coïncide avec le point d'application de la résultante des pressions qui seraient exercées sur cette surface par un liquide dans lequel elle serait plongée, et dont le niveau coïnciderait avec la ligne neutre ; nous pouvons remarquer que le centre de pression coïncide aussi avec le centre de percussion de la même surface supposée tournant autour de la ligne neutre.

En effet, si nous considérons l'ellipse centrale d'inertie, le centre de pression C (*fig.* 35), correspondant à la ligne neutre AB sera le point symétrique par rapport au centre O, du pôle C' de AB. Or, on a, entre les distances OC', OM et OP, la relation connue

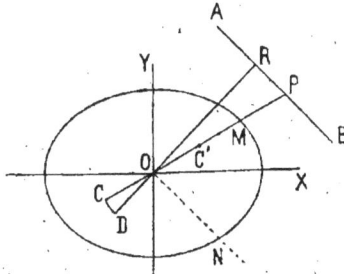

Fig. 35.

$$\overline{OM}^2 = OC' \times OP = OC \times OP.$$

Menons ON parallèle à AB, les directions OM et ON sont celles de deux diamètres conjugués de l'ellipse, et nous avons démontré plus haut que le rayon de giration autour de ON est égal à la distance, à cette ligne, de l'extrémité M du diamètre qui lui est conjugué, c'est-à-dire que $\rho_n = OM \sin MON$. Élevons au carré cette expression de ρ_n et mettons-y pour OM^2 sa valeur ci-dessus ; nous pourrons écrire

$$\rho_n^2 = OC \times OP \times \sin^2 \overline{MON} = OC . \sin \overline{MON} \times OP \sin \overline{MON}.$$

Si nous menons par le point O une ligne OR perpendiculaire à AB et si nous y projetons en D le centre de pression C, nous aurons

$$\rho_n^2 = OD \times OR.$$

Supposons la section, de masse Ω, frappée au point C par une percussion P perpendiculaire à son plan, elle subira, sous l'action de cette force : 1° une translation dans la direction de la force P et d'une vitesse égale à $\frac{P}{\Omega}$; 2° une rotation autour du diamètre de l'ellipse centrale d'inertie conjugué à OC, c'est-à-dire autour de ON et d'une vitesse angulaire ω telle que la quantité de mouvement, qui est égal au produit de ω par le moment d'inertie par rapport à ON ou à $\omega\Omega\rho_n^2$, soit égale au moment de la force P par rapport au même axe ou à $P \times OD$. Nous aurons donc $\omega = \frac{P \times OD}{\Omega\rho_n^2}$. Et la distance x, au point O, de la ligne qui, sous l'action de ces deux mouvements reste immobile, sera telle que, multipliée par ω, elle donne un produit égal à la vitesse de translation $\frac{P}{\Omega}$.

Nous aurons donc, pour terminer cette distance x,

$$\omega x = \frac{P}{\Omega}, \qquad \text{ou bien} \qquad \frac{P}{\Omega} \cdot \frac{OD}{\rho_n^2}\, x = \frac{P}{\Omega}; \qquad x = \frac{\rho_n^2}{OD} = OR,$$

ce qu'il fallait démontrer.

Le centre de pression, ou le centre de percussion, est le centre de forces parallèles appliquées en tous les points d'une surface et variant proportionnellement à la distance de ces points à une même ligne droite qui est la ligne neutre, la ligne de niveau ou l'axe de rotation.

22. Noyau central. — Lorsque le centre de pression se déplace dans le plan de la surface, la ligne neutre se déplace également, et la courbe enveloppe de ses positions successives est la polaire réciproque, par rapport à l'ellipse centrale d'inertie, de la courbe parcourue par le centre de pression, retournée de 180° autour du centre de gravité.

Si la ligne neutre se déplace en restant constamment tan-

gente au contour de la surface, le centre de pression décrit
autour du centre de gravité une courbe qui sépare les points
du plan en deux régions correspondant aux positions du centre
de pression qui donnent une ligne neutre extérieure au contour de la surface, ou bien une ligne neutre qui rencontre
ce contour en y pénétrant. La position du centre de pression dans l'une ou l'autre de ces deux régions correspond
donc aux deux cas dont nous avons parlé plus haut.

La partie du plan située à l'intérieur de cette courbe,
pour chacun des points de laquelle la ligne neutre se trouve
entièrement en dehors du contour de la surface, porte le
nom de *noyau central* de la surface. D'après ce qui vient
d'être dit, le noyau central est limité par une courbe qui est
la polaire réciproque, par rapport à l'ellipse centrale d'inertie, du contour de la section retourné de 180°.

Lorsque le centre de pression est à l'intérieur du noyau
central, l'effort en tous les points de la surface est de même
sens que sa résultante. S'il est, au contraire, à l'extérieur,
la ligne neutre coupe le contour et, par conséquent, il y a
une portion de la surface sur laquelle l'effort est de sens
différent.

Le noyau central peut se déterminer, sans avoir recours
à l'ellipse centrale d'inertie, au moyen de la seule équation (7) de la ligne neutre.

En exprimant que cette ligne neutre est tangente au contour de la section, on a une relation entre p et q qui est
l'équation de la courbe limitant le noyau central.

Soit, par exemple, la surface rectangulaire ABCD dont les
côtés sont 2a et 2b (*fig.* 36). Les rayons de giration de cette
surface sont $\rho_x = \dfrac{b}{\sqrt{3}}$, $\rho_y = \dfrac{a}{\sqrt{3}}$. L'équation de la ligne neutre
est donc

$$\frac{3px}{a^2} + \frac{3qy}{b^2} + 1 = 0$$

Pour que cette ligne coïncide avec le côté AB dont l'équation est $x = a$, il faut que l'on ait $q = 0$ et $p = -\dfrac{a}{3}$, le
centre de pression doit se trouver en G au tiers de OM, ce que
nous savions déjà.

5

Lorsque la ligne neutre a une direction quelconque passant par le point A, son équation est satisfaite par les coordonnées a, b de ce point, c'est-à-dire que l'on a

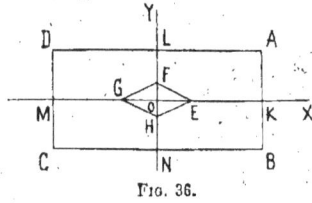

Fig. 36.

$$\frac{3pa}{a^2} + \frac{3qb}{b^2} + 1 = 0;$$

ou bien

$$\frac{3p}{a} + \frac{3q}{b} + 1 = 0.$$

Cette équation entre p et q est celle de la droite GH, qui coupe les axes des x et des y aux points G et H tels que $OG = -\dfrac{a}{3}$ et $OH = -\dfrac{b}{3}$. On trouverait, de même, pour les trois autres sommets, les trois autres côtés du petit losange EFGH qui limite le noyau central de cette surface.

La connaissance du moment d'inertie et du centre de gravité d'une aire plane suffit donc pour résoudre, dans sa forme la plus générale, le problème de la répartition des efforts sur une surface donnée, lorsque l'on connaît le point d'application de leur résultante et que l'on admet l'hypothèse primordiale de la répartition de ces efforts, proportionnellement aux distances de leurs points d'application à une même droite. Il ne faut pas oublier que cette hypothèse n'est pas absolument exacte, et que la véritable loi de la répartition des efforts est sans doute beaucoup plus compliquée.

Nous pouvons appliquer la connaissance acquise plus haut, page 19, du moment d'inertie de certaines surfaces, à la détermination du *noyau central* ou de la répartition des efforts qu'elles peuvent avoir à supporter.

Nous venons de trouver la forme du noyau central d'une surface rectangulaire.

Cercle. — Considérons une surface circulaire de rayon a. Son moment d'inertie I est égal à $\dfrac{\pi a^4}{4}$, et son rayon de giration $\rho = \dfrac{a}{2}$. Si donc la résultante de l'effort passe par un point que nous pouvons supposer sur l'axe des x et à une distance p du centre, l'équation de la ligne neutre sera (page 60)

$$\frac{4px}{a^2} + 1 = 0, \quad \text{ou} \quad x = -\frac{a^2}{4p};$$

et si nous voulons que cette ligne soit tangente au cercle et se confonde avec la tangente $x = -a$, il faut que nous ayons $p = \frac{a}{4}$. Ainsi, pour un cercle, le noyau central est limité par une circonférence dont le rayon est le quart de celui du cercle donné.

Ellipse. — De même, pour une ellipse dont les demi-axes seraient a et b, nous trouverions que le noyau central est une autre ellipse dont les demi-axes sont $\frac{a}{4}$ et $\frac{b}{4}$.

Couronne circulaire. — S'il s'agit d'une couronne circulaire comprise entre deux circonférences de rayons a (extérieur) et a' (intérieur), dont le moment d'inertie est $\pi \cdot \dfrac{a^4 - a'^4}{4}$ et dont le rayon de giration est $\rho = \frac{1}{2}\sqrt{a^2 + a'^2}$, l'équation de la ligne neutre, pour un effort appliqué au point $x = p$, $y = 0$, sera

$$\frac{4px}{a^2 + a'^2} + 1 = 0;$$

et si nous exprimons que cette ligne est tangente au cercle extérieur, c'est-à-dire que $x = -a$, il viendra

$$p = \frac{a^2 + a'^2}{4a}$$

pour l'expression du rayon de la circonférence qui limite le noyau central.

Losange. — Pour un losange dont les diagonales sont $2a$ et $2b$ et dont les rayons de giration correspondants sont $\frac{b}{\sqrt{6}}$ et $\frac{a}{\sqrt{6}}$, la ligne neutre correspondant à un point quelconque (p, q) aura pour équation

$$\frac{6px}{a^2} + \frac{6qy}{b^2} + 1 = 0.$$

Si nous exprimons que cette ligne passe par l'un des sommets du losange, par exemple par le sommet $x = -a$, $y = 0$, nous aurons, entre p et a, la relation $\dfrac{6pa}{a^2} = 1$; ou $p = \dfrac{a}{6}$. De même pour les quatre autres sommets. Le noyau central est donc limité par un rectangle dont les côtés ont pour équations $p = \pm \dfrac{a}{6}$; $q = \pm \dfrac{b}{6}$.

Lorsqu'il s'agira d'une surface quelconque, on devra employer la méthode générale, c'est-à-dire construire l'ellipse centrale d'inertie de la surface, déterminer la polaire réciproque, par rapport à cette ellipse, du contour de la surface donnée, et faire tourner cette polaire réciproque de 180° autour du centre de gravité. On aura ainsi le noyau central.

Nous avons dit que, lorsque la résultante de l'effort se trouve à l'intérieur de ce noyau central, la ligne neutre est en dehors du contour de la section, et, par conséquent, tous les efforts élémentaires sont de même sens. Lorsqu'au contraire le point d'application de la résultante de l'effort est en dehors du noyau central, la ligne neutre traverse le contour, et il y a une portion de la surface sur laquelle l'effort est de sens différent.

23. Cas où la surface ne peut développer d'efforts de tension.

— Les mêmes règles, pour la détermination des efforts, restent applicables si la surface considérée est en effet de nature à pouvoir développer des efforts de traction aussi bien que de compression. Tous les points situés au-delà de la ligne neutre, dont l'équation est toujours donnée par la formule (7), page 62, subissent des efforts négatifs, c'est-à-dire de signe contraire à celui de la résultante supposée positive. Mais il n'en est plus de même si la surface n'est pas capable de développer des efforts de tension Nous avons vu plus haut comment, dans le cas d'une section rectangulaire, on détermine alors la répartition des efforts lorsque la résultante passe par un point de l'une des médianes. Lorsque la surface a une forme différente de la forme rectangulaire, la détermination de cette répartition n'est plus, en général, possible algébriquement. Une inconnue nouvelle s'introduit en effet dans les équations, c'est l'étendue de la surface sur laquelle se répartit réellement la pression totale, étendue qui détermine la pression moyenne. Le problème ne devient pas, pour cela, indéterminé, mais les équations se compliquent en ce sens que les intégrales, au lieu d'être étendues à toute la superficie de la section donnée, ne doivent l'être qu'à cette superficie inconnue sur laquelle la pression s'exerce. On arrive alors, pour les questions les plus simples, à des équations transcendantes dont la résolution exige des calculs laborieux et hors de proportion avec le résultat que l'on cherche. Il ne faut pas oublier, d'ailleurs, que l'hypothèse du plan, en vertu de laquelle sont établies ces équations, n'est qu'une approximation et que, par conséquent, leur résolution exacte n'a guère qu'un intérêt théorique. En général, dans la pratique, on fait en sorte, lorsque la pression moyenne appliquée à une surface devient comparable à la limite de l'effort qu'elle peut supporter, de faire passer la résultante à l'intérieur du noyau central ; on ne se donne la latitude de la laisser passer en dehors que lorsqu'il ne s'agit que d'efforts assez faibles, qui, alors même qu'ils ne seraient répartis que sur une petite partie de la surface que l'on considère, ne mettraient pas sa solidité en péril.

24. Solution générale pour une surface rectangulaire. — Il n'est pas inutile de rappeler, pour le cas d'une section rectangulaire, les résultats que donnent les formules précédentes et qui sont d'une application fréquente.

Soit un rectangle AABB (*fig*.37), de longueur AB=2a, et de largeur BB=2b, soumis à un effort P dont le point d'application C se trouve sur la médiane OX à une distance OC = p du centre O. La charge R, par

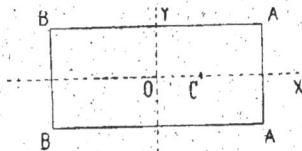

Fig. 37.

unité de surface, est la même en tous les points d'une ordonnée quelconque perpendiculaire à cette médiane, et elle atteint son maximum aux divers points du côté AA.

Cette charge maximum R_m a la valeur suivante, lorsque le point C est à l'intérieur du noyau central, c'est-à-dire lorsque OC est au plus égal au sixième de AB; $p \leqq \dfrac{a}{3}$;

$$R_m = \frac{P}{4ab}\left(\frac{3p}{a}+1\right) = \frac{P}{\Omega}\left(\frac{3p}{a}+1\right).$$

Quand le point C est en dehors du noyau central, ou que $p > \dfrac{a}{3}$, l'effort maximum s'exprime encore par cette même formule, lorsque le côté opposé de la section BB peut résister à un effort de traction; mais, s'il n'en est pas ainsi, l'effort P se répartit sur un rectangle d'une longueur égale à $3(a-p)$, et l'effort maximum, sur AA, est le double de l'effort moyen; on a alors

$$R_m = \frac{P}{3b(a-p)} = \frac{P}{\Omega}\ \frac{4a}{3(a-p)}.$$

On peut se demander de déterminer comment doit varier la pression totale P, suivant le point où elle est appliquée, pour que l'effort maximum, au point le plus chargé soit constant. On posera $R_m = C^u$, et si l'on représente P par les ordonnées d'une courbe dont p serait l'abscisse, on voit que, pour $p > \dfrac{a}{3}$, c'est-à-dire pour toutes les positions du point d'application comprises dans le dernier tiers EA de

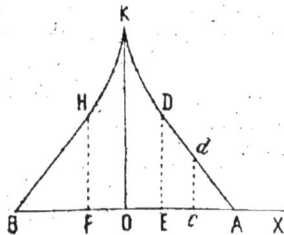

Fig. 38.

la longueur AB (*fig.* 38), on aurait $P = 3R_m b(a-p)$, ce qui est l'équation d'une ligne droite, passant au point A $(p = a)$, et dont l'ordonnée ED correspondant à l'abscisse $OE = \dfrac{a}{3}$ aurait pour valeur $P = R_m \times 2\,ab = R_m.\dfrac{\Omega}{2}$; c'est-à-dire que l'effort, lorsqu'il est exercé en ce point, peut être égal à la moitié de ce que supporterait le rectangle, s'il était soumis, en tous ses points, à la charge maximum R_m.

Pour $p < \dfrac{a}{3}$, on a P. $(3p + a) = 4a^2 b R_m$, équation d'une hyperbole équilatère dont les asymptotes sont l'axe horizontal des abscisses et la ligne verticale FH qui a pour équation $p = -\dfrac{a}{3}$; cette hyperbole passe au point D où elle est tangente à la droite AD, et elle coupe l'axe des ordonnées en un point K situé à une hauteur $OK = P = 4abR_m = R_m\Omega$.

L'effort exercé au point O peut être égal à ce que supporterait le rectangle soumis en tous ses points à la charge R_m, ce que nous pouvions prévoir, puisqu'alors la charge P, appliquée au centre de gravité, se répartit uniformément.

Pour les valeurs négatives de p, c'est-à-dire pour les points d'application compris entre O et B, la pression P doit nécessairement, par raison de symétrie, repasser par les mêmes valeurs. La courbe représentative des pressions qui donnent un même effort maximum se compose donc de deux droites et de deux branches d'hyperbole formant un triangle curviligne BHKDA.

25. Principe de la superposition des effets des forces. — On doit d'ailleurs remarquer qu'en raison de la forme *linéaire* de l'expression de l'effort R en un point d'une surface, en fonction des coordonnées (x, y) de ce point, effort produit par une force P appliquée en un point (p, q), les efforts R_1, R_2, R_3... produits par des forces quelconques P_1, P_2, P_3... appliquées en des points quelconques (p_1, q_1), (p_2, q_2), (p_3, q_3)... s'ajouteront de telle manière que l'effort total en un point déterminé, qui sera la résultante de tous les efforts partiels R_1, R_2... sera le même que celui qui serait produit, au même point, par la résultante des forces P_1, P_2...

Ce principe, dit de la *superposition des effets des forces* est général. Il est le résultat nécessaire de la proportionnalité admise entre les petits effets des forces et les grandeurs de ces forces elles-mêmes. Il se confond, en mécanique, avec celui de la coexistence ou de la superposition des petites oscillations, et il n'est que l'expression d'une loi analytique générale.

L'accroissement infiniment petit d'une fonction de plusieurs variables indépendantes est la somme des accroissements partiels correspondant à la variation de chaque variable considérée isolément.

PREMIÈRE PARTIE

STABILITÉ DES CONSTRUCTIONS

———

CHAPITRE IV

CONSTRUCTIONS EN MAÇONNERIE

§ 1er

CONDITIONS GÉNÉRALES DE LA STABILITÉ DES MAÇONNERIES

26. Définition de la stabilité. — En mécanique rationnelle, on dit qu'un corps solide est en équilibre *stable* lorsqu'il tend à revenir à sa position primitive après en avoir été écarté un peu. La *stabilité* des constructions a une signification différente. Ces constructions, en effet, ne doivent pas s'écarter de leur position normale ; elles doivent s'y maintenir malgré les efforts extérieurs qui tendent à les en éloigner, c'est-à-dire qu'elles doivent rester en équilibre, quelle que soit la variation de ces efforts, dans les limites de la pratique. Sous l'influence de cette variation des efforts, les réactions des corps sur lesquels s'appuie la construction doivent simplement varier elles-mêmes, et la vérification des conditions de stabilité d'une construction consistera à s'assurer que, pour toutes les valeurs des efforts extérieurs auxquels elle a à résister, l'équilibre peut être conservé, aussi bien pour la construction tout entière que pour ses différentes parties.

Les constructions en maçonnerie, que nous examinerons d'abord, se composent de pierres naturelles ou artificielles, séparées les unes des autres par des joints remplis de mortier. La présence du mortier a pour effet de répartir, sur une plus grande étendue, l'effort qui se transmet d'une pierre à la suivante. Dans les maçonneries à pierres sèches, sans mortier, les pressions ne peuvent se transmettre que par les surfaces de contact des pierres, qui alors, en raison des irrégularités de la taille, ne représentent qu'une petite fraction de l'étendue totale du joint. Le mortier a un autre effet; il adhère aux pierres qu'il réunit et permet ainsi aux maçonneries de supporter des efforts de traction, auxquels elles seraient absolument impropres à résister si les pierres étaient simplement posées les unes sur les autres.

Toutefois, comme l'adhérence du mortier aux pierres et la résistance à l'extension du mortier sont toujours très inférieures à la résistance de cette même matière aux efforts de compression, on les néglige souvent dans les calculs de stabilité, et l'on considère alors les maçonneries comme ne pouvant résister efficacement qu'à des efforts de compression.

27. Résistance à l'écrasement. — La limite de ces efforts, qui est une fraction de la charge de rupture, est très différente suivant la nature des matériaux. La détermination de la charge de rupture pour les pierres les plus ordinairement employées a été l'objet d'un grand nombre d'expériences diverses, et on ne peut songer à en donner ici tous les résultats. D'ailleurs, lorsqu'une pierre ne figure pas nominativement dans les tableaux d'expérience, on ne peut rien conclure, pour la valeur de sa résistance, de son analogie avec d'autres, car souvent on rencontre des différences assez notables entre des pierres ayant la même apparence, et quelquefois même entre des pierres provenant de la même carrière. Lorsque l'on a affaire à une pierre dont on ne connaît pas la résistance, il est préférable de l'expérimenter directement. Le tableau suivant doit donc être considéré comme une simple indication destinée à donner une idée de la grandeur des efforts dont il s'agit, et des limites entre lesquelles ils peuvent varier.

DÉSIGNATION DES MATÉRIAUX	CHARGE par CENTIMÈTRE CARRÉ produisant L'ÉCRASEMENT
	kilogr.
Granit à grain fin	1.000 à 1.500
Granit à gros grain	700 à 1.000
Liais de Bagneux, dur, à grain fin	440
Roche de Château-Landon	350
Roche d'Arcueil	250
Roche de Châtillon	170
Pierre tendre employée à Paris, bonne qualité	60
Grès dur de Fontainebleau	895
Grès tendre	4
Briques de Bourgogne bien cuites	150
Briques de Montereau, cuisson ordinaire	110
Briques du Nord, cuites au tas	60 à 70
Mortier de chaux grasse et sable	19
Mortier de chaux hydraulique et sable	74
Mortier de chaux éminemment hydraulique et sable	144
Mortier de ciment et sable	155
Plâtre gâché serré	50
Béton avec mortier de chaux hydraulique	40([1])

[1] En comparant les résultats d'un grand nombre d'expériences, M. de Perrodil a remarqué une certaine relation entre la densité des pierres calcaires du bassin de Paris et leur résistance à la rupture. Il a de même indiqué une relation correspondante entre la résistance à la rupture et la difficulté de la taille des mêmes pierres. Voici les principaux chiffres qu'il a donnés :

POIDS SPÉCIFIQUE par MÈTRE CUBE	CHARGES D'ÉCRASEMENT par centimètre carré	TEMPS QU'EXIGE en moyenne LA TAILLE D'UN MÈTRE CARRÉ de parement vu	
kilogrammes	kilogrammes	heures	minutes
2.700 à 2.600	1.800 à 1.000	22	30
2.600 à 2.450	1.000 à 600	19	30
2.450 à 2.350	600 à 400	14	00
2.350 à 2.250	400 à 300	11	20
2.250 à 2.100	300 à 200	8	20
2.100 à 1.900	200 à 150	5	30
1.900 à 1.700	150 à 100	3	50
1.700 à 1.500	100 à 50	2	50

28. Charge de sécurité. — Influence des mortiers. — La charge de sécurité ne peut être, comme nous l'avons dit, qu'une fraction de la charge de rupture. On adopte généralement le dixième et quelquefois même le vingtième lorsqu'il s'agit de petits matériaux. Il faut tenir compte aussi de ce que la matière dont les joints sont formés est sujette, comme les pierres elles-mêmes, à la rupture par écrasement.

M. Tourtay, ingénieur des Ponts et Chaussées, a fait connaître dans les *Annales des Ponts et Chaussées* (1885, 2ᵉ semestre), les résultats d'expériences qu'il a faites pour déterminer l'influence du mortier sur la résistance des maçonneries. Voici les conclusions de son travail :

1° L'écrasement du mortier, dans les maçonneries avec joints, a lieu sous des pressions très supérieures à la résistance intrinsèque du mortier, mais très inférieures à la résistance de la pierre ;

2° La pression qui produit la désagrégation du mortier est en raison inverse de l'épaisseur du joint, toutes choses égales, de sorte qu'il y a intérêt à réduire l'épaisseur des joints en mortier au minimum compatible avec leur bonne fabrication ;

3° Les pierres superposées sans joints donnent des résistances notablement inférieures à celles de la pierre, mais supérieures à celles de la maçonnerie avec joints de mortier, dans les conditions des expériences ;

4° Les blocs réunis par un simple coulis de ciment paraissent travailler comme des monolithes, et donnent des résistances très supérieures à celles des maçonneries avec joints.

Ces chiffres ne s'appliquent qu'aux calcaires du bassin de Paris et des départements de l'Est. Il faut en excepter les marbres statuaires saccharoïdes qui, avec un poids spécifique de 2.700 kilogrammes, s'écrasent sous une charge de 600 kilogrammes.

Pour les grès, la résistance à l'écrasement est en général plus grande que pour les calcaires d'un même poids spécifique ; mais la différence, au moins pour les exemples cités par M. de Perrodil, n'est pas très considérable.

Pour les porphyres, dont le poids spécifique est généralement compris entre 2.600 kilogrammes et 2.850 kilogrammes, la charge d'écrasement varie de 1.000 à 1.300 kilogrammes.

Enfin, certaines roches, comme le basalte d'Esteil (Puy-de-Dôme), le jaspe-brèche du mont Blanc (Haute-Savoie) ne s'écrasent que sous des charges supérieures à 1.850 kilogrammes par centimètre carré.

Dans une des expériences rapportées par M. Tourtay, la charge de rupture, pour des blocs formés avec mortier de chaux, a dépassé 400 kilogrammes par centimètre carré, alors que la résistance intrinsèque du mortier n'était que de 20 kilogrammes. Les expériences ont mis, en outre, en évidence le fait suivant :

Sous la pression, l'épaisseur des joints diminue d'une quantité variable, mais qui ne paraît pas proportionnelle à leur épaisseur. Lorsque les pressions ont atteint 130 à 140 kilogrammes, le mortier s'est désagrégé sur les bords des joints et est tombé en poudre sur une certaine profondeur. La pression qui a produit les désagrégations a toujours été en raison inverse de l'épaisseur du joint.

Les limites usuelles de la charge que l'on fait supporter aux maçonneries sont les suivantes ; elles ont été quelquefois notablement dépassées.

NATURE DES MAÇONNERIES	LIMITE pratique de la charge par CENTIMÈTRE CARRÉ
	kilogrammes
Béton avec mortier de chaux hydraulique.........	4 à 5
Maçonnerie de briques avec mortier ordinaire.....	6
— — — de ciment	8 à 10
Maçonnerie de moellons ou pierres tendres........	6 à 15
Maçonnerie de pierres dures avec mortier hydraulique...	20 à 30

La connaissance de la limite pratique de la charge que l'on peut faire supporter aux maçonneries suffit, avec celle de leur poids spécifique, pour aborder les calculs de leur stabilité. Le poids spécifique doit être déterminé, bien entendu, en tenant compte des joints. La différence est généralement négligeable lorsqu'ils sont remplis de mortier dont la densité diffère peu de celle des pierres qu'il réunit, mais elle ne l'est plus lorsqu'il s'agit de maçonneries à pierres sèches.

29. Résistance à la traction. — D'expériences faites par M. Souleyre, ingénieur des Ponts et Chaussées, et dont il a été rendu compte dans le *Génie civil* (9 et 16 novembre 1895),

il résulte que la résistance à la traction des maçonneries et des bétons est moindre que celle des mortiers.
M. Souleyre a trouvé que, pour des bétons et des maçonneries
avec mortier de ciment du Teil, la résistance à la traction
n'était que le septième ou le huitième de la résistance à la
compression. Pour des bétons et des maçonneries avec
mortier de chaux hydraulique, le rapport est beaucoup
moindre, il ne dépasse guère le quinzième ou le vingtième.
Ces résultats justifient les usages de la pratique où l'on ne
tient pas compte, habituellement, de la résistance que les
maçonneries peuvent présenter aux efforts d'extension. Il y
a cependant certaines circonstances où il peut être utile de la
prendre en considération.

30. Résistance au glissement. — La rupture d'un
massif de maçonnerie peut être le résultat non seulement
d'un écrasement ou d'une disjonction produite par une traction normale, mais encore d'une action dite *tangentielle* ou
de *cisaillement* agissant parallèlement au plan sur lequel
elle s'opère. La résistance à ce genre d'effort résulte uniquement de l'adhérence du mortier aux pierres et du frottement
des pierres sur elles-mêmes. Si l'on admet que l'adhérence
soit détruite, il ne reste, pour résister à ces efforts latéraux,
que le frottement. Et alors il faut, pour la stabilité, que le
rapport de l'effort tangentiel à l'effort normal soit inférieur
au coefficient de frottement.

Le coefficient de frottement des pierres sur elles-mêmes
varie de 0,50 à 0,75, c'est-à-dire que pour faire mouvoir, en
les faisant glisser l'une sur l'autre, deux pierres séparées

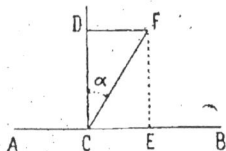
Fig. 39.

par la surface plane AB, il faut
exercer, parallèlement à ce plan,
un effort CE (*fig.* 39) variant de 0,50
à 0,75 de la pression normale CD
qui s'exerce entre elles. Par conséquent, la condition de stabilité s'exprimera en disant que l'effort tangentiel CE est toujours inférieur à
une fraction de l'effort normal mesurée par le coefficient de
frottement. Si l'on considère la résultante CF des deux efforts

et l'angle α qu'elle fait avec la normale à AB, la tangente trigonométrique de cet angle sera égale au rapport de DF à
CD, c'est-à-dire au rapport de l'effort tangentiel à l'effort
normal. Et, si nous appelons f le coefficient de frottement,
la condition de stabilité s'écrira simplement

$$\tan \alpha < f,$$

ou bien, en désignant par φ l'angle de frottement, ou en
posant $f = \tan \varphi$,

$$\alpha < \varphi.$$

Lorsqu'on n'a pas de données précises sur le coefficient de
frottement des pierres qui entrent dans la composition du
massif dont on calcule la stabilité, il est préférable d'attribuer
à f une valeur inférieure à celle qu'il peut avoir réellement;
on fera donc dans ce cas $f = 0,50$ ou même $f = 0,40$, ce
qui procurera un surcroît de stabilité.

On devra donc s'assurer que cette condition est satisfaite
sur tous les joints, c'est-à-dire que, sur aucun d'eux, la
direction de la résultante des efforts ne fait, avec la normale
au joint, un angle plus grand que l'angle de frottement, qui,
pour $f = 0,40$, est égal à 22° environ.

31. Résistance à un effort oblique. — Les chiffres
donnés plus haut comme charges de rupture de divers matériaux de construction ont été déterminés par des expériences
dans lesquelles l'écrasement était produit par une pression
normale exercée sur la totalité de la surface des blocs. Que
se passerait-il si l'effort produisant l'écrasement, au lieu
d'être normal, était oblique, tout en faisant, avec la normale,
un angle inférieur à l'angle de frottement? Aucune expérience précise ne permet de répondre d'une manière certaine
à cette question. On admet souvent que, dans le cas d'une
force oblique F agissant sur une surface plane dans une
direction faisant avec la normale à cette surface un angle α
inférieur à l'angle de frottement φ, cette force F se décompose
en deux : une force tangentielle $F \sin \alpha$ détruite par la résistance due au frottement, une force normale $F \cos \alpha$, qui se
répartit sur toute l'étendue de la surface d'après la loi du *tra-*

pèze (n° 19). Si l'effort normal au point le plus chargé,
calculé dans cette hypothèse, est inférieur à la charge de
sécurité, on considère que la stabilité de la construction est
assurée.

Cela revient, au point de vue de la rupture, à négliger
complètement la composante tangentielle de l'effort. Or, rien
ne prouve que l'on soit autorisé à agir ainsi. Au contraire,
a priori et à défaut d'expériences, il semblerait qu'un même
effort, appliqué à la surface d'un bloc, aurait d'autant plus de
chance d'en amener la rup-
ture, qu'il s'écarterait davantage de la normale à cette surface. La composante tangentielle est bien détruite par le
frottement, au point de vue
de l'équilibre, mais elle ne
laisse pas que de mettre en jeu la cohésion du bloc. Si,
comme on le fait souvent, on considère le frottement comme
dû à un enchevêtrement des deux surfaces en contact, la
surface plane AB (*fig.* 40) ne sera, en réalité, qu'une
série de facettes diversement inclinées ; on peut les concevoir alternativement parallèles et perpendiculaires à la direction de la force F, les premières ne supportant rien et
les autres ayant à résister à cet effort tout entier. Or, la surface de ces dernières serait, à la surface AB, dans le rapport
de cos α à l'unité, c'est-à-dire que l'effort qu'elles auraient à
supporter serait le même que celui qui serait exercé sur AB
par une force normale égale à $\dfrac{F}{\cos \alpha}$.

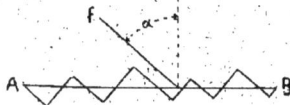

Fig. 40.

On devrait donc, dans cette hypothèse, calculer l'effort
maximum au point le plus chargé en répartissant, suivant la
loi du trapèze, non pas la composante normale F cos α de la
force F, mais bien la force fictive $\dfrac{F}{\cos \alpha}$.

Ce serait à l'expérience seule qu'il conviendrait de demander le choix à faire entre ces deux hypothèses. La seconde
semble plus rationnelle ; elle conduit à des dimensions plus
grandes que la première, et il ne peut y avoir, par conséquent, aucun inconvénient à l'adopter.

M. Galliot (*Ann. des P. et Ch.*, 1893, 2ᵉ sem., p. 111) a montré que, si l'on désigne par N et T les composantes normale et tangentielle d'une force oblique appliquée à la surface d'un corps solide, l'effet de cette force est sensiblement le même, au point de vue des efforts maximum produits aux divers points du solide que celui d'une force normale égale à

$$N + 5T.$$

Les déformations produites aux divers points sont à peu près les mêmes que celles qui seraient produites par une force égale à

$$N + 4T.$$

Ces résultats, déduits d'une analyse serrée de ce qui se passe à l'intérieur d'un corps solide, sont exempts d'un certain nombre d'objections capitales que l'on peut faire aux deux hypothèses précédentes, et ils mériteraient certainement de recevoir des applications pratiques.

32. Dilatation des maçonneries. — Comme tous les corps, les maçonneries se dilatent par la chaleur, mais il n'est pas d'usage de faire entrer cet élément dans les calculs de leur stabilité. Cependant, d'après les expériences de M. Bouniceau (*Annales des Ponts et Chaussées*, 1863, 1ᵉʳ semestre, page 178), le coefficient de dilatation, c'est-à-dire l'allongement proportionnel pour une élévation de température de 1° C. serait:

Pour le mortier de sable et ciment de Portland. 0,000 0118,
Pour le béton de galets et de ce mortier . . . 0,000 0143,
Pour la maçonnerie de briques de champ. . . 0,000 0089,
Pour la maçonnerie de briques en long. . . . 0,000 0046,
Pour des pierres de taille de diverses provenances, de 0,000 003 à 0,000 009.

Le coefficient de dilatation du fer est environ 0,000 012, c'est-à-dire à très peu près le même que celui du mortier de ciment expérimenté par M. Bouniceau, et seulement d'un tiers plus élevé que celui de certaines pierres de taille.

Il ne serait peut-être pas inutile, par conséquent, de tenir compte de la variation possible des dimensions de certains massifs de maçonnerie, tels que des voûtes très surbaissées, dans lesquelles cette variation peut amener des disjonctions.

§ 2

MASSIF DE MAÇONNERIE ISOLÉ

33. Conditions générales pour que les pressions soient partout les mêmes. — Soit un massif isolé que nous supposerons soustrait à toute action extérieure autre que celle de la pesanteur. Proposons-nous de chercher les conditions qu'il doit remplir pour que les matériaux dont il est formé soient également chargés partout. Pour que, sur une section quelconque CD (*fig. 41*), l'effort soit uniformément réparti, il faut que le poids de la partie CDFE qu'elle a à supporter passe par son centre de gravité ; cela revient évidemment à dire qu'il faut que les centres de gravité de toutes les sections soient sur une même verticale que nous

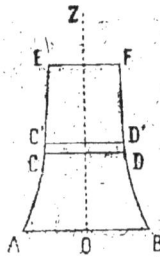

Fig. 41.

prendrons pour axe des z, en comptant les hauteurs z à partir de la base AB du massif. Soit Ω la superficie de la section horizontale quelconque CD située à la hauteur z, et $\Omega + d\Omega$ celle de la section infiniment voisine C'D', à la hauteur $z + dz$. Si p est le poids spécifique des maçonneries, la tranche CDC'D', dont le volume est Ωdz, aura pour poids $p\Omega dz$. Désignons par R la pression supposée constante en chacun des points des sections CD et C'D' ; la pression totale sur C'D', provenant de la partie du massif situé au-dessus, sera R $(\Omega + d\Omega)$, et la pression sur CD sera de même $R\Omega$; mais cette dernière pression est égale à la première augmentée du poids de la tranche CDC'D', nous aurons donc :

$$R (\Omega + d\Omega) + p\Omega dz = R\Omega.$$

d'où

(1)
$$R d\Omega + p\Omega dz = 0,$$

ou bien

(2)
$$\frac{d\Omega}{\Omega} = -\frac{p}{R}\,dz,$$

équation que nous intégrerons facilement. La constante d'intégration sera déterminée en supposant que, pour une hauteur $z = h$, la section Ω ait une valeur connue Ω_i ; nous aurons alors, en intégrant depuis cette valeur de z,

$$\log.\ nép.\ \frac{\Omega}{\Omega_i} = \frac{p}{R}\,(h - z),$$

ou encore

(3)
$$\Omega = \Omega_i e^{\frac{p}{R}(h-z)} ;$$

ce qui détermine la superficie Ω de la section située à une hauteur quelconque z.

De l'équation différentielle (1) ci-dessus, mise sous la forme

$$p\Omega dz = -R d\Omega,$$

on déduit, en intégrant depuis les mêmes limites Ω_i ou h, et Ω ou z,

(4)
$$p\int_h^z \Omega dz = -R\int_h^z d\Omega = R\,(\Omega_i - \Omega).$$

Le premier membre $p\int \Omega dz$ est la somme des éléments de volume tels que CDC'D' multipliée par le poids spécifique p ; cette équation exprime donc que le poids de la partie du massif comprise entre deux sections quelconques est égal au produit de R par la différence de superficie de ces deux sections.

L'équation (3) ne détermine que la grandeur de la section Ω, elle en laisse la forme indéterminée. Il suffit, en effet, pour que les conditions du problème soient satisfaites, que cette section ait son centre de gravité sur la verticale OZ, et que sa superficie soit proportionnelle à l'effort qu'elle a à supporter.

34. Indétermination du problème. — Cela nous montre que les données ou hypothèses du problème sont insuffisantes. Nous pouvons, en effet, imaginer deux surfaces EF et HK (*fig.* 42), de forme différente, mais de même superficie et ayant même centre de gravité G. Si deux massifs ayant pour sections transversales ces deux surfaces sont superposés, il est évident que chacun d'eux ne peut transmettre ou recevoir d'effort de la part de l'autre qu'à travers la surface commune ABCD.

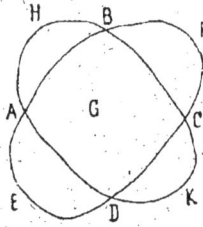

Fig. 42.

C'est donc sur cette section seule, et non sur toute l'étendue de la surface du massif, que se répartira la pression totale exercée par un massif sur l'autre.

Nous devons ainsi, comme conséquence de l'hypothèse de la répartition des pressions, sur toute l'étendue des sections du massif, admettre une loi de continuité dans la forme de ces sections.

Il arrive très souvent que, dans les massifs réels de maçonnerie, il se présente des discontinuités, par exemple lorsque l'on augmente l'épaisseur d'un mur par un redan ménagé sur une de ses faces, comme ACB (*fig.* 43), ou sur ses deux faces, comme DEFG. Dans ce cas, la pression transmise par la partie supérieure à la partie inférieure se répartit sur la seule étendue AC ou EF commune aux deux sections, les parties CB, DE, FG ne supportant rien ; mais l'on admet qu'un peu plus bas, en A'B', D'G', par exemple, à une distance verticale un peu plus grande que les différences de largeur CB, ou DE, la répartition des pressions se fait de nouveau sur toute la surface et suivant l'*hypothèse du plan* (pour plus de détails sur ce sujet, voir la *Théorie des voûtes* de M. J. Résal dans le traité des *Ponts en maçonnerie* de l'*Encyclopédie*).

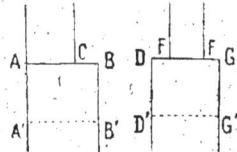

Fig. 43

35. Hypothèse sur la continuité de la forme des sections. — Pour continuer l'étude de notre massif isolé, nous devons donc faire une hypothèse sur la loi de continuité de ses diverses sections. Nous pouvons admettre, par exemple, que ces sections sont des figures semblables et semblablement placées. Dans ce cas, leur superficie variera comme le carré d'une de leurs dimensions homologues, et si l'on appelle a cette dimension, pour une section quelconque dont la superficie est Ω, a_1 la même dimension pour la section Ω_1, et k une constante, on pourra écrire

$$\Omega = ka^2, \qquad \Omega_1 = ka_1^2,$$

et alors l'équation (3) se met sous la forme

(5) $$a = a_1 e^{\frac{p}{2R}(h-z)}.$$

La courbe représentée par cette équation est une logarithmique ayant pour asymptote l'axe des z, c'est-à-dire que a tend vers zéro à mesure que la hauteur z croît indéfiniment.

La courbe est infinie dans les deux sens, c'est-à-dire que les conditions du problème n'imposent aucune limite à la hauteur de la construction, quelle que soit la valeur de R.

Les conditions de résistance de la partie située au-dessous d'une section quelconque BC (*fig.* 44) seront évidemment les mêmes si, au lieu de la partie supérieure, de hauteur infinie, nous supposons appliqué sur cette section un poids égal à celui de cette partie, lequel est égal, d'après ce qui précède, à

$$R\Omega_1,$$

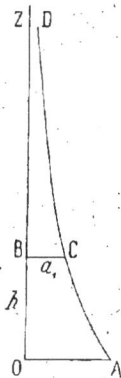

Fig. 44.

ce poids pouvant d'ailleurs être constitué soit par un autre massif d'une forme différente, comme, par exemple, des voûtes reposant sur la section BC, soit par une autre construction s'appuyant sur cette section et transmettant une charge verticale $R\Omega_1$ appliquée en son centre de gravité.

Si cette charge verticale est donnée, et si on la désigne par P, on en déduit immédiatement la valeur de la section Ω_1 qui doit la supporter, d'après l'équation $P = R\Omega_1$. On connaît donc a_1, ce qui permet de déterminer la valeur de a correspondant à une hauteur quelconque.

L'équation (5) s'applique à tous les cas où les sections varient en restant semblables à elles-mêmes et semblablement placées, a étant une dimension homologue dans ces diverses sections. Nous pouvons faire d'autres hypothèses sur la loi de continuité.

Supposons, par exemple, une colonne de forme circulaire, présentant à son intérieur un vide cylindrique de rayon constant que nous désignerons par b. La superficie Ω d'une section quelconque de rayon extérieur r sera

$$\Omega = \pi \, (r^2 - b^2),$$

et celle Ω_1 de la section de rayon r_1 sera de même

$$\Omega_1 = \pi \, (r_1^2 - b^2).$$

Substituant dans l'équation (3), nous avons la suivante :

$$(6) \qquad r^2 - b^2 = (r_1^2 - b^2)e^{\frac{p}{R}(h-z)}$$

qui détermine r^2, et, par suite, r, pour une hauteur z quelconque.

Supposons encore un massif rectangulaire, de dimensions a, b, variant de telle manière que la dimension b, par exemple, diminue proportionnellement à l'augmentation de la hauteur, ce que l'on exprime en disant que le massif présente un *fruit* uniforme. Cette dimension étant b_1 à la hauteur h, elle sera, en désignant par m le fruit constant par unité de hauteur

$$(7) \qquad b = b_1 + m \, (h - z)$$

à une hauteur z quelconque. Nous avons alors

$$\Omega_1 = a_1 b_1, \qquad \Omega = ab = a \, [b_1 + m \, (h - z)];$$

d'où, en substituant dans l'équation (3),

$$(8) \qquad a = \frac{a_1 b_1}{b_1 + m \, (h - z)} \, e^{\frac{p}{R}(h-z)}.$$

On opérerait de même pour les autres hypothèses que l'on

pourrait faire, soit sur la forme des sections, soit sur la loi suivant laquelle elles varient.

Il est bien rare que l'on ait à considérer ainsi des massifs absolument isolés et soustraits à toute action extérieure. Le plus souvent, les massifs de maçonnerie sont construits pour résister à des actions diverses, et même ceux qui sont tout à fait isolés, comme les phares, les cheminées, etc., doivent pouvoir résister à l'action du vent.

Nous allons donc chercher les conditions de stabilité d'un massif isolé, exposé à des actions latérales quelconques.

§ 3

MASSIF DE MAÇONNERIE SOUMIS A DES ACTIONS LATÉRALES

36. Méthode générale pour la détermination des dimensions. — Considérons d'abord un massif indéfini dans le sens horizontal, comme le serait un mur de clôture ou de revêtement. Nous n'aurons à examiner que l'unité de longueur de ce mur, puisque nous le supposons le même en tous les points de cette longueur. Une section horizontale quelconque, faite par un plan MN mené à une hauteur z au-dessus de la base AB, aura la forme d'un rectangle d'une longueur égale à l'unité et d'une largeur MN $= b$ que nous aurons à déterminer.

Le joint quelconque MN (*fig.* 45) doit supporter la résultante des forces qui s'exercent sur la partie MNCD située au-dessus de lui. Ces forces se composent : 1° du poids Q $=$ HQ de cette partie ; 2° et des efforts extérieurs sur les parois CM, DN, dont nous représenterons la résultante par F $=$ HF.

La résultante de ces deux forces sera une force oblique P dont la direction rencontrera le joint MN en un point E. Pour que la partie MNDC soit stable, il faut que non seulement le point E se trouve à l'intérieur du joint MN, mais encore qu'il soit dans une position telle que la pression exercée en chacun des points de ce joint soit inférieure à la charge de sécurité de la matière. La force P étant oblique, nous aurons d'abord à nous assurer que l'angle qu'elle fait avec la normale à MN, c'est-à-dire avec la verticale, est plus petit que l'angle de frottement.

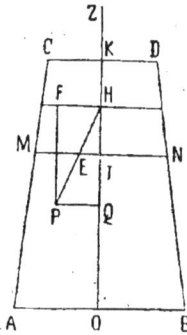

Fig. 45.

Supposons d'abord, pour simplifier, que les efforts extérieurs, dont la résultante est F, soient dirigés horizontalement et répartis uniformément sur la hauteur ; la résultante F est appliquée au milieu de la hauteur DN. Supposons, de même, que le mur soit symétrique, de telle sorte que le centre de gravité de la portion CDMN se projette au milieu I de MN.

Appelons h la hauteur verticale OK, b_1 la largeur CD au sommet, q le poids de l'unité de volume du mur, et p l'intensité constante des actions extérieures par unité de hauteur verticale ; si nous prenons la partie supérieure du mur sur une hauteur ε assez petite pour que nous puissions l'assimiler à un rectangle, la pression extérieure sur cette tranche sera $p\varepsilon$, son poids sera $qb_1\varepsilon$ et le rapport de ces deux forces, qui fait connaître l'inclinaison de leur résultante sur la verticale, doit être plus petit que le coefficient de frottement f ; nous aurons donc

$$\frac{p\varepsilon}{qb_1\varepsilon} < f \quad \text{ou} \quad b_1 > \frac{fq}{p}.$$

Cela donnerait une limite inférieure de la largeur CD du mur à son sommet ; mais des considérations résultant du mode de construction conduisent toujours à dépasser cette limite qui est généralement fort petite.

Nous devrons ensuite vérifier que la pression ne donne lieu, en aucun point du joint quelconque MN, à un effort dépassant la charge de sécurité de la matière employée.

La pression normale a pour valeur le poids Q de la partie CDMN, soit $q\int_{\scriptscriptstyle\bullet}^{h} b\, dz$. La pression F, sur la même partie, étant $p(h - z)$, il en résulte que la distance $EI = x$, du point d'application E de cette résultante au milieu I du joint MN, sera déterminée par l'équation $\dfrac{EI}{IH} = \dfrac{F}{Q}$, ou bien

$$\frac{x}{\left(\dfrac{h - z}{2}\right)} = \frac{p\,(h - z)}{q \displaystyle\int_z^h b\,dz}.$$

d'où

(9)
$$x = \frac{p\,(h - z)^2}{2q \displaystyle\int_z dz}.$$

37. Courbe des pressions.

— Cette équation est celle de la courbe, lieu des points E, où la résultante de l'effort sur chaque joint MN rencontre la surface de ce joint. Cette courbe s'appelle *courbe des pressions.* Elle se retrouve et elle se détermine d'une manière analogue dans tous les massifs de maçonnerie, quelles que soient leur forme et la répartition des efforts qu'ils ont à supporter. Son équation peut seulement devenir beaucoup plus compliquée.

Connaissant le point d'application de la résultante, il sera facile, d'après ce qui a été dit plus haut, de trouver comment l'effort se répartit en tous les points de la surface rectangulaire MN, en tenant compte, s'il y a lieu, de son obliquité (n° 31).

Nous devrons considérer deux cas, suivant que le point E se trouve à une distance $x = EI$ du centre I, inférieure au sixième de la longueur MN, ou bien qu'il se trouve plus éloigné de ce centre. Si x est plus petit que le sixième de b, la pression, au point le plus chargé, est inférieure au double de la pression moyenne, c'est-à-dire inférieure à $2\,\dfrac{Q}{b}$ ou à $\dfrac{2q}{b} \displaystyle\int_z^h b\,dz$, en négligeant l'obliquité de la résultante. Comme l'épaisseur du mur va en décroissant à mesure que la hauteur augmente, l'intégrale $\displaystyle\int_z^h b\,dz$ est plus petite que $b\,(h - z)$ et, par suite, la pression au point le plus chargé est au-dessous de $2q\,(h - z)$ ou de celle qui serait produite par un massif rectangulaire d'une hauteur double de IK. Si on désigne par R_0 la charge de sécurité, la condition de stabilité sera $2q (h - z) < R_0$ ou pour la hauteur totale du mur $(z = 0)$, $h < \dfrac{R_0}{2q}$. Cette limite est généralement élevée et supérieure à la hauteur de la plupart des massifs usuels.

Les conditions sont bien différentes lorsque x est plus grand que le sixième de b. Dans ce cas, la pression sur le point le plus chargé de la surface MN peut dépasser toute limite, jusqu'à devenir infinie lorsque $x = \dfrac{1}{2} b$. La composante normale, abstraction faite, toujours, des conséquences de l'obliquité de la résultante, se répartit sur une surface égale à $3ME = 3 \left(\dfrac{1}{2} b - x \right)$ et la pression maximum est le double de la pression moyenne $\dfrac{Q}{3ME}$. Cette pression maximum R_m a donc pour expression

$$(10) \qquad R_m = \frac{2q \int_{z}^{h} b\,dz}{3 \left(\dfrac{1}{2} b - x \right)}.$$

Elle doit être inférieure, ou au plus égale à la valeur R_0 de la charge de sécurité. En écrivant cette inégalité et y remplaçant x par son expression ci-dessus, on aura la relation cherchée entre b et z.

Si l'on veut tenir compte de l'obliquité de la résultante, en adoptant par exemple les résultats donnés par M. Galliot, on devra, à la composante normale de l'effort, ajouter cinq fois la composante tangentielle qui a pour valeur $F = p (h - z)$. La pression maximum sera alors le double de $\dfrac{Q + 5F}{3ME}$, et la condition de stabilité s'écrira

$$\frac{2q \int_{z}^{h} b\,dz + 10p (h - z)}{3 \left(\dfrac{b}{2} - x \right)} < R_0.$$

38. Exemple d'un mur rectangulaire. — Cette relation ne peut être d'aucune utilité sous cette forme générale;

nous allons prendre la question à un point de vue plus particulier en considérant un mur à section rectangulaire, c'est-à-dire à épaisseur constante.

Dans ce cas, b est constant et égal à b_1 sur toute la hauteur ; l'intégrale $\int_z^h bdz$ est égale à $b_1(h-z)$ ou à $b_1 h$, si on considère le joint AB de la base, la valeur de x devient $x = \dfrac{p(h-z)}{2qb_1}$ pour un joint quelconque et, pour le joint de la base, $x = \dfrac{ph}{2qb_1}$.

L'expression ci-dessus de l'effort maximum donne, égalée à la limite R_0, l'équation

$$(11) \quad \frac{2qb_1 h}{3\left(\frac{1}{2}b_1 - \frac{ph}{2qb_1}\right)} = R_0 ; \quad \text{d'où} \quad b_1^2 = \frac{ph}{q} \cdot \frac{1}{1 - \frac{4qh}{3R_0}}.$$

Tant que la hauteur h est assez petite pour que la fraction $\dfrac{4qh}{3R_0}$ soit négligeable devant l'unité, on a simplement

$$b_1^2 = \frac{ph}{q},$$

formule que l'on obtiendrait directement en écrivant que la résultante du poids et de l'effort latéral passe par l'extrémité A de la base d'appui ; cette formule peut s'appliquer, par exemple, aux murs de clôture.

Il est d'usage, d'après Rondelet, de donner à ces murs une épaisseur égale au $\dfrac{1}{8}$, au $\dfrac{1}{10}$, ou au $\dfrac{1}{12}$ de leur hauteur ; cela équivaut, si on remplace b_1 par $\dfrac{h}{8}$, où $\dfrac{h}{10}$ ou $\dfrac{h}{12}$, à supposer que l'effort p du vent, par mètre carré, ne peut dépasser

$$\frac{qh}{64}, \qquad \frac{qh}{100} \qquad \text{ou} \qquad \frac{qh}{144},$$

c'est-à-dire, par exemple, pour un mur de 3 mètres de hauteur pesant 1.800 kilogrammes par mètre cube, 84 kilogrammes, 54 kilogrammes ou 37 kilogrammes

Lorsque l'effort du vent dépasse cette limite, le mur est renversé.

39. Méthode graphique. — La forme rectangulaire, que nous avons supposée au mur, ne s'emploie que pour des constructions d'une faible hauteur pour lesquelles la différence que donnerait l'application rigoureuse de la théorie serait insignifiante. Cette différence, qui se traduit par une diminution possible de l'épaisseur vers le sommet du mur, ne donne alors qu'une économie compensée par la sujétion qu'entraîne la variation de l'épaisseur. Il n'en est plus de même lorsque la hauteur devient grande ; on doit alors faire varier l'épaisseur du mur, et on devrait, en conséquence, appliquer les formules générales ci-dessus ; mais, comme elles deviennent extrêmement compliquées, surtout lorsque les efforts latéraux, au lieu d'être répartis uniformément sur toute la hauteur, sont eux-mêmes variables, on y substitue ordinairement une méthode graphique beaucoup plus simple et suffisamment exacte.

Le principe de cette méthode graphique consiste, après avoir adopté pour le mur un profil arbitraire, à le diviser par un certain nombre de joints réels ou fictifs tels que MN, à construire le centre de gravité de chacune des portions telles que CDMN (*fig.* 45, page 88) comprises entre le sommet et l'un quelconque des joints, et à mesurer la surface et, par suite, le poids de cette portion ; puis à déterminer l'effort total qui s'exerce sur la surface extérieure de ce massif, ainsi que son point d'application, et à composer ces deux forces par la règle du parallélogramme. On trouve ainsi les résultantes successives des efforts qui s'exercent sur chacun des joints, et leur intersection avec les surfaces de joints respectives sont des points de la courbe des pressions, que l'on peut ainsi tracer lorsqu'on en a déterminé un nombre suffisant. On s'assure alors que sur chaque joint la pression maximum ne dépasse pas la limite R_0 de la charge de sécurité. Si cette condition n'est pas satisfaite, ou bien si l'inclinaison de la pression sur la surface du joint dépasse l'angle de frottement, on modifie le profil que l'on avait adopté et l'on recommence jusqu'à ce que l'on trouve un profil pour lequel ces conditions soient satisfaites. On doit, au point de vue de l'économie, faire en sorte que la charge maximum sur chaque joint s'approche autant que possible de la limite de résistance sans la dépasser. Lorsqu'il n'en est pas ainsi, les matériaux sont mal employés et le mur pourrait être diminué sans que sa stabilité fût mise en péril.

Cette méthode de fausse position est générale et s'applique à tous les massifs de maçonnerie, quelles que soient leur forme et la répartition des efforts qu'ils supportent. Les tâtonnements auxquels elle donne lieu peuvent d'ailleurs se faire méthodiquement, de manière à en réduire le nombre et en même temps à éviter des calculs trop laborieux.

Supposons que l'on ait déterminé, sur un joint quelconque KL (*fig.* 46), la résultante P des efforts exercés par la partie comprise entre ce joint et l'extrémité CD, ainsi que le point E d'application de cette résultante, et que l'on ait vérifié que le joint KL satisfait, le mieux possible, aux conditions de stabilité. Proposons-nous de déterminer le joint suivant MN d'après les mêmes conditions.

Attribuons d'abord à ce joint une longueur arbitraire MN ; nous pourrons, quel que soit le profil du massif, considérer les lignes KM et LN comme des lignes droites, et par conséquent, la figure MKLN comme un quadrilatère dont nous déterminerons le centre de gravité G et la surface, c'est-à-dire le poids Q de la tranche correspondante du massif, par les règles ordinaires. Nous connaîtrons de même la grandeur F et le point d'application H des forces extérieures qui agissent sur cette tranche ; en

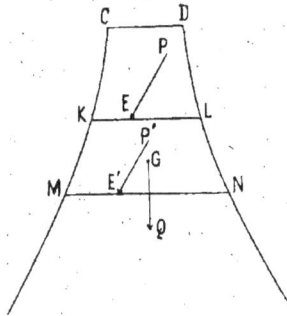

Fig. 46.

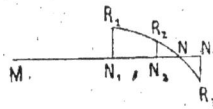

Fig. 47.

composant donc les trois forces connues P, Q et F, nous aurons, sur le joint MN, la résultante P' et son point d'application E' correspondant à la longueur MN. Supposons que, d'après la position de ce point et la répartition qui en résultera pour les efforts sur le joint MN, le point le plus chargé supporte un effort dépassant la charge R_0 de sécurité d'une certaine quantité que nous représenterons par N_1R_1 (*fig.* 47). Nous en conclurons que la longueur MN_1 attribuée au joint MN est trop faible, et nous devrons l'augmenter. Répétons le même essai avec deux longueurs nouvelles MN_2, MN_3; supposons que la première, encore trop faible, donne au point le plus chargé un effort dépassant de N_2R_2 la charge de sécurité; et qu'au contraire la seconde, trop grande, donne un effort plus faible que la limite de la quantité N_3R_3. Construisons la courbe qui passe par les points R_1, R_2, R_3 et qui coupe la ligne MN en un point N. La longueur MN devra évidemment satisfaire d'une manière aussi approximative que possible à la condition économique de stabilité. La longueur du joint MN étant déterminée, on passera à celle du joint suivant que l'on trouvera de la même manière, et ainsi de suite. Le contour du massif sera ensuite formé, soit par la ligne polygonale réunissant les extrémités des joints ainsi calculés, soit par une courbe continue qui s'éloignera d'autant moins de ce polygone que le nombre de joints dont la longueur aura été déterminée sera plus considérable.

En partant d'une extrémité CD du massif où la dimension peut être déterminée directement, soit par l'application des mêmes règles, soit par des considérations étrangères à la stabilité, on arrivera, de proche en proche, à donner à toutes les parties du massif les dimensions strictement nécessaires pour résister aux efforts extérieurs qui y sont appliqués.

Il est bien entendu que, dans la détermination de la longueur de chaque joint, on doit faire entrer en ligne de compte, non seulement la résistance à l'écrasement, mais la condition relative à l'inclinaison de la résultante, et, s'il y a lieu, la résistance à l'extension. Les longueurs minima qui satisferont à ces conditions seront, en général, différentes, et on devra adopter, pour la dimension du joint, la plus petite de celles qui satisfont à la fois à toutes les conditions de stabilité.

40. Cas où l'on tient compte de la résistance à la traction. — Il est d'usage, en général, comme nous l'avons dit, de négliger la résistance à l'extension, dans les maçonneries, c'est-à-dire de ne pas la faire entrer en ligne de compte dans les calculs de stabilité. Cela revient à supposer que, si la résultante P (*fig.* 48) des pressions supportées par un joint quelconque MN, se trouve appliquée en dehors du noyau central de la superficie de ce joint, la pression se répartit seulement sur une partie de cette superficie, limitée par la ligne neutre correspondant au point d'application. Si, par exemple, le joint MN est rectangulaire, d'une largeur MN $= 2b$ et d'une longueur, perpendiculaire au plan de la figure, égale à l'unité; si la résultante P, appliquée au milieu de cette longueur, se trouve à une distance EI $= p$ du centre I du rectangle, plus grande que le tiers de MI, la pression P se répartira seulement sur une largeur MK $= 3$ME, et l'effort maximum, s'exerçant au point

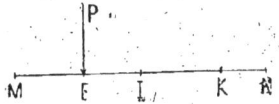

Fig. 48.

M, sera le double de la pression moyenne, soit $2 . \dfrac{P}{3(b-p)} = R_1$.

Si l'on supposait que le joint MN pût résister à l'extension, les efforts, en chaque point, seraient donnés par la formule générale $R = \dfrac{P}{\Omega}\left(1 + \dfrac{3px}{b^2}\right)$, x étant la distance du point considéré au centre I de la section. La pression maximum, au point M, serait donc $R'_1 = \dfrac{P}{2b}\left(\dfrac{3p}{b} + 1\right)$ et la tension maximum, au point N, aurait pour valeur $T'_1 = \dfrac{P}{2b}\left(\dfrac{3p}{b} - 1\right)$.

Nous en déduisons $T'_1 = \dfrac{3p - b}{3p + b} . R'_1$.

Cet effort de tension est nul, comme nous le savons, lorsque $p = \dfrac{1}{3} b = 0,333.b$. Pour des valeurs de p plus grandes que cette limite, l'effort T_1 acquiert les valeurs suivantes :

Pour : $p = 0,40b$, $T'_1 = \dfrac{1}{11} R'_1$;

Pour :

$$p = 0,50b, \qquad T'_1 = \frac{1}{5} R'_1 ;$$

$$p = 0,60b, \qquad T'_1 = \frac{2}{7} R'_1 ;$$

$$p = 0,80b, \qquad T'_1 = \frac{7}{17} R'_1 ;$$

$$p = b, \qquad T'_1 = \frac{1}{2} R'_1 .$$

Lorsque les maçonneries sont bien faites, elles peuvent réellement supporter de petits efforts d'extension variant du $\frac{1}{5}$ au $\frac{1}{10}$ des pressions que l'on admet avec sécurité. On pourrait ainsi continuer à calculer la pression au point le plus chargé d'une section rectangulaire par la formule générale, tant que le point d'application de la résultante ne s'éloignerait pas du centre de plus de 0,40 à 0,50 de la demi-largeur de la section, au lieu de limiter l'application de cette formule à 0,333 de cette dimension.

41. Écart possible de la résultante, en dehors du noyau central. — Cet écart du point d'application de la résultante est *à fortiori* justifié lorsque, par suite de considérations étrangères à la stabilité, on est amené à donner à un joint une largeur telle que l'effort moyen ne soit qu'une petite fraction de la charge de sécurité. Il n'y a plus alors aucun inconvénient à rapprocher, du contour de la section, le point d'application de la résultante des forces qui y sont appliquées.

Si, d'ailleurs, après avoir calculé les efforts maxima en admettant l'existence de tensions vers l'extrémité N du joint, il arrivait que, par suite d'un vice de construction, les maçonneries ne résistassent effectivement à aucun effort d'extension, la sécurité de la construction ne serait pas, pour cela, compromise. Seulement, l'effort au point le plus chargé, au lieu d'être $R'_1 = \frac{P}{2b} \left(\frac{3p}{b} + 1 \right)$, deviendrait $R_1 = \frac{2P}{3(b-p)}$, c'est-à-dire $R_1 = \frac{4\,b^2}{3(b+3p)(b-p)} R'_1$.

Il deviendrait donc,

$$\text{Pour:}\quad p = 0,40b,\qquad R_t = 1,01R'_t;$$
$$p = 0,50b,\qquad R_t = 1,06R'_t;$$
$$p = 0,60b,\qquad R_t = 1,19R'_t;$$
$$p = 0,805b,\qquad R_t = 2R'_t;$$

Il devient, à la vérité, infini pour $p = b$; mais on voit que, si la résultante ne s'écarte pas du centre du rectangle de plus de la moitié de sa demi-largeur, la pression au point le plus chargé, en supposant que les maçonneries ne résistent pas à un effort d'extension, ne dépasserait que de 6 0/0 celui que l'on aurait calculé, au même point, en admettant l'existence de ces efforts.

Il n'y aura donc, en général, aucun inconvénient à admettre que le point d'application de la résultante des efforts, sur une section rectangulaire MN (*fig.* 49), s'écarte, du centre I de cette section, d'une longueur égale à la moitié CI de la demi-largeur MI de la section. Cette résultante pourra ainsi, sans que la sécurité soit compromise, être appliquée en un point quelconque de la moitié CD intermédiaire de la largeur du joint MN. Lorsqu'elle sera appliquée en dehors du tiers intermédiaire EF, qui correspond au noyau central, c'est-à-dire en un point des longueurs CE ou FD, le joint aura à résister à l'une de ses extrémités à un effort d'extension qui pourra atteindre le cinquième de l'effort

Fig. 49.

de compression qui s'exercera à l'autre extrémité, ce qu'il pourra toujours faire si la maçonnerie est bien exécutée. Mais si, par suite d'une malfaçon, cette résistance venait à disparaître, il se produirait, au point le plus chargé, une augmentation de l'effort de compression qui ne dépasserait pas 6 0/0 de sa valeur primitive.

Dans le cas d'une section circulaire pleine, le noyau central est un cercle dont le rayon est le quart du rayon de la section, de sorte que le centre de pression devrait, pour éviter tout effort d'extension, rester dans le quart intermédiaire EF

Fig. 50.

(*fig.* 50) de la longueur d'un diamètre MN. Si donc

7

MI $= a$, on devrait avoir EI $= p$ au plus égal à $\frac{a}{4}$. Si le centre de pression est appliqué en dehors de EF, à une distance du centre $p > 0,25a$, il se produit, vers l'extrémité opposée, un effort d'extension dont le rapport, à l'effort de compression maximum correspondant qui s'exerce à l'autre extrémité, est égal à $\frac{4p - a}{4p + a}$. Ce rapport, nul pour $p = \frac{a}{4}$, devient égal à $\frac{1}{7}$ pour $p = \frac{a}{3}$, et à $\frac{1}{5}$ pour $p = \frac{3}{8} a$.

Par analogie avec ce que nous venons de dire pour les sections rectangulaires, on pourrait donc admettre, dans ce cas, que le centre de pression pût s'écarter du centre de la section d'une longueur égale aux $\frac{3}{8}$ du rayon.

Lorsqu'il s'agit d'une couronne circulaire comprise entre deux circonférences de rayons a et a', nous trouverions de même que l'effort de tension, nul lorsque $p = a.\left(\frac{a^2 + a'^2}{4a^2}\right)$, devient égal à $\frac{1}{5}$ de l'effort de compression correspondant lorsque $p = a.\frac{3(a^2 + a'^2)}{8a^2}$. Et ce serait cette limite que l'on pourrait admettre pour l'écart maximum du centre de pression.

Il y a cependant des circonstances où l'on doit éviter, d'une manière absolue, de faire supporter aux maçonneries des efforts d'extension, si minimes qu'ils soient, par exemple lorsqu'elles doivent résister à la poussée de l'eau. Dans ce cas, on devra s'astreindre à faire passer la résultante des efforts dans l'intérieur du noyau central de chaque joint.

Lorsque les efforts, auxquels doivent résister les maçonneries sont intermittents ou variables, les conditions de stabilité doivent être vérifiées pour toutes les valeurs de ces efforts.

Il ne faut pas oublier que les conclusions qui précèdent sont déduites de l'*hypothèse du plan*, laquelle n'est qu'une première approximation de ce qui se passe réellement au point de vue de la répartition des efforts. Les résultats en sont notablement modifiés lorsqu'au lieu d'adopter cette hypothèse on part de celle, probablement plus approchée, mais moins simple, qui consiste à supposer des coefficients de proportionnalité différents pour les efforts d'extension et de compression, comme nous l'avons dit au n° 19, page 58.

Au point de vue de l'économie, comme au point de vue de la stabilité, il y a toujours intérêt à faire en sorte que les points d'application des résultantes soient le plus rapprochés possible du centre de gravité des divers joints. C'est à cette condition que les matériaux sont le mieux utilisés, c'est-à-dire qu'ils peuvent supporter un effort déterminé avec une dimension moindre.

Ces principes généraux étant posés, la vérification de la stabilité des massifs de maçonnerie s'effectuera facilement, à la condition que l'on connaisse les efforts latéraux qu'ils ont à supporter.

Ces efforts sont directement déterminés lorsqu'ils sont produits par des constructions supportées par les maçonneries dont il s'agit, comme des planchers, des couvertures, etc. Les conditions de stabilité de ces constructions font connaître les actions qu'elles doivent exercer sur les massifs sur lesquels elles s'appuient.

Il en est de même lorsque ces efforts proviennent de la pression du vent ou de celle d'un liquide.

Nous allons en dire quelques mots, et nous étudierons plus loin, en détail, la poussée des terres sur les murs de soutènement.

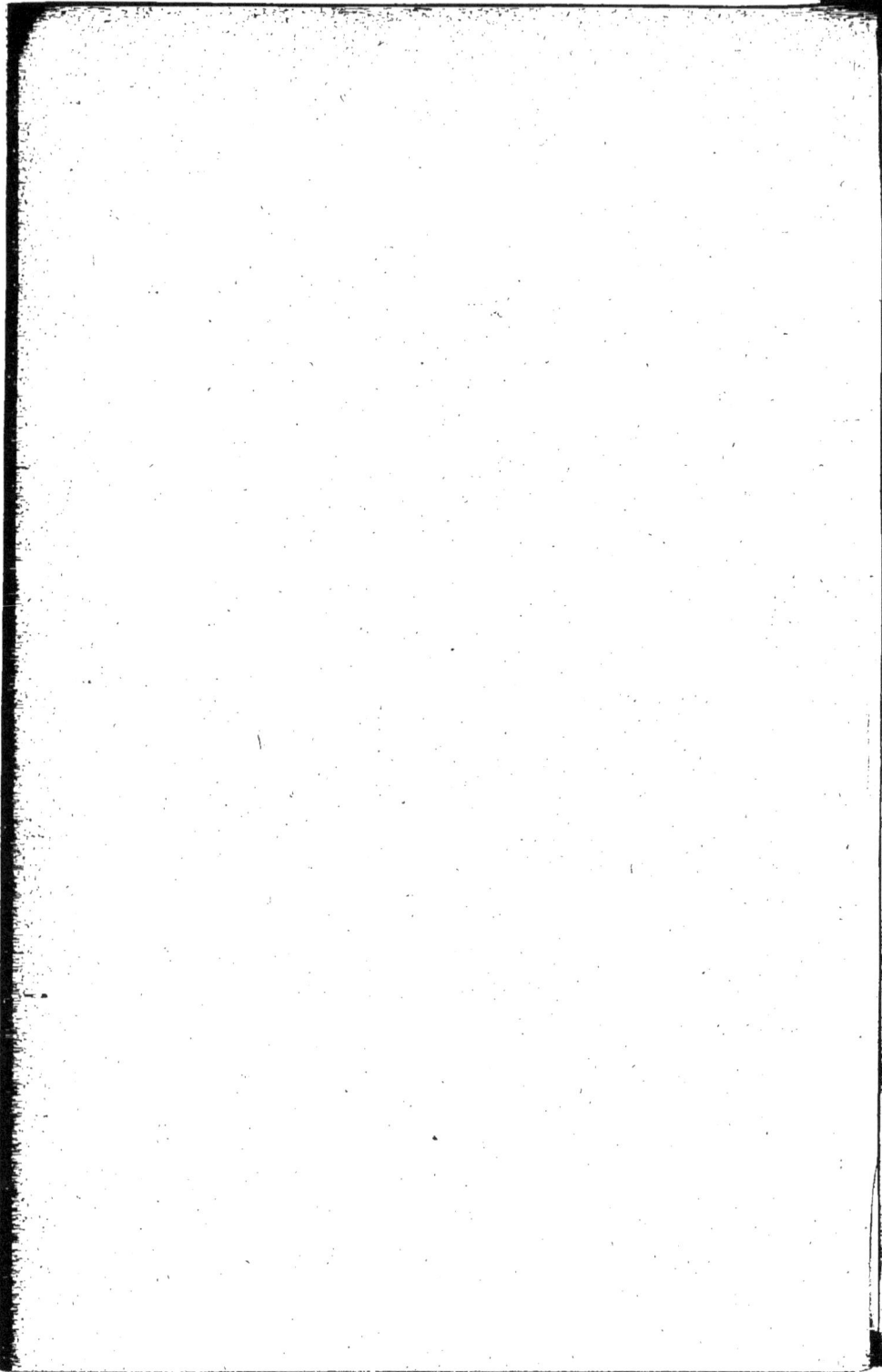

CHAPITRE V

EXEMPLES DE MASSIFS SOUMIS A DES EFFORTS LATÉRAUX

§ 1er

ACTION DU VENT

42. Intensité de la pression du vent. — On admet
généralement que la pression exercée par le vent sur une
surface plane, normale à sa direction, est proportionnelle à
l'étendue de cette surface. Ce n'est là qu'une approximation
dont on se contente en l'absence de résultats précis d'expériences.

Borda a trouvé que, pour une même vitesse du vent, l'intensité de la pression, par unité de surface, augmentait avec
l'étendue de la surface exposée au vent; et d'Aubuisson, en
discutant ses expériences, a reconnu qu'elles se vérifiaient
en admettant que la pression, par unité de surface, était proportionnelle à la puissance $1,1 = \frac{11}{10}$ de l'étendue de la surface.

Cette conclusion a été contestée par M. Baker, l'ingénieur
bien connu qui a construit le pont sur le *Firth of Forth.* Il a

entrepris, aux environs du point où cet ouvrage devait être établi, des expériences nouvelles dont le compte rendu détaillé n'a pas encore été publié, au moins à ma connaissance. D'après les premiers résultats, il semblerait démontré que l'intensité du vent, par unité de surface, diminue au contraire, toutes choses égales d'ailleurs, avec l'étendue de la surface exposée au vent ; c'est-à-dire qu'une surface d'un mètre carré, par exemple, subit un effort notablement inférieur à cent fois celui que subit, par l'action d'un même vent, une surface d'un décimètre carré. Cette question ne paraît pas encore suffisamment élucidée.

On admet, en général, que la pression p exercée par le vent est proportionnelle au carré de la vitesse V, et exprimée approximativement par la formule $p = 0,113 V^2$, soit, à peu près, $p = \left(\dfrac{V}{3}\right)^2$, qui donne les chiffres suivants :

DÉSIGNATION DES VENTS	VITESSE PAR SECONDE	PRESSION PAR MÈTRE CARRÉ
	mètres	kilogrammes
Vent à peine sensible.............	0.50	0.03
Petite brise......................	2.00	0.45
Bonne brise......................	10.00	11.30
Grand frais	20.00	45.00
Coup de vent....................	27.00	83 00
Ouragan.........................	45.00	230.00

Il n'est pas nécessaire, pour calculer la stabilité des constructions, de connaître la relation exacte entre la pression exercée par le vent et la vitesse. Il suffit de connaître la plus grande pression qui peut se produire dans une localité donnée.

Les pressions atteignant et dépassant 300 kilogrammes ne se produisent que dans des circonstances tout à fait exceptionnelles.

On a constaté à Liverpool, le 7 février 1868, une pression de 298 kilogrammes et, le 27 septembre 1875, une pression de 346 kilogrammes. En Amérique, des cyclones ont produit une pression qui a atteint 455 kilogrammes par mètre carré [1].

[1] *Minutes of Proceedings* de la Société des Ingénieurs civils de Londres, vol. LXIV, page 352, et vol. LXVI, page 388.

A la suite du renversement par le vent d'un train de chemin de fer sur la ligne de Perpignan à Narbonne, M. Nordling (*Ann. P. Ch.*, 1ᵉʳ sem. 1868, p. 219) a calculé que la pression du vent avait dépassé le chiffre de 154 kilogrammes par mètre carré sans atteindre 254 kilogrammes L'endroit où l'accident a eu lieu est près de l'étang de Leucate, au pied des contreforts des Corbières qui forment un goulet de 200 mètres de profondeur, dont la direction est perpendiculaire à la voie. Le vent y acquiert une grande violence.

L'effort qui doit servir de base aux calculs de la résistance à l'action du vent n'est donc pas déterminé ; il est variable avec les circonstances et les localités. Il est certain que, si l'on adoptait, pour cet effort, le plus grand des chiffres observés, soit 455 kilogrammes par mètre carré, on serait absolument assuré d'être à l'abri de tout accident, mais on donnerait ainsi aux constructions un surcroît exagéré de stabilité. On doit, pour rester dans les limites d'une économie rationnelle, évaluer les conséquences de la destruction du massif à construire, et les probabilités de l'apparition d'un vent assez violent pour le détruire. A la suite de l'accident du pont de la Tay, une Commission anglaise a été chargée par le *Board of Trade* d'étudier les conditions de résistance à l'action du vent des ouvrages d'art de chemins de fer. Le résumé de son travail dont les conclusions sont généralement adoptées en Europe par tous les ingénieurs ont conduit à admettre, dans le calcul des ponts et viaducs de chemins de fer, une pression maximum de vent de 270 kilogrammes par mètre carré. C'est ce chiffre que l'on doit adopter pour une construction dont le renversement aurait des conséquences désastreuses.

Au contraire, s'il s'agit d'une construction de peu d'importance, comme le serait un mur de clôture isolé dont le renversement constitue simplement un accident réparable, moyennant une faible dépense, on doit en calculer les dimensions non pas en se plaçant au point de vue d'une sécurité absolue, mais en tenant compte des circonstances locales qui peuvent influer sur la grandeur de l'effort du vent, suivant, par exemple, que la construction est exposée ou non aux vents régnants, qu'elle est plus ou moins abritée, etc., et en faisant une comparaison entre la dépense qu'exigerait la reconstruction après un renversement eu égard à la probabilité de cet accident, et l'économie que l'on obtient en réduisant les dimensions.

Si l'on considère que le renversement de wagon de chemins de fer est un fait excessivement rare, on conclura que les vents qui donnent des efforts supérieurs à 150 ou 160 kilogrammes par mètre carré, capables de produire cet effet, sont eux-mêmes très rares, et l'on pourra adopter ce chiffre avec une sécurité relativement suffisante pour beaucoup de constructions.

Lorsque la surface plane rencontrée par le vent n'est pas perpendiculaire à sa direction, mais fait avec elle un angle α, la pression exercée par le vent varie avec l'angle α suivant une loi qui paraît fort compliquée. Hutton, en 1812, était arrivé à la représenter par la formule

$$(\sin \alpha)^{1.84 \cos \alpha},$$

à laquelle Bresse a proposé de substituer la suivante

$$\sin^2 \alpha + 0{,}2 \frac{\sin 2\alpha}{1 + \cos^2 \alpha} = \sin^2 \alpha \frac{2{,}8 - 1{,}8 \sin^2 \alpha}{2 - \sin^2 \alpha},$$

qui donne les mêmes résultats.

D'après cela, la pression sur une surface oblique serait plus grande que le produit par $\sin^2 \alpha$ de la pression sur la même surface exposée normalement à l'action du vent.

Or, si l'on admet la proportionnalité de la pression sur une surface oblique au carré du sinus de l'inclinaison, et si, par une intégration facile[1], on évalue la pression sur une surface

---

[1] Soit MN (*fig.* 51) un élément d'une surface cylindrique de rayon $OA = r$ et d'une longueur égale à l'unité, et soit α l'angle formé par cet élément avec la direction du vent. L'angle AOM sera aussi égal à α. Nous aurons $MN = rd\alpha$, et la pression, si elle est k par unité de surface sur une paroi normale au vent, sera, sur MN, égale à $kr \sin^2 \alpha \, d\alpha$. La composante, dans la direction normale à AB, sera $kr \sin^3 \alpha \, d\alpha$, et la résultante de toutes les composantes semblables sur la demi-circonférence AMB sera

$$\int_0^\pi kr \sin^3 \alpha \, d\alpha = kr \int_0^\pi \sin \alpha \, (1 - \cos^2 \alpha) \, d\alpha$$
$$= kr \left(\cos \alpha - \frac{\cos^3 \alpha}{3} \right)_0^\pi = \left(2 - \frac{2}{3} \right) kr = \frac{2}{3} k.2.r$$

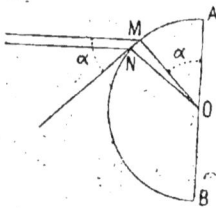

Fig. 51.

cylindrique, on trouve que cette pression serait les deux tiers dè celle qui se serait exercée sur la section diamétrale du cylindre.

La pression sur chacun des éléments étant plus grande que celle que l'on admet ainsi, on devrait trouver que la pression réellement exercée sur une surface cylindrique est supérieure aux deux tiers de celle que supportait son plan diamétral. Or, les expériences de Borda ont donné, au contraire, pour ce rapport, le nombre 0,57 plus petit que deux tiers.

Toutefois, et en raison même de l'incertitude qui semble régner encore sur les résultats de ces expériences, on admet généralement, pour la pression du vent sur une surface oblique, la proportionnalité au carré du sinus de son inclinaison, et pour la pression sur une surface cylindrique, les deux tiers de celle qui se produirait sur la section diamétrale du cylindre.

Ce ne sont que des approximations, à défaut d'une connaissance plus exacte de la réalité des phénomènes.

43. Variation avec la hauteur. — Enfin, la pression du vent varie avec la hauteur au-dessus du sol de l'objet qui y est exposé. Les lois de cette variation sont encore peu connues. M. Stevenson [1] a proposé, pour représenter la vitesse v à une hauteur h, lorsque l'on connaît déjà la vitesse V observée à une hauteur H, la formule :

$$v = V \sqrt{\frac{h + 22^m,00}{H + 22^m,00}}.$$

Il n'a vérifié cette formule que pour des hauteurs comprises entre 5 et 15 mètres. A des hauteurs plus petites que 5 mètres, la vitesse est généralement beaucoup plus faible que celle que donnerait cette formule, qui semble, au contraire, s'appliquer assez bien à des observations faites de 10 à 30 mètres de hauteur, par le Dr Fines, à Perpignan.

Si cette formule était exacte, la pression du vent, qui est proportionnelle au carré de la vitesse, varierait, pour les hauteurs supérieures à 5 mètres, proportionnellement aux

[1] *Minutes of Proceedings* de la Société des Ingénieurs civils de Londres, vol. LXIX.

hauteurs mesurées au-dessus d'un point placé à 22 mètres en contre-bas du sol. Il faudrait en conclure que le point d'application de la résultante de la pression sur une surface rectangulaire ne serait pas au milieu de la hauteur, mais plus haut, ce qui lui donnerait, par rapport à la base, un moment de renversement d'une valeur plus grande.

Dans les calculs de stabilité des massifs exposés à l'action du vent, on ne tient pas compte ordinairement de cette différence, qui cependant ne serait pas négligeable.

44. Règle usuelle. — En résumé, on calcule la pression du vent eu égard aux conditions locales, et aux indications qu'elles peuvent fournir sur les plus grandes vitesses du vent que l'on peut avoir à redouter.

A défaut de ces indications, on admet généralement que la pression du vent ne dépassera pas 270 kilogrammes par mètre carré de surface plane directement exposé à son action: on compte les surfaces cylindriques pour les deux tiers de leur surface diamétrale.

Pour les massifs peu élevés, comme les murs de clôture, qui ne dépassent pas le niveau du sol de plus de 4 à 5 mètres, on réduit ordinairement l'intensité maximum du vent par mètre carré aux environs de 100 kilogrammes, un peu au-dessus de ce chiffre ou un peu au-dessous, suivant que les constructions sont plus ou moins exposées au vent ou abritées par les constructions voisines.

L'action du vent sur une surface inclinée, comme une couverture, doit être diminuée proportionnellement au carré du sinus de l'inclinaison mutuelle de la surface et de la direction du vent. On admet généralement que cette direction fait un angle de 10° avec l'horizontale, de sorte que, si α est l'inclinaison sur l'horizontale de la surface de la couverture, l'angle qu'elle fait avec la direction du vent sera $(\alpha + 10°)$, et la pression exercée par le vent sur cette surface sera égale à celle p qui serait exercée sur une surface normale multipliée par $\sin^2 (\alpha + 10°)$. Et la composante verticale de cette pression à ajouter au poids de la couverture aura pour expression

$$\frac{p \sin^2 (\alpha + 10°)}{\cos \alpha}.$$

Voici les valeurs de ce coefficient pour des valeurs de l'angle α dont les tangentes trigonométriques sont exprimées par les nombres de la première colonne :

$$\text{Pour tang } \alpha = 1,00, \text{ on a : } \frac{\sin^2 (\alpha + 10°)}{\cos \alpha} = 0,95,$$

0,67,	0,57,
0,50,	0,40,
0,40,	0,30,
0,33,	0,24,
0,25,	0,17,
0,20,	0,13.

Lorsque les constructions exposées au vent présentent des ouvertures permanentes, la superficie de celles-ci doit, naturellement, être déduite de la surface totale, à la condition toutefois qu'il ne se trouve pas, en arrière de l'ouverture, une autre surface faisant partie de la même construction et sur laquelle le vent pourrait exercer son action après avoir traversé cette ouverture. Ainsi, par exemple, dans un pont supporté par deux poutres parallèles, en treillis, la surface exposée au vent, servant de base aux calculs de stabilité, devra être un peu inférieure au double de la surface réelle de l'une des deux poutres, la seconde poutre étant comptée pour une fraction seulement, ordinairement la moitié ou les trois quarts de sa surface réelle, pour tenir compte de ce qu'elle est en partie abritée par la première.

45. Moment de stabilité. Moment de renversement. — Les calculs faits avec les mêmes données permettent de comparer entre eux divers massifs au point de vue de la résistance qu'ils opposent à l'action du vent.

Si, en considérant la base d'appui d'une construction, on calcule, d'une part, le moment, par rapport à l'arête de cette base, de l'effort qui tend à la renverser, en partant d'un chiffre déterminé pour la pression du vent et, d'autre part, le moment, par rapport à la même arête, de son poids, c'est-à-dire de l'effort qui tend à le maintenir en place, le rapport de ces deux moments sera, en quelque sorte, une mesure de la stabilité.

Ce rapport du moment du poids, ou *moment de stabilité*, au moment de l'effort latéral, ou *moment de renversement*, a été appelé *coefficient de stabilité* ; mais il n'a de signification absolue qu'autant que l'on fait connaître en même temps le chiffre que l'on a admis pour l'intensité de l'action du vent.

Lorsque ce coefficient est supérieur à l'unité, c'est-à-dire lorsque le moment de stabilité est supérieur au moment de renversement, le massif peut résister à l'effort du vent que l'on a admis dans le calcul ; il sera, au contraire, renversé par un vent de même intensité, si le coefficient de stabilité est inférieur à l'unité. Mais ce coefficient n'indique rien sur ce que peut être la stabilité sous un effort différent de celui pour lequel il a été calculé.

Il paraît plus rationnel de mesurer la stabilité par la valeur de la pression maximum à laquelle peut résister le massif, c'est-à-dire la valeur de la pression pour laquelle le coefficient de stabilité est égal à l'unité.

La mesure de la stabilité peut se calculer, en prenant, comme nous venons de le dire, les moments des efforts autour de l'arête de la section de la base ; mais il est préférable d'effectuer cette mesure en prenant les moments, non plus autour de l'arête même de la base, mais autour d'une ligne passant par la position limite que peut occuper le centre de pression, dans la section de la base, sans que la stabilité soit en péril. Ce sera ainsi, pour une section rectangulaire (page 95), une ligne distante du centre de la moitié de la largeur de la demi-base ; pour une section circulaire pleine, une ligne distante des $\frac{3}{8}$ du rayon, etc.

46. Comparaison des tours rondes aux tours carrées. — Il est inutile de faire observer que, la pression du vent étant intermittente et pouvant s'exercer indifféremment dans toutes les directions, les massifs de maçonnerie qui y sont exposés, et dont la forme n'est pas déterminée par d'autres considérations, doivent de préférence avoir une section horizontale en forme de cercle plein ou creux. L'adoption de cette forme réduit, en effet, aux deux tiers l'effort qui serait exercé par le vent sur une surface plane égale à la section diamétrale, comme celle que présenterait un massif à section carrée dont le côté serait égal au diamètre du massif à section circulaire. Si donc nous considérons deux massifs de même section horizontale, l'un circulaire, de rayon r, l'autre carré, de côté a, tel que $a^2 = \pi r^2$, la pression du vent sur le massif circulaire sera proportionnelle à $\frac{2}{3} \cdot 2r = \frac{4}{3} r$, et sur le massif carré à $a = r\sqrt{\pi}$. Elle sera plus grande que la pression sur le massif circulaire, dans le rapport de $\sqrt{\pi}$ à $\frac{4}{3}$ ou de $\frac{1,7725}{1,3333} = 1,33$. A égalité de surface horizontale, c'est-à-dire de poids des maçonneries, le massif carré devra donc résister à une pression égale à peu près aux $\frac{4}{3}$ de celle qui serait exercée sur le massif circulaire. Et le bras de levier du poids, c'est-à-dire de la résistance, serait pour le massif carré $\frac{1}{4} a = r \frac{\sqrt{\pi}}{4}$, et pour le massif circulaire $\frac{3}{8} r$; il ne serait augmenté que dans la proportion de $\frac{3}{8}$ à $\frac{\sqrt{\pi}}{4}$, tandis que l'effort de renversement est augmenté dans le rapport de $\sqrt{\pi}$ à $\frac{4}{3}$. Toutes choses égales d'ailleurs, la stabilité du massif circulaire sera donc, à celui du massif carré, dans le rapport de $\sqrt{\pi} \times \frac{3}{8}$ à $\frac{4}{3} \times \frac{\sqrt{\pi}}{4}$ ou de 9 à 8.

Appliquons par exemple ce mode de calcul à la détermination des conditions de stabilité de la colonne de Boulogne-sur-Mer, citée par Léonor Fresnel dans son mémoire sur *la stabilité du phare de Belle-Isle*. Pour cette colonne, le diamètre extérieur à la base est $2a = 4^m,23$, et le diamètre intérieur $2a' = 2^m,76$. Il en résulte que le centre de pression peut s'écarter sans danger jusqu'à une distance du centre $p = \frac{3}{8} a . \frac{a^2 + a'^2}{a^2} = 1^m,13$.

Le poids des maçonneries étant de 851.040 kilogrammes, le produit des deux tiers de la surface diamétrale par la moitié de la hauteur étant de 1.529^m,6, on voit que l'effort du vent

qui serait nécessaire pour amener le centre de pression à la
limite de ses positions non dangereuses devrait atteindre
$\dfrac{851.040 \times 1,13}{1.529,6} = 629$ kilogrammes par mètre carré, c'est-
à-dire plus du double de ce qui a été constaté dans les coups
de vent les plus violents. Et l'on donnera, de la stabilité
de ce monument, une idée bien plus précise lorsque l'on dira
qu'il pourrait résister sans danger à un vent produisant un
effort de 629 kilogrammes par mètre carré, qu'en disant que
son coefficient de stabilité est de 3,5.

La surface de la couronne annulaire de la base d'appui étant
de 80.701 centimètres carrés, la pression uniformément répar-
tie représente $\dfrac{851.040}{80.701} = 10^{kg},55$ par centimètre carré, et c'est
celle qui se produit lorsque l'action du vent ne se fait pas sentir.
S'il arrivait un vent assez violent pour déplacer le centre de
pression jusqu'à la limite de stabilité que nous avons admise,
c'est-à-dire donnant une pression de 629 kilogrammes par
mètre carré, la pression sur la base d'appui se répartirait à
raison de

$$10^k,55 \times \left(\frac{4\,pa}{a^2+a'^2}+1\right)=10^k,55 \times \left(\frac{12}{8}+1\right)=10^k,55 \times 2,5 = 26^k,28$$

par centimètre carré au point le plus chargé, et il se produirait du côté opposé une tension dont la valeur maximum
serait

$$10^k,55 \times \left(\frac{4\,pa}{a^2+a'^2}\right)-1 = 10^k,55 \times \left(\frac{12}{8}-1\right) = 5^k,28,$$

ce qui, eu égard à l'excellente qualité des pierres et ciments
employés dans la construction de la colonne, n'aurait sans
doute aucun inconvénient.

Si l'adhérence du mortier aux pierres était détruite, la
pression maximum, au point le plus chargé, serait augmentée d'environ 6 0/0 atteindrait 28 kilogrammes par centimètre carré et ne compromettrait pas encore la stabilité
de l'édifice.

§ 2

MURS DE RÉSERVOIRS

47. Considérations générales. — Lorsqu'un mur doit résister à la pression de l'eau, il est facile de déterminer, en chaque point, la valeur de l'effort latéral qu'il a à supporter. On peut alors construire la courbe des pressions comme on l'a dit plus haut et déterminer successivement les dimensions de chaque assise de manière à satisfaire le plus économiquement possible aux conditions de la stabilité.

Il est fort important, dans les murs de cette espèce, que les maçonneries ne travaillent jamais à un effort de traction ; il pourrait arriver que cet effort provoquât des fissures dans lesquelles pénétrerait l'eau qu'il s'agit de retenir, et dont la pression, s'exerçant alors de bas en haut dans l'intérieur de ces fissures, pourrait entraîner la chute de la partie de mur située au dessus.

On devra donc, autant que cela sera possible sans exagérer beaucoup les dimensions du mur, faire en sorte que, sur chaque joint horizontal, la résultante des efforts passe dans le tiers intermédiaire de la largeur ; et si, dans quelques parties, on s'est dispensé, par des raisons d'économie, de satisfaire à cette condition, il faudra surveiller avec le plus grand soin la confection des maçonneries du côté de l'intérieur, renoncer aux assises horizontales, plus favorables à la disjonction, construire cette partie du mur avec des moellons placés verticalement ou en hérisson, de manière à multiplier les faces de contact dans le sens vertical, et s'assurer que tous les joints sont bien garnis de mortier adhérent aux pierres.

La poussée de l'eau sur les murs de réservoirs est généralement intermittente : le mur doit être stable aussi bien lorsque le réservoir est vide que lorsqu'il est rempli d'eau à une hauteur quelconque. Cette considération conduit à rejeter, pour les murs de réservoirs, les profils en surplomb qui sont, au contraire, fort usités pour les murs de soutènement. Le parement intérieur est généralement vertical, et dans ces conditions, la pression de l'eau variant proportionnellement à la hauteur, on peut adopter un profil dont l'épaisseur varie suivant la même loi, c'est-à-dire un profil triangulaire, comme l'a fait observer M. Pelletreau.

Soit, en effet (*fig.* 52), un mur de réservoir ayant un profil triangulaire ABC, le parement d'amont vertical, de hauteur h, le parement d'aval incliné d'un angle α tel que tang $\alpha = \dfrac{b}{h}$. en appelant b la largeur BC de la base.

Supposons que le niveau de l'eau affleure le sommet A. Une portion AM du mur, depuis le sommet jusqu'à un joint horizontal quelconque MN situé à une profondeur AM $= x$, supportera une pression latérale horizontale

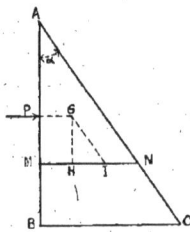

Fig. 52.

égale à $\Pi \dfrac{x^2}{2}$, si Π représente le poids spécifique du liquide. Cette pression horizontale sera appliquée en un point P à une hauteur AP $= \dfrac{2}{3} x$.

D'autre part, le poids du prisme de maçonnerie AMN sera, en appelant Π' le poids spécifique des maçonneries, $\Pi' \dfrac{x^2}{2}$ tang α. Il sera appliqué verticalement au point G, centre de gravité du triangle AMN. Lorsque le réservoir est vide, le joint MN supporte seulement ce poids de maçonnerie dont la direction le rencontre en H, au tiers de sa longueur à partir du point M.

Lorsque le réservoir est plein jusqu'en A, si l'on veut que la résultante des deux forces passe par le point I, au tiers de la longueur du joint à partir du point N, il faut et il suffit que les moments de ces deux forces par rapport à ce point I soient égaux puisqu'ils sont de signes contraires. Cela exige que l'on ait

$$\Pi \frac{x^2}{2} \cdot \frac{x}{3} = \Pi' \frac{x^2}{2} \text{ tang } \alpha . \frac{1}{3} x \text{ tang } \alpha,$$

ou simplement

$$\text{tang}^2 \alpha = \frac{\Pi}{\Pi'}.$$

Si cette condition est satisfaite, tous les joints se trouveront dans les mêmes conditions de stabilité. Le centre de pression sur chaque joint sera au tiers d'amont lorsque le réservoir sera vide, et au tiers d'aval lorsqu'il sera plein.

La direction de la résultante des efforts sur le joint MN est précisément celle de la ligne GI qui est parallèle à AC et qui fait, avec la normale au joint, l'angle α. Lorsque le rapport $\frac{\Pi'}{\Pi}$ n'est pas grand, cet angle peut devenir comparable à l'angle de frottement; ainsi, pour des maçonneries ne pesant que 2.200 kilogrammes par mètre cube, $\frac{\Pi'}{\Pi} = 2,2$, on a : tang $\alpha = 0,67$, ce qui est bien près de la limite admise ordinairement. Il convient donc de compter, pour la stabilité, sur l'adhérence des maçonneries qui s'ajoute au frottement. L'angle α est d'autant moindre que le poids spécifique des maçonneries est plus élevé. L'effort oblique résultant, dirigé suivant GI a pour valeur $\frac{\Pi x^2}{2\sin\alpha} = \frac{\Pi' x^2 \, \text{tang}\,\alpha}{2\cos\alpha}$, et au point N, il donne lieu à un effort R_m double de l'effort moyen supposé réparti uniformément sur le joint MN. Cet effort maximum R_m au point N a donc pour expression

$$\frac{\Pi' x^2 \, \text{tang}\,\alpha}{2\cos\alpha} \cdot \frac{2}{x \, \text{tang}\,\alpha} = \frac{\Pi' x}{\cos\alpha} = R_m.$$

Lorsque $\frac{\Pi'}{\Pi} = 2,8$, par exemple, ou pour des maçonneries pesant 2.800 kilogrammes par mètre cube, cos $\alpha = 0,86$, et l'on a

$$R_m = \frac{2.800x}{0,86} = 3.250x.$$

Pour une hauteur de barrage de 50 mètres par exemple, l'effort maximum atteindrait 16^{k_5}, 25 par centimètre carré.

Il est intéressant de remarquer que si, au lieu d'un mur triangulaire, on a un mur rectangulaire compris entre deux parements verticaux, la condition de stabilité pour le joint inférieur, écrite comme plus haut, exigera que l'on ait, entre la base x du mur et sa hauteur h, la relation $\frac{x}{h} = \sqrt{\frac{\Pi'}{\Pi}}$, c'est-à-dire que le mur rectangulaire devra avoir, sur toute sa hauteur, la même épaisseur que le mur triangulaire à sa base.

On peut remarquer aussi que, pour un mur d'une hauteur h donnée, le volume des maçonneries, égal à $\dfrac{h^2}{2}$ tang $\alpha = \dfrac{h^2}{2}\sqrt{\dfrac{\Pi}{\Pi'}}$, varie en raison inverse de la racine carrée de leur poids spécifique ; tandis que le poids total augmente, au contraire, en raison directe de cette même racine carrée.

La construction de l'angle α du mur triangulaire, étant

Fig. 53.

donnés les poids spécifiques Π et Π', est des plus simples. Sur une verticale, on portera, à la suite l'une de l'autre, deux longueurs AB = Π' et BD = Π (fig. 53). Sur AD comme diamètre, on construira une demi-circonférence, on mènera par le point B l'horizontale BC, et l'on joindra AC ; l'angle α cherché est l'angle BAC.

Ce profil triangulaire peut être considéré comme le profil théorique des murs de réservoirs. Dans la pratique, il faut, d'une part, que l'épaisseur au sommet ne soit pas nulle et, d'autre part, que le niveau des maçonneries dépasse celui de l'eau. Ces considérations modifient un peu le résultat.

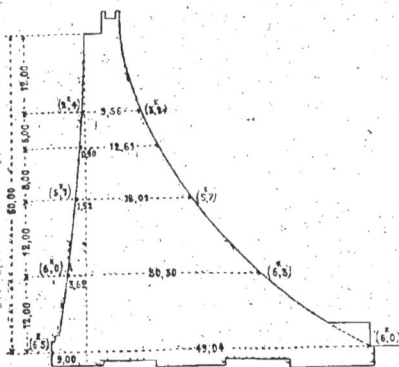

Fig. 54.

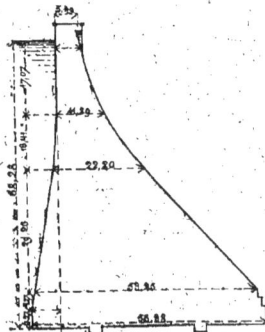

Fig. 55.

On peut être amené aussi, en vue de diminuer l'effort maximum sur les joints, à faire en sorte que la résultante

des efforts, tant lorsque le réservoir est plein que lorsqu'il
est vide, passe à une distance du milieu du joint inférieure
au sixième de la longueur de ce joint l'effort maximum est
alors inférieur au double de l'effort moyen. Cela conduit à
adopter, pour le parement intérieur, une ligne inclinée, au
lieu de la verticale, au moins dans la partie inférieure, et,
pour le parement extérieur, une ligne qui s'écarte davantage
de la verticale que l'oblique du profil théorique.

Nous donnons comme exemple de mur de réservoirs celui
du Furens, près de Saint-Etienne (*fig.* 54). Les chiffres entre
parenthèses sont les efforts en kilogrammes par centimètre
carré aux points les plus chargés.

Nous donnons encore (*fig.* 55) le profil du mur du nouveau
barrage du Croton construit pour l'alimentation en eau potable
de la ville de New-York et qui ne mesure pas moins de
$72^m,55$ de hauteur totale. Ce profil se rapproche du profil
triangulaire, beaucoup plus que le précédent.

48. Pressions limites. — M. Bouvier (*Ann. des P.
et Ch.*, 1875, 2⁰ sem., p. 173) a fait la remarque suivante :

Soient un joint horizontal *mn* (*fig.* 57), et la résultante GO
des pressions qui agissent sur ce joint; si l'on mène par le
point *m* la ligne *mn'* perpendiculaire à GO, rencontrant en
O' cette ligne prolongée, et si l'on considère l'action de la
résultante GO non pas sur le joint *mn*, mais sur le joint fictif
mn', la pression au point *m* sera plus grande sur *mn'* que

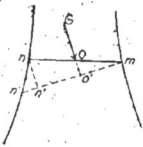

Fig. 57.

sur *mn*, car la distance O'm est plus petite
que Om. Il convient donc de supposer la
pression GO appliquée sur le joint *mn'* et
non pas même sur la totalité de ce joint,
mais simplement sur la portion *mn''* limitée
à la projection *n'* du point *n*. Cela revient
à remplacer la force GO = P qui agit sur

le joint *mn* par la force $\dfrac{P}{\cos \alpha}$ comme il a été dit au n° 31.

C'est en appliquant cette méthode que M. Bouvier a déterminé le profil du mur du réservoir de Chartrain, qui se rapproche beaucoup de la forme triangulaire.

On peut serrer la question de plus près.

Si l'on suppose la pression oblique $GO = P$ répartie sur le joint horizontal mn suivant la loi du trapèze, on connaîtra la pression maximum R_1 au point le plus chargé, m. Et si le parement du mur y fait un angle α avec la verticale, on en conclura, en se reportant à ce qui a été dit à la fin du n° 12, page 47, que l'effort maximum supporté par la maçonnerie est $\dfrac{R_1}{\cos^2\alpha}$. C'est cette quantité que l'on devra rendre inférieure à la limite des efforts qu'elle peut supporter avec sécurité.

Enfin, page 111, on a signalé le danger de fissures dans le parement amont du mur. L'eau ne s'y introduira pas si, en tous les points de ce parement, la pression verticale des maçonneries sur elles-mêmes est supérieure à celle de l'eau au même point. Il faut donc faire en sorte que la pression, positive, à l'origine n de chaque joint, soit plus grande que Πx, si x est la hauteur verticale du joint au-dessous du niveau de l'eau, ce qui, puisque $\Pi = 1.000$ kilogrammes, représente 100 grammes par centimètre carré pour chaque mètre de hauteur. Ainsi, par exemple, sur un joint placé à une profondeur de 10 mètres, on évitera tout danger à ce point de vue en faisant en sorte que la pression des maçonneries sur elles-mêmes ne devienne jamais inférieure à un kilogramme par centimètre carré.

49. Action de l'eau en mouvement. Choc des lames.

— Lorsqu'un massif de maçonnerie doit résister à l'effort de l'eau en mouvement, on doit calculer la pression exercée par le liquide par la formule générale donnée dans les traités d'hydraulique :

$$P = KAV^2,$$

dans laquelle P est l'effort cherché, A la section pressée, V la vitesse de l'eau supposée normale à la section A, et K un coefficient numérique qui a des valeurs variables suivant la forme de la section, mais que, pour une surface plane, normale au courant, on peut prendre égal à 60 environ, ce qui revient à dire qu'une surface plane soumise à la pression d'un courant d'eau ayant une vitesse d'un mètre par seconde subirait un effort de 60 kilogrammes par mètre superficiel.

L'effort exercé par les vagues de la mer sur les massifs contre lesquels elles se brisent peut quelquefois atteindre des valeurs considérables. M. Leferme a établi (*Ann. des P. et Ch.*, 1869, 1er sem., p. 387) que, dans les tempêtes les plus violentes, cet effort ne dépasse pas d'ordinaire 4 à 5.000 kilogrammes par mètre carré, ce qui correspond à une vitesse de 9 mètres par seconde environ; mais que, par suite de circonstances extrêmement rares, dont il est bien difficile de se rendre compte, l'effort de l'une des lames peut atteindre et dépasser 30.000 kilogrammes, ce qui correspondrait à une vitesse de près de 25 mètres par seconde.

§ 3

CULÉE D'UN PONT SUSPENDU

50. Effort auquel la culée doit résister. — Une culée de pont suspendu est soumise à un genre d'effort qui se rencontre assez rarement dans les constructions : c'est un effort latéral dont la composante verticale, dirigée de bas en haut, tend à la soulever. Les règles précédentes sont applicables à la détermination des dimensions de ce massif de maçonnerie, et voici comment on peut en faire le calcul.

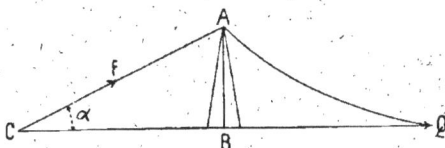

Fig. 58.

Nous supposons connus : la composante horizontale Q de la traction exercée par le câble, la hauteur BA = H (*fig.* 58) de la pile ou du support sur lequel il passe, la distance horizontale BC = *l* entre la verticale BA et le point C où le câble de retenue pénètre dans la culée, et, par suite, l'angle α, ou tang $\alpha = \dfrac{H}{l}$, formé par ce câble avec l'horizontale ; l'effort F, exercé par ce même câble dans le sens de sa direction, se déterminera en écrivant l'équilibre du point A, ce qui donne

$$F = \frac{Q}{\cos \alpha} = \frac{Q \sqrt{H^2 + l^2}}{l}.$$

51. Câble rectiligne. — Supposons d'abord que le câble conserve sa direction primitive dans toute l'épaisseur de la culée, dans laquelle il pénètre par une ouverture rectiligne CD (*fig.* 59), dont il ne touche pas les parois. En D, il est fixé à des plaques de retenue, ou bien il se prolonge au-dessous de la culée pour rejoindre l'autre câble placé symétriquement de l'autre côté. En tout cas, nous pouvons regarder l'effort F qu'il exerce

Fig. 59.

dans le sens DC comme appliqué au point D. L'effort du second câble agit de la même manière de l'autre côté, et c'est la moitié de la culée qui résiste à l'un des efforts F.

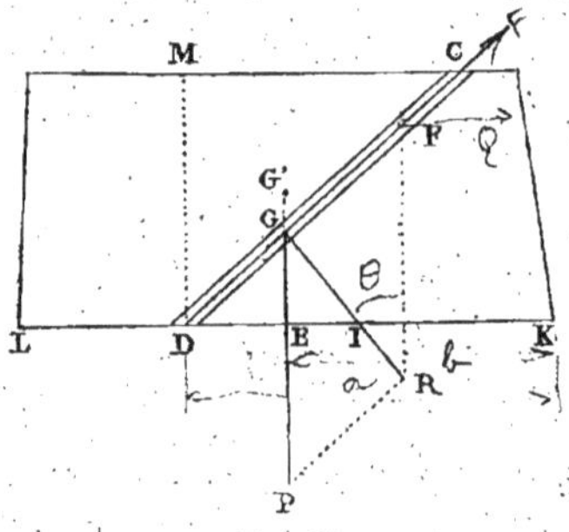

Soient G' le centre de gravité et P = GP le poids de ce massif. Appelons a = DK la distance du point d'attache D du câble à l'arête antérieure K de la culée, b = EK la distance à cette même arête de la verticale GEP du centre de gravité G, et c la longueur totale KL du joint horizontal du massif. L'effort R, exercé par la culée sur la base KL, est la résultante de l'effort de traction F et du poids P, et on l'obtiendra, en grandeur et en direction, en construisant le parallélogramme GPRF. Soit I le point où cette résultante rencontre la base KL ; appelons x la distance IK de ce point à l'arête antérieure K, et θ l'angle GRF = RGP qu'elle fait avec la verticale.

La stabilité sera assurée si l'angle θ est plus petit que l'angle du frottement des maçonneries sur le sol, ou si, f désignant le coefficient du frottement, l'on a

(1) $$\tan \theta < f.$$

Il faut, en outre, que l'effort maximum exercé par le massif sur sa fondation, qui se produira au point K, ne dépasse pas la limite de ce que peut supporter le sol; enfin, il est désirable que le joint KL ne tende pas à s'ouvrir au point L. La condition nécessaire pour cela est, comme on le sait, que IK soit plus grand que le tiers de KL, soit $x > \dfrac{c}{3}$.

Les valeurs des quantités R, θ, x, se détermineront soit graphiquement, comme nous venons de le dire, soit analytiquement en écrivant les trois équations d'équilibre des forces F, P, R, appliquées au massif. Ces équations sont

$$R \cos \theta + F \sin \alpha - P = 0, \qquad R \sin \theta - F \cos \alpha = 0,$$
$$Rx \cos \theta - Pb + Fa \sin \alpha = 0.$$

Les deux premières donnent immédiatement

$$\tan \theta = \frac{F \cos \alpha}{P - F \sin \alpha},$$

et, en mettant dans la troisième la valeur de R cos θ fournie par la première, on a

(2) $$x = \frac{Pb - Fa \sin \alpha}{P - F \sin \alpha};$$

enfin, le triangle GRP donne

$$R = \sqrt{P^2 + F^2 - 2PF \sin \alpha}.$$

52. Première condition de stabilité. — La condition de stabilité est, par conséquent,

(3) $$\frac{F \cos \alpha}{P - F \sin \alpha} < f.$$

Remplaçons F par sa valeur en fonction de Q, elle devient

(4) $$\frac{P}{Q} > \frac{1}{f} + \tan \alpha.$$

On a ainsi une limite inférieure du poids P à donner au massif. Ce poids peut être d'autant plus petit que l'angle α est lui-même plus petit ; il y a donc intérêt, toutes choses égales d'ailleurs, à diminuer l'angle α, c'est-à-dire à augmenter la distance horizontale BC, par rapport à la hauteur AB, ou à reporter les culées le plus loin possible des supports des câbles. On augmente ainsi, à la vérité, la longueur de ces câbles, tout en diminuant un peu l'effort qu'ils transmettent, lequel est égal à $\dfrac{Q}{\cos \alpha}$, et il y a, pour l'angle α, une valeur qui dépend des prix relatifs de la maçonnerie et des câbles, et qui est la plus avantageuse. On pourrait déterminer analytiquement cette valeur en égalant les dérivées par rapport à l'angle α du poids P de la maçonnerie et du produit de la longueur $\mathrm{AC} = \dfrac{H}{\sin \alpha}$ par l'effort F, multipliés respectivement par les prix de l'unité de poids de la maçonnerie et de l'unité de longueur de câble qui résisterait à un effort égal à l'unité ; on obtiendrait ainsi une équation d'où l'on déduirait α en fonction de ces deux prix ; mais cette recherche n'a guère qu'un intérêt théorique, et le plus ordinairement ce sont les circonstances locales qui imposent le choix à faire pour la position de la culée.

53. Deuxième condition de stabilité. — La condition (4), qui vient d'être trouvée, bien qu'étant la plus importante pour la stabilité, n'est cependant pas la seule ; il faut encore que l'effort maximum, au point K, ne dépasse pas la limite de ce que peut supporter avec sécurité le sol de fondation, et enfin il est prudent de faire en sorte que le joint KL n'ait pas à résister, du côté de L, à des efforts de tension.

Pour que cette dernière condition soit remplie, il faut, avons-nous dit, avoir $x > \dfrac{c}{3}$, ou bien

$$\frac{Pb - Fa \sin \alpha}{P - F \sin \alpha} > \frac{c}{3};$$

ou, en substituant encore à F sin α sa valeur Q tang α,

$$(5) \qquad \frac{P}{Q} > \frac{3a - c}{3b - c} \text{ tang } \alpha.$$

Cela donne une nouvelle limite inférieure pour P.

Cette limite sera d'autant plus basse que, d'une part, $3a - c$ sera plus petit, et que $3b - c$ sera plus grand. Il faut donc, autant que possible, augmenter b, distance de la verticale du centre de gravité G à l'arête K, et diminuer a, distance du point d'attache D à la même arête.

La distance b doit ainsi être rendue la plus grande possible.

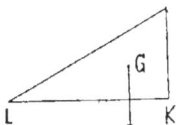 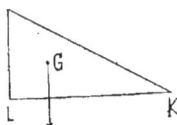

FIG. 60.   FIG. 60 *bis.*

Le massif des culées ayant en général la forme d'un trapèze, b est nécessairement compris entre $\frac{c}{3}$ et $\frac{2c}{3}$. Cette distance serait égale à $\frac{c}{3}$ pour un massif triangulaire, ayant son sommet au point L (*fig.* 60) et, avec cette disposition, on voit que la limite de P devient infinie. Avec un massif de cette forme, aucune dimension, si grande qu'elle pût être, ne saurait empêcher le joint KL de s'ouvrir en L.

Au contraire, la valeur de b sera égale à $\frac{2c}{3}$ pour un massif triangulaire ayant son sommet en K (*fig.* 60 *bis*). Cette disposition est celle qui, toutes choses égales, donne pour le poids P de la culée la limite la plus basse. Il y a donc intérêt à s'en rapprocher le plus possible dans le profil que l'on adoptera pour la culée. Quant à la distance a, nous venons de dire qu'on doit la diminuer le plus possible.

54. Comparaison des deux conditions. — Il est intéressant de comparer les deux limites de P, car il suffira de déterminer P par la condition d'être supérieur à la plus grande des deux. Si on égale ces deux limites, on a

$$\frac{1}{f} + \text{tang}\,\alpha = \frac{3a - c}{3b - c}\,\text{tang}\,\alpha,$$

ou bien

$$a = b + \frac{3b - c}{3f\,\text{tang}\,\alpha};$$

b étant toujours plus grand que $\frac{c}{3}$, le dernier terme est toujours positif et l'égalité des deux limites entraîne le résultat $a > b$. Cela montre qu'il n'y a aucun intérêt à diminuer la valeur de a au-dessous de celle de b, ni même au-dessous de $b + \frac{3b - c}{3f\,\text{tang}\,\alpha}$, car, en adoptant pour a une valeur inférieure, on arriverait simplement à réduire la seconde limite au-dessous de la première qui, dans tous les cas, doit être satisfaite.

Cette valeur de a

$$(6) \qquad a = b + \frac{3b - c}{3f\,\text{tang}\,\alpha}$$

est, toutes choses égales, la plus convenable à adopter pour la distance du point d'attache D à l'arête antérieure K, puisqu'elle rend égales les deux limites de P.

55. Position limite du point d'attache des câbles.
— Il convient de faire remarquer que la distance a ne peut, pratiquement, descendre au-dessous d'une certaine limite dépendant de l'adhérence des mortiers. Si le point D d'attache des câbles est trop éloigné de l'extrémité L du massif, celui-ci pourra ne plus se comporter comme un monolithe, ainsi que nous l'avons supposé, et il pourra s'y produire des disjonctions; on n'attribuera donc à la distance a la valeur donnée par la formule qui précède qu'autant que la position qui en résultera pour le point d'attache des câbles sera telle qu'elle ne donnera lieu de craindre aucune rupture dans le massif.

On pourra s'en assurer en considérant successivement les diverses surfaces de joint et en vérifiant que, sur aucune d'elles, l'effort qui tend à séparer les deux parties qu'elle limite est inférieur à l'adhérence des mortiers.

Imaginons, par exemple (*fig.* 59) un joint vertical DM ([1]) passant par le point D, le massif tendant à être entraîné de D vers K, il s'exerce, sur ce joint, un effort qui tend à l'ouvrir. Soit h la hauteur DM et a' la largeur DL $= c - a = a'$ Si Π est le poids de l'unité de volume des maçonneries, le poids de la portion de la culée située à gauche de DM, en prenant pour unité de longueur la dimension de la culée perpendiculaire au plan de la figure, sera $\Pi a'h$ et le frottement qui la retient sur sa base LD sera $f\Pi a'h$. Si, d'autre part, γ est l'adhérence des mortiers par unité de la hauteur verticale h, on devra avoir

$$f\Pi a'h < \gamma h$$

ou

(7) $$a' < \frac{\gamma}{f\Pi}.$$

On peut considérer aussi que le point D tend à se soulever et que, par suite, les deux parties du massif limitées par le joint DM tendent à se séparer en pivotant autour du point D. Dans ce cas, l'effort de disjonction sera maximum en M, et il décroîtra uniformément de M en D où il sera nul. Si γ représente sa valeur par unité de hauteur en M, il vaudra en tout $\gamma \dfrac{h}{2}$ et son point d'application sera aux deux tiers de la hauteur DM, de sorte que son bras de levier, par rapport à D, sera $\gamma \dfrac{h}{2} \cdot \dfrac{2h}{3} = \dfrac{\gamma h^2}{3}$. Le moment, par rapport au même

([1]) Il n'y a pas, ordinairement, dans les maçonneries, de joints verticaux continus. Il peut cependant se produire, dans un massif, une disjonction suivant une ligne formée d'éléments verticaux situés sensiblement dans le prolongement les uns des autres, comme l'indique la figure 61. L'adhérence qui s'oppose à cette disjonction est la somme de celle qui correspond aux surfaces verticales discontinues augmentée de celle qui correspond aux portions de joints horizontaux qui doivent s'ouvrir pour que le mouvement s'effectue. L'adhérence γ par unité de hauteur se détermine en conséquence.

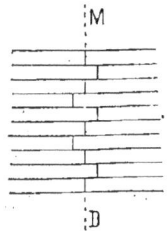

Fig. 61.

point, du poids $\Pi a'h$ est $\Pi a'h \dfrac{a'}{2}$; nous devrons donc avoir

$$(8) \qquad \Pi a'h \frac{a'}{2} < \frac{\gamma h^2}{3} \qquad \text{ou} \qquad a'^2 < \frac{2\gamma h}{3\Pi}.$$

La dimension a' sera limitée par celle des deux expressions (7) ou (8) qui donnera la valeur la plus basse.

On déterminerait de même les conditions pour que la disjonction ne se produise sur aucun autre joint.

56. Câble non rectiligne. — Supposons, en second lieu, que le câble de retenue, après avoir pénétré dans l'épaisseur de la culée suivant l'inclinaison α, passe sur un galet C fixé à cette culée et se retourne verticalement jusqu'à son point d'attache D. Soit, comme précédemment, G le centre de gravité de la culée, P son poids, les distances EK $= b$, DK $= a$, LK $= c$, IK $= x$, I étant encore le point d'intersection avec la base KL de la direction de la résultante R des efforts exercés par la culée sur le sol de fondation.

Représentons par $d =$ CD (*fig.* 62) la distance verticale, à la base KL, du point d'intersection G des deux alignements AC, DC prolongés, ou du centre du galet supposé avoir un rayon égal à zéro; faisons abstraction du frottement du câble sur le galet et de celui du galet sur ses supports, c'est-à-dire supposons que la tension du câble, dans la partie CD, soit égale à celle, F, qui existe dans la partie AC. Les deux forces égales et contraires, appliquées au point C, se composent en une seule, dirigée suivant leur bissectrice CS, dont la composante verticale

$$SN = SF - FN = F(1 - \sin \alpha)$$

et dont la composante horizontale CN $=$ F cos α $=$ Q. Cela posé, nous avons à composer cette force S avec le poids, P pour avoir

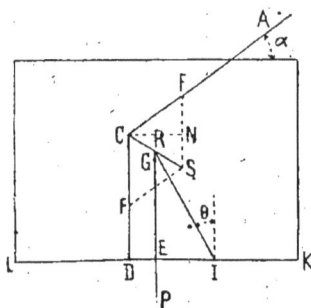

Fig. 62.

la résultante RI des forces qui agissent sur la base LK. La

solution graphique ne présente aucune difficulté. La solution analytique s'obtiendra, comme plus haut, en écrivant les trois équations d'équilibre

$$R \cos \theta + F \sin \alpha - P = 0, \qquad R \sin \theta - F \cos \alpha = 0,$$
$$Rx \cos \theta - Pb + Fa \sin \alpha + Fd \cos \alpha = 0.$$

On en déduit immédiatement

$$\tan \theta = \frac{F \cos \alpha}{P - F \sin \alpha};$$

d'où, comme plus haut

$$(9) \qquad \frac{P}{Q} > \frac{1}{f} + \tan \alpha.$$

De même

$$x = \frac{Pb - Fa \sin \alpha - Fd \cos \alpha}{P - F \sin \alpha},$$

et par conséquent

$$(10) \qquad \frac{P}{Q} > \frac{3a - c}{3b - c} \tan \alpha + \frac{3d}{3b - c}.$$

Ainsi, la première limite de P, la plus importante au point de vue de la stabilité, est la même que dans le premier cas, et la seconde est plus grande. Cette seconde disposition serait donc moins avantageuse que la première, tout au moins pour le cas où la seconde limite de P devrait être prise en considération, c'est-à-dire où elle donnerait une valeur plus forte que la première. Cela exige

$$\frac{3a - c}{3b - c} \tan \alpha + \frac{3d}{3b - c} > \frac{1}{f} + \tan \alpha,$$

c'est-à-dire

$$(11) \qquad a > b + \frac{3b - c}{3f \tan \alpha} - \frac{d}{\tan \alpha}.$$

Lorsque, au contraire, a sera plus petit que cette valeur, on n'aura à s'inquiéter que de la première limite de P, qui est la même avec les deux dispositions.

On reconnaît d'ailleurs que la présence d'un galet permettant de ramener dans la direction verticale l'extrémité du

câble donne la possibilité, sans avoir à craindre de disjonction des maçonneries, de ramener le point d'attache D vers
le milieu du massif aussi près qu'on le veut de la verticale GE
du centre de gravité. On peut donc toujours, avec cette disposition, faire en sorte d'avoir

$$(12) \qquad a < b + \frac{3b - c}{3f \tang \alpha} - \frac{d}{\tang \alpha},$$

et, par suite, de n'avoir à tenir compte que de la première
des deux limites de P.

Au lieu d'un galet unique C, on peut en avoir une série,
faisant décrire au câble une courbe ou une ligne polygonale
quelconque. Le même calcul s'applique à cette disposition,
à la condition que l'on néglige le frottement du câble sur
les galets, et pourvu que l'on désigne toujours par d la distance verticale, à la base KL, du point d'intersection C des
prolongements des éléments extrêmes CA et CD du câble.

57. Résumé. — La stabilité d'une culée de pont suspendu
dépend surtout de la considération du frottement de cette
culée sur sa base, et de la valeur que l'on adopte pour ce
coefficient de frottement, que nous avons désigné par f. La
valeur 0,75, ordinairement indiquée, semble beaucoup trop
élevée et ne laisserait qu'une marge insuffisante à la sécurité.
Il est prudent, dans une matière aussi délicate, de ne pas
dépasser, pour f, la valeur $\frac{1}{3}$ et peut-être même $\frac{1}{4}$. Au pont
de Brooklyn, par exemple, où le câble de retenue est ramené
horizontalement et où l'on a ainsi $\alpha = 0$, la condition (12)
est naturellement satisfaite, et il ne reste que la condition (9)
qui se réduit alors à $\frac{P}{Q} = \frac{1}{f}$. La tension Q de chacun des quatre
câbles est environ de 4.500 tonnes. La culée a un volume de
22.125 mètres cubes de maçonnerie pesant 60.000 tonnes.
Le rapport $\frac{P}{Q}$ est ainsi $\frac{60.000}{4 \times 4.500} = \frac{60}{18}$, ce qui correspond à
$f = \frac{1}{3,3}$ environ.

CHAPITRE VI

POUSSÉE DES TERRES. — MURS DE SOUTÈNEMENT

§ 1er

THÉORIES ANCIENNES DE LA POUSSÉE DES TERRES

58. Problème de la poussée des terres. — Le problème qui consiste à déterminer la pression exercée sur la paroi d'un mur par un massif de terre est un de ceux qui ont le plus occupé les ingénieurs. La solution n'en peut être donnée que moyennant certaines hypothèses sur la constitution de ce massif; et, grâce aux travaux les plus récents, ces hypothèses sont assez peu restrictives pour pouvoir comprendre tous les cas de la pratique. Nous pourrions nous borner à donner cette solution définitive, mais il est utile, pour en bien comprendre le sens, de faire une sorte d'historique ou d'étude rétrospective des travaux antérieurs.

Si l'on considère un massif de terres fraîchement remuées et à peu près réduites en poussière, comme du sable sec, on

reconnaît qu'il se limite naturellement par des surfaces inclinées sur l'horizon et qu'il peut rester en équilibre sous cette
forme. Si les particules de terre situées à la surface de ce
talus, qui sont sollicitées à descendre par la composante
tangentielle de leur poids, n'obéissent pas à cette force, c'est
qu'elles sont retenues en place par une résistance de la part
des particules voisines, et cette résistance, puisque nous
avons supposé la terre désagrégée, ne peut être que le frottement mutuel de ces particules. Si donc f est le coefficient,
ou bien si φ est l'angle de ce frottement, tel que tang $\varphi = f$,
tant que la surface supérieure du massif fera avec l'horizon
un angle inférieur ou au plus égal à φ, les particules qui s'y
trouveront placées y resteront en équilibre, et, par conséquent, cet angle φ mesure la plus grande inclinaison, sur
l'horizon, que puisse prendre le massif dont il s'agit. On
donne, pour ce motif, à l'angle φ le nom d'angle du *talus
naturel* des terres considérées.

59. Cohésion. — Les massifs naturels qui ne sont pas
désagrégés peuvent se soutenir suivant une inclinaison plus
grande que celle du talus naturel, et l'on voit certaines
terres maintenues à pic, suivant des surfaces verticales plus
ou moins élevées. Il y a donc dans ces massifs une résistance
au mouvement distincte de celle du frottement, et Coulomb,
qui a le premier, en 1773[1], étudié scientifiquement la question de la poussée des terres, a admis, en même temps que le
frottement mutuel des particules de terre, une force de *cohésion* qui n'existe que dans les massifs naturels non désagrégés.

Tandis que la résistance due au frottement est, en chaque
point, proportionnelle à la pression normale, comme dans le
glissement mutuel de deux corps solides, la cohésion, d'après
l'hypothèse de Coulomb assez bien vérifiée par l'expérience,
est indépendante de cette pression et proportionnelle seulement à l'étendue des surfaces de contact.

Proposons-nous de déterminer sous quelle inclinaison

[1] Son mémoire a pour titre : *Essai sur une application des règles « de maxi-
mis et minimis » à quelques problèmes de statistique relatifs à l'architecture*.
Il se trouve au tome VII des ouvrages présentés à l'Académie des Sciences par
les savants étrangers.

maximum un massif cohérent pourrait se maintenir, en ne tenant compte que de la cohésion, c'est-à-dire sans qu'il s'y manifeste aucune tendance au glissement.

Considérons, comme nous le ferons toujours dans ce qui va suivre, un massif de section transversale uniforme et assez long pour que les conditions relatives à ses extrémités n'aient pas d'influence sensible sur le reste de la masse, c'est-à-dire pour que nous puissions le considérer comme indéfini. Prenons, dans ce massif, une portion limitée à deux plans perpendiculaires aux arêtes longitudinales et distants l'un de l'autre de l'unité de longueur; nous pourrons ne nous occuper que de la section transversale correspondante à l'un de ces plans.

Soit donc, dans cette section (*fig.* 63), AC la partie supérieure d'un massif cohérent, faisant avec l'horizontale l'angle $CAF = \omega$; cherchons la valeur minimum de l'inclinaison $BAH = \varepsilon$ sur la verticale, que l'on peut donner à un talus AB pour qu'il reste en équilibre par sa seule cohésion.

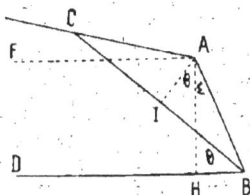

Fig. 63.

Menons par le point B une ligne quelconque BC, faisant avec l'horizontale BD un angle $CBD = \theta$ et désignons par h la hauteur verticale AH. Abaissons du point A une perpendiculaire AI sur la ligne BC; nous aurons évidemment

$$AI = AB \sin ABI = \frac{h}{\cos \varepsilon} \cos (\theta + \varepsilon),$$

et, par suite, la surface du triangle BAC sera égale à

$$BC \times \frac{AI}{2} = BC \times \frac{h}{2 \cos \varepsilon} \cos (\theta + \varepsilon).$$

Si Π est le poids de l'unité de volume du massif, et si nous désignons par γ la cohésion par unité de surface, nous devrons, pour exprimer l'équilibre du prisme triangulaire ABC, écrire que la composante de son poids parallèlement à BC est inférieure à la cohésion développée sur cette

9

surface, c'est-à-dire

$$\Pi \times BC \times \frac{h}{2\cos \varepsilon} \cos (\theta + \varepsilon) \sin \theta < \gamma \times BC,$$

d'où, en réduisant,

$$\tan g \, \varepsilon > \cot \theta - \frac{2\gamma}{\Pi h} (1 + \cot^2 \theta).$$

Si nous donnons à la ligne BC toutes les positions possibles en faisant varier θ, l'angle ε devra être tel que sa tangente soit toujours supérieure ou au moins égale à la valeur du second membre; la plus petite valeur admissible pour cet angle ε est donc celle qui correspond au maximum de ce second membre, ou

$$\tan g \, \varepsilon = \max. \left[\cot \theta - \frac{2\gamma}{\Pi h} (1 + \cot^2 \theta) \right].$$

En considérant $\cot \theta$ comme la variable et cherchant le maximum de cette expression, nous trouverons

$$\tan g \, \varepsilon = \frac{\Pi h}{8\gamma} - \frac{2\gamma}{\Pi h}.$$

L'inclinaison minimum du talus sur la verticale ne dépend donc pas de l'angle que ω fait à la partie supérieure du massif avec l'horizontale. Pour une hauteur

$$h_1 = \frac{4\gamma}{\Pi}.$$

nous avons $\tan g \, \varepsilon = 0$. Le talus peut donc se tenir verticalement jusqu'à cette limite. Pour une hauteur h plus petite que h_1, l'angle ε devient négatif; le talus peut alors être en surplomb.

Si nous avions tenu compte du frottement, nous aurions dû ajouter à la force de cohésion $\gamma \times BC$, le produit de la composante normale du poids du prisme ABC, par le coefficient de frottement $f = \tan g \, \varphi$, l'équation d'équilibre aurait été

$$\Pi.BC.\frac{h}{2\cos \varepsilon} \cos(\theta+\varepsilon)\sin\theta < \gamma.BC + \Pi.BC.\frac{h}{2\cos \varepsilon} \cos(\theta+\varepsilon). \times f\cos\theta,$$

et nous aurions trouvé de même, pour la valeur limite de tang ε,

$$\tan\varepsilon = \max.\left[\cot\theta - \frac{2\gamma}{\Pi h}\cdot\frac{1+\cot^2\theta}{1-f\cot\theta}\right].$$

ou bien, en déterminant le maximum par les règles ordinaires,

$$\tan\varepsilon = \frac{1}{f} + \frac{2}{f^2}\left[\frac{2\gamma}{\Pi h} - \sqrt{\frac{2\gamma}{\Pi h}\left(\frac{2\gamma}{\Pi h}+f\right)(1+f^2)}\right].$$

Ici encore, l'angle ε ne dépend pas de l'inclinaison ω de la partie supérieure du massif.

En égalant à zéro la valeur de tang ε, nous trouvons la hauteur h_2 sous laquelle le massif peut se soutenir verticalement

$$h_2 = \frac{4\gamma}{\Pi}\left(f + \sqrt{1+f^2}\right) = \frac{4\gamma}{\Pi}\frac{(1+\sin\varphi)}{\cos\varphi}.$$

Cette hauteur est, comme on pouvait le supposer, toujours plus grande que celle h_1, trouvée en ne tenant compte que de la cohésion.

Lorsque h augmente, tang ε et, par suite, l'angle ε augmentent aussi en se rapprochant de $\frac{\pi}{2}-\varphi$, qui est la direction du talus naturel. Il n'atteint cette valeur, quand on tient compte du frottement, que pour $h = \infty$; mais, si l'on ne tient compte que de la cohésion, il prend l'inclinaison $\frac{\pi}{2}-\varphi$ pour la hauteur

$$h_3 = \frac{4\gamma}{\Pi}\frac{(1+\cos\varphi)}{\sin\varphi}$$

60. Hypothèse de Coulomb. Prisme de plus grande poussée. — Ces solutions approximatives supposent implicitement que la disjonction du massif s'effectue suivant les surfaces planes telles que BC.

C'est l'hypothèse qu'avait faite Coulomb, dans son mémoire de 1773, pour déterminer la poussée exercée par un massif contre un mur de soutènement. En prenant, derrière la paroi

AB du mur (*fig.* 64), un prisme quelconque ABC et en exprimant que ce prisme, regardé comme un solide, est en équilibre sous l'action de son poids, de la cohésion sur la surface

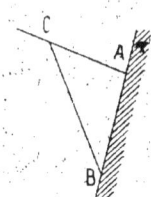

Fig. 64.

BC, et des réactions exercées sur lui par le reste du massif à travers le plan BC et par le mur sur le plan AB, on a deux équations dans lesquelles figurent ces deux réactions inconnues et l'angle ABC. La réaction de la face BC est, eu égard au frottement, inclinée d'un angle φ sur la normale à cette face, et Coulomb, qui ne tenait pas compte du frottement sur la paroi AB du mur, supposait que la réaction de cette paroi était normale à sa direction. Si, entre ces deux équations, on élimine la réaction sur BC, il reste une équation entre l'angle ABC et la réaction du mur, égale et contraire à la poussée du massif. On peut alors, au moyen de cette relation, chercher la valeur de l'angle ABC qui rend la poussée maximum. On obtient ainsi le *prisme de plus grande poussée* de Coulomb. La cohésion figure dans les équations de Coulomb, mais, en général, on la néglige avec raison, en observant que le calcul est fait dans l'hypothèse où le massif tend à glisser et qu'alors la cohésion n'existe plus.

D'ailleurs, la cohésion est une force variable susceptible de diminuer beaucoup et même de disparaître sous l'influence de l'humidité et, au point de vue pratique, il est plus prudent de n'en pas tenir compte et de calculer la poussée des terres comme si elle n'existait pas. C'est ce que l'on fait toujours.

61. Travaux de Prony et de Français. — La méthode analytique de Coulomb, même bornée au cas le plus simple, d'un massif horizontal soutenu par un mur vertical, donne lieu à des calculs compliqués, surtout quand, comme lui, on prend pour variable, non pas l'angle ABC, mais la distance AC. Prony, en 1802, les a rendus plus simples en introduisant comme variable l'angle ABC. Cela lui a permis de remarquer que, dans ce cas simple, le plan de rupture qui correspond au prisme de plus grande poussée est bissecteur de celui que fait, avec la paroi du mur, le talus naturel des terres; et Français, en 1820, a fait la même remarque pour le cas où la paroi postérieure du mur est inclinée, la surface supérieure du massif étant toujours supposée horizontale, et le frottement des terres sur le mur, négligé.

62. Solution graphique de Poncelet. — Poncelet, en 1840, a substitué à la méthode analytique une méthode graphique beaucoup plus simple, qui lui a permis de généraliser la solution et de l'étendre au cas où la surface supérieure du massif est de forme quelconque, tout en faisant entrer en ligne de compte le frottement des terres contre la paroi du mur. Voici en quoi se résume cette construction, lorsque le massif est limité à sa partie supérieure par un plan AC (*fig.* 65) quelconque, et que la paroi du mur AB a aussi une direction rectiligne.

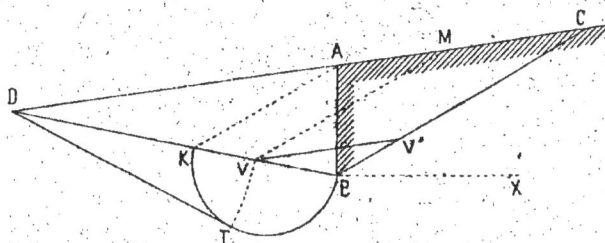

Fig. 65.

Par le point B, pied de la paroi AB du mur, on mène BC faisant avec l'horizontale BX l'angle CBX $= \varphi$, angle de frottement des terres sur elles-mêmes, de sorte que BC représente le talus naturel des terres. Par le même point B, on mène, de l'autre côté de la paroi AB, c'est-à-dire en dehors du massif, la ligne BD faisant avec AB l'angle ABD $= \varphi + \varphi'$, si φ' désigne l'angle de frottement des terres sur le mur. Cet angle ABD sera, par conséquent, égal à 2φ si, comme on le suppose souvent, le frottement des terres sur le mur est considéré comme égal au frottement des terres sur elles-mêmes. Par le point A on mène AK parallèle à BC; par les

points B et K on fait passer un arc de cercle auquel on
mène, du point D, une tangente DT. On prend DV = DT.
Par le point V on mène VM parallèle à BG, et on prend
BV' = BV.

Le prisme de plus grande poussée est limité par le plan BM,
et la plus grande poussée elle-même est exprimée par la
surface du triangle VBV', c'est-à-dire par le poids d'un
prisme de terre ayant pour base ce triangle (¹).

(¹) Voici une démonstration de ce résultat qui diffère peu de celle que
Poncelet a donnée lui-même.

Soit BAGEC (*fig.* 66) le profil quelconque d'un massif de terre soutenu par la
paroi AB d'un mur incliné sur la verticale d'un angle ABY = ε. Menons par
le point B une ligne BC inclinée suivant le talus naturel des terres, c'est-à-dire
faisant avec l'horizontale BX l'angle CBX = φ, et une ligne quelconque BM
qui sera la trace d'un plan de rupture, et dont nous devons déterminer la
direction de manière à ce que la poussée produite sur AB soit maximum. Ce
plan BM rencontre, entre E et C, une des lignes limitant le massif AGEC;
prolongeons cette ligne vers EFD, et menons une ligne BF telle que la surface
du triangle BMF soit égale à celle du massif BAGEM; cette égalité subsistera,
quel que soit le point M où le plan BM rencontrera la ligne EC; abaissons, du
point B, une perpendiculaire BH sur cette ligne EC prolongée. Le poids P du
prisme BAGEM sera, si Π est le poids de l'unité de volume :

$$P = \frac{1}{2} \overline{\Pi . FM . BH}.$$

Il doit être équilibré par les deux réactions inconnues : celle R de la partie
inférieure du massif à travers le plan BM, celle Q du mur. Les directions de
ces réactions sont connues; en effet, chacune d'elles fait, avec la normale au
plan à travers lequel elle s'exerce, un angle égal à l'angle de frottement des

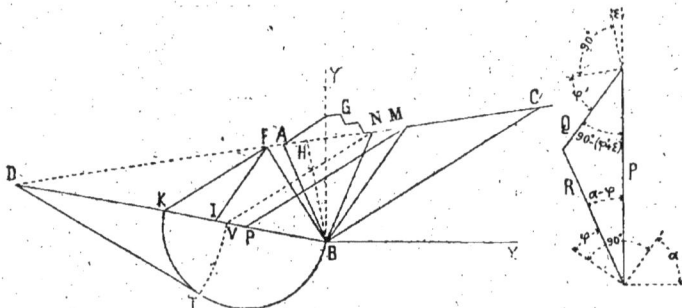

FIG. 66.

deux corps que sépare ce plan : la réaction R fait ainsi, avec la normale à BM,
un angle égal à φ, angle de frottement des terres sur elles-mêmes, et la réaction Q fait, avec la normale à AB, un angle φ', si nous désignons par tang φ'
le coefficient de frottement des terres sur le mur. Les trois forces P, Q, R,

Si la partie supérieure du massif est horizontale, si l'on néglige le frottement contre le mur, ce qui revient à suppo-

étant en équilibre, sont proportionnelles aux côtés d'un triangle parallèle à leurs directions. Construisons ce triangle et désignons par α l'angle MBY; nous verrons facilement que les trois angles de ce triangle sont :

$$\overline{P.R} = \alpha - \varphi, \quad \overline{P.Q} = \frac{\pi}{2} - \varphi' - \varepsilon, \quad \overline{Q.R} = \frac{\pi}{2} - \alpha + \varphi' + \varepsilon + \varphi.$$

Et si nous menons MP parallèle à BC, le triangle MPB aura ses trois angles égaux à ceux du triangle des forces ; nous en déduirons :

$$\frac{Q}{P} = \frac{PB}{PM}.$$

D'où, en mettant pour P sa valeur ci-dessus

$$Q = \frac{1}{2} \, \Pi.FM.BH. \frac{PB}{PM}.$$

Le produit BH.FM est le double de la surface du triangle FBM, et si nous menons, par le point F, la droite FI parallèle à MB, ce triangle FBM sera équivalent au triangle IMB (non tracé sur la figure) dont la surface est IB.BM sin IBM. En substituant, il viendra :

$$Q = \frac{1}{2} \, \Pi. \frac{PB}{PM} \, IB.BM. \sin IBM.$$

Le triangle PBM donne :

$$\frac{BM}{PM} = \frac{\sin BPM}{\sin MBP} = \frac{\sin BPM}{\sin IBM} = \frac{\sin DBC}{\sin IBM},$$

car les angles BPM et DBC sont supplémentaires. Par suite

$$Q = \frac{1}{2} \, \Pi.IB.BP \sin DBC.$$

Il faut chercher la position du point M qui rend maximum cette valeur dans laquelle il n'y a plus de variable que le produit BI.BP. Il peut s'écrire :

$$BI.BP = (DB - DI).\, (DB - DP) = \overline{DB}^2 + DI.DP - DB.\,(DI + DP),$$

Or, les parallèles nous donnent encore :

$$\frac{DI}{DB} = \frac{DF}{DM} = \frac{DK}{DP}, \qquad \text{d'où} \quad DI.DP = DB.DK = C^{te}.$$

Le produit BI.BP, qu'il faut rendre maximum, se compose donc de trois parties, dont les deux premières sont constantes et dont la dernière, négative, est le produit par la constante DB, de la somme de deux quantités DI.DP, dont le produit est constant. Le produit BI.BP sera donc maximum lorsque cette somme sera minimum, c'est-à-dire lorsque l'on aura DI = DP = $\sqrt{DB.DK}$. Cette valeur se construit facilement en décrivant sur BK comme diamètre une demi-circonférence à laquelle on mène, par le point D, une tangente DT dont la longueur est précisément égale à $\sqrt{DB.DK}$. Prenant donc DV = DT et menant VN parallèle à BC, on aura le point N qui correspondra à la plus grande poussée, laquelle aura pour expression :

$$Q_m = \frac{1}{2} \, \Pi.\overline{BV}^2. \sin DBC.$$

et sera représentée par la surface du triangle BVV', construit en prenant sur BC une longueur BV' = BV et en joignant VV'.

ser $\varphi' = 0$, et si l'on fait la même construction (*fig.* 67), les angles BCA et ABD seront tous deux égaux à l'angle CBX = φ. Alors les deux triangles ABD, BCD ayant leurs angles égaux sont semblables et donnent

$$\frac{DB}{DA} = \frac{DC}{DB} \quad \text{ou} \quad \overline{DB^2} = DA.DC.$$

Mais nous avons par construction

$$\overline{DV^2} = DB.DK \quad \text{ou bien} \quad \overline{DM^2} = DC.DA$$

d'où

$$DM = DB.$$

Le triangle DMB est isocèle, l'angle DBM est égal à l'angle DMB qui est égal à MBX. La ligne BM, qui limite le prisme

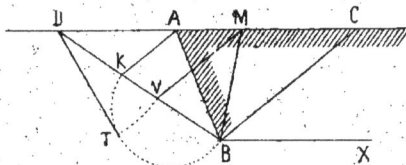

Fig. 67.

de plus grande poussée, est donc alors bissectrice de l'angle DBX et, par conséquent, de l'angle ABC formé avec la paroi du mur par la direction du talus naturel. C'est le théorème de Français.

63. Détermination de la poussée résultante. — En donnant au point B diverses positions B_1, B_2, B_3..., sur la paroi du mur, on déterminera ainsi par cette construction les poussées s'exerçant sur les parties AB_1, AB_2, AB_3... et, par différence, celles qui s'exercent sur les parties B_1B_2, B_2B_3... Si ces dernières sont assez petites, on pourra supposer que les poussées qu'elles supportent sont appliquées au milieu de leurs longueurs respectives, et, en composant toutes ces forces par la règle de la composition des forces parallèles, on aura le point d'application de la résultante totale, égale à leur somme.

Lorsque le massif se termine à la partie supérieure par une surface plane, horizontale ou inclinée, la ligne BF (de la figure 66) coïncide avec BA et toutes les constructions que l'on ferait en donnant au point B diverses positions sur cette ligne seraient des figures semblables, et alors la poussée, qui est égale à $\overline{BV}^2$ multipliée par un facteur constant, se trouverait être proportionnelle au carré des dimensions homologues de toutes ces figures et, par suite, au carré de la hauteur h, mesurée verticalement du sommet du mur au-dessus du point B. Elle varierait donc de la même manière que celle qui serait exercée sur la paroi AB par un liquide dont le niveau affleurerait le sommet du mur. C'est ce que l'on exprime en disant que la poussée varie alors suivant la loi hydrostatique. La résultante s'en trouve, par suite, appliquée au tiers de la hauteur à partir de la base.

§ 2

THÉORIE ANALYTIQUE RATIONNELLE

64. Massif sans cohésion. Équation de Rankine. — Rankine, le premier, en 1856, a étudié, d'une manière analytique générale, le problème de la stabilité de la terre sans cohésion [1]. Considérant toujours un massif indéfini et semblable à lui-même dans toutes les parties de sa longueur, il remarque que si, dans ce massif en équilibre, on imagine un plan fictif quelconque, les terres qui sont d'un côté de ce plan peuvent être remplacées par les efforts qu'elles exercent sur l'autre partie, et ces efforts ne devront, en aucun point, faire avec la normale au plan un angle supérieur à l'angle de frottement φ ou du talus naturel des terres.

Il y a évidemment, pour un massif déterminé, une infinité d'états d'équilibre possibles, correspondant à toutes les directions des forces qui satisfont à cette condition ; mais, lors-

[1] Son mémoire *On Stability of loose Earth*, inséré aux *Philosophical Transactions*, 1856-1857, a été traduit en français et inséré dans les *Annales des Ponts et Chaussées* (1874).

qu'il s'agit de calculer la poussée exercée par le massif sur un mur destiné à le soutenir, il suffit d'étudier l'*état-limite* d'équilibre, qui se produit lorsque les terres sont sur le point de se mettre en mouvement. Car, quel que soit l'état réel d'équilibre, le mouvement ne peut se produire que si les terres passent par cet état-limite qui précède le mouvement. Si donc un mur est calculé d'après les conditions de cet équilibre, il résistera dans tous les autres ; il ne pourrait, en effet, céder à la pression que si les terres se mettaient en mouvement en passant par l'état-limite pour lequel il résiste.

Dans cet état-limite, si l'on considère un point quelconque dans la partie où l'équilibre est sur le point de se rompre, il y a en ce point un élément plan, d'une direction inconnue, sur lequel le rapport de la composante tangentielle à la composante normale de la pression est précisément égal à tang φ ; c'est ce qui caractérise l'état de deux corps solides en contact sur le point de glisser l'un sur l'autre.

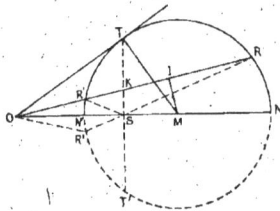

Or, d'après la construction graphique donnée au n° 12, on voit, par la figure ici reproduite (*fig.* 68) que l'angle RON = θ qui mesure l'inclinaison de la pression sur un élément plan quelconque atteint sa valeur maximum lorsque OR se confond avec la tangente OT, et que l'on a, par conséquent,

$$\text{maximum de } \sin\theta = \frac{MT}{OM} = \frac{N_1 - N_2}{N_1 + N_2}.$$

C'est la valeur maximum de l'angle θ qui, dans l'état d'équilibre limite est égale à l'angle φ ; on écrira donc

$$(1) \qquad \sin\varphi = \frac{N_1 - N_2}{N_1 + N_2} = \frac{\sqrt{(N_x - N_y)^2 + 4T^2}}{N_x + N_y}.$$

C'est l'équation de Rankine.

65. Surfaces de rupture. — La direction des surfaces sur lesquelles la pression atteint ainsi son inclinaison maximum est donnée par la même figure : la normale à cette direction fait, avec la plus grande pression principale, un angle égal à : $\frac{1}{2}$ TMN $= \frac{1}{2}\left(\frac{\pi}{2} + \varphi\right) = \frac{\pi}{4} + \frac{\varphi}{2}$. Et la surface elle-même fait, avec la même pression principale, l'angle complémentaire : $\frac{\pi}{2} - \left(\frac{\pi}{4} + \frac{\varphi}{2}\right) = \frac{\pi}{4} - \frac{\varphi}{2}$. Il y a ainsi, en chaque point, deux directions également inclinées sur celles des pressions principales et sur lesquelles le rapport de la composante tangentielle à la composante normale de la pression atteint sa valeur maximum tang φ.

Ces surfaces sur lesquelles le glissement tend à se produire sont les surfaces de rupture du massif. En chaque point, il en passe deux qui font entre elles un angle $\frac{\pi}{2} - \varphi$ dont la bissectrice est la direction de la plus grande des pressions principales en ce point. Ces surfaces sont courbes lorsque, comme cela arrive en général, la direction des pressions principales varie d'un point à l'autre. Elles ne sont planes que lorsque cette direction reste constante dans toute l'étendue du massif.

Dans un massif sans cohésion, à son état d'équilibre limite, la valeur des pressions principales satisfaisant en chaque point à l'équation $\frac{N_1 - N_2}{N_1 + N_2} = \sin \varphi$, le rapport de deux pressions conjuguées, inclinées chacune de θ sur la normale au plan sur lequel elles agissent, sera, d'après l'équation (15) de la page 46 (n° 12),

$$(2) \qquad \frac{p'}{p} = \frac{\cos \theta - \sqrt{\cos^2 \theta - \cos^2 \varphi}}{\cos \theta + \sqrt{\cos^2 \theta - \cos^2 \varphi}}.$$

66. Application à un massif limité par un plan.

— Considérons maintenant un massif indéfini, limité à sa partie supérieure par un plan EF (*fig.* 69) faisant avec l'horizon un angle ω. Menons, dans ce massif, un plan quelconque MN parallèle à la surface supérieure et à une distance verticale AH $= x$. La partie du massif comprise entre les deux plans EF et MN est en équilibre sous l'action de son poids et de la réaction qui s'exerce à travers le plan MN ; celle-ci est donc verticale et, sur chacun des éléments AB, égale au poids du prisme qui se trouve verticalement au dessus ; la pression exercée par le massif supérieur sur le plan MN, qui lui est égale et opposée, a donc pour valeur, par unité de ce plan, $\Pi x \cos \omega$. Si nous prenons un élément ABCD compris entre deux plans parallèles à EF et deux plans verticaux, la pression sur AB étant parallèle à AC, réciproquement la pression sur AC sera parallèle à AB, et le rapport de ces deux pressions, qui sont, par suite, conjuguées et dont chacune est inclinée d'un angle ω sur la normale au plan sur lequel elle agit, sera celui que nous venons d'écrire en mettant pour θ la valeur ω, et si nous désignons par p' la pression par unité de surface du plan vertical AC, nous aurons :

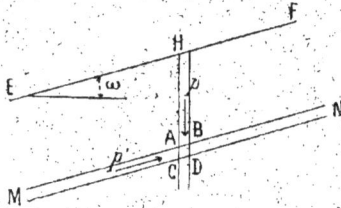

Fig. 69.

$$(3) \qquad p' = \Pi x \cos \omega \, \frac{\cos \omega - \sqrt{\cos^2 \omega - \cos^2 \varphi}}{\cos \omega + \sqrt{\cos^2 \omega - \cos^2 \varphi}}$$

ou bien

$$(4) \qquad p' = \Pi x \cos \omega . \frac{\cos \omega + \sqrt{\cos^2 \omega - \cos^2 \varphi}}{\cos \omega - \sqrt{\cos^2 \omega - \cos^2 \varphi}} .$$

Ces deux valeurs de p' correspondent à deux états d'équilibre limite : l'un, qui se produit lorsque les terres du massif tendent à glisser en descendant de F vers M, est celui de la plus petite valeur de p' ; l'autre, qui se produit lorsque les terres sont refoulées par une pression plus forte de M vers F, est celui de la valeur la plus grande, qui est la seconde.

Pour l'étude de la poussée exercée par les terres sur un mur de soutènement, c'est évidemment le premier état d'équilibre limite qui est à considérer, et nous ne nous occuperons que de la première valeur de p'.

Dans ce cas, la pression sur le plan vertical AC est la plus petite des deux pressions conjuguées, et elle est représentée sur la figure 68 par la ligne OR'. L'angle α, que la direction de la plus grande des deux pressions principales fait avec la normale au plan sur lequel agit cette pression p', c'est-à-dire avec l'horizontale, est la moitié de l'angle R'MN. Or, nous avons

$$(5) \quad R'MN = 2\alpha = \pi - OMR' = \pi - (MR'I - MOR') = \pi - \arcsin\frac{\sin\omega}{\sin\varphi} + \omega.$$

La plus grande pression principale fait, avec la verticale, un angle égal à $\frac{\pi}{2} - \alpha$ (*fig.* 70), et les surfaces de rupture, qui font, avec la direction de cette pression, les angles $\frac{\pi}{4} - \frac{\varphi}{2}$, font, avec la verticale, de part et d'autre de cette ligne, des angles ε et ε' ayant pour valeur

$$\varepsilon \text{ ou } \varepsilon' = \left(\frac{\pi}{4} - \frac{\varphi}{2}\right) \pm \left(\frac{\pi}{2} - \alpha\right),$$

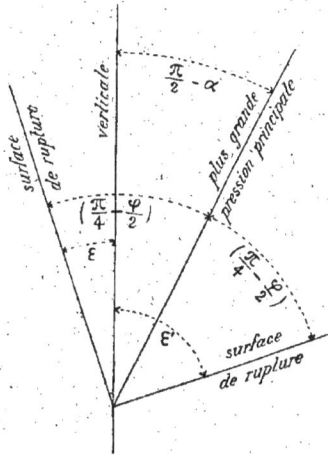

Fig. 70.

ou bien, en mettant pour α sa valeur (5),

$$2\varepsilon \text{ ou } 2\varepsilon' = \frac{\pi}{2} - \varphi \pm \left(\text{arc sin}\frac{\sin\omega}{\sin\varphi} - \omega\right).$$

D'où, pour celui ε' qui s'applique à la surface de rupture la plus rapprochée de la verticale,

$$(6) \qquad \cos(2\varepsilon + \varphi - \omega) = \frac{\sin\omega}{\sin\varphi};$$

et pour l'autre ε' qui s'applique à la seconde surface de rupture

$$(7) \qquad \cos(2\varepsilon' + \varphi + \omega) = -\frac{\sin\omega}{\sin\varphi}.$$

Les angles ε et ε' étant indépendants de x, les surfaces de rupture ont les mêmes directions en tous les points du massif indéfini et sont, par conséquent, planes.

Si, par exemple, la surface du massif est horizontale $\omega = 0$, on a

$$\varepsilon = \varepsilon' = \frac{\pi}{4} - \frac{\varphi}{2};$$

les plans de rupture sont également inclinés sur la verticale qui, dans ce cas, comme on le reconnaît facilement, est la direction de la plus grande pression principale.

Si, au contraire, la surface supérieure du massif est inclinée suivant le talus naturel des terres, $\omega = \varphi$, et alors

$$\varepsilon = 0, \qquad \varepsilon' = \frac{\pi}{2} - \varphi.$$

L'un des plans de rupture est vertical, l'autre est incliné de $\frac{\pi}{2} - \varphi$, et la direction de la plus grande pression principale, qui est la bissectrice de l'angle qu'ils forment, fait avec la verticale un angle égal à $\frac{\pi}{4} - \frac{\varphi}{2}$.

Au moyen des formules précédentes, on pourra toujours, dans ce massif indéfini, déterminer sur un plan d'une direction quelconque, l'intensité de la pression.

On connaît, en effet, en un point quelconque, situé à une hauteur verticale x, au-dessous de la surface supérieure, deux pressions conjuguées p et p' s'exerçant sur un plan parallèle à cette surface et sur un plan vertical, et ayant respectivement pour valeurs

$$p = \Pi x \cos \omega, \qquad p' = \Pi x \cos \omega \, \frac{\cos \omega - \sqrt{\cos^2 \omega - \cos^2 \varphi}}{\cos \omega + \sqrt{\cos^2 \omega - \cos^2 \varphi}}.$$

On en déduit facilement les valeurs des pressions principales N_1 et N_2

$$N_1 = \frac{\Pi x \cos \omega \, (1 + \sin \varphi)}{\cos \omega + \sqrt{\cos^2 \omega - \cos^2 \varphi}}, \quad N_2 = \frac{\Pi x \cos \omega \, (1 - \sin \varphi)}{\cos \omega + \sqrt{\cos^2 \omega - \cos^2 \varphi}},$$

et, par suite, au moyen de la construction graphique du n° 12, la pression sur un plan d'une direction quelconque, par exemple, la valeur de la pression p_r sur la direction des plans de rupture, qui est représentée par OT et qui est moyenne proportionnelle entre les valeurs des deux pressions principales représentées par ON et ON'

$$p_r = \sqrt{N_1 N_2} = \frac{\text{II}x \cos \omega \cos \varphi}{\cos \omega + \sqrt{\cos^2 \omega - \cos^2 \varphi}}$$

67. Poussée sur un mur de soutènement. — Cette connaissance complète de l'état d'équilibre intérieur d'un massif indéfini ne peut donner que d'une manière approximative la pression exercée sur un mur par un massif limité par ce mur. On peut bien, en effet, considérer, dans le massif indéfini (*fig.* 71), un plan fictif qui aurait la direction AB que l'on veut donner à la paroi du mur, supposer que toute la partie du massif située à gauche, par exemple, de cette ligne soit enlevée et remplacée par le mur, puis calculer les

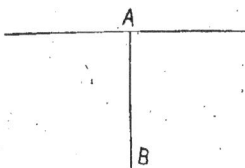

FIG. 71.

pressions sur cette ligne AB, comme si le massif était indéfini. C'est ce que faisait Rankine. Mais il faut remarquer que le mur ne tient pas lieu des terres enlevées. Dans le massif indéfini, les pressions sur la ligne AB sont bien celles qu'indique la théorie précédente, et, à moins que AB ne coïncide précisément avec une surface de rupture, elles sont telles que le rapport de leur composante tangentielle à leur composante normale est inférieur à tang φ. Au contraire, dans le massif limité par le mur, celui-ci ne pouvant glisser que tout d'une pièce, dans l'état d'équilibre limite que nous considérons, les terres devront exercer sur lui une pression telle que le rapport de sa composante tangentielle à sa composante normale soit égale au coefficient f' de frottement des terres sur le mur, c'est-à-dire, si nous écrivons $f = \text{tang} \varphi'$, une pression faisant, avec la normale à la paroi un angle φ', en admettant que φ' soit inférieur à φ. Car, si φ' était plus grand que φ, une petite couche de terre resterait adhérente au mur, le massif glisserait sur cette couche et, par conséquent, le coefficient de frottement des terres sur la surface de rupture coïncidant avec la paroi du mur serait égal à tang φ.

68. Condition nécessaire pour que cette solution soit applicable.

— C'est ce que l'on suppose ordinairement. On prend, par conséquent, le coefficient de frottement des terres sur le mur égal à celui des terres sur elles-mêmes, soit tang $φ'$ = tang $φ$. Les formules précédentes ne seront donc applicables, en toute rigueur, que si la direction du mur coïncide avec celle d'un plan de rupture, c'est-à-dire que si la paroi du mur fait avec la verticale l'angle ε défini par l'équation (6),

$$\cos (2ε + φ - ω) = \frac{\sin ω}{\sin φ}.$$

Pour les autres directions de la paroi, on n'a qu'une approximation.

Rankine s'est contenté de cette approximation. Il évaluait les pressions par les formules précédentes pour toutes les directions du mur ; ainsi, par exemple, la pression exercée par un terre-plein horizontal sur un mur vertical se trouvait être, d'après cela, dirigée horizontalement et égale à $Πx \frac{1 - \sin φ}{1 + \sin φ}$ en un point quelconque situé à une profondeur x au-dessous de la surface libre, de sorte que la pression totale Q, exercée sur une hauteur h, avait pour expression

$$(8) \qquad Q = Π \frac{h^2}{2} \cdot \frac{1 - \sin φ}{1 + \sin φ},$$

et elle était appliquée au tiers de la hauteur à partir de la base. Cela revenait à supposer nul le frottement sur le mur, c'est-à-dire à négliger la composante tangentielle de la poussée.

M. de Saint-Venant, en 1870, a montré que les valeurs ainsi obtenues, qui ne sont qu'approchées, le sont dans un sens favorable à la sécurité, car leur adoption revient à supposer le frottement de la terre contre la face du mur moins intense qu'il ne l'est. Il semblait donc que l'on pût s'en contenter, comme l'avait fait Rankine.

Toutefois, des expériences et observations récentes, faites

en Angleterre par M. Darwin et M. Baker, et par M. Gobin en France, ont appelé l'attention sur le degré d'approximation donné par les formules de Rankine et ont montré que cette approximation était insuffisante. Les valeurs expérimentales trouvées étaient notablement inférieures à celles que donnait la théorie et n'en étaient quelquefois que la moitié.

69. Solution générale. — M. Boussinesq avait, dès 1873 [1], donné la solution générale, en intégrant, d'une façon approximative, il est vrai, mais suffisamment approchée, les équations générales du problème. Prenons un massif quelconque limité par un mur AB (*fig.* 72) et dont nous rapporterons les coordonnées à deux axes rectangulaires A_x, A_y, menés verticalement et horizontalement par le sommet du mur. Les équations d'équilibre d'un élément parallélépipède quelconque du massif seront (n° 12), en remarquant que la seule force extérieure est ici le poids Π par unité de volume, agissant verticalement,

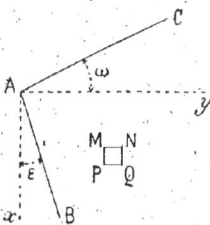

$$(9) \qquad \frac{dN_x}{dx} + \frac{dT}{dy} + \Pi = 0, \qquad \frac{dN_y}{dy} + \frac{dT}{dx} = 0$$

auxquelles il faut joindre l'équation de Rankine

$$(10) \qquad \frac{(N_x - N_y)^2 + 4T^2}{(N_x + N_y)^2} = \sin^2\varphi ;$$

ce qui donne trois équations *indéfinies*, devant être satisfaites en tous les points du massif, entre les trois quantités N_x, N_y et T.

On aura à exprimer, en outre, les conditions *définies* à satisfaire aux extrémités du massif, soit à la surface libre, soit contre le mur.

Ces équations, appliquées à un massif indéfini, terminé à

[1] *Essai théorique sur l'équilibre des massifs pulvérulents*. Paris, Gauthier-Villars.

la partie supérieure par un plan, ne donnent rien autre chose que ce que nous avons trouvé plus haut.

Lorsque le massif est limité par un mur AB (*fig.* 73), toute la partie CAM, située au-delà du plan de rupture AM mené par l'arête supérieure du mur, c'est-à-dire au delà du plan faisant avec la verticale un angle MAX $= \varepsilon$ (n° 66), se comporte encore, au point de vue de l'équilibre, de la même manière que si le massif était indéfini ; mais la partie MAB, comprise entre ce plan et la paroi du mur, se comporte différemment, et les conditions de son équilibre, définies par les équations différentielles ci-dessus, n'ont pu être déterminées que d'une façon approximative.

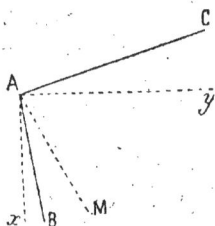

Fig. 73.

Le lecteur trouvera, soit dans le mémoire cité de M. Boussinesq, soit dans une note sur ce sujet insérée aux *Annales des Ponts et Chaussées*, 1882, 1ᵉʳ semestre, page 625, des indications suffisantes sur la manière dont la question a été abordée, et qui ne peuvent trouver place ici.

Nous nous bornerons à donner le résultat des intégrations approximatives de M. Boussinesq, pour la détermination de la poussée sur le mur.

70. Formule résumant cette solution. — Dans le cas général d'un massif limité à sa partie supérieure par un plan incliné d'un angle ω sur l'horizontale et soutenu par un mur dont la paroi fait un angle i avec la verticale, la poussée Q, qui est, en chaque point, proportionnelle à la profondeur verticale x de ce point au-dessous du sommet du mur, a pour expression totale, sur un mur d'une hauteur verticale h, et dont la paroi a, par conséquent, la longueur $\dfrac{h}{\cos i}$,

$$(11) \qquad\qquad Q = \frac{1}{2}\, \Pi.\, \frac{h^2}{\cos^2 i}\cdot k,$$

k étant un coefficient numérique qu'on ne peut calculer exactement, mais dont on obtient une limite inférieure k' par la

formule

$$(12) \quad k' = \tan\left(\frac{\pi}{4} - \frac{\varphi}{2}\right) \frac{\cos\psi \cos(\varphi + \delta) \cos(\omega - i)}{\cos(\varphi - \delta) \cos(\omega + \psi)};$$

dans laquelle les angles auxiliaires ψ et δ se calculent par les équations

$$(13) \quad \sin(\omega + 2\psi) = \frac{\sin\omega}{\sin\psi}, \qquad \delta = \frac{\pi}{4} - \frac{\varphi}{2} - \psi - i;$$

et une limite supérieure, k'', en mettant dans les mêmes formules, au lieu de l'angle φ, l'angle φ', un peu plus petit, donné par l'équation

$$(14) \quad \sin\varphi' = \sin\varphi \cos\delta.$$

Ces deux limites k' et k'' sont assez rapprochées, et la vraie valeur de k pourrait être prise égale à leur moyenne arithmétique ; toutefois, M. Boussinesq a montré qu'il était plus exact de prendre

$$(15) \quad k = k' + \frac{9}{22}(k'' - k').$$

La poussée, ainsi calculée, est appliquée au tiers de la hauteur du mur à partir de la base, et elle fait, avec la normale à la direction de la paroi, un angle égal à φ.

Ces formules ne sont applicables qu'autant que l'angle δ est positif, ce qui comprend à peu près tous les cas de la pratique [1].

---

[1] M. Mayer, ingénieur des Ponts et Chaussées, nous a indiqué, pour le cas le plus simple, celui d'un massif horizontal soutenu par un mur vertical, une démonstration simple de la formule qui donne la limite inférieure du coefficient k. Si, par le sommet A du mur (*fig.* 74), nous menons la surface de rupture AC, faisant alors sur la verticale l'angle $CAB = \frac{\pi}{4} - \frac{\varphi}{2}$, la partie située au-delà de cette ligne satisfera aux lois de Rankine et par conséquent la pression sur un plan vertical CD, mené par C, sera $\Pi \frac{h^2}{2} \frac{1 - \sin\varphi}{1 + \sin\varphi}$ et, elle sera dirigée horizontalement.

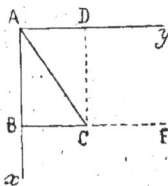

Fig. 74.

Désignons, comme ci-dessus, par k le coefficient de la poussée sur le mur ; sa composante horizontale totale sera $\Pi \frac{h^2}{2} k \cos\varphi$, et sa composante verticale au point B sera $\Pi h k \sin\varphi$. Si donc, au point B, nous considérons un élément

Lorsqu'il est négatif, ce qui correspond au cas où l'angle i, formé par la paroi du mur avec la verticale, est plus grand

rectangulaire du massif, l'action tangentielle sur sa face verticale étant $\Pi hk \sin \varphi$, elle sera la même sur sa face horizontale.

Cela posé, écrivons l'équation d'équilibre, dans le sens horizontal, du prisme ABCD, en désignant par T l'action tangentielle en un point quelconque de BC; nous aurons :

$$\Pi \frac{h^2}{2} \frac{1 - \sin \varphi}{1 + \sin \varphi} - \Pi \frac{h^2}{2} \cdot k \cos \varphi - \int_{B}^{C} T dy = 0.$$

L'intégrale $\int_{B}^{C} T dy$, qui représente la somme des efforts tangentiels exercés sur BC, peut être considérée comme l'aire d'une courbe dont les ordonnées seraient les valeurs de T. Ces valeurs sont inconnues, à l'exception de celles des extrémités. Nous savons qu'au point B, T a pour valeur $\Pi hk \sin \varphi$, et qu'au point C il est nul. Mais nous savons, de plus, qu'il continue à être nul au-delà du point C vers CE. Si donc nous construisons, sur BC (fig. 75), la courbe représentant les valeurs de T en fonction de y, nous aurons à prendre $BF = \Pi hk \sin \varphi$ et à tracer une courbe partant du point F, passant par le point C et, au-delà de ce point, se confondant avec la ligne droite CE. Il est donc extrêmement probable, en raison de la continuité, que la courbe inconnue aura la forme indiquée sur la figure, c'est-à-dire qu'elle sera convexe vers BC, et tangente en C à cette ligne. Et, par conséquent, l'aire à évaluer, qui est comprise entre cette courbe et la ligne BC, sera plus petite que celle du triangle rectiligne BFC, c'est-à-dire plus petite que $\frac{BF \times BC}{2}$. Nous pourrons donc écrire :

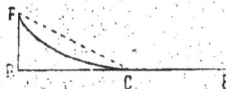

$$\int_{B}^{C} T dy < \Pi hk \sin \varphi . \times \frac{BC}{2} = \Pi hk \sin \varphi . \frac{h}{2} \operatorname{tg} \left(\frac{\pi}{4} - \frac{\varphi}{2} \right)$$

Remplaçant, dans l'équation ci-dessus, l'intégrale par une valeur plus grande, nous aurons

$$\Pi \frac{h^2}{2} \frac{1 - \sin \varphi}{1 + \sin \varphi} - \Pi \frac{h^2}{2} k \cos \varphi < \Pi \frac{h^2}{2} k \sin \varphi \operatorname{tg} \left(\frac{\pi}{4} - \frac{\varphi}{2} \right).$$

D'où, en réduisant,

$$k \left[\cos \varphi + \sin \varphi \operatorname{tg} \left(\frac{\pi}{4} - \frac{\varphi}{2} \right) \right] > \frac{1 - \sin \varphi}{1 + \sin \varphi} = \operatorname{tg}^2 \left(\frac{\pi}{4} - \frac{\varphi}{2} \right).$$

$$k > \operatorname{tg} \left(\frac{\pi}{4} - \frac{\varphi}{2} \right) \frac{\sin \left(\frac{\pi}{4} - \frac{\varphi}{2} \right)}{\cos \left(\frac{3\varphi}{2} - \frac{\pi}{4} \right)}.$$

Le second membre de cette inégalité est précisément la valeur de la limite inférieure k ci-dessus, lorsqu'on fait $\omega = 0$, $i = 0$, ce qui donne $\psi = 0$ et $\delta = \frac{\pi}{4} - \frac{\varphi}{2}$.

que l'angle ε, qui donne la direction de la surface de rupture, la ligne AM (*fig.* 73) tombe dans l'intérieur de l'angle BAX, c'est-à-dire en dehors du massif de terre; la surface de rupture, à partir de laquelle les lois de Rankine ne sont plus applicables, et qui fait avec la verticale l'angle ε, doit alors être menée par la base B du mur, suivant MB (*fig.* 76). Toute la partie CMB du massif obéit aux lois de Rankine, c'est-à-dire que la pression, en un point quelconque de MB, est représentée par p_r (p. 141), et le prisme AMB, dont l'angle ABM $= - \delta$, fait corps avec le mur au commencement de l'éboulement. Dans ce cas,

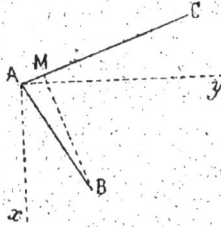

Fig. 76.

c'est sur la face MB que l'on calcule la poussée, et on la compose avec le poids de ce prisme pour avoir l'effort total exercé sur le mur.

71. Construction graphique approximative. — Le

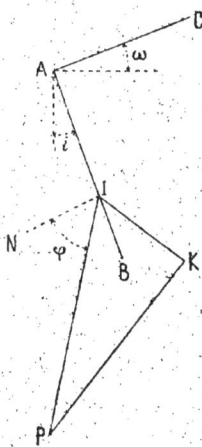

Fig. 77.

calcul de la poussée, d'après les formules de M. Boussinesq, sans être précisément laborieux, est cependant assez long. On trouvera aux *Annales des Ponts et Chaussées* (1885) des tables qui en donnent les résultats pour les cas les plus ordinaires de la pratique. On peut d'ailleurs, avec une approximation généralement suffisante, se passer de ces tables, en se servant de la construction géométrique suivante qui donne sensiblement le même résultat, lorsque ω et i sont positifs ou au moins égaux à zéro, et dont la justification approximative a été donnée aux *Annales*, en même temps que les tables dont il s'agit.

Au point I, pris au tiers, à partir de la base, de la longueur $AB = \dfrac{h}{\cos i}$ de la paroi du mur (*fig.* 77), on mène une droite

IP faisant avec la normale IN à cette paroi un angle φ et une ligne IK, faisant, avec la direction AB elle-même, un angle $BIK = \dfrac{\omega}{2} + \dfrac{i}{4}\left(\dfrac{\varphi}{10^\circ} - 1\right)$; on prend sur cette ligne une longueur $IK = 0{,}16.\Pi\,\dfrac{h^2}{2\cos^2 i}$ et on y élève au point K la perpendiculaire KP qui vient rencontrer en P la première ligne IP. La longueur IP est, en grandeur et en direction, la poussée exercée sur le mur.

Lorsque le mur est vertical, $i = 0$, et l'angle $BIK = \dfrac{\omega}{2}$. Si, en même temps, le massif est arasé horizontalement, $\omega = 0$, et alors $BIK = 0$, la ligne IK se confond avec la verticale IB ([1]).

§ 3

MURS DE SOUTÈNEMENT

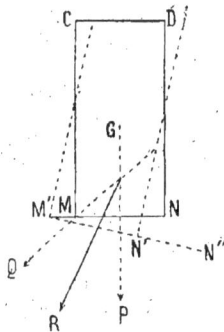

FIG. 78.

72. Détermination des dimensions des murs de soutènement. — La poussée des terres ainsi calculée, les dimensions du mur de soutènement se détermineront par la méthode générale donnée plus haut.

Si l'on considère une partie du mur comprise entre le sommet CD et un joint quelconque MN (*fig.* 78), la résultante R des efforts qui agissent sur ce joint sera la résultante du poids P de la partie CDMN et de la poussée Q exercée sur la paroi DN; on voit que cette résultante traverse nécessairement

---

([1]) Dans tous les cas, l'angle BIK est facile à calculer; φ est ordinairement exprimé par un nombre entier de degrés, de sorte que le facteur $\left(\dfrac{\varphi}{10^\circ} - 1\right)$ s'écrit immédiatement: i est, par exemple, égal à 2,3 pour $\varphi = 33^\circ$. Il reste à multiplier ce nombre par $\dfrac{i}{4}$, que l'on peut exprimer en minutes, et à ajouter le produit à $\dfrac{\omega}{2}$.

le plan de joint MN en un point qui est situé toujours du même côté de la verticale du centre de gravité, et, comme on doit chercher à rapprocher ce point d'intersection autant que possible du milieu du joint, il y a intérêt à faire en sorte que le milieu d'un joint quelconque se trouve reporté en dehors de la verticale du centre de gravité de la partie supérieure et du côté opposé à celui sur lequel s'exerce la poussée des terres. C'est ce que l'on fera en donnant au joint MN, par rapport à la verticale du centre de gravité G, une position telle que M'N'. D'après cela, il est avantageux de donner aux murs de soutènement un fruit extérieur. Quant à la direction du parement intérieur du mur, il faut remarquer que, si le fruit intérieur a pour effet d'augmenter un peu la valeur de la poussée, il a aussi pour résultat d'en diminuer l'inclinaison sur la verticale et, par suite, de rapprocher, de la verticale du centre de gravité, le point où sa direction traverse le joint. Il y a donc, dans chaque cas particulier, une étude à faire pour trouver le profil le plus économique, en tenant compte des conditions dans lesquelles doit être établie la construction.

On remarquera aussi que la direction de la résultante des efforts sur chaque joint étant inclinée sur la verticale, il peut être utile, pour que l'inclinaison sur la surface du joint ne s'approche pas trop de la limite admise pour la sécurité, d'incliner la surface du joint sur l'horizontale en lui donnant une direction telle que M'N''.

En opérant ainsi, on sera sans doute conduit, dans la plupart des cas, à donner au mur une épaisseur moindre que celle qui est ordinairement en usage et qui résulte de l'application de règles empiriques peu justifiées. On a été amené, peu à peu, à augmenter l'épaisseur des murs de soutènement, à la suite d'accidents que l'on a attribués à une insuffisance de cette dimension.

73. Effets du tassement des terres. — Si l'on considère un mur supportant un remblai dont les diverses particules n'ont pas pris leur position définitive d'équilibre, et dans lequel, à un certain moment, sous l'influence de circonstances atmosphériques ou autres, il se produit un tassement,

le mouvement des diverses particules qui tassent représente
une certaine force vive, c'est-à-dire un certain travail dynamique dont l'action s'ajoute à la poussée ordinaire pour
augmenter, pendant le mouvement, l'effort exercé sur le mur.
Lorsque les tassements s'opèrent en grande masse, aucun
mur, si épais qu'il soit, ne peut y résister; il ne peut le faire
que si les tassements sont partiels et successifs; et de ce
qu'un mur aura cédé à cette action dynamique, on ne peut
en conclure qu'il n'est pas d'une épaisseur suffisante pour
résister à la poussée statique. On voit, au contraire, souvent
des murs qui, après avoir fait un premier mouvement sous
l'effet de cette action, résistent ensuite parfaitement. On
pourrait même dire que, lorsqu'un mur a subi ce premier
mouvement sans être renversé, il a une stabilité supérieure
à celle qui serait strictement nécessaire pour résister à un
massif absolument immobile.

Il importe donc de tasser avec le plus grand soin les terres
derrière les murs, afin d'éviter tout mouvement ultérieur
dans la masse des remblais. L'addition au mur de contreforts intérieurs qui divisent cette masse et s'opposent aux
mouvements d'ensemble, peut avoir son utilité. Il y aura
aussi avantage à constituer les remblais, autant qu'on le
pourra, de matériaux qui prennent immédiatement leur position définitive d'équilibre, comme le sable arrosé d'eau, le
gravier, les pierres cassées, etc.

74. Précautions à prendre dans l'exécution. —
Sans entrer ici dans le détail des précautions à prendre dans
l'exécution de ces ouvrages, nous rappellerons la nécessité
de ménager des issues à l'eau qui peut s'introduire derrière le
mur dans les remblais, qui, si elle s'y trouve enfermée, peut
exercer une poussée plus forte que celle des terres, et qui,
dans presque tous les cas, a pour effet de diminuer le coefficient de frottement des terres sur elles-mêmes et sur le mur,
c'est-à-dire d'augmenter la grandeur de la poussée et son
inclinaison sur la verticale.

Nous avons supposé que la poussée exercée par les terres
faisait, avec la normale à la paroi du mur, un angle égal à
l'angle de frottement des terres sur elles-mêmes, ce qui

revient à admettre qu'une mince couche de terre reste adhérente au mur. On pourrait craindre que, par suite de l'action de l'humidité ou d'autres causes, ce fait ne se produisît pas et que le frottement des terres sur le mur fût diminué. On évite cet effet en laissant sur la face postérieure du mur un certain nombre d'aspérités, soit irrégulières et résultant de la forme même des matériaux employés, soit régulières comme les redans, qui diminuent progressivement l'épaisseur, ou même des saillies ménagées de distance en distance pour s'opposer à un glissement d'ensemble et dont nous donnerons plus loin un exemple emprunté aux ingénieurs anglais.

75. Butée des terres. — Nous avons remarqué (page 140) qu'il y avait, pour un massif de terre limité à sa partie supérieure par un plan, deux états limites d'équilibre: le premier, que nous avons considéré, est celui qui précède le mouvement des terres poussant devant elles un mur qui cède à leur pression ; le second, au contraire, précéderait le mouvement des terres qui seraient refoulées par une paroi mobile les poussant devant elle. La résistance des terres au mouvement de cette paroi porte alors le nom de *butée* des terres. La valeur de la pression qui y correspond, par unité de surface du plan vertical HC (*fig.* 69), est la plus grande (4) des deux valeurs de p', que nous avons laissée de côté, et nous devons prendre dans ce cas

$$p' = \Pi x \cos \omega \, \frac{\cos \omega + \sqrt{\cos^2 \omega - \cos^2 \varphi}}{\cos \omega - \sqrt{\cos^2 \omega - \cos^2 \varphi}}.$$

Cette pression est représentée sur la figure 68 par OR, et nous pourrions, de la même manière que nous l'avons fait ci-dessus, étudier ce nouvel état d'équilibre. Nous trouverions encore en chaque point deux surfaces de rupture, inclinées de $\frac{\pi}{4} - \frac{\varphi}{2}$ sur la direction des pressions principales qui ne serait plus la même que dans le premier état Nous pourrions encore en déduire exactement la valeur de la butée lorsque la paroi mobile coïncide avec l'une de ces surfaces de rupture.

Pour les autres directions de la paroi mobile, on n'aurait encore qu'une approximation dont on pourrait, à la rigueur, se contenter. Il est évident d'ailleurs que, quel que soit le coefficient qui doit multiplier Πx, pour exprimer la butée en un point quelconque, ce coefficient sera, comme pour la poussée, indépendant de x, et par conséquent la valeur de la butée sur une surface quelconque variera suivant la loi hydrostatique ; sa résultante aura pour valeur le produit de $\Pi \frac{h^2}{2}$ par un certain coefficient numérique, sera appliquée au tiers de la hauteur à partir de la base, et fera, avec la normale à la paroi du mur, un angle égal à l'angle de frottement.

Si, comme le faisait Rankine, on néglige le frottement sur la paroi du mur, on pourra prendre pour la valeur de la butée, en un point quelconque d'une paroi verticale, l'expression ci-dessus de p' qui, appliquée au cas d'un massif arasé horizontalement, donnerait, pour la valeur de la butée totale Q_1, en faisant $\omega = 0$,

$$Q_1 = \Pi \frac{h^2}{2} \cdot \frac{1 + \sin \varphi}{1 - \sin \varphi}.$$

L'hypothèse du coin de Coulomb et la méthode géométrique de Poncelet peuvent encore être appliquées au calcul de la butée. Il suffit de chercher la direction du plan de rupture qui donne le prisme de moindre résistance au mouvement du mur.

La butée est une résistance passive qui s'oppose au mouvement. Elle agit dans un sens favorable à la stabilité et il importe de ne pas la mettre entièrement en jeu dans les conditions d'équilibre d'une construction. Il faut, comme on le fait pour la résistance des matériaux à l'écrasement, ne faire supporter aux terres contre lesquelles on fait buter des massifs qu'une fraction plus ou moins grande de l'effort qui pourrait commencer à les mettre en mouvement. Il est donc beaucoup moins intéressant de connaître la butée des terres avec exactitude que leur poussée ; il suffit d'en connaître une limite inférieure au-dessous de laquelle on se tiendra.

C'est pourquoi l'on peut se contenter de calculer la butée

par la formule ci-dessus, de Rankine, et de la réduire ensuite à une certaine proportion, au tiers ou au quart par exemple, ou bien, ce que l'on fait encore plus ordinairement lorsque l'on veut tenir compte de la butée des terres, d'admettre que la butée sur laquelle on peut compter pour la stabilité d'un massif de maçonnerie a simplement pour valeur la poussée qui serait exercée sur ce massif considéré comme un mur de soutènement.

76. Formules empiriques pour les murs de soutènement. — Les épaisseurs des murs de soutènement se déterminaient autrefois par de simples formules empiriques qu'il est bon de connaître, parce qu'elles peuvent servir de point de départ pour la détermination plus exacte des dimensions qui sont nécessaires.

La plus connue en France est celle de Vauban qui donne, au sommet du mur, une épaisseur constante de 5 pieds ($1^m,65$), avec un fruit extérieur de $\frac{1}{5}$ à $\frac{1}{6}$ et le parement intérieur (du côté des terres) vertical. Cette règle donne, pour épaisseur à la base, environ le tiers de la hauteur pour des murs de 8 à 10 mètres de hauteur.

Vauban renforçait ses murs, du côté des terres, par des contreforts espacés de 5 mètres environ d'axe en axe, et auxquels il donnait une saillie un peu in-

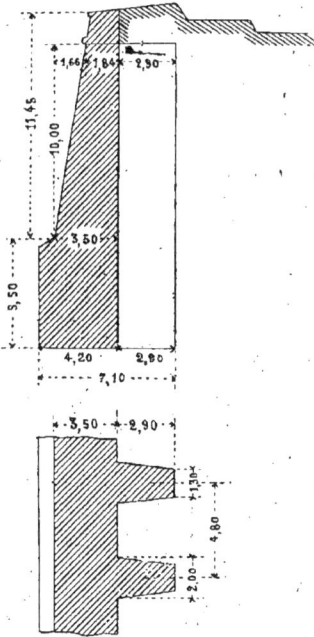

Fig. 79.

férieure à l'épaisseur du mur à la base et une largeur moyenne un peu plus grande que la moitié de cette saillie.

Voici, par exemple, les dimensions des murs de la place d'Ypres, construits en 1699 (*fig.* 79). On remarquera que la fondation est descendue à une grande profondeur au-dessous du fond du fossé ; c'est afin de mettre à profit la butée des terres sur une assez grande hauteur pour empêcher le glissement du mur sur sa base.

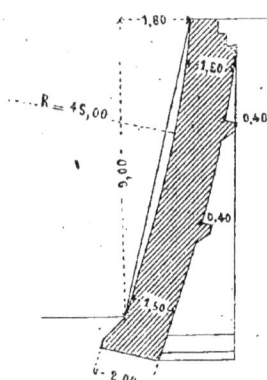

Brunel, qui a construit en Angleterre un très grand nombre de murs de soutènement pour l'établissement de diverses lignes de chemins de fer, adoptait une règle qui, en moyenne, était la suivante : le parement du mur (*fig.* 80) avait un fruit de $\frac{1}{5}$ à $\frac{1}{6}$ de la hauteur ; il était réglé suivant un plan ou suivant une surface cylindrique ayant pour base un arc de cercle d'un rayon égal à cinq fois la hauteur. L'épaisseur du mur, uniforme sur toute la hauteur, n'était que le sixième de cette dimension, et le mur était quelquefois renforcé par des contreforts distants de 3 mètres d'axe en axe et de 0m,75 environ de largeur, dont la saillie, nulle en haut du mur, était limitée par un plan vertical passant par le sommet de la paroi postérieure du mur.

La figure 81 représente le profil d'un mur de soutènement, construit par Brunel, aux abords du tunnel de Mickleton. Le terrain auquel ce mur sert d'appui est une argile bleue du lias de la plus mauvaise nature, ne se tenant, lorsqu'elle est humide, que sous un talus de 3 de base pour 1 de hauteur ($\varphi = 18°$ 1/2). Ce mur, dont l'épais-

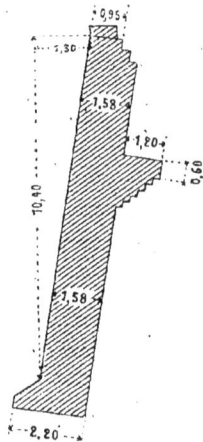

seur est inférieure au $\frac{1}{6}$ de la hauteur, a parfaitement résisté, avec un fruit de $\frac{1}{8}$, et sans contreforts.

Si l'on calculait la poussée de la terre en adoptant pour talus naturel l'angle de 18° 1/2, on arriverait à une poussée de plus de 43.000 kilogrammes à laquelle le mur ne serait pas capable de résister, même en faisant entrer en ligne de compte, au profit de la stabilité, le prisme de terre immobilisé à la partie supérieure par la saillie de 1m,20 ménagée en arrière de son parement intérieur. Il faut donc en conclure que le remblai derrière le mur a été conduit avec toutes les précautions nécessaires, et que l'on a en même temps assuré l'écoulement des eaux et l'assèchement de la masse argileuse, d'une manière suffisamment parfaite pour que le frottement des terres sur elles-mêmes ne diminue jamais jusqu'à la valeur correspondant à l'angle de 18° 1/2.

On peut constater qu'une valeur de $\varphi = 30°$, ce qui correspond encore à un talus de un et trois quarts de base pour un de hauteur, réduit la poussée de 43.000 kilogrammes à 26.000 kilogrammes environ et qu'alors la résultante de cette poussée, inclinée de 30° sur la normale à la paroi, et du poids du mur, augmenté de celui du prisme de terre immobilisé à sa partie supérieure, passe à l'intérieur de la base du mur, à 0m,45 environ de l'arête, soit à une distance du milieu égale à peu près au cinquième de l'épaisseur.

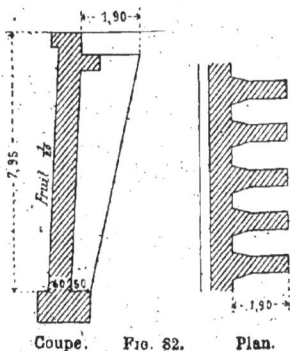

Coupe.　Fig. 82.　Plan.

Le mur se trouve ainsi dans des conditions de stabilité très suffisantes, et on peut en conclure, puisqu'il a résisté, que l'angle de frottement des terres n'est jamais descendu beaucoup au-dessous de 30°.

Nous donnons encore comme exemple de mur celui qui a été construit à Toul, en 1857, par le colonel Michon (*fig.* 82).

Avec une hauteur de 8 mètres et un fruit de $\frac{1}{20}$, l'épaisseur du mur n'est que de 60 centimètres ; il est vrai que de nombreux contreforts le consolident en arrière. Le massif soutenu est en terre ordinaire ayant un talus naturel incliné de 1 1/2 de base pour 1 de hauteur ($\varphi = 34°$ environ).

77. Murs de quais. — Des dimensions aussi faibles peuvent être suffisantes pour soutenir des massifs de terre bien asséchée, mais elles ne le sont plus lorsqu'il s'agit de murs, tels que les murs de quai, derrière lesquels se trouvent des terres humides ou même baignées par l'eau. Le coefficient de frottement des terres humides est toujours, en effet, beaucoup plus faible que celui des terres sèches. La poussée qu'elles exercent est plus grande et sa direction se rapproche plus de la normale à la paroi du mur, c'est-à-dire qu'elle a, par rapport à l'arête de rotation, un bras de levier plus grand.

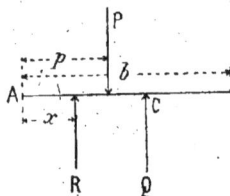

Lorsque les murs de revêtement sont baignés par de l'eau, à un niveau à peu près constant, on doit, pour calculer leur stabilité, tenir compte de la perte de poids que subissent les maçonneries plongées dans l'eau, ce qui diminue leur moment de stabilité. La contre-pression exercée par l'eau sur la face antérieure n'est à considérer que dans le cas où elle ne s'exerce pas en même temps sur la face postérieure.

Fig. 83.

Lorsque le mur est baigné par l'eau sur toutes ses faces, la pression qu'il exerce sur le terrain de fondation, et réciproquement la réaction du terrain sur la base, se répartit d'une manière un peu différente de ce qui se passe lorsque la sous-pression de l'eau n'intervient pas. Cette sous-pression Q, due à l'eau, est évidemment uniforme sur toute l'étendue $AB = b$ de la base (*fig.* 83) ; elle a son point d'application au milieu C, et elle a pour valeur le produit de la base par la profondeur au-dessous du niveau de l'eau. Elle est donc déterminée. Il en résulte que la réaction R du terrain, qui, avec cette sous-pression de l'eau, doit faire équilibre à la pression P, se trouve déterminée en grandeur par la condition $R = P - Q$, et en position, si on désigne par x sa distance au point A, celle de la force P au même point étant p, par l'équation des moments : $Rx = Pp - Q\frac{b}{2}$; d'où $x = \frac{2Pp - Qb}{2(P-Q)}$. Cette réaction se répartit, suivant l'hypothèse ordinaire, sur une étendue égale à $3x$, et la pression qu'elle donne au point A, le plus chargé, a pour valeur $\frac{2R}{3x}$.

Il peut arriver aussi quelquefois, surtout lorsqu'il s'agit de murs de quais, au-devant desquels le niveau de l'eau varie beaucoup, comme dans les ports à marées, que l'eau se maintienne derrière le mur à un niveau à peu près constant, généralement intermédiaire entre les niveaux extrêmes. On doit alors faire entrer en ligne de compte la pression exercée par cette eau située en arrière, laquelle s'ajoute à la poussée des terres.

Les murs de quai ont donc toujours des épaisseurs très supérieures à celles des murs de même hauteur qui n'ont à supporter que des remblais secs. L'épaisseur doit surtout être augmentée lorsqu'il s'agit de murs qui, comme les bajoyers d'écluses, de bassins de radoub, etc., ont à supporter des efforts très variables suivant le niveau plus ou moins élevé de l'eau sur leur face antérieure. En général, ces murs doivent être établis, en outre, de manière à ce que les maçonneries n'aient à supporter, en aucun point, un effort de tension, ce qui oblige à faire passer la résultante des pressions sur chaque joint dans le tiers intermédiaire de sa longueur, tandis qu'on peut, sans inconvénient, comme nous l'avons vu, se donner une latitude plus grande lorsqu'il s'agit de murs ordinaires.

Nous donnons comme exemples le mur de quai du bassin de Whitehaven (fig. 84) et celui du bassin du port de Marseille (fig. 85).

Dans ces deux exemples, le sol de la fondation était bon, et à Marseille la maçonnerie a pu être établie directement sur lui sans interposition de béton.

On est quelquefois amené, par suite de la mauvaise nature

du sol de fondation, à donner à la base du mur de soutènement une largeur très grande, afin de répartir la pression
sur une grande étendue. C'est dans ce but que l'on a adopté
le profil ci-contre (*fig.* 86) pour le mur de la rivière de
Sheerness. Ni le sol de fondation formé de vase sur une
épaisseur atteignant 9 mètres, ni le sous-sol sans consis-
tance, ne pouvaient supporter aucune pression. Ce mur
fut établi sur des pieux de 0^m,30 d'équarrissage, espacés

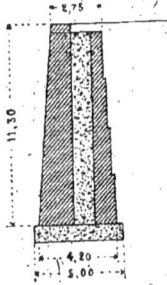

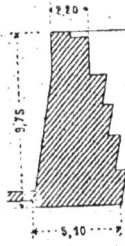

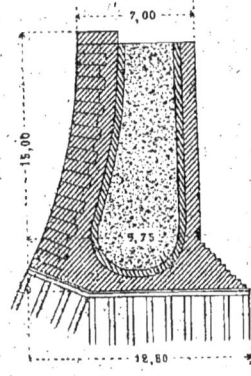

FIG. 84.   FIG. 85.   FIG. 86.

de 1 mètre à 1^m,20 d'axe en axe et battus jusqu'à ce qu'un
mouton de 700 kilogrammes, tombant de 7^m,50 de hauteur,
ne les fît plus enfoncer de plus de 1 centimètre. La partie
moyenne du mur fut remplie de craie ou autres matériaux
légers ; mais, malgré cela, ce mur présente sans doute un
moment de stabilité plus grand que celui de tous les murs
connus.

Lorsque l'on est ainsi obligé de s'établir sur pilotis, il faut
chercher à diminuer le poids du mur, tout en augmentant
l'étendue de sa base d'appui ; mais il faut aussi chercher à
diminuer, autant que possible, la poussée exercée sur le
mur. Cette recommandation s'applique d'ailleurs, évidemment, à la construction de tous les murs de soutènement.

Nous donnons ci-contre le profil adopté pour les quais de
Rouen (*fig.* 87) le long de la Seine, où, par la construction

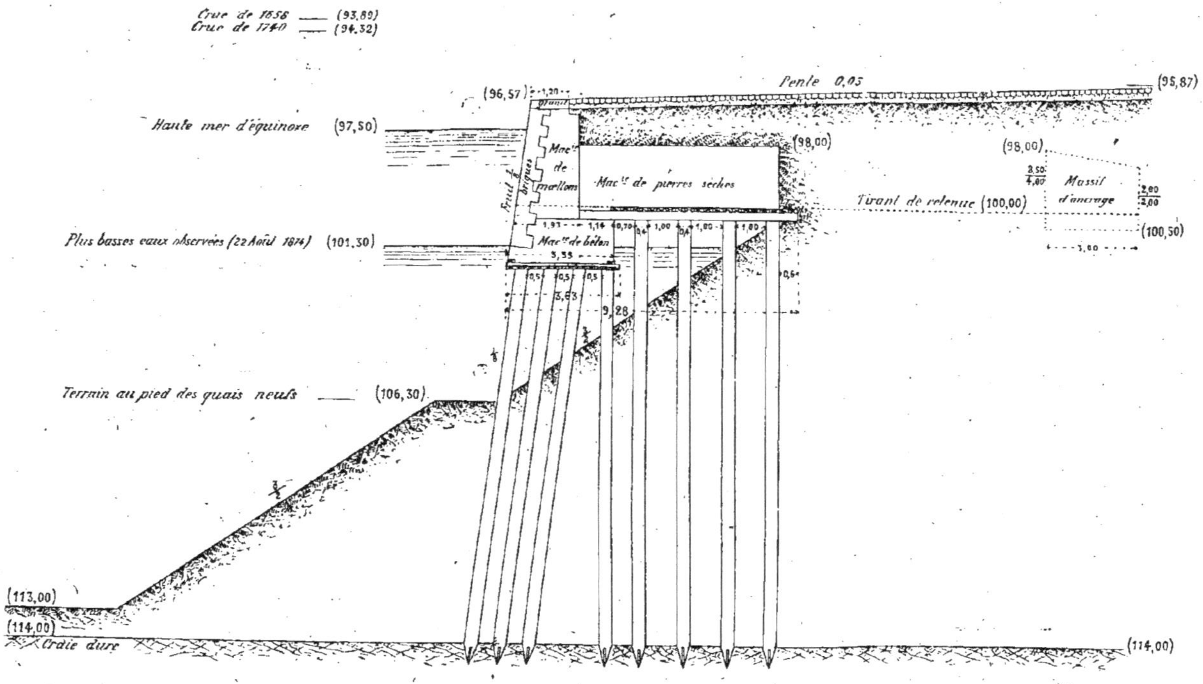

Crue de 1856 ——— (95,80)
Crue de 1740 ——— (94,52)

(95,87)

Massif d'ancrage $\dfrac{2,00}{2,00}$

(100,50)

(98,00) $\dfrac{2,50}{4,40}$

Tirant de retenue (100,00)

Pente 0,05

(98,00)

Maç.ⁿ de pierres sèches

Haute mer d'équinoxe (97,50)

Mer de tempête

Pied du talus

Maç.ⁿ de béton

(96,57)

5,55

Plus basses eaux observées (22 Avril 1874) (101,30)

Terrain au pied des quais neufs (106,30)

Craie dure

(113,00)
(114,00)

(114,00)

NOTA. Les files de pieux sont distantes de 1,50 entre axe en axe
des tirants seul pour 16,50 m 0,40

Echelle de 0,005 pour 1 mètre ($\frac{1}{200}$)

Fig. 87.

derrière le mur d'une plate-forme en charpente recouverte de pierres, on a pu régler les terres suivant leur talus naturel, de sorte que le mur, dont la fondation a pu être établie beaucoup plus haut que le fond de la rivière, n'a à supporter que la poussée très faible provenant du remblai en pierres. On a pu ainsi, pour moins de 2.000 francs par mètre courant, border la rivière de murs de quais, lesquels, sans cet artifice et si on avait dû les établir dans les conditions ordinaires, eussent coûté deux ou trois fois autant.

Ce mur est relié, de distance en distance, au moyen de tirants en fer, à des dés en maçonnerie noyés dans le terrain en arrière, et maintenus par la butée des terres, laquelle donne, par suite, une limite de l'augmentation de la stabilité procurée par cette disposition, à la condition, bien entendu, que les tirants eux-mêmes présentent une résistance suffisante.

La figure 88 représente le profil d'un mur de soutènement exécuté à Londres, pour un gazomètre de la Compagnie de South Metropolitan Gas, à son usine de la vieille route de Kent. Le parement vertical de ce mur forme une surface cylindrique de 66ᵐ,50 de diamètre. L'épaisseur de ce mur, qui n'est que de 1ᵐ,30 à la base, pour une hauteur de 17ᵐ,25, ne serait pas suffisante pour soutenir les terres, dont le talus naturel est d'environ 45°, si le mur était rectiligne. Mais la forme courbe augmente notablement la résistance et s'oppose au renversement. Le mur travaille alors

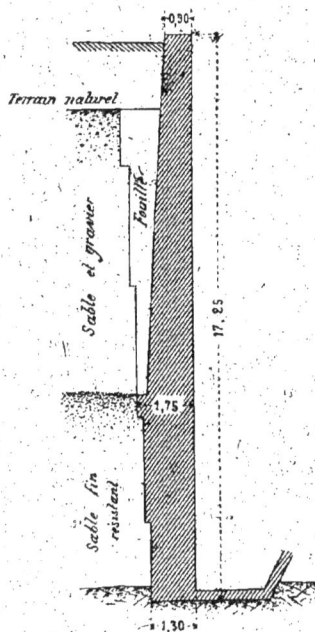

Fig. 88.

comme une enveloppe cylindrique pressée extérieurement. On peut, en effet, décomposer la poussée qui s'exerce en chaque point du mur en deux composantes : une, verticale, qui s'ajoute au poids du mur ; l'autre, horizontale, qui se trouve équilibrée par les réactions produites sur les sections faites dans le mur par le plan diamétral qui lui est perpendiculaire. Ces réactions, normales aux sections sur lesquelles elles s'exercent, agissent tangentiellement à la surface cylindrique, et n'ont, par suite, aucune tendance à renverser le mur. Les augmentations d'épaisseur que l'on observe au-dessus de la base ne sont pas intentionnelles, ou du moins n'étaient pas projetées. On les a exécutées simplement parce que, dans la partie inférieure, correspondant au sable résistant, on a rempli entièrement avec du béton toute la fouille qu'il avait été nécessaire d'ouvrir pour établir le mur. Au dessus, la paroi postérieure présente un fruit régulier, indépendant de la forme de la fouille.

78. Murs à flanc de coteau. — Lorsque l'on construit un mur de soutènement à flanc de coteau sur une roche consistante, le remblai à la poussée duquel le mur doit résister ne peut plus être considéré comme indéfini ; il se réduit au prisme triangulaire ABC (*fig.* 89) compris entre la paroi postérieure AB du mur, la surface inclinée du terrain BC et la limite supérieure AC.

On peut, dans ce cas, déterminer l'épaisseur à donner au mur en considérant ce prisme ABC comme un solide reposant sur le plan incliné BC et au glissement duquel il faut s'opposer. Les règles ordinaires de la statique donneront

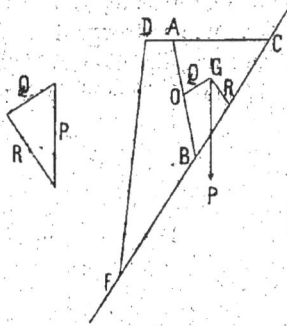

Fig. 89.

immédiatement la grandeur de la poussée exercée sur AB si l'on suppose connues sa direction et celle de la réaction du massif inférieur BC, directions qui sont données par la

connaissance du coefficient de frottement des terres sur le
mur et sur la roche de fondation. A défaut de cette connaissance, on ne devra pas prendre ce coefficient supérieur à
0,30 ou 0,40, ce qui correspond à un angle de frottement
de 17 à 22°, surtout si les surfaces sur lesquelles le glissement doit avoir lieu sont exposées à être mouillées. Le
prisme ABC, dont le poids P est connu, est en effet en équilibre sous l'action de ce poids, de la réaction R du massif
inférieur et de la réaction Q du mur, égale et contraire à
la poussée cherchée, ces deux dernières forces faisant, avec
les normales aux plans à travers lesquels elles s'exercent,
des angles dont la tangente trigonométrique est égale à ce
coefficient de frottement. La construction d'un triangle PQR,
dont les côtés seront respectivement parallèles aux trois
directions connues des forces P, Q, R, et dont le côté P sera
proportionnel au poids P du prisme, donnera immédiatement la grandeur de la force Q. Quant à son point d'application, on peut, par analogie avec ce qui se passe dans le cas
d'un massif indéfini, le supposer placé au tiers de la hauteur
AB à partir du point B, mais il semble plus rationnel de
déterminer sa position d'après celle du centre de gravité G
du prisme, point d'application de la force P, en menant
par ce point la ligne GO suivant la direction de la force Q.
Cette force se trouvant ainsi complètement déterminée en
grandeur, direction et position, on calculera, d'après la
méthode générale ci-dessus, l'épaisseur à donner au mur.

CHAPITRE VII

VOUTES

79. Conditions générales de la stabilité. — La stabilité des voûtes se vérifie par l'application des règles générales données ci-dessus ; seulement, dans ce cas, la question présente une certaine indétermination. Si l'on connaissait la réaction Q exercée par la culée A sur une voûte AB (*fig.* 91), en composant, comme nous l'avons fait plus haut pour un massif quelconque, cette force Q avec la résultante P_1 des efforts extérieurs (y compris la pesanteur) qui s'exercent sur la portion de voûte comprise entre la culée et le joint quelconque C, on aurait l'effort exercé à travers ce joint C, par les deux portions de voûte qu'il sépare et, en continuant ainsi de proche en proche, on arriverait à trouver l'effort sur chaque joint jusqu'à la culée B. On aurait ainsi la courbe des pressions qui devrait, à son intersection avec chaque joint, satisfaire aux conditions de stabilité, ce qui ferait connaître les dimensions à adopter pour ce joint. A défaut de la connaissance de la réaction Q, on est forcé de recourir à des tâtonnements ou à des hypothèses qui ne permettent plus d'obtenir une solution rigoureuse du problème.

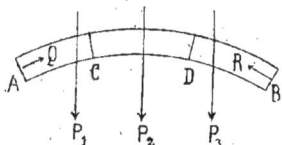

Fig. 91.

Voici sur quelles remarques se basent ces tâtonnements :

On peut observer que, si l'on connaissait seulement trois points de la courbe des pressions, cette courbe se trouverait entièrement déterminée. Soient en effet A, D, C (*fig*. 92) trois points, supposés connus, de la courbe des pressions dans une voûte quelconque. Soient P et R les résultantes de toutes les forces extérieures qui agissent respectivement sur les portions de voûte comprises entre les joints A, B et B, C, y compris le poids de ces portions de voûte, et soit Q la résultante des deux forces extérieures qui agissent sur la portion de voûte comprise entre les joints A et C. Les réactions incon-

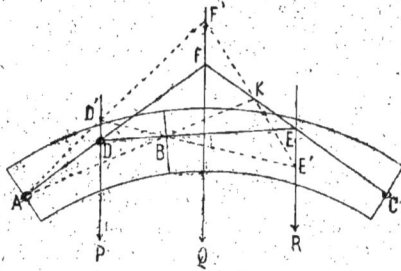

Fig. 92.

nues, aux points A et C, doivent faire équilibre à la force Q; par conséquent, leurs directions, prolongées, devront se rencontrer en un point F de la direction de cette force. De même, la réaction inconnue qui se déve-

loppe sur le joint B entre les deux portions de voûte doit, avec la réaction A, équilibrer la force P, et, avec la réaction C, équilibrer la force R. Sa direction doit donc être telle qu'elle rencontre à la fois la direction AF en un point D de la direction de la force P et la direction CF en un point E de celle de la force R. Le triangle DEF, dont les trois côtés doivent passer par les trois points A, B, C, et dont les trois sommets doivent se trouver sur les trois droites P, Q, R, est donc déterminé. Pour le construire, on sait qu'il faut mener, par le point A, une sécante quelconque AD'F', joindre D'B que l'on prolonge jusqu'en E', joindre E'F' qui rencontre au point K la droite AB prolongée, et enfin mener CK qui est la direction de l'un des côtés EF du triangle cherché, lequel s'achève facilement.

On déterminerait ainsi les directions AD, DBE, EC, des

réactions sur les joints A, B, C, et, en décomposant au point
D la force P suivant les directions DA, DB, et au point E la
force R suivant les directions EB, EC, on aurait les grandeurs
de ces réactions, c'est-à-dire tout ce qui est nécessaire pour
déterminer la courbe des pressions dans toutes ses parties.

Lorsque la voûte est symétrique, et que le joint B est le
plan vertical mené par le sommet de l'intrados, les points A
et C étant à la même hauteur et les forces P et R étant
égales, la direction DE est horizontale comme on pourrait le
prévoir en raison de la symétrie ; on peut alors considérer seulement la portion de voûte limitée par ce plan vertical, et la
connaissance du point d'application de la réaction sur ce
joint avec celle d'un autre point quelconque de la courbe
des pressions suffit pour faire cesser l'indétermination.

80. Méthode de Méry. — Soit, par exemple, une voûte
symétrique (*fig.* 93) comprise entre le plan vertical A mené
à la clef, c'est-à-dire au point le plus élevé de l'intrados et
un joint quelconque B. Si nous supposons connus les points
d'application A et B des réactions sur les joints A et B,
sachant d'ailleurs que la
réaction en A est hori-
zontale, il nous suffira de
mener par le point A la
ligne AC, horizontale, jusqu'à sa rencontre, en C,
avec la direction de la
force P, qui représente la
résultante des efforts
exercés par les forces

Fig. 93.

extérieures, y compris la pesanteur, sur la portion de voûte
AB, et de joindre BC, pour avoir la direction de la réaction
en B, puisque cette réaction forme, avec celle qui s'exerce
en A et la force P, un système en équilibre, et qu'elle doit,
par conséquent, passer par le point de concours de ces deux
forces.

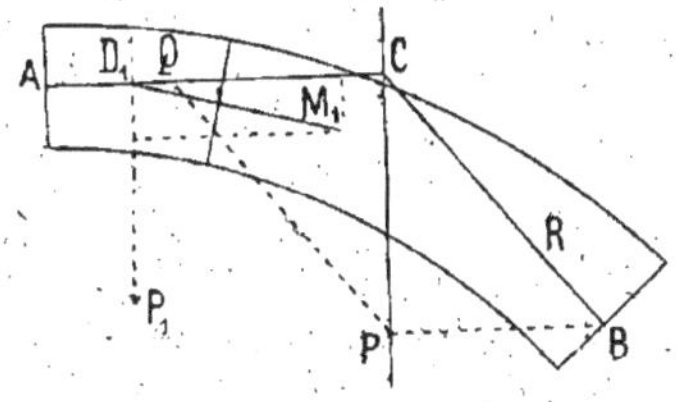

En décomposant ensuite la force P, par la règle ordinaire
du parallélogramme, suivant les deux directions CA et CB,
nous obtiendrons les grandeurs CQ et CR de ces réactions, et

nous pourrons en déduire la connaissance de l'effort exercé sur un joint quelconque et, par conséquent, celle de la courbe des pressions dans toute son étendue.

Si, en effet, nous prenons un joint quelconque, M_1, limitant une portion de voûte AM_1, et si nous déterminons la résultante P_1 des efforts extérieurs qui agissent sur cette portion de voûte, la direction de cette résultante rencontrant en D_1 l'horizontale AC ; en composant, au point D_1, la réaction horizontale sur le joint A que nous venons de représenter par CQ, et cette force P_1, nous aurons, comme résultante de ces deux forces, l'effort exercé sur le joint M_1, en grandeur et en direction, et le point d'intersection M_1 de cette résultante avec le joint sera un point de la courbe des pressions.

Cette méthode, due à Méry, permet de vérifier la stabilité d'une voûte. Ayant construit la courbe des pressions et déterminé l'effort exercé sur chaque joint, on peut s'assurer que ces efforts satisfont aux conditions de stabilité, c'est-à-dire :

1° Que leur point d'application ne s'écarte pas, du milieu du joint, de plus d'un quart ou d'un sixième de la longueur totale du joint, suivant que l'on admet que la maçonnerie peut, ou non, supporter de petits efforts de traction ;

2° Qu'il n'en résulte pas, au point le plus chargé, un effort par unité de surface supérieur à la charge de sécurité des matériaux employés ;

3° Que la direction de l'effort ne fait pas, avec la normale au joint, un angle plus grand que l'angle de frottement.

On peut faire cette vérification en partant de deux points A et B arbitrairement choisis sur le joint vertical et sur un joint quelconque B. Si les conditions se trouvent réalisées partout, on sera assuré que la voûte est stable ; sinon on pourra recommencer la vérification en modifiant la position des points A et B.

Il convient de remarquer que la position de ces points ne peut pas être absolument arbitraire : tout d'abord, pour que la condition de stabilité soit satisfaite sur les joints auxquels ils appartiennent, il est évident qu'ils doivent se trouver dans l'intérieur de la limite qui vient d'être rappelée, c'est-à-dire dans la moitié ou dans le tiers intermédiaire de la longueur

du joint, suivant que l'on admet, ou non, des pressions négatives.

Le mode de construction des voûtes donne d'ailleurs une
indication plus précise. Lorsqu'on décintre une voûte, il se
produit presque toujours un abaissement de la clef. Ce mouvement, si l'on considère la demi-voûte ABCD (*fig*. 94)
comme un solide invariable, doit être regardé comme une
rotation autour d'un axe instantané, projeté par exemple
en O. Tous les points subiront de petits déplacements proportionnels à leurs dis-
tances au point O et
dont les directions se-
ront normales aux
rayons tels que OA,
OB... Ces déplacements
peuvent, pour chaque
point, être décomposés
en deux, une compo-

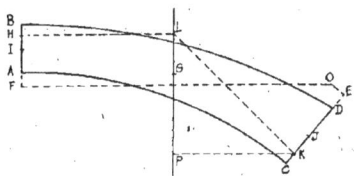

Fig. 94.

sante normale au joint, et une autre tangentielle qu'on peut
laisser de côté. La composante normale au joint est, pour
chaque point, proportionnelle à la distance du point à la projection, sur le joint, du point O. Ainsi, les déplacements
normaux des points A et B sont proportionnels à AF et à
BF, ceux des points C et D, aux distances CE et DE, etc.

Donc, la pression sur AB varie comme les ordonnées d'un
trapèze dont le côté oblique aboutirait au point F, et la pression sur CD varie de même proportionnellement à la distance
au point E. Les centres de pression, sur chaque joint, seront
donc déterminés pour toute position arbitraire du point O.
Eu égard à ce qui se passe ordinairement, il paraît rationnel
d'admettre que le point O se trouve sur CD ou coïncide avec
le point E, de sorte que OE = 0.

Soient I et J les milieux des deux joints, nous aurons,
d'après la formule qui donne le centre de gravité d'un trapèze, et si H et K sont les centres de pression inconnus

$$JK = \frac{\overline{DJ}^2}{3EJ}, \qquad HI = \frac{\overline{AI}^2}{3FI}.$$

D'autre part, les déplacements normaux étant proportionnels aux efforts, l'effort sur le joint de la clef sera proportionnel à $AB \times FI$ et celui sur le joint de naissance à $CD \times EJ$. Soient Q et R ces efforts. La ligne LP représentant le poids de la voûte et de sa surcharge, si l'on mène l'horizontale HL et l'oblique LK, le rapport de Q à R est celui de KP à KL. En écrivant ainsi $\dfrac{KP}{KL} = \dfrac{AB \times FI}{CD \times EJ}$, on aura (dans l'hypothèse où le point O se confond avec le point E) une condition suffisante pour déterminer ce rapport [1].

On doit remarquer que, si LP se rapproche de la clef, le rapport $\dfrac{Q}{R} = \dfrac{KP}{KL}$ se rapproche de l'unité. Il doit en être de même du rapport $\dfrac{AB \times FI}{CD \times EJ}$; il faut, pour cela, que la ligne EF descende, ce qui fait descendre les points K et H. Donc, si la surcharge est voisine du sommet, la pression à la clef se rapproche du milieu du joint, et la pression à la naissance se rapproche de l'intrados. Au contraire, si LP s'éloigne vers la naissance, le rapport $\dfrac{Q}{R}$ s'écarte de l'unité, il faut relever la ligne EF, la pression à la clef s'écarte du milieu du joint vers l'extrados, et la pression à la naissance se rapproche du point J.

Ce raisonnement suppose que le point O ou E est en dehors du joint de naissance sur le prolongement de ce joint au-delà de l'extrados. Si le point O ou E est à l'intrados du joint de naissance en C, on peut encore en déduire la position correspondante du point H à la clef, mais on ne peut plus exprimer comme plus haut le rapport $\dfrac{Q}{R}$, puisque l'un des trapèzes se réduit alors à un point. Cela montre avec quelle réserve il faut accepter les résultats qui précèdent, et qui, en tout cas, ne seraient applicables qu'à une voûte assez surbaissée pour que, dans son mouvement de décintrement, chacune des deux demi-voûtes se déplace d'une seule pièce.

Lorsqu'il s'agit d'une voûte dont la montée est assez

---

[1] Cela a été remarqué, sous une forme un peu différente, par M. MAUREL, dans les *Annales de la Construction*.

grande par rapport à l'ouverture, comme une voûte en plein
cintre ou en anse de panier, la déformation due au décintrement brise ordinairement chacune des deux demi-voûtes
en deux parties séparées par un joint incliné qui, pour cette
raison, s'appelle joint de rupture. Aux environs de ce joint,
la voûte s'ouvrant vers l'extrados, la pression résultante
passe tout près de l'intrados. Si l'on avait affaire à des
matériaux d'une résistance infinie et incompressibles, on
pourrait même la supposer appliquée à l'extrémité même de
ce joint ou admettre que la pression est supportée entièrement
par l'arête sans se répartir sur une étendue appréciable.
Comme il n'en peut être ainsi, on doit supposer que la résultante passe à une distance de l'intrados inférieure au tiers et
probablement au quart de la longueur du joint. On peut,
comme M. Kleitz l'a proposé, admettre qu'elle passe au cinquième de cette longueur à partir de l'intrados.

Quant à la position du joint de rupture lui-même, c'est le
joint des naissances dans une voûte en arc de cercle surbaissé. Lorsqu'il s'agit d'une voûte en plein cintre, en ellipse,
en anse de panier, l'observation montre que le joint de rupture est, en général, incliné d'environ 30° sur l'horizontale.
On peut, avec une approximation suffisante, adopter cette
donnée pour tous les cas.

81. Répartition de la surcharge. — Il ne reste plus
alors, pour vérifier
la stabilité d'une
voûte, qu'à détermi-
ner les efforts exté-
rieurs qui s'exercent
sur chacune des por-
tions comprises entre
le joint vertical AB
de la clef et un
joint quelconque MN
(*fig*. 95). Ces efforts
se composent : 1° du
poids P de la por-

Fig. 95.

tion de voûte ABNM, appliqué en son centre de gravité S,

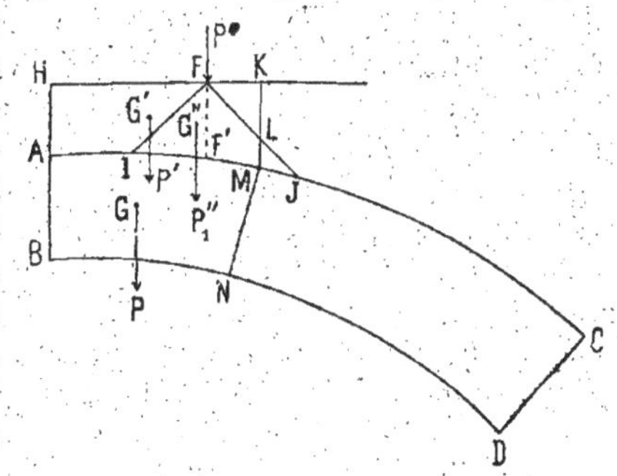

2° de l'effort exercé par la surcharge permanente que la voûte doit supporter. Cette surcharge est constituée ordinairement par un remblai portant une chaussée, une voie de chemin de fer. On admet que la portion de voûte ABMN supporte simplement le poids de la portion AHKM de ce remblai située verticalement au-dessus d'elle, c'est-à-dire comprise entre les verticales menées par les points A et M. On fait abstraction des réactions que cette portion de remblai supporte de la part des portions voisines à travers les surfaces AH, MK, et on néglige, par conséquent, la composante horizontale de l'effort qu'elle exerce sur la voûte qui la supporte. Dans cette hypothèse, qui simplifie notablement le problème, tout en conservant une approximation suffisante, l'effort de la surcharge se réduit à son poids P', appliqué en son centre de gravité G' ; 3° des efforts exercés par les surcharges accidentelles, telles qu'un poids P″ appliqué en un point F. On admet que ces efforts sont appliqués directement à la voûte, en faisant abstraction du remblai qui les en sépare, c'est-à-dire que l'on suppose la force P″ transportée intégralement au point F' où sa direction rencontre l'extrados AM, sans tenir compte de la présence du remblai qui répartit, en réalité, l'effort P″ sur une certaine portion de voûte telle que IJ. On admet donc, en général, que toutes les charges et surcharges permanentes et accidentelles se transmettent intégralement à la voûte suivant les verticales de leurs points d'application. On va même plus loin. Les divers tronçons de la voûte dont on vérifie séparément la stabilité, au lieu d'être délimités par des joints réels, normaux à l'intrados comme MN, le sont par des verticales, et l'on admet que la portion de voûte comprise entre deux plans verticaux quelconques supporte toutes les charges et surcharges limitées par ces deux plans y compris le poids de cette portion de voûte elle-même. Les meilleurs auteurs sont d'accord pour reconnaître que cette hypothèse, lorsqu'il s'agit d'une voûte surbaissée, est tout aussi approchée de la vérité que celle qui consiste à diviser la voûte par des joints normaux à l'intrados et qu'elle présente l'avantage d'une grande simplification.

82. Usage de cette méthode. — Pour vérifier la stabilité d'une voûte par la méthode de Méry, on prendra donc
la portion de cette voûte comprise entre le joint vertical de
la clef et le joint de rupture, c'est-à-dire le joint des naissances s'il s'agit d'un arc de cercle, ou un joint incliné à
30° sur l'horizontale s'il s'agit d'une voûte en plein cintre
ou en anse de panier. On divisera cette portion de voûte
en un certain nombre de voussoirs par des joints réels ou
fictifs, et on déterminera, pour chacune des portions comprises entre le joint vertical et ces divers joints successifs,
la résultante de tous les efforts extérieurs qu'elle a à supporter. Cela fait, on se donnera deux points de la courbe des
pressions, savoir : sur le joint vertical de la clef le point
situé au tiers de la longueur du joint à partir de l'extrados,
et, sur le joint de rupture, le point situé au quart ou au cinquième de la longueur du joint à partir de l'intrados. La connaissance de ces deux points définira, comme nous l'avons
dit plus haut, les grandeurs des pressions sur chaque joint
et permettra de construire la courbe des pressions. On véri-
fiera alors facilement si, sur chaque joint, les conditions relatives à la stabilité sont satisfaites.

On arriverait évidemment au même résultat si, au lieu de
considérer successivement les diverses portions de voûte
comprises entre le joint de la clef et un joint quelconque, on
marchait, de proche en proche, après avoir calculé séparément les actions extérieures qui s'exercent sur chacun des
voussoirs compris entre deux plans de joint consécutifs, et si
l'on déterminait l'effort sur le voussoir qui précède ce joint
avec l'effort, supposé déjà calculé, sur le joint précédent. Ce
procédé, peut-être un peu plus rapide, a l'inconvénient de
donner lieu à des accumulations d'erreurs que l'on évite, en
grande partie, en opérant comme nous l'avons dit d'abord.

En construisant la courbe des pressions au moyen des
efforts exercés isolément sur chacun des voussoirs successifs,
on reconnaît immédiatement l'analogie de cette courbe avec
un polygone funiculaire. Si donc les efforts extérieurs sont
répartis uniformément suivant l'horizontale, la courbe des
pressions sera une parabole ; elle sera une chaînette si ces
efforts sont proportionnels aux longueurs des arcs de la

courbe, etc. (¹). La détermination analytique de la forme de
la courbe des pressions ou plutôt de la forme de l'intrados
qui répond le mieux à une surcharge déterminée a été tentée
par divers ingénieurs. L'un des travaux les plus récents à
ce sujet est celui de M. Tourtay (*Annales des Ponts et Chaussées*, 1888), qui a donné des formules pratiques pour l'établissement d'une voûte en forme de chaînette, et qui les a appliquées avec succès à la construction d'un pont. Mais ces procédés analytiques ne paraissent pas avoir encore passé dans la
pratique, et l'on s'en tient encore à l'ancienne méthode graphique dont on vient de donner le principe. C'est au moyen de
la construction imaginée par Méry que l'on continue, un peu
empiriquement, il faut le reconnaître, à vérifier la stabilité
des voûtes.

Lorsque cette vérification s'effectue sur tous les joints,
la voûte doit être considérée comme stable. Si cela n'a pas
lieu, il faut, comme nous l'avons dit, faire une nouvelle

(¹) Lorsque l'on suppose que la voûte est soumise à une pression qui agit
normalement sur son extrados, comme le ferait un liquide, on trouve que la
poussée sur un joint quelconque est égale au produit
de la pression, au point que l'on considère, par le rayon
de courbure de la voûte au même point. C'est la formule
de Navier, et voici comment elle se démontre. Soit
(*fig.* 96) AB = ds une portion infiniment petite de l'extrados, sur laquelle agit une pression normale P, par
unité de longueur, c'est-à-dire une pression Pds, dirigée
vers le centre de courbure O, et qui doit être équilibrée
par les deux poussées T, qui agissent sur les joints infiniment voisins AC, BD. Ces deux poussées devant rencontrer la direction de P, bissectrice de AC et de BD,
en un même point I, et devant d'ailleurs, en raison de
la continuité et en négligeant des infiniment petits
d'ordre supérieur, passer par des points homologues de
ces deux joints et être également inclinées sur leurs
directions, ne peuvent leur être que normales. Si le
rayon de courbure de la voûte est désigné par ρ, l'angle

Fig. 96.

AOB est égal à $\dfrac{ds}{\rho}$ et chacune des poussées T fait avec

la normale à PO, un angle $\dfrac{1}{2}\dfrac{ds}{\rho}$. Leur projection sur la direction de PO est
donc, pour chacune d'elles, $T\sin\left(\dfrac{1}{2}\dfrac{ds}{\rho}\right)$ ou, en prenant l'arc pour son sinus,
$\dfrac{1}{2}T\dfrac{ds}{\rho}$. Ces deux forces équilibrant la force P, il en résulte l'équation

$$P = \frac{T}{\rho} \quad \text{ou} \quad T = P\rho.$$

hypothèse sur la position des points extrêmes de la courbe des pressions. Ce n'est qu'après avoir épuisé toutes les hypothèses possibles que l'on sera réellement fixé sur la question de la stabilité de la voûte dont il s'agit.

Cette question de la stabilité des voûtes est d'ailleurs traitée avec de grands détails dans le *Traité des Ponts en maçonnerie* de MM. Degrand et Résal, qui fait partie de l'*Encyclopédie*.

83. Formules empiriques. — Comme point de départ on prend ordinairement pour épaisseur de la voûte à la clef le chiffre donné par l'une des formules empiriques suivantes, dans lesquelles e désigne cette épaisseur, D l'ouverture de la voûte entre les culées, et R le rayon de l'intrados, toutes ces dimensions étant exprimées en mètres :

Formule de Perronnet :
$$e = 0^m,30 + \frac{D}{30}.$$

Perronnet ne semble pas avoir observé cette règle, car beaucoup de ponts construits par lui sont beaucoup plus légers que ne l'indiquerait sa formule.

Formule des ingénieurs russes :
$$e = 0,43 + 0,1R,$$
Formule de M. Croizette-Desnoyers :
$$e = 0,15 + 0,15\sqrt{2R}.$$

Dans cette dernière formule, le coefficient du second terme doit varier avec le surbaissement; il s'abaisse jusqu'à 0,11 pour les voûtes très surbaissées.

Formule de Trautwine :
$$e = 0^m,06 + 0,135\sqrt{R + \frac{1}{2}D}.$$

Le nombre donné par cette formule s'applique aux voûtes en pierres très bien taillées. Il doit être augmenté d'un sixième pour les voûtes en moellons et d'un tiers pour les voûtes en briques.

Ces formules ne tiennent pas compte de la résistance des matériaux employés dans la construction de la voûte, et cette omission peut, dans une certaine mesure, se justifier par la considération suivante :

Soit une voûte dont l'intrados est AB (*fig.* 97) que nous supposerons n'ayant à supporter que son propre poids, sans surcharge ; ce poids P sera proportionnel à l'épaisseur moyenne, c'est-à-dire à l'épaisseur de la clef, si nous supposons que les épaisseurs aux divers points soient fixées, par rapport à celle à la clef, d'après une loi déterminée. Si nous considérons plusieurs voûtes ayant ce même intrados, nous pouvons admettre approximativement, que les figures CDE, C'D'E', d'où nous déduirons la valeur de la poussée horizontale à la clef, seront à peu près semblables, c'est-à-dire que toutes les lignes telles que DE, D'E', seront sensiblement parallèles. Alors les poussées à la clef seront elles-mêmes proportionnelles aux poids P, P', c'est-à-dire proportionnelles aux épaisseurs à la clef. L'effort moyen sur le joint vertical et l'effort maximum sur ce joint, qui doit être égal à la charge de sécurité et qui, si les poussées sont appliquées en des points homologues, sera dans un rapport constant avec l'effort moyen, seront donc indépendants de l'épaisseur.

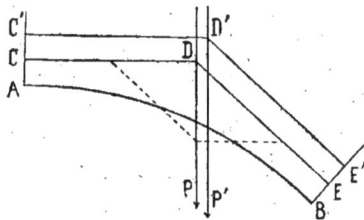

Donc, réciproquement, l'épaisseur à la clef pourra être indépendante de la charge de sécurité des matériaux employés.

Un raisonnement analogue montre que, si l'on compare des voûtes dans lesquelles le rapport de la flèche à l'ouverture soit à peu près le même, de sorte que les figures telles que CDE, que l'on doit construire pour déterminer, en fonction du poids, la poussée horizontale et l'effort sur la culée, soient semblables entre elles, le poids de la voûte étant proportionnel à l'épaisseur, il en sera de même de la poussée horizontale et, par suite, l'effort maximum au point le plus chargé sera encore indépendant de cette dimension, qui pourra être déterminée sans avoir égard à la résistance des matériaux qui doivent entrer dans la composition de la voûte. Mais le poids étant alors à peu près proportionnel à l'ouverture, il en sera de même de l'effort maximum au point le plus chargé, quelle que soit, d'ailleurs, l'épaisseur que l'on aura adoptée; on devra donc, dans la construction des voûtes, choisir des matériaux d'autant plus durs et résistants que la portée de la voûte devra être plus grande.

Ces raisonnements sommaires ne s'appliquent qu'aux voûtes sans surcharge. La présence d'une surcharge modifierait un peu les conclusions trop absolues que nous en avons tirées.

On peut dire, avec M. Tourtay, que la courbe qui lie la pression maximum à la clef est asymptote aux deux axes. La région utile de la courbe dans laquelle on doit chercher les épaisseurs convenables est celle qui est voisine du sommet, soit mn (*fig.* 98), car, d'un côté, si l'on cherche à augmenter l'épaisseur à la clef, on n'obtient que des diminutions de pression insignifiantes; de l'autre, si on diminue l'épaisseur, on arrive immédiatement à des pressions énormes.

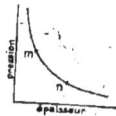

FIG. 98.

D'une manière générale, la poussée horizontale à la clef est la somme de deux forces, dont l'une, provenant du poids de la voûte est proportionnelle à l'épaisseur e, à l'ouverture D et en raison inverse du surbaissement $\dfrac{f}{D}$, par conséquent proportionnelle à $\dfrac{eD^2}{f}$, et l'autre, provenant de la surcharge, est indépendante de l'épaisseur et peut être considérée, toutes choses égales d'ailleurs, comme proportionnelle à l'ouverture et en raison inverse du surbaissement, c'est-à-dire proportionnelle à $\dfrac{D^2}{f}$. D'un autre côté, cette poussée horizontale, si R_0 est la charge de sécurité admise pour les matériaux de la voûte, est proportionnelle à $R_0 e$; on peut donc écrire, en appelant P et Q des coefficients numériques proportionnels, le premier au poids spécifique des matériaux, le second à la surcharge par unité de longueur

$$P\,\frac{eD^2}{f} + Q\,\frac{D^2}{f} = R_0 e.$$

S'il n'y a pas de surcharge, Q est égal à zéro, e disparaît

12

de l'équation qui laisse ainsi l'épaisseur indéterminée. Dans ce cas, R_0 doit être proportionnel à $\dfrac{D^2}{f}$, c'est-à-dire proportionnel à l'ouverture et inversement proportionnel au surbaissement de la voûte.

84. Tracé de l'extrados. — L'épaisseur à la clef étant donnée au moyen de l'une des formules précédentes, on détermine arbitrairement le tracé de l'extrados de la voûte. Parmi les règles empiriques que l'on peut suivre, nous rappellerons la suivante, qui s'applique aux voûtes en plein cintre.

Ayant l'épaisseur AB à la clef (*fig.* 99), on trace le joint de rupture OD faisant avec l'horizontale un angle de 30°, et sur ce joint on prend une longueur CD = 2AB, puis on décrit un arc de cercle ayant son centre sur la verticale BO et passant par le point D. Cet arc de cercle limite l'extrados jusqu'au joint de rupture. Au delà, on le limite par la tangente DE à l'arc de cercle BD.

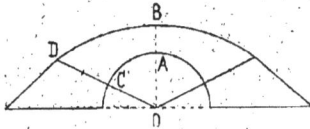

Fig. 99.

Pour les voûtes surbaissées on peut encore déterminer l'épaisseur e_1 du joint de rupture ou de naissance par la formule empirique suivante d'après le surbaissement $\dfrac{1}{m}$ de la voûte, en fonction de l'épaisseur e à la clef

$$e_1 = \left(0{,}8 + \frac{3{,}60}{m}\right) e.$$

Mais la détermination de l'épaisseur à la clef et le tracé de l'extrados ne peuvent être définitifs qu'après que l'on a vérifié la stabilité de la voûte par le tracé de la courbe des pressions. Les formules empiriques ne doivent être considérées que comme une première approximation qui, souvent, doit être modifiée pour donner à la voûte les dimensions les plus convenables.

85. Dimensions des culées. — Ces dimensions étant arrêtées, on peut en conclure celles de la culée. On peut même successivement déterminer la longueur de chacun des joints de cette culée de manière à satisfaire le mieux possible aux conditions de stabilité en appliquant la méthode générale donnée au chapitre IV.

On peut observer que, si l'on considère une voûte appuyée sur une culée telle que ABCDE (*fig.* 100), sur laquelle elle exerce une pression R, cette pression peut se décomposer en une force horizontale F et une force verticale V, et la culée doit être en équilibre sous l'action de ces deux forces et de son poids Q. Si h est la hauteur AC, x la largeur AB, et p le poids spécifique des maçonneries, le poids Q est à peu près égal à, phx, son moment par rapport au point A, $ph\frac{x^2}{2}$.

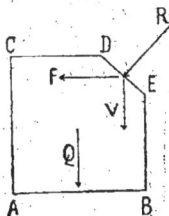

Fig. 100.

Le moment de la force F, par rapport au même point, est aussi, à peu près, Fh, et celui de la force V, Vx. Nous aurons approximativement, pour exprimer que la culée ne sera pas sollicitée à tourner autour de l'arête A :

$$ph\frac{x^2}{2} + Vx > Fh.$$

Si h devient très grand, on peut négliger le terme Vx, et cette condition se réduit à

$$\frac{x^2}{2} > \frac{F}{p} \qquad \text{ou bien} \qquad x > \sqrt{\frac{2F}{p}} ;$$

ce qui montre que la limite inférieure de l'épaisseur n'augmente pas indéfiniment avec la hauteur.

D'autre part, lorsque h est petit, on ne peut plus déterminer x simplement par la condition précédente, il faut faire entrer en ligne de compte la condition que la culée ne glisse pas sur sa fondation, ce qui, en appelant f le coefficient de frottement donne :

$$F < f(V + phx)$$

ou

$$x > \frac{\frac{F}{l} - V}{ph} .$$

On peut, comme première approximation, adopter pour épaisseur de la culée la plus grande de ces deux limites inférieures, sauf à en vérifier la stabilité par la méthode générale. Il faut, dans cette vérification, tenir compte des efforts qui peuvent s'exercer sur la face AC de la culée, c'est-à-dire, par exemple, de la poussée des terres qui peuvent s'appuyer sur elle; ou bien, lorsque le massif ABCDE reçoit à sa partie supérieure les retombées de deux voûtes opposées et qu'il constitue une pile, il faut faire intervenir les poussées de ces deux voûtes. Comme il y a toujours un peu d'incertitude sur la position réelle de la courbe des pressions dans chacune d'elles, il est alors prudent de faire simultanément l'hypothèse qui donne la plus grande poussée horizontale dans l'une des voûtes, en même temps que la plus petite dans l'autre et *vice versa*.

Lorsqu'il s'agit, au contraire, d'une culée proprement dite, la vérification de la stabilité doit se faire, naturellement, avec l'hypothèse qui donne la plus forte poussée horizontale.

Voici, pour déterminer l'épaisseur des culées, une formule empirique qui pourra servir au moins de première indication. Si D est la portée de la voûte, b sa montée, c l'épaisseur du remblai qu'elle supporte sur la clef, e son épaisseur à la clef, x et h, comme plus haut, l'épaisseur et la hauteur de la culée, on peut prendre

$$x = 0^m,30 + \frac{D}{8}\left(\frac{3D - b}{D + b}\right) + \frac{h}{6} + \frac{c}{12}.$$

En voici enfin une plus simple qui donne l'épaisseur de la culée à sa partie supérieure ou au niveau de la naissance de la voûte; R y désigne, comme plus haut, le rayon de courbure de l'intrados

$$x = 0,2R + 0,1b + 0^m,60.$$

Cette épaisseur au sommet étant ainsi calculée, on la portera en AB (*fig.* 101). Au point B, on mènera la verticale BD égale à la moitié de la flèche ou montée OC et on portera, sur l'horizontale du point D la longueur $DE = \dfrac{D}{48} = \dfrac{OA}{24}$. La ligne EB prolongée sera le parement intérieur de la culée, et ce profil pourra être adopté jusqu'à ce que la hauteur AF devienne égale à une fois et demie l'épaisseur FH à la base.

Pour tracer l'extrados de la voûte, l'épaisseur à la clef CK ayant été calculée, on pourra soit tracer un arc de cercle ayant son centre sur la verticale du point O et passant par

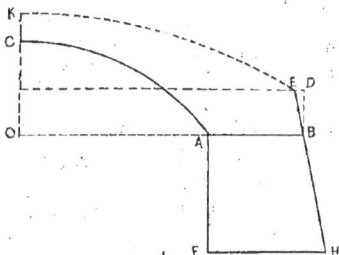

FIG. 101.

les points E et K, soit extradosser parallèlement sur une certaine étendue à partir de la clef et mener du point E une tangente à cette courbe d'extrados.

86. Voûtes de révolution. — Dans une voûte de révolution, la dernière assise posée, qui correspond par exemple au cours de voussoirs ABCD (*fig.* 102), subit, de la part des assises inférieures, des réactions dont les composantes verticales équilibrent son poids, et dont les composantes horizontales, concourant au centre, exercent sur elle une compression uniforme. La connaissance de ces réactions nous donnera celle des conditions de stabilité. Voici comment on y arrive :

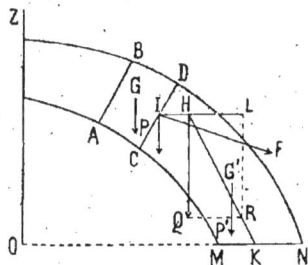

FIG. 102.

Si ω est la section ABCD de l'assise, ρ la distance du centre de gravité G de cette section à l'axe de révolution OZ de la voûte, et p le poids spécifique des matériaux, le poids de cette assise sera $2\pi\rho\omega p$.

La réaction exercée par les assises inférieures sur le voussoir ABCD, égale et directement opposée à l'action exercée par
ce voussoir sur les assises inférieures, est la même en tous
les points de la circonférence décrite par son point d'application I, que nous supposons au milieu du joint CD. Désignons par F l'intensité de l'une ou l'autre de ces deux forces,
par unité de longueur de la circonférence I, et par α l'angle
que sa direction forme avec l'horizontale ; sa composante
verticale par unité de longueur sera F sin α et, si ρ' est le
rayon de la circonférence I, c'est-à-dire la distance du point
I à l'axe, la somme de toutes les réactions verticales sera
$2\pi\rho'$.F sin α, et elle doit faire équilibre au poids, $2\pi\rho\omega p$,
de l'anneau ; nous avons donc

$$2\pi\rho\omega p = 2\pi\rho'.\text{F} \sin\alpha, \quad \text{ou bien} \quad \text{F} \sin\alpha = \omega p.\frac{\rho}{\rho'}.$$

La portion de voûte comprise entre les deux joints CD,
MN et deux plans méridiens faisant entre eux un angle infiniment petit $d\theta$, est en équilibre sous l'action des forces qui
y sont appliquées, qui sont toutes contenues dans le plan
méridien bissecteur de l'angle $d\theta$, et qui sont : 1° son poids
$\text{P}'d\theta$ appliqué à son centre de gravité G' ; 2° la composante
verticale F sin $\alpha.\rho'd\theta$ de la force F$\rho'd\theta$, que nous venons de
calculer et qui est appliquée en I ; 3° la composante horizon-
tale de la même force, appliquée également en I, suivant IL,
et qui est inconnue ; 4° la réaction sur le joint MN qui est
tout à fait inconnue, mais dont nous pouvons approximativement supposer le point d'application en K, au milieu du
joint MN. De ces quatre forces, les deux premières sont
entièrement connues, ce sont le poids P'$d\theta$, et la composante
F sin $\alpha.\rho'd\theta$, toutes deux verticales et que nous pouvons composer en une seule HQ = (P' + F sin $\alpha.\rho'$) $d\theta$, rencontrant en
H la direction IL de la troisième ; et pour que la quatrième,
appliquée en K, leur fasse équilibre, il faut qu'elle passe par
leur point d'intersection, c'est-à-dire qu'elle soit dirigée suivant KH. En construisant le parallélogramme HQRL, dont le
côté vertical HQ sera pris proportionnel à (P' + F sin $\alpha.\rho'$) $d\theta$,
le côté horizontal QR, limité à la ligne HK, sera proportionnel
à la composante horizontale inconnue F cos $\alpha.\rho'd\theta$ de la force

$F \rho d\theta$. Cette composante horizontale, qui est alors $F \cos \alpha$ par unité de longueur, étant ainsi déterminée, si nous appelons R la pression développée dans l'assise supérieure ABCD par unité de sa superficie ω, et normalement au plan méridien, et si nous considérons la moitié de cette assise circulaire, elle doit être en équilibre sous l'action des efforts $2R\omega$, qui s'exercent normalement aux deux extrémités, et des efforts $F \cos \alpha$ qui s'exercent par unité de longueur de la demi-circonférence. Ceux-ci ont la même résultante qu'un effort $F \cos \alpha$ appliqué sur le diamètre $2\rho'$. On peut donc écrire

$$F \cos \alpha . 2\rho' = 2R\omega, \qquad \text{d'où} \qquad R = \frac{F \cos \alpha . \rho'}{\omega},$$

ce qui détermine R, lorsque l'on suppose connue la superficie ω de l'anneau qui résiste à la poussée de la partie inférieure de la voûte, ou qui détermine ω lorsque R est supposé connu.

On peut remarquer que ce calcul ne peut servir à trouver l'épaisseur de la voûte. Toutes choses égales d'ailleurs, la composante $F \cos \alpha$ est sensiblement proportionnelle au poids de la voûte et, par conséquent, à son épaisseur; de même, la section ω du voussoir ABCD est proportionnelle à l'épaisseur; cette dimension disparaît donc de la formule, qui la laisse indéterminée.

Mais la formule précédente peut donner les dimensions d'une frette métallique dont on entourerait la base de la voûte de révolution, en vue d'annuler sa poussée horizontale sur ses supports. Si nous considérons, en effet, la portion de voûte CDMN limitée à un plan diamétral passant par l'axe OZ, les efforts horizontaux exercés sur le joint CD par la partie supérieure et qui, estimés normalement à ce plan diamétral, ont pour valeur $2F \cos \alpha . \rho'$, doivent être équilibrés par la résistance de la frette, laquelle, si ω' est sa section transversale et R'_0 l'effort qu'elle peut supporter avec sécurité par unité de surface, pourra résister à une force $2R'_0\omega'$. Nous aurons donc

$$2F \cos \alpha . \rho' = 2R'_0\omega', \qquad \text{ou bien} \qquad \omega' = \frac{F \cos \alpha . \rho'}{R'_0}.$$

On devra donc, pour calculer la section ω', chercher, pour les diverses positions du joint CD, le maximum du produit $F\cos\alpha.\rho'$, et c'est ce maximum que l'on devra prendre pour déterminer la section ω' de la frette.

Il est intéressant de remarquer que le centre de gravité G' de la portion de voûte CDMN, comprise entre les joints CD, MN, et deux plans méridiens infiniment voisins supposés situés de part et d'autre de la figure, est le centre de forces parallèles appliquées aux divers points de la section CDMN et proportionnelles aux distances de ces points à l'axe OZ. En effet, les divers éléments prismatiques par lesquels on décomposerait cette portion de voûte auraient leurs hauteurs, perpendiculaires au plan de la figure et comprises entre les deux plans infiniment voisins, proportionnelles à leurs distances à l'axe OZ. Ce centre de gravité G' coïncide donc avec le centre de pression de la surface CDMN par rapport à la ligne de niveau OZ; ou bien avec le centre de percussion de cette surface, par rapport à l'axe de rotation OZ (n° 21, dernier alinéa, page 62).

CHAPITRE VIII

SYSTÈMES ARTICULÉS

87. Définitions. — On désigne sous le nom de systèmes articulés des constructions formées de pièces de bois ou de métal réunies par leurs extrémités au moyen d'assemblages qui leur permettent de tourner autour de leurs points d'attaches que l'on appelle alors *articulations*. La forme générale de la construction pourra être rendue invariable par la disposition même des pièces, et la faculté de tourner autour de l'articulation pourra bien ne pas être mise en jeu ; mais nous admettrons qu'elle existe toujours. Nous excluons, par conséquent, de ce chapitre les systèmes dans lesquels les pièces seraient assemblées de telle sorte qu'il pût se produire, à leurs points de réunion, des efforts ayant pour effet d'empêcher leur changement de direction.

Nous supposerons, ainsi qu'on le fait généralement, que les axes de figure de toutes ces pièces sont situés dans un même plan qui sera le plus souvent vertical, et que les efforts extérieurs auxquels elles sont soumises sont également dirigés dans ce même plan et sont, de plus, appliqués exclusivement aux articulations.

Dans cette hypothèse, une pièce quelconque devant être en équilibre sous l'action des efforts qui agissent sur elle, ceux-ci, ne s'exerçant qu'à ses extrémités, doivent se réduire à deux forces égales et directement opposées, dirigées suivant la ligne qui joint leurs points d'application, c'est-à-dire suivant l'axe de la pièce. Chaque pièce n'exerce donc sur l'articulation qu'un effort dirigé suivant sa longueur, et nous pourrons, en conséquence, la regarder comme réduite à son axe.

Les pièces sur lesquelles s'exercent des efforts qui tendent à les allonger, ou à écarter l'une de l'autre leurs deux extrémités, s'appellent des *tirants ;* celles qui, au contraire, résistent à des efforts de compression tendant à rapprocher leurs extrémités portent ordinairement le nom de *bras* ou *contre-fiches*.

88. Sections transversales des pièces. — La détermination de ces efforts s'effectue généralement d'une manière assez simple, et, une fois les efforts déterminés, on en conclut facilement la dimension à donner aux pièces, en admettant qu'ils sont répartis uniformément sur toute la section transversale. Il suffit alors de diviser la valeur de l'effort trouvé pour une barre par le nombre qui représente la charge de sécurité de la matière dont elle est formée, pour obtenir la superficie que l'on doit donner à sa section transversale. Cette règle souffre toutefois une exception lorsqu'il s'agit des *bras* ou pièces résistant à la compression. On a pu observer qu'une pièce longue et mince, pressée aux deux bouts par un effort assez grand, ne reste pas rectiligne et qu'elle fléchit. Il se produit alors des phénomènes différents de ceux de la compression proprement dite, et dont nous parlerons plus loin. Après avoir déterminé, par la règle qui vient d'être rappelée, les dimensions transversales d'une pièce comprimée, on devra s'assurer qu'elles sont suffisantes pour s'opposer à la flexion, ce que l'on fera au moyen des formules spéciales données au chapitre xiv.

89. Indication générale de la méthode. — La détermination des efforts qui s'exercent sur une barre quelconque d'un système articulé est donc le seul problème dont nous ayons à nous occuper ici. Il se résout facilement, de proche en proche, en considérant successivement chaque articulation et en exprimant qu'il y a équilibre, autour de ce point, entre toutes les forces qui y sont appliquées, soit qu'elles proviennent des barres qui y aboutissent, soit qu'elles proviennent d'efforts extérieurs. Parmi ces efforts extérieurs sont comprises, naturellement, les réactions des points d'appui du système, que l'on a préalablement déterminées par les règles de la statique.

Si l'on traite la question par l'analyse, on aura, pour déterminer ces réactions, trois équations exprimant qu'elles font équilibre aux forces extérieures données ; et qui, par conséquent, permettront de déterminer trois réactions en trois points d'appui, si les directions de ces réactions sont connues, ou bien deux réactions en deux points, si la direction de l'une d'elles seulement est connue. Puis, écrivant, pour chaque articulation, les équations d'équilibre des forces qui y sont appliquées, équations qui, pour chacune, se réduisent à deux, exprimant la nullité des sommes des projections de ces forces sur deux axes rectangulaires, on aura, s'il y a n articulations, $2n$ équations d'équilibre qui comprendront implicitement les trois précédentes et qui permettront de déterminer $2n - 3$ inconnues nouvelles, c'est-à-dire les efforts exercés sur $2n - 3$ barres du système.

Nous verrons plus loin que ce nombre de $2n - 3$ barres, pour n articulations, est nécessaire et suffisant pour assurer l'invariabilité de la forme. Lorsque le système satisfait à cette condition, le problème peut donc être résolu sans aucune ambiguïté. Il reste, au contraire, indéterminé lorsque le nombre des barres dépasse $2n - 3$, et il ne peut plus être abordé qu'en faisant entrer en ligne de compte les déformations de chacune des barres. Il en est de même lorsque le nombre des points d'appui sur lesquels les réactions doivent être déterminées dépasse 3.

90. Exposé de la méthode graphique. — Considérons d'abord le cas très simple de deux barres AB, AC (*fig.* 103: cette figure représente trois positions différentes

des barres, auxquelles s'appliquent les mêmes lettres), articulées en A, fixées à leurs autres extrémités B, C, et soumises
à une force P s'exerçant au point A. Ce point devant être en
équilibre sous l'action de cette force et des réactions des
deux barres, qui sont dirigées suivant les lignes AB, AC,

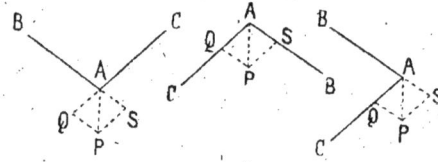

Fig. 103.

il suffira, pour
connaître ces ré-
actions, de me-
ner par l'extré-
mité P de la
ligne AP, repré-
sentant la force
P, les deux lignes
PQ, PS, respec-
tivement parallèles à AB et à AC pour avoir, en AS et en
AQ, les lignes représentant, en grandeur et en sens, les composantes de la force P suivant ces deux directions, lesquelles
seront égales et directement opposées aux réactions exercées sur le même point par les barres qui y sont articulées.

On verra ainsi que la barre AB supportera un effort représenté par la longueur AS, et la barre AC un effort mesuré
par AQ. Et il sera facile de reconnaître, d'après la disposition
de la figure, si les efforts dont il s'agit sont des extensions
ou des compressions.

Au lieu de construire le parallélogramme des forces sur la
figure même où sont représentées les barres, il est plus
commode, lorsqu'il s'agit de constructions compliquées, de
le construire séparément. On se borne
alors à n'en tracer que la moitié, ce qui
le réduit à un triangle, et ce qui suffit pour
donner la solution complète du problème.
Car si, quelque part, l'on trace une ligne p
(fig. 104) parallèle à la force AP et proportionnelle à sa grandeur, et si, par les deux
extrémités de cette ligne on mène deux
droites b, c respectivement parallèles à AB et à AC, le
triangle ainsi formé sera semblable au triangle APQ, et
chacun de ses côtés, b et c, mesurera la grandeur de l'effort
appliqué aux barres AB et AC, respectivement.

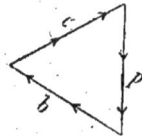

Fig. 104.

Il reste à déterminer le sens de ces efforts.

Lorsque l'on compose entre elles deux ou plusieurs forces, appliquées à un même point, la résultante est la ligne qui ferme le polygone formé en portant successivement ces forces, avec leur grandeur, leur direction et leur sens, à la suite les unes des autres. Lorsque les forces appliquées à un même point se font équilibre, la résultante est nulle, et le *polygone des forces* se trouve naturellement fermé.

Ainsi, dans le cas qui précède, le point A est en équilibre sous l'action de trois forces qui, portées l'une à la suite de l'autre, avec leur grandeur, leur direction et leur sens, constituent le triangle ci-dessus, qui est un polygone fermé.

Comme nous connaissons le sens de l'une de ces force, la force *p*, nous en déduisons, en continuant à parcourir le polygone fermé dans le même sens, celui des autres forces *b* et *c*, qui sera, par exemple, celui qui est indiqué par les flèches; si la force AP est dirigée de haut en bas, la barre AB exercera, sur le point A, considéré comme un point matériel, un effort dirigé de droite à gauche, c'est-à-dire un effort de traction dans la 1re et la 3e figure et une compression dans la 2e. De même, la barre AC exercera sur le même point un effort de gauche à droite, c'est-à-dire une traction dans la 1re figure et une compression dans la 2e et la 3e. Et, naturellement, le point A ne peut être tiré ou pressé par la barre qui y aboutit qu'autant que lui-même exerce une traction ou une pression égale sur cette barre. La barre AB, dans la 1re et la 3e figure, et la barre AC, dans la 1re, seront donc soumises à un effort de traction, et au contraire la barre AB, dans la 2e figure, et la barre AC, dans la 2e et la 3e, seront soumises à un effort de compression.

La même épure détermine, comme on le voit, les réactions des appuis aux points B et C.

Tels sont, réduits à leur expression la plus simple, les principes de la méthode graphique que l'on applique aux systèmes articulés.

L'épure des forces, que l'on nomme *figure réciproque* de celle de la construction, se compose d'autant de polygones fermés qu'il y a de points autour desquels doivent s'équilibrer un certain nombre de forces. Ces points, qui sont ceux de jonction des barres et d'application des forces extérieures, portent le nom de *nœuds*. L'exemple précédent ne comprend qu'un seul nœud, en A. Les divers polygones fermés qui constituent l'épure des forces ont un certain nombre de côtés communs, car une même barre exerce sur ses deux extrémités des actions égales, de même direction et de sens opposés, qui peuvent se représenter par une même ligne parcourue dans deux sens différents. Cette ligne fait alors partie des deux polygones correspondant à chacun des deux nœuds situés aux extrémités de la barre dont il s'agit.

On construit cette épure de proche en proche en traçant d'abord le polygone des forces extérieures, qui doit être fermé, puisque le système est en équilibre, puis successivement les polygones fermés correspondant aux nœuds pour lesquels on est arrivé à connaître toutes les forces, moins deux, qui y sont appliquées. En menant, par les extrémités de la ligne qui représenterait la résultante de ces forces, deux droites respectivement parallèles aux directions des barres suivant lesquelles les actions sont inconnues, on ferme le polygone et on obtient ces forces inconnues en grandeur et en sens. La détermination ainsi faite des actions exercées par deux nouvelles barres permet d'aborder un nouveau nœud, autour duquel on connaît encore toutes les forces moins deux, et ainsi de suite jusqu'à la fin.

91. Applications. — Quelques exemples donneront une idée de cette méthode.

Considérons une poutre armée AB (*fig.* 105) reposant sur deux appuis A et B et consolidée en son milieu par une

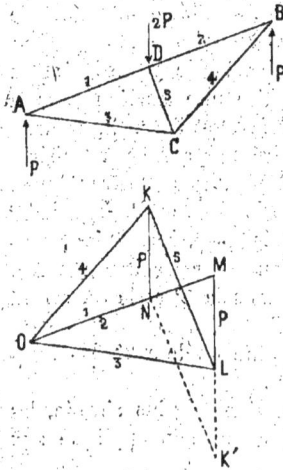

Fig. 105.

contre-fiche CD, dont l'extrémité C est reliée à celles de la poutre par des tiges AC, BC. Supposons cette poutre chargée d'un poids 2P en son milieu, au point D. Si, comme nous l'admettrons, les appuis n'exercent que des réactions verticales, ces réactions seront égales entre elles et à la moitié P du poids 2P supporté par la poutre. Nous faisons abstraction de la rigidité de la poutre AB, et nous la considérons comme formée de deux parties distinctes AD, BD, simplement réunies au point D. Nous avons ainsi cinq tiges ou barres 1, 2, 3, 4, 5.

Le polygone des forces extérieures se réduirait ici à une ligne droite. Pour construire la figure réciproque, considérons d'abord le nœud ou sommet A sur lequel agissent trois forces dont nous connaissons l'une P, et seulement les directions AC, AD des deux autres. Menons quelque part la droite LM parallèle à P et égale, en grandeur, à cette force.

Puis, par les deux points L, M, menons les droites MO, LO, respectivement parallèles à AD et à AC; nous aurons construit le polygone fermé LOM exprimant l'équilibre des forces qui agissent autour du point A, et les longueurs des lignes LO, MO nous donneront les grandeurs des forces qui agissent sur les barres AC, AD. Ayant ainsi l'effort exercé par la barre AC sur le point C, et les directions des autres forces CD, CB, qui lui font équilibre, nous pouvons procéder de la même manière. Aux extrémités O, L, de la ligne OL qui représente cet effort, nous mènerons les deux droites OK, LK respectivement parallèles à CB et à CD et nous aurons le polygone fermé OKL exprimant l'équilibre autour du point C.

Les efforts suivant les barres CB et CD seront ainsi représentés par les barres KO et KL.

Il ne reste plus à déterminer que l'effort suivant la barre BD, qui doit faire équilibre au point B à deux forces connues : l'action de la barre CB et la force P ; et au point D à trois forces connues : l'action des deux barres CD et AD et la force 2P. Il y a donc des vérifications nécessaires. Ainsi, en considérant l'équilibre autour du point B, on devra trouver un polygone fermé en menant, par l'extrémité K de la ligne OK, qui représente l'effort sur CB, une ligne KN égale et parallèle à la force P ; l'extrémité N de cette ligne devra se trouver sur la ligne OM, parallèle à AB, et la longueur de la ligne ON représentera l'effort exercé sur la barre BD. (On démontrerait facilement, par la géométrie et les propriétés des triangles, que la longueur KN de la verticale comprise entre le point K et la ligne OM est égale à LM.) Quant au polygone fermé représentant l'équilibre des quatre forces qui agissent autour du point D, la figure le présente d'une façon un peu singulière à cause de la division en deux de la force 2P appliquée en D, laquelle est représentée par les deux lignes KN, ML, parallèles et égales chacune à P. Ce polygone est formé des lignes KN, NO, OM, ML, LK. Cette singularité disparaîtrait si l'on portait, par exemple en LK′, sur le prolongement de ML, une longueur égale à P, de manière à avoir MK′ = 2P. Le polygone dont il s'agit deviendrait alors MK′NOM.

La nature de l'effort supporté par chacune des barres se trouvera, comme on l'a dit, en considérant le sens dans lequel doit être parcouru chacun des côtés des polygones fermés, correspondant aux divers nœuds. Ainsi, par exemple, le premier polygone MLO correspondant au point A doit être, puisque la force P agit sur le point A de bas en haut, parcouru dans le sens LMOL. Il en résulte que l'effort exercé sur le point A, dans la direction de MO, c'est-à-dire par la barre AD, est dirigé de M vers O. Il constitue donc une pression et la barre AD est comprimée. L'effort exercé sur le même point par la barre AC est dirigé de O vers L et constitue, par suite, une traction. Cette barre AC, exerçant une traction sur le point A, exerce une traction égale sur le point C, et la nature de cet effort indique le sens LOKL dans lequel doit être parcouru le polygone fermé KLO qui représente l'équilibre autour du point C. On voit que la barre CB exerce sur le point C un effort dirigé de O vers K, c'est-à-dire une traction, et que la barre CD exerce sur ce même point un effort dirigé de K vers L, soit une compression.

A côté de chacune des barres, on a placé un chiffre qui se trouve répété près de la ligne de la figure réciproque qui lui est parallèle et qui indique, en grandeur, l'effort auquel elle est soumise. La correspondance des deux figures se voit ainsi très facilement.

Comme second exemple, considérons une ferme composée de deux arbalétriers armés comme la poutre précédente et réunis par un tirant horizontal (*fig.* 106). Supposons appliquées au sommet A et aux milieux des deux arbalétriers AB, AC, trois forces verticales égales que nous désignerons chacune par 2P. La charge totale 6P sera supportée par les deux appuis B et D, et si nous admettons qu'ils n'exercent que des réactions verticales, chacune sera égale à 3P.

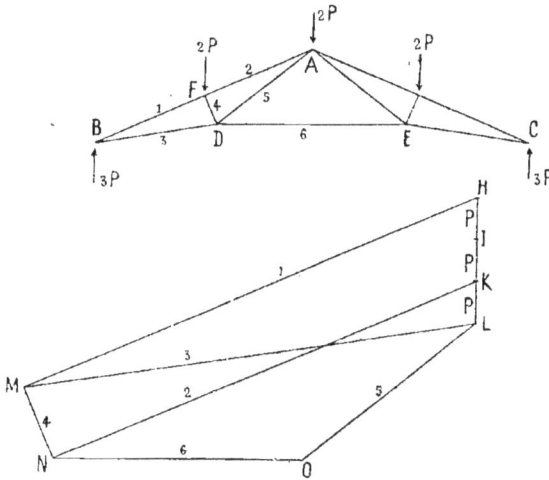

Fig. 106.

Prenons, sur une verticale, HI = IK = KL = P ou bien HL = 3P. Le polygone représentant l'équilibre du point B s'obtiendra en menant, par les points H et L, des parallèles HM, LM, à BF et BD, et HM représentera l'effort exercé par la barre BF. Des quatre forces qui agissent au point F, nous en connaissons alors deux, l'effort suivant BF, qui est représenté par HM, et la force 2P, représentée par HK. En menant par les points K et M, extrémités de la ligne qui représen-

13

terait la résultante de ces deux forces, les lignes KN et MN respectivement parallèles à AF et à FD, nous fermerons en N le polygone correspondant au point F, et nous aurons, par les lignes MN, KN, les efforts supportés par les barres FD, FA. Si maintenant nous considérons le point D, nous connaissons deux des quatre forces qui s'y exercent, savoir : les efforts dirigés suivant BD et suivant FD, représentés respectivement par ML et MN. Des extrémités de la ligne LN, qui représenterait la résultante de ces deux efforts, nous n'aurons qu'à mener les lignes LQ, NO respectivement parallèles à DA et à DE, pour fermer en O le polygone et avoir, par la longueur de ces deux lignes, les efforts supportés par les barres DA, DE.

On pourrait continuer de la même manière ; mais la ferme étant symétrique, le problème se trouve entièrement résolu, puisque les barres de la demi-ferme de droite supportent évidemment les mêmes efforts que celles qui leur correspondent dans la demi-ferme de gauche.

Le sens des efforts se déterminera facilement si l'on remarque qu'au point B, la force 3P agissant de bas en haut, le polygone HML, qui correspond à ce point doit être parcouru dans le sens LHML, ce qui montre, par exemple, que la tige BD exerce sur le point B un effort dirigé de M vers L, c'est-à-dire une traction. Elle exerce donc aussi une traction sur le point D, et le polygone LMNO, correspondant à ce point, doit être parcouru dans le sens LMNOL, ce qui donne le sens des efforts exercés par les autres barres.

Considérons encore la ferme réticulée représentée par la figure 107 donnée dans la *Mécanique appliquée* de M. Collignon, et composée de 21 barres. Nous supposons qu'elle repose sur ses deux appuis A, B, lesquels n'exercent que des réactions verticales, et qu'elle est d'ailleurs chargée, en ses divers sommets, de poids quelconques P, Q, R, S, T. Les réactions X et Y des appuis se détermineront par la règle ordinaire de la composition des forces parallèles. Portons sur une verticale ag les longueurs $ab = P$, $be = Q$, $ce = R$, $ef = S$, $fg = T$, et déterminons le point d de manière que $ad = X$, $dg = Y$. Partons du point A, où nous connaissons la force X, et dont nous représenterons l'équilibre par le polygone fermé *adh*, ce qui nous donnera les actions supportées par les barres 1 et 2. Nous pourrons aborder le point C, car nous connaîtrons une des trois forces qui s'y font équilibre, et le polygone fermé *hmd* nous donnera les deux autres qui sont les efforts supportés par les barres 3 et 6.

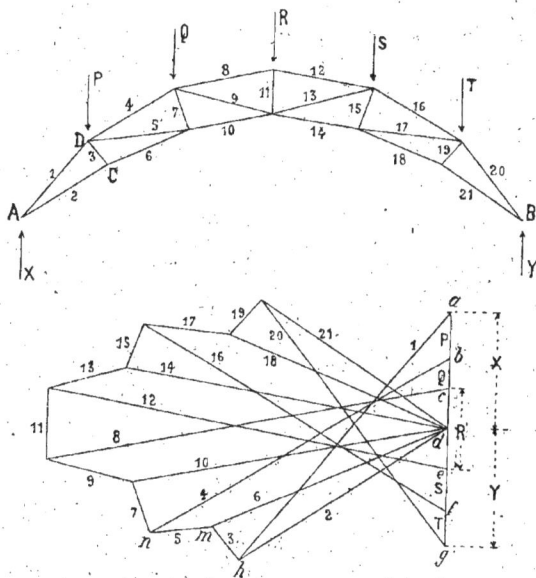

FIG. 107.

Le point D est en équilibre sous l'action de cinq forces, la force P et les actions exercées par les barres DA, DC, qui sont connues; nous pouvons donc déterminer les deux autres en fermant le polygone *mhab* au moyen des deux lignes *mn*, *bn*, et continuer ainsi de proche en proche jusqu'à la fin, en prenant toujours successivement des points où l'on connaîtra toutes les forces, moins deux, qui s'y font équilibre.

92. Condition pour qu'un système soit indéformable. — Il peut arriver, et il arrive effectivement parfois, que cette marche est impossible et que l'on se trouve en pré-

sence de nœuds autour desquels le nombre des forces inconnues reste supérieur à deux, quel que soit le sens par lequel on
les aborde.

Il faut d'abord s'assurer qu'il n'y a pas indétermination,
c'est-à-dire que le nombre de barres n'est pas plus grand
que celui qui serait rigoureusement suffisant pour assurer
l'indéformabilité du système. Si, par exemple, nous prenons
un quadrilatère ABCD (*fig.* 108), formé de quatre barres
réunies par leurs extrémités, une cinquième barre AC, suivant une diagonale, en fait un système indéformable, et il
est possible alors, au moyen
des procédés indiqués, de calculer les efforts supportés par chacune des cinq barres sous l'action de forces extérieures appliquées aux sommets. Mais, si l'on
place une sixième barre, suivant la seconde diagonale BD,
les efforts deviennent indéterminés, ou du moins ne peuvent
plus être déterminés par les considérations élémentaires qui
précèdent, et il faut, pour les calculer, faire intervenir les
allongements ou accourcissements subis par chacune des
barres sous l'action des efforts de traction ou de compression qu'elles supportent. Le calcul ne peut plus se faire
alors qu'en tenant compte des déformations des barres;
nous en donnerons un exemple au chapitre suivant.

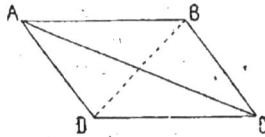

On peut vérifier facilement que le nombre de barres strictement nécessaire et suffisant pour rendre invariable un système, où se trouve un nombre de nœuds représenté par n,
est égal à $2n - 3$. En effet, cette règle est vraie pour le
triangle, où le nombre de sommets étant de 3, le nombre de
barres est $2 \times 3 - 3 = 3$. Un nouveau sommet, s'il est en
dehors de l'une des barres, ne pourra être relié invariablement au système que par deux nouvelles barres. Une seule
barre nouvelle suffira si le nouveau nœud est situé sur une
des barres, mais alors celle-ci se trouvera, en fait, divisée en
deux. En réalité, chaque nouveau nœud augmente de deux
le nombre des barres nécessaires, ce qui montre la généralité
de la formule.

Fig. 108.

Par exemple, la travée réticulée qui forme le dernier exemple ci-dessus a 12 nœuds et $2 \times 12 - 3 = 21$ barres.

Si le nombre des barres ne dépasse pas celui qui est nécessaire pour rendre le système indéformable, il ne reste plus d'indétermination, mais il peut arriver que la marche encore indiquée précédemment soit en défaut, par l'impossibilité où l'on se trouve d'arriver à un nœud où il ne reste que deux forces inconnues.

93. Décomposition d'une force suivant trois directions données dans un plan.

— On peut généralement, couper le système par un plan dirigé de manière à ne rencontrer que trois barres ne passant pas par un même point.

Si alors on forme la résultante de toutes les forces extérieures qui agissent sur le système de l'un des côtés de ce plan, cette résultante devra, puisque la construction est en équilibre, être équilibrée par les actions inconnues exercées par les trois barres coupées. Car on peut supposer supprimée toute la partie de la construction qui se trouve de l'autre côté du plan en la remplaçant par les efforts qu'elle exerce.

Le problème revient donc à décomposer une force R donnée (*fig.* 109) en trois autres dirigées suivant des lignes également données AA, BB, CC, et situées, bien entendu, dans un même plan avec la force R. Le problème est déterminé, car si on projette les trois forces inconnues et la résultante R sur deux

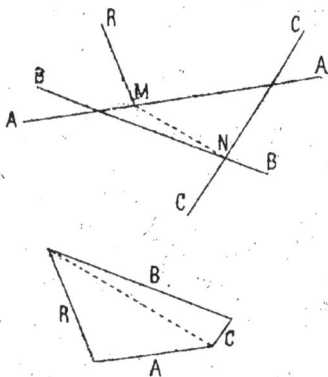

Fig. 109.

axes rectangulaires quelconques, et si l'on prend leurs moments par rapport à un point quelconque du plan, en égalant à zéro les deux sommes de projections et la somme des moments, on aura trois équations pour déterminer les trois forces inconnues.

Si les deux forces qui agissent suivant BB et suivant CC sont composées en une seule; leur résultante passera nécessairement par leur point d'intersection N, et elles pourront être remplacées par cette résultante. La force donnée R n'a donc plus alors à équilibrer que deux forces inconnues, une qui est dirigée suivant AA, et l'autre qui passe par le point N. Ces trois forces, se faisant équilibre, passent nécessairement par un même point qui est le point M, intersection des deux premières ; la direction de la troisième se trouve par suite devoir coïncider avec la ligne MN. Nous devons donc déterminer les deux forces qui, dirigées suivant AB et MN, font équilibre à la force donnée R. Pour cela, aux deux extrémités d'une ligne parallèle à R, et mesurant sa grandeur, nous menons deux droites respectivement parallèles à AA et à MN et nous fermons le polygone qui exprime cet équilibre ; la ligne A, parallèle à AA, donne la grandeur de la force qui agit suivant cette direction, et la ligne ponctuée, parallèle à MN, donne la grandeur de la force qui agit suivant MN, et qui est la résultante des deux forces inconnues dirigées suivant BB et suivant CC. Il suffira donc, par les extrémités de cette ligne ponctuée, de mener les deux lignes B et C respectivement parallèles à BB et à CC pour fermer le polygone qui exprime l'équilibre autour du point N et avoir, par les longueurs de ces lignes, les grandeurs des forces inconnues.

La comparaison des figures réciproques aux figures principales donne lieu à beaucoup de théorèmes intéressants, mais qui sont plutôt du ressort de la géométrie. On les trouvera dans les ouvrages spéciaux sur la statique graphique.

94. Poutres triangulées ou américaines. — Ce même procédé graphique s'applique à la détermination des efforts qui se produisent dans les différentes barres d'une poutre triangulée, ou poutre américaine. On sait qu'il existe un grand nombre de poutres articulées de modèles différents. Les principaux types sont les suivants :

Système *Warren* (*fig.* 110). Poutre formée de triangles iso-
cèles égaux et alternatifs. Les pièces in-
clinées sont, comme nous

FIG. 110.

le verrons tout à l'heure, alternativement étendues et comprimées.

FIG. 111.

Système *Howe* (*fig.* 111). Poutre
formée de triangles
rectangles et dans
laquelle les pièces étendues ou tirants sont placées verticalement, les pièces comprimées étant inclinées.

Système *Pratt*
(*fig.* 112). Poutre
formée également
de triangles rectan-
gles, mais dans la-

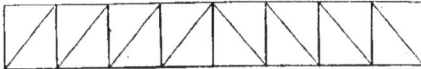

FIG. 112.

quelle ce sont les pièces comprimées ou bras qui sont verticales, et les tirants qui sont inclinés.

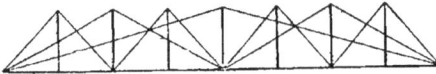

FIG. 113.

Système *Fink*
(*fig.* 113). Poutre
dérivée de la pré-
cédente, mais dans
laquelle les ti-
rants sont disposés d'une manière différente, indiquée par
la figure.

Système *Boll-*
mann (*fig.* 114).
Poutre dans la-
quelle il n'existe
que des tirants
qui se réunissent

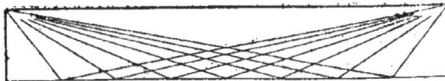

FIG. 114.

aux extrémités d'un bras unique horizontal.

Déterminons, par exemple, les efforts dans une poutre
Warren (*fig.* 115), chargée de poids quelconques P_1, P_2,
P_3, P_4, appliqués aux articulations supérieures.

Nous aurons d'abord à déterminer les réactions des appuis

A et B Pour cela, nous porterons, sur une verticale, des longueurs $CP_1 = P_1$, $P_1P_2 = P_2$, $P_2P_3 = P_3$ et $P_3P_4 = P_4$, nous joindrons les points de division à un pôle O arbitraire, et nous construirons le polygone funiculaire *amb* des forces données. Nous savons que la résultante de ces forces,

FIG. 115.

donnée en grandeur par leur somme CP_4, passerait par le point *i* de concours des deux côtés extrêmes de ce polygone ; si donc nous voulons décomposer cette résultante en deux forces verticales passant par les points A, B, nous devrons : mener par ce point *i* deux droites quelconques *ia*, *ib*, jusqu'à la rencontre des verticales A, B ; mener par les

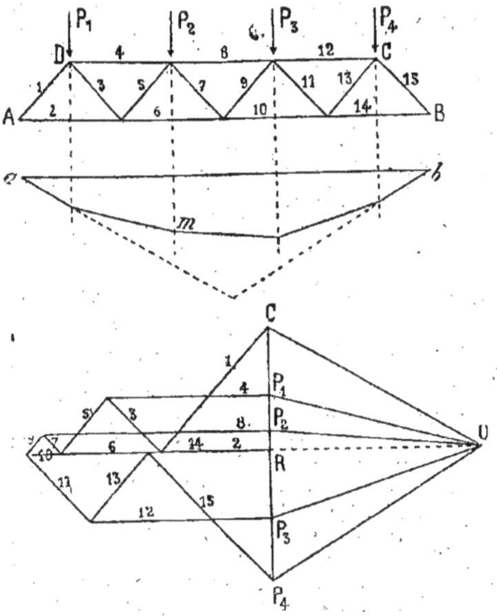

extrémités de la ligne CP_4, qui représente la force à décomposer, deux lignes CO, P_4O parallèles à ces deux lignes ; joindre les points *a* et *b* et mener par le point O une parallèle OR à *ab*. CR et RP_4 représenteront les grandeurs de deux forces verticales appliquées en A et B dont la résultante passera en *i*, et puisque la somme de ces deux forces est précisément égale à CP_4 ou à la somme des forces données, elles sont les réactions cherchées des appuis A, B. On voit que la construction du point *i* est inutile. Il suffit, pour avoir la réaction cherchée, de construire le polygone funiculaire *amb* des forces données, en prenant un pôle O quelconque ; puis de joindre les extrémités a, b de ce polygone, c'est-à-dire les points où ses côtés extrêmes rencontrent les verticales des extrémités de la poutre, de mener, par le pôle O, une parallèle OR à ab; et l'on obtient les longueurs CR, RP$_4$ représentant les réactions des appuis.

Cette construction, dont on trouvera la démonstration dans tous les traités de statique graphique, s'applique, bien entendu, à une poutre de forme quelconque chargée de poids P$_1$, P$_2$, ... placés d'une façon également quelconque.

La réaction des appuis étant déterminée, nous pouvons exprimer l'équilibre des forces qui agissent au premier sommet A. Ces forces sont au nombre de trois, dont une seule, là réaction CR, est connue ; les directions des autres, qui sont celles des barres 1, 2, sont seules connues. En menant par les extrémités de CR, des parallèles à 1, 2, nous aurons un triangle dont les trois côtés seront proportionnels aux trois forces en équilibre autour du point A, ce qui déterminera les efforts dans les barres 1 et 2.

Au point D, nous avons quatre forces, deux connues, P$_1$ et l'effort de la barre 1, et deux inconnues, les efforts des barres 3 et 4. Nous déterminerons ces efforts en fermant le polygone dont les côtés sont parallèles aux directions de ces forces, et ainsi de suite.

95. Utilité des contre-barres. — En parcourant ces divers polygones dans le sens des forces, nous reconnaîtrons que les barres horizontales supérieures sont toutes comprimées, les barres inférieures agissent, au contraire, comme tirants, et les barres inclinées sont alternativement tirées et comprimées. Nous voyons aussi que les efforts auxquels ces barres sont soumises vont en augmentant depuis les extrémités jusqu'au milieu de la poutre pour les barres horizontales, et en diminuant pour les barres inclinées. Celles qui sont au milieu n'auraient même, si les charges étaient réparties symétriquement, à supporter aucun effort. Aussi arrive-t-il qu'une petite modification dans la répartition des charges change, dans ces barres du milieu de la poutre, le sens des efforts. Les barres comprimées par une charge répartie d'une certaine façon deviennent étendues par une

autre charge répartie différemment, et cette alternance du
sens des efforts est nuisible à la rigidité de la construction.
On comprend, en effet, que, si les assemblages ne sont point
absolument parfaits, les points de contact d'une pièce, avec
les voisines, ne sont pas les mêmes si elle doit agir comme
tirant ou comme bras; l'effet est le même que si la longueur
de la pièce se trouvait changée, et il en résulte des mouvements et des chocs nuisibles à la solidité. Souvent aussi, les
pièces destinées à être étendues ne sauraient résister efficacement à des compressions, à cause des flexions qu'elles
subissent, lorsque leur section transversale n'a pas été calculée en vue de résister à ce genre d'efforts. Pour éviter cet
inconvénient, on place souvent, vers le milieu des poutres
américaines, des *contre-barres*, qui sont réglées de manière
à produire dans les pièces principales des efforts assez grands

pour que l'on n'ait
pas à craindre de
les voir changer de
sens par une modi-
fication des charges.
Si, par exemple, AB
(*fig.* 116) est une

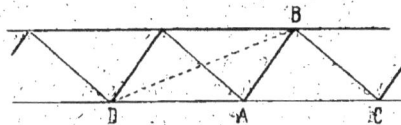

Fig. 116.

barre destinée à être comprimée, mais qui, par une modification des charges, est exposée à être étendue, on mettra
un contre-tirant BD,
et l'on comprend
que, si l'on peut ré-
gler à volonté la ten-
sion de ce tirant, on
pourra faire en sorte
que le bras AB su-

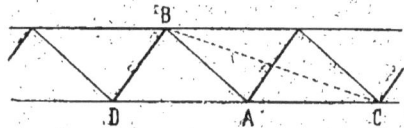

Fig. 117.

bisse, sous la charge ordinaire, une compression beaucoup
plus grande que celle qu'elle supporterait sans cela, et telle
que la modification de la charge ne parvienne pas à l'annuler entièrement. On pourra, dans le même but, placer un
contre-bras BC (*fig.* 117) ayant pour effet d'augmenter la
tension normale d'un tirant AB exposé à se trouver comprimé. Il est inutile de faire observer que l'une des contre-
barres est suffisante : un contre-tirant BD ne peut augmen-

ter la compression dans un bras AB sans augmenter en
même temps la tension dans le tirant voisin BC.

Les dimensions des barres d'une poutre américaine doivent
être déterminées en faisant successivement, pour la répartition des charges, les hypothèses les plus variées. On prend,
pour chaque barre, les dimensions qui correspondent à
l'effort le plus élevé qu'elle est exposée à subir. On reconnaît
en même temps celles pour lesquelles l'effort peut changer
de sens et qui, par suite, doivent être munies de contre-
barres, dont les dimensions se déterminent en faisant abstraction des barres qu'elles croisent et en se plaçant dans
l'hypothèse de la répartition des charges qui correspond à
leur plus grande utilité.

Nous nous bornerons à ces simples indications; elles sont
suffisantes pour résoudre le problème général de la détermination des efforts dans les diverses pièces d'une poutre
articulée, et par suite des dimensions de ces pièces. Nous
renverrons aux ouvrages spéciaux, principalement à la
Statique graphique de M. Maurice Kœcklin, pour les exemples
de la résolution de ce problème dans les différents cas, et
au traité des *Ponts métalliques* de M. Résal pour les solutions analytiques du même problème et la discussion de la
valeur relative des différents types.

96. Poutres à treillis. — La poutre à treillis se compose de deux barres
horizontales, réunies
par deux systèmes de
barres inclinées consti-
tuant le *treillis* (*fig.* 118).
Elle peut être considé-
rée comme formée d'un
grand nombre de pou-

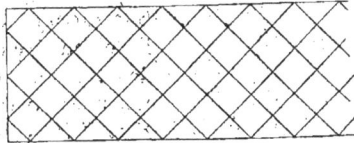

Fig. 118.

tres du système Warren, qui auraient été superposées l'une
à l'autre, en ayant les mêmes tables horizontales.

Une poutre à treillis ne peut être rigoureusement considérée comme un système articulé. Les barres, ou tables horizontales, sont d'une seule pièce sur toute la longueur et,
par conséquent, deux de leurs éléments successifs ne sont

pas libres de changer de direction l'un par rapport à l'autre.
Les barres inclinées qui constituent le treillis sont généralement fixées aux tables par des assemblages rigides qui ne
permettent aucun changement de direction, et elles sont
réunies les unes aux autres à tous leurs points de rencontre.
Ces poutres constituent donc un système rigide, et les règles
concernant les systèmes articulés ne leur sont pas rigoureusement applicables. L'hypothèse consistant à admettre
que les diverses barres du treillis subissent simplement les
efforts dirigés suivant le sens de leur longueur n'est plus
qu'une approximation; mais cette approximation est suffisante pour donner au moins une idée de la nature et de
l'importance de ces efforts, et l'on s'en contente généralement. Nous supposerons que les barres du treillis sont symétriquement inclinées de part et d'autre de la verticale, et
que la poutre placée horizontalement est chargée d'un poids
uniformément réparti à raison de p par unité de longueur.

Dans ces conditions, coupons la poutre par un plan vertical AB (*fig.* 119) quelconque. Chacune des parties de la
poutre comprise entre l'une des extrémités et ce plan sécant
doit être en équilibre sous l'action des forces qui lui sont
appliquées, et ces forces comprennent, outre les forces extérieures, les réactions qui sont développées dans les diverses
barres rencontrées par le plan. Or, les forces extérieures, y
compris les réactions des appuis, sont
par hypothèse verticales ; leur projection sur un plan horizontal est nulle, et
il doit en être de même, par conséquent,
de la somme des projections des réactions des diverses barres. Désignons par
F et F′ les efforts développés aux points
A et B dans les tables horizontales de la
poutre, par φ et φ' les efforts moyens
développés dans les barres du treillis
rencontrées par le plan, de manière que, si n est le nombre de
barres de chaque sens, $n\varphi$ soit l'effort total développé dans
toutes les barres inclinées de gauche à droite et $n\varphi'$ l'effort
total développé dans celles qui sont inclinées de droite à
gauche. Si d'ailleurs α est l'angle que font ces barres de

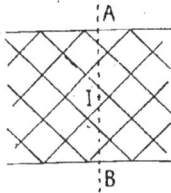

Fig. 119.

part et d'autre de la verticale, nous aurons, entre ces diverses forces, l'équation

$$(F + F') + (n\varphi \sin \alpha + n\varphi' \sin \alpha) = 0.$$

Nous admettrons, ce qui d'ailleurs est vérifié par l'expérience et résulte de la forme symétrique de la poutre par rapport à un plan horizontal, que cette équation est satisfaite par l'égalité à zéro de chacun de ses deux termes, c'est-à-dire que l'on a

$$F' = - F \quad \text{et} \quad \varphi' = - \varphi ;$$

c'est-à-dire que les efforts, dans les deux tables horizontales, sont égaux et de sens contraires sur une même verticale, et qu'il en est de même des efforts développés dans les barres inclinées dans un sens ou dans l'autre. La table horizontale supérieure, par analogie avec ce qui se passe dans la poutre Warren, se trouve comprimée, et la table inférieure subit un effort d'extension égal à celui qui comprime la première.

De même, les barres inclinées dans un sens sont comprimées par un effort égal à celui qui étend les barres inclinées en sens contraire.

Nous pouvons maintenant, à l'aide de cette hypothèse, déterminer tous ces efforts.

97. Efforts dans les pièces inclinées. — Considérons encore la portion de poutre comprise entre l'un des appuis et le plan AB. Projetons sur un plan vertical toutes les forces qui agissent sur cette portion de poutre et exprimons que la somme de toutes ces projections est nulle, comme nous venons de le faire pour la projection horizontale. Désignons par l la longueur totale de la poutre, et par x la distance de ce plan à l'extrémité considérée. Le poids total supporté par la poutre est pl, la réaction de chacun des appuis est $\frac{pl}{2}$, et elle est dirigée en sens inverse du poids, c'est-à-dire de bas en haut. Le poids supporté par la poutre, dans la partie dont il s'agit, est px, la somme des projections sera donc $\frac{pl}{2} - px$. Les forces F étant horizontales ont une projection verticale nulle, et les forces φ ont, pour projection $2n_\varphi \cos \alpha$. Nous avons donc l'équation

$$\frac{pl}{2} - px = 2n_\varphi \cos \alpha,$$

d'où

$$\varphi = \frac{p}{2n \cos \alpha} \left(\frac{l}{2} - x \right).$$

D'après cela φ est nul au milieu de la poutre, où $x = \frac{l}{2}$, et il augmente en valeur absolue jusqu'aux extrémités où il atteint sa valeur maximum $\varphi = \pm \frac{p}{2n \cos \alpha} \cdot \frac{l}{2}$. Comme dans la poutre Warren, les barres inclinées dans le même sens, qui sont comprimées dans la première moitié, sont étendues dans la seconde et inversement. On voit immédiatement que la valeur trouvée pour φ (qui n'est, d'ailleurs, que la *valeur moyenne* de l'effort exercé sur toutes les barres inclinées rencontrées par le plan vertical AB) n'est déterminée que d'une manière approximative. Si, au lieu du plan AB, nous en avions pris un autre assez voisin de lui pour ne rencontrer que les mêmes barres inclinées, x aurait eu une autre valeur, et nous aurions, par suite, trouvé pour φ une valeur différente; cependant il est bien évident que l'effort longitudinal est, d'après notre hypothèse, le même tout le long d'une même barre inclinée. La vraie valeur à prendre pour φ est donc elle-même une sorte de moyenne entre toutes celles qui correspondent aux diverses valeurs de x rencontrant les barres dans lesquelles on veut déterminer les efforts.

La valeur de φ ne donne que la moyenne des efforts dans toutes les barres inclinées : on peut approximativement attribuer cette valeur à celles qui seraient rencontrées par le plan vers le milieu de la hauteur de la poutre, celles qui se trouvent au dessus ou au dessous ayant, suivant le cas, à subir des efforts plus grands ou plus petits, s'écartant également de la valeur moyenne.

98. Efforts dans les tables parallèles. — Il nous reste à écrire une troisième équation d'équilibre des forces qui agissent sur la portion de poutre que nous avons considérée, celle qui exprime la nullité de la somme des moments de ces forces par rapport à un point quelconque du plan.

Plaçons le plan AB dans une position telle qu'il rencontre les barres du treillis à leurs points d'intersection respectifs. Si nous prenons les moments des forces par rapport à un point quelconque de ce plan, il y aura en chaque point d'intersection deux forces inclinées égales, ayant même bras de levier et tendant à produire des rotations de sens contraire. La somme des moments de toutes les forces inclinées par rapport à ce point sera donc nulle, et, d'après ce que nous venons de dire, il en sera approximativement de même si le plan AB se trouve légèrement déplacé de manière à rencontrer les mêmes barres.

Le moment des forces extérieures est $\frac{pl}{2} \times x$ pour la réaction de l'appui et $- px . \frac{x}{2}$ pour le poids supporté par la portion de poutre considérée. Les deux forces horizontales F et — F développées dans les tables horizontales forment un couple dont le bras de levier est la hauteur H de la poutre, et dont le moment, par rapport à un point quelconque, est par conséquent FH. Nous avons donc l'équation

$$\frac{pl}{2} x - \frac{px^2}{2} = \text{FH} \qquad \text{ou} \qquad \text{F} = \frac{p}{2\text{H}} x (l - x).$$

A l'inverse de φ, F augmente depuis les extrémités de la poutre où il est nul jusqu'au milieu où il atteint sa valeur maximum $\frac{pl^2}{8\text{H}}$. On voit que, toutes choses égales, l'effort F est inversement proportionnel à la hauteur H de la poutre.

99. Calcul des sections transversales. — Les efforts F et φ étant déterminés, on en déduit, en les divisant par la charge de sécurité R_0 des matériaux employés pour les diverses barres, les sections que celles-ci doivent avoir[1]. Ainsi, la section ω d'une barre du treillis dont l'abscisse moyenne est

[1] Nous donnerons plus loin, dans la deuxième partie, les valeurs numériques de la charge de sécurité pour les métaux usuels et les bois.

x aura pour valeur

$$\omega = \frac{\varphi}{R_0} = \frac{p}{2R_0 n \cos x}\left(\frac{l}{2} - x\right),$$

et la section Ω des barres horizontales sera déterminée de même par

$$\Omega = \frac{F}{R_0} = \frac{px\,(l - x)}{2HR_0}.$$

Cette section Ω devrait donc, si l'on voulait n'employer en chaque point que la quantité de matière strictement nécessaire à la résistance, varier proportionnellement au produit $x\,(l - x)$, c'est-à-dire comme les ordonnées d'une parabole. Si, par exemple, la forme en est rectangulaire et si, de plus, l'une des deux dimensions du rectangle, la largeur horizontale, est constante, l'autre dimension, la hauteur verticale devra, en chaque point, être proportionnelle aux ordonnées de cette parabole. Il est rare que cette proportionnalité soit strictement observée. Si les tables de la poutre sont en bois, on leur donne généralement, d'un bout à l'autre, la section qui correspond à l'effort maximum, soit $\Omega = \frac{pl^2}{8HR_0}$; si elles sont en tôle, leur épaisseur ne varie pas d'une manière continue ;

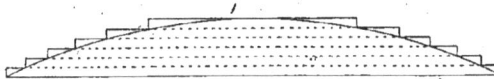

elles se composent alors d'un certain nombre de feuilles de tôle superposées (*fig.* 120), et l'on fait en sorte qu'en chaque point l'épaisseur totale soit au moins égale à celle qui correspondrait à l'ordonnée de la parabole. La ligne brisée qui forme le contour limite de l'épaisseur réelle se trouve ainsi extérieure à celle qui représenterait l'épaisseur théorique.

100. Effort tranchant. Moment fléchissant. — D'après ce que nous venons de voir, dans une poutre en treillis, le treillis proprement dit et les tables horizontales équilibrent séparément deux genres d'efforts distincts.

Les efforts développés dans une section verticale quelconque des barres inclinées du treillis font équilibre à la somme des projections, sur un plan vertical, de toutes les forces extérieures qui agissent depuis une extrémité de la poutre jusqu'à la section considérée. Cette somme est ce que l'on appelle l'*effort tranchant;* on voit qu'il tend à faire glisser, l'une par rapport à l'autre, les deux parties de la poutre séparées par la section verticale.

Les efforts développés dans les tables horizontales, dans une section verticale quelconque, font équilibre à la somme des moments, par rapport à un point de cette section, de toutes les forces extérieures qui agissent sur la poutre depuis une de ses extrémités jusqu'à la section considérée. Cette somme est ce qu'on appelle le *moment fléchissant.* Il tend à courber la poutre en faisant tourner, l'un par rapport à l'autre, les deux parties en lesquelles on la suppose divisée.

Nous avons considéré jusqu'ici une poutre chargée d'un poids uniformément réparti sur l'horizontale, mais la définition que nous avons donnée de l'effort tranchant et du moment fléchissant est générale et s'applique à des charges placées d'une manière quelconque sur la poutre. Dans tous les cas, et quelle que soit la répartition des charges, le treillis résiste à l'effort tranchant et les tables horizontales au moment fléchissant.

101. Inclinaison à donner aux barres du treillis.
— Nous avons laissé l'angle α indéterminé. On peut se proposer de chercher la valeur la plus convenable à lui donner, au point de vue de l'économie de la matière. Nous traiterons ce problème pour le cas où la charge est uniformément répartie sur la longueur de la poutre.

Nous avons trouvé que la section transversale d'une barre dont l'abscisse moyenne est x est exprimée par

$$\omega = \frac{p}{2 \mathrm{R}_0 n \cos \alpha} \left(\frac{l}{2} - x \right).$$

Elle est minimum lorsque l'on a: $\alpha = 0$, mais alors, les barres étant placées verticalement, il n'y a plus à proprement parler de treillis. En général, α étant l'angle qu'elles

14

font avec la verticale, si l'on prend deux sections verticales distantes de l'unité de longueur, la longueur d'une barre comprise entre ces deux sections sera $\dfrac{1}{\sin \alpha}$ et pour les n barres parallèles la longueur totale, par unité de longueur horizontale de la poutre sera $\dfrac{n}{\sin \alpha}$. Les barres inclinées en sens inverse ont une longueur égale, et le volume par unité de longueur horizontale est ainsi $\dfrac{2\omega n}{\sin \alpha}$, ou bien, en mettant pour ω sa valeur ci-dessus,

$$\frac{2np}{2nR_0 \sin \alpha \cos \alpha} \left(\frac{l}{2} - x\right) = \frac{2p}{R_0 \sin 2\alpha} \left(\frac{l}{2} - x\right)$$

et ce volume est minimum pour $2\alpha = \dfrac{\pi}{2}$ ou $\alpha = 45°$.

D'après cela, la section transversale de chaque barre est alors $\omega = \dfrac{p}{nR_0\sqrt{2}} \left(\dfrac{l}{2} - x\right)$, et le volume minimum, par unité de longueur, est $\dfrac{2p}{R_0} \left(\dfrac{l}{2} - x\right)$. Si l'on admet que les barres soient partout strictement calculées d'après la formule ci-dessus, le volume total sera le double de la somme, de 0 à $\dfrac{l}{2}$, de tous les volumes $\dfrac{2p}{R_0} \left(\dfrac{l}{2} - x\right) dx$ des éléments dx, c'est-à-dire $\dfrac{pl^2}{2R_0}$; mais la formule dont il s'agit donnerait, pour les barres situées vers le milieu de la poutre, des sections nulles ou très faibles, inadmissibles en pratique. Le volume des barres du treillis sera donc toujours nécessairement supérieur à $\dfrac{pl^2}{2R_0}$.

102. Calcul des pièces accessoires. — La détermination des efforts exercés sur les barres du treillis sert non seulement à calculer les dimensions transversales de ces barres, mais aussi celles qui doivent être données aux pièces de l'assemblage au moyen desquelles elles sont réunies

aux tables horizontales. Ces pièces consistent généralement
en rivets, boulons ou goujons qui traversent horizontalement des trous percés à la fois dans les extrémités des barres
du treillis et dans les tables horizontales, ou bien dans les
cornières qui y sont fixées. Si R'_0 désigne toujours la charge
de sécurité par unité de surface de la matière qui constitue
ces pièces, eu égard à la manière dont elles sont sollicitées
(et que nous définirons plus complètement dans la seconde
partie), et ω' leur section, on devra avoir $\omega' R'_0 = \varphi$.

Lorsque ces pièces sont circulaires, d'un diamètre d et
en nombre n' pour chaque barre, cette équation devient
$\dfrac{n'\pi d^2}{4} R'_0 = \varphi$. Si l'on veut conserver d'un bout à l'autre de
la poutre les mêmes dimensions pour ces pièces d'assem-
blage, il faut les calculer en mettant dans cette formule la
valeur maximum de φ, soit (lorsque $\alpha = 45°$) $\dfrac{pl}{2n\sqrt{2}}$.

On peut calculer, de même, lorsqu'il s'agit de poutres métalliques dont les tables sont
munies de cornières auxquelles
s'attachent les barres inclinées, le nombre de rivets nécessaires pour réunir ces cornières
aux semelles horizontales.

Fig. 121.

Chacune des deux barres inclinées qui vient s'assembler en
un point A (*fig. 121*) exerce, dans la direction de A vers B,
un effort qui a pour valeur $\dfrac{\varphi\sqrt{2}}{2}$, soit pour les deux $\varphi\sqrt{2}$. Pour
que, sous l'action de cet effort, les cornières restent fixées
aux semelles, il faut que les rivets qui les y réunissent présentent, entre les deux points A et B, une section totale
suffisante pour résister à cet effort, c'est-à-dire que, si n' est
leur nombre et d leur diamètre, on déterminera ces deux
inconnues par l'équation $\dfrac{n'\pi d^2}{4} R'_0 = \varphi\sqrt{2}$, dans laquelle on
mettra, comme ci-dessus, pour φ sa valeur maximum, si l'on
veut conserver les mêmes dimensions d'un bout à l'autre
de la poutre.

Comme nous l'avons dit, les considérations précédentes concernant les poutres en treillis ne s'appliqueraient qu'à des poutres dans lesquelles les barres du treillis seraient libres de tourner autour de leurs articulations avec les semelles horizontales. Ordinairement il n'en est pas ainsi, et non seulement ces barres inclinées sont fixées aux semelles d'une manière invariable, mais encore elles sont réunies entre elles à leurs points d'intersection par des assemblages rigides, ne leur permettant pas de changer leurs inclinaisons mutuelles.

Dans ce cas, les calculs qui précèdent ne donnent qu'une idée grossière des conditions de résistance de ces barres, qui sont soumises, entre deux points de jonction successifs, à des efforts de flexion leur donnant, au lieu de la forme rectiligne qu'elles conserveraient d'après la théorie précédente, des formes courbes en S aplatie. Il s'y développe alors des actions intérieures bien supérieures à celles qu'indiquent les formules qui viennent d'être établies et qu'il ne paraît pas facile d'évaluer, même d'une façon approchée.

Aussi semble-t-il prudent de n'adopter les poutres en treillis rigide que pour de faibles ouvertures.

DEUXIÈME PARTIE

RÉSISTANCE DES MATÉRIAUX

CHAPITRE IX

EXTENSION OU COMPRESSION SIMPLE

§ 1er

CONSIDÉRATIONS GÉNÉRALES

103. Allongement des tiges prismatiques. Loi fondamentale. — Dans cette seconde partie nous examinerons les petites déformations que subissent les corps solides soumis à des forces extérieures. La connaissance de ces déformations, que nous avons négligées jusqu'ici en considérant les corps comme des solides de forme invariable, est nécessaire pour étudier les véritables conditions de la résistance dans toutes leurs parties, sous l'action de forces qui leur sont appliquées.

Nous étudierons surtout les *tiges prismatiques,* en désignant sous ce nom des corps solides dont les dimensions transversales sont petites par rapport à la dimension longitudinale, dont la section transversale est constante, ou peu et graduellement variable, et dont la forme générale est rectiligne ou légèrement courbe.

Le mode de déformation le plus simple est celui qui consiste à allonger une tige prismatique AB, rectiligne et de section constante (*fig.* 122), fixée à l'une de ses extrémités A, au moyen d'une force P appliquée à l'autre et dans le sens de la longueur. On constate que, sous l'action de cette force, la tige subit un allongement d'autant plus grand que la force est elle-même plus grande. Si l'on rapporte cet allongement à l'unité de longueur de la tige, la force P étant rapportée elle-même à l'unité de la section transversale Ω, on remarque

Fig. 122.

que, tant que les déformations restent très petites, il existe un rapport constant, pour une même matière, entre ces deux quantités. En d'autres termes, si la longueur primitive de la tige est L et son allongement l, l'allongement par unité de longueur, $\frac{l}{L} = \partial$, sera à la force tirante par unité de surface, $\frac{P}{\Omega} = p$, dans un rapport constant $\frac{1}{E}$ pour tous les corps de même nature, et l'on aura par conséquent

(A) $\frac{l}{L} = \frac{1}{E}\frac{P}{\Omega}$;   ou $P = \frac{E\Omega l}{L}$,   ou $p = E\partial$.

104. Coefficient d'élasticité. — Le nombre E, qui dépend simplement de la nature de la matière composant la tige considérée, porte le nom de *coefficient d'élasticité.* Comme il se rapporte aux déformations par extension longitudinale, on l'appelle quelquefois coefficient d'élasticité *longitudinale*, lorsqu'on doit le distinguer d'autres coefficients d'élasticité.

Ce nombre E doit être exprimé en unités de force rapportée à l'unité de surface. Si la formule (A) pouvait encore être considérée comme applicable jusqu'à un allongement $l = L$ qui doublerait la longueur primitive de la tige, on aurait $E = \dfrac{P}{\Omega}$. Le coefficient d'élasticité est donc la force, rapportée à l'unité de surface, qui doublerait la longueur d'une tige si les allongements restaient toujours proportionnels aux forces qui les produisent. Mais cette définition est une pure fiction, car, aussitôt que l cesse d'être une très petite fraction de L, la proportionnalité n'existe plus, et il se produit des phénomènes nouveaux qui se terminent par la rupture.

Pour le fer, le coefficient d'élasticité E a pour valeur approximative $2 \times 10^{10} = 20.000.000.000$ kilogrammes par mètre carré, ou 20.000 kilogrammes par millimètre carré. Toutefois, en général, il ne dépasse guère 18.000 kilogrammes, et l'on a même des exemples où il a été voisin de 16.000 kilogrammes.

Les expériences ayant pour but de déterminer le coefficient d'élasticité sont d'ailleurs très délicates. Les résultats sont variables avec les divers échantillons. On admet généralement que ce coefficient pour l'acier varie de 20 à 22.000 kilogrammes par millimètre carré. Or, dans une expérience faite, le 17 octobre 1884, à l'usine Cail, sur des cylindres en acier destinés à l'ascenseur des Fontinettes, on n'a constaté, pour des efforts atteignant 33 kilogrammes par millimètre carré, qu'un allongement moitié moindre, environ, que celui qui résulterait de ce chiffre. Il en résulterait, pour l'acier soumis aux expériences, un coefficient d'élasticité atteignant près de 40.000 kilogrammes par millimètre carré.

105. Limite de l'élasticité. — Tant que l'allongement $\dfrac{l}{L}$ n'a pas dépassé la limite au-dessus de laquelle les déformations ne sont plus proportionnelles aux efforts, limite déterminée pour chaque nature de matière, la tige prismatique revient à sa longueur primitive dès que la force qui l'avait allongée cesse d'agir. Mais cet effet ne se produit plus lorsque l'allongement a été trop considérable. On dit alors que la *limite de l'élasticité* a été dépassée. D'après cela, on peut définir l'élasticité : la propriété qu'ont les corps solides, déformés par l'action de forces extérieures, de reprendre leur forme primitive dès que ces forces cessent d'exercer leur action. Cette limite de l'élasticité existe pour tous les corps, mais elle est plus ou moins élevée. Elle se mesure par la valeur de l'effort maximum (rapporté à l'unité de surface) que peut supporter une tige sans cesser de revenir exactement à sa longueur initiale lorsque cet effort cesse d'agir. Nulle ou très faible pour les corps peu élastiques, comme les pierres, elle est beaucoup plus élevée pour les métaux, et elle peut atteindre une fraction importante de la charge de rupture.

Cette limite de l'élasticité s'appelle quelquefois la limite *théorique* de l'élasticité. Elle est, on le comprend, très difficile à déterminer dans la pratique. On en distingue deux autres, d'abord : la *limite d'élasticité proportionnelle* ou *limite des déformations proportionnelles* qui est l'effort maximum au-dessous duquel les allongements sont sensiblement proportionnels aux efforts. Cette limite, beaucoup plus facile à déterminer que la précédente, en diffère généralement très peu et théoriquement, même, elles devraient coïncider exactement, car, si l'allongement reste proportionnel à l'effort, lorsque celui-ci se réduit à zéro, l'allongement doit disparaître. Toutefois, on observe, paraît-il, des allongements qui ne disparaissent pas entièrement, alors même que l'on n'a pas dépassé la limite des déformations proportionnelles. Mais, outre que ce résultat semble souvent être de l'ordre de grandeur des erreurs possibles d'observation, il arrive aussi que les petits allongements permanents, observés dans ces conditions, disparaissent en très grande partie avec le temps. La petite fraction d'allongement qui subsiste ainsi plus ou moins longtemps après que l'effort a cessé d'agir s'appelle quelquefois élasticité *subséquente* ou *rémanente*.

Enfin, dans la pratique des ateliers, la limite d'élasticité, qui devrait s'appeler *limite apparente* de l'élasticité, est la charge à partir de laquelle les allongements commencent à croître beaucoup plus rapidement que les efforts, ou même sans augmentation sensible de l'effort (comme il sera dit plus loin). Cette limite est caractérisée par l'arrêt des colonnes manométriques ou la chute du levier dans les machines à essayer. Les déformations sont alors *permanentes*, c'est-à-dire ne disparaissent pas avec l'effort qui les a produites.

Au-delà de la limite de l'élasticité, la déformation augmente de plus en plus rapidement jusqu'à la rupture.

106. Charge de sécurité. — La charge de sécurité, ou l'effort longitudinal que la tige peut supporter sans danger est toujours limitée à une valeur inférieure à celle de la limite de l'élasticité. On la définit par un poids rapporté à l'unité de surface, lequel est une fraction $\left(\text{pour les métaux}\right.$ généralement $\dfrac{1}{5}$ ou $\left.\dfrac{1}{6}\right)$ de celui qui produirait la rupture. Nous la représenterons par R_0. Nous en donnons plus loin les valeurs pour divers matériaux de construction.

107. Contractions transversales. — Les allongements longitudinaux sont accompagnés de contractions dans le sens transversal, comme nous l'avons déjà dit au n° 10, page 31. Si nous considérons un petit parallélépipède cubique dont les côtés auraient pour longueur l'unité, si nous désignons par ∂ l'allongement de celui de ses côtés qui est parallèle à la dimension longitudinale de la tige, de sorte que la longueur de ce côté, après la déformation, soit $1 + \partial$; et si nous représentons par η la proportion de la contraction transversale à la dilatation longitudinale, de manière que chacun de ses deux autres côtés s'étant contracté de $\eta\partial$, sa longueur, après la déformation, soit $1 - \eta\partial$, le volume de ce parallélépipède sera alors $(1 + \partial)(1 - \eta\partial)^2$, ou bien, en négligeant les puissances de ∂, supérieures à la première, $1 + \partial(1 - 2\eta)$. Son volume primitif était 1, de sorte que l'augmentation de son volume est mesurée par $\partial(1 - 2\eta)$.

Tous les théoriciens sont d'accord pour attribuer à η la valeur $\frac{1}{2}$ pour les liquides, et la valeur $\frac{1}{4}$ pour les solides isotropes, à la condition que les déformations restent très petites et inférieures à la limite de l'élasticité.

M. Amagat (*Journal de Physique*, 1889) a trouvé pour ce coefficient les valeurs suivantes [1] :

Verre.	0,2451	Cuivre.	0,3270
Cristal	0,2499	Laiton.	0,3275
Acier.	0,2686	Plomb.	0,4282

Le verre, le cristal et même l'acier expérimentés ont donné sensiblement la valeur correspondant à l'isotropie parfaite.

Lorsque $\eth$ n'est plus très petit, η paraît varier avec $\eth$ de manière à rendre à peu près égale à zéro l'augmentation de volume, au moins en ce qui concerne l'acier. M. Barba n'a trouvé, sur des barreaux d'acier déformés presque jusqu'à la rupture qu'une augmentation définitive de volume de 0,0007 environ. L'allongement $\eth$ étant alors, en moyenne de 0,275, on en déduit pour η la valeur 0,49. Si le volume était resté rigoureusement constant pendant toute la période d'allongement, la valeur de η aurait dû être toujours très peu différente de 0,50 qu'elle aurait dû atteindre pour les valeurs très petites de $\eth$, ce qui serait en contradiction avec les résultats trouvés par M. Amagat.

Il est donc probable que la loi de variation de η avec $\eth$ n'annule pas rigoureusement la variation du volume et que celle-ci existe toujours, surtout pour les déformations très petites.

108. Striction. — La contraction transversale reste

---

[1] Cagniard de Latour, en 1827, a trouvé que, pour le laiton, le coefficient η avait exactement la valeur 0,25 que la théorie lui assigne pour les corps isotropes.

Wertheim a trouvé des valeurs voisines de $\frac{1}{3}$ pour le verre, les métaux et même le caoutchouc. M. Gros a montré (*Comptes rendus des séances de l'Académie des Sciences*, 22 février 1886, p. 418) que ce coefficient devait nécessairement être inférieur à $\frac{1}{2}$.

régulière tant que la limite de l'élasticité n'a pas été atteinte, et même un peu au delà, c'est-à-dire que toutes les sections transversales de la barre soumise à l'allongement se contractent également et que la barre reste sensiblement cylindrique. Si l'on continue à accroître la charge qui produit la déformation, il arrive un moment où il se dessine, en un point de la barre, un étranglement qui s'accentue jusqu'à ce que la rupture se produise dans la section la plus réduite. C'est ce phénomène auquel on a donné le nom de *striction*.

Si Ω est la section primitive de la barre, Ω' celle de la section la plus réduite au moment de la rupture, la striction a pour mesure le rapport $\dfrac{\Omega - \Omega'}{\Omega}$, c'est la diminution proportionnelle de la section transversale.

Si P est l'effort qui a produit la rupture, $\dfrac{P}{\Omega}$ est l'effort par unité de surface de la section primitive qui mesure la *charge de rupture*; c'est ordinairement ainsi qu'on la définit. En réalité, au moment de la séparation, puisque la section n'est plus que Ω', la charge par unité de surface est $\dfrac{P}{\Omega'}$, bien supérieure à la charge de rupture mesurée par rapport à la section primitive.

L'allongement de la barre, qui était resté régulier et uniforme tant que la contraction latérale elle-même avait conservé sa régularité, augmente beaucoup dans la partie dans laquelle la striction se produit. Dans la période de striction qui précède la rupture, l'allongement se compose de deux parties. Les portions de la barre qui sont restées cylindriques ont subi un allongement régulier, proportionnel à leur longueur, tandis que la partie contractée s'est allongée beaucoup plus.

Si l'on prend, au point où se trouve la section la plus contractée devenue Ω' au moment de la rupture, une longueur très petite λ devenue $\lambda (1 + \eth_m)$ après la déformation, le volume primitif de cette petite partie, $\Omega\lambda$ est devenu $\lambda (1 + \eth_m) \Omega'$. Et si l'on admet qu'il n'y a pas eu de changement sensible de densité, ce qui paraît démontré par les expériences de M. Barba, le volume est resté le même et l'on a

$\lambda (1 + \partial_m) \Omega' = \Omega\lambda,$ ou $\partial_m = \dfrac{\Omega - \Omega'}{\Omega'}.$ La mesure de la section de la striction permet donc de calculer l'allongement maximum ∂_m.

L'allongement total, mesuré entre deux repères comprenant la striction, est donc la somme de deux éléments disparates qui interviennent dans des proportions variables, suivant que les portions restées cylindriques ont plus ou moins d'importance par rapport à la partie contractée.

A partir du moment où la striction a commencé à se manifester, l'effort total nécessaire pour produire un nouvel allongement de la barre va en diminuant, tandis que l'effort, rapporté à l'unité de surface de la section la plus contractée va toujours en augmentant.

109. Phases successives d'une épreuve de rupture par traction. — Pour donner une idée plus précise de ces divers phénomènes, nous emprunterons à MM. Barba et Duplaix, l'exposé des phases successives d'une épreuve de rupture par traction [1].

Ils distinguent, dans cette épreuve, cinq phases successives, lesquelles sont plus ou moins distinctes et plus ou moins complètes, suivant la nature du métal essayé.

Première phase. — L'effort de traction, supposé appliqué progressivement à la barre, se transmet de tranche en tranche, et l'on observe (aussi exactement qu'on peut le faire) que le métal s'allonge également en tous ses points, et de quantités proportionnelles aux efforts. C'est la période *élastique*.

Deuxième phase. — L'effort de traction $t = \dfrac{\mathrm{P}}{\Omega}$, continuant à croître, la barre s'allonge encore à peu près uniformément en tous ses points, mais cet allongement n'est plus proportionnel à l'effort, il croît plus rapidement que lui. Cette phase se poursuit jusqu'à ce que l'effort t atteigne sa valeur maximum t_m.

---

[1] *Sur les Essais à la traction.* Rapport présenté à la Commission des méthodes d'essai des matériaux de construction par MM. Barba et Duplaix, 1re session, section A, tome III, 1895.

Troisième phase. — La barre continue à s'allonger pendant que l'effort de traction demeure sensiblement constant. et égal à t_m. On commence à observer une tendance à la localisation des déformations : les allongements se produisent principalement dans une certaine zone que l'on peut appeler *zone d'étranglement* et qui augmente peu à peu.

En dehors de cette zone, la barre s'allonge encore, mais beaucoup moins. Il est rare qu'il se produise plusieurs étranglements d'égale importance, mais il est assez fréquent de voir un étranglement principal et des étranglements secondaires.

Quatrième phase. — Elle commence quand l'effort cesse de demeurer à peu près égal à t_m et lui devient inférieur. La zone d'étranglement s'étend de plus en plus et sa forme s'accentue nettement. L'allongement devient considérable dans cette zone, tandis que dans le reste de la barre il augmente peu. On serait même porté à croire que, conformément à la théorie, il diminue en même temps que l'effort, mais cette conséquence ne paraît pas confirmée par l'expérience.

Cinquième phase. — Lorsque l'effort a diminué jusqu'à une certaine valeur t_r, la barre se rompt dans la section la plus réduite qui est celle où l'allongement ∂ a sa plus grande valeur, que nous venons de calculer au numéro précédent.

L'effort tombant brusquement de t_r à 0, les deux tronçons se détendent, probablement d'après la loi qu'ont suivie les allongements dans la première période. L'allongement en un point quelconque diminuerait donc de la quantité $\dfrac{t_r}{E}$, mais il faut un temps souvent assez long pour que la contraction élastique produise tout son effet.

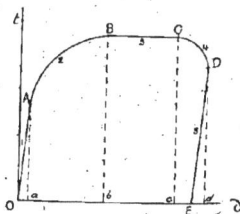

FIG. 123.

Les deux dernières phases (4° et 5°) sont souvent réunies en une seule dite : période de striction.

Le croquis ci-contre (*fig.* 123) donne une idée de ces

diverses phases. Sur un axe horizontal pris comme axe des abscisses, on a porté les allongements ∂ correspondants aux efforts λ portés en ordonnées. Les cinq parties de la courbe figurent les cinq phases. Les lignes OA et DE sont des droites parallèles entre elles, la ligne BC est parallèle à l'axe O∂, et les lignes AB, CD sont des courbes qui aboutissent aux extrémités des trois droites précédentes.

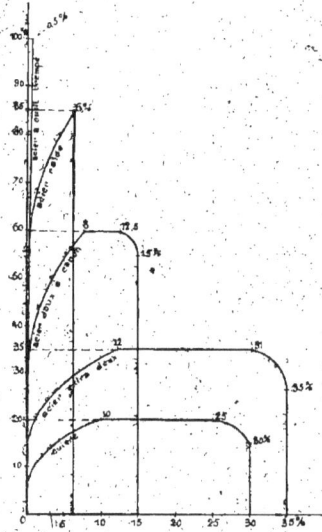

Les courbes de traction des métaux ont toutes des formes analogues, mais les cinq éléments qui les composent sont plus ou moins distincts suivant la nature du métal. La figure 124 représente les courbes de traction d'éprouvettes de 0ᵐ,014 de diamètre et de 0ᵐ,100 de longueur entre les repères. La distinction entre les diverses phases de l'essai n'est pas toujours aussi nette, et en particulier la partie horizontale BC de la courbe disparaît souvent. En revanche on constate quelquefois aux points A et D des angles au lieu de raccordements tangentiels.

Fɪɢ. 124.

110. Forme des cassures. — Les cassures des éprouvettes affectent des formes variables, mais on peut les

Fɪɢ. 125.

dériver toutes du type représenté par la figure 125 où se trouve reproduite une cassure d'acier doux et homogène

étiré en éprouvette cylindrique de $0^m,015$ de diamètre. Elle
se compose de deux segments de troncs de cône à génératrices légèrement courbes; sur chacun des tronçons de
l'éprouvette, l'un des cônes est en plein, l'autre en creux,
formant la lèvre de la cassure. Les deux troncs de cône ont
leur petite base commune située dans le plan de gorge du
fuseau ; les grandes bases sont dans le plan qui contient les
points d'inflexion de toutes les génératrices. Les lèvres sont
limitées par deux petites surfaces hélicoïdales lisses et bril-
lantes. La petite base commune aux deux troncs est formée
de grains gris terne, d'apparence spongieuse.

Si les circonférences d'inflexion sont très éloignées et la
gorge très accentuée, la cassure est longue et les troncs de
cône ont leur petite base très peu étendue. Si, au contraire,
ces circonférences sont rapprochées, la cassure est courte,
les lèvres très peu développées disparaissent souvent tout à
fait, et la cassure, normale à l'axe dans le plan de gorge, est
formée d'un noyau d'un aspect gris terne spongieux, entouré
de grains brillants.

La forme de la cassure est donc très variable et, avec un
même acier doux, on peut obtenir presque tous les genres.
Elle dépend beaucoup de la conduite de l'essai : l'aspect
fibreux paraît tenir à ce que l'on détermine des glissements
intérieurs et qu'on leur laisse le temps de se produire, tandis qu'en opérant brusquement on tend à obtenir des cassures
à grain.

On trouve souvent des défauts dans les cassures : crasses,
soufflures, tapures, lignes, pailles, criques, etc. Mais ces
défauts ne sont pas toujours causés par des solutions de
continuité préexistantes.

Il convient d'ajouter que la rupture ne se produit pas
instantanément sur toute la section. Elle commence toujours par la fibre centrale de l'éprouvette lorsque le corps
de celle-ci est régulier ; elle se poursuit du centre à la péri-
phérie, les fibres restantes continuant à prendre de l'allongement. Si l'on rapproche les deux tronçons en rétablissant le
contact des parois extrêmes, il existe un vide allant en croissant jusqu'au centre. L'importance du vide dépend de la
forme de la cassure et de la dimension de l'éprouvette.

MM. Barba et Duplaix ont constaté des vides ayant jusqu'à 2 millimètres pour des sections rectangulaires de
30 × 5 millimètres et jusqu'à $1^{mm},7$, pour des sections circulaires de 27 millimètres de diamètre.

111. Allongement total de rupture. — D'après ce
qui vient d'être dit, l'allongement total d'une éprouvette au
moment de la rupture se compose de plusieurs parties bien
distinctes. C'est d'abord le vide dont il vient d'être parlé,
différence entre l'allongement des bords et celui du centre
de l'éprouvette. Ensuite, sur l'éprouvette elle-même, il y a
lieu de distinguer deux portions : la zone d'étranglement,
dont nous appellerons la longueur L' et la partie en dehors
de cette zone, dont la longueur sera L', la longueur de
l'éprouvette étant $L = L' + L''$. Dans les parties en dehors
de la zone d'étranglement, de longueur totale L', l'allongement est sensiblement le même en tous les points, et sa proportion ∂' dépasse d'une certaine quantité et souvent d'une
manière très notable l'allongement élastique ∂. L'allongement
total de ces parties est ainsi $\partial'L'$. Dans la zone d'étranglement,
de longueur L', l'allongement varie suivant les points entre ∂'
et son maximum ∂_m à la section de rupture ; sa proportion ∂''
par unité de longueur est une fonction inconnue de l'abscisse,
et la somme $\int \partial'' ds$ de ces allongements pour tous les éléments
de la longueur L' peut être représentée par cette longueur L'
multipliée par un coefficient ∂_s, intermédiaire entre ∂' et ∂_m et
qui dépendra de l'importance de l'étranglement.

L'allongement total l de la barre L sera ainsi

$$l = \partial'L' + \partial_s L'',$$

et l'allongement proportionnel ou relatif sera le rapport de
cette somme à la longueur primitive L.

Tant que la longueur de la barre est telle que l'étranglement puisse se produire en toute liberté, il est naturel
d'admettre que, toutes choses égales, la longueur primitive L' de la zone d'étranglement est constante, quel que soit
l'excédent de L sur L'. L'équation qui précède peut se

mettre sous la forme

$$(1) \qquad \frac{l}{L} = \eth' + (\eth_s - \eth') \frac{L''}{L},$$

et montre que l'allongement relatif varie avec la longueur primitive L comme les ordonnées d'une hyperbole dont les abscisses seraient les valeurs de L. Les allongements relatifs mesurés sur deux barres identiques, de même métal, mais de longueurs différentes L_1, L_2, seraient

$$\frac{l_1}{L_1} = \eth' + (\eth_s - \eth') \frac{L''}{L_1} \qquad \text{et} \qquad \frac{l_2}{L_2} = \eth' + (\eth_s - \eth') \frac{L''}{L_2},$$

L' ayant la même valeur dans les deux cas, d'après ce qui vient d'être dit ; alors la différence

$$\frac{l_1}{L_1} - \frac{l_2}{L_2} = (\eth_s - \eth') L'' \left(\frac{1}{L_1} - \frac{1}{L_2} \right) = B \left(\frac{1}{L_1} - \frac{1}{L_2} \right),$$

B désignant un coefficient constant. La variation de l'allongement relatif $\frac{l}{L}$ est proportionnelle à celle de l'inverse de la longueur.

D'autre part, si l'on fait intervenir les dimensions transversales, on reconnaît que toute modification de ces dimensions fait varier la longueur L'' de la zone d'étranglement. C'est un fait d'expérience que si la section de la barre, demeure constamment semblable à sa forme primitive, l'étranglement se modifie suivant la même loi, le rapport $\frac{L''}{\sqrt{\Omega}}$ restant constant. Posons alors $L' = K'' \sqrt{\Omega}$, l'équation (1) pourra s'écrire :

$$\frac{l}{L} = \eth' + (\eth_s - \eth') K'' \frac{\sqrt{\Omega}}{L}$$

et sous cette forme elle donne la loi de variation de l'allongement relatif en fonction des dimensions de la section transversale. On voit que, si le rapport $\frac{\sqrt{\Omega}}{L}$ est constant, c'est-à-dire si les éprouvettes ont une longueur L proportionnelle à la racine carrée de la section transversale, l'allongement relatif sera constant. On devra donc, pour que cet allonge-

15

ment mesuré soit indépendant de la longueur de l'éprouvette, poser, en désignant par K un coefficient constant

$$L^2 = K\Omega.$$

Cette démonstration ne s'appliquerait, rigoureusement, qu'à des sections géométriquement semblables, et c'est pour de pareilles sections que la *loi de similitude* a été formulée pour la première fois par M. Lebasteur, en 1878. Depuis, les expériences de M. Barba ont montré qu'elle s'appliquait, au moins approximativement, aux sections de toute forme.

Dans les mêmes circonstances, les efforts restent proportionnels aux superficies des sections, c'est-à-dire aux carrés des dimensions linéaires des éprouvettes. C'est à cette seule condition que l'on peut comparer entre eux les allongements relatifs mesurés sur des éprouvettes différentes. La longueur primitive, sur laquelle l'allongement est mesuré, ne constitue pas un renseignement suffisant. On s'en contente cependant le plus souvent par cette considération que, dans des essais de barres d'une même fourniture, les sections transversales des barres à essayer sont généralement peu différentes les unes des autres.

112. Efforts successifs dépassant peu la limite de l'élasticité.

— Lorsqu'une barre prismatique est soumise

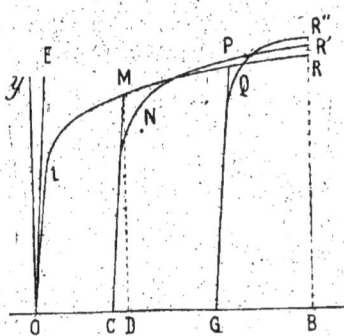

Fig. 126.

à un effort longitudinal dépassant la limite de l'élasticité sans aller jusqu'à la striction, et qu'elle est ensuite abandonnée à elle-même, elle ne reprend plus sa longueur primitive, mais conserve un allongement *permanent*. La quantité dont elle se raccourcit, lorsqu'on fait disparaître l'effort qui l'avait allongée, est à peu près égale à *l'allongement élastique* que cet effort aurait produit, c'est-à-dire au quotient de l'effort rapporté à l'unité de surface par le coefficient d'élasticité. La différence entre l'allongement effectif et l'allongement élastique se conserve à l'état d'allongement permanent. Ce phénomène peut être représenté par la figure 126 : la droite OE représente la loi des allongements élastiques, et OLMR, tangente à cette droite à l'origine, est la courbe de déformation d'une barre de fer à laquelle on fait subir un effort DM supérieur à la limite d'élasticité, produisant un allongement représenté par OD. Lorsque l'on vient à supprimer l'effort, la barre se raccourcit de l'allongement élastique mesuré par $\dfrac{DM}{E}$, c'est-à-dire que, si l'on mène par le point M une parallèle à OE, l'allongement permanent sera mesuré par OC.

Lorsque l'on charge de nouveau cette même barre, elle se comporte très sensiblement comme un métal nouveau, dont la limite d'élasticité serait à peu près égale à DM et dont la courbe de déformation serait CNPR′, voisine du polygone curviligne CMR. On constate alors que la charge de rupture BR′ de cette barre est un peu plus grande que celle de BR se rapportant à la même barre avant qu'elle ait subi la déformation permanente. Mais l'allongement qu'elle peut prendre avant de se briser est à peu près diminué de l'allongement permanent, c'est-à-dire qu'il se trouve réduit de OB à CB.

On peut renouveler plusieurs fois l'expérience, en soumettant le métal à des charges croissantes dépassant chaque fois la nouvelle limite de son élasticité. Il acquiert à chaque épreuve un léger supplément de résistance, mais en perdant de plus en plus la faculté de s'allonger avant de se rompre.

D'une façon générale on peut remarquer que, lorsqu'un corps a été déformé d'une manière permanente, par des efforts dépassant sa limite d'élasticité, de nouveaux efforts, inférieurs à ceux-ci, ne lui font plus subir de déformation permanente et, par conséquent, sa nouvelle limite d'élasticité peut être considérée comme égale aux premiers efforts.

113. Résistance vive. — La résistance d'une tige de

métal s'évalue quelquefois par le *travail* qu'elle exige pour prendre un allongement déterminé inférieur à la limite de l'élasticité : ce mode d'évaluation convient lorsque la pièce doit résister à des chocs dont l'intensité se mesure par la demi-force vive du corps qui la heurte. Le travail dont il s'agit, qui porte alors le nom de *résistance vive*, est évidemment égal à la somme des produits des allongements élémentaires par les tensions correspondantes, c'est-à-dire par la portion de l'aire de la courbe de déformation qui correspond à l'allongement considéré.

Tant que l'allongement reste élastique, c'est-à-dire proportionnel à la tension qui le produit, cette courbe se confond avec la ligne OE (*fig.* 127) et le travail élastique, par unité de longueur de la tige, a pour mesure la surface du triangle MOP ou bien $\frac{1}{2}$ OP.PM. $= \frac{1}{2} p\delta$, si $p =$ PM est la tension par unité de surface, et $\delta =$ OP l'allongement par unité de longueur.

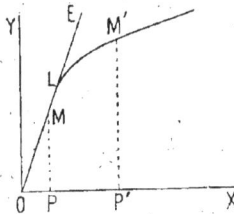

Fɪɢ. 127.

Si l'on veut que la tension p par unité de surface atteigne précisément, sans la dépasser, la charge de sécurité R_0 que l'on peut faire supporter à la matière, l'allongement δ sera alors $\frac{R_0}{E}$, et le travail qui mesure la résistance vive sera exprimé par $\frac{R_0^2}{2E}$ pour l'unité de surface de la section transversale et pour l'unité de longueur. Si on considère une tige de section Ω et de longueur l, l'effort de tension P sera égal à $R_0\Omega$, l'allongement sera δl ou $\frac{R_0 l}{E}$, et le travail mesurant la résistance vive est $\frac{1}{2} \frac{R_0^2}{E} . \Omega l$, c'est-à-dire qu'il est proportionnel au *volume* de la tige et au coefficient $\frac{R_0^2}{E}$, que l'on appelle coefficient de résistance vive.

Ce travail, ou la résistance vive, mesure la demi-force

vive d'un choc longitudinal auquel peut résister la tige sans que l'effort dépasse la charge de sécurité [1].

On peut remarquer que le travail élastique, développé dans une tige dont nous pouvons prendre la longueur pour unité et qui s'est allongée de $\eth = OP$, a aussi pour expression $\frac{1}{2} P\eth$, si P désigne l'effort $E\Omega\eth$ correspondant à cet allongement $\eth$. Supposons que le poids P ait été placé sans vitesse à l'extrémité inférieure de la tige supposée verticale. Le travail de la pesanteur, pour le déplacement vertical $\eth$, sera mesuré par $P\eth$, de sorte que le travail élastique, $\frac{1}{2} P\eth$, n'est que la moitié du travail de la pesanteur. Le poids P, lorsqu'il sera descendu de $\eth$, aura ainsi acquis une certaine vitesse en vertu de laquelle il continuera son mouvement de descente au-delà de ce point qui correspondrait à l'équilibre. Il s'arrêtera lorsqu'il aura parcouru une distance verticale x telle que le travail de la pesanteur Px ait été détruit par le travail croissant des actions élastiques. Or, ce travail, pour un allongement total x, a pour expression $\frac{1}{2} xE\Omega x = \frac{1}{2} \frac{P}{\eth} x^2$.

Égalant ces deux valeurs du travail, nous en déduirons $x = 2\eth$, c'est-à-dire que l'allongement total, et par suite l'effort, sera double de celui qui correspondrait à la position d'équilibre de la charge P à l'extrémité de la tige.

Lorsque l'allongement dépasse la limite de l'élasticité sans atteindre le commencement de la striction, le travail des forces élastiques est encore représenté par l'aire de la courbe OMM'P' qui figure les déformations.

Mais, aussitôt que la striction commence, le travail par unité de longueur de la tige, de même que l'allongement, n'a plus aucune signification précise, à moins que l'on n indique à quelle partie de cette tige se rapporte la quantité que l'on mesure.

Le travail de la section la plus contractée est, comme l'al-

---

[1] Cela suppose que les efforts se transmettent instantanément d'une extrémité à l'autre de la tige de manière à être, a chaque instant, les mêmes en tous les points. Ce n'est qu'une approximation. Voir plus loin, au chapitre XVIII, la théorie du choc longitudinal.

longement lui-même, beaucoup plus grand que le travail moyen du métal.

114. Efforts de compression. — Ce que nous avons dit des allongements élastiques s'applique à peu près exactement aux accourcissements produits par compression. Bien que les expériences ne donnent pas, sur ce genre de déformation, des résultats aussi précis, parce que la crainte de faire fléchir transversalement les tiges que l'on comprime force à opérer sur des pièces de faible longueur dont les accourcissements ne peuvent être facilement mesurés, elles semblent autoriser à admettre que, pour de très petites déformations, celles-ci sont proportionnelles aux efforts qui les produisent et que le coefficient qui les y rattache est à peu près le même que pour les extensions. La formule (A), $p = E\delta$, s'appliquerait donc, avec une même valeur de E, aux deux cas de compression et d'extension ; il suffirait d'y affecter du signe — les efforts de compression pour obtenir les allongements négatifs ou accourcissements qu'ils produisent.

La limite de l'élasticité par compression n'a pas, jusqu'à présent, été déterminée d'une manière certaine, non plus que la charge de rupture, en ce qui concerne le fer ou l'acier. Les expériences faites par divers observateurs donnent des résultats extrêmement différents les uns des autres, bien qu'ils s'accordent tous à trouver que la résistance à la rupture par écrasement est plus grande que celle à la rupture par extension.

115. Rupture par compression. — On comprend, d'ailleurs, qu'il doive en être ainsi. La *rupture* d'un corps solide quelconque ne peut se concevoir que par la séparation des particules qui le constituent, et il semble naturel de supposer que cette séparation définitive ne se produit que lorsque les particules dont il s'agit se sont trouvées *écartées* les unes des autres au-delà d'une certaine limite. On s'explique difficilement que le *rapprochement* de ces particules puisse en produire la séparation.

Mais, si l'on se rappelle que les allongements longitudinaux sont accompagnés de contractions transversales, et que, de même, les accourcissements longitudinaux, produits par des efforts de compression, sont accompagnés de dilatations transversales, on conçoit que la compression pourra être assez forte pour que ces dilatations transversales aient pour effet d'écarter les particules de la matière jusqu'à la limite à partir de laquelle elles se séparent définitivement, et par suite de rompre le corps (¹). Ce n'est pas ordinairement de cette façon que se brisent les corps soumis à des efforts de compression. Le plus souvent, il se produit des cassures obliques à travers le corps solide, et sous l'influence de l'effort les deux parties ainsi séparées glissent l'une sur l'autre comme des coins.

(¹) Les corps solides naturels sont, en général, considérés comme formés de *molécules* extrêmement petites, séparées les unes des autres par des intervalles très grands par rapport à leurs dimensions, et qui exercent les unes sur les autres des actions dirigées suivant les droites qui les joignent et fonctions de leurs distances mutuelles. Ces actions ne se font sentir que jusqu'à des distances très petites; elles deviennent nulles aussitôt que la distance des molécules devient appréciable.

Considérons une molécule M entourée d'un grand nombre d'autres qui exercent leur action sur elle et réciproquement ; elles sont comprises dans une sphère décrite de M comme centre avec un rayon égal à la limite de l'action moléculaire. Si cette molécule, sous l'action de forces extérieures, est venue en M' ayant subi un léger déplacement, assez petit pour que la sphère d'action décrite de M' comme centre contienne exactement les mêmes molécules que celle dont le centre était en M, la molécule considérée, soumise aux actions des mêmes molécules, reprendra évidemment sa position initiale d'équilibre lorsque la force perturbatrice cessera d'agir.

Si le déplacement est assez grand pour que, dans la nouvelle position, la sphère d'action ne contienne plus toutes les molécules primitives, il pourra encore se faire que, sous l'action de celles auxquelles elle est alors soumise, elle revienne, lorsque la force perturbatrice aura disparu, dans le rayon d'action de ces premières molécules et qu'elle reprenne ainsi successivement son ancienne position d'équilibre.

Mais, si le déplacement est assez grand pour que le nombre de molécules primitives laissées en dehors de la nouvelle sphère soit considérable, il pourra arriver que la molécule M reprenne, sous l'action de celles qui sont comprises dans cette nouvelle sphère, une position d'équilibre différente de la première, c'est-à-dire qu'il se produise, dans le solide dont elle fait partie, une déformation permanente. Il pourra même arriver que le déplacement soit assez grand pour que la molécule considérée se trouve suffisamment écartée de toutes celles qui agissent sur elle pour qu'il n'en reste plus, dans l'étendue de sa sphère d'action, un nombre suffisant pour la retenir, et alors elle s'en séparera définitivement et il y aura rupture.

La rupture est donc la conséquence d'un écartement anormal des molécules d'un corps solide.

Un solide également comprimé dans toutes les directions, dont les molécules ne pourraient, par conséquent, s'écarter les unes des autres dans aucun sens, pourrait supporter, sans se rompre, des efforts énormes. La compression ne peut produire la rupture qu'autant qu'elle n'a pas lieu dans tous les sens et qu'il existe une direction suivant laquelle il peut se produire une dilatation ou un écartement des molécules.

Le raisonnement suivant, dû à M. Duguet, permet de se rendre compte approximativement de ce qui se passe dans ces conditions, et il conduit même à établir une relation, un peu empirique peut-être, entre les charges de rupture par extension et par compression. Il donne aussi des indications sur la direction des surfaces inclinées suivant lesquelles se produit la rupture et que l'on appelle quelquefois plans de rupture, bien qu'elles soient rarement exactement planes.

Considérons un corps solide à l'instant où il se rompt. Un élément de la surface de rupture était, immédiatement auparavant, sollicité par une force généralement oblique, ou par deux forces, l'une N, normale, l'autre T, tangentielle, agissant simultanément. Le plus souvent, un effort de compression produit la rupture par glissement de deux éléments superficiels l'un sur l'autre, en raison de la résistance spéciale dite impénétrabilité de la matière. Dans cette hypothèse l'effort tangentiel T qui a produit le glissement doit être égal non seulement à la charge de rupture par cisaillement que nous représenterons par G_0 et qui suffirait à faire glisser l'un sur l'autre deux éléments contigus dans leur état naturel; mais à cette force G_0 augmentée de l'effort de frottement dû à la présence de la composante normale N. On devra donc avoir, au moment de la rupture, si f désigne le coefficient de frottement du corps sur lui-même : $T = G_0 + fN$.

Sous un effort de compression simple, égal à p par unité de surface, l'effort sur un plan incliné AB (*fig.* 128), dont la normale OQ fait, avec la direction de la compression, un angle $P'OQ = \alpha$ sera représenté par une ligne $OP = p \times \omega$, en désignant par ω la surface de la section droite CB du cylindre dont les arêtes sont parallèles à la pression p et qui contourne l'élément plan AB. Cette force de compression $OP = p\omega$ devra être équilibrée par une action normale $OQ = OP \cos \alpha$ et une action tangentielle $OR = OP \sin \alpha$. Ces deux dernières forces sont, d'ailleurs, réparties sur la section oblique $AB = \dfrac{\omega}{\cos \alpha}$.

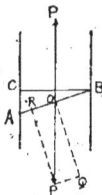

Fig. 128.

Il en résulte que les composantes normale et tangentielle par unité de surface ont respectivement pour valeurs

$$N = \frac{OQ}{AB} = p \cos^2 \alpha, \qquad T = \frac{OR}{AB} = p \sin \alpha \cos \alpha = \frac{p}{2} \sin 2\alpha.$$

D'après ce qui vient d'être dit, on doit avoir, au moment de la rupture, $T = G_0 + fN$ ou $T - fN = G_0$; la rupture aura lieu suivant les plans pour lesquels $T - fN$ sera maximum. Or

$$T - fN = p \cos \alpha \sin \alpha - fp \cos^2 \alpha,$$

soit, en posant $f = \tang \varphi$, ou en désignant par φ l'angle de frottement :

$$T - fN = \frac{p \cos \alpha}{\cos \varphi} \sin (\alpha - \varphi).$$

Cette expression atteint sa plus grande valeur pour $2\alpha - \varphi = \frac{\pi}{2}$ ou pour $\alpha = \frac{\pi}{4} + \frac{\varphi}{2}$.

Avec cette valeur de α, on a

$$T = \frac{p}{2} \cos \varphi, \qquad N = \frac{p}{2} (1 - \sin \varphi), \qquad G_0 = \frac{p}{2} \cot \left(\frac{\pi}{4} + \frac{\varphi}{2} \right).$$

De sorte que, si l'on désigne par R'_0 la charge de rupture par compression, ou la valeur de p lorsque $T - fN$ est égal à G_0, on aura

$$R'_0 = 2G_0 \tang \left(\frac{\pi}{4} + \frac{\varphi}{2} \right).$$

La surface de rupture ferait, avec la direction de la compression, un angle égal à $\frac{\pi}{4} + \frac{\varphi}{2}$.

Si l'on suppose, ce qui paraît, d'ailleurs, très contestable, que le même raisonnement puisse s'appliquer à la rupture par extension directe, en changeant le signe de N, cette rupture se produira lorsque l'on aura $T = G_0 - fN$, ou $T + fN = G_0$. Et l'effort direct correspondant R_0 s'obtiendra par un calcul analogue dont le résultat sera

$$R_0 = 2G_0 \tang \left(\frac{\pi}{4} - \frac{\varphi}{2} \right).$$

On en déduit que le rapport de la charge de rupture par extension à la charge de rupture par compression a pour expression

$$\frac{R_0}{R_0'} = \frac{\tan\left(\frac{\pi}{4} - \frac{\varphi}{2}\right)}{\tan\left(\frac{\pi}{4} + \frac{\varphi}{2}\right)} = \frac{1 - \sin\varphi}{1 + \sin\varphi} = \tan^2\left(\frac{\pi}{4} - \frac{\varphi}{2}\right).$$

Cela donnerait les valeurs suivantes

$\varphi = 10°$,	$f = \tan\varphi = 0,176,$	$\frac{R_0}{R_0'} = 0,70,$	$\frac{\pi}{4} + \frac{\varphi}{2} = 50°$
30°	0,577	0,333	60°
37°	0,75	0,25	63° 1/2
45°	1,00	0,17	67° 1/2
53°	1,33	0,112	71° 1/2
60°	1,73	0,072	75°

La valeur $\varphi = 10°$ ou $f = 0,17$ est à peu près celle qui convient au fer et à l'acier, et le rapport des résistances n'est pas très inférieur à l'unité. Pour les pierres, la valeur de φ varie de 30° à 45°; la charge de rupture par compression devient alors de trois à six fois plus grande que la charge de rupture par extension.

L'angle des surfaces de rupture par compression avec la direction de l'effort serait de 50° environ pour les métaux, et un peu plus grand, soit de 60° à 65°, pour les pierres.

Ces résultats paraissent, en gros, conformes à l'observation.

116. Corps divers. — Ainsi que nous l'avons dit, les phénomènes que nous avons décrits pour le fer se produisent probablement dans tous les autres corps solides soumis à des efforts d'extension ou de compression; mais ils n'ont pas, en général, été observés.

Dans tous les cas, il existe pour tous les corps un coefficient d'élasticité longitudinale E représentant le rapport entre les efforts d'extension P et les allongements ∂ qu'ils produisent. Ce coefficient peut être très élevé pour certains corps, dans lesquels les déformations sont toujours à peu près nulles. Ces corps se rapprochent ainsi des *solides invariables* que l'on considère dans la mécanique rationnelle. Plus ce coeflicient est faible, plus, pour un même effort, la déformation est considérable.

Il existe également, pour tous les solides, une limite de l'élasticité. Lorsque cette limite est à peu près nulle, le corps, à peine déformé, ne revient pas à sa forme primitive : il est extrêmement *mou*. Plus elle est élevée, plus le corps est *élastique*. Les solides sont considérés comme parfaitement élastiques lorsque la limite de leur élasticité est assez élevée pour rester supérieure à toutes les déformations auxquelles on les suppose soumis.

Les corps solides se différencient encore par la distance plus ou moins grande qui existe, pour chacun d'eux, entre la limite de l'élasticité et la charge de rupture, qui n'ont entre elles aucune relation nécessaire. Des corps très facilement déformables peuvent supporter, sans se rompre, une charge considérable, tandis que d'autres se rompent sous une charge beaucoup moindre avant d'avoir subi une déformation appréciable.

Dans la limite de l'élasticité, la loi exprimée par l'équation $p = E\delta$, s'applique à tous les solides, mais elle suppose implicitement, puisque l'effort de tension est rapporté à l'unité de surface, qu'il est réparti uniformément sur toute l'étendue de la section transversale ; elle suppose aussi que la matière de la barre soumise à l'extension est homogène. A cette condition seulement, l'allongement sera proportionnel à la longueur, ou le même pour les différentes parties de la tige, et les sections transversales resteront exactement planes. On ne saurait apporter trop de soin à ce que cette condition soit réalisée, sous peine de voir les expériences donner des résultats contradictoires.

117. Expériences de rupture. Préparation des barreaux d'épreuve. — Les ingénieurs ont très souvent à exécuter des expériences de cette nature, en vue d'apprécier la qualité des métaux qu'ils doivent employer dans les constructions. Il ne sera sans doute pas inutile de dire ici quelques mots des conditions dans lesquelles doivent être faites ces expériences, lorsqu'il s'agit du fer ou de l'acier.

Une Commission a été instituée, en 1891, pour étudier les

méthodes d'essai des matériaux de construction, et le rapport général publié, en 1893, après la première session de cette Commission renferme les indications les plus utiles au sujet des précautions de toutes natures à prendre dans les divers genres d'épreuves que l'on peut faire subir aux métaux : je me bornerai à rappeler les principales.

Le laminage et le martelage augmentent généralement la résistance de rupture et diminuent l'allongement dont le fer est susceptible.

Si donc l'on veut se rendre compte de la résistance d'un métal dans les pièces qu'il constitue, il faut que les barreaux d'épreuve soient découpés à la machine et non obtenus par forgeage, tout forgeage ayant pour effet de modifier la résistance. Le découpage lui-même modifie la constitution du métal sur une petite étendue ; l'outil (cisaille ou poinçon) agit à la manière du marteau et écrouit le fer en augmentant sa résistance : et, par suite, des barreaux de largeur différente, découpés dans une même tôle, sont d'autant plus résistants, par unité superficielle, qu'ils sont plus étroits. Il faut, dans la préparation des barreaux, éviter cette cause d'erreur en découpant des barreaux un peu plus larges que ne doit être leur dimension définitive et enlevant l'excédent de matière avec la machine à raboter. Il sera bon, dans tous les cas, pour avoir des expériences absolument comparables, d'avoir des barreaux d'épreuve de même section transversale.

Lorsqu'il s'agit de comparer les allongements totaux de rupture, il faut, comme on l'a vu plus haut (n° 111), si les sections transversales ne sont pas les mêmes, que les longueurs sur lesquelles sont mesurés les allongements soient entre elles comme les racines carrées des superficies de ces sections. La Commission a recommandé de déterminer, de préférence, la longueur par la formule $L^2 = 66,66\Omega$ qui est déjà en usage dans un certain nombre d'administrations.

Pour que l'effort se répartisse exactement d'une manière uniforme sur toute l'étendue de la section, il faut que les barreaux d'épreuve présentent une partie prismatique d'une certaine longueur dans laquelle la section soit régulière et constante. Les efforts ne peuvent leur être appliqués que par l'intermédiaire d'autres corps solides qui les pressent sur certaines parties de leurs extrémités. On termine ordinairement ces barreaux par deux renflements ou têtes renforcées qui s'engagent dans des sabots présentant la même forme en creux et sur lesquels on exerce les efforts qui se transmettent, en se répartissant d'une façon d'abord quelconque et inconnue, jusqu'à la partie prismatique AB (*fig.* 129). On admet, et l'expérience montre que dans cette partie prismatique, si les efforts sont, d'ailleurs, dirigés bien exactement suivant son axe longitudinal, la répartition se fait uniformément sur toute l'étendue de

Fig. 129.

chacune des section transversales, au moins à partir d'une certaine distance au-delà des points où le barreau commence à prendre une section régulière.

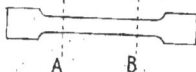

Mais la préparation de barreaux de cette forme est assez coûteuse; il est plus simple de prendre un barreau prismatique dans toute sa longueur et d'en engager les extrémités dans des griffes qui le serrent et qui permettent d'exercer les efforts de traction qu'on veut lui faire subir.

Nous avons déjà dit que, lorsqu'il s'agissait de comparer les allongements moyens totaux (que l'on prend pour mesure de la ductilité du métal), il était nécessaire d'opérer sur des barres de longueur déterminée. On tracera donc, sur la partie prismatique du barreau, deux traits A, B, à une distance égale à cette longueur, et ce sera en réalité le barreau compris entre ces traits que l'on expérimentera en considérant les efforts comme appliqués et répartis uniformément sur les sections transversales A, B qui le terminent.

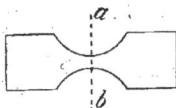

Fig. 130.

On obtiendrait des résultats tout différents, si, au lieu d'un barreau ayant la forme ci-dessus, on opérait sur une pièce découpée comme dans la figure 130, en rapportant l'effort à la section transversale la plus étroite *ab*. Des pièces de cette forme supportent, par unité de surface de la section *ab*, une charge considérablement plus forte que s'ils étaient prismatiques avec une section uniforme égale à *ab* sur une certaine longueur. Ce que nous avons dit de la striction qui précède la rupture suffit pour expliquer cette différence.

On constate de même que, si l'on pratique sur le contour d'un barreau d'épreuve une rainure, suivant le périmètre d'une de ses sections transversales, on augmente la résistance de rupture par unité de surface de la section réduite.

Dans toutes les épreuves de rupture par traction, l'effort doit être développé d'une façon régulière, progressive et sans à-coups. Il faut éviter les efforts trop brusques, de nature à entraîner un échauffement sensible du barreau et aussi éviter une lenteur exagérée. La durée d'un essai doit être comprise, en général, entre une et six minutes. Il ne faut pas non plus opérer à des températures trop basses, par exemple au-dessous de 10° C.

Il ne faut pas oublier que les résultats de l'épreuve sur une barre d'essai n'ont jamais qu'une valeur d'induction, mais toutefois que cette valeur sera d'autant plus grande que la barre aura été choisie et préparée avec plus de soin et que l'épreuve se rapprochera davantage des conditions dans lesquelles le métal devra développer sa résistance, dans les pièces finies. Et, enfin, bien qu'il soit d'usage, dans la rédaction des projets, de s'en rapporter presque exclusivement aux résultats des essais de rupture par traction, pour apprécier la valeur du métal, lors même que les pièces ont à supporter des efforts statiques d'une tout autre nature et à résister à des actions dynamiques, il faut reconnaître cependant que l'essai de traction ne suffit aucunement à caractériser la valeur d'un métal ; on peut citer notamment le cas des aciers phosphoreux qui donnent de bons résultats à la traction et qui sont très fragiles. M. Barba, dans le rapport déjà cité, donne de nombreux exemples de tôles et cornières dont les essais de traction ont été très satisfaisants et qui n'ont pas pu supporter le travail de façonnage. Il rappelle l'accident survenu aux chaudières du *Livadia*, de la Marine impériale russe, qui ont fait explosion dans le premier voyage d'Angleterre en Russie. L'acier de ces chaudières avait subi avec succès tous les essais mécaniques demandés par le Lloyd, l'Amirauté et le *Board of*

Trade, et cependant il était aussi fragile que la fonte et même plus ; de grandes pièces se cassaient sous le choc ordinaire d'un marteau après avoir subi facilement toutes les opérations nécessaires à la construction des chaudières.

L'essai de traction n'est donc pas, en général, suffisant pour faire apprécier la valeur d'un métal, et il importe de le compléter ou même de le remplacer quelquefois par d'autres tels que poinçonnage, pliage, choc, etc. (¹).

(¹) Les ingénieurs et les agents réceptionnaires qui doivent opérer dans les usines ont besoin de connaître au moins d'une façon sommaire la métallurgie du fer et de l'acier. Je ne puis avoir la prétention de donner ici des renseignements complets à ce sujet, mais je ne crois pas inutile de rappeler, à grands traits, l'histoire des derniers perfectionnements introduits dans la fabrication de l'acier et qui ont rendu ce métal tout à fait usuel en le substituant au fer dans un très grand nombre d'applications.

Bessemer a montré que, par l'insufflation de l'air à travers la fonte en fusion, on pouvait oxyder le carbone en quelques minutes et déterminer une élévation de température assez grande pour que l'acier restât fondu. Mais, d'abord, on dépasse le but : une partie du fer se brûlait, et on obtenait un mélange de métal et d'oxyde. On remarqua que les fontes manganésées donnaient de bons résultats : tant qu'il reste du manganèse à brûler, l'oxygène ne se porte pas sur le fer. On eut l'idée d'ajouter à la fin de l'opération de la fonte manganésée riche : *spiegel-eisen* ou *spiegel*. Le spiegel détruit l'oxyde de fer qui s'est formé et recarbure le fer pour le changer en acier. On opère de même dans le four Martin, chauffé au gaz.

Avec le spiegel ordinaire, qui contient de 12 à 20 0/0 de manganèse et 5 à 6 0/0 de carbone, on ne peut obtenir que des aciers durs ou demi-durs, car il faut réintroduire au moins de 8 à 10 0/0 de Spiegel pour détruire tout l'oxyde de fer, et cela représente 0,005 de carbone. Pour faire des aciers plus doux, on s'est servi de fontes manganésées plus riches en manganèse. On a obtenu des ferro-manganèses contenant jusqu'à 80 0/0 de manganèse, la teneur en carbone étant toujours à peu près la même. On a pu réduire au tiers ou au quart la quantité à réintroduire, et n'avoir plus que 0,002 de carbone. On a fabriqué ainsi des aciers extra-doux donnant plus de 25 0/0 d'allongement, avec une charge de rupture inférieure à 40 kilogrammes et ne prenant pas du tout la trempe.

Les parois des convertisseurs Bessemer ou des fours Martin sont de nature acide (argile réfractaire ou quartz aggloméré). Le silicium qu'elles contiennent se combine en partie avec le fer, et sa présence a pour effet de diminuer les soufflures que l'on constate souvent dans les lingots moulés ; mais, d'autre part, la présence de la silice empêche l'élimination du phosphore qui peut exister dans les fontes. On ne pouvait donc, avec ce procédé, employer de fontes phosphoreuses.

Au contraire, avec des parois basiques, ou des fours garnis en dolomie ou en magnésie, et par des additions de chaux, on absorbe le phosphore à l'état d'acide phosphorique. Mais l'élimination du phosphore ne s'achève guère qu'après celle du carbone qui, tant qu'il existe, réduit l'acide phosphorique. On obtient donc un métal plus décarburé et plus chargé d'oxyde que dans le procédé acide, ce qui oblige à ajouter plus de ferro-manganèse. Les aciers basiques sont, à dureté égale, plus manganésés et moins carburés que les aciers acides. On y trouve quelquefois deux fois plus de manganèse que de carbone. Or, comme le manganèse donne moins de dureté que le carbone, on obtient des aciers très doux, donnant 30 0/0 d'allongement et une charge de

118. Fonte. — Pour la fonte, on fait plus rarement des essais de rupture par traction. Le coefficient d'élasticité de cette matière ne serait que de 10.000 à 12.000 kilogrammes par millimètre carré, soit un peu plus de la moitié de celui du fer. Sous une même charge, l'allongement de la fonte serait donc à peu près double.

La fonte est d'ailleurs une matière dont la résistance est complexe. Elle n'est pas homogène. Les couches superficielles refroidies les premières sont plus dures que celles de l'intérieur, et on ne pourrait aborder théoriquement avec quelque exactitude le problème de la résistance de la fonte qu'en admettant au moins deux valeurs pour chacun des

rupture à peine supérieure à 30 kilogrammes. Mais ce procédé produit difficilement des aciers durs.

L'addition du spiegel provoque un bouillonnement et, par suite, des soufflures que l'on évite en ajoutant du silicium à l'état de ferro-silicium, qui est une fonte contenant de 10 à 13 0/0 de silicium. On obtient ainsi des aciers sans soufflures.

Dans ces derniers temps, les métallurgistes se sont efforcés de trouver le moyen de pouvoir ajouter à volonté le carbone et le manganèse. Ils ont cherché, en faisant le raffinage avec le ferro-manganèse, à obtenir du fer à peu près pur et à ajouter ensuite une quantité suffisante de carbone à l'état de graphite, de charbon de bois, d'anthracite et même de coke. Les trois cinquièmes environ du carbone ajouté se retrouvent dans l'acier, le reste est oxydé. Le manganèse peut alors être réduit à 0,003.

On emploie, depuis quelque temps, l'aluminium qui est un désoxydant énergique et qui, en augmentant la fluidité de l'acier, prévient la formation des soufflures. On en met environ 0,002. On a d'abord employé un ferro-aluminium qui avait l'inconvénient d'être peu fusible, puis l'aluminium pur. On emploie aussi un alliage de fer, de silicium et d'aluminium, qui s'obtient directement par la réduction des argiles ordinaires ou de la bauxite brute.

Enfin, on essaie divers autres métaux et métalloïdes, comme le chrome, dont les effets ne paraissent pas encore bien connus.

La résistance de l'acier, à la rupture par traction, varie avec sa composition chimique et surtout avec sa teneur en carbone. On a bien souvent essayé d'établir une relation empirique entre ces quantités. La formule suivante, due à M. Deshayes, est adoptée par beaucoup de métallurgistes. La charge de rupture R, en kilogrammes par millimètre carré, y est exprimée en fonction des quantités de carbone C, de manganèse Mn, de phosphore Ph, et de silicium Si exprimées en centièmes et qui se trouvent dans le métal.

$$R = 30 + 18C + 36C^3 + 18Mn + 15Ph + 10Si.$$

Ainsi, un acier contenant 0,01 de carbone, sans aucun autre métalloïde, aurait une résistance de rupture de $30 + 18 + 36 = 84$ kilogrammes par millimètre carré.

L'allongement 0/0 mesuré sur un barreau de 100 millimètres de longueur serait exprimé par

$$A = 42 - 36C - 5,5Mn - 6Si.$$

Je n'ai pas besoin de dire que les résultats de ces formules ne peuvent être accueillis qu'avec la plus grande réserve.

coefficients d'élasticité et de rupture, l'un pour les couches extérieures, l'autre pour les parties centrales. Il serait même sans doute nécessaire d'adopter des valeurs variables pour ces coefficients, en raison de l'hétérogénéité.

La matière se trouve d'ailleurs, dans la fonte, dans un état d'équilibre dont la stabilité n'est pas parfaite et qui rappelle celui des larmes bataviques, à un degré bien moindre. Certaines ruptures superficielles, qui seraient sans importance dans une matière homogène, entraînent, dans la fonte, une rupture complète s'étendant sur toute une section transversale.

La qualité de la fonte s'estime généralement par sa résistance au choc. On prend un barreau brut ou raboté que l'on place horizontalement sur deux points d'appui dont l'écartement est déterminé ; on le frappe au moyen d'un mouton dont on augmente la hauteur de chute jusqu'à ce que la rupture se produise. Par exemple, des barreaux bruts, de 0^m,040 de côté, posés sur des appuis distants de 0^m,16, se brisent sous le choc d'un mouton de 12 kilogrammes tombant de hauteurs variables de 0^m,36 à 0^m,68 suivant les qualités ; des barreaux rabotés de 0^m,100 de côté, posés sur des appuis distants de 1 mètre, se brisent sous le choc d'un mouton de 100 kilogrammes tombant de hauteurs variables de 0^m,50 à 1^m,20.

119. Efforts répétés ou alternatifs. Lois de Wœhler. — La charge de rupture des métaux que l'on emploie étant déterminée par les expériences qui viennent d'être décrites, il s'agit d'en déduire la charge qu'ils sont capables de supporter avec sécurité.

Les expériences faites par M. Wœhler donnent à ce sujet de nouvelles indications.

M. Wœhler a constaté que la rupture d'un métal (fer ou acier) peut être produite non seulement par une charge statique, dite de rupture, mais aussi par la répétition d'un grand nombre d'efforts alternatifs inférieurs à la charge de rupture.

La grandeur absolue des efforts extrêmes, entre lesquels varient ces efforts alternatifs, peut se rapprocher d'autant

16

plus de la charge de rupture que la différence de ces efforts est plus petite.

Ainsi, par exemple, un échantillon de fer dont la charge statique de rupture est par millimètre carré de 34 kilogrammes, se rompra sous des efforts de 32 kilogrammes lorsque ces efforts, au lieu d'être constants, diminueront de 32 à 28 kilogrammes et augmenteront alternativement de 28 à 32 kilogrammes, c'est-à-dire lorsque le rapport de la charge la plus faible à la plus forte sera $\frac{7}{8}$ au lieu d'avoir la valeur 1 qu'il conserve lorsque la charge est constante. La charge de rupture descendra à 22 kilogrammes si les limites de l'oscillation de la valeur de l'effort sont 0 et 22 kilo-

grammes, c'est-à-dire si le rapport dont il s'agit descend jusqu'à zéro; elle s'abaissera même à 12 kilogrammes si les limites sont — 12 kilogrammes et + 12 kilogrammes, c'est-à-dire si le métal est alternativement soumis à des

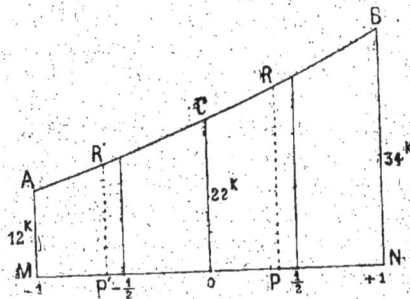

FIG. 131.

efforts de traction et de compression atteignant chacun 12 kilogrammes par millimètre carré, ou, en d'autres termes, si le rapport des deux efforts extrêmes prend la valeur — 1.

La courbe AB (*fig*. 131) représente cette loi. Les abscisses portées positivement en ON, et négativement en OM, représentent le rapport de la charge la plus faible à la charge la plus forte, c'est-à-dire le rapport des deux efforts extrêmes, positif lorsque ces deux efforts sont de même sens, négatif lorsqu'ils sont de sens contraire. Ce rapport ne peut varier ainsi que de — 1 à + 1. Les ordonnées représentent la charge de rupture en kilogrammes par millimètre carré, c'est-à-dire l'effort maximum supporté, dans chaque cas, par le métal.

Cette courbe ne s'écarte pas beaucoup d'une ligne droite

et l'on peut, approximativement dans les applications, pour une valeur donnée quelconque positive OP ou négative OP' du rapport des deux efforts extrêmes, déterminer avec une exactitude suffisante, par la longueur des ordonnées PR ou PR', l'effort maximum auquel le métal pourrait résister.

M. Bauschinger, ayant repris les expériences de Wœhler, fut conduit à formuler les lois suivantes qui mettent en évidence l'influence de la limite élastique, laquelle ne se dégageait pas nettement de ces expériences :

Lorsqu'on soumet une pièce à la répétition d'efforts alternant entre une charge inférieure nulle et une charge supérieure déterminée, on ne produit pas la rupture, même après un nombre d'efforts illimité si la charge supérieure n'atteint pas la limite d'élasticité primitive ; si la charge supérieure dépasse un peu cette limite, la limite d'élasticité s'élève au-dessus de l'effort subi par la pièce, et cet accroissement continue à mesure de la répétition des efforts, sans pouvoir cependant dépasser une certaine limite ; et si, par cette répétition, la limite d'élasticité peut être amenée à dépasser l'effort maximum, la rupture ne se produit pas.

M. Contamin a, de son côté, vérifié ces lois de M. Bauschinger. Il a montré que, tant que la limite d'élasticité n'est pas dépassée, la sécurité de la pièce n'est pas compromise, quelle que soit la succession des efforts auxquels elle puisse être soumise. Il en a conclu que la considération de la limite élastique et celle du coefficient d'élasticité sont plus importantes, au point de vue de la sécurité que celle de la charge de rupture, surtout pour les pièces qui sont exposées à des efforts répétés ou alternatifs.

120. Coefficient de sécurité pour les métaux. —

En France, dans les travaux publics, il était d'usage, jusqu'en 1891, d'adopter, pour la charge de sécurité des tôles de fer, le chiffre uniforme de 6 kilogrammes par millimètre carré, que les efforts fussent permanents ou alternatifs, constants ou variables. Cette règle n'avait en sa faveur que l'avantage de la simplicité, mais elle était insuffisante. Alors que cet effort de 6 kilogrammes par millimètre carré ne représente guère que le sixième ou le cinquième de celui qui produirait la rupture par extension simple sous une charge statique permanente, il représente la moitié de la charge de rupture pour un effort alternatif d'extension et de compression.

Les ingénieurs américains ont depuis longtemps adopté une règle presque aussi simple, mais plus rationnelle. Ils divisent les pièces qui entrent dans les constructions en trois catégories :

1° Celles qui sont soumises à des efforts alternatifs, c'est-à-dire qui sont alternativement étendues et comprimées ;

2° Celles qui sont soumises à des efforts intermittents, mais toujours de même nature ;

3° Celles qui sont soumises à des efforts continus, sous l'action d'une charge absolument permanente, sans variation.

Ils admettent que les charges que l'on peut faire supporter avec sécurité à ces trois catégories sont entre elles comme les nombres 1, 2 et 3.

Ces nombres sont, en effet, à peu près proportionnels aux charges de rupture constatées par M. Wœhler dans les trois cas dont il s'agit et qui sont, d'après l'exemple rapporté ci-dessus, respectivement 12, 22, 34 kilogrammes. (La proportion serait exactement comme 1, 2, 3, si ces chiffres étaient 11, 22, 33 kilogrammes.)

M. Séjourné, ingénieur des Ponts et Chaussées, a proposé, pour le fer, la formule

$$R_0 = \frac{6^k,00}{1 - 0,4\varphi},$$

R_0 étant la charge de sécurité à adopter pour une pièce, et φ le rapport positif ou négatif de la plus petite à la plus grande des charges qui agissent sur cette pièce. La valeur de φ, laquelle est ainsi celle des abscisses de la figure 131, est nécessairement comprise entre — 1 et + 1.

La variation des efforts dans les pièces est généralement produite par une charge accidentelle ou surcharge P qui ajoute ses effets à ceux d'une charge permanente P_0. Cela étant, le rapport φ a pour valeur $\frac{P_0}{P_0 + P}$. Si l'on veut calculer la superficie Ω de la section transversale que doit avoir une pièce soumise à ces efforts, cette superficie s'obtiendra, comme'on sait, par l'équation

$$\Omega = \frac{P_0 + P}{R_0}.$$

Mettant pour R_0 son expression ci-dessus après avoir substitué à φ sa valeur que nous venons d'écrire, il vient, après réduction,

$$\Omega = \frac{P + 0,6P_0}{6^k,00} = \frac{P_0 + \frac{5}{3}P}{10^k,00}.$$

La formule de M. Séjourné revient donc à calculer les pièces avec le coefficient uniforme de résistance de 6 kilogrammes mais en ne comptant les charges permanentes que pour les six dixièmes ou les trois cinquièmes de leur valeur, ou, ce qui revient au même, à calculer les pièces avec un coefficient uniforme de résistance de 10 kilogrammes par millimètre carré, en comptant la charge permanente pour sa valeur réelle, mais en multipliant les charges accidentelles par $\frac{5}{3}$.

La Circulaire ministérielle du 29 août 1891 a indiqué, pour limiter les efforts dans les ponts métalliques, les règles suivantes dont les ingénieurs pourront faire usage et dont les résultats sont suffisamment d'accord avec les données de la pratique :

1° Lorsque les efforts correspondant pour la même pièce aux différentes positions des surcharges seront toujours de même sens (extension ou compression)

$$\text{Pour le fer....} \quad 6^k,00 + 3^k \frac{A}{B},$$

$$\text{Pour l'acier....} \quad 8^k,00 + 4^k \frac{A}{B}$$

(A représentant le plus petit et B, le plus grand des efforts auxquels la pièce est exposée).

2° Lorsque le sens des efforts totaux correspondant, pour la même pièce, aux différentes positions de la surcharge, variera selon ses positions (extension et compression alternatives)

$$\text{Pour le fer....} \quad 6^k,00 - 3^k \frac{C}{B},$$

$$\text{Pour l'acier...} \quad 8^k,00 - 4^k \frac{C}{B}$$

(B représentant le plus grand en valeur absolue des efforts supportés par la pièce, et C le plus grand des efforts en sens contraire).

Ces formules sont données à titre de simple indication et ne limitent en rien l'initiative des ingénieurs qui pourront employer telle méthode qu'ils jugeront convenable.

Avec notre notation, φ désignant le rapport positif ou négatif de la plus petite à la plus grande des charges qui agissent sur la même pièce, ces formules s'écrivent

$$\text{Pour le fer.......} \quad R_0 = 6^k,00 \ (1 + 0,5\varphi)$$
$$\text{Pour l'acier.......} \quad R_0 = 8^k,00 \ (1 + 0,5\varphi).$$

Sous une apparence un peu plus simple que celle de M. Séjourné, elles ne sont peut-être pas aussi commodes pour les calculs.

Le RÈGLEMENT en date du 29 août 1891, auquel la circulaire qui vient d'être citée sert de commentaire, impose, d'autre part, les dispositions suivantes (art. 2) :

Les dimensions des différentes pièces des ponts seront calculées de telle sorte que, dans la position la plus défavorable des trains désignés à l'article 1 et en tenant compte de la charge permanente ainsi que des efforts accessoires tels que ceux qui peuvent être produits par les variations de température, le travail [1] du métal par millimètre carré de section nette, c'est-à-dire déduction faite des trous de rivets et de boulons, ne dépasse pas les limites indiquées ci-dessous :

I. Pour la fonte supportant un effort d'extension directe. $1^k,50$
Pour la fonte travaillant à l'extension dans des pièces
soumises à des efforts tendant à les faire fléchir... $2^k,50$
Pour la fonte supportant un effort de compression... $6^k,00$

II. Pour le fer et l'acier travaillant à l'extension, à la compression ou à la flexion, les limites exprimées en kilogrammes par millimètre carré de section seront fixées aux valeurs suivantes :

$$\text{Pour le fer.......} \quad 6^k,50$$
$$\text{Pour l'acier.......} \quad 8^k,50$$

Toutefois ces limites seront abaissées respectivement :

[1] Le mot « travail » est entendu ici, non dans son sens scientifique, mais dans le sens d'effort imposé au métal par unité de surface, qui lui est donné dans la pratique des constructions.

A 5^k,50 pour le fer et à 7^k,50 pour l'acier dans les pièces de pont, longerons et entretoises sous rails ;

A 4 kilogrammes pour le fer et à 6 kilogrammes pour l'acier pour les barres de treillis et autres pièces exposées à des efforts alternatifs d'extension et de compression ; ces dernières limites pourront néanmoins être rapprochées des précédentes pour les pièces qui seront soumises à de faibles variations de ces efforts.

Dans l'établissement du projet des ouvrages métalliques d'une ouverture supérieure à 30 mètres, les ingénieurs pourront appliquer, au calcul des fermes principales, des limites supérieures à celles qui ont été fixées plus haut, sans jamais dépasser

$$\text{Pour le fer} \ldots \ldots \quad 8^k,50$$
$$\text{Pour l'acier} \ldots \ldots \quad 11^k,50$$

Ils devront justifier, dans chaque cas particulier, les diverses limites dont ils auront cru devoir faire usage.

Lorsque des fers laminés dans un seul sens seront soumis à des efforts de traction perpendiculaire au sens du laminage, les coefficients seront réduits d'un tiers dans les calculs relatifs à ces efforts. Les coefficients concernant l'acier ne subiront pas cette réduction.

Il importe, d'ailleurs, de rapprocher de ces prescriptions l'article 3 qui définit le métal auquel elles correspondent :

Les coefficients de travail du métal fixés ci-dessus pour le fer et l'acier correspondent aux qualités définies par les conditions suivantes :

DÉSIGNATION	Allongement minimum de rupture mesuré sur des éprouvettes de 200 mm. de longueur	Résistance minimum à la traction par millimètre carré mesurée sur des éprouvettes de 200 mm. de longueur
Fer laminé { Fer profilé et plat (dans le sens du laminage)............	8 0/0	32 kil.
Tôle { dans le sens du laminage.	8 —	32 —
dans le sens perpendiculaire...............	3,5	28 —
Acier laminé.............................	22	42 —
Rivets en fer.............................	16 —	36 —
Rivets en acier...........................	28 —	38 —

Des coefficients de travail plus élevés pourront être autorisés par l'Administration pour les métaux de qualités différentes si des justifications suffisantes sont produites.

Enfin, le même article porte la prescription suivante :

Les cahiers des charges fixeront, pour l'acier, le minimum et le maximum entre lesquels devra être compris le rapport de la limite pratique d'élasticité à la charge de rupture. Le minimum ne devra pas être inférieur à un demi, et le maximum ne devra pas dépasser deux tiers.

Cette prescription est importante ; toutefois, elle le deviendrait bien davantage si, au lieu de la limite pratique d'élasticité, il était possible de faire intervenir la limite théorique, qui peut différer notablement de la première et qui est la seule vraiment intéressante au point de vue de la sécurité.

Il n'y a rien à ajouter aux indications précédentes. La Circulaire annexée au Règlement donne, d'ailleurs, toutes les explications qui pourront être nécessaires.

Je dois cependant dire que les limites indiquées pour les efforts à faire supporter par le métal sont fixées pour des ponts métalliques, c'est-à-dire pour des ouvrages dans lesquels la sécurité présente une importance prépondérante et qui sont soumis à des efforts très variables provenant de chocs, de vibrations, etc. Ces limites peuvent donc être, et elles sont en réalité très largement dépassées dans la plupart des constructions civiles, surtout dans les charpentes métalliques pour toitures, et autres analogues.

121. Résistance et coefficient d'élasticité des bois.
— La résistance des bois à l'extension a été expérimentée par MM. Chevandier et Wertheim. Il résulte de leurs expériences que :

1° Il se produit toujours, dans les bois, un allongement permanent en même temps qu'un allongement élastique, de sorte qu'il n'y a pas, à proprement parler, pour les bois, de limite d'élasticité ;

2° Les bois venus aux expositions nord, nord-ouest et nord-est et dans les terrains secs ont une élasticité plus grande que ceux qui sont venus à l'exposition sud ou dans des terrains marécageux ;

3° L'élasticité des bois diminue avec l'âge lorsqu'ils ont atteint toute leur croissance ;

4° Les arbres coupés en pleine sève et ceux que l'on a coupés avant la sève n'ont pas présenté de différences sensibles sous le rapport de l'élasticité ;

5° Les bois très humides prennent, plus facilement que les bois secs, des allongements permanents ;

6° L'élasticité des bois secs dépend du mode de dessiccation. Ceux qui ont été desséchés à l'air et au soleil paraissent être plus élastiques que ceux que l'on a desséchés dans un local clos.

Le coefficient d'élasticité varie, suivant les diverses essences, de 900 à 1.200 kilogrammes par millimètre carré. La limite de l'élasticité est très peu élevée, elle ne dépasse pas de 1 à 2 kilogrammes par millimètre carré ; la charge de rupture varie de 4 à 12 kilogrammes.

Ces chiffres se rapportent à l'extension dans le sens des fibres du bois. Dans le sens perpendiculaire aux fibres la charge de rupture est beaucoup plus faible, elle n'est guère que de 1 à 2 kilogrammes par millimètre carré.

La charge de sécurité ne doit pas dépasser $0^{kg},6$ à $0^{kg},8$ par millimètre carré pour le chêne et le sapin de bonne qualité. Elle doit être réduite à $0^{kg},4$ et même au dessous pour le sapin ordinaire et les autres essences.

La charge de rupture par compression est à peu près la même ou peut-être un peu plus faible que celle par extension. La charge de sécurité ne dépasse pas ordinairement $0^{kg},4$ à $0^{kg},5$ par millimètre carré.

Enfin, des expériences faites en 1885 à Boston (Massachusetts) ont montré que, pour les bois, la durée de l'application de la charge avait une grande importance. Des charges diverses, ne donnant lieu, sur les fibres les plus fatiguées qu'à des efforts d'environ 700 à 800 grammes par millimètre carré, c'est-à-dire sensiblement égales à celles que l'on peut admettre avec sécurité, ont produit, après six mois, des flèches qui sont devenues le double, en moyenne, de celles qui avaient été constatées immédiatement après l'application de la charge.

122. Données numériques. — Les principales données numériques relatives aux matériaux en usage dans la pratique sont réunies dans le tableau suivant, dont les chiffres ne doivent être considérés que comme des moyennes destinées à donner une idée de la grandeur de ces quantités et ne peuvent, en aucune manière, remplacer les épreuves directes à faire sur les matériaux à employer. (Les charges sont exprimées en kilogrammes par millimètre carré.)

NATURE DES MATÉRIAUX ET DES EFFORTS	COEFFICIENT D'ÉLASTICITÉ	LIMITE D'ÉLASTICITÉ	CHARGE	
			de rupture	de sécurité
	kil.	kil.	kil.	kil.
Fer (à l'extension ou à la compression)........	16.000 à 20.000	12 à 20	30 à 35	4 à 9
Acier [à l'extension ou à la compression (¹)]........	20.000 à 24.000	16 à 32	35 à 60	8 à 12
Fonte (à l'extension)........	10.000 à 11.000	4 à 8	10 à 24	2 à 3
Fonte (à la compression)........	8.000 à 10.000	30 à 40	60 à 90	4 à 10
Chêne (à l'extension ou à la compression parallèlement aux fibres)........	900 à 1.000	2 à 3	6 à 8	0.4 à 0.6
Sapin (à l'extension ou à la compression, parallèlement aux fibres)........	1.100 à 1.200	2 à 3	8 à 10	0.6 à 0.8
Hêtre, Frêne, Orme (à l'extension ou à la compression, parallèlement aux fibres........	1.000 à 1.200	1 à 2	8 à 12	0.4 à 0.6
Béton ou maçonneries avec mortier de ciment (à la compression)........	1.000 à 1.500	0,5 à 1	0,5 à 1	0.05 à 0.10
Cordages en chanvre........			8	4
Cordages en chanvre goudronné.			6	3
Cordages en aloès........			6	3
Cordages en aloès goudronné....			5	2.5
Cordages en coco ou en sparte....			2	1
Vieilles cordes en chanvre........			3 à 4	1 à 2

(1) Certains aciers trempés pour ressorts supportent avec sécurité des charges de 100 kilogrammes par millimètre carré.

Il doit être bien entendu que les efforts de compression dont il s'agit jusqu'à présent sont ceux auxquels les pièces peuvent résister directement. On suppose toujours que la longueur de ces pièces n'est pas suffisante pour leur permettre de fléchir.

123. Tige d'égale résistance à l'extension. — Dans l'établissement de la formule générale (A) nous avons supposé que la tige prismatique AB, soumise à l'effort du poids P, qui tend à l'allonger, avait une section constante Ω.

Il en résulte que la charge, qui est $\dfrac{P}{\Omega}$ sur chaque unité de surface de la section inférieure B (*fig.* 132), est augmentée, sur la section supérieure A, du poids de la tige rapporté à l'unité de surface. Cette différence, qui est inappréciable lorsque la tige est courte, ne l'est plus lorsqu'elle atteint une grande longueur, lorsqu'il s'agit de câbles d'extraction dans les mines, par exemple. Il faut alors pour une section quelconque M, ajouter à la force P le poids de la portion MB de la tige.

On peut se proposer de déterminer quelle doit être, en un point quelconque M, la section transversale, pour que l'effort par unité de surface soit constant et égal, par exemple, à la charge de sécurité R_0 de la matière dont la tige est formée. Ce problème se traite absolument de la même manière que celui du massif de maçonnerie isolé que nous avons considéré (page 82) ; il se résout par les mêmes équations.

Fig. 132.

Si la tige a été construite de manière à ce que cette condition soit satisfaite, chaque section transversale sera soumise, en chacun de ses points, à un même effort R_0, la tige sera d'*égale résistance*. En chaque point, l'allongement par unité de longueur sera $\dfrac{R_0}{E}$, et cet allongement sera aussi celui de toute la tige, par unité de longueur.

124. Effets des changements de température. — Les changements ou accourcissements des tiges prisma-

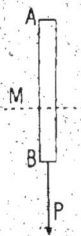

tiques, produits par l'extension ou la compression simple, ont la plus grande analogie avec ceux qu'y produisent les changements de température. Si nous considérons une tige prismatique ayant une longueur égale à l'unité, et si nous désignons par α le coefficient de dilatation longitudinale, par degré centigrade, une élévation de température de t degrés lui donnera la longueur $1 + \alpha t$.

D'un autre côté, un effort P, par unité de sa section transversale, l'allongera de $\dfrac{P}{E}$, de sorte que, si l'on a $\dfrac{P}{E} = \alpha t$ ou $P = E\alpha t$, ces deux effets seront identiques.

Inversement, si nous supposons que les deux extrémités de cette tige soient fixées d'une manière absolument invariable, de telle sorte que sa longueur ne puisse changer, une élévation de température de t degrés, qui l'allongerait de αt si elle était libre, aura pour conséquence de provoquer de la part des appuis fixes, des réactions telles que cet allongement disparaîtra, ou que la tige se raccourcira de αt; ces réactions seront donc liées à la température par la relation

$$P = E\alpha t,$$

une élévation de température correspondant à une compression et un abaissement à une extension. Les variations t de la température doivent, d'ailleurs, être comptées à partir du point où la tige n'exerce aucune pression ou tension sur ses appuis supposés fixes.

Les efforts produits par ces variations de température ne sont pas négligeables. Pour le fer, par exemple, α vaut environ 0,0000116, et si l'on adopte pour E la valeur moyenne de 20.000 kilogrammes par millimètre carré, on voit que chaque degré centigrade correspond à un effort de $0^{kg},232$ par millimètre carré. Une variation de 30°, qui n'a rien que de très ordinaire, occasionnerait un effort de $30 \times 0,232 = 6,96$, soit 7 kilogrammes par millimètre carré, égal et même supérieur à la charge de sécurité que l'on admet généralement.

Fort heureusement pour la stabilité et la durée des constructions métalliques, bien peu de pièces se trouvent ainsi placées entre des points d'appui absolument fixes, et presque toujours les changements de longueur, sous l'influence des variations de température, peuvent s'effectuer avec une certaine liberté.

Le danger serait plus grand encore si la pièce, fixée à ses deux extrémités d'une manière invariable, n'avait pas en tous ses points la même section transversale. L'allongement produit par une élévation de température de t degrés serait toujours αt pour l'unité de longueur, mais l'effort capable de produire un accourcissement égal serait d'autant plus grand que la section transversale elle-même serait plus grande, et cet effort, nécessairement constant d'un bout à l'autre de la pièce, se trouvant réparti sur la plus petite section transversale, y produirait, par unité de surface, une charge qui pourrait devenir considérable.

Il est donc de la plus grande importance de tenir compte, dans le calcul des pièces d'une construction, des effets qui peuvent être produits par les variations de la température, et de prendre des dispositions pour que les modifications de longueur qu'elles occasionnent puissent s'effectuer librement.

124 *bis*. Corps hétérogènes. — La formule générale $P = E\delta$ s'applique à la déformation des corps prismatiques soumis à des efforts longitudinaux et formés de matières différentes. Soit, par exemple, un pareil corps dont la section transversale, toujours supposée constante, se compose d'un certain nombre de parties d'une matière a, dont le coefficient d'élasticité est E_a, et d'autres parties d'une matière b dont le coefficient d'élasticité est E_b. Soient Ω_a et Ω_b les surfaces respectives totales des deux portions de la section transversale du prisme correspondant à ces deux matières. Il s'agit de déterminer comment un effort total P, d'extension ou de compression longitudinale, appliqué à ce prisme, se répartit entre les deux matières qui le constituent.

Désignons par R_a, R_b les efforts par unité de chacune des sections Ω_a et Ω_b, que subissent ces deux matières. Nous pourrons écrire l'équation

$$R_a \Omega_a + R_b \Omega_b = P.$$

Sous l'action de la force P, le prisme aura subi, par unité

de longueur, un allongement, positif ou négatif, ∂ le même pour les deux matières qui le constituent. Nous avons ainsi

$$R_a = E_a\partial \quad \text{et} \quad R_b = E_b\partial.$$

Ces deux équations, jointes à la précédente, nous suffisent pour déterminer les trois inconnues R_a, R_b et ∂. Mais cette dernière, regardée comme auxiliaire, peut être éliminée en désignant par m le rapport, supposé connu, des deux coefficients d'élasticité E_a et E_b. On a, en effet :

$$\frac{R_a}{R_b} = \frac{E_a}{E_b} = m \quad \text{ou} \quad R_a = mR_b.$$

et cette équation, combinée avec la première, donne :

$$R_a = \frac{mP}{m\Omega_a + \Omega_b}, \qquad R_b = \frac{P}{m\Omega_a + \Omega_b}.$$

Le dénominateur de chacune de ces expressions peut être remplacé par une seule lettre Ω représentant une section fictive, destinée à remplacer, dans les formules et les calculs, la section réelle, $\Omega_a + \Omega_b$ du prisme. En posant ainsi :

$$\Omega = m\Omega_a + \Omega_b,$$

les formules précédentes s'écrivent :

$$R_a = \frac{mP}{\Omega}, \qquad R_b = \frac{P}{\Omega}.$$

et permettent de calculer les efforts R_a et R_b.

On opérerait de même si le prisme était formé de plus de deux matières différentes.

Les formules précédentes s'appliquent, en particulier, au béton armé, constitué par des barres parallèles, en fer ou en acier, noyées dans un prisme de béton ou de ciment. Alors, généralement, la section transversale Ω_b du béton est beaucoup plus grande que celle Ω_a du métal et diffère peu de la section totale $\Omega_a + \Omega_b$ du prisme. Et dans le calcul de la section fictive Ω, on met souvent, au lieu de Ω_b, la section totale $\Omega_a + \Omega_b$, ce qui revient à augmenter d'une unité le rapport m des deux coefficients d'élasticité, lequel n'est jamais connu avec précision et est ordinairement compris entre 8 et 15.

§ 2

DÉFORMATION DES SYSTÈMES ARTICULÉS

125. Indication générale de la méthode. — La loi de l'extension et de la compression simple, définie par la formule $p = E\partial$, peut servir à calculer la déformation des systèmes articulés dont nous avons déterminé les conditions de stabilité dans le chapitre viii. Nous avons appris à trouver les efforts qui s'exercent sur chacune des barres du système et nous avons admis que ces efforts sont dirigés suivant l'axe longitudinal de chaque barre et répartis uniformément sur l'étendue de sa section transversale. Il en résulte que chaque barre est allongée ou raccourcie d'une quantité donnée par cette formule. Il sera possible, avec les longueurs des barres après la déformation, de construire la nouvelle forme du système articulé et de déterminer, par conséquent, sa déformation générale.

Si toutes les barres de système sont formées d'une même matière, et si l'on a calculé leurs sections transversales de manière que, dans chacune d'elles, l'effort par unité de surface soit partout égal à la limite pratique de la charge de sécurité R_0, l'allongement ou l'accourcissement, par unité de longueur de chaque barre sera $\dfrac{R_0}{E} = \partial_0$, de sorte qu'une barre quelconque étendue, de longueur primitive L aura acquis, après la déformation, une longueur $L(1 + \partial_0)$, tandis qu'une barre comprimée de même longueur sera réduite à $L(1 - \partial_0)$.

126. Application à une poutre américaine. — Appliquons ce calcul à la recherche de la déformation d'une poutre articulée du système Warren, par exemple (*fig.* 134). Chacun des triangles ABC, CDE, EFG, etc., placés de la même manière, depuis une extrémité de la poutre jusqu'au milieu, se sera déformé de façon que tous restent égaux. Un de leurs côtés, AB, CD, EF..., est raccourci, et leurs deux autres côtés se sont allongés, et les augmentations et les diminutions de longueurs sont les mêmes pour tous ces

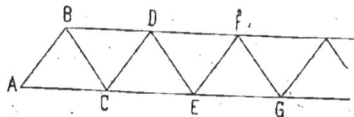

triangles qui se trouveront ainsi, après la déformation, avoir leurs trois côtés égaux chacun à chacun.

Fig. 134.

Il en sera de même des autres triangles, placés dans l'autre sens, BCD, DEF..., qui ont deux côtés comprimés et un autre étendu.

La poutre déformée sera donc formée de deux séries de triangles égaux. Les trois angles qui ont leur sommet au point C seront égaux chacun à chacun aux trois angles qui ont leurs sommets aux points E, G... ; comme d'ailleurs les longueurs AC, CE, EG sont restées égales, il en résulte que tous les sommets A, C, E, G..., sont sur une même circonférence. Il en est de même des autres sommets B, D, F...

Il y a cependant une exception pour le triangle qui se trouve au milieu de la poutre. Si le milieu de la poutre est au point N (*fig.* 135), par exemple, le

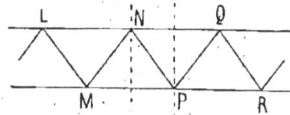

Fig. 135.

triangle MNP ne se trouve pas dans les mêmes conditions que les autres triangles PQR, placés de la même manière ; il a deux côtés, MN, NP, comprimés, tandis que les autres n'en ont qu'un, QR. Si le milieu de la poutre est au point P, le triangle NPQ a deux côtés NP, PQ, étendus, tandis que les triangles similaires, comme LMN, n'en ont qu'un, LM.

127. Calcul de la flèche. — Les deux arcs de cercle sur lesquels se trouvent les sommets ou les articulations de la poutre déformée, de part et d'autre de son milieu, ne se raccordent donc pas entre eux ; ils forment, au milieu de la poutre, un angle qu'il est facile de calculer. On en déduira la *flèche*, ou l'abaissement du milieu de la poutre, par rapport à sa position primitive. Cette flèche sera celle qu'aurait eue l'arc de cercle des sommets s'il avait été continu sur toute la longueur, augmentée du produit, par la moitié de cette longueur, de l'angle formé par les tangentes aux deux parties de cet arc au milieu de la poutre (*fig.* 136).

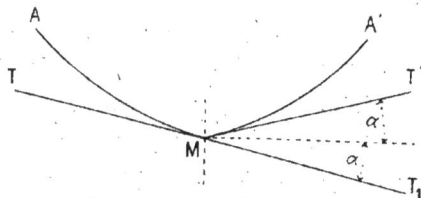

Fig. 136.

En d'autres termes, si r est le rayon de ces arcs de cercle, l la longueur de la poutre, et 2α l'angle formé, au milieu, par les tangentes dont il s'agit, la flèche f sera

$$f = r - \sqrt{r^2 - \frac{l^2}{4}} + \alpha l = r\left(1 - \sqrt{1 - \frac{l^2}{4r^2}}\right) + \alpha l.$$

Pour la poutre du système Warren, que nous considérons et dont nous appellerons h la hauteur, une barre quelconque faisant partie de la table supérieure se sera accourcie de $\partial_0 = \dfrac{R_0}{E}$ par unité de longueur, et une barre quelconque de la table inférieure se sera allongée dans la même proportion. Désignons par β la proportion inconnue, positive ou négative, dont a varié la hauteur h qui sera devenue $h(1 + \beta)$; le rayon r de l'arc de cercle auquel appartiennent les sommets de la table supérieure et celui $r + h(1 + \beta)$ des sommets de la table inférieure sont entre eux comme les éléments d'arc correspondants, c'est-à-dire comme $1 - \partial_0$ et $1 + \partial_0$; on a donc

$$\frac{r}{r + h(1 + \beta)} = \frac{1 - \partial_0}{1 + \partial_0} \quad \text{d'où} \quad r = \frac{h}{2\partial_0}(1 - \partial_0)(1 + \beta),$$

et le rayon de la table inférieure

$$r + h(1 + \beta) = \frac{h}{2\partial_0}(1 + \partial_0)(1 + \beta).$$

On peut, avec une approximation suffisante, négliger les

17

petites fractions ∂_0 et β vis-à-vis de l'unité et admettre, pour le rayon moyen de la poutre déformée, $r = \dfrac{h}{2\partial_0}$; et alors, l'expression de la flèche devient $f = \dfrac{h}{2\partial_0}\left(1 - \sqrt{1 - \dfrac{l^2\partial_0^2}{h^2}}\right) + \alpha l.$

Or, ∂_0 qui représente l'allongement de la poutre est toujours petit par rapport à la hauteur h; on peut donc remplacer le terme $\sqrt{1 - \dfrac{l^2\partial_0^2}{h^2}}$ par $1 - \dfrac{l^2\partial_0^2}{2h^2}$, et alors la flèche est simplement

$$f = \frac{l^2\partial_0}{4h} + \alpha l.$$

Cherchons l'angle que font au milieu de la poutre les deux arcs de cercle auxquels appartiennent les sommets

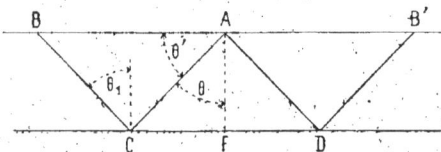
Fig. 137.

supérieurs, et supposons, pour fixer les idées, que le triangle du milieu de la poutre ait son sommet en haut;

soit ACD (*fig.* 137) ce triangle, et AF la verticale qui passe au milieu de la poutre. Nous allons chercher d'abord l'angle γ que formerait, avec l'horizontale, le côté AB, si l'arc de cercle n'était pas brisé au point A.

Dans ce cas, la tangente à l'arc de cercle au point A (*fig.* 138) restant horizontale, en désignant par r le rayon de

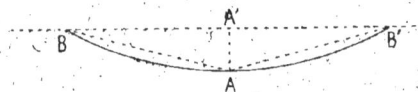
Fig. 138.

cet arc de cercle, et par a la longueur du côté AB, on a $2r \cdot \mathrm{AA'} = a^2$, mais l'angle γ peut être considéré comme égal à $\dfrac{\mathrm{AA'}}{\mathrm{AB}}$, on a donc $\gamma = \dfrac{a}{2r}$, ou bien, en remplaçant le rayon r par la valeur approximative $\dfrac{h}{2\partial_0}$, $\gamma = \dfrac{a}{h}\partial_0$.

Voyons maintenant ce que sont devenus les angles $BAC = \theta'$, et $CAF = \theta$ dont la somme, avant la déformation, est égale à $\frac{\pi}{2}$; la somme de leurs accroissements $\Delta\theta + \Delta\theta'$ représentera l'angle, avec l'horizontale, de la ligne AB, après la déformation, et la différence de cet angle avec celui, γ, qu'aurait fait la même ligne avec l'horizontale, si l'arc de cercle avait été continu, sera égale à l'angle α de l'arc de cercle déplacé avec l'horizontale; nous aurons donc $\alpha = \Delta\theta + \Delta\theta' - \gamma$.

Pour trouver l'accroissement $\Delta\theta'$, écrivons, entre les trois côtés primitifs du triangle ABC que nous appellerons $b = BC$, $c = CA$, $a = AB$, la relation connue

$$b^2 = a^2 + c^2 - 2ac \cos\theta'.$$

Elle nous donnera, en la différentiant :

$$b\Delta b = a\Delta a + c\Delta c - (a\Delta c + c\Delta a) \cos\theta' + ac \sin\theta'\Delta\theta'.$$

Or, d'après notre hypothèse, $\Delta b = b\partial_0$, $\Delta a = -a\partial_0$ et $\Delta c = -c\partial_0$. Portons ces valeurs et réduisons, il reste

$$\Delta\theta' = \frac{2b^2\partial_0}{ac \sin\theta'} = \frac{2b^2\partial_0}{ah}.$$

De même, pour trouver l'accroissement $\Delta\theta$, nous prendrons le triangle rectangle ACF dont nous appellerons $\frac{a'}{2}$ le côté CF, moitié de CD. Nous avons $\frac{a'}{2} = c \sin\theta$, ou bien $\Delta a' = 2\Delta c \sin\theta + 2c \cos\theta\Delta\theta$. Nous avons encore $\Delta c = -c\partial_0$, mais $\Delta a' = a'\partial_0$, puisque ce côté s'est allongé. Substituant et réduisant, il reste, vu que $c \cos\theta = h$,

$$\Delta\theta = \frac{2a'\partial_0}{h}.$$

Par suite, l'angle α cherché, égal à $\Delta\theta + \Delta\theta' - \gamma$, a pour valeur

$$\alpha = \frac{2a'\partial_0}{h} + \frac{2b^2\partial_0}{ah} - \frac{a\partial_0}{h} = \frac{\partial_0}{h}\left(2a' + \frac{2b^2}{a} - a\right).$$

Lorsque, comme il arrive presque toujours, le triangle du

milieu est pareil aux autres avant la déformation, on a
$CD = AB$, ou $a' = a$. Alors l'angle α vaut simplement

$$\alpha = \frac{\partial_0}{h}\left(\frac{a^2 + 2b^2}{a}\right).$$

La flèche prise par la poutre, en mettant pour α cette
valeur, devient

$$f = \frac{l^2\partial_0}{4h} + \frac{l\partial_0}{h}\left(\frac{a^2 + 2b^2}{a^2}\right) = \frac{l\partial_0}{h}\left(\frac{l}{4} + a + \frac{2b^2}{a}\right).$$

Le premier terme, $\frac{l^2\partial_0}{4h}$, est la flèche qui serait prise par une
poutre fléchissant suivant un arc de cercle ; le second, αl, est
l'augmentation de flèche due à la forme articulée.

128. Calcul des efforts dans les barres d'un système articulé à lignes surabondantes.

— La même
loi $p = E\partial$ peut servir à résoudre le problème de la détermination des efforts qui s'exercent sur les diverses barres
d'un système articulé, lorsque le nombre de barres est plus
considérable que celui qui est strictement nécessaire pour
assurer l'invariabilité de la forme et que nous avons vu être
égal, si n est le nombre des articulations, à $2n - 3$.

Imaginons un système articulé, dont, pour plus de généralité, nous supposerons les n articulations placées d'une
manière quelconque dans l'espace. Désignons par $x_1, y_1, z_1 \ldots,$
x_n, y_n, z_n, les coordonnées connues de ces articulations
avant la déformation. Prenons pour inconnues les déplacements parallèles aux trois axes coordonnés, de chacun de
ces points, déplacements que nous désignerons par $u_1, v_1, w_1 \ldots,$
u_n, v_n, w_n, de sorte que les coordonnées des articulations,
après la déformation, seront $x_1 + u_1, y_1 + v_1, z_1 + w_1 \ldots$
$x_n + u_n, y_n + v_n, z_n + w_n$. Si nous pouvons déterminer ces
$3n$ inconnues, nous aurons résolu le problème, car la connaissance des coordonnées, après le déplacement, des deux
extrémités d'une barre quelconque, nous donnera la longueur nouvelle de cette barre, et par suite, en comparant à
sa longueur primitive, son allongement (positif ou négatif)
d'où nous déduirons, eu égard à sa section transversale,

l'effort auquel elle a été soumise pour subir la déformation dont il s'agit.

Or, si l'on écrit, pour chaque articulation, les équations d'équilibre de toutes les forces qui y sont appliquées, c'est-à-dire si l'on exprime la nullité de la somme des projections de ces forces sur les trois axes coordonnés, on aura $3n$ équations qui pourront servir à déterminer les $3n$ inconnues dont il s'agit. Il faut remarquer que, parmi les n articulations, il y en aura un certain nombre qui seront fixes et pour lesquelles les u, v, w seront nécessairement nuls; mais, en revanche, la fixité de ces points ne sera obtenue que par l'application de réactions provenant de corps extérieurs, réactions qui sont inconnues et dont, en chaque point ainsi fixé, on devra faire entrer, dans les équations d'équilibre, les composantes X, Y, Z suivant les trois axes coordonnés. On aura donc bien en tout $3n$ équations et $3n$ inconnues, et cela quel que soit le nombre de barres qui réunissent deux à deux les n articulations.

129. Formules générales. — Dans l'évaluation de l'allongement de chacune des barres, qui doit entrer dans les équations dont il s'agit, il faut considérer que les déplacements u, v, w sont toujours très petits et que l'on peut négliger leurs puissances supérieures à la première. Pour estimer les projections, sur les axes, des efforts dirigés suivant ces barres, on peut aussi, pour la même raison, supposer que la direction de chacune d'elles après la déformation est sensiblement la même qu'auparavant, et prendre, pour les angles qu'elle fait avec les axes, ceux qu'elle faisait avant la déformation. Grâce à ces simplifications, les équations à résoudre se réduisent au premier degré, comme on va le voir.

Si i, j sont les indices applicables à deux articulations quelconques réunies par une barre, la distance primitive de ces deux points, r_{ij}, a pour expression

$$r_{ij} = \sqrt{(x_i - x_j)^2 + (y_i - y_j)^2 + (z_i - z_j)^2}.$$

C'est la longueur primitive de la barre dont il s'agit, quantité donnée. Si nous désignons par ρ_{ij} l'allongement de la même barre, sa longueur après la déformation sera $r_{ij} + \rho_{ij}$, et nous aurons de même

$$(r_{ij} + \rho_{ij})^2 = (x_i + u_i - x_j - u_j)^2 + (y_i + v_i - y_j - v_j)^2 + (z_i + w_i - z_j - w_j)^2.$$

Retranchons de cette équation la précédente élevée au carré, et négligeons, comme nous l'avons dit, les carrés et les produits des petites quantités ρ, u, v, w, nous aurons, en divisant par $2r_{ij}$, l'expression suivante de l'allongement de la barre

$$(2) \quad \rho_{ij} = \frac{(x_i - x_j)(u_i - u_j) + (y_i - y_j)(v_i - v_j) + (z_i - z_j)(w_i - w_j)}{r_{ij}}.$$

Si Ω_{ij} est la section transversale de cette même barre, E_{ij} son coefficient d'élasticité, cet allongement est le résultat d'un effort égal à

$$(3) \qquad E_{ij}\Omega_{ij}\frac{\rho_{ij}}{r_{ij}},$$

lequel, en lui supposant la direction primitive de la barre, fait, avec les trois axes coordonnés, des angles dont les cosinus ont pour expression

$$\frac{x_j - x_i}{r_{ij}}, \qquad \frac{y_j - y_i}{r_{ij}}, \qquad \frac{z_j - z_i}{r_{ij}},$$

lorsque l'on considère la direction qui va de i vers j, c'est-à-dire celle de la force appliquée au point correspondant à l'indice i. Les équations de l'équilibre des forces agissant en ce point, si X_i, Y_i, Z_i sont les composantes suivant les trois axes des forces extérieures qui sont appliquées à cette articulation, sont ainsi

$$(4) \quad \begin{cases} X_i + \sum_j \dfrac{E_{ij}\Omega_{ij}\rho_{ij}(x_j - x_i)}{r_{ij}^2} = 0, \\[2mm] Y_i + \sum_j \dfrac{E_{ij}\Omega_{ij}\rho_{ij}(y_j - y_i)}{r_{ij}^2} = 0, \\[2mm] Z_i + \sum_j \dfrac{E_{ij}\Omega_{ij}\rho_{ij}(z_j - z_i)}{r_{ij}^2} = 0. \end{cases}$$

On voit que, si l'on met, dans ces équations, pour ρ_{ij} sa valeur (2), les six inconnues u, v, w, qui y entreront, s'y trouveront à la première puissance. On n'aura donc à résoudre que $3n$ équations du premier degré.

Les déplacements u, v, w étant ainsi trouvés, on en déduira les allongements ρ et les efforts $E\Omega \frac{\rho}{r}$ exercés sur chaque barre.

Ces déplacements et les efforts qui les ont produits dépendent, comme on le voit, des sections Ω_0 de chaque barre. On peut se proposer de déterminer ces sections, de manière à ce que l'effort soit partout égal à la charge de sécurité de la matière employée. Les Ω_0 sont alors de nouvelles inconnues, en nombre égal à celui des barres, et on a un nombre égal de nouvelles équations en exprimant que l'allongement proportionnel $\frac{\rho_0}{r_0}$ de chaque barre est égal au rapport $\left(\frac{R_0}{E}\right)_0$ de la charge de sécurité au coefficient d'élasticité.

130. Application. — Comme exemple de l'application de ces formules, nous chercherons à déterminer les efforts qui s'exercent sur les barres d'un support double consolidé par des croix de Saint-André, analogue aux échafaudages qui servent à la construction des maisons et constitué par deux montants AB, DC (*fig.* 139), placés verticalement, réunis de distance en distance par des pièces horizontales AD, BC et par des écharpes inclinées BD, AC se rencontrant en O. Nous supposerons que ces pièces soient articulées à leurs extrémités. Il suffit, pour que cette condition soit remplie, que leur direction ne soit pas maintenue d'une façon invariable ou que les angles qu'elles forment entre elles puissent subir de légères modifications. Appelons 2P

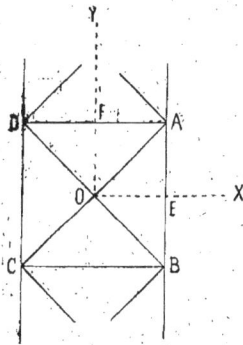

Fig. 139.

le poids total que doit supporter cette construction au niveau des articulations A, D, et supposons que cette charge soit placée symétriquement, par rapport à ces deux points, de manière à se répartir également entre les deux ; les seules forces extérieures appliquées au système ABCD se réduiront à deux forces, verticales égales chacune à P, appliquées aux points A et D, et à deux réactions égales et contraires, si nous faisons abstraction du poids de ce système, appliquées verticalement de bas en haut en B et C.

Prenons pour origine des coordonnées le centre O du système et pour axes l'horizontale OX et la verticale OY menées par ce point. Toutes les pièces et les forces étant dans un même plan, nous n'avons besoin que de deux axes coordonnés. Désignons par a la largeur AD, par A la section transversale, par E_a le coefficient d'élasticité de chacune des deux pièces AD, CB ; de même, par b la longueur, B la section transversale, et E_b le coefficient d'élasticité des pièces AB et CD et, enfin, par c, C et E_c les quantités correspondantes pour les pièces inclinées BD, AC.

Appelons u et v les déplacements du point A parallèlement aux x et aux y; ceux des autres points B, C, D seront évidemment, en raison de la symétrie, les mêmes en valeur absolue, et nous n'aurons, en somme, à déterminer que ces deux inconnues. Si nous désignons par α, β et γ les allongements respectifs des pièces a, b, c nous aurons évidemment $\alpha = 2u$, $\beta = 2v$ et, d'après la formule générale (2) donnant ρ_{θ}, $\gamma = 2\dfrac{au + bv}{c}$.

Les équations d'équilibre (4), dans lesquelles les composantes X, Y des forces extérieures se réduiront, si on les applique au sommet A, à la seule force P, parallèle aux y, donneront facilement

$$(5) \quad \begin{cases} \dfrac{E_a A u}{a} + \dfrac{E_c C \dfrac{au + bv}{c^2} a}{c^2} = 0, \\[3mm] P + \dfrac{2E_b B v}{b} + \dfrac{2E_c C \dfrac{au + bv}{c} b}{c^2} = 0; \end{cases}$$

et ces deux équations du premier degré en u et v résolues à la manière ordinaire, donneront

$$(6) \begin{cases} 2u = \dfrac{PE_cCa^2b^2}{E_bBE_cCa^3 + E_cCE_aAb^3 + E_aAE_bBc^3} = \alpha, \\[2mm] 2v = -\dfrac{Pb\,(E_aAc^3 + E_cCa^3)}{\text{même dénominateur}} = \beta, \\[2mm] 2\left(\dfrac{au + bv}{c}\right) = -\dfrac{PE_aAb^2c^2}{\text{même dénominateur}} = \gamma. \end{cases}$$

Les allongements α, β, γ, étant connus, donnent respectivement pour les trois pièces, a, b, c les efforts correspondants, qui seront, par unité de surface de chacune de ces pièces, les produits, par les coefficients d'élasticité, des allongements par unité de longueur $\dfrac{\alpha}{a}$, $\dfrac{\beta}{b}$, $\dfrac{\gamma}{c}$, c'est-à-dire $\dfrac{\alpha}{a}\,E_a$, $\dfrac{\beta}{b}\,E_b$, $\dfrac{\gamma}{c}\,E_c$.

Et, en exprimant que ces efforts par unité de surface sont égaux à la limite de sécurité de la charge que peut supporter la matière, on aura trois équations qui pourront servir à déterminer les sections transversales A, B, C. La résolution de ces équations, sous leur forme générale, donnerait lieu à des calculs compliqués ne présentant qu'un médiocre intérêt. Nous nous bornerons à remarquer que deux des allongements, β et γ, sont toujours négatifs ; par conséquent, les barres a et c, c'est-à-dire les montants verticaux et les barres inclinées du croisillon supportent des efforts de compression ; seules, les barres horizontales sont soumises à l'extension. L'accourcissement par unité de longueur des montants verticaux, qui a pour valeur $\dfrac{\beta}{b}$ peut s'écrire

$$(7)\; \frac{\beta}{b} = -P\frac{E_aAc^3 + E_cCa^3}{E_bB(E_aAc^3+E_cCa^3)+E_cCE_aAb^3} = -P\frac{1}{E_bB+\dfrac{E_cCE_aAb^3}{E_aAc^3+E_cCa^3}}$$

Si les montants verticaux existaient seuls sans les pièces qui les réunissent, cet accourcissement serait simplement $-\dfrac{P}{E_bB}$, et il est, en fait, ainsi que l'a remarqué M. Kœcklin [1], le même que si la section transversale B, de chacun des

[1] « Théorie des arcs à rotation libre sur les appuis », par M. Maurice Kœchlin, ingénieur (*Annales des Travaux publics*, 1882).

deux montants, était augmentée d'une quantité B' définie
par

$$(8) \qquad B' = \frac{1}{E_b} \frac{E_a A E_c C b^3}{E_a A c^3 + E_c C a^3};$$

car alors l'accourcissement ci-dessus (7) $\frac{\beta}{b}$ pourrait être écrit

$$(9) \qquad \frac{\beta}{b} = \frac{-P}{E_b (B + B')}.$$

Comme, dans ce genre d'ouvrages, les montants sont les
pièces dont il est le plus intéressant de déterminer avec
précision la section transversale, on peut y arriver par des
approximations successives. On se donne arbitrairement les
sections A des pièces horizontales et celles C des pièces inclinées, on en déduit la valeur de B' d'après la formule (8) ci-
dessus qui peut être écrite, en appelant α l'angle CAB des
croisillons avec la verticale :

$$(10) \qquad B' = \frac{1}{E_b} \cdot \frac{E_a A E_c C \cos^2 \alpha}{E_a A + E_c C \sin^3 \alpha}.$$

Puis, l'accourcissement du montant étant exprimé en va-
leur absolue par $\frac{P}{E_b (B + B')}$, l'effort par unité de surface est
$\frac{P}{B + B'}$ et il doit être au plus égal à la limite de sécurité que
nous désignerons par R'_0. On détermine alors la superficie B
du montant par la relation

$$(11) \qquad \frac{P}{B + B'} \leqq R'_0 \quad \text{ou} \quad B \geqq \frac{P}{R'_0} - B'.$$

Cela fait, on introduit les valeurs choisies arbitrairement
pour A et C et la valeur calculée de B dans les expressions (6)
des allongements α et γ, et l'on s'assure que les efforts qui en
résultent ne dépassent pas la limite de la sécurité pour chacune de ces deux barres, c'est-à-dire que l'on vérifie les
inégalités $\frac{\alpha}{a} E_a \leqq R_0$, $\frac{\gamma}{c} E_c \leqq R'_0$, si R_0 et R'_0 désignent cette
charge limite pour la matière de chacune de ces barres. Si

ces inégalités ne sont pas satisfaites, on peut, en observant que leur dénominateur commun peut s'écrire

$$E_b B (E_a A c^3 + E_c C a^3) + E_a A E_c C b^3 = E_a A E_c C b^3 \left(\frac{B + B'}{B'}\right);$$

les mettre sous la forme $\frac{\alpha}{a} E_a = \frac{PB'a}{Ab(B+B')} \leqq R_0$, ou $A \geqq \frac{PB'a}{b(B+B')R_0}$,

$$\frac{\gamma}{c} E_c = \frac{PB'c}{Cb(B+B')} \geqq R'_0, \text{ ou } C \geqq \frac{PB'c}{b(B+B')R'_0};$$

et en déduire pour A et C deux nouvelles valeurs plus approchées que les précédentes, et qui serviront à calculer une nouvelle valeur de B' et, par suite, une valeur de B qui, vraisemblablement, pourra être considérée comme suffisamment exacte à cette seconde approximation.

§ 3

ENVELOPPES ET SUPPORTS CYLINDRIQUES ET SPHÉRIQUES

131. Enveloppes cylindriques minces. — Considérons un cylindre indéfini (*fig.* 140), soumis à une pression intérieure p_0 par unité de surface et s'exerçant normalement, en tous les points, comme celle qui est produite par un fluide élastique. Supposons d'abord que l'épaisseur e de l'enveloppe soit assez petite, par rapport à ses autres dimensions, pour que nous puissions regarder comme constant l'effort R qui s'exerce par unité de surface aux divers points d'un plan diamétral AA' et B'B. Écrivons l'équilibre d'une tranche demi-cylindrique d'une longueur égale à l'unité et limitée par ce plan diamétral. La pression intérieure p_0, par unité de surface, exerce sur le demi-cylindre

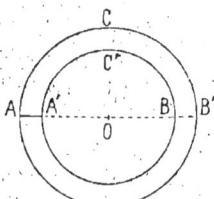

Fig. 140.

A'C'B de rayon r_0 des efforts dont les composantes parallèles à AB se font évidemment équilibre en raison de la symétrie, et dont les composantes perpendiculaires à AB ont pour somme le produit de p_0 par le diamètre A'B, c'est-à-dire $2p_0r_0$. Les efforts sur AA' et BB' devront donc être perpendiculaires à AB et leur somme $2Re$, à raison de R par unité de surface pour une superficie $2e$, doit donner, avec cette somme de composantes, un total égal à zéro; nous aurons ainsi

$$(1) \qquad\qquad Re + p_0r_0 = 0.$$

Cette équation déterminera R si e est donné ou bien déterminera e par la condition que l'effort R soit en valeur absolue inférieur à la limite R_0 des efforts auxquels peut résister avec sécurité la matière de l'enveloppe.

On voit que R et p_0 sont nécessairement de signes contraires, c'est-à-dire que, si p_0 est une pression, R sera une tension, ou réciproquement. Si l'on ne considère que les valeurs absolues, on aura

$$(2) \qquad\qquad e \geqq \frac{p_0r_0}{R_0}.$$

Si, au lieu d'une pression intérieure, on avait une pression extérieure, l'effort sur AA' et BB' serait de même signe, c'est-à-dire une compression; et si p_1 désignait l'intensité de cette pression par unité de surface, et r_1 le rayon extérieur de l'enveloppe, on aurait alors

$$(3) \qquad\qquad e \geqq \frac{p_1r_1}{R'_0};$$

R'_0 désignant la limite de sécurité des efforts de compression.

Enfin, si l'on avait à la fois une pression p_0 à l'intérieur et une pression p_1 à l'extérieur, l'équation d'équilibre serait

$$(4) \qquad\qquad Re = p_1r_1 - p_0r_0.$$

et l'effort R serait une tension ou une compression suivant que le second membre serait négatif ou positif.

Lorsque, comme nous l'avons supposé, l'épaisseur e est très petite, les rayons r_0, r_1 sont assez peu différents pour que l'on puisse, dans le second membre de cette dernière équation, les remplacer l'un par l'autre et substituer, par exemple, r_0 à r_1. Elle donne alors approximativement

$$(5) \qquad \qquad R e = (p_1 - p_0) r_0.$$

L'effort R sera une tension ou une compression suivant que la pression intérieure p_0 sera plus grande ou plus petite que la pression extérieure p_1.

132. Enveloppes cylindriques épaisses. — Mais ce mode de calcul n'est plus suffisant lorsque l'épaisseur e est assez grande pour que l'effort R ne puisse plus être considéré comme constant en tous les points de AA′.

Considérons alors, dans l'épaisseur de l'enveloppe, un élément quadrangulaire ABCD (*fig.* 141) compris entre deux circonférences concentriques AD, CB, infiniment voisines et ayant pour rayons r et $r + dr$, et deux plans méridiens OC, OB infiniment voisins. Désignons par p et $p + dp$ les pressions, par unité de surface, produites par les actions moléculaires des couches voisines sur les faces AD, CB ; l'équation d'équilibre (4) appliquée à la couche d'épaisseur dr sera, en appelant R l'effort de pression par unité de surface sur la face infiniment petite $AB = dr$:

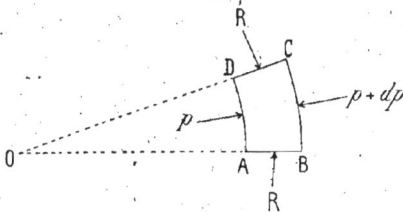

$$(6) \qquad R dr = (p + dp)\,(r + dr) - pr,$$

ou, en réduisant, supprimant le produit $dp\,dr$, infiniment petit du second ordre, et divisant par dr,

$$(7) \qquad \qquad R = p + r\,\frac{dp}{dr}.$$

L'élément rectangulaire ABCD, soumis sur ses faces AB, CD à un effort de compression R, subirait, s'il était libre sur ses autres faces, un allongement $\eta\,\dfrac{R}{E}$ par unité de longueur dans le sens parallèle aux génératrices du cylindre; de même l'effort de pression p exercé sur les faces AD, CB, produirait, dans le même sens parallèle aux génératrices, un nouvel allongement $\eta \dfrac{p}{E}$, soit, pour les deux efforts agissant simultanément, un allongement total $\dfrac{\eta}{E}(p + R)$ [1].

Or, si l'on suppose le cylindre indéfini, les sections transversales doivent rester, après la déformation, des plans de symétrie comme ils l'étaient auparavant; il faut pour cela que ces sections primitivement planes et normales à l'axe, restent de même après la déformation, ou que l'allongement des divers éléments, parallèlement aux génératrices soit le même pour tous, c'est-à-dire que $(p + R)$ soit une quantité constante que nous pouvons désigner par $2c'$. Nous écrirons donc

$$(8) \qquad\qquad p + R = 2c'.$$

Éliminant R avec l'équation précédente, il vient

$$2p + r \frac{dp}{dr} = 2c';$$

d'où l'on déduit

$$\frac{dp}{p - c'} = -2 \frac{dr}{r}.$$

En intégrant et appelant $\dfrac{c}{2}$ une nouvelle constante, on a

$$\log(p - c') = -2\log r + \log \frac{c}{2}$$

---

[1] Ces coefficients E et η ne sont pas rigoureusement les mêmes, le dernier surtout, que ceux que nous avons définis plus haut.

Le coefficient d'élasticité E, tel que nous l'avons défini, est le rapport de l'effort appliqué à l'unité de surface d'une tige prismatique, *supposée libre sur ses faces latérales*, à l'allongement éprouvé par unité de longueur.

L'élément rectangulaire considéré ne peut pas être considéré comme libre sur ses faces latérales, puisque l'on suppose la matière indéfinie dans le sens de la longueur du cylindre.

Il faudrait, pour définir le coefficient d'élasticité spécial à cet élément, sollicité comme nous le supposons, considérer non plus une tige prismatique libre sur ses faces latérales, mais une lame mince, d'une largeur indéfinie, libre seulement sur ses deux faces, dans laquelle on considérerait une tranche ayant l'unité de longueur.

Il en est de même du coefficient η.

ou

$$p - c' = \frac{c}{2r^2}$$

or, d'après (8),

$$p - c' = \frac{p - R}{2}$$

cela nous donne

$$p - R = \frac{c}{r^2}, \qquad p + R = 2c',$$

et, par suite, les valeurs de p et de R en fonction de r, lorsque les constantes c et c'' seront déterminées. Or, les conditions du problème rendent facile cette détermination. Il faut que, pour $r = r_0$, on ait $p = p_0$, et $p = p_1$ pour $r = r_1$; cela donne les deux équations

$$p_0 - c' = \frac{c}{2r_0^2}, \qquad p_1 - c' = \frac{c}{2r_1^2},$$

d'où l'on déduit facilement

$$-c = \frac{2(p_1 - p_0)r_1^2 r_0^2}{r_1^2 - r_0^2}, \qquad c' = \frac{p_1 r_1^2 - p_0 r_0^2}{r_1^2 - r_0^2}.$$

D'ailleurs, l'équation (7) donne, en y mettant pour p et $\frac{dp}{dr}$ leurs valeurs ci-dessus,

$$R = c' - \frac{c}{2r^2} = \frac{p_1 r_1^2 - p_0 r_0^2}{r_1^2 - r_0^2} + \frac{(p_1 - p_0) r_1^2 r_0^2}{r^2 (r_1^2 - r_0^2)}.$$

Si r_0 est le rayon intérieur, et r_1 le rayon extérieur, les dénominateurs de cette expression sont positifs, et si, comme cela arrive dans les chaudières, p_0 est plus grand que p_1, le facteur $(p_1 - p_0)$ du terme variable est négatif, et il en est de même généralement aussi du numérateur du terme constant $p_1 r_1^2 - p_0 r_0^2$; la valeur de R est donc alors toujours négative, c'est-à-dire que partout il s'exerce, dans le sens perpendiculaire au rayon, un effort de tension. La plus grande valeur de R, en valeur absolue, en vertu de la relation $R + p =$ la constante négative $2c'$, correspond à la plus grande valeur de p, c'est-à-dire à p_0, et cette plus grande valeur est $2c' - p_0$ ou, en valeur absolue, $-2c' + p_0$; et si l'on veut exprimer que ce plus grand effort est inférieur à la charge de sécurité R_0, on aura l'inégalité

$$R_0 \geqq - 2c' + p_0 = \frac{p_0 (r_0^2 + r_1^2) - 2p_1 r_1^2}{r_1^2 - r_0^2};$$

d'où l'on déduit facilement

$$\frac{r_1^2}{r_0^2} \geqq \frac{R_0 + p_0}{R_0 + 2p_1 - p_0},$$

relation qui fera connaître r_1 en fonction de r_0 et des données de la question.

On voit que, lorsque p_0 devient égal à $R_0 + 2p_1$, le rapport $\frac{r_1}{r_0}$ devient infini : aucune valeur de r_1, si grande qu'elle soit, ne peut donner à l'enveloppe une résistance suffisante. Cette limite est d'ailleurs au-dessus des pressions usuelles ; ainsi, pour le fer, R_0 peut être pris égal à 8 kilogrammes par millimètre carré ou à 800 kilogrammes par centimètre carré, tandis qu'il n'y a guère d'exemples de pressions intérieures s'élevant au-dessus de 2 à 300 kilogrammes [1]. Toutefois, lorsque p_0 est grand, il y a intérêt, pour n'avoir pas à donner à l'enveloppe une épaisseur trop forte, à augmenter la pression extérieure p_1, ce que l'on fait au moyen de frettes.

133. Enveloppes sphériques minces. — Le problème des enveloppes sphériques se traite de la même manière. Lorsqu'elles sont assez peu épaisses pour que l'effort R en chaque point de leur épaisseur puisse être considéré comme constant, on a, en écrivant l'équilibre d'une demi-sphère, sous l'action des forces qui y sont appliquées, en appelant, comme ci-dessus, p_0 et r_0 la pression intérieure et le rayon de la sphère intérieure, p_1 et r_1 les mêmes quantités pour la

---

[1] Il existe cependant, dans les ateliers de la Compagnie du chemin de fer P.-L.-M., une presse dans laquelle la pression peut atteindre 1.200 kilogrammes par centimètre carré.
Le cylindre de cette presse est en acier pouvant résister avec sécurité à l'extension jusqu'à 20 kilogrammes par millimètre carré et même sans doute au delà.

sphère extérieure, et e l'épaisseur $= r_1 - r_0$,

$$(\pi r_1^2 - \pi r_0^2). \, \mathrm{R} + \pi r_0^2 p_0 - \pi r_1^2 p_1 = 0.$$

Si r_0 et r_1 sont assez peu différents l'un de l'autre pour que l'on puisse, sans erreur sensible, remplacer r_1 par r_0, cette expression devient, en substituant à la différence $\pi r_1^2 - \pi r_0^2$ qui représente la surface de la section diamétrale de l'enveloppe la valeur équivalente $\pi \, (r_1 + r_0) \, (r_1 - r_0)$, soit $2\pi r_0 e$,

$$(9) \qquad\qquad \mathrm{R} = \frac{(p_1 - p_0) \, r_0}{2e}.$$

L'effort, qui est comme ci-dessus une tension ou une compression suivant que p_0 est plus grand ou plus petit que p_1, est, comme on le voit, moitié, toutes choses égales d'ailleurs, de celui que nous avions trouvé (équation 5) pour l'enveloppe cylindrique. Il en est de même de l'épaisseur e, suffisante pour que l'enveloppe résiste à une pression déterminée sans que la charge dépasse la limite de sécurité.

134. Enveloppes sphériques épaisses. — Lorsque l'enveloppe est assez épaisse pour que cette hypothèse simplificative ne puisse plus être admise, le problème peut se

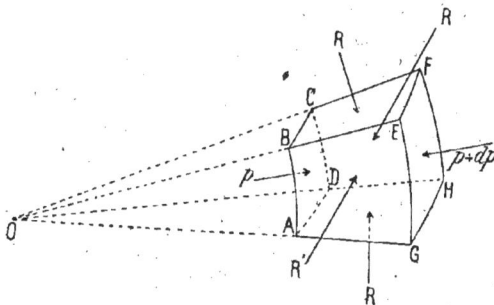

Fig. 142.

traiter, comme le précédent, en considérant un élément parallélépipède infiniment petit, compris entre deux sphères concentriques de rayons r et $r + dr$ et quatre plans rectangulaires deux à deux et passant par le centre de la sphère (*fig.* 142). En raison de la symétrie, l'effort R est nécessairement le même sur les quatre faces latérales de cet élément, et si p et $p + dp$ représentent les efforts de pression sur chacune des deux sphères concentriques infiniment voisines, nous aurons les changements suivants des longueurs des côtés de cet élément :

Sous l'action de la pression p,	accourcissement suivant le rayon :	$-\dfrac{p}{E}$,
	allongement suivant la circonférence AB :	$\eta\dfrac{p}{E}$;
Sous l'action des deux forces R parallèles au côté AB,	accourcissement suivant la circonférence AB :	$-\dfrac{R}{E}$,
	allongement suivant le rayon :	$\eta\dfrac{R}{E}$;
Sous l'action des deux forces R perpendiculaires à AB,	allongement suivant le rayon :	$\eta\dfrac{R}{E}$,
	allongement suivant la circonférence AB :	$\eta\dfrac{R}{E}$.

Par conséquent, en somme, sous l'action de toutes ces forces, le côté AB sera devenu $AB\left(1 + \eta\dfrac{p}{E} - \dfrac{R}{E} + \eta\dfrac{R}{E}\right)$, et le côté dirigé suivant le rayon, ou dr, sera devenu $dr\left(1 - \dfrac{p}{E} + \eta\dfrac{R}{E} + \eta\dfrac{R}{E}\right)$.

Le volume primitif de cet élément qui était $\overline{AB}^2\,dr$ ser devenu

$$\overline{AB}^2\left(1 + \eta\frac{p}{E} - \frac{R}{E} + \eta\frac{R}{E}\right)^2 \cdot dr\left(1 - \frac{p}{E} + 2\eta\frac{R}{E}\right),$$

ou bien, en effectuant le calcul et négligeant les puissances et les produits de $\dfrac{p}{E}$ et de $\dfrac{R}{E}$,

$$\overline{AB}^2 \cdot dr\left(1 - \frac{p}{E} + 2\eta\frac{p}{E} - 2\frac{R}{E} + 4\eta\frac{R}{E}\right).$$

L'augmentation de volume, rapportée à l'unité de volume

primitif, sera ainsi :

$$-\frac{p}{E}\,(1-2\eta) - \frac{2R}{E}\,(1-2\eta) = -\left(\frac{1-2\eta}{E}\right)(p+2R).$$

C'est ce que nous avons appelé la dilatation cubique. Or, dans la déformation de cette enveloppe sphérique, un point quelconque, tel que A ne peut se déplacer que suivant le rayon. Il en résulte que, si l'on rapporte sa position à trois axes de coordonnées rectangulaires menés par le centre de la sphère, ses coordonnées primitives x, y, z, satisfaisant à l'équation

$$x^2 + y^2 + z^2 = r^2,$$

les composantes u, v, w, parallèles aux axes, du déplacement de ce point, seront proportionnelles à x, y, z, si ε désigne un coefficient qui ne dépend que de r, exprimées par

$$(10) \qquad u = \varepsilon\,\frac{x}{r}, \qquad v = \varepsilon\,\frac{y}{r}, \qquad w = \varepsilon\,\frac{z}{r}.$$

On voit immédiatement que ces trois composantes sont les dérivées partielles d'une même fonction φ de x, y, z, car, si nous posons

$$\varphi = \int \varepsilon\,dr,$$

comme nous avons

$$x\,dx + y\,dy + z\,dz = r\,dr,$$

nous en déduisons, d'après les valeurs (10) de u, v, w,

$$u\,dx + v\,dy + w\,dz = \varepsilon\,dr = d\varphi.$$

Or, nous avons démontré (n° 11, page 38) qu'alors la dilatation cubique était constante. Nous pouvons donc écrire, en appelant $3c'$ une constante,

$$(11) \qquad\qquad 2R + p = 3c'.$$

D'autre part, si nous écrivons, comme au numéro précédent, l'équilibre de la demi-sphère d'une épaisseur dr, soumise intérieurement à une pression p et extérieurement à une pression $p + dp$, nous aurons

$$2\pi r dr . R + \pi r^2 p - \pi (r + dr)^2 (p + dp) = 0;$$

réduisant et divisant par $2\pi r dr$, il vient

$$(12) \qquad \therefore R = p + \frac{r}{2} \cdot \frac{dp}{dr}.$$

Éliminant R entre les deux équations (11) et (12), nous trouvons

$$3p - 3c' = -\frac{r dp}{dr}, \qquad \text{ou} \qquad \frac{dp}{p - c'} = -\frac{3dr}{r}.$$

Et en intégrant et désignant par c une nouvelle constante :

$$p = c' - \frac{c}{3r^3};$$

d'où, en vertu de l'équation (11),

$$R = c' + \frac{c}{6r^3}.$$

Les constantes se déterminent par les conditions limites $p = p_0$ pour $r = r_0$; $p = p_1$ pour $r = r_1$. Cela donne

$$c = 3 \frac{(p_1 - p_0) r_0^3 r_1^3}{r_1^3 - r_0^3}, \qquad c' = \frac{p_1 r_1^3 - p_0 r_0^3}{r_1^3 - r_0^3};$$

d'où

$$p = \frac{p_1 r_1^3}{r_1^3 - r_0^3} \left(1 - \frac{r_0^3}{r^3}\right) - \frac{p_0 r_0^3}{r_1^3 - r_0^3} \left(1 - \frac{r_1^3}{r^3}\right),$$

et

$$R = \frac{p_1 r_1^3}{r_1^3 - r_0^3} \left(1 + \frac{r_0^3}{2r^3}\right) - \frac{p_0 r_0^3}{r_1^3 - r_0^3} \left(1 + \frac{r_1^3}{2r^3}\right).$$

Lorsque la pression extérieure p_1 est petite par rapport à la pression intérieure p_0, le premier terme est petit par rapport au second qui donne son signe à R. L'effort développé parallèlement à la circonférence de la sphère par une forte pression intérieure est donc une tension dont le maximum a lieu pour la plus petite valeur de r, c'est-à-dire pour $r = r_0$. En écrivant que, pour $r = r_0$ la valeur de l'effort R est plus petite que la limite R_0 correspondant à la charge de sécurité, on trouve facilement

$$\frac{r_1^3}{r_0^3} \geqq \frac{2\,(\mathrm{R}_0 + p_0)}{2\mathrm{R}_0 + 3p_1 - p_0},$$

relation qui donnera la limite possible de r_1 en fonction de r_0 et de quantités connues.

On voit ici encore que, pour de grandes valeurs de la pression intérieure, correspondant à $p_0 =$ ou $> 2\mathrm{R}_c + 3p_1,$ le rapport $\frac{r_1^3}{r_0^3}$ devient infini ; ce qui correspond à une impossibilité analogue à celle que nous avons constatée dans le cas des enveloppes cylindriques.

Il est superflu de remarquer que les deux formules précédentes, qui donnent l'une la limite du rapport $\frac{r_1^2}{r_0^2}$ pour les enveloppes cylindriques, l'autre celle du rapport $\frac{r_1^3}{r_0^3}$ pour les enveloppes sphériques, deviennent identiques aux formules approximatives données auparavant pour le cas d'une épaisseur très petite.

135. Supports cylindriques ou rouleaux. — La question de la résistance des supports cylindriques ou sphériques a été, jusqu'à ces derniers temps, traitée d'une façon tout à fait empirique. M. Galliot, le premier (*Annales des Ponts et Chaussées*, septembre 1892), en a donné une théorie rationnelle dont nous allons résumer les résultats. La solution donnée par M. Galliot est entièrement déduite de formules établies par M. Boussinesq dans son ouvrage : *Application des potentiels à l'étude de l'équilibre et du mouvement des solides élastiques.*

Nous ne pouvons ni les démontrer ici, ni même donner les calculs par lesquels M. Galliot en a tiré parti ; ce serait hors de proportion avec l'importance du sujet.

Fig. 143.

Nous nous bornerons à renvoyer le lecteur à cet ouvrage et

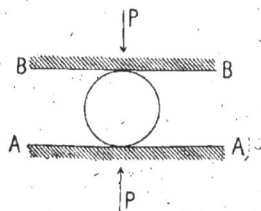

au mémoire cité des *Annales*, en présentant simplement les résultats.

Si l'on considère un rouleau cylindrique (*fig.* 143), d'une longueur supposée indéfinie, posé sur un plan horizontal AA et supportant, par l'intermédiaire d'un autre plan horizontal BB, une pression C par unité de longueur, M. Galliot démontre d'abord que, sous l'influence des déformations qui se produisent au point de contact, ce n'est pas simplement le long d'une seule génératrice que le cylindre est en contact avec chacun des plans, mais bien sur une zone dont la demi-largeur *a* est déterminée par l'équation suivante dans laquelle *r* est le rayon du cylindre et, λ et μ les coefficients de Lamé,

$$a^2 = \frac{\lambda + 2\mu}{\pi\mu\,(\lambda + \mu)}\,Cr.$$

La pression n'est pas uniforme dans toute l'étendue de cette zone. Elle est nulle sur les bords et atteint son maximum au milieu. Cette pression maximum a pour valeur

$$p_m = \frac{2C}{\pi a} = 2\,\sqrt{\frac{\mu\,(\lambda + \mu)}{\pi\,(\lambda + 2\mu)} \cdot \frac{C}{r}}.$$

Cela suppose que le cylindre s'appuie sur un corps dur, ou que la résistance du plan est très grande par rapport à celle du cylindre.

En pratique, on peut approximativement au moins considérer les corps solides comme isotropes et faire, par conséquent, $\lambda = \mu = \frac{2}{5}\,E$, en appelant E le coefficient d'élasticité longitudinale. Les formules ci-dessus deviennent alors

$$\frac{E}{r} \cdot a^2 = \frac{15}{4\pi}\,C, \quad p_m = 2\,\sqrt{\frac{4}{15\pi}\,E \cdot \frac{C}{r}} = 0{,}58\,\sqrt{E \cdot \frac{C}{r}}.$$

Si, au lieu de s'appuyer sur un plan dur, le cylindre s'appuie sur un autre cylindre dur, de rayon ρ, il faut, d'après M. Boussinesq, remplacer, dans ces formules, $\frac{1}{r}$ par $\frac{1}{r} - \frac{1}{\rho}$, ce qui donnera

$$E\left(\frac{1}{r} - \frac{1}{\rho}\right) a^2 = \frac{15}{4\pi} \cdot C, \quad p_m = 0{,}58\,\sqrt{EC}\,\sqrt{\frac{1}{r} - \frac{1}{\rho}}.$$

Nous pouvons supposer qu'un autre cylindre élastique, de rayon r_1 de matière différente définie par un nouveau coefficient d'élasticité E_1 soit appliqué de l'autre côté de ce cylindre dur, considéré comme une surface sans épaisseur et qui pourra être la surface de contact des deux cylindres élastiques; nous aurons alors, en observant que a, C et p_m auront les mêmes valeurs, mais que la courbure du cylindre dur étant en sens contraire du premier cas doit être prise avec un autre signe,

$$E_1 \left(\frac{1}{r_1} + \frac{1}{\rho} \right) a^2 = \frac{15}{4\pi} C, \quad p_m = 0{,}58 \sqrt{E_1 C} \sqrt{\frac{1}{r_1} + \frac{1}{\rho}}.$$

Éliminant ρ entre ces équations, nous obtenons les suivantes qui seront applicables au cas de deux cylindres de matières différentes pressés l'un sur l'autre

$$\frac{EE_1}{E + E_1} \left(\frac{1}{r} + \frac{1}{r_1} \right) \cdot a^2 = \frac{15}{4\pi} C, \quad p_m = 0{,}58 \sqrt{ \frac{CEE_1}{E + E_1} \left(\frac{1}{r} + \frac{1}{r_1} \right) }.$$

Et pour le cas de deux cylindres de même matière

$$E \left(\frac{1}{r} + \frac{1}{r_1} \right) \cdot a^2 = \frac{15}{2\pi} \cdot C,$$

$$p_m = 0{,}58 \sqrt{ \frac{CE}{2} \left(\frac{1}{r} + \frac{1}{r_1} \right) } = 0{,}41 \sqrt{ CE \left(\frac{1}{r} + \frac{1}{r_1} \right) },$$

avec $-\frac{1}{r_1}$ au lieu de $\frac{1}{r_1}$ si le premier cylindre était creux et recevait la pression à son intérieur. Ces dernières formules seront applicables à un cylindre pressé sur un plan élastique à la condition d'y faire $r_1 = \infty$.

En remplaçant, dans les formules précédentes, le coefficient E par ses valeurs usuelles moyennes, savoir : 20.000 kilogrammes par millimètre carré pour le fer et l'acier, 10.000 environ pour la fonte (nombres arrondis), et en exprimant que la pression maximum p_m est inférieure à la charge de sécurité R_0, on écrira les conditions de résistance des cylindres dont il s'agit.

Par exemple, pour un cylindre d'acier pressé sur une

plaque de fonte, nous aurons

$$p_m = 0{,}58 \sqrt{\frac{C \times 20.000 \times 10.000}{20.000 + 10.000} \cdot \left(\frac{1}{r} + \frac{1}{r_1}\right)} = 48 \sqrt{\frac{C}{r}}.$$

Et si, comme on le fait souvent, on rapporte la charge supportée par le cylindre à la surface de la section diamétrale, $2r$, on trouve

$$p_m = 67 \sqrt{\frac{C}{2r}}.$$

Des expériences faites par M. Deslandres et dont il a rendu compte dans les *Annales des Ponts et Chaussées* (juin 1893), il résulte qu'ayant pressé entre deux plaques de fonte un cylindre d'acier de 120 millimètres de diamètre avec une force représentant $0^{ks}{,}55$ par millimètre carré de section diamétrale, la fonte seule a subi une déformation permanente.

Mettant, dans cette dernière formule, pour $\frac{C}{2r}$ la valeur 0,55, elle donne $p_m = 49$ kilogrammes.

Il n'est pas impossible que, pour du très bon acier, la limite de l'élasticité ait pu être voisine de ce chiffre et que, par conséquent, ce métal n'ait pas subi de déformation permanente appréciable. Mais ce même chiffre dépasse de beaucoup la limite d'élasticité de la fonte à la compression, et il n'est pas surprenant que le plan ait éprouvé une déformation permanente.

Pour un cylindre de fonte comprimé entre deux plaques de même métal, on déduirait de la même formule

$$p_m = 0{,}58 \sqrt{\frac{C \times 10.000}{2r}} = 58 \sqrt{\frac{C}{2r}}.$$

D'après M. Deslandres, une pression de $0^{ks}{,}443$ par millimètre carré de la section diamétrale serait, dans ce cas, la pression critique. Ce chiffre mis pour $\frac{C}{2r}$ donne

$$p_m = 58 \times 0{,}666 = 39 \text{ kilogrammes.}$$

La limite d'élasticité de la fonte, à la compression, varie de 30 à 40 kilogrammes. Par conséquent, cette pression maximum ne la dépasse probablement pas beaucou.. C'est donc bien, en effet, la limite critique à partir de laquelle les déformations permanentes deviennent de plus en plus grandes.

Les formules déduites de la théorie paraissent donc s'accorder assez bien avec les résultats des expériences. On peut en déduire les limites pratiques de la charge par unité de surface de la section diamétrale.

Si l'on ne veut pas que la pression maximum, pour la fonte, dépasse 10 kilogrammes par millimètre carré au point le plus chargé, ce qui semble admissible dans les circonstances dont il s'agit, on remplacera p_m par ce chiffre et on déduira $\frac{C}{2r} = \left(\frac{10}{67}\right)^2 = 0^{kg},022$, soit $2^{kg},2$ par centimètre carré lorsque le rouleau sera en acier, et $\frac{C}{2r} = \left(\frac{10}{58}\right)^2 = 0^{kg},030$, soit 3 kilog. par centimètre carré lorsque le rouleau sera en fonte.

Ces limites, extrêmement basses, sont susceptibles d'être dépassées dans la pratique, car il ne faut pas perdre de vue que l'effort maximum ne se produit qu'en un seul point. On arriverait à des résultats moins rigoureusement exacts, mais plus en rapport avec les usages si, au lieu de calculer l'effort maximum p_m au point le plus chargé, on prenait la charge moyenne sur toute la surface de contact, laquelle aurait pour valeur $\frac{C}{2a}$ au lieu de $\frac{2C}{\pi a}$. Si l'on appelle p'_m cette pression moyenne, elle s'exprimera par

$$p'_m = \frac{c}{2a} = \sqrt{\frac{\pi}{15}}\sqrt{\frac{CE}{r}} = 0,46\sqrt{\frac{CE}{r}},$$

c'est-à-dire avec le coefficient 0,46 au lieu du coefficient 0,58. Les chiffres ci-dessus se trouvent ainsi portés de $0^{kg},022$ à $0^{kg},035$ et de $0^{kg},030$ à $0^{kg},050$ ou à $3^{kg},5$ et à 5 kilogrammes par centimètre carré de section diamétrale. On les dépasse encore dans la pratique, ce qui revient à dire que l'on fait supporter à la fonte plus de 10 kilogrammes par millimètre carré. Dans les

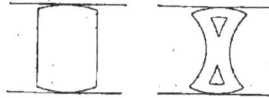

Fig. 144.

conditions particulières dans lesquelles ces efforts s'exercent, cela ne semble pas avoir d'inconvénient.

Les formules précédentes, semi-empiriques, peuvent encore s'appliquer, avec une approximation suffisante en pratique, aux supports ayant la forme de fragments de cylindres, pleins ou évidés (*fig.* 144). Le rayon r à y introduire est, dans tous les cas, celui qui mesure la courbure de la surface en contact avec le plan.

136. Supports sphériques ou boulets. — La même note de M. Galliot donne les formules suivantes pour déterminer le rayon a de la surface réelle de contact d'une sphère élastique et d'un plan dur, la pression maximum p_m au centre de cette surface et la pression moyenne p'_m en fonction du rayon r de la sphère et de la pression totale P qui la pousse contre le plan

$$a^3 = \frac{3(\lambda + 2\mu)}{16\mu(\lambda + \mu)} \cdot Pr, \qquad p_m = \frac{3P}{2\pi a^2}, \qquad p'_m = \frac{P}{\pi a^2}.$$

En mettant pour λ et μ leur valeur relative aux corps isotropes, on a

$$a^3 = \frac{45}{64} \cdot \frac{Pr}{E}, \quad \text{ou bien} \quad \frac{Ea^3}{r} = \frac{45}{64} P,$$

$$p_m = 0{,}60 E^{\frac{2}{3}} \sqrt[3]{\frac{P}{r^2}}, \qquad p'_m = 0{,}40 E^{\frac{2}{3}} \sqrt[3]{\frac{P}{r^2}}.$$

Par un raisonnement analogue à celui du numéro précédent, on déduirait de cette formule les suivantes relatives à deux sphères d'élasticité et de rayons différents

$$\frac{EE_1}{E + E_1}\left(\frac{1}{r} + \frac{1}{r_1}\right) a^3 = \frac{45}{64} P,$$

$$p_m = 0{,}60 \left(\frac{EE_1}{E + E_1}\right)^{\frac{2}{3}} \left(\frac{1}{r} + \frac{1}{r_1}\right)^{\frac{2}{3}} \cdot \sqrt[3]{P};$$

ce qui, pour deux sphères de même matière, se réduit à

$$p_m = 0{,}38 E^{\frac{2}{3}} \left(\frac{1}{r} + \frac{1}{r_1}\right)^{\frac{2}{3}} \sqrt[3]{P}.$$

Les valeurs de p'_m sont exprimées par les mêmes formules

avec les coefficients 0,40 et 0,26 au lieu de 0,60 et de 0,38 respectivement.

On se servira de ces formules comme de celles du numéro précédent.

Si l'on considère une sphère en fonte pressée entre deux plans de même métal, il faut faire $E = 10.000$ et $r_1 = \infty$; on obtient pour ce cas

$$p_m = 176 \sqrt[3]{\frac{P}{r^2}}, \qquad p_m' = 117 \sqrt[3]{\frac{P}{r^2}}.$$

Et si, conformément à l'usage pratique, on évalue le poids rapporté à la section diamétrale de la sphère, ou $\frac{P}{\pi r^2}$, ces valeurs deviennent

$$p_m = 257 \sqrt[3]{\frac{P}{\pi r^2}}, \qquad p_m' = 171 \sqrt[3]{\frac{P}{\pi r^2}}.$$

Une pression maximum de 10 kilogrammes par millimètre carré, ou une pression moyenne de même grandeur sur la face de contact, correspondraient aux charges suivantes sur la section diamétrale

$$\frac{P}{\pi r^2} = \left(\frac{10}{257}\right)^3 = 0^{kg},00006 \quad \text{ou} \quad \frac{P}{\pi r^2} = \left(\frac{10}{171}\right)^3 = 0^{kg},0002,$$

soit seulement 6 et 20 grammes par centimètre carré. Dans la pratique ces charges sont de beaucoup dépassées, ce qui revient à dire que la fonte des boulets porte beaucoup plus de 10 kilogrammes par millimètre carré. Si l'on admet que dans de pareilles pièces la fonte puisse porter jusqu'à 35 kilogrammes, les chiffres ci-dessus seraient multipliés par 50 et deviendraient respectivement 300 grammes et 1 kilogramme par centimètre carré de section diamétrale. Il semblerait prudent de ne pas dépasser ce dernier chiffre.

CHAPITRE X

GLISSEMENT ET TORSION

§ 1er

GLISSEMENT TRANSVERSAL

137. Définition et formule fondamentale. — Lorsque l'effort qui agit sur une tige prismatique s'exerce perpendiculairement à sa longueur, dans le plan d'une de ses sections transversales, cet effort prend le nom d'*effort tranchant*; l'effet qu'il produit, celui de *cisaillement* ou de *glissement transversal*.

La déformation, qui se mesure alors par le petit angle que forme, avec sa direction primitive, une normale à la section transversale menée dans le solide, ne peut plus, en général, être appréciée en raison de la petitesse de ses effets. On admet cependant, par analogie, qu'elle est proportionnelle à l'effort rapporté à l'unité de surface de la section sur laquelle s'opère le glissement. Le rapport, supposé ainsi constant, entre cet effort $\frac{P}{\Omega} = p$ sur l'unité de surface et le petit angle i qui mesure le glissement, se représente par un nouveau coefficient G, dit coefficient d'élasticité transversale ou de *glisse-*

ment, et on écrit alors, comme pour l'extension simple,

$$i = \frac{P}{G\Omega}, \quad \text{ou} \quad p = Gi.$$

138. Rupture par cisaillement. — Les déformations par glissement transversal semblent suivre des lois analogues à celles qui proviennent de l'extension simple. Lorsqu'elles sont suffisamment petites, elles disparaissent entièrement avec l'effort qui les a produites. Lorsqu'elles dépassent une certaine limite, elles ne disparaissent plus que partiellement, et il reste une déformation permanente ; enfin, si l'effort est augmenté suffisamment, il produit la rupture.

La charge de rupture par cisaillement de l'acier et du fer a été trouvée égale environ aux 0,70 ou 0,80, soit en moyenne aux trois quarts de celle qui produit la rupture par extension. Ainsi l'effort nécessaire pour percer un trou d'un diamètre D dans une tôle d'épaisseur *e* s'obtiendra en multipliant la surface à cisailler, πDe, par un coefficient égal aux trois quarts environ de la charge de rupture par traction. La charge de sécurité pour les efforts transversaux doit donc être réduite à peu près dans la même proportion. Le Règlement sur les Ponts métalliques, en date du 29 août 1891 porte que « l'on appliquera aux efforts de cisaillement et de « glissement longitudinal les mêmes limites qu'aux efforts « d'extension et de compression, mais en leur faisant subir « une réduction d'un cinquième, étant entendu que les pièces « auront les dimensions nécessaires pour résister au voile- « ment ; pour le fer laminé dans un seul sens, on fera subir « à ces coefficients une réduction d'un tiers lorsque l'effort « tendra à séparer les fibres métalliques. »

139. Données numériques. — Voici quelques données numériques relatives à la résistance par glissement transversal ou cisaillement. Elles sont peu nombreuses et doivent être regardées comme très incertaines : les expériences qui peuvent servir à les déterminer présentent de grandes difficultés.

Tous les chiffres sont des kilogrammes par millimètre carré.

NOMS DES MATÉRIAUX	COEFFICIENT D'ÉLASTICITÉ de glissement G	CHARGE DE RUPTURE par cisaillement	CHARGE DE SÉCURITÉ
Acier (¹).............	8.000	40 à 50	8 à 10
Fer................	6.500	25 à 35	5 à 7
Fonte...............	2.000	6 à 20	2 à 3
Chêne.. ⎰ parallèlement ⎱	50	0^{kg},12 à 0^{kg},18	0^{kg},04 à 0^{kg},05
Sapin .. ⎱ aux ⎰	à		
Frêne .. ⎰ fibres ⎱	80	0^{kg},10 à 0^{kg},15	0^{kg},03 à 0^{kg},04
Orme...			

(1) Certains aciers trempés, pour ressorts, supportent avec sécurité des charges de cisaillement de 60 kilogrammes par millimètre carré.

140. Résistance et calcul des rivets. — La considération de ces efforts transversaux sert, en particulier, à calculer les dimensions à donner aux rivets, boulons, etc., destinés à réunir des pièces de bois ou de fer en les empêchant de glisser les unes sur les autres. Ce calcul donne lieu aux observations suivantes : si un rivet DD (*fig.* 145) sert à réunir une pièce AA à deux autres, BB, CC, qui l'embrassent, la résistance au glissement de cette pièce se compose de l'adhérence ou du frottement exercé sur elle par les deux autres,

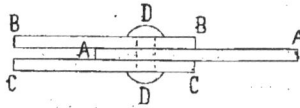

FIG. 145.

plus de la résistance au cisaillement du rivet, dans les deux sections qui devraient se rompre pour permettre le mouvement. Or, l'expérience montre que l'adhérence, qui cependant représente un effort de 13 kilogrammes à 15 kilogrammes par millimètre carré de section de rivet, n'augmente pas sensiblement la résistance à la rupture, c'est-à-dire qu'elle est toujours détruite au moment où la rupture commence. Elle montre, en outre, que l'effort nécessaire pour produire le cisaillement double est notablement inférieur au double de celui qui produirait le cisaillement simple. Cela tient à ce que l'effort ne se répartit pas également sur les deux sections, l'une commence à se rompre avant l'autre.

Cela s'applique à la charge de rupture, qui détruit en même temps l'adhérence produite par le rivet.

Lorsqu'il s'agit de déterminer, au contraire, la charge de sécurité, c'est l'adhérence presque seule qu'il convient de faire entrer en ligne de compte.

M. Considère a constaté en effet (*Ann. des P. et Ch.*, 1886, 1er sem., p. 137) que tout effort supérieur à l'adhérence disloque très rapidement les rivets, lorsqu'il se répète alternativement dans les deux sens opposés ; que ces efforts produisent toujours un petit déplacement relatif des surfaces en contact, et amènent leur polissage. Il en résulte que les pièces réunies par plusieurs rivets et dans lesquelles l'adhérence est détruite, n'exercent plus leur action mutuelle que par l'intermédiaire de ces rivets, lesquels se trouvent très inégalement chargés, pour peu qu'il y ait la plus minime irrégularité dans les alignements des trous à travers lesquels ils sont placés.

Cet effet ne se produit pas tant que l'adhérence n'est pas détruite, et rien ne s'oppose alors à ce que les efforts se répartissent également en tous les points.

Il convient donc de faire en sorte que les efforts transmis aux pièces réunies par des rivets n'atteignent jamais la limite de l'adhérence, et c'est cette limite qu'il convient de prendre, en la réduisant dans une proportion convenable, pour la charge de sécurité.

L'adhérence d'un rivet de fer posé avec soin, à la température la plus convenable, laquelle paraît être celle de 500 à 600° C. (rouge disparaissant), peut atteindre environ 15 kilogrammes par millimètre carré de la section du rivet ; il est prudent de ne pas faire supporter aux pièces rivées d'efforts supérieurs à une fraction (au tiers ou au quart) de cette limite, c'est-à-dire 4 ou 5 kilogrammes par millimètre carré.

Les dimensions des rivets se calculent ordinairement par le raisonnement suivant :

Si l est la largeur des tôles à réunir, e leur épaisseur, n le nombre des rivets d'un diamètre d qui doivent opérer cette réunion ; ces rivets étant supposés sur une même ligne, la largeur effective de la tôle, après perçage des n trous, se trouve réduite à $l - nd$, sa section à $e\,(l - nd)$ et sa résistance, si R_0 est la charge de sécurité, à $R_0 e\,(l - nd)$. Si, d'un autre côté, R'_0 est la charge de sécurité par unité de section transversale des rivets, la section de chacun d'eux étant $\frac{\pi d'^2}{4}$, ceux-ci pourront résister à un effort $R'_0 n\,\frac{\pi d'^2}{4}$

En égalant ces deux efforts, on a une équation

$$R_0 e\,(l - nd) = R'_0 n\,\frac{\pi d'^2}{4},$$

qui sert à déterminer l'une des deux inconnues n ou d lorsque l'autre est donnée. On en déduit, pour l'espacement $\frac{l}{n}$ des rivets

$$\frac{l}{n} = d + \frac{\pi d'^2}{4e} \cdot \frac{R'_0}{R_0}.$$

Le rapport $\frac{R'_0}{R_0}$ ne diffère pas beaucoup de l'unité. Il varie ordinairement de 0,80 (rivets en acier réunissant des tôles d'acier) à 1,25 (rivets en fer réunissant des tôles de fer) suivant la nature des métaux et le soin apporté à la fabrication des trous.

Il y a une autre considération dont il faut tenir compte dans le calcul des rivets, c'est celle de l'effort que ces pièces exercent sur les tôles pour les empêcher de glisser, en supposant que l'adhérence soit détruite. Cet effort qui se transmet sur la tranche du trou ne doit pas dépasser une certaine limite, 5 ou 6 kilogrammes par millimètre carré, par exemple, de la surface diamétrale. Si l'on désigne par P l'effort qui tend à faire glisser la tôle, rapporté à la distance comprise entre deux rivets voisins, c'est-à-dire la portion de l'effort total qui doit être équilibré par la résistance d'un seul rivet dont la section diamétrale est de, nous devrons avoir, d'après cela, en appelant R'_0 la limite dont nous venons de parler,

$$P \le R'_0 de.$$

Mais, d'autre part, d'après le raisonnement précédent, nous

19

avons déjà

$$P \leqq \frac{\pi d'^2}{4} \, R'_0.$$

Et si nous égalons les deux limites supérieures de l'effort P, nous obtiendrons.

$$d = \frac{4e}{\pi} \cdot \frac{R''_0}{R'_0}.$$

Ou bien, en supposant, ce qui n'est jamais bien loin de la vérité, que les deux charges de sécurité R''_0 et R'_0 sont égales :

$$d = \frac{4e}{\pi} = 1,27e.$$

Il n'est pas nécessaire de dire que le résultat de ce calcul ne doit être regardé que comme une approximation, puisque nous avons remplacé les signes d'inégalité par ceux d'égalité.

Si l'on se reporte à la première des équations précédentes, et si l'on fait abstraction de toute autre considération, la valeur de n la plus favorable serait $n = 1$. Il y aurait donc avantage à n'employer qu'un seul rivet d'un très gros diamètre, ou, si l'on veut, à diminuer le plus possible le nombre des rivets en augmentant leur grosseur ; mais cette formule suppose que l'effort se répartit également sur toute l'étendue l de la section transversale des tôles, ce qui ne peut avoir lieu, au contraire, que lorsque le nombre des rivets est assez grand et ne serait théoriquement réalisé que par un nombre infini de rivets infiniment petits. C'est donc à l'expérience seule qu'il faut s'en rapporter pour déterminer l'espacement le plus convenable à adopter pour les rivets, eu égard aux dimensions des pièces à réunir et aux efforts qu'elles doivent supporter. En général, dans les ponts métalliques de dimensions ordinaires, cet espacement s'écarte peu de 10 à 12 centimètres d'axe en axe des rivets. On peut donc, en partant de cette donnée, choisir le nombre n des rivets d'une même file et calculer, par la formule précédente, le diamètre correspondant.

L'espacement des rivets doit être, au contraire, beaucoup plus faible, lorsqu'il s'agit, comme dans la construction des chaudières, par exemple, d'obtenir un joint étanche,

Lorsque les rivets sont disposés suivant plusieurs lignes parallèles, une formule analogue peut s'appliquer ; mais on n'a plus qu'une approximation probablement assez grossière. On ignore, en effet, comment se répartit, entre ces diverses lignes, l'effort total à transmettre par les tôles.

On trouve, sur ce sujet, dans les aide-mémoire, des règles empiriques consacrées par la pratique et qu'il convient d'adopter jusqu'à ce qu'une analyse plus détaillée et plus complète de cette question ait pu être faite et donner des indications théoriques plus certaines.

141. Écoulement des solides. Équation générale de l'équilibre des corps plastiques.

— La rupture par cisaillement ou glissement présente, avec la rupture par extension, une différence notable. Dans cette dernière, les particules du corps rompu, qui se détachent de leurs voisines, se trouvent en même temps séparées de toutes les autres et la rupture se traduit par une disjonction complète des deux parties. Dans la rupture par cisaillement, au contraire, les particules de l'une des portions du corps se séparent bien des particules correspondantes de l'autre partie, mais elles restent, par rapport aux voisines, à des distances comparables, de sorte que le solide ne subit pas, tout d'abord, une disjonction définitive. Le phénomène offre quelque analogie avec ce qui se passerait dans un liquide : l'une des parties du corps continuant à se déplacer par rapport à l'autre sans s'en éloigner, à la manière d'une couche liquide qui s'écoulerait sur une couche inférieure. L'effort n'augmente plus avec le déplacement qui, une fois commencé sous un effort déterminé, continue à se produire sous le même effort.

Les phénomènes d'écoulement des solides, étudiés d'abord par M. Tresca, se rattachent donc d'une façon tout à fait intime à ceux de rupture par cisaillement. Lorsqu'un corps solide, sous l'action d'une forte pression extérieure, acquiert ainsi le caractère de plasticité, de telle manière que les particules qui le constituent glissent les unes sur les autres sans se séparer, l'effort tangentiel, en chacun des points où le glissement se fait ainsi sentir, est égal à celui qui produit la rupture par cisaillement. Or, nous avons vu (n° 12, p. 45) que si N_x, N_y, et T représentent, pour un élément rectangulaire quelconque d'un solide, les efforts normaux sur les faces perpendiculaires aux x et aux y et l'effort tangentiel sur les mêmes faces, l'effort tangentiel, sur un plan d'une direction quelconque, dont la normale fait un angle α avec la plus grande des pressions principales en ce point, a pour valeur

$$\frac{\sin 2\alpha}{2} \sqrt{(N_x - N_y)^2 + 4T^2}.$$

Or, pour $\alpha = 45°$, cet effort est maximum et il atteint la valeur

$$\frac{1}{2} \sqrt{(N_x - N_y)^2 + 4T^2}.$$

La condition de plasticité ou d'écoulement du solide s'exprimera donc en écrivant que cette plus grande valeur de l'effort tangentiel en chaque point est précisément égale à la charge de rupture par cisaillement. En désignant par K cette charge par unité de surface, nous aurons donc

$$\sqrt{(N_x - N_y)^2 + 4T^2} = 2K.$$

Cette équation, et les deux suivantes, que nous avons établies (page 145) pour exprimer l'équilibre de l'élément infiniment petit $dx\,dy$,

$$\frac{dN_x}{dx} + \frac{dT}{dy} + \Pi = 0, \qquad \frac{dN_y}{dy} + \frac{dT}{dx} = 0,$$

suffisent à déterminer N_x, N_y et T et, par suite, les conditions d'équilibre du corps plastique considéré.

Comme le poids Π de l'unité de volume est, dans ce cas particulier, toujours petit par rapport aux pressions qui produisent l'écoulement du solide, on le néglige, et, en l'effaçant de la première équation, celles-ci deviennent applicables, quelle que soit la direction des axes rectangulaires de coordonnées.

142. Application aux corps cylindriques. — Pour en faire une application aux corps cylindriques étudiés plus spécialement par M. Tresca, nous allons les transformer en employant les coordonnées polaires [1].

Soit ABCD (*fig.* 146) un élément rectangulaire compris entre deux circonférences concentriques de rayons r et $r + dr$ et deux rayons vecteurs définis par les angles θ et $\theta + d\theta$ qu'ils font avec un rayon OX pris pour origine. Désignons par N_r, N_θ les efforts normaux exercés sur les faces AD, AB, respectivement perpendiculaires aux r et aux θ, et par T l'effort tangentiel exercé sur l'une ou l'autre de ces faces rectangulaires ; écrivons l'équilibre de l'élément rectangulaire $r\,dr\,d\theta$ sous l'action de ces forces, c'est-à-dire égalons à zéro les projections de ces forces sur deux axes rectangulaires dont l'un sera le rayon OM, bissecteur de $d\theta$, et l'autre une perpendiculaire à cette direction. Nous aurons facilement

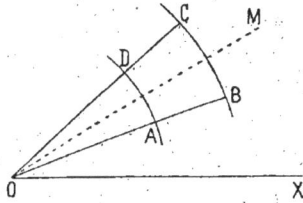

Fig. 146.

$$-N_r r\,d\theta + \left(N_r + \frac{dN_r}{dr}\right)(r + dr)d\theta - N_\theta\,dr\frac{d\theta}{2} - \left(N_\theta + \frac{dN_\theta}{d\theta}\,d\theta\right)dr\frac{d\theta}{2} + \frac{dT}{d\theta}\,d\theta\,dr = 0$$

$$-N_\theta\,dr + \left(N_\theta + \frac{dN_\theta}{d\theta}\,d\theta\right)dr - Tr\,d\theta + \left(T + \frac{dT}{dr}\,dr\right)(r + dr)d\theta + 2T\,dr\frac{d\theta}{2} = 0 ;$$

ou, en réduisant et divisant par $r\,dr\,d\theta$,

$$(3) \qquad \begin{cases} \dfrac{dN_r}{dr} + \dfrac{N_r - N_\theta}{r} + \dfrac{1}{r}\dfrac{dT}{d\theta} = 0 ; \\[2mm] \dfrac{dN_\theta}{r\,d\theta} + \dfrac{dT}{dr} + \dfrac{2T}{r} = 0. \end{cases}$$

Ces deux équations, jointes à celle qui exprime la plasticité et qui, en mettant N_r et N_θ au lieu de N_x et N_y, peut s'écrire

$$(4) \qquad \sqrt{(N_r - N_\theta)^2 + 4T^2} = 2K,$$

suffisent pour résoudre le problème.

[1] Cette application est empruntée au § X de l' *l'Essai théorique sur l'équilibre des massifs pulvérulents* de M. J. Boussinesq.

Considérons un corps cylindrique dont nous prendrons le centre pour origine des coordonnées, et que nous supposerons soumis à des efforts symétriques par rapport à son axe de figure. En raison de cette symétrie, les N et T deviennent indépendants de θ ; T est nul partout, et les actions principales sont évidemment, en chaque point, dirigées suivant le rayon et suivant la circonférence. Les équations précédentes, lorsqu'on y annule T et les dérivées par rapport à θ deviennent simplement

$$(5) \quad \frac{dN_r}{dr} + \frac{N_r - N_\theta}{r} = 0, \qquad N_r - N_\theta = \pm 2K.$$

Le signe supérieur correspond à N_r plus grand que N_θ. Il est facile de reconnaître que cela arrive lorsque le glissement s'opère de telle manière que la matière se rapproche de l'axe de symétrie. Le signe inférieur correspond au cas où le glissement se produit en sens inverse et où la matière s'éloigne de cet axe.

Elles donnent alors

$$\frac{dN_r}{dr} = \mp \frac{2K}{r}, \qquad \text{ou} \qquad dN_r = \mp 2K \frac{dr}{r};$$

d'où

$$(6) \quad N_r = \mp 2K \log r + c,$$

en désignant par c une constante à déterminer par les conditions du problème. Supposons par exemple que nous ayons un cylindre creux dont le rayon intérieur soit r_0 et qui supporte une pression P_0 par unité de surface ; nous devrons avoir, pour $r = r_0$, $N_r = -P_0$. D'où

$$-P_0 = \mp 2K \log r_0 + c; \qquad c = -P_0 \pm 2K \log r_0,$$

et par conséquent

$$(7) \quad N_r = -P_0 \mp 2K \log \frac{r}{r_0}, \quad N_\theta = -P_0 \mp 2K \left(1 + \log \frac{r}{r_0} \right).$$

En toute rigueur, ces formules ne conviennent que pour des déformations dans lesquelles les couches matérielles cylindriques conservent leur hauteur et s'éloignent ou se rapprochent les unes des autres sans cesser d'être normales aux bases du cylindre.

143. Anneau soumis à une pression centrale. —

On peut les considérer comme applicables à un anneau, dont la surface intérieure, de rayon r_0, est soumise, par unité d'aire, à une pression P_0 qui la distend, tandis que la surface convexe, de rayon r_1, et les bases sont libres. Alors N_θ est la plus grande des deux forces principales et N_r la plus petite parce que les faces matérielles les plus tendues sont les circonférences, et les plus contractées sont les rayons. Il faut donc prendre les signes inférieurs des formules, et, en écrivant alors que, pour $r = r_1$, on a $N_r = 0$, il vient

$$(8) \qquad P_0 = 2K \log \frac{r_1}{r_0}.$$

Si l'anneau, au lieu d'avoir sa surface extérieure et ses bases libres, en ayant toujours sa surface intérieure, de rayon r_0, soumise à une pression P_0 par unité de surface, est maintenu dans une enveloppe rigide, de rayon invariable r_1, de manière qu'il ne puisse se dilater dans ce sens, et s'il est, de plus, soumis sur ses bases extrêmes à une pression parallèle à son axe de figure, dont nous désignerons l'intensité, en chaque point, par N_z, nous pouvons admettre approximativement, en considérant un élément parallélépipède compris entre deux plans parallèles aux bases, entre deux cylindres concentriques, et entre deux plans méridiens infiniment voisins, que cet élément, dont la matière s'éloigne ou se rapproche de l'axe du cylindre, en suivant à peu près le rayon, se trouve, dans les deux sens perpendiculaires à cette direction, dans des conditions à peu près identiques au point de vue des efforts qu'il a à subir des éléments voisins. Cela revient à supposer $N_z = N_\theta$, ou bien

$$(9) \qquad N_z = - P_0 \pm 2K \left(1 + \log \frac{r}{r_0} \right).$$

L'effort total exercé sur la base de l'anneau, dont la superficie est $\pi (r_1^2 - r_0^2)$, devra être égal à la somme $\int_{r_0}^{r_1} N_z 2\pi r \, dr$ des efforts élémentaires supportés par chacune des circonférences concentriques. Et si nous désignons par — P_z la pression *moyenne* par unité d'aire sur l'une des bases, de manière que cet effort total soit — $P_z \pi (r_1^2 - r_0^2)$, nous aurons

$$- P_z \pi (r_1^2 - r_0^2) = \int_{r_0}^{r_1} \left[- P_0 \pm 2K \left(1 + \log \frac{r}{r_0} \right) \right] 2\pi r\, dr,$$

ou bien

$$P_z \pi (r_1^2 - r_0^2) = (P_0 \mp 2K) \pi (r_1^2 - r_0^2) \mp K \pi r_0^2 \left[\frac{r^2}{r_0^2} \left(-1 + \log \frac{r^2}{r_0^2} \right) \right]_{r_0}^{r_1};$$

d'où

$$(10) \qquad P_z = P_0 \mp K \left(1 + \frac{2r_1^2}{r_1^2 - r_0^2} \log \frac{r_1}{r_0} \right).$$

Si la pression P_z, exercée sur les bases, est assez forte pour écraser l'anneau en faisant décroître son rayon intérieur r_0, le rayon extérieur r_1 étant toujours supposé invariablement maintenu, on devra prendre les signes inférieurs, et on aura

$$P_z = P_0 + K \left(1 + \frac{2r_1^2}{r_1^2 - r_0^2} \log \frac{r_1}{r_0} \right).$$

Le cas contraire où la pression intérieure serait assez forte pour refouler l'anneau en surmontant la pression P_z donnerait, avec les signes supérieurs

$$(11) \qquad P_0 = P_z + K \left(1 + \frac{2r_1^2}{r_1^2 - r_0^2} \log \frac{r_1}{r_0} \right).$$

Enfin, on peut encore appliquer cette formule au cas où P_z deviendrait égal à zéro; on aurait alors simplement

$$(12) \qquad P_0 = K \left(1 + \frac{2r_1^2}{r_1^2 - r_0^2} \log \frac{r_1}{r_0} \right)$$

pour l'expression de la pression qu'il serait nécessaire d'appliquer à l'intérieur d'un anneau cylindrique, dont la surface latérale serait invariablement maintenue dans une enveloppe fixe, pour refouler sa matière sur ses bases.

144. Expériences de M. Tresca. — Les formules précédentes ont été trouvées (et démontrées d'une manière toute différente) par M. Tresca ([1]), qui notamment a fait des expériences de poinçonnage sur des blocs cylindriques de plomb ou d'étain de rayon r_1, posés sur un plan rigide et soumis, au milieu de leur base supérieure, à l'action d'un poinçon également cylindrique et d'un rayon plus petit r_0, le reste de la base supérieure restant libre. La surface latérale est tantôt libre, tantôt rendue inextensible, dans le sens horizontal, par un cylindre extérieur rigide qui l'entoure. M. Tresca suppose, ce qui doit être peu éloigné de la vérité, que le cylindre de matière, de rayon r_0, placé sous le poinçon, éprouve un écrasement uniforme jusqu'à une certaine distance du poinçon; cela étant, la pression exercée par l'unité d'aire de celui-ci se transmettrait à tous les éléments plans horizontaux du cylindre central; les éléments plans verticaux de ce cylindre supporteraient alors, en vertu de l'équation ou hypothèse fondamentale $N_x - N_y = \pm 2K$, la même pression diminuée de $2K$.

C'est cette pression, exercée sur les éléments plans verticaux, qui agit à l'intérieur de l'anneau $r_1 - r_0$ et qui produit la dilatation latérale suivant l'une des formules (8) ou (9) selon que la surface latérale r_1 est libre ou inextensible. Si donc P_0 désigne toujours la pression par unité d'aire à l'intérieur de l'anneau, la pression exercée par le poinçon sera, par unité d'aire, $P_0 + 2K$; et la force totale, F, qui pousse le poinçon et qui est susceptible d'être mesurée directement, a pour valeur $(P_0 + 2K) \pi r_0^2$, ou

$$(13) \begin{cases} \text{si la surface latérale est libre } F = 2K\pi r_0^2 \left(1 + \log \frac{r_1}{r_0}\right); \\ \text{si la surf. latér. est inextensible } F = K\pi r_0^2 \left(3 + \frac{2r_1^2}{r_1^2 - r_0^2} \log \frac{r_1}{r_0}\right). \end{cases}$$

Toutefois, quand un orifice de mêmes dimensions transversales que le poinçon est percé, vis-à-vis du poinçon même, dans le plan fixe qui supporte le bloc, il arrive un moment où le cylindre central, alors réduit à une hauteur assez petite h, éprouve moins de résistance à sortir par cet orifice, en glissant le long de la surface intérieure $2\pi r_0 h$ de

([1]) *Mémoire sur le poinçonnage des métaux et la déformation des corps solides (Recueil des savants étrangers de l'Académie des Sciences*, t. XX, 1872).

l'anneau qui l'entoure, qu'à continuer à étendre latéralement celui-ci, et où, par suite, la pression du poinçon détermine l'expulsion du cylindre central. A ce moment, deux lignes verticales contiguës, prises dans le même plan méridien, l'une dans le cylindre central, l'autre dans l'anneau, glissent évidemment, l'une devant l'autre, plus que deux éléments parallèles voisins ayant toute autre orientation ; c'est donc suivant cette direction verticale que le glissement, et par suite l'effort tangentiel, est maximum, et cet effort maximum est alors, par la définition même du corps plastique, égal à K. La résistance qu'éprouve le cylindre central à sortir par l'orifice, en glissant contre l'anneau qui l'entoure, est alors le produit de K par la surface de contact $2\pi r_0 h$; et la pression du poinçon surmonte cette résistance, ou détermine la sortie de la *débouchure* dès que h est devenue assez petite pour que le produit $2\pi r_0 h$K cesse de dépasser le second membre des expressions précédentes de F. Au moment où la débouchure se forme, la force F qui pousse le poinçon est donc exprimée tout à la fois par ce second membre et par $2\pi r_0 h$K. On en déduit, pour la hauteur h de la débouchure

$$(14) \begin{cases} \text{si la surface latérale est libre} \quad h = r_0 \left(1 + \log \frac{r_1}{r_0} \right) ; \\ \text{si la surface latér. est inextensible} \ h = r_0 \left(\frac{3}{2} + \frac{r_1^2}{r_1^2 - r_0^2} \log \frac{r_1}{r_0} \right) \end{cases}$$

M. Tresca étudie encore l'écoulement d'un bloc ductile de rayon r_1 remplissant un vase cylindrique inextensible, percé en son fond d'un orifice circulaire de rayon r_0 concentrique au vase, sous la poussée F d'un piston qui recouvre toute sa base supérieure. Le cylindre central de rayon r_0, dans sa partie voisine du fond du vase et qui est à l'état plastique, ne supporte presque aucune pression sur ses éléments plans horizontaux, en sorte que ses éléments plans verticaux, normalement auxquels la matière se contracte, éprouvent une pression égale à 2K. Celle-ci est donc la valeur de la pression P_0 s'exerçant, par unité d'aire, sur la surface intérieure de l'anneau de rayon $r_1 - r_0$ qui entoure le cylindre central. Pour produire l'écoulement du solide, sous l'action de cette pression intérieure P_0, appliquée à l'intérieur de l'anneau, il faut, d'après ce qui est dit plus haut, exercer sur la surface supérieure une poussée totale $F = P_z \pi \, (r_1{}^2 - r_0{}^2)$, la valeur de P_z étant donnée par la formule (10). La force totale F, capable de produire l'écoulement dont il s'agit, sera donc, en mettant dans cette formule pour P_0 sa valeur 2K

$$(15) \qquad F = \pi \, (r_i^2 - r_0^2) \, K \left(3 + \frac{2r_i^2}{r_i^2 - r_0^2} \log \frac{r_i}{r_0} \right).$$

Au moyen des trois formules (13) et (15), M. Tresca a déterminé, pour le plomb, un assez grand nombre de valeurs de K. Ces valeurs ont été remarquablement concordantes, et leur moyenne s'écarte peu de 200 kilogrammes par centimètre carré. Il a aussi reconnu l'exactitude des formules (14) qui donnent la hauteur des débouchures, au moyen d'expériences faites sur des cylindres de plomb, de cire à modeler, de diverses pâtes céramiques, d'étain, de cuivre et même de fer.

§ 2

TORSION

145. Définition. — Nous avons, au chapitre VIII, considéré une tige prismatique soumise à une force dirigée suivant son axe longitudinal. Supposons maintenant que nous ayons appliqué, à une des extrémités de cette tige, un couple situé dans un plan normal à l'axe et dont le moment par rapport à cet axe soit représenté par M. S'il n'y a aucune autre force appliquée à la tige, il faudra, pour l'équilibre, que les forces élastiques développées dans une section transversale quelconque aient pour résultante un couple dont le moment soit M.

La déformation qui en résulte porte le nom de *torsion*. Elle consiste en une rotation d'une section par rapport à la section voisine, l'axe longitudinal étant supposé fixe. Un point quelconque m (*fig.* 147), projeté en M, appartenant à une section transversale AB, décrit, dans cette rotation, un petit arc de cercle projeté en MM', mm' et ayant son centre en O sur l'axe longitudinal. Soient OX, OY les axes principaux d'inertie de la section transversale, pris pour axes coordonnés, l'axe longitudinal étant pris pour axe des Z ; la fibre primitivement verticale mm_1 projetée en M se transformera en un arc d'hélice, projeté verticalement en m_1m', et horizontalement sur l'arc de cercle MM'. Désignons par Θ l'angle dont une section a tourné par rapport à une autre située à une distance L mesurée sur l'axe longitudinal, et par $\theta = \dfrac{\Theta}{L}$ la torsion par unité de longueur ; l'angle MOM' sera mesuré par $\theta.AA_1 = \theta dz$, si dz est la distance des deux sections voisines.

146. Évaluation des glissements élémentaires.

— Supposons d'abord que la section A_1B_1 ait conservé, en m_1, sa direction primitive, le glissement, en ce point, de l'une des sections par rapport à l'autre sera mesuré par $\dfrac{MM'}{AA_1}$, et si r désigne la distance OM du point considéré à l'axe longitudinal, l'arc MM' sera égal au produit de r par l'angle MOM'

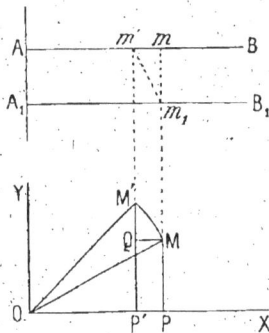

FIG. 147.

c'est-à-dire par θdz, de sorte que le glissement dont il s'agit sera exprimé par $\dfrac{r.\theta dz}{dz} = \theta r$.

Si donc, comme nous le supposons, la section A_1B_1 conserve en tous ses points sa direction primitive, c'est-à-dire reste plane, et si $d\omega$ est la superficie de l'élément de la section transversale situé en m, le glissement θr correspond à un effort $G\theta r d\omega$, en désignant comme précédemment par G le coefficient d'élasticité de glissement. Le moment par rapport à OZ de cette force, qui est dirigée suivant MM', est $G\theta r^2 d\omega$, et la somme qui doit équilibrer le moment M des forces extérieures est $\int G\theta r^2 d\omega$. Nous avons donc :

$$M = G\theta \int r^2 d\omega = G\theta.J ;$$

en désignant par J le moment d'inertie polaire de la section transversale, $J = \int r^2 d\omega = \int (x^2 + y^2)\, d\omega = I_x + I_y$, lequel est égal à la somme des deux moments d'inertie principaux.

Nous pouvons considérer le glissement θr comme la résultante de deux autres exprimés par $\dfrac{MQ}{AA_1}$ et $\dfrac{QM'}{AA_1}$, c'est-à-dire que ses composantes i_x, i_y suivant les axes coordonnés x et y auront respectivement pour expression $i_x = -\theta y$, $i_y = \theta x$; en désignant par x et y les coordonnées du point M et en considérant la similitude des deux triangles M'QM, OPM.

Les glissements composants i_x, i_y sont les angles que forment, avec la verticale, les projections de l'arc d'hélice $m_1 m'$ sur les deux plans coordonnés des zx et des zy, lorsque la section $A_1 B_1$ a conservé sa direction primitive en m.

Mais, si la section ne reste pas plane, et si z est l'ordonnée du point M déplacé, le plan tangent au point M à la section déformée coupera les plans coordonnés suivant deux lignes qui feront, avec les axes des x et des y, des angles dont les tangentes seront respectivement $\dfrac{dz}{dx}$ et $\dfrac{dz}{dy}$. Ces angles étant très petits, nous pouvons les considérer comme égaux à leurs tangentes. Il en résulte que la projection sur le plan ZOX, par exemple, de l'arc d'hélice qui représente la nouvelle position de la fibre mm_1 après la torsion, laquelle fait avec la verticale un angle $-\theta y$, fait, avec sa projection sur le plan tangent à la section, un angle dont le complément sera $\dfrac{dz}{dx} - \theta y$; la composante i_x du glissement réel mesuré parallèlement à l'axe des x sera donc

$$(1) \qquad\qquad i_x = \frac{dz}{dx} - \theta y,$$

et nous aurons, de même,

(2) $$i_y = \frac{dz}{dy} + \theta x.$$

147. Forme affectée par les sections transversales après la torsion.

— Considérons un élément parallélépipède, situé au point M (*fig.* 148), et ayant pour dimen-

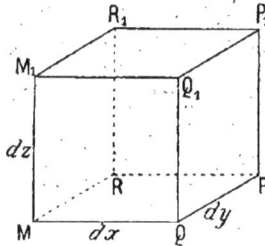

sions dx, dy, dz. La face supérieure M_1P_1 a glissé, par rapport à la face inférieure, de i_x parallèlement à dx, et de i_y parallèlement à dy; donc, réciproquement, la face latérale $R_1P = dxdz$ a glissé, devant la face parallèle MQ_1 de i_y, et la face latérale $QP_1 = dydz$ a glissé, devant la face parallèle MR_1, de i_x. Si donc nous négligeons le poids de cet élément,

FIG. 148.

et si nous écrivons qu'il y a équilibre entre les forces qui agissent sur ses faces latérales parallèlement à l'axe des z (puisque, par hypothèse, les faces supérieure et inférieure, perpendiculaires à cet axe, n'exercent que des efforts situés dans leurs plans qui n'ont pas de composante longitudinale), nous aurons, sur la première face $dydz$, un effort $Gi_x dydz$ et sur la seconde, un effort $- Gdydz\left(i_x + \frac{di_x}{dx}dx\right)$; sur la première face $dxdz$ un effort $Gi_y dxdz$ et sur la seconde $- Gdxdz\left(i_y + \frac{di_y}{dx}dy\right)$. La somme de ces quatre forces doit être égale à zéro, ce qui donne, en réduisant, $\frac{di_x}{dx} + \frac{di_y}{dy} = 0$, ou bien, en mettant pour i_x et i_y leurs valeurs ci-dessus, la condition

(3) $$\frac{d^2z}{dx^2} + \frac{d^2z}{dy^2} = 0.$$

C'est l'équation différentielle de la surface affectée par la section transversale déformée. On voit que les courbures des sections faites dans cette surface par des plans parallèles aux x et aux y sont égales et de sens contraire.

Cette équation différentielle doit être définie par une condition relative au contour de la section, que nous allons déterminer. Soit AB (*fig.* 149) une génératrice du cylindre qui forme le contour de la tige tordue ; considérons le plan tangent à ce cylindre le long de cette génératrice, et la normale *mp* à ce plan en un certain point *m*. Cette ligne *mp* sera, avant la torsion, comprise dans le plan de la section transversale. Le plan tangent suivant AB, ou la petite portion du cylindre contournant avec laquelle il se confond, n'est soumis à aucune force autre que la pression atmosphérique qui lui est normale ; la section transversale passant par *mp* n'est soumise qu'à des forces situées dans son plan, et par conséquent perpendiculaires à AB, il en résulte que, si nous considérons le dièdre formé par ces deux plans, il n'existe aucune force tendant à en modifier l'angle droit. La section transversale, après la déformation, restera donc normale en *m* au plan tangent suivant AB ; elle pourra bien, en tournant autour de *mp*, s'incliner sur la ligne AB, mais elle ne cessera pas d'être tangente à la ligne *mp*, normale au plan tangent.

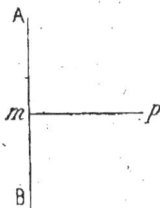

Fig. 149.

Si maintenant nous considérons le plan tangent à cette section transversale au point *m*, il contiendra la ligne *mp*, et si nous projetons, sur ce plan, l'arc d'hélice constitué par la ligne AB déformée, la projection, sur un plan passant par *mp*, de cette ligne tangente à un plan normal à *mp*, sera elle-même normale à *mp*, c'est-à-dire tangente au contour de la section transversale, lequel n'a pas cessé d'être normal à *mp*.

Si donc $f(x, y) = 0$ est l'équation du contour de la section, et $\dfrac{dx}{dy}$ le coefficient angulaire de sa tangente, comme celui de la tangente à l'hélice projetée sur le plan de la section transversale est mesuré par le rapport $\dfrac{i_x}{i_y}$, nous aurons, pour l'équation exprimant la condition cherchée,

$$(4) \quad \frac{i_y}{i_x} = \frac{dy}{dx} \quad \text{ou} \quad \left(\frac{dz}{dy} + \theta x\right) dx - \left(\frac{dz}{dx} - \theta y\right) dy = 0.$$

Cette condition doit être satisfaite en tous les points du tour de la section.

148. Moment de torsion. Équation de résistance.

— Les expressions (1) et (2) des composantes i_x, i_y du glissement en un point quelconque d'une section permettent de calculer le moment des forces qui ont pu produire ces déformations.

Si, en effet, nous considérons dans le plan d'une section un élément $dxdy$, le glissement i_x, parallèlement aux x, développe un effort Gi_xdxdy, dont le moment, par rapport à l'axe, est $-Gi_xydxdy$.

De même, le glissement i_y, parallèlement aux y, développe un effort dont le moment est Gi_yxdxdy, et, par suite, la somme des moments de tous ces efforts élémentaires, pour toute la section, devant faire équilibre au moment M des forces qui produisent la torsion, on pourra écrire

$$(5) \quad M = \int\int G\left[\left(\frac{dz}{dy} + \theta x\right)x - \left(\frac{dz}{dx} - \theta y\right)y\right] dxdy.$$

En un point quelconque, le glissement total est exprimé par $\sqrt{i_x^2 + i_y^2}$, et si S_0 est la charge de sécurité correspondant aux efforts tangentiels ou de cisaillement, nous devrons avoir, comme condition de résistance :

$$(6) \quad G\sqrt{i_x^2 + i_y^2} \leqq S_0.$$

149. Cas où la section transversale reste plane. Section circulaire.

— La solution exacte du problème de la torsion nécessite l'intégration de l'équation aux dérivées partielles $\frac{d^2z}{dx^2} + \frac{d^2z}{d^2y} = 0$, qui donne la forme de la section transversale déformée. Cette intégration n'est pas toujours facile ni même possible ; elle peut s'effectuer exactement pour un certain nombre de formes de sections transversales, tandis que pour un grand nombre d'autres elle ne peut se faire que d'une manière approximative. Nous allons donner un exemple dans lequel elle peut être obtenue simplement; mais, auparavant, nous allons nous proposer de chercher la condition nécessaire pour que les sections transversales restent planes après la déformation.

Cette condition, qui s'exprime par $z = 0$ partout, est évidemment une solution de l'équation aux dérivées partielles (3). L'équation (4) du contour est alors, en raison de ce que $\dfrac{dz}{dx}$ et $\dfrac{dz}{dy}$ sont nulles,

$$\theta x\,dx + \theta y\,dy = 0,$$

laquelle est satisfaite par l'équation d'un cercle,

$$x^2 + y^2 = a^2,$$

et ne peut l'être autrement. Il n'y a donc que les cylindres à base circulaire dont la section transversale reste plane dans la torsion.

Les glissements composants i_x, i_y ont pour valeur $i_x = -\theta y$, $i_y = \theta x$, et le moment de torsion s'exprime par

$$M = \int\int G\theta\,(x^2 + y^2)\,dx\,dy = G\theta J,$$

en appelant J, comme précédemment, le moment d'inertie polaire de la section. Nous retrouvons ainsi l'expression que nous avions obtenue lorsque nous avions supposé que la section transversale conservait sa forme plane. Le glissement en un point quelconque, $\sqrt{i_x^2 + i_y^2}$, est égal à $\theta\sqrt{x^2 + y^2} = \theta r$. Il est donc maximum au contour où $r = a$ et il y atteint θa. L'équation de résistance peut s'écrire alors $G\theta a \leqq S_0$, ou bien, en remplaçant $G\theta$ par $\dfrac{M}{J}$, mettant pour J sa valeur qui, pour le cercle est $J = \dfrac{\pi a^4}{2} = \Omega\,\dfrac{a^2}{2}$, si Ω désigne la surface πa^2 de la section transversale

$$M \leqq S_0 \Omega\,\frac{a}{2}.$$

Observons aussi que l'expression $M = GJ\theta$ peut s'écrire identiquement

$$M = \frac{1}{4\pi^2}\,\frac{\Omega^4}{J}\cdot G\theta.$$

20

Cette forme, plus compliquée, est peut-être plus générale, comme nous le verrons.

150. Section transversale elliptique. — L'équation

aux dérivées partielles $\dfrac{d^2z}{dx^2} + \dfrac{d^2z}{dy^2} = 0$ est satisfaite aussi, comme on le sait, par celle qui représente le paraboloïde hyperbolique, $z = Axy$. On en déduit

$$\frac{dz}{dx} = Ay, \qquad \frac{dz}{dy} = Ax,$$

et, par suite,

$$i_x = \frac{dz}{dx} - \theta y = (A - \theta) y, \qquad i_y = \frac{dz}{dy} + \theta x = (A + \theta) x.$$

L'équation du contour de la section sera donc définie par

$$\frac{dy}{dx} = \frac{i_y}{i_x} = \frac{A + \theta}{A - \theta} \cdot \frac{x}{y} = -\frac{b^2 x}{a^2 y},$$

si l'on pose, pour abréger

$$\frac{A + \theta}{A - \theta} = -\frac{b^2}{a^2}.$$

Cela correspond à l'équation de l'ellipse

$$\frac{x^2}{a^2} + \frac{y^2}{b^2} = 1.$$

Les cylindres elliptiques, tordus, se déforment donc de telle manière que leurs sections transversales deviennent des paraboloïdes hyperboliques.

En appelant Ω la surface πab de la section transversale et remarquant que les moments d'inertie principaux I_x, I_y valent respectivement $\Omega \dfrac{b^2}{4}$ et $\Omega \dfrac{a^2}{4}$, le moment de torsion $M = \iint G (i_y x - i_x y)\, dx dy$ s'exprime par

$$M = \frac{2G\theta}{a^2 + b^2} \iint (b^2 x^2 + a^2 y^2)\, dx dy = \frac{2G\theta}{a^2 + b^2} (b^2 I_y + a^2 I_x)$$

$$= \frac{2G\theta}{a^2 + b^2} \left(b^2 \Omega \frac{a^2}{4} + a^2 \Omega \frac{b^2}{4} \right) = \frac{G\theta}{a^2 + b^2} \Omega a^2 b^2.$$

Introduisons dans cette formule le moment d'inertie polaire

$$J = I_x + I_y = \Omega \left(\frac{a^2 + b^2}{4} \right),$$

nous aurons, en remplaçant $a^2 + b^2$ par $\frac{4J}{\Omega}$,

$$M = \frac{1}{4\pi^2} \cdot G \cdot \frac{\Omega^4}{J} \cdot \theta = 0,02533G \frac{\Omega^4}{J} \theta,$$

expression bien différente de celle $M = GJ\theta$ que l'on obtient en supposant que les sections conservent leur forme plane.

Le glissement, en un point quelconque, exprimé par $\sqrt{i_x^2 + i_y^2}$, est égal à $\frac{2\theta}{a^2 + b^2} \sqrt{a^4 y^2 + b^4 x^2}$. On voit que, pour une même valeur de $\frac{y}{x}$, c'est-à-dire sur un même rayon vecteur, il sera d'autant plus grand que x et y seront plus grands; donc le glissement maximum se produit au contour de la section.

Pour les points du contour, on a $a^2 y^2 + b^2 x^2 = a^2 b^2$, et l'expression du glissement, en éliminant y, peut se mettre sous la forme $\frac{2\theta b}{a^2 + b^2} \sqrt{a^4 - x^2 (a^2 - b^2)}$.

Supposons que a soit plus grand que b, c'est-à-dire que b soit le petit axe; cette expression deviendra la plus grande possible lorsque l'on aura $x = 0$, c'est-à-dire aux extrémités du petit axe. C'est donc aux extrémités du petit axe de l'ellipse, dans le cylindre elliptique tordu, que le danger de rupture est le plus grand. Le plus grand glissement a pour valeur, en ces points, $\frac{2a^2 b}{a^2 + b^2} \theta$, et l'équation de résistance s'écrira

$$G \frac{2a^2 b}{a^2 + b^2} \theta \leq S_0.$$

On peut, au moyen de la valeur du moment de torsion M, éliminer $G\theta$, ce qui donne entre M et S_0 la relation simple

$$M \leq \frac{b}{2} \Omega S_0.$$

Le moment de torsion, pour être compatible avec la sécurité, ne doit donc pas dépasser le produit de la charge limite, supposée appliquée à toute la section transversale, par la moitié de la distance à l'axe du point du contour qui en est le plus rapproché.

151. Sections de formes quelconques. — Nous ne donnerons pas d'autre exemple de l'intégration de l'équation aux dérivées partielles; nous nous bornerons à rappeler que M. de Saint-Venant, en effectuant cette intégration et les calculs qui en résultent pour un très grand nombre de sections transversales de formes variées, a constaté que l'on pouvait considérer comme à peu près constant, quelle que soit la forme de la section, le coefficient par lequel il faut multiplier $G \dfrac{\Omega^4}{J} \theta$ pour avoir la valeur du moment de torsion, et que, dans les deux exemples ci-dessus, nous avons trouvé égal à $\dfrac{1}{4\pi^2}$, soit à peu près $\dfrac{1}{40}$ ou 0,025. Les chiffres trouvés par M. de Saint-Venant, pour les sections les plus diverses, ne varient que de 0,023 à 0,026.

On pourrait donc, d'après les résultats de ces calculs, écrire toujours exactement ou très approximativement, quelle que soit la forme de la section transversale du prisme tordu,

$$M = \frac{1}{40} \cdot \frac{\Omega^4}{J} \cdot G\theta.$$

Malheureusement la même analogie ne se présente pas dans les expressions du plus grand glissement, de sorte que l'équation de résistance ne semble pas pouvoir recevoir une forme simple, applicable à tous les cas.

CHAPITRE XI

ÉTUDE GÉNÉRALE DE LA FLEXION

§ 1er

CONSIDÉRATIONS GÉNÉRALES

152. Définition. — Considérons une tige prismatique droite, c'est-à-dire engendrée par le mouvement de sa section transversale se déplaçant parallèlement à elle-même de manière que tous ses points décrivent des lignes droites La ligne décrite par le centre de gravité de la section sera l'*axe* longitudinal de la tige, et nous désignerons par *fibre* la ligne décrite par un autre point quelconque.

Plaçons, pour fixer les idées, cet axe horizontalement suivant l'axe des x. Supposons que la tige soit fixée invariablement à l'une de ses extrémités que nous prendrons pour origine, et qu'elle soit soumise, à l'autre, à l'action d'un couple situé dans un plan passant par son axe et que nous prendrons pour plan des xy (fig. 150). Faisons d'abord abstraction du poids de la tige. Une section transversale quelconque DCD' faite

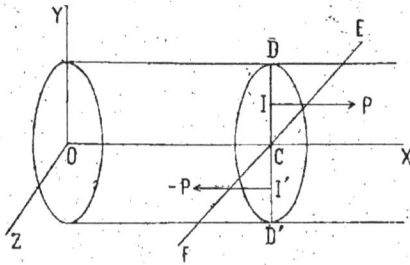

Fig. 150.

dans ce corps, perpendiculairement à son axe OX, devra développer des réactions faisant équilibre à toutes les forces qui agissent depuis cette section jusqu'à l'extrémité, forces qui, par hypothèse, se réduisent à un couple situé dans le plan XY et dont nous désignerons le moment par M.

La résultante de ces réactions moléculaires, développées dans la section DCD', sera donc un couple de moment M, situé dans le plan XOY et que nous pouvons figurer par deux forces P, — P, égales, opposées et parallèles à l'axe des x, l'une de ces forces exerçant un effort d'extension, et l'autre un effort de compression, et toutes deux appliquées en des points inconnus I, I' de la trace DD' du plan des xy sur celui de la section transversale.

Si nous admettons, comme nous l'avons fait dans la première partie, que les efforts moléculaires positifs ou négatifs varient proportionnellement à la distance positive ou négative à une droite fixe des points où ils s'exercent, il faudra, pour que les efforts d'extension aient leur résultante P appliquée en un point I de la ligne CD, que la ligne droite, aux distances de laquelle ces efforts sont proportionnels, soit une parallèle au diamètre EF conjugué de la direction CD dans l'ellipse centrale d'inertie de la section. Les efforts de compression, pour donner une résultante — P appliquée au point I′ de la ligne CD′, devront de même être proportionnels à leurs distances à une ligne parallèle à la même direction EF, conjuguée à CD′. Et puisque les deux résultantes P et — P sont égales, il faudra encore que la ligne parallèle à EF qui séparera, sur la surface de la section transversale, la région comprimée de la région étendue passe par le centre de gravité C de cette section, c'est-à-dire coïncide avec la ligne EF elle-même.

153. Flexion simple ou circulaire. — Ainsi l'effet du couple M que nous avons considéré sera de développer, dans toutes les sections transversales, des efforts de tension et de pression proportionnels aux distances de leurs points d'application aux diamètres EF conjugués, dans les ellipses centrales d'inertie de ces sections, de la trace CD, sur leur plan, de celui qui contient le couple M. Sous l'action de ces efforts, un élément quelconque de la tige, primitivement parallèle à OX et compris entre deux sections infiniment voisines, va s'allonger ou s'accourcir, suivant qu'il sera d'un côté ou de l'autre de EF, et l'augmentation ou la diminution de sa longueur, étant proportionnelle à l'effort qui la produit, sera elle-même proportionnelle à sa distance à EF. Si, de ces deux sections voisines, nous supposons que l'une soi restée immobile, l'autre se sera déplacée, comme si elle avait tourné, autour de la ligne EF située dans son plan, en conservant d'ailleurs la forme plane, d'un petit angle mesuré par le rapport de l'allongement d'une fibre à sa distance à la ligne EF. Les sections successives tourneront ainsi, les unes par rapport aux autres, autour de lignes parallèles à EF, de petits angles qui seront égaux si les distances primitives des sections considérées sont égales et si le couple M a la même valeur pour toutes les sections. L'axe de la tige, après le déplacement, affectera donc la forme d'un arc de cercle situé dans un plan perpendiculaire à cette direction EF.

C'est à ce genre de déformation que l'on donne le nom de flexion simple ou circulaire.

154. Moment fléchissant. — Dans l'hypothèse que

nous avons considérée, le moment M du couple qui fait fléchir, que l'on désigne sous le nom de *moment fléchissant*, a la même valeur pour toutes les sections ; c'est pourquoi la déformation étant la même partout, l'axe de la tige prend la forme d'un arc de cercle. Si le couple fléchissant était variable d'une section à l'autre, tout en restant dans le plan XOY, les rotations successives des diverses sections s'effectueraient toujours autour de lignes parallèles à EF, mais les angles de ces rotations varieraient avec la grandeur du couple. L'axe de la tige affecterait encore la forme d'une courbe plane située dans un plan perpendiculaire à EF, mais cette courbe ne serait plus un arc de cercle.

155. Axe neutre. Plan de flexion. — Dans chaque section, la ligne EF, qui sépare la partie soumise à l'extension de celle qui est comprimée, et sur laquelle il ne s'exerce aucun effort, porte le nom d'*axe neutre*. La surface cylindrique, lieu des lignes EF pour toutes les sections, est la surface des fibres neutres. Les fibres qu'elle contient n'ont subi, en effet, ni allongement ni raccourcissement. Le *plan de flexion* est le plan dans lequel se trouve l'axe de la tige après la flexion, c'est la section droite du cylindre des fibres neutres.

Il ne coïncide pas, en général, avec le plan du couple fléchissant. Cette coïncidence n'a lieu que lorsque le couple fléchissant s'exerce dans un plan contenant un des axes principaux d'inertie de la section transversale ; l'axe neutre EF est alors perpendiculaire à ce plan.

Nous supposerons que cette condition est toujours réalisée. Nous n'enlèverons rien, par cette hypothèse, à la généralité des solutions que nous trouverons, car, si une pièce prismatique est soumise à l'action d'un couple situé dans un plan quelconque passant par son axe, nous pourrons toujours décomposer ce couple en deux autres situés dans les plans rectangulaires passant par cet axe et par les axes principaux d'inertie de ses sections transversales, et déterminer l'effet qu'il produit en superposant géométriquement les effets de ses couples composants.

Nous pourrons ainsi ne nous occuper que du cas où le

couple fléchissant se trouve dans l'un de ces plans comprenant l'un des axes principaux d'inertie des sections, qui sera ainsi, en même temps, le plan de flexion.

156. Flexion quelconque. Formule fondamentale.

— Considérons, dans une pièce prismatique ainsi sollicitée, une section transversale AB (*fig.* 151) dont l'axe neutre se projette en C, et une autre section infiniment voisine DE, dont l'axe neutre est projeté en I. Si nous supposons que la première AB reste fixe, le mouvement relatif de la seconde par rapport à celle-ci sera une rotation autour de l'axe projeté en I, les fibres supérieures s'étant allongées et les fibres inférieures s'étant raccourcies de quantités proportionnelles à leurs distances à l'axe CI. Si mn est une de ces fibres, nn' son allongement, l'angle de la rotation sera mesuré par $\dfrac{n'n}{nI}$ ou par $\dfrac{CI}{CO}$, si le point O est le point de concours des deux lignes AB, D'E', ou le centre de courbure de l'axe CI déformé. Désignons par ρ le rayon de courbure de la courbe affectée par cet axe après la déformation et par ds l'élément

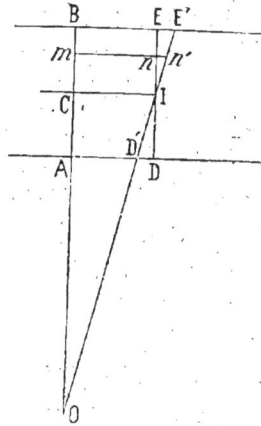

Fig. 151.

d'arc CI, dont la longueur n'a pas varié ; l'angle de la rotation $\dfrac{nn'}{nI}$ que nous appellerons $d\alpha$ sera exprimé ainsi par

$$\frac{ds}{\rho} = d\alpha.$$

Si ω est la section élémentaire de la fibre mn, et E le coefficient d'élasticité de la matière de la tige, l'effort capable d'allonger de la fraction $\dfrac{nn'}{mn}$ la fibre dont il s'agit sera $E\omega\,\dfrac{nn'}{mn}$. Nous devons exprimer que tous ces efforts élémentaires ont pour résultante un couple faisant équilibre au couple fléchissant dont le moment est M.

Remplaçons nn' par sa valeur $\dfrac{ds}{\rho}\,n\mathrm{I}$, ou par $\dfrac{v\,ds}{\rho}$ en désignant par v la distance $n\mathrm{I}$ de la fibre quelconque mn à l'axe neutre, et mettons à la place de mn sa valeur ds ; l'expression de l'effort élémentaire dont il s'agit deviendra $\mathrm{E}\omega\,\dfrac{v}{\rho}$.

Tous ces efforts devant se réduire à un couple, la somme de leurs projections sur un axe horizontal doit être nulle, c'est-à-dire que nous devons avoir

$$\sum \mathrm{E}\omega\,\frac{v}{\rho} = \frac{\mathrm{E}}{\rho}\sum \omega v = 0.$$

Cette équation exprime simplement ce que nous avions déjà dit, que l'axe neutre, projeté en C ou en I, passe par le centre de gravité de la section.

Pour exprimer que le couple résultant fait équilibre au couple M, prenons la somme des moments des efforts élémentaires par rapport au point C. Chaque effort étant $\mathrm{E}\omega\,\dfrac{v}{\rho}$ et son bras de levier v, la somme des moments sera

$$\sum \mathrm{E}\omega\,\frac{v}{\rho}\,v = \frac{\mathrm{E}}{\rho}\sum \omega v^2.$$ Or, $\Sigma\omega v^2$ est le moment d'inertie de la section par rapport à l'axe neutre ; désignons-le par I, nous aurons à écrire l'équation d'équilibre

$$\frac{\mathrm{E}\mathrm{I}}{\rho} = \mathrm{M}.$$

On voit que, comme nous l'avons dit, lorsque le moment fléchissant M est le même pour toutes les sections, le rayon de courbure ρ est aussi constant, et la fibre neutre affecte la forme d'un arc de cercle. Lorsque M est variable, le rayon ρ varie en raison inverse.

157. Équation de résistance. — Si nous désignons par R l'effort exercé par unité de surface sur une fibre quelconque, il est égal au quotient, par la section ω, de l'effort exercé sur cette fibre, qui est, d'après ce qui précède, $\mathrm{E}\omega\,\dfrac{v}{\rho}$.

Nous avons donc $R = \mathrm{E}\,\dfrac{v}{\rho}$; ce qui, combiné avec l'expression précédente, donne

$$\frac{RI}{v} = M,$$

nouvelle expression de la somme des moments des efforts qui font équilibre au moment fléchissant. Cette somme de moments, qui s'exprime indifféremment par $\frac{EI}{\rho}$ ou par $\frac{RI}{v}$, s'appelle le moment résistant ou moment d'élasticité de la pièce fléchie.

L'effort exercé sur chaque fibre par unité de surface a pour expression $R = \frac{Mv}{I}$. Il est proportionnel à l'ordonnée v du point considéré, il est donc maximum, dans une section donnée, aux points les plus éloignés de l'axe neutre. Si l'on désigne par v_1 l'ordonnée de ces points, c'est-à-dire le maximum de v, et si l'on veut que cet effort maximum ne dépasse pas une certaine limite R_0 dépendant de la nature de la matière de la pièce fléchie, on aura à satisfaire à l'inégalité

$$R_0 \geqq \frac{Mv_1}{I},$$

qui, suivant les cas, déterminera soit le maximum du moment M que peut supporter une pièce donnée, soit, pour un moment fléchissant donné, les dimensions de la section transversale qui entrent dans le rapport $\frac{v_1}{I}$.

158. Déformation de la section transversale. — La *flexion*, que nous venons ainsi de définir par des rotations successives des sections autour de leur axe neutre respectif, est accompagnée d'un changement de forme de ces sections provenant des contractions latérales, qui sont la conséquence des dilatations longitudinales des fibres. Ces nouveaux changements de dimensions étant proportionnels aux premiers sont, comme ceux-ci, proportionnels aux distances des fibres à l'axe neutre. Il en résulte que, si l'on suppose la section transversale primitive (*fig.* 152) divisée en éléments de forme carrée, chacun de ces éléments, dont les deux dimensions sont accrues ou diminuées de la même quantité, proportionnelle à l'accourcissement ou à l'allongement longitudinal de la fibre à laquelle il correspond, restera de forme carrée. Tous ceux qui seront à la même distance de l'axe neutre seront des carrés égaux, et les côtés de ces carrés augmenteront ou diminueront proportionnellement à leur distance à cet axe. Pour que ces carrés puissent rester contigus, il faudra qu'ils prennent, les uns par rapport aux

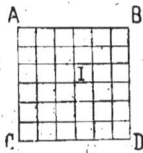

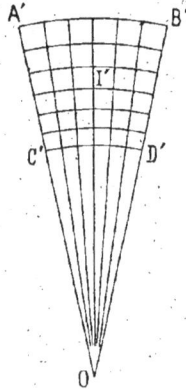

autres, l'arrangement représenté dans la figure 152 *bis*, c'est-à-dire que l'axe neutre se courbera, ainsi que les lignes qui lui sont parallèles sur le plan de la section, suivant des arcs de cercle concentriques. Une fibre dont la distance à l'axe neutre est représentée par v subissant un allongement proportionnel

Fig. 152.   Fig. 152 *bis*.

à v, la ligne parallèle à l'axe neutre, à la distance v, subira un accourcissement proportionnel à ηv, si η est le rapport entre les contractions transversales et les allongements longitudinaux. Le rayon de courbure de l'axe neutre sera, par conséquent, à celui de l'axe longitudinal, dans le rapport de 1 à η, ou bien aura pour valeur $\frac{\rho}{\eta}$. La courbure de l'axe neutre sera évidemment en sens inverse de celle de l'axe longitudinal, et si la concavité de la première est tournée vers le haut, celle de la seconde sera tournée vers le bas, et réciproquement [1].

(1) Cet effet des déformations transversales accompagnant toujours les extensions et contractions longitudinales qui n'avait été observé, dans le cas de la flexion, que pour des corps très déformables, a été mis remarquablement en évidence par une expérience de flexion d'un barreau d'acier, à section carrée de 39 millimètres de côté, dont M. Considère rend compte dans les *Annales des Ponts et Chaussées*, 1885, 1ᵉʳ semestre, p. 611. Sous l'action des

159. Condition pour que la formule soit applicable. — Les formules qui précèdent et qui expriment l'égalité entre le moment fléchissant, dans une section quelconque, et le moment d'élasticité, c'est-à-dire la somme des moments des efforts développés en tous les points de cette section, ont été établis en supposant que ces efforts varient proportionnellement à la distance de leurs points d'application à une droite fixe, l'axe neutre de la section. Cette hypothèse n'est généralement pas réalisée aux points d'application des forces extérieures transmises à la pièce fléchie par l'intermédiaire d'autres corps solides qui exercent sur certaines parties de cette pièce des pressions réparties d'une façon généralement quelconque et inconnue. Mais de même que, pour l'extension simple, nous avons admis qu'à une certaine distance du point d'application de la force extérieure, celle-ci se répartissait également sur tous les points de la section transversale, quel que fût d'ailleurs son mode d'application ; de même, dans la flexion, nous admettons, et l'expérience confirme qu'à une certaine distance des points d'application des forces extérieures les efforts moléculaires qui leur font équilibre varient suivant la loi que nous avons indiquée, c'est-à-dire proportionnellement à la distance de leurs points d'application à une droite fixe [1].

Cette hypothèse n'est autre que celle que nous avons faite dans la première partie, sous le nom d'hypothèse *du plan.* Quelle que soit la loi réelle de variation des efforts dans une

efforts auxquels il a été soumis, ce barreau a pris, dans le sens longitudinal, une courbure dont le rayon, déduit des données de M. Considère, était de 86 millimètres environ. En même temps, la section transversale s'est déformée comme il vient d'être dit, et l'axe neutre a pris dans le plan de cette section une courbure dont le rayon était de 174 millimètres environ. On en déduit pour le rapport η des contractions transversales aux dilatations longitudinales, la valeur 0,49 environ, très voisine de celle 0,50, qui correspondrait à une déformation produite sans aucune modification du poids spécifique de la matière déformée. (Voir ci-dessus, n° 107, page 218.)

[1] M. Boussinesq a montré (*Journal de Liouville*, 1871) qu'il y a là plus qu'une simple hypothèse. Cette répartition des efforts est une conséquence de la forme allongée des tiges fléchies ; elle est, pour ainsi dire, la traduction analytique, la mise en équation de la condition que les dimensions transversales de ces pièces sont petites par rapport à leur dimension longitudinale. On trouvera, aux *Annales des Ponts et Chaussées* (1893, 2ᵉ semestre, p. 228) des indications sur la grandeur de l'erreur que l'on commet en supposant appliquées, à l'axe même de la pièce, les forces qui agissent en réalité sur sa surface.

section transversale, si l'on représente ces efforts par des ordonnées qui leur soient proportionnelles, les extrémités de ces ordonnées formeront une surface à laquelle nous avons substitué un plan. Cette substitution sera d'autant plus légitime que l'étendue de la surface considérée sera plus petite, c'est-à-dire que les sections transversales auront des dimensions plus faibles comparativement à la longueur ou à leurs distances mutuelles.

160. Effort tranchant. — Considérons maintenant une tige prismatique, définie et placée comme la précédente, fixée encore à l'une de ses extrémités O (*fig.* 153) et soumise à l'autre, non plus à l'action d'un couple M, mais d'une force P que nous supposerons placée dans le plan des *xy* qui contient l'axe longitudinal OX de la tige et l'un des axes principaux des sections transversales, et dirigée perpendiculairement à l'axe longitudinal, à une distance OA $= a$ de l'extrémité fixe.

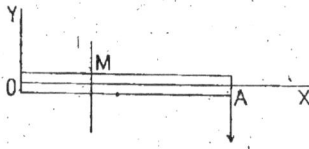

Fig. 153.

Les efforts moléculaires qui sont développés dans une section transversale M quelconque, situé à une distance OM$=x$ de l'extrémité fixe doivent faire équilibre à la force P, pour que la partie MA de la tige soit en équilibre. Il faut, pour cela, que la somme des projections de ces efforts sur l'horizontale OX soit nulle; que la somme des projections sur la verticale OY soit égale à — P, et que la somme des moments par rapport à un point quelconque, au point M par exemple, soit égale au moment de la force P, ou à P $(a - x)$.

Si nous considérons d'abord les composantes horizontales des efforts dont il s'agit, nous voyons qu'elles seront déterminées par la condition d'équilibrer le couple P $(a - x)$. Elles produiront donc une flexion analogue à celle que nous venons d'étudier, courbant l'axe longitudinal de la pièce suivant une courbure dont le rayon ρ, variable, sera défini par l'équation $\dfrac{EI}{\rho} = P(a - x)$.

A cette déformation s'ajoutera celle qui sera produite par les composantes verticales des mêmes efforts et dont la somme doit être égale à — P. Ces composantes, agissant dans le plan même de la section, sont des *efforts tranchants*, qui produisent des déformations du genre de celles que nous avons étudiées précédemment sous le nom de *glissements*. Pour nous rendre compte de ce nouvel effet, examinons d'abord le cas simple où la section de la tige serait rectangulaire et où la dimension transversale (perpendiculaire au plan de la figure) serait assez petite pour que nous puissions supposer que l'effort tangentiel dont il s'agit conserve la même valeur tout le long d'une parallèle à l'axe neutre.

161. Répartition de l'effort tranchant. — Considérons deux sections transversales M, N (*fig.* 154) infiniment voisines, la première à la distance x de l'origine fixe, l'autre à la distance $x + dx$, et, entre ces deux sections, un parallélépipède infiniment petit $mnqp$ compris entre deux plans, l'un mn à la distance v, l'autre pq à la distance $v + dv$ de l'axe longitudinal MN. Désignons par i le glissement sur mp, ce sera

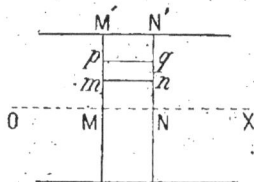

Fig. 154.

aussi, comme nous l'avons vu, le glissement sur la face mn perpendiculaire à mp ; et le glissement sur la face pq sera $i + \dfrac{di}{dv} dv$. Écrivons l'équation d'équilibre, dans le sens horizontal, du petit parallélépipède $mnpq$, c'est-à-dire égalons à zéro la somme des composantes horizontales des forces qui s'exercent sur lui. Ces forces sont, sur les faces mp, nq, les composantes horizontales des efforts résultant de la flexion due au couple $P(a - x)$ pour la face mp, au couple $P(a - x - dx)$ pour la face nq. Si nous désignons par b la largeur supposée uniforme de la tige fléchie, perpendiculairement au plan de la figure, ces efforts, que nous avons plus haut représentés par R, par unité de surface, ont pour valeur, d'après l'expression de $R = \dfrac{Mv}{I}$, et pour la superficie

bdv de chacune de ces faces :

$$\text{sur la face } pm \qquad \frac{P\,(a-x)\,v}{I}\,bdv$$

$$\text{sur la face } nq \qquad -\frac{P\,(a-x-dx)\,v}{I}\,bdv.$$

Sur les faces mn, pq, s'exercent les efforts de glissement ayant pour valeur les glissements $-i$ et $i+\frac{di}{dv}\,dv$ multipliés par la surface bdx de chacune d'elles et par le coefficient de glissement G. La somme de ces forces, qui sont toutes horizontales, doit, pour l'équilibre, être nulle, ce qui donne l'équation

$$\left[\frac{P(a-x)v}{I}-\frac{P(a-x-dx)v}{I}\right]bdv+\left[-i+(i+\frac{di}{dv}\,dv)\right]Gbdx=0;$$

laquelle, en réduisant, devient

$$(1)\qquad -G\frac{di}{dv}=\frac{P}{I}\,v,\quad \text{ou}\quad di=-\frac{P}{GI}\,vdv.$$

En intégrant et désignant, pour déterminer la constante, par i_0 le glissement sur l'axe neutre, pour $v=0$, on obtient

$$i=i_0-\frac{Pv^2}{2GI}.$$

La valeur de i_0 peut se trouver en remarquant qu'aux extrémités de la section transversale, lorsque v atteint sa plus grande valeur égale à $\pm\frac{h}{2}$, si h désigne la hauteur de la section rectangulaire de la tige, le glissement doit être nul, car aucun effort tangentiel ne s'exerce sur les faces latérales du corps fléchi. Faisons donc $i=0$ pour $v=\pm\frac{h}{2}$, il viendra

$$i_0=\frac{P}{2GI}\cdot\frac{h^2}{4};\quad \text{d'où, en substituant,}\quad i=\frac{P}{2GI}\left(\frac{h^2}{4}-v^2\right)\!\cdot$$

Mettons encore pour I, moment d'inertie du rectangle bh,

sa valeur $\frac{bh^3}{12}$, ou bien, en désignant par Ω la section transversale bh, $\Omega \frac{h^2}{12}$; cette expression se mettra alors sous la forme

$$i = \frac{12P}{2\Omega G h^3} \left(\frac{h^2}{4} - v^2 \right) = \frac{3P}{2\Omega G} \left(1 - \frac{4v^2}{h^2} \right);$$

et le glissement i sera complètement déterminé en chaque point en fonction de sa distance v à l'axe neutre.

On peut vérifier que les efforts dus à cette déformation équilibrent bien la force P. L'effort sur un élément mp, de surface bdv, aura pour expression $Gibdv$; et, en faisant la somme de toutes ces quantités entre les limites $-\frac{h}{2}$ et $+\frac{h}{2}$, on aura

$$\int_{-\frac{h}{2}}^{+\frac{h}{2}} Gibdv = \int_{-\frac{h}{2}}^{+\frac{h}{2}} \frac{3P}{2\Omega} \left(1 - \frac{4v^2}{h^2} \right) bdv = P.$$

D'après cela, on voit que, dans une tige de section rectangulaire comme celle que nous avons supposée, le glissement varie, aux divers points de la section transversale, comme les ordonnées d'une parabole et qu'au milieu, où il est le plus grand, il équivaut à un effort égal à une fois et demie l'effort moyen qui correspondrait à une répartition uniforme de la force P sur toute l'étendue de la section transversale. On a en effet, pour $v = 0$, $Gi = Gi_0 = \frac{3}{2} \frac{P}{\Omega}$.

Si, au lieu d'avoir supposé constante la largeur b de la section transversale, nous avions supposé que cette largeur était variable et fonction connue de la coordonnée v, en admettant toujours que le glissement était le même sur toute l'étendue de cette largeur b, nous aurions pu opérer de la même manière; seulement la superficie de la petite face pq, au lieu d'être comme celle de mn, exprimée par udx, en désignant alors par u la largeur variable, l'aurait été par $\left(u + \frac{du}{dv} dv \right) dx$. Cette modification, introduite dans le calcul, aurait transformé l'équation (1) en celle-ci

$$(4) \quad \frac{P}{I} v = - G \left(\frac{di}{dv} + \frac{i}{u} \frac{du}{dv} \right) \quad \text{ou} \quad \frac{P}{GI} uvdv = - d. (iu),$$

qui, intégrée depuis la valeur v_1 correspondant à la fibre la plus éloignée pour laquelle le glissement s'annule, jusqu'à la valeur v de la fibre considérée, donne

$$(5) \qquad iu = - \frac{P}{GI} \int_{v_1}^{v} uvdv = \frac{P}{GI} \int_{v}^{v_1} uvdv,$$

équation faisant encore connaître la valeur de i, glissement en un point quelconque, en fonction de la distance v de ce point à l'axe neutre, lorsque u est donné en fonction de v.

162. Glissement longitudinal des fibres. — Ce glissement transversal des sections du prisme fléchi est accompagné d'un glissement longitudinal des fibres les unes sur les autres, c'est-à-dire, par exemple, de la fibre pq par rapport à la fibre mn, et qui est le même, pour un même effort tranchant P, sur toute l'étendue d'une même fibre longitudinale. L'existence des efforts dus à cette déformation, qui ne se produiraient pas si le prisme fléchi était formé de pièces superposées, sans adhérence les unes avec les autres, explique ce fait d'expérience bien connu qu'une poutre rectangulaire, par exemple, d'une certaine hauteur, présente à la flexion une résistance bien supérieure à celle d'un certain nombre de madriers superposés de même hauteur totale.

Sous l'influence du glissement transversal, qui est variable d'un point à l'autre des sections, celles-ci ne restent pas rigoureusement planes : elles ne pourraient l'être que si les petites lignes menées parallèlement à l'axe longitudinal entre deux sections infiniment voisines, et perpendiculairement à leur plan, s'inclinaient toutes d'une même quantité. Mais les inclinaisons ou glissements restent toujours de petites quantités, les différences des distances au plan de l'une des sections des extrémités de ces petites lignes, qui sont de l'ordre de grandeur des cosinus de ces petits angles ou de l'ordre de grandeur des carrés de ces glissements, sont toujours négligeables et trop petites pour être observées expérimentalement. C'est pourquoi, dans les expériences les plus précises, on a toujours constaté que les sections restaient planes.

163. Application aux sections en forme de double T symétrique. — Dans une section à double T, dont la hauteur est assez grande et dont l'âme n'a qu'une faible épaisseur, celle-ci n'entre, dans la valeur du moment d'inertie, que pour une faible partie, qui peut être négligeable. Alors le moment d'inertie I, si ω est la section de chacune des semelles et h la hauteur de la poutre, peut s'exprimer approximativement par $\dfrac{\omega h^2}{2}$, et le rapport $\dfrac{I}{v}$, simplement par ωh; l'équation de résistance de la page 315 s'écrira alors $R_0 \omega h \geqq M$, d'où l'on pourra déduire $\omega \geqq \dfrac{M}{R_0 h}$ [1], formule qui fera connaître la superficie à donner aux semelles d'une poutre pour résister à un moment fléchissant déterminé, et qui est absolument identique à celle que nous avons trouvée

[1] Cette formule n'étant qu'approximative, M. Périssé, ingénieur, s'est proposé de la rendre exacte au moyen d'un coefficient correctif Q dont il indique les valeurs pour les cas ordinaires de la pratique. Il écrit donc cette formule $\omega = \dfrac{M}{Q R_0 h}$, et voici un certain nombre des valeurs qu'il donne pour Q:

NATURE des poutres en forme de double T	HAUTEUR des POUTRES	VALEURS du coefficient correctif	NATURE des poutres en forme de double T	HAUTEUR des POUTRES	VALEURS du coefficient correctif
Ame pleine avec cornières et plates-bandes	0^m,35 à 0^m,50 0 55 à 0 70 0 75 à 0 95 1 00 à 1 20 1 20 à 2 00	0,80 0,90 1,00 1,05 1,10	En treillis avec âme longitudinale, cornières et plates-bandes	0^m,80 à 1^m,50 1 60 et au dessus.	1,00 1,05
Ame pleine et cornières sans plates-bandes.	0 30 à 0 40 0 45 à 0 55 0 60 à 0 70	0,80 0,90 1,00	En treillis avec quatre cornières seulement.....	0^m,25 à 0^m,40 0 45 à 1 00	0,80 0,90

La section ω, donnée par cette formule, est la surface totale de la plate-bande, des deux cornières et de la portion de l'âme serrée entre ces deux cornières pour un seul côté de la poutre, ou la surface de celles de ces parties qui existent dans la forme de poutre que l'on a choisie.

(chapitre viii, page 208) pour les poutres en treillis, pour lesquelles nous avions reconnu que les semelles supérieure et inférieure seules résistaient au moment fléchissant, ce qui est d'accord avec l'hypothèse que nous venons de faire, de considérer l'âme comme négligeable.

Si cette hypothèse est admissible en ce qui concerne le moment fléchissant, elle ne l'est plus pour l'effort tranchant. Nous avons vu que, dans une section transversale de forme quelconque, il se produisait, sous l'action de cet effort que nous désignerons maintenant par T, un glissement i variable aux divers points de la section et exprimé, en fonction de la largeur u de la section au point considéré et de la distance v de ce point à l'axe neutre par la formule (5), page 322,

$$iu = \frac{T}{GI} \int_{v}^{v_1} uv\,dv.$$

L'effort correspondant, mesuré par le produit de ce glissement par le coefficient G, a pour expression

$$Gi = \frac{T}{uI} \int_{v}^{v_1} uv\,dv = S.$$

Si nous désignons par b la largeur des semelles (fig. 155),

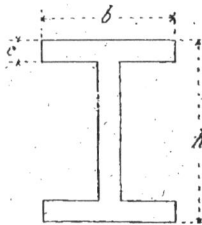

Fig. 155.

par h la hauteur totale de la poutre, par h' la hauteur entre les semelles, et par b' la somme des saillies qu'elles forment sur l'âme, de manière que l'épaisseur de celle-ci soit $b - b'$, la coordonnée u est constante et égale à b pour toutes les valeurs de v comprises entre $\frac{h}{2}$ et $\frac{h'}{2}$; nous avons donc, pour cette partie correspondant aux semelles

$$\int_{v}^{v_1} uv\,dv = b\left(\frac{h^2}{8} - \frac{v^2}{2}\right), \quad \text{et} \quad Gi \text{ ou } S = \frac{T}{2I}\left(\frac{h^2}{4} - v^2\right).$$

Pour la partie correspondant à l'âme, pour laquelle u a la valeur constante $(b - b')$, nous avons

$$\int_v^{v_1} uv\,dv = b\left(\frac{h^2 - h'^2}{8}\right) + (b - b')\left(\frac{h'^2}{8} - \frac{v^2}{2}\right),$$

et en réduisant

$$S = \frac{T}{2I\,(b - b')}\left[\frac{bh^2 - b'h'^2}{4} - (b - b')\,v^2\right].$$

Cet effort est maximum pour $v = 0$, et il atteint alors la valeur

$$\frac{T}{2I\,(b - b')}\,\frac{bh^2 - b'h'^2}{4} = \frac{T}{h'\,(b - b')}\cdot\frac{3}{2}\cdot\frac{bh^2h' - b'h'^3}{bh^3 - b'h'^3}$$
$$= \frac{T}{h'\,(b - b')}\cdot\frac{3}{2}\left[1 - \frac{bh^2\,(h - h')}{bh^3 - b'h'^3}\right].$$

Si la section à double T a une forme telle que, dans le calcul du moment d'inertie, on puisse négliger l'âme, la valeur exacte de ce moment d'inertie qui est $\dfrac{bh^3 - b'h'^3}{12}$, pourra, approximativement, être considérée comme égale à $\dfrac{bh^2(h - h')}{4}$, de sorte que le rapport $\dfrac{bh^2\,(h - h')}{bh^3 - b'h'^3}$ pourra être remplacé par $\dfrac{4}{12}$ ou $\dfrac{1}{3}$. Il en résulte que l'expression de l'effort maximum se réduit alors à

$$S = \frac{T}{h'\,(b - b')}.$$

Cet effort maximum est donc le même que si l'effort tranchant était réparti uniformément sur toute l'étendue de l'âme, dont la superficie est $h'\,(b - b')$.

Nous retrouvons encore ici une analogie avec les poutres en treillis dans lesquelles nous avons vu le treillis résister seul à l'effort tranchant.

Il ne faut pas oublier qu'à l'effort de glissement, qui se produit ainsi en chaque point de la section transversale, correspond, dans le sens longitudinal, un effort égal entre les fibres parallèles à l'axe de la pièce fléchie. Cet effort exprimé, comme le précédent, par $Gi = \frac{T}{ul} \int_v^{v_1} uv dv$, a, lorsque l'effort tranchant P est le même dans toutes les sections, la même valeur en tous les points d'une même fibre longitudinale. Pour le cas de la section en forme de double T, sa valeur maximum, au milieu de la hauteur de la section, est approximativement comme celle de l'effort de glissement transversal $\frac{T}{h'(b - b')}$. Lorsque l'âme est formée de deux feuilles de tôle de hauteur égale, fixées par des couvre-joints et des rivets au milieu de la hauteur, cette expression peut servir à déterminer non seulement l'épaisseur de l'âme, mais le diamètre ou l'espacement des rivets qui en réunissent chaque partie aux couvre-joints. Cet espacement étant, par exemple, Δx, l'effort de glissement qui s'exercera sur cette longueur et sur la largeur $b - b'$ de l'âme sera, à raison de $\frac{T}{h'(b - b')}$ par unité de surface, $\frac{T\Delta x}{h'}$; et cet effort doit être inférieur à celui qui produirait le cisaillement du rivet et qui, si d est le diamètre de cette pièce, est $\frac{\pi d'^2}{4} S_0$ en appelant S_0 la charge de sécurité par cisaillement. On aura donc à satisfaire à l'inégalité

$$\frac{T\Delta x}{2h'} \leq \frac{\pi d^2}{4} S_0,$$

relation cherchée entre Δx et d.

L'observation que nous venons de faire, que l'effort longitudinal de glissement atteint sa valeur maximum tout le long de la même fibre longitudinale, donne l'explication de ce fait d'expérience : lorsqu'une tige soumise à la flexion se rompt sous l'action de l'effort tranchant, la disjonction ne se fait pas suivant le plan d'une des sections transversales, mais bien suivant la surface des axes neutres des sections passant par l'axe longitudinal.

164. Détermination de l'état moléculaire complet de la pièce fléchie. — Nous avons acquis la connaissance des efforts moléculaires développés, en chaque point de la tige, sur deux faces rectangulaires menées par ce point, savoir : 1° sur le plan de la section transversale, un effort normal égal à $\dfrac{Mv}{I} = R$; un effort tangentiel égal à

$\dfrac{T}{u I}\displaystyle\int_v^{v_1} uv dv = S$; 2° sur le plan normal à cette section et au

plan de flexion, un effort tangentiel égal à S. Nous pouvons
en déduire la grandeur et la
direction de l'effort sur une petite face, d'une direction quelconque, menée par le même
point perpendiculairement au
plan de flexion. Il nous suffit

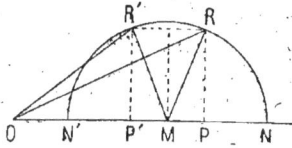

Fig. 156.

de nous reporter à la construction graphique donnée à la page 44. Si, sur une ligne horizontale (*fig.* 156), on porte $OM = \dfrac{N_1 + N_2}{2}$ égale à la demi-somme des deux pressions principales qui s'exercent autour du point considéré, $MN = \dfrac{N_1 - N_2}{2}$ égale à leur demi-différence, et si du point M comme centre, avec MN pour rayon, on décrit une demi-circonférence, la ligne OR, joignant le point O à un point quelconque R de cette demi-circonférence, représentera en grandeur la pression qui s'exercera sur le plan dont la normale fait, avec la plus grande des deux pressions principales, un angle égal à $\dfrac{1}{2}$ RMN. Cette pression OR est d'ailleurs inclinée, sur la normale à la face sur laquelle elle agit, d'un angle RON.

Réciproquement, si l'on connaît les efforts OR, OR' qui s'exercent sur deux éléments plans quelconques, passant par un point d'un solide, ainsi que les angles RON, R'ON que les directions de ces efforts font avec les normales à ces plans, ou, ce qui revient au même, si l'on connaît les composantes normales OP, OP' et les composantes tangentielles PR, P'R' de ces deux efforts, on n'aura, à partir d'un point O quelconque, qu'à mener une horizontale ON, construire les deux angles donnés RON, R'ON, prendre les longueurs OR et OR' égales aux efforts donnés, élever sur le milieu de RR' une perpendiculaire qui, par sa rencontre en M avec ON donnera le centre de la demi-circonférence, et par suite les grandeurs ON, ON' des deux pressions principales ; les directions de ces pressions seront définies par les moitiés des angles RMN, R'MN, ces moitiés étant les angles formés, avec les normales aux deux plans donnés, par la plus grande des deux pressions principales.

Appliquons cette construction au problème dont nous nous occupons, ayant pour but de déterminer la grandeur et la direction de l'effort sur un élément plan d'une direction quelconque, dans une pièce fléchie.

A partir du point O, sur une horizontale ON, portons

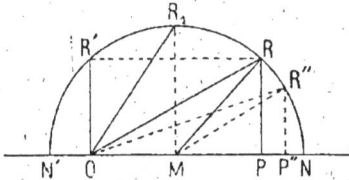

FIG. 156 bis.

OP = R, composante normale de l'effort sur le plan de la section transversale, et élevons l'ordonnée PR = S, composante tangentielle du même effort ; au même point O menons OR' = S, composante tangentielle de l'effort sur l'autre élément plan (la composante normale étant nulle, cette ordonnée est menée par le point O). Prenons le milieu M de OP ; ce sera le centre de la demi-circonférence passant par R et R', et les pressions principales seront $ON = \frac{1}{2} \left(R + \sqrt{R^2 + 4S^2} \right)$

et $ON' = \frac{1}{2} \left(R - \sqrt{R^2 + 4S^2} \right)$. Cette dernière pression principale est négative, étant portée en sens inverse de ON par rapport au point O. Les deux efforts principaux sont donc de signe contraire : l'un, le plus grand, a le même signe que R, c'est-à-dire est une tension d'un côté de l'axe neutre et une compression du côté opposé ; l'autre est une compression dans le premier cas et une tension dans l'autre. La direction de l'effort principal maximum fait, avec la normale au plan sur lequel s'exerce l'effort OR, c'est-à-dire avec l'horizontale, un angle égal à la moitié de RMN, égal par suite à $\frac{1}{2}$ arc tang $\frac{2S}{R}$. Aux points les plus éloignés de l'axe neutre, où $S = 0$, cet angle est nul, c'est-à-dire que la direction du plus grand effort principal est horizontale.

Sur l'axe neutre, au contraire, $R = 0$, $\frac{1}{2}$ arc tang $\frac{2S}{R} = \frac{\pi}{4}$; la direction des efforts principaux fait des angles de 45° avec l'horizontale.

La direction et la grandeur des pressions principales étant déterminées, il sera facile de trouver, soit par la construction graphique ci-dessus, soit par le calcul, la direction et la grandeur de l'effort sur un plan d'une direction quelconque définie par l'angle α que sa normale fait avec l'horizontale, par exemple. On calculera d'abord l'angle que cette direction fait avec celle de la plus grande des pressions principales et qui sera $\left(\frac{1}{2} \text{ arc tang } \frac{2S}{R} - \alpha \right)$; on construira l'angle R'MN égal au double de cet angle, ou bien, ce qui reviendra au même, on construira l'angle RMR″ $= 2\alpha$.

L'effort cherché sera représenté en grandeur par OR′, ses composantes normale et tangentielle par OP″ et P″R′, et son inclinaison sur la normale à sa face d'application R′ON.

165. Direction du plus grand glissement. — On peut se proposer, ce qui peut avoir un intérêt pratique, de déterminer, en chaque point, la direction suivant laquelle l'effort de glissement est le plus grand, et la valeur de cet effort maximum.

L'effort tangentiel est mesuré, pour une direction quelconque, par la longueur correspondante RP de l'ordonnée du point R. Or, cette ordonnée est maximum lorsque le point R est en R_1 au milieu de la demi-circonférence, sur la perpendiculaire élevée du centre M à l'horizontale ON.

Ce point correspond à la direction qui fait, avec l'axe de la plus grande pression principale, un angle égal à la moitié de R_1MN, c'est-à-dire à 45°.

Les faces sur lesquelles le glissement est le plus grand divisent donc en deux parties égales les angles formés par les directions des pressions principales.

166. Maximum de l'effort normal et de l'effort tangentiel. — On connaît ainsi, non seulement les directions des plus grands efforts en chaque point, mais leurs valeurs, lorsque l'on connaît les composantes R et S, définies comme nous l'avons vu par

$$R = \frac{Mv}{I}, \qquad S = \frac{T}{uI}\int_v^{v_1} uv\,dv.$$

L'effort normal maximum a pour expression

$$R_m = \frac{1}{2}\left(R + \sqrt{R^2 + 4S^2}\right),$$

et il est dirigé suivant une ligne qui fait avec l'horizontale un angle φ tel que l'on ait tang $2\varphi = \frac{2S}{R}$. L'effort tangentiel maximum, sur la figure précédente, est représenté par MR_1 et a par suite pour expression $S_m = \frac{1}{2}\sqrt{R^2 + 4S^2}$; il fait, ainsi que la face sur laquelle il s'exerce, des angles de 45° avec la direction de l'effort normal maximum.

Il peut arriver, et il arrive fréquemment que, pour des sections transversales qui présentent des parties rentrantes, celles en double T, par exemple, le maximum R_m ou S_m ainsi déterminé, dépasse notablement, en certains points, les valeurs les plus grandes de R et de S. Il serait alors prudent d'en tenir compte et de ne pas se contenter, comme on le fait généralement, d'écrire, pour l'équation de résistance dans une section déterminée, $R_0 \geqq \frac{Mv_1}{I}$ comme nous l'avons fait ci-dessus (page 315). Ce qui doit être plus petit que R_0, c'est l'effort normal maximum supporté par la matière, c'est donc le maximum de la quantité R_m dont nous venons d'écrire la valeur. On devra donc, pour avoir toute sécurité, écrire $R_0 \geqq$ maximum de R_m. Cet effort R_m est exprimé en fonction de R et de S, et par suite en fonction de v; et il sera possible, dans tous les cas, d'en obtenir le maximum soit analytiquement, soit graphiquement.

Lorsque la fonction qui exprime S est discontinue, comme

nous venons d'en donner un exemple dans le cas d'une poutre à double T, la plus grande valeur de R_m ne correspond pas généralement à un *maximum* dans le sens analytique du mot; elle se produit ordinairement aux points de discontinuité de la fonction, c'est-à-dire aux points où la section change brusquement de largeur.

Si, par exemple, nous considérons la section en forme de double T dont nous nous sommes occupé (page 324), la valeur de S, pour un point quelconque de l'âme, est

$$S = \frac{T}{2I(b-b')} \left[\frac{bh^2 - b'h'^2}{4} - (b-b')v^2 \right]$$

et, au point de jonction de l'âme et des semelles, c'est-à-dire pour $v = \frac{h'}{2}$, on a

$$S = \frac{T}{2I(b-b')} \left[\frac{bh^2 - b'h'^2}{4} - \frac{(b-b')h'^2}{4} \right] = \frac{Tb(h^2 - h'^2)}{8I(b-b')}$$

et au même point la valeur de $R = \frac{Mh'}{2I}$. Il en résulte, pour la valeur du plus grand effort de tension,

$$R_m = \frac{1}{2}R + (\sqrt{R^2 + 4S^2}) = \frac{1}{2}\left(\frac{Mh'}{2I} + \sqrt{\frac{M^2h'^2}{4I^2} + \frac{T^2b^2(h^2-h'^2)^2}{16I^2(b-b')^2}} \right)$$

$$= \frac{Mh'}{4I}\left(1 + \sqrt{1 + \frac{T^2b^2(h^2-h'^2)^2}{4M^2h^2(b-b')^2}} \right),$$

et l'on conçoit qu'il puisse y avoir telles valeurs de T, M, b, b', h et h' qui rendent cette expression plus grande que $\frac{Mh}{2I}$ qui serait l'effort maximum calculé par la méthode ordinaire, c'est-à-dire l'effort de tension supporté par la fibre la plus éloignée de l'axe neutre.

On peut voir dans le *Traité des Ponts métalliques* de M. J. Résal, un exemple dans lequel l'effort au point de jonction de l'âme et des semelles dans une poutre à double T, dépasse d'un quart la valeur de l'effort sur les fibres extrêmes de la poutre; de sorte que si, dans cet exemple, on s'était borné à calculer les dimensions de la poutre d'après la condition $R_0 = \frac{Mv_1}{I} = \frac{Mh}{2I}$, en limitant à 6 kilogrammes par

millimètre carré l'effort de la fibre extrême, c'est-à-dire en
faisant $R_0 = 6,10^6$, la matière de la poutre aurait supporté
réellement, au point de jonction des semelles avec l'âme,

un effort d'extension qui aurait atteint $6 \times \left(1 + \dfrac{1}{4}\right) = 7^{kg},5$

par millimètre carré, et cela dans une direction oblique par
rapport au sens du laminage, c'est-à-dire dans une direction
où la résistance est généralement moins grande que dans le
sens longitudinal suivant lequel se font les expériences de
rupture par traction.

167. Relation entre le moment fléchissant et l'effort tranchant.

— L'effort tranchant dans une section
transversale quelconque, qui est équilibré par les efforts de
glissement dont nous venons de parler, est lié au moment
fléchissant par une relation simple que nous allons faire connaître. Soit, dans une tige prismatique (*fig.* 157) deux sections M, N infiniment voisines,
ayant pour abscisses x et $x + dx$.
Supposons que cette tige soit soumise à des charges dirigées verticalement, ou perpendiculairement
à son axe, et réparties d'une manière quelconque sur sa longueur.
Soit pdx la portion de ces charges
agissant sur la longueur dx entre

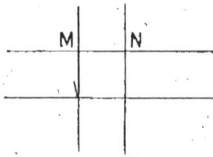

FIG. 157.

les deux sections considérées distantes de dx. (Si, au lieu
des charges verticales, il s'agissait de forces dirigées d'une
façon quelconque, nous prendrions leur composante normale
à l'axe, et c'est elle que nous appellerions pdx.) Cela étant, à
travers la section M, la plus voisine de l'origine des coordonnées s'exerce un effort tranchant T, un moment fléchissant
M; sur la seconde section, N, ces forces deviennent :

$$T + \frac{dT}{dx}\, dx, \qquad M + \frac{dM}{dx}\, dx.$$

Et si nous écrivons que l'élément de longueur dx est en
équilibre, nous obtiendrons, en observant, d'une part, que les
efforts à ses deux extrémités agissent en sens contraire et ne

doivent figurer dans les équations d'équilibre que par leur différence et, d'autre part, que, quel que soit le point d'application de la force pdx, elle a, par rapport à l'une des sections, un bras de levier au plus égal à dx et que, par suite, son moment, de l'ordre de dx^2 est négligeable, tandis qu'au contraire l'effort tranchant T a, par rapport à la section N un moment Tdx, qui est de l'ordre des différences conservées :

$$\frac{dT}{dx} = p, \qquad \frac{dM}{dx} = T.$$

En ne prenant, bien entendu, que les valeurs absolues, et abstraction faite des signes, pour lesquels il est nécessaire d'adopter une convention spéciale.

On déduit de ces deux relations

$$\frac{d^2M}{dx^2} = p.$$

Ainsi, l'effort tranchant est, dans chaque section, la dérivée du moment fléchissant par rapport à l'abscisse, et la charge par unité de longueur est la dérivée de l'effort tranchant ou la dérivée seconde du moment fléchissant.

Si, au point considéré, il s'exerce une force extérieure finie P, cela veut dire que $pdx = P$ ou que $p = \infty$. Alors, il y a en ce point, deux valeurs de l'effort tranchant qui diffèrent entre elles de P, car $dT = pdx = P$.

168. Forme de la fibre neutre après la flexion. — L'équation $\dfrac{EI}{\rho} = M$ qui donne le rayon de courbure de la courbe affectée par l'axe longitudinal de la tige après sa flexion, lorsque l'on connaît le moment fléchissant M, permet de construire cette courbe et de calculer ou de mesurer les déplacements de chacun de ses points. Lorsque M est constant, la courbe est un arc de cercle dont le rayon ρ est immédiatement donné ; lorsqu'il est variable, on peut encore tracer la courbe avec une approximation suffisante par arcs de cercle successifs correspondant à de petites longueurs dans lesquelles il est supposé constant. Mais on peut avoir alors une équation de la courbe qui permet de la construire et surtout de calculer plus facilement les déplacements des divers points.

On sait que si une courbe plane est rapportée à deux axes de coordonnées rectangulaires le rayon de courbure ρ de cette courbe en un point quelconque a pour expression :

$$\rho = \frac{\left[1 + \left(\frac{dy}{dx}\right)^2\right]^{\frac{3}{2}}}{\frac{d^2y}{dx^2}}.$$

Or, si l'axe longitudinal de la tige a été pris pour axe des x et si les déformations sont restées petites, l'axe longitudinal déformé s'éloignera peu de l'axe des x, le coefficient angulaire $\frac{dy}{dx}$ de la tangente à la courbe qu'il affectera sera toujours très petit; on pourra négliger son carré devant l'unité et écrire simplement

$$\frac{1}{\rho} = \frac{d^2y}{dx^2},$$

et, par suite, mettre l'équation qui précède sous la forme

$$(B) \qquad EI\frac{d^2y}{dx^2} = M,$$

laquelle, par deux intégrations successives, donnera y en fonction de x. Les deux constantes d'intégration seront déterminées par les conditions du problème : la fixité de deux points de la tige, par exemple, qui donnera deux équations devant être satisfaites pour des valeurs déterminées de x et de y, équations d'où l'on déduira la valeur des deux constantes.

Il en sera de même si, au lieu de deux points fixes, l'invariabilité de position de la tige dans l'espace est obtenue au moyen d'un seul point fixe et de la direction de l'axe en ce point. Les équations servant à déterminer les constantes seront alors obtenues en exprimant que, pour une valeur donnée de x, y et $\frac{dy}{dx}$ prennent des valeurs déterminées.

Lorsque le nombre de ces conditions dépassera deux, il

s'introduira de nouvelles inconnues que l'équation servira à
déterminer. Si, par exemple, au lieu de deux points fixes, il
y en a trois, quatre, ou un nombre quelconque, si la direction de l'axe de la tige est fixée en un certain nombre de
ces points, les réactions sur les points d'appui, qui ne pourraient être calculées par les règles ordinaires de la statique
et qui sont, par suite, inconnues, se détermineraient au
moyen de l'équation précédente.

169. Solution complète du problème. — Le problème
de la flexion des tiges se réduit, en conséquence, à la détermination du moment fléchissant M dans une section quelconque. Ce moment étant trouvé, on en déduit l'effort tranchant qui en est la dérivée, la forme de la courbe affectée par
la pièce fléchie au moyen de l'équation (B), page 334, et
l'effort qui s'exerce en chaque point de la section transversale, au moyen des équations données dans les numéros
précédents.

170. Travail de la flexion. — Pour terminer cette
étude de la flexion, il nous reste
à calculer le travail nécessaire
pour produire, dans une pièce,
une flexion déterminée, c'est-à-
dire à mesurer le travail moléculaire développé par cette
flexion. Le travail nécessaire
pour allonger de δ une tige de
section ω et d'une longueur égale
à l'unité est (n° 113, p. 228)
$\frac{1}{2} P\delta = \frac{1}{2} E\omega\delta^2$, en mettant pour P
sa valeur $E\omega\delta$. Or, pour une fibre
mn (*fig.* 158) dont la distance
Cm à l'axe neutre est représentée
par v, le rayon de courbure OC
de la pièce fléchie étant ρ, l'allongement proportionnel δ est

Fig. 158.

le rapport $\dfrac{nn'}{mn} = \dfrac{v}{\rho}$; le travail, pour cette fibre, est ainsi

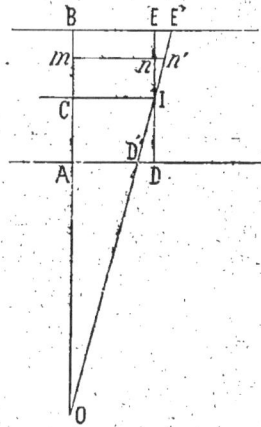

$\frac{1}{2} E\omega \frac{v^2}{\rho^2}$ par unité de longueur, et, pour une longueur infiniment petite $CI = dx$, il est $\frac{1}{2} E\omega \frac{v^2}{\rho^2} dx$. La somme de ces travaux élémentaires, pour cette même longueur dx et pour toute la section de la tige, sera, par conséquent, $\frac{1}{2} \frac{EI dx}{\rho^2}$.

On sait que le travail d'un couple se mesure par le produit du moment de ce couple par l'angle de la rotation. Les forces moléculaires développées par la flexion forment un couple, d'abord nul et qui devient égal à M lorsque la section DE a tourné de l'angle $d\alpha = \frac{dx}{\rho}$. Le travail de ces forces sera donc $\frac{1}{2} M d\alpha$, expression identique à la précédente, puisque $M = \frac{EI}{\rho}$.

En faisant la somme de toutes les quantités semblables depuis l'origine de la tige jusqu'à une section quelconque d'abscisse x, nous aurons le travail T développé dans cette portion de la tige, lequel sera ainsi

$$\mathfrak{S} = \frac{1}{2} \int_0^x \frac{EI}{\rho^2} dx = \frac{1}{2} \int_0^x M d\alpha = \frac{1}{2} \int_0^x M \frac{dx}{\rho} = \frac{1}{2} \int_0^x \frac{M^2}{EI} dx.$$

Sous l'une quelconque de ces formes, l'expression du travail de la flexion est générale.

Lorsqu'il s'agit d'une poutre droite simplement appuyée ou encastrée à ses deux extrémités, cette expression peut recevoir une forme un peu différente. Remplaçons, dans l'avant-dernière de ces formules, $\frac{1}{\rho}$ par sa valeur approximative $\frac{d^2y}{dx^2}$ nous aurons, en intégrant par parties,

$$2\mathfrak{S} = \int_0^x M \frac{d^2y}{dx^2} dx = \left[M \frac{dy}{dx} - \int \frac{dy}{dx} dM \right]_0^x = \left[M \frac{dy}{dx} \right]_0^x - \int_0^x T dy,$$

car l'effort tranchant T est égal à $\frac{dM}{dx}$. Si nous étendons l'intégrale à toute la longueur a de la pièce fléchie, la première parenthèse du dernier membre donnera une somme nulle, car si la poutre est simplement posée aux deux bouts, M y est nul pour $x = 0$ et pour $x = a$, et si elle est encastrée à ses extrémités, c'est $\dfrac{dy}{dx}$ qui s'annule aux deux limites de l'intégration. Il reste alors, pour le travail total,

$$\varepsilon = -\tfrac{1}{2}\int_0^a T\,dy.$$

Soit, par exemple, une poutre chargée en son milieu d'un poids unique P. L'effort tranchant T est égal à $\dfrac{P}{2}$ depuis $x = 0$ jusqu'à $x = \dfrac{a}{2}$, et à $-\dfrac{P}{2}$ depuis $x = \dfrac{a}{2}$ jusqu'à $x = a$. L'intégrale $-\tfrac{1}{2}\int_0^a T\,dy$, qui exprime le travail, étant partagée en deux, applicables chacune à la moitié de la poutre, a pour valeur :

$$-\tfrac{1}{2}\int_0^a T\,dy = -\tfrac{1}{2}\left[\int_0^{\frac{a}{2}} \frac{P}{2}\,dy + \int_{\frac{a}{2}}^a \left(-\frac{P}{2}\right)dy\right] = -\frac{P}{4}\left[\int_0^{\frac{a}{2}} dy - \int_{\frac{a}{2}}^a dy\right].$$

Or, si f est la valeur absolue de la flèche, la première intégrale $\int_0^{\frac{a}{2}} dy$ est égale à $-f$, et la seconde est égale à f. Nous avons donc, pour l'expression du travail, $\dfrac{Pf}{2}$. C'est la moitié du travail du poids P s'abaissant de la quantité f.

Il en résulte que, si on a placé, sans vitesse, un poids P au milieu d'une poutre, le travail moléculaire de l'élasticité n'aura pas fait équilibre au travail de ce poids lorsque la flèche aura atteint la valeur pour laquelle les forces moléculaires feraient équilibre à la force P. La déformation se continuera donc au delà, en vertu des vitesses qui seront acquises et il se produira des vibrations que nous étudierons au chapitre XVIII.

22

171. Résistance vive. — Le travail moléculaire qui a pour expression $\frac{1}{2}\,Pf$ peut s'exprimer autrement. La flèche f, comme nous le verrons, a pour valeur $\frac{Pa^3}{48EI}$, si I est le moment d'inertie de la section transversale de la tige, et E le coefficient d'élasticité de la matière. Le moment fléchissant maximum a pour expression $\frac{Pa}{4}$, et la fibre la plus fatiguée supporte, au point où cette fatigue est la plus grande, un effort qui a pour expression $\frac{Mv_1}{I} = \frac{Pav_1}{4I}$. Supposons que cet effort soit précisément égal à la charge de sécurité R_0, nous aurons $R_0 = \frac{Pav_1}{4I}$, d'où $P = \frac{4R_0 I}{av_1}$.

Le travail de l'élasticité qui correspondra à cette charge R_0, c'est-à-dire la *résistance vive* de la pièce, ou le travail qu'elle peut absorber sans que l'effort au point le plus fatigué dépasse la charge de sécurité R_0, sera donc

$$\frac{1}{2}\,Pf = \frac{1}{2}\,P\cdot\frac{Pa^3}{48EI} = \frac{1}{6}\,\frac{R_0^2}{E}\cdot\frac{I}{v_1^2}\,a.$$

Or $\frac{I}{v_1^2}$, pour des sections transversales semblables, sera proportionnel à l'étendue Ω de ces sections transversales ; nous pouvons donc remplacer $\frac{I}{v_1^2}$ par $\alpha\Omega$, α étant un coefficient qui dépendra uniquement de la forme de la section et qui sera le même pour les sections semblables. Nous aurons alors pour l'expression du travail de l'élasticité ou de la résistance vive de la pièce, en remarquant encore que Ωa en est le volume V,

$$\frac{\alpha}{6}\,\frac{R_0^2}{E}\cdot V,$$

c'est-à-dire que, comme nous l'avons déjà constaté dans le cas de l'extension simple, la résistance vive est proportionnelle au volume et au coefficient $\frac{R_0^2}{E}$ que nous avons appelé coefficient de résistance vive.

§ 2

COMPARAISON DES FORMES DES SECTIONS TRANSVERSALES

172. Sections rectangulaires ou carrées. — La formule qui détermine l'effort R sur une fibre quelconque

$$R = \frac{Mv}{I}$$

et l'équation de résistance que nous en avons déduite

$$R_0 \gtreqless \frac{Mv_1}{I}$$

s'appliquent aux valeurs positives ou négatives de v ou de v_1, à la condition de changer en même temps les signes des efforts R et R_0. D'un côté de l'axe neutre, ces efforts sont des extensions, de l'autre ce sont des compressions.

Lorsque la section de la pièce est symétrique, ou simplement lorsque le maximum v_1 de la coordonnée v est le même des deux côtés de l'axe neutre, l'effort maximum de compression est égal à l'effort maximum d'extension, et cette forme de la section doit donc être adoptée lorsque la matière de la pièce fléchie peut supporter avec sécurité la même charge, soit à l'extension, soit à la compression.

On voit alors que, pour une matière déterminée dont la charge de sécurité R_0 est donnée, le moment fléchissant auquel une tige pourra résister sera proportionnel au rapport $\frac{I}{v_1}$; la résistance de la pièce à la flexion sera d'autant plus grande que ce rapport sera plus élevé.

Considérons, par exemple, une section rectangulaire, de largeur b et de hauteur h; nous avons

$$I = \frac{bh^3}{12} \qquad \text{et} \qquad v_1 = \frac{h}{2}, \qquad \text{d'où :} \qquad \frac{I}{v_1} = \frac{bh^2}{6}.$$

La résistance à la flexion d'une pièce rectangulaire est proportionnelle au carré de sa hauteur, tandis qu'elle est proportionnelle à la première puissance de sa largeur ; il y a donc intérêt, au point de vue de la résistance, à placer verticalement (c'est-à-dire dans le plan dans lequel s'exerce l'effort de flexion) la dimension la plus grande de la section rectangulaire.

On peut, au moyen de ce rapport $\dfrac{I}{v_1}$ qui mesure la résistance à la flexion, comparer entre elles diverses sections transversales et choisir celle qui, pour une même quantité de matière, donne la plus grande résistance. Cette comparaison sera rendue facile si l'on exprime, pour chaque section transversale, le rapport $\dfrac{I}{v_1}$ par une quantité fonction de la superficie de la section, multipliée par un coefficient numérique que l'on pourra prendre comme coefficient de résistance de la section dont il s'agit. Comme le rapport $\dfrac{I}{v_1}$ est du troisième degré, c'est-à-dire est un produit de trois dimensions linéaires, il faudra, pour l'homogénéité, que la superficie Ω de la section transversale figure, dans son expression, à la puissance $\dfrac{3}{2}$, afin qu'elle ne soit multipliée que par un nombre ou par une fonction des rapports des dimensions des diverses parties de la section.

Proposons-nous, par exemple, de comparer deux tiges de même matière, l'une à section carrée, l'autre à section circulaire. Pour la première, si b est le côté du carré et si l'un des côtés est parallèle au plan de flexion, on a

$$I = \frac{b^4}{12}, \; v_1 = \frac{b}{2} \quad \text{d'où} \quad \frac{I}{v_1} = \frac{b^3}{6} = \frac{1}{6} \, \Omega^{\frac{3}{2}} = 0,1666 \, \Omega^{\frac{3}{2}}.$$

Pour la seconde, si r est le rayon du cercle, on a

$$I = \frac{\pi r^4}{4}, \quad v_1 = r, \quad \frac{I}{v_1} = \frac{\pi r^3}{4} = \frac{1}{4\sqrt{\pi}} \, \Omega^{\frac{3}{2}} = 0,1411 \, \Omega^{\frac{3}{2}}.$$

Le cercle est donc, à superficie égale, moins résistant que le carré.

Mais, si le carré est placé de manière que l'une de ses diagonales soit parallèle au plan de flexion, on a $v_1 = \dfrac{b}{\sqrt{2}}$, d'où $\dfrac{I}{v_1} = \dfrac{b^3}{6\sqrt{2}} = \dfrac{1}{6\sqrt{2}} \Omega^{\frac{3}{2}} = 0{,}118\,\Omega^{\frac{3}{2}}$. Le carré, ainsi placé, est alors moins résistant que le cercle de même superficie.

173. Effets des troncatures. — La tige à section carrée ABCD (*fig.* 159), sollicitée ainsi à la flexion dans le plan AC de l'une de ses diagonales, présente une particularité qu'il est intéressant de signaler. Si l'on suppose que l'on ait abattu les arêtes A et C par de petits pans coupés aa', cc', limités, par des plans perpendiculaires au plan AC, on aura augmenté la résistance de la tige à la flexion, bien que l'on ait diminué sa section transversale.

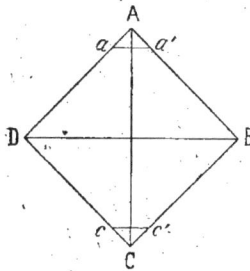

Fig. 159.

En effet, si b est le côté AB du carré, nous venons de voir que le rapport $\dfrac{I}{v_1}$ pour la section entière, a pour valeur $\dfrac{b^3}{6\sqrt{2}}$. Si nous désignons par γ la proportion de la troncature des côtés des carrés, c'est-à-dire si $Aa = \gamma b$ et $aD = (1-\gamma)b$, nous aurons, pour la section tronquée,

$$I' = \frac{(1-\gamma)^4 b^4}{12} + 2\,\frac{b^4}{6}\,\gamma\,(1-\gamma)^3, \qquad v_1' = (1-\gamma)\,\frac{b}{\sqrt{2}},$$

$$\frac{I}{v_1'} = \frac{b^3}{6\sqrt{2}}\,(1+3\gamma)\,(1-\gamma)^2,$$

expression qui devient maximum pour $\gamma = \dfrac{1}{9}$ et qui prend alors la valeur

$$\frac{I'}{v_1'} = \frac{256}{243}\,\frac{b^3}{6\sqrt{2}} = 1{,}0535\,\frac{I}{v_1}.$$

Ainsi, lorsqu'une pièce est sollicitée à la flexion comme

nous venons de le supposer, il y a avantage, au point de vue de la résistance, à en abattre les arêtes supérieure et inférieure, de manière que la troncature atteigne le $\frac{1}{9}$ de la longueur du côté du carré. La résistance de la pièce tronquée est supérieure de plus de 5 0/0 à celle de la pièce entière.

Cette augmentation de $\frac{I}{v_1}$ par des troncatures a lieu même lorsque la section, au lieu de se terminer par des angles, présente des parties arrondies. Par exemple, pour une section circulaire, on reconnaît que ce rapport atteint son maximum lorsque la troncature, faite par un plan perpendiculaire au plan de flexion, atteint 0,0222 du rayon. La résistance de la pièce à la section ainsi tronquée dépasse de 0,0069 celle de la pièce, à section circulaire.

Il en est donc encore de même, par exemple, dans le cas

d'une section composée de plusieurs rectangles, comme celle qui est représentée sur la figure 160, et qui peut être considérée comme formée d'une section rectangulaire ABCD, munie de deux nervures $abcd$, $a'b'c'd'$ également rectangulaires. On reconnaît alors que, si on désigne la largeur bc des nervures par b, celle AB du rectangle principal par $b + b'$, la hauteur AD de ce rectangle par c' et la hauteur totale, y compris les nervures, par c, toutes les fois que l'on aura

$$b'c'^2 > bc^2 \left(1 + \frac{c'}{c}\right),$$

on augmentera le rapport $\frac{I}{v_1}$ en supprimant les deux nervures ou saillies $abcd$, $a'b'c'd'$ [1].

---

[1] Voir, sur cette question des troncatures, la troisième édition de Navier, annotée par M. de Saint-Venant, pages 94 et suivantes, où l'on trouvera le calcul détaillé d'où l'on déduit le résultat qui vient d'être énoncé.

174. Inconvénients des sections rectangulaires trop hautes. — Pour la tige à section rectangulaire dont nous avons parlé page 340, nous aurions $\dfrac{I}{v_1} = \dfrac{bh^2}{6} = \dfrac{1}{6}\,\Omega^{\frac{3}{2}}\sqrt{\dfrac{h}{b}}$.

À égalité de section, la résistance est d'autant plus grande que le rapport $\dfrac{h}{b}$ de la hauteur à la base du rectangle est lui-même plus grand : la résistance croît comme la racine carrée de ce rapport. Il y aurait donc avantage, dans la construction des prismes destinés à résister à la flexion, à augmenter indéfiniment la hauteur en diminuant la largeur ; mais il faudrait, pour que cet avantage fût réel, que l'on fût assuré que le moment de flexion s'exercera toujours parfaitement suivant le plan médian qui divise en deux la petite largeur b du prisme. Lorsqu'il se produit, dans l'application de la charge de petites déviations inévitables en pratique, l'effet est le même que si le moment de flexion agissait dans un plan différent, et alors la résistance de la pièce haute et mince se trouve très notablement diminuée. On reconnaîtra par exemple, que si ce moment est appliqué dans le plan contenant une des diagonales du rectangle, lequel s'écarte peu du plan médian lorsque la largeur de la section est très petite par rapport à sa hauteur, la résistance du prisme est réduite de moitié [1]. C'est pour cette raison que l'on évite d'employer des pièces *de champ* trop minces ou de rendre trop grand le rapport de la hauteur à la largeur des pièces rectangulaires. On évite en même temps une flexion qui pourrait se produire dans la pièce dans le sens de la hauteur de la section, surtout si la charge est appliquée à la partie supérieure.

175. Sections évidées ou à double T. — Pour s'opposer à ce *déversement* des pièces résistant à la flexion, il faut leur donner des dimensions transversales ou une forme telles que leur résistance à la flexion ne diminue pas outre mesure lorsque le plan, dans lequel est appliqué le moment de flexion, s'écarte un peu de la direction de l'un des

[1] Voir, pour le détail du calcul, l'édition de Navier annotée par M. de Saint-Venant, page 130.

deux axes principaux d'inertie que nous lui avons supposés. Il faut, pour cela, que le moment d'inertie autour de l'autre axe principal ne soit pas très petit par rapport à celui qui entre dans la valeur du moment d'élasticité eu égard au sens dans lequel la pièce est sollicitée à la flexion. C'est cette considération qui a fait adopter, au lieu de pièces rectangulaires hautes et minces, des sections en forme de rectangles creux, ou bien en forme de double T.

Une section de cette forme, où b et h sont les dimensions du rectangle extérieur; b' et h' celles du rectangle intérieur (*fig.* 161) [dans le cas du double T la largeur b' est la somme des évidements latéraux, de manière que l'épaisseur de l'âme verticale est $(b - b')$] a pour section $\Omega = bh - b'h'$, et pour moment d'inertie autour d'un axe horizontal passant par son centre de gravité $I = \dfrac{bh^3 - b'h'^3}{12}$. Avec $v_1 = \dfrac{h}{2}$, cela donne

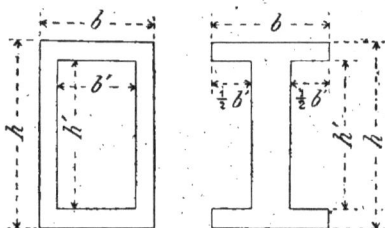

Fig. 161.

$$\frac{I}{v_1} = \frac{bh^3 - b'h'^3}{6h} = \frac{1}{6}\,\Omega^{\frac{3}{2}}\sqrt{\frac{h}{b}} \cdot \frac{1 - \dfrac{b'h'^3}{bh^3}}{1 - \left(\dfrac{b'h'}{bh}\right)^{\frac{3}{2}}}$$

Le dernier facteur est le coefficient de résistance de cette section, comparée à la section rectangulaire de même superficie Ω et dans laquelle le rapport $\dfrac{h}{b}$ serait le même. Pour celle-ci, en effet, la résistance serait $\dfrac{1}{6}\,\Omega^{\frac{3}{2}}\sqrt{\dfrac{h}{b}}$. Si, par exemple, nous supposons $h' = 0,9h$, $b' = 0,9b$, nous aurons, pour la résistance $\dfrac{I}{v_1}$ de la section ainsi formée $\dfrac{I}{v_1} = \dfrac{1}{6}\,\Omega^{\frac{3}{2}}\sqrt{\dfrac{h}{b}} \times 4,2$, c'est-à-dire que cette section aurait une résistance supérieure à quatre fois celle de la section rectangulaire de même superficie et pour laquelle le rapport $\frac{h}{b}$ serait le même.

Si l'on veut trouver une section rectangulaire pleine, dont les côtés seraient b_1 et h_1, qui aurait même superficie $\Omega = b_1 h_1 = bh - b'h'$, et même résistance, il suffit, puisque la résistance de la section rectangulaire est $\frac{1}{6}\,\Omega^{\frac{3}{2}}\sqrt{\frac{h_1}{b_1}}$, d'écrire l'égalité

$$\frac{1}{6}\,\Omega^{\frac{3}{2}}\sqrt{\frac{h_1}{b_1}} = \frac{1}{6}\,\Omega^{\frac{3}{2}}\sqrt{\frac{h}{b}}\;\frac{1 - \dfrac{b'h'^2}{bh^3}}{\left(1 - \dfrac{b'h'}{bh}\right)^{\frac{3}{2}}}$$

ou, en élevant au carré et supprimant les facteurs communs,

$$\frac{h_1}{b_1} = \frac{h}{b}\,\frac{\left(1 - \dfrac{b'h'^3}{bh^3}\right)^2}{\left(1 - \dfrac{b'h'}{bh}\right)^3}.$$

Si nous supposons par exemple $h' = 0,9h$, $b' = 0,9b$, nous aurons

$$\frac{h_1}{b_1} = 17,2\,\frac{h}{b}\,;$$

si $\frac{h}{b} = 2$, on devrait avoir $\frac{h_1}{b_1} = 34,4$.

Ainsi, les deux sections transversales dessinées ci-contre, qui ont même superficie, ont aussi même résistance à la rupture par flexion, lorsque le moment de flexion agit exactement dans le sens vertical, c'est-à-dire parallèlement à leur plus grande dimension. Mais la simple inspection de ces deux figures montre combien la section en forme de double T donne une stabilité plus grande lorsque les efforts ne

Fig. 162.

sont plus dirigés exactement suivant ce plan, et combien

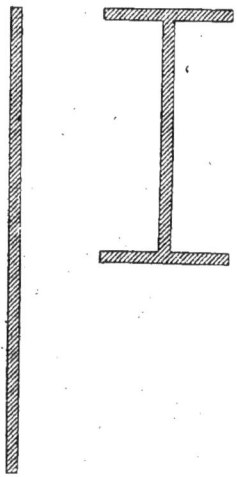

elle doit résister plus efficacement que la section rectangulaire à toute cause de flexion latérale ou de déversement.

176. Sections non symétriques.

— Nous avons considéré jusqu'ici des sections symétriques, en raison de l'hypothèse que les charges qui peuvent être supportées avec sécurité par la matière de la tige fléchie sont les mêmes à l'extension ou à la compression. Il y a des cas où il n'en est pas ainsi; pour la fonte, par exemple, et probablement aussi pour d'autres substances, la charge de sécurité n'est pas la même lorsque la matière résiste à l'extension ou à la compression. On est alors amené, pour employer le mieux possible la matière, à donner à la tige une section non symétrique.

Si R_0 est la charge de sécurité applicable aux efforts d'extension par exemple, et R_0', celle qui s'applique aux efforts de compression, et si nous écrivons que, de chaque côté de l'axe neutre, la fibre la plus comprimée et la fibre la plus étendue, dont nous désignerons les distances à cet axe par v_1' et v_1, sont l'une et l'autre soumises à cet effort limite, nous aurons les deux équations

$$R_0 = \frac{Mv_1}{I}, \qquad R_0' = \frac{Mv_1'}{I}.$$

D'où

$$\frac{v_1}{v_1'} = \frac{R_0}{R_0'}.$$

Cette équation déterminera par exemple l'emplacement que devra avoir l'axe neutre, dans la hauteur $v_1 + v_1' = h$ supposée donnée, pour que la condition précédente soit remplie.

Appliquons cette formule aux sections en forme de double T non symétrique, qui ont été fort usitées à l'époque où l'on employait la fonte pour résister à des efforts de flexion. Désignons par b (*fig.* 163) la largeur de la semelle supérieure, par b' la somme des saillies de cette semelle sur l'âme, dont l'épaisseur est ainsi $b - b'$, par b'' la somme des saillies, sur l'âme, de la semelle inférieure dont la largeur sera $b - b' + b''$, par h la hauteur totale de la section, par h'

la hauteur jusqu'au-dessous de la semelle supérieure dont l'épaisseur est alors $h - h'$, et par h'' l'épaisseur de la semelle inférieure; nous aurons la superficie de la section :

$$\Omega = bh - b'h' + b''h''.$$

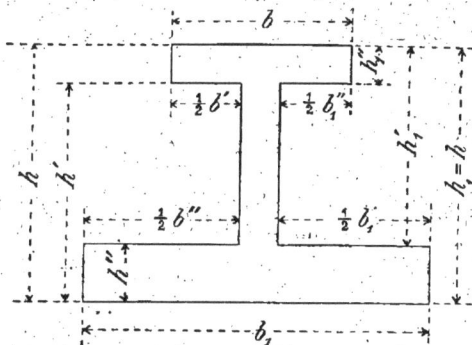

Le moment statique de cette section, par rapport à l'arête inférieure de la base, sera $\dfrac{bh^2 - b'h'^2 + b''h''^2}{2}$ et, par conséquent, la distance v_1 du centre de gravité à cette arête sera

$$v_1 = \frac{1}{2} \cdot \frac{bh^2 - b'h'^2 + b''h''^2}{bh - b'h' + b''h''}.$$

La distance v'_1 de ce centre à l'arête supérieure sera $h - v_1$ et si nous désignons par les mêmes lettres affectées de l'indice 1 les dimensions prises en partant de la base inférieure, comme nous les avons prises en partant de la base supérieure, ce qui revient à faire

$$b_1 = b - b' + b''; \; b' = b''_1; \; b'' = b'_1; \; h - h' = h''_1; \; h - h'' = h'_1;$$

nous aurons de même

$$v'_1 = \frac{1}{2} \cdot \frac{b_1 h^2 - b'_1 h'^2_1 + b''_1 h''^2_1}{b_1 h - b'_1 h'_1 + b''_1 h'_1};$$

et, par conséquent, en observant que les dénominateurs de v_1

et de v'_1 ont la même valéur Ω,

$$(1) \qquad \frac{v_1}{v'_1} = \frac{R_0}{R'_0} = \frac{bh^2 - b'h'^2 + b''h''^2}{b_1h^2 - b'_1h_1'^2 + b'_1h_1''^2}.$$

On peut, en y remplaçant h' par $h - h''_1$, et h'_1 par $h - h''$ et négligeant les différences de termes affectés des carrés h''^2, $h_1''^2$ des épaisseurs des nervures, mettre ce rapport sous la forme

$$(2) \qquad \frac{R_0}{R'_0} = \frac{b''h_1'' + \dfrac{h}{2}(b' - b'_1)}{b''h'' + \dfrac{h}{2}(b - b')}.$$

Le numérateur de cette expression est la superficie de la partie de la section comprise entre l'arête supérieure et la ligne horizontale qui diviserait en deux parties égales la hauteur totale h, et le dénominateur est la superficie de la partie de la section comprise entre cette même ligne et l'arête inférieure. Il en résulte que, pour satisfaire à la condition que les fibres les plus comprimées comme les plus étendues supportent les unes et les autres un effort égal à la charge de sécurité, il faut que, si l'on divise la section par une horizontale menée au milieu de la hauteur, les superficies des deux parties en lesquelles on la divise soient entre elles en rapport inverse des charges de sécurité.

Cette règle n'est qu'approximative : elle suppose que l'on puisse négliger les termes en h''^2, $h_1''^2$, carrés des épaisseurs des nervures. Elle peut donner des résultats assez différents de la formule exacte (1). On la simplifie encore quelquefois davantage en négligeant la superficie de l'âme verticale, et alors ce sont simplement les superficies des nervures supérieure et inférieure qui doivent être en rapport inverse des charges de sécurité, comme si l'âme n'existait pas. Mais cette dernière approximation s'éloigne souvent beaucoup des résultats du calcul exact.

On pourrait appliquer évidemment des procédés analogues de calcul à des sections d'une autre forme que celle à double T non symétrique, pour le cas où les charges de sécurité seraient différentes à l'extension et à la compression ; nous nous bornerons à cette simple indication.

§ 3

CAS PARTICULIERS

177. Élasticités différentes à l'extension et à la compression. — Nous avons supposé, dans ce qui précède, non seulement que les efforts étaient toujours proportionnels aux déformations qu'ils produisaient, mais aussi que des efforts de même grandeur, mais de sens contraires, produisaient des déformations de même étendue. Il n'en est pas toujours ainsi. En d'autres termes, les coefficients d'élasticité longitudinale à l'extension et à la compression ne sont pas toujours rigoureusement les mêmes. Il est probable que ce module varie d'une façon continue, et le supposer constant, c'est admettre que la courbe des déformations affecte la forme d'une ligne droite, lorsque l'on prend pour abscisses les efforts. En réalité, il est probable que cette courbe diffère quelquefois d'une ligne droite, et alors on peut s'en rapprocher davantage en y substituant deux droites formant une ligne brisée, ainsi que nous l'avons déjà dit au n° 19 en parlant de la répartition des efforts sur une surface plane ; ces deux questions sont, d'ailleurs, étroitement connexes. Au lieu donc de supposer constant le coefficient d'élasticité, nous allons admettre qu'il a une valeur différente à l'extension et à la compression.

Nous prendrons un cas très simple, celui d'une poutre droite, à section rectangulaire de largeur b et de hauteur h.

Lorsque les coefficients d'élasticité sont les mêmes à l'extension et à la compression, l'axe neutre est au milieu de la hauteur de la section ; mais, s'ils sont différents, cet axe a une position inconnue que nous allons déterminer.

Appelons toujours v la distance, à cet axe neutre inconnu, d'une fibre quelconque située du côté où se produisent les efforts d'extension, v_1 la plus grande valeur de v ou la distance à l'axe neutre de la fibre étendue qui en est la plus éloignée, R et R_1 les efforts d'extension supportés par ces deux fibres et, enfin, v', v'_1, R', R'_1 les mêmes quantités pour le côté des fibres soumises à des efforts de compression.

Nous supposons que, de chaque côté, les efforts sont proportionnels aux déformations, lesquelles sont elles-mêmes proportionnelles aux distances des points correspondants à l'axe neutre. Dans cette hypothèse, la section après la déformation reste plane, comme nous l'avons toujours supposé. Alors, nous pouvons écrire, pour exprimer ces proportionnalités

$$(1) \qquad \frac{R}{R_1} = \frac{v}{v_1}, \qquad \frac{R'}{R_1'} = \frac{v'}{v_1'}.$$

Mais, si nous prenons deux fibres, l'une étendue, l'autre comprimée, à égale distance de l'axe neutre, condition exprimée par $v = v'$, les efforts qui s'exerceront sur ces deux fibres ne seront pas égaux, mais seront entre eux dans un certain rapport n qui sera celui des coefficients d'élasticité. Nous aurons donc, pour ces deux fibres, $R = nR'$, le rapport n étant supposé connu.

Des conditions précédentes nous déduisons immédiatement

$$(2) \qquad \frac{R_1}{R_1'} = n\,\frac{v_1}{v_1'}.$$

Écrivons, comme nous l'avons fait au n° 156, les équations d'équilibre des forces qui agissent à travers une section déterminée et qui doivent être équilibrées par le moment fléchissant M. L'effort sur chaque tranche de largeur b et de hauteur dv sera $bRdv$ et son moment par rapport à l'axe neutre $bRvdv$; nous devrons ainsi avoir,

$$\int_0^{v_1} bRdv - \int_0^{v_1'} bR'dv' = 0; \qquad \int_0^{v_1} bRvdv - \int_0^{v_1'} bR'v'dv' = M.$$

Mettant pour R et R' leurs valeurs déduites de (1) et intégrant, il vient, après réductions,

$$(3) \quad R_1 v_1 - R_1' v_1' = 0, \qquad \frac{b}{3}\left(R_1 v_1^2 + R_1' v_1'^2\right) = M.$$

La première de ces équations (3), rapprochée de (2), donne

$$\left(\frac{v_1'}{v_1}\right)^2 = n, \qquad \text{ou :} \qquad \frac{v_1'}{v_1} = \sqrt{n}.$$

et comme, d'autre part, la hauteur de la poutre étant h, on a $v_1 + v_1' = h$, on en déduit immédiatement :

$$v_1 = \frac{h}{1 + \sqrt{n}} \, ;$$

ce qui détermine la position de l'axe neutre ; on trouve aussi, entre les efforts maximum R_1, R_1' la relation

$$\frac{R_1}{R_1'} = \sqrt{n}.$$

D'autre part, si, de la deuxième équation (3), et au moyen des relations qui viennent d'être établies, on élimine d'abord R_1' et v_1', puis R_1 et v_1, on trouve

$$M = \frac{bh^2}{6} \cdot R_1 \cdot \frac{2}{1 + \sqrt{n}} = \frac{bh^2}{6} R_1' \frac{2\sqrt{n}}{1 + \sqrt{n}}.$$

Si la poutre rectangulaire était dans les conditions ordinaires, on aurait simplement

$$M' = \frac{bh^2}{6} \cdot R_1.$$

L'hypothèse que nous avons faite modifie donc le moment fléchissant auquel elle peut résister dans la proportion de 1 à $\dfrac{2}{1 + \sqrt{n}}$ pour un effort maximum d'extension R_1 donné et dans la proportion de 1 à $\dfrac{2\sqrt{n}}{1 + \sqrt{n}}$ pour un effort maximum de compression R_1' donné. Ou, ce qui revient au même, pour un même moment fléchissant, les efforts maximum d'extension et de compression sont modifiés dans des rapports inverses de ceux-là.

En général, le rapport n des coefficients d'élasticité à l'extension et à la compression sera plus grand que l'unité lorsqu'il en différera. Pour les métaux, sa différence avec l'unité est, en général, inappréciable et négligeable : les deux rapports ci-dessus se réduisent alors eux-mêmes à l'unité. Pour les mortiers ou les bétons de chaux et de ciment et, par suite, probablement pour les maçonneries, les expériences de M. Souleyre montrent que ce rapport est compris entre 1 et 10 et qu'il peut même s'élever jusqu'à 20. En prenant, par exemple, $n = 9$ ou $\sqrt{n} = 3$, on en déduirait qu'une poutre en mortier, sous un moment fléchissant donné, supporterait un effort maximum d'extension R_1 qui serait $\left(\dfrac{1 + \sqrt{n}}{2} = 2\right)$ double, et un effort maximum de compression R'_1 qui ne serait $\left(\dfrac{1 + \sqrt{n}}{2\sqrt{n}} = \dfrac{2}{3}\right)$ que les deux tiers de celui qui s'exercerait dans une poutre en métal de même dimension.

Cela montre, en particulier, avec quelle réserve il faut accepter les raisonnements qui tendent à déduire, des expériences de flexion, les valeurs des charges de rupture par extension ou par compression.

178. Cas où la limite d'élasticité est dépassée. — Nous avons toujours, jusqu'à présent, supposé les déformations assez petites pour qu'elles restent proportionnelles aux efforts qui les ont produites. Il en est généralement ainsi dans les constructions permanentes dans lesquelles, sous peine de voir ces déformations s'accroître indéfiniment jusqu'à la rupture, on est amené à adopter, pour la charge maximum supportée par la matière, une limite inférieure à celle de l'élasticité.

Il est cependant des circonstances où l'on peut exceptionnellement faire subir aux pièces des efforts un peu supérieurs à cette limite ; lorsqu'il s'agit, par exemple, de constructions temporaires telles que cintres, échafaudages, ponts de service, pour lesquelles il importe peu de conserver une forme absolument invariable, qui peuvent, par conséquent, supporter des efforts dépassant un peu la limite à partir de laquelle les déformations deviennent permanentes et cessent de leur être proportionnelles.

Nous ignorons complètement la loi qui lie les efforts à ces déformations : le nombre d'expériences faites ne permet pas de l'établir d'une manière certaine ; nous ne pouvons que faire une hypothèse.

Lorsque les déformations restent proportionnelles aux efforts, si l'on désigne par v la distance d'une fibre quelconque d'une pièce fléchie à l'axe neutre, et par v_1 la distance de la fibre la plus éloignée, on a, entre les efforts R et R_1, qui s'exercent respectivement sur ces deux fibres, la relation

$$\frac{R}{R_1} = \frac{v}{v_1}, \qquad \text{ou} \qquad R = R_1 \left(\frac{v}{v_1}\right).$$

Supposons qué, lorsque les déformations dépassent la limite de l'élasticité, l'effort R, au lieu d'être simplement exprimé par la première puissance de $\frac{v}{v_1}$, le soit par une expression de la forme

$$R = R_1 \left[A \frac{v}{v_1} + B \left(\frac{v}{v_1}\right)^2 + C \left(\frac{v}{v_1}\right)^3 + D \left(\frac{v}{v_1}\right)^4 + \ldots \right],$$

A, B, C, D étant des coefficients numériques variables pour chaque matière et généralement inconnus.

C'est surtout aux extensions qu'une pareille loi serait applicable. Pour les compressions, la proportionnalité des efforts aux déformations semble se vérifier beaucoup plus loin que pour l'extension, et l'on peut, en général, pour ce genre d'efforts, se borner au premier terme.

La proportionnalité ne semble cesser, dans ce cas, qu'au moment où commencent les effets d'*écoulement* latéral du solide qui sont la conséquence d'une très forte compression et que nous avons analysés au chapitre x. A partir de ce moment, comme nous l'avons dit alors, les déformations, une fois commencées, continuent indéfiniment, tant que l'effort constant qui les a produites continue lui-même d'agir.

Pour les extensions, nous nous bornerons aux deux premiers termes, ce qui revient à supposer négligeables les troisièmes puissances des déformations, et comme, après avoir dépassé la limite de la proportionnalité, les déformations croissent plus rapidement que les efforts, nous affecterons du signe — le terme en $\left(\frac{v}{v_1}\right)^2$.

23

179. Position de l'axe neutre et moment de flexion pour une pièce rectangulaire.

— Considérons encore une tige à section rectangulaire dont la largeur est b et la hauteur h, et adoptons les mêmes notations v_0 v_1, v', v'_1, R, R_1, R', R'_1, qu'au n° 177.

Puisque les efforts de compression sont proportionnels aux déformations, ils le sont aussi aux distances v' des fibres où ils s'exercent à l'axe neutre inconnu, et nous pouvons écrire

$$(1) \qquad R' = R'_1 \frac{v'}{v'_1}.$$

Pour les efforts d'extension, pour lesquels cette proportionnalité n'existe plus, nous admettrons, d'après ce que nous venons de dire, la relation empirique suivante où m et n sont des coefficients numériques

$$R = R_1 \left[m . \frac{v}{v_1} - n \left(\frac{v}{v_1} \right)^2 \right];$$

et puisque pour $v = v_1$ on doit avoir $R = R_1$, on a, entre les coefficients n et m, la relation nécessaire $m - n = 1$, d'où $n = m - 1$. Par conséquent, cette expression se met sous la forme

$$(2) \qquad R = R_1 \frac{v}{v_1} \left[m - (m - 1) \frac{v}{v_1} \right].$$

Mais la loi des très petites déformations, comme nous l'avons admise jusqu'ici, subsiste toujours et s'applique aux très petites déformations que subissent les fibres très voisines de la fibre neutre pour lesquelles le carré du rapport $\frac{v}{v_1}$ est négligeable. Pour ces fibres, l'allongement proportionnel dû à un très etit effort d'extension est le même que le raccourcissement qui serait produit par un égal effort de compression. Égalons donc les valeurs de R et R' obtenues en mettant dans les équations ci-dessus, pour v et v', deux valeurs égales et assez petites pour que le carré $\frac{v^2}{v_1^2}$ puisse être négligé; nous aurons

$$(3) \qquad \frac{R'_1}{v'_1} = m \frac{R_1}{v_1}, \qquad \text{ou} \qquad \frac{R_1}{R'_1} = \frac{1}{m} \frac{v_1}{v'_1}.$$

Écrivons maintenant, comme nous l'avons fait dans l'étude précédente de la flexion, les équations d'équilibre de la portion de tige comprise depuis la section considérée jusqu'à l'extrémité, c'est-à-dire égalons à zéro la somme des projections des efforts sur un axe perpendiculaire au plan de la section, et à M, valeur du moment fléchissant, la somme des moments de ces efforts par rapport à l'axe neutre ; nous aurons les deux équations

$$(4) \quad \int_0^{v_1} R b \, dv - \int_0^{v'_1} R' b \, dv' = 0, \qquad \int_0^{v_1} b R v \, dv + \int_0^{v'_1} b R' v' \, dv' = M,$$

ou bien, en mettant pour R et R' leurs valeurs et effectuant les intégrations,

$$(5) \quad (m+2) \, R_1 \, v_1 - 3 R'_1 v'_1 = 0, \quad \frac{m+3}{12} \, b R_1 v_1^2 + \frac{1}{3} \, b R'_1 v_1'^2 = M.$$

L'équation (3), les deux équations (5) et l'équation

$$(6) \qquad\qquad v_1 + v'_1 = h$$

qui est une donnée du problème, suffisent à déterminer les quatre inconnues v_1, v'_1, R_1, R'_1. Nous pouvons, au moyen de (3), éliminer immédiatement R'_1 des deux équations (5) ; elles deviennent ainsi

$$(7) \quad (m+2) \, v_1^2 = 3 m v_1'^2, \quad \frac{m+3}{12} \cdot b R_1 v_1^2 + \frac{m}{3} \, b R_1 \, \frac{v_1'^3}{v_1} = M ;$$

et la seconde peut, en y mettant la valeur de v'_1, tirée de la première, s'écrire

$$\left[\frac{m+3}{12} + \frac{m}{3} \left(\frac{m+2}{3m} \right)^{\frac{3}{2}} \right] b R_1 v_1^2 = M.$$

L'équation (6), combinée avec la première (7), donne d'ailleurs

$$(8) \qquad\qquad v_1 = \frac{h}{1 + \sqrt{\dfrac{m+2}{3m}}} ;$$

d'où, en substituant dans la précédente,

$$(9) \qquad M = R_1 \, \frac{b h^2}{6} \cdot \frac{\dfrac{m+3}{2} + 2m \left(\dfrac{m+2}{3m} \right)^{\frac{3}{2}}}{\left(1 + \sqrt{\dfrac{m+2}{3m}} \right)^2}.$$

180. Valeurs numériques pour une pièce rectangulaire. — Nous avons laissé indéterminé le coefficient m. Voici les valeurs des expressions (8) et (9) pour diverses valeurs de ce coefficient

$$m = 2, \qquad v_1 = 0,5305h, \qquad M = 1,4175. \quad R_1\frac{bh^2}{9},$$

$$m = 3, \qquad v_1 = 0,573h, \qquad M = 1,80. \quad R_1\frac{bh^2}{6},$$

$$m = 4, \qquad v_1 = 0,586h, \qquad M = 2,17. \quad R_1\frac{bh^2}{6},$$

$$m = 5, \qquad v_1 = 0,594h, \qquad M = 2,54. \quad R_1\frac{bh^2}{6},$$

$$m = 6, \qquad v_1 = 0,600h, \qquad M = 2,90. \quad R_1\frac{bh^2}{6},$$

$$m = 7, \qquad v_1 = 0,604h, \qquad M = 3,25. \quad R_1\frac{bh^2}{6}.$$

181. Comparaison avec l'expérience. — La valeur qui doit lui être attribuée dépend de la matière dont se compose la pièce soumise à la flexion. Pour le fer et l'acier, il semble qu'il y ait lieu d'adopter un chiffre voisin de $m = 4$. En effet, dans l'expérience rapportée par M. Considère (*Annales des Ponts et Chaussées*, 1er semestre, p. 611) et dont il a déjà été question plus haut, il a été constaté qu'un barreau d'acier à section carrée de 0^m,039 de côté, dont la résistance à la rupture par extension était de 42^k,7 par millimètre carré, résistait à l'effort d'un moment fléchissant M = 729^{km},70. Pour ce barreau, on a sensiblement $\frac{bh^2}{6} = 0,00001$; par conséquent, avec $m = 4$, on aurait

$$R_1 = \frac{72,970000}{2,17} = 33^k,6 \text{ par millimètre carré, chiffre infé-}$$

rieur à celui qui aurait produit la rupture par extension simple.

Cette même expérience a donné $v_1 = 0,63,h$, alors que la formule ci-dessus ne donne, pour $m = 4$, que $v_1 = 0,59h$. La différence est appréciable, mais il faut observer que nous avons supposé, du côté des fibres comprimées, la proportionnalité des efforts aux déformations. Nous avons aussi, du côté des fibres étendues, négligé les puissances de $\frac{v}{v_1}$ supérieures à la seconde, et cela peut suffire pour expliquer la différence dont il s'agit.

Dans une autre expérience faite sur un barreau carré de 0,0165 de côté, pour lequel, par conséquent, $\dfrac{bh^2}{6} = 0,00000075$, dont la résistance à la rupture par traction était de $57^k,8$ par millimètre carré, le moment fléchissant a atteint $83^{km},84$. Avec l'hypothèse $m = 4$, on aurait eu

$$R_1 = \frac{83,84}{0,00000075 \times 2,17} = 51^k,5,$$

résultat admissible, puisqu'il est inférieur de plus de 10 0/0 à la valeur de l'effort qui aurait produit la rupture par extension simple.

Dans cette expérience on a constaté $v_1 = 0,60h$, tandis que, pour $m = 4$, la formule ci-dessus donne $v_1 = 0,59h$; l'accord est donc satisfaisant.

On peut donc admettre que, pour l'acier, le coefficient m est voisin de 4.

L'effort supporté par la fibre comprimée, R_1', a pour valeur

$$R_1' = mR_1 \frac{v_1'}{v_1} = m\sqrt{\frac{m+2}{3m}} \cdot R_1,$$

soit, pour $m = 4, R_1' = 2,83R_1$, ce qui, eu égard à ce que nous avons dit de la résistance à la rupture par compression, n'a rien d'invraisemblable.

Ajoutons que M. Léon Durand-Claye, en faisant rompre par flexion des barreaux de plâtre, de ciment, de briques ou de calcaire tendre, a trouvé que l'on devait prendre, pour moment de résistance à la flexion, $M = k\dfrac{bh^2}{6}R$, k étant un coefficient dont les valeurs sont, en moyenne, les suivantes : 2,95 pour le plâtre, 2,85 pour le calcaire tendre, 2,38 à 3,85 pour diverses espèces de ciments, 1,71 à 2,14 pour d'autres échantillons de ciments, 3,70 à 4,18 pour les briques, 3,45 pour la craie, 2,73 pour les dalles d'ardoises.

La valeur de ce coefficient k est donc, en général, assez voisine de 3.

On voit, par le tableau qui précède, que, pour $m = 6$, on aurait $M = 2,90R_1 \dfrac{bh^2}{6}$, et pour $m = 7$, $M = 3,25R_1 \dfrac{bh^2}{6}$. Il semblerait donc que, pour ces barreaux, le coefficient m devrait être compris entre 6 et 7. On aurait alors, pour ces expériences, $R'_1 = 4R_1$ pour $m = 6$, et $R'_1 = 4,59R_1$ pour $m = 7$.

Pour avoir $k = 4,18$, il faudrait faire environ $m = 10$, ce qui donnerait $R'_1 = 6,3R_1$. Ces résultats n'ont rien d'inadmissible : nous avons vu, en effet, que pour les mortiers et ciments la charge de rupture par compression était généralement supérieure à cinq fois celle de rupture par extension ; les fibres comprimées peuvent donc avoir supporté sans se rompre un effort de quatre à cinq et même six fois celui qui a fait rompre les fibres étendues.

En résumé, l'on voit que, pour les pièces soumises à des efforts de flexion, et pour lesquelles ces efforts dépasseraient la limite de l'élasticité, on pourra, en adoptant pour la fibre la plus étendue une charge R_1, supérieure à la charge de sécurité R_0, qui est applicable lorsque l'on veut rester au-dessous de cette limite, augmenter encore la grandeur du moment fléchissant par l'adoption d'un coefficient, qui, pour une section rectangulaire, est d'environ 2 ou 2,5 ou même 3, de sorte que le moment résistant maximum, qui dans le premier cas est $\dfrac{R_0 I}{v_1}$, atteindrait $2\,\dfrac{R_1 I}{v_1}$; $2,5\,\dfrac{R_1 I}{v_1}$; ou même $3\,\dfrac{R_1 I}{v_1}$.

Cette considération permettra de réduire dans une proportion notable les dimensions des pièces des ouvrages provisoires.

182-183. Corps hétérogènes. — La formule générale établie au n° 157, page 315, peut servir à calculer les efforts qui se développent aux différents points d'une pièce prismatique formée de plusieurs matières différentes juxtaposées, comme celle que nous avons définie au n° 124 *bis*, page 253, et soumis à un effort de flexion. Mais l'hétérogénéité de la section transversale exige une définition spéciale du moment d'inertie I.

Prenons encore le cas, simple, mais le plus fréquent en

pratique, d'un corps prismatique formé seulement de deux matières différentes a, b, dont l'une, b, présente une section transversale Ω_b notablement plus grande que celle Ω_a de l'autre. Une analyse identique s'appliquerait à un corps formé de trois, quatre,... matières différentes.

Nous appellerons toujours m le rapport des coefficients d'élasticité E_a, E_b des deux matières composant le prisme :

$$m = \frac{E_a}{E_b}.$$

Nous supposerons, comme au n° 156, que la section transversale de la pièce fléchie est symétrique par rapport au plan dans lequel agit le couple de flexion ; ce plan est alors, en même temps, le plan de flexion, et enfin nous admettons que les sections transversales restent planes.

Cela posé, une fibre de section ω, telle que mn (*fig.* 151, page 313), située à une distance V de l'axe neutre, dont l'allongement relatif est $\frac{v}{\rho}$, subira un effort $E_a\omega\frac{v}{\rho}$ ou $E_b\omega\frac{v}{\rho}$ suivant qu'elle sera constituée de matière a ou de matière b. La position de l'axe neutre se déterminera par la condition que la somme algébrique de tous ces efforts soit nulle, ou par l'équation

$$\Sigma E_a\omega\frac{v}{\rho} + \Sigma E_b\omega\frac{v}{\rho} = 0 ;$$

et cette équation est satisfaite si le point C, projection de l'axe neutre à partir duquel sont comptées les distances v, est le centre de gravité de la section transversale du prisme, déterminé en supposant que les sections partielles Ω_a, Ω_b ont des densités proportionnelles aux coefficients d'élasticité E_a, E_b. Ce centre de gravité fictif se trouvera par la méthode générale et les formules du n° 7 *bis*. Une droite quelconque, perpendiculaire à l'axe de symétrie de la section transversale étant prise pour axe des x et les ordonnées, par rapport à cet axe, des centres de gravité respectifs des sections Ω_a et Ω_b étant désignées par Y_a et Y_b, l'ordonnée Y, par rapport au même axe, du centre de gravité fictif cherché sera donnée par l'équation

$$(E_a\Omega_a + E_b\Omega_b)\,Y = E_a\Omega_a Y_a + E_b\Omega_b Y_b\,;$$

ou bien, en divisant par E_b, et eu égard à la définition de m et à ce que nous avons posé $\Omega = m\Omega_a + \Omega_b$:

$$\Omega Y = m\Omega_a Y_a + \Omega_b Y_b.$$

Quand Ω_b est grand par rapport à Ω_a, il est souvent plus commode de calculer, au lieu de l'ordonnée Y_b de cette section Ω_b, celle Y_t de la section totale $\Omega_t = \Omega_a + \Omega_b$, *regardée comme homogène;* cette ordonnée étant définie par la formule :

$$\Omega_t Y_t = \Omega_a Y_a + \Omega_b Y_b.$$

on en déduit :

$$\Omega Y = (m - 1)\,\Omega_a Y_a + \Omega_t Y_t.$$

L'ordonnée Y, calculée par l'une ou l'autre de ces deux formules, donnera la position de l'axe neutre de la section de la pièce fléchie.

Cet axe étant connu, et l'effort sur chaque élément ω de la section étant $E_a\omega\,\dfrac{v}{\rho}$ ou $E_b\omega\,\dfrac{v}{\rho}$, suivant que cet élément est dans la matière a ou dans la matière b, les moments respectifs de ces efforts par rapport à l'axe neutre sont $E_a\omega\,\dfrac{v^2}{\rho}$ ou $E_b\omega\,\dfrac{v^2}{\rho}$, et la somme de ces moments équilibre le moment de flexion M. On a donc l'équation

$$\Sigma E_a\omega\,\frac{v^2}{\rho} + \Sigma E_b\omega\,\frac{v^2}{\rho} = M,$$

qui, en désignant par I_a et I_b les moments d'inertie, par rapport à l'axe neutre, des sections Ω_a et Ω_b, s'écrit :

$$\frac{E_a I_a + E I_b}{\rho} = M, \quad \text{ou bien} \quad m E_b I_a + E_b I_b = M\rho.$$

On en déduit :

$$E_b = \frac{M\rho}{m I_a + I_b}, \quad \text{et} \quad E_a = m E = \frac{m M\rho}{m I_a + I_b};$$

de sorte que l'effort, par unité superficielle, est

$$\frac{m M v}{m I_a + I_b} \quad \text{ou} \quad \frac{M v}{m I_a + I_b},$$

suivant que la fibre considérée, à la distance v de l'axe neutre, est constituée de matière a ou de matière b.

On peut simplifier l'écriture en posant $I = m I_a + I_b$, c'est-à-dire en appelant I le moment d'inertie, par rapport à l'axe neutre, de la section fictive Ω formée en attribuant à chacune des deux parties Ω_a, Ω_b, une densité proportionnelle à son coefficient d'élasticité. Les expressions des efforts individuels prennent alors la forme classique :

$$m \frac{M v}{I}, \quad \text{ou} \quad \frac{M v}{I}.$$

Il est souvent plus commode de calculer, au lieu du moment d'inertie I_b de la section Ω_b, le moment d'inertie I_t de la section totale Ω_t, *supposée homogène*, ce moment étant pris par rapport à l'axe passant par le centre de gravité de cette section Ω_t, lequel est défini par l'ordonnée Y_t. Le moment d'inertie de la même section totale, par rapport à l'axe neutre défini par l'ordonnée Y, est égal à la somme des moments d'inertie, par rapport au même axe, des deux parties Ω_a, Ω_b de la section, ou à $I_a + I_b$. D'autre part, ce dernier moment d'inertie est lié à celui I_t, par la relation établie à la page 15 :

$$I_a + I_b = I_t + \Omega_t (Y - Y_t)^2.$$

On en déduit :

$$I = I_r + \Omega_t (Y - Y_t)^2 + (m - 1) I_a.$$

Cette forme du moment I, quoique d'apparence moins simple que la précédente, est souvent plus commode dans les applications.

La circulaire du Ministre des Travaux publics du 20 octobre 1906, portant instructions relatives à l'emploi du béton armé, donne plusieurs exemples de l'application des formules qui précèdent.

CHAPITRE XII

FLEXION DES POUTRES DROITES

§ 1er

POUTRES POSÉES SUR DEUX APPUIS SIMPLES

184. Signes des moments fléchissants et des efforts tranchants. — La détermination de la grandeur du moment fléchissant aux différents points d'une tige fléchie, dont nous allons maintenant nous occuper, est une pure question d'algèbre élémentaire; elle se résume, dans chaque cas, à faire la somme des produits des forces qui sont appliquées à la portion de tige comprise entre la section que l'on considère et l'une des extrémités, par la longueur de leurs bras de levier, c'est-à-dire par les distances du centre de gravité de cette section à la ligne qui représente leur direction. Avant de donner quelques exemples de la résolution de ce problème, il est nécessaire de faire une convention au sujet du signe à adopter pour les moments fléchissants.

Si, dans une tige AB (*fig.* 165), on prend une section quelconque, C, il s'exerce, à travers cette section, des efforts moléculaires qui font équilibre, d'un côté, à toutes les forces appliquées à la partie AC, de l'autre, à toutes les forces appliquées à la partie CB de la tige. Il y a donc, dans cette section, suivant qu'on la regarde comme terminant l'une ou l'autre des deux parties, deux groupes d'efforts égaux et de sens contraire, qui ne sont, en définitive, que l'action et la réaction de l'une des parties sur l'autre. Ces deux groupes d'efforts, ainsi que la somme de leurs moments qui fait équilibre au moment fléchissant, ou la somme de leurs composantes verticales, qui équilibre l'effort tranchant, seront donc de signes différents suivant que la section C appartiendra à l'une ou à l'autre des deux parties de la tige.

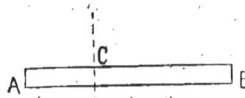

Fig. 165.

Le moment fléchissant et l'effort tranchant, dans une section donnée, s'expriment ordinairement d'une manière absolue et sans indication de la portion de la tige à laquelle ils s'appliquent ; il faut donc leur attribuer un signe spécial, indépendant de cette considération.

Pour le moment fléchissant, afin d'avoir une définition qui s'applique également aux pièces courbes, nous conviendrons d'attribuer le signe + aux moments qui tendent à augmenter *algébriquement* la courbure de la tige dans la section considérée, et le signe — à ceux qui tendent à la diminuer, en rappelant ici que la courbure d'une courbe, rapportée à deux axes OX, OY (*fig.* 166), est positive lorsque $\frac{d^2y}{dx^2}$ est positif, c'est-à-dire que la concavité de la courbe est tournée vers les y positifs, ou que la courbe est placée comme l'une des branches marquées +, et qu'elle est, au contraire, négative lorsque la concavité est tournée vers les y négatifs ou qu'elle est placée comme la branche marquée —. Un moment fléchissant, qui tendra à diminuer, en valeur absolue, la courbure négative d'une courbe, aura un signe

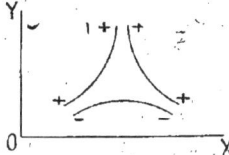

Fig. 166.

positif, puisqu'il augmente *algébriquement* la courbure.

Pour les tiges rectilignes, placées sur l'axe des x, et dont la courbure est primitivement nulle, les moments fléchissants positifs sont ceux qui tendent à courber la tige vers la région des y positifs, et les négatifs, ceux qui tendent à la courber vers la région des y négatifs.

Quant à l'effort tranchant, il aura le signe de la dérivée du moment fléchissant. On reconnaît facilement que, pour une tige horizontale placée sur l'axe des x, il est positif lorsqu'il tend à entraîner, vers les y positifs, la portion de tige la plus rapprochée de l'origine, et négatif dans le cas contraire.

Cela posé, nous allons donner quelques exemples de la détermination des moments fléchissants, et en conclure la déformation des tiges fléchies.

185. Poutre chargée uniformément sur toute sa longueur.

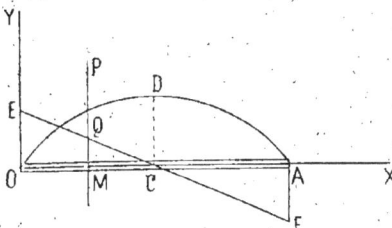

Fig. 167.

— Considérons d'abord une tige ou poutre horizontale, supportant une charge uniformément répartie sur toute sa longueur, à raison de p par unité de longueur, et reposant à ses deux extrémités sur deux appuis. Soit OA $= a$ *fig.* 167) la longueur ; la charge totale est égale à pa, chacun des appuis en supporte la moitié, soit $\frac{pa}{2}$ et exerce sur les extrémités de la poutre une réaction égale à $\frac{pa}{2}$, mais dirigée de bas en haut. Prenons une section quelconque M à une distance OM $= x$ du point O. Les forces qui agissent sur la portion de poutre OM sont la réaction de l'appui O, égale à $\frac{pa}{2}$, et la charge appliquée sur OM, égale à px. Le bras de levier de la première est x, celui de la seconde, qui peut être regardée comme appliquée au milieu de OM, est $\frac{x}{2}$, et elles agissent en sens contraire. Le moment fléchissant M a ainsi pour valeur absolue $\frac{pa}{2} \cdot x - px \cdot \frac{x}{2} = \frac{p}{2} x (a - x)$; d'ailleurs, ce moment tend à courber la poutre vers les y positifs, il doit, d'après nos conventions, être affecté du signe $+$; nous aurons donc

$$M = \frac{px}{2} (a - x).$$

Nous pouvons remarquer que nous aurions obtenu la même valeur du moment fléchissant en prenant les forces appliquées à l'autre portion MA de la poutre. Ces forces sont $\frac{pa}{2}$ avec un bras de levier $a - x$, et $p(a - x)$ avec un bras de levier $\frac{a - x}{2}$; la somme algébrique de leurs moments $\frac{pa}{2}(a - x) - p(a - x)\frac{a - x}{2}$ est bien égale à $\frac{px}{2}(a - x)$. Cela était évident, d'après ce que nous venons de dire, et cette vérification pourrait se faire de la même manière pour tous les autres exemples que nous examinerons. Elle montre simplement qu'il est indifférent, pour le calcul de la valeur du moment fléchissant, de prendre les forces appliquées à l'une ou à l'autre des deux portions de la tige, depuis la section que l'on considère jusqu'à l'extrémité.

Dans la poutre uniformément chargée, le moment fléchissant varie donc comme les ordonnées d'une parabole passant par les extrémités O, A, ayant son axe vertical, et dont l'ordonnée maximum CD, qui se trouve au milieu de la poutre, a pour valeur $\dfrac{pa^2}{8}$. C'est la valeur du maximum du moment fléchissant M.

L'effort tranchant, somme des projections, sur un plan vertical, de toutes les forces qui agissent sur le tronçon OM, a pour valeur absolue $\dfrac{pa}{2} - px$; nous lui attribuons le signe de la dérivée du moment fléchissant, laquelle est précisément $\dfrac{pa}{2} - px$, et nous écrivons, par conséquent, pour l'effort tranchant T :

$$T = p\left(\frac{a}{2} - x\right);$$

on voit qu'il varie, aux divers points, comme les ordonnées d'une droite EF. Il est nul au milieu de la pièce et maximum aux extrémités où il atteint la valeur $\dfrac{pa}{2}$.

Connaissant la valeur du moment fléchissant, nous pouvons, au moyen de l'équation EI $\dfrac{d^2y}{dx^2} = $ M, trouver la forme de la courbe affectée, après la flexion, par l'axe longitudinal de la poutre. Écrivons donc

$$EI\frac{d^2y}{dx^2} = \frac{px}{2}(a - x) = \frac{p}{2}(ax - x^2);$$

intégrons deux fois cette équation, nous aurons, en désignant par C, C′ les deux constantes arbitraires d'intégration :

$$EI\frac{dy}{dx} = \frac{pax^2}{4} - \frac{px^3}{6} + C,$$

$$EIy = \frac{pax^3}{12} - \frac{px^4}{24} + Cx + C'.$$

Les constantes C et C′ doivent se déterminer, d'après ce que nous avons dit, par la condition que les points O et A restent fixes, c'est-à-dire que l'on ait $y = 0$ pour $x = 0$ et pour $x = a$. Le groupe de valeurs $x = 0$, $y = 0$, annule la constante C′, et la constante C se détermine par l'équation suivante, obtenue en faisant $x = a$, $y = 0$,

$$0 = \frac{pa^4}{12} - \frac{pa^4}{24} + Ca, \qquad \text{d'où} \qquad C = -\frac{pa^3}{24};$$

et, par conséquent, l'équation de la courbe cherchée est

$$EIy = \frac{p}{12}\left[ax^3 - \frac{x}{2}(a^3 + x^3)\right].$$

On aurait pu, dans ce cas particulier, déterminer la constante C après la première intégration, en remarquant que, pour $x = \frac{a}{2}$, c'est-à-dire au milieu de la pièce, on doit avoir $\frac{dy}{dx} = 0$, car la courbe doit être symétrique et, par suite, avoir sa tangente horizontale au milieu de sa longueur.

L'équation de la courbe affectée par l'axe de la pièce après la flexion permet de trouver la *flèche* de flexion, c'est-à-dire la quantité dont s'est abaissé le point situé au milieu. Il suffit, pour cela, de calculer la valeur de y pour $x = \frac{a}{2}$. On trouve

$$EIy = -\frac{5}{384}\,pa^4,$$

et en désignant par f la valeur absolue de la flèche (y est négatif parce que la courbe se trouve au-dessous de l'axe des x), on a :

$$f = \frac{5}{384}\frac{pa^4}{EI}.$$

186. Effet de l'effort tranchant. — L'équation précédente de la courbe, et la valeur que l'on en a déduit pour la flèche, ne tiennent compte que de l'effet du moment fléchissant, sans faire entrer en ligne de compte celui de l'effort tranchant. Nous avons trouvé que, sous l'action d'un effort tranchant T, il se produisait, sur les sections transversales, un glissement i, défini par

$$i = \frac{T}{GIu}\int_v^{v_1} uv\,dv;$$

il en résulte, pour la fibre située à la distance v de l'axe neutre, une inclinaison i sur celle qui résulterait de la seule action du moment fléchissant, de sorte que la courbure $\frac{1}{\rho}$ se trouve augmentée de $\frac{di}{dx}$. Nous pourrions donc écrire l'équation de la fibre déformée en ajoutant à la valeur $\frac{M}{EI}$, que nous avons prise pour $\frac{d^2y}{dx^2}$, cette quantité $\frac{di}{dx}$. Mais, s'il ne s'agit que de trouver la flèche totale de flexion, nous pouvons nous borner à observer que la section transversale, distante de dx de celle que nous considérons, s'abaisse par rapport à celle-ci, sous l'effet de ce glissement, de idx, et, par conséquent, $\int_0^x idx$ sera l'abaissement, dû à ce glissement, du point situé à la distance x de l'origine de la fibre dont il s'agit. Pour l'axe longitudinal, pour lequel $v = 0$, on a $i = \frac{T}{GIu}\int_0^{v_1} uv dv$ et l'abaissement dont il s'agit, pour le point situé au milieu de la longueur de la poutre, pour lequel $x = \frac{a}{2}$, sera, en le désignant par f',

$$f' = \int_0^{\frac{a}{2}} \frac{T dv}{GIu} \int_0^{v_1} uv dv.$$

$\int_0^{v_1} uv dv$, G, I et u sont des quantités constantes pour une section donnée. Soit, par exemple, la section rectangulaire $b \times h$ que nous avons déjà considérée; $v_1 = \frac{h}{2}$, $u = b$, $\int_0^{v_1} uv dv = \frac{bh^2}{8}$, $I = \frac{bh^3}{12}$, et $\frac{1}{GIu}\int_0^{v_1} uv dv = \frac{3}{2Gbh}$; nous avons alors, pour la poutre qui supporte une charge uniformément répartie,

$$f' = \frac{3}{2Gbh}\int_0^{\frac{a}{2}} T dx = \frac{3}{2Gbh}\int_0^{\frac{a}{2}} p\left(\frac{a}{2} - x\right) dx = \frac{3pa^2}{16Gbh}.$$

Pour la même poutre, la flèche f, due au moment fléchis-

24

sant, a pour valeur

$$f = \frac{5na^4}{384 \mathrm{EI}} = \frac{5pa^4}{32 \mathrm{E}bh^3}.$$

La flèche ainsi calculée s'applique à l'axe longitudinal ou à la fibre neutre de la pièce. Si l'on avait pris les fibres extrêmes, sur lesquelles i est nul partout, on aurait trouvé zéro pour la flèche due à l'effort tranchant. Il en résulte que, dans la poutre rectangulaire dont nous étudions la flexion, la fibre neutre, ou l'axe longitudinal, s'abaisse, en réalité, de la somme $f + f'$ des deux flèches :

$$f + f' = \frac{pa^2}{32bh} \left(\frac{5a^2}{\mathrm{E}h^2} + \frac{6}{\mathrm{G}} \right).$$

L'abaissement de cet axe longitudinal est ainsi un peu plus grand que celui des fibres supérieure et inférieure dû au moment fléchissant seul.

La fibre neutre n'est donc pas, après la flexion, exactement au milieu de la hauteur de la poutre. C'est ce que l'on peut voir, d'ailleurs, sur la figure 152 *bis*, page 316, où le point I' est un peu plus bas que le milieu de la poutre.

Ces différences sont tout à fait négligeables en pratique et, après les avoir simplement signalées ici, nous ne nous en occuperons plus.

187. Considération du poids propre de la pièce.
— La charge p uniformément répartie est supposée comprendre le poids propre de la poutre; elle se réduit même à ce poids lorsque la poutre ne supporte aucune charge. Sous l'action de son propre poids, une poutre quelconque, supposée construite bien rectiligne sur un sol horizontal ou sur un échafaudage, prendra donc, lorsqu'on la posera sur deux points d'appui à ses extrémités, une flèche f que nous venons de trouver égale à $\frac{5}{384} \frac{pa^4}{\mathrm{EI}}$, et qui, dans la plupart des cas, n'est pas négligeable. Si donc on veut qu'une fois mise en place la poutre affecte une forme rectiligne, on ne peut y arriver qu'en lui donnant, à la construction, une *contre-flèche*, c'est-à-dire un surhaussement en son milieu, précisé-

ment égal à la flèche qu'elle prendra sous l'action de son poids dont l'effort rétablira ainsi le milieu et les extrémités sur une même ligne horizontale.

Lorsqu'il s'agit de poutres de ponts, qui sont soumises, non seulement à l'action de leur poids propre, mais encore à celle du poids du tablier du pont et des charges accidentelles qu'il supporte, on construit la poutre, dans l'atelier, avec une contre-flèche égale à l'abaissement qu'elle aura à subir sous l'effort de toutes ces charges réunies, de sorte que, même au moment où elle est le plus chargée, la poutre, en son milieu, ne descende pas au-dessous de l'horizontale qui passe par ses extrémités.

188. Poutre chargée d'un poids unique. — Soit maintenant une poutre AB (*fig.* 168) de longueur a, posée librement sur deux appuis A, B et chargée, en un point C de sa longueur, d'un poids isolé P. Soient $AC = b$, $CB = c$ les distances du point C aux deux extrémités; $b + c = a$. Nous déterminerons d'abord les réactions des appuis A et B par les règles ordinaires de la statique. Si X et X_1 sont respectivement ces réactions, nous aurons, entre elles et la force donnée P, les relations

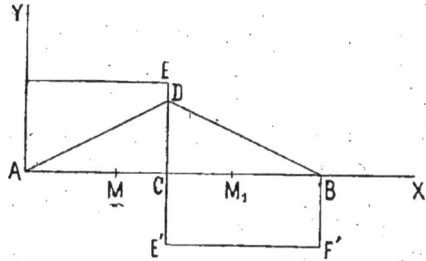

Fig. 168.

$$X + X_1 = P; \quad Xa = Pc, \quad X_1 a = Pb; \quad \text{d'où} \quad X = \frac{Pc}{a}, \quad X_1 = \frac{Pb}{a}.$$

Cela posé, le moment fléchissant M, sur une section quelconque M comprise entre les points A et C, à une distance x du point A, ou bien pour $x < b$, sera

$$M = Xx = \frac{Pc}{a} x,$$

et le moment fléchissant M, sur une section quelconque M_1 comprise entre les points B et C à une distance $x_1 = BM_1$ du point B, sera

$$M_1 = X_1 x_1 = \frac{Pb}{a} x_1.$$

Les moments fléchissants sont ainsi proportionnels aux ordonnées de deux droites AD, DB, passant par les extrémités, A, B, où les moments s'annulent, et par le point D, situé sur la verticale du point C, où ils atteignent leur valeur maximum $\frac{Pbc}{a}$.

Les efforts tranchants T et T_1 dans les deux tronçons AC, CB de la tige sont respectivement

$$T = X = \frac{Pc}{a}, \qquad T_1 = X - P = - P \frac{b}{a}.$$

Ils sont proportionnels aux ordonnées de deux droites EF, E'F', parallèles à l'axe des x, c'est-à-dire qu'ils sont constants sur toute l'étendue des deux tronçons.

Nous voyons qu'au point C, où est appliquée la force P, l'effort tranchant est discontinu ; il a, dans cette section, deux valeurs différentes, suivant qu'on la considère comme appartenant à l'une ou à l'autre des deux parties de la tige. De même, dans cette section, le moment fléchissant a pour sa dérivée deux valeurs distinctes, indiquées par les coefficients angulaires des deux droites qui aboutissent au point D.

La forme de la fibre neutre après la flexion, dans l'un et l'autre tronçon de la tige, s'obtiendra, comme précédemment, par l'intégration des deux équations

$$(1) \qquad EI \frac{d^2y}{dx^2} = \frac{Pc}{a} x, \qquad EI \frac{d^2y_1}{dx_1^2} = \frac{Pb}{a} x_1,$$

qui introduira quatre constantes arbitraires. Ces constantes seront déterminées par la considération des deux points fixes A et B, et par la condition qu'au point C, ou pour $x = b$, $x_1 = c$, les deux portions de tige se raccordent ou que l'on ait $y = y_1$ et $\frac{dy}{dx} = - \frac{dy_1}{dx_1}$.

Les intégrations donnent successivement :

$$(2) \begin{cases} \text{El} \dfrac{dy}{dx} = \dfrac{\text{Pc}}{a} \cdot \dfrac{x^2}{2} + \text{C}, & \text{EI} \dfrac{dy_1}{dx_1} = \dfrac{\text{Pb}}{a} \cdot \dfrac{x_1^2}{2} + \text{G}', \\ \text{El} y = \dfrac{\text{Pc}}{a} \cdot \dfrac{x^3}{6} + \text{C}x + \text{C}'', & \text{El} y_1 = \dfrac{\text{Pb}}{a} \cdot \dfrac{x_1^3}{6} + \text{C}'x_1 + \text{C}'''. \end{cases}$$

La condition $x = 0$, $y = 0$ annule la constante C'' ; la condition $x_1 = 0$, $y_1 = 0$ annule la constante C'''.

Celles qui expriment que pour $x = b$, $x_1 = c$ on a $y = y_1$ et $\dfrac{dy}{dx} = -\dfrac{dy_1}{dx_1}$ donnent les deux équations

$$\frac{\text{Pc}b^3}{6a} + \text{C}b = \frac{\text{Pb}c^3}{6a} + \text{C}'c, \qquad \frac{\text{Pb}c^2}{2a} + \text{C} = -\left(\frac{\text{Pc}b^2}{2a} + \text{C}'\right),$$

desquelles on tire immédiatement les valeurs

$$\text{C} = -\frac{\text{Pbc}}{6a}(a + c), \qquad \text{C}' = -\frac{\text{Pbc}}{6a}(a + b).$$

Le problème est donc résolu, et les équations qui définissent la forme de la fibre neutre sont :

$$(3)\ \text{El} y = \frac{\text{Pc}x^3}{6a} - \frac{\text{Pbc}x}{6a}(a + c),\ \text{El} y_1 = \frac{\text{Pb}x_1^3}{6a} - \frac{\text{Pbc}x_1}{6a}(a + b).$$

En particulier, si le poids $\overset{\frown}{\text{P}}$ est appliqué au milieu de la poutre, $b = c = \dfrac{a}{2}$, et l'on a :

$$\text{El} y = \text{El} y_1 = \frac{\text{P}x}{12}\left(x^2 - \frac{3a^2}{4}\right)$$

et la flèche f, valeur de $-y$ ou de $-y_1$ pour $x = x_1 = \dfrac{a}{2}$, est

$$(4) \qquad\qquad f = \frac{\text{P}a^3}{48\text{EI}}.$$

Le moment fléchissant maximum, dans ce cas, est $\dfrac{\text{P}a}{4}$. Si le poids P, au lieu d'être appliqué au milieu, était uniformément réparti sur la longueur a de la poutre, à raison de $\dfrac{\text{P}}{a} = p$ par unité de longueur, le moment fléchissant maximum aurait pour valeur $\dfrac{pa^2}{8} = \dfrac{Pa}{8}$. La même charge appliquée au milieu de la poutre produit donc un moment fléchissant maximum double de celui qui résulte de la charge uniformément répartie ; en d'autres termes, une poutre supporte, avec la même fatigue, une charge répartie sur toute la longueur double de celle qu'elle supporterait si cette charge était concentrée au milieu.

Dans les mêmes conditions, la flèche de la poutre, qui, lorsque la charge est répartie, est $\dfrac{5}{384}\dfrac{pa^4}{EI} = \dfrac{5}{384}\cdot\dfrac{Pa^3}{EI}$ atteint, pour la même charge concentrée, $\dfrac{1}{48}\dfrac{Pa^3}{EI} = \dfrac{8}{384}\dfrac{Pa^3}{EI}$. Elle est donc plus grande que dans l'autre cas dans le rapport de 8 à 5.

On peut, au moyen de la formule (3), calculer l'abaissement du point d'application de la charge P. Il suffit d'y faire $x = b$, et cet abaissement, que nous appellerons f_P sera la valeur de $- y$. On obtiendra ainsi :

$$f_P = \frac{Pb^2}{3aEI}(a - b)^2.$$

Et si l'on compare cet abaissement à la flèche f prise par la poutre sous l'action d'un poids Q placé en son milieu, laquelle est $f = \dfrac{Qa^3}{48EI}$, on aura

$$f_P = \frac{1}{16}\cdot\frac{P}{Q}\cdot\left[\frac{b}{a}\left(1 - \frac{b}{a}\right)\right]^2\cdot f.$$

Cette expression prend une forme encore plus simple lorsque l'on appelle $2a$, au lieu de a, la longueur de la poutre, et qu'au lieu de définir la position du poids P par sa distance b à l'une des extrémités, on la définit par sa distance $\overline{x}$ au milieu de la poutre. En faisant ces substitutions, on trouve facilement :

(5)
$$f_P = \frac{P}{Q}\left(1 - \frac{\alpha^2}{a^2}\right)^2\cdot f.$$

Il faut remarquer qu'avec cette notation $f = \dfrac{Qa^3}{6EI}$.

189. Poutre chargée de plusieurs poids isolés. — Lorsqu'au lieu d'une seule charge P il y en a plusieurs, appliquées en divers points de la poutre, on déterminera de même, dans les divers tronçons, le moment fléchissant, l'équation de la fibre neutre déformée dont les constantes se calculeront, comme dans l'exemple précédent, par les conditions de raccordement des divers tronçons. La solution se simplifie beaucoup lorsqu'au lieu de chercher à résoudre le problème dans sa généralité on applique le principe de la superposition des effets des diverses forces. L'ordonnée y, en un point quelconque, est alors la somme de toutes les ordonnées correspondant à chacune des forces considérées isolément.

Quant au moment fléchissant dans une section quelconque, il peut aussi se déterminer par le même principe. Considérons une poutre AB (fig. 169) chargée de poids P_1, P_2, P_3

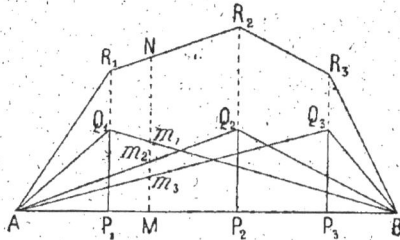

FIG. 169.

appliqués en des points déterminés. Si l'on a trouvé pour chacune de ces charges, considérée isolément, la ligne brisée AQ_1B, AQ_2B, AQ_3B dont les ordonnées représenteraient le moment fléchissant en chaque point de la poutre si cette charge agissait seule, il est évident que l'on aura le moment fléchissant dû à l'ensemble des charges en additionnant en chaque point les moments partiels, c'est-à-dire que ce moment total sera représenté par les ordonnées d'une ligne brisée $AR_1R_2R_3B$, obtenue en ajoutant les ordonnées partielles, ou telle que son ordonnée MN au point M soit la somme $Mm_1 + Mm_2 + Mm_3$ des ordonnées correspondant aux moments des forces isolées.

On déterminera ainsi facilement, en particulier, ce qui suffit quelquefois dans les applications, le moment fléchissant maximum. On voit que le maximum ne peut se produire que sur l'un des sommets de la ligne brisée $AR_1R_2R_3B$ (ou sur deux d'entre eux, dans le cas où l'un des côtés de cette ligne brisée serait parallèle à AB). Il suffira, lorsqu'on voudra se borner à connaître le maximum, de calculer ou de construire le moment fléchissant total pour chacun des points d'applications $P_1, P_2, P_3, \ldots$, des forces, et de voir lequel de ces moments a la plus grande valeur.

190. Cas où les charges isolées se déplacent. —

Cette remarque permet de résoudre immédiatement un problème qui a une certaine importance pratique. Une poutre porte une charge qui repose sur elle par un certain nombre de points dont la distance relative est constante, ainsi que la manière dont elle est répartie entre eux ; comme serait, par exemple, une locomotive reposant sur un certain nombre d'essieux qui transmettent chacun, à une poutre sur laquelle ils s'appuient, une fraction déterminée de son poids total en conservant toujours la même

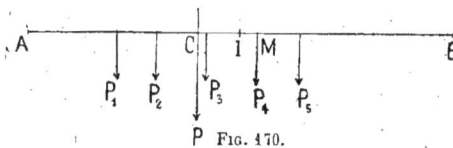

P   Fig. 170.

position relative. Cette charge se déplace sur la poutre, et l'on demande la position qu'elle doit occuper pour que le moment fléchissant atteigne sa valeur maximum.

Soit $a = AB$ (*fig.* 170) la longueur de la poutre, I son milieu, et C le point d'application variable de la charge P formée d'un certain nombre de charges partielles

$$P_1 + P_2 + P_3 + P_4 + \ldots = P$$

dont les grandeurs et les positions relatives sont constantes. La position de la charge sur la poutre peut être définie par la distance $CA = x$ de son point d'application à l'origine A. Le moment fléchissant maximum, quelle que soit la position de la charge, sera, d'après ce que nous venons de dire, sur la verticale de l'un des points d'application des forces partielles $P_1, P_2, P_3 \ldots$ Soit M le point d'application de l'une d'elles, et $b = CM$ la distance, constante, de ce point au point C.

Le moment fléchissant au point M sera égal au moment de la réaction de l'appui A, laquelle a pour valeur $\dfrac{P}{a}(a - x)$

et pour bras de levier $(x + b)$, diminué de la somme des moments des forces partielles P_1, P_2, P_3 qui précèdent le point M. Cette dernière somme est constante quelle que soit la position de la charge; désignons-la par μ, nous aurons, pour le moment fléchissant M,

$$M = \frac{P}{a} (a - x) (x + b) - \mu.$$

μ étant constant, cette quantité sera maximum lorsque le produit $(a - x) (x + b)$ le sera lui-même, c'est-à-dire pour $x = \frac{a - b}{2}$, ou lorsque $\frac{a}{2} - x = CI$ sera égal à $\frac{b}{2} = \frac{1}{2} CM$.

Le moment fléchissant au point M sera donc le plus grand possible, lorsque ce point sera placé de telle manière que le milieu I de la poutre divise en deux parties égales sa distance MC au point C d'application de la charge totale.

On résoudra donc le problème en plaçant successivement la charge dans des positions telles que le milieu I de la poutre divise en deux la distance de son point d'application à chacune des charges partielles; on calculera, dans chacune de ces positions, le moment fléchissant au point d'application de cette charge partielle, et l'on prendra la plus grande valeur obtenue dans ces diverses hypothèses.

D'après ce qui précède, et au moyen du principe de la superposition des effets des forces, on déterminera facilement le moment fléchissant et l'effort tranchant d'une poutre soumise à des charges quelconques isolées ou réparties, lorsque celles-ci seront étendues à toute la longueur de la poutre. Le cas particulier où la charge uniformément répartie ne serait appliquée qu'à une fraction de la longueur mérite une mention spéciale.

191. Poutre chargée uniformément sur une partie de sa longueur.

— Considérons une poutre AB de longueur a (*fig.* 171) chargée sur une partie,

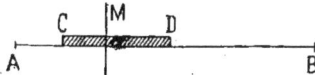

Fig. 171.

CD $= l$, de sa longueur, d'un poids uniformément réparti à raison de p par unité de longueur.

Désignons par z l'abscisse du point C, où commence l'application de la charge, celle du point D sera $l + z$. Le moment fléchissant, en un point M quelconque dont l'abscisse est x, se déterminera, comme précédemment, en cherchant d'abord les réactions verticales sur les appuis A et B.

Si nous désignons par X et Y ces réactions inconnues, nous aurons entre ces quantités les relations suivantes, exprimant l'équilibre statique :

$$(1) \quad X + Y = pl, \quad aY = pl\left(z + \frac{l}{2}\right), \quad aX = pl\left(a - z - \frac{l}{2}\right);$$

d'où

$$(2) \quad X = \frac{pl}{a}\left(a - z - \frac{l}{2}\right), \quad Y = \frac{pl}{a}\left(z + \frac{l}{2}\right).$$

Alors, le moment fléchissant sera :
Dans la partie AC, où pour $x < z$,

$$(3) \quad M = Xx = \frac{plx}{a}\left(a - z - \frac{l}{2}\right);$$

dans la partie chargée CD, ou pour $x > z$, mais $< z + l$,

$$(4) \quad M = Xx - \frac{p(x-z)^2}{2} = \frac{plx}{a}\left(a - z - \frac{l}{2}\right) - p\frac{(x-z)^2}{2};$$

enfin, dans la partie DB, ou pour $x > z + l$,

$$(5) \quad M = Xx - pl.\left(x - z - \frac{l}{2}\right) = \frac{pl}{a}\left(z + \frac{l}{2}\right)(a - x).$$

Il est donc représenté, dans la partie correspondant à la partie chargée CD, par une parabole à axe vertical, et dans chacune des parties vides par une ligne droite qui est tangente aux extrémités de l'arc parabolique. L'effort tranchant, qui est en chaque point la dérivée du moment fléchissant et, par suite, le coefficient angulaire de la courbe qui le représente, a pour valeur, dans les trois parties respectives, AC, CD, DB :

$$(6) \quad \frac{pl}{a}\left(a - z - \frac{l}{2}\right); \quad \frac{pl}{a}\left(a - z - \frac{l}{2}\right) - p(x - z); \quad -\frac{pl}{a}\left(z + \frac{l}{2}\right).$$

On reconnaît, en effet, que pour $x = z$, c'est-à-dire au point

C, les deux premières valeurs sont égales, et qu'il en est de même des deux dernières pour $x = z + l$. L'effort tranchant est représenté par une ligne brisée formée de trois droites dont les deux extrêmes sont parallèles à l'axe des abscisses, tandis que celle qui correspond à la partie chargée est inclinée, et coupe cet axe au point dont l'abscisse est

$$x = z + l - \frac{l}{a}\left(\frac{l}{2} + z\right).$$

Ce point, qui est celui où le moment fléchissant est maximum, et qui correspond au sommet de la parabole, partage la longueur l de la partie chargée en deux parties proportionnelles aux réactions des appuis.

Le moment fléchissant maximum, obtenu en mettant cette valeur de x dans l'expression (4), a pour valeur

$$(7). \qquad M = \frac{pl}{a^2}\left(a - \frac{l}{2}\right)\left(a - z - \frac{l}{2}\right)\left(z + \frac{l}{2}\right).$$

Pour une valeur donnée de l, et pour des valeurs variables de z, c'est-à-dire pour les diverses positions que peut occuper la même charge sur la longueur de la poutre, il a son maximum lorsque les deux derniers facteurs du produit précédent, dont la somme est constante, deviennent égaux, ou pour $z = \frac{a - l}{2}$. C'est lorsque la charge se trouve symétriquement placée par rapport aux extrémités, comme on pouvait le prévoir, que le moment fléchissant atteint sa plus grande valeur au milieu de la poutre; il est alors $\frac{pl}{4}\left(a - \frac{l}{2}\right)$, ce qui donne bien $\frac{pa^2}{8}$ lorsque la longueur l de la charge devient égale à celle, a, de la poutre.

En un point quelconque de la partie chargée, défini par son abscisse x, le moment fléchissant est exprimé par (4) $M = \frac{plx}{a}\left(a - z - \frac{l}{2}\right) - \frac{p}{2}(x - z)^2$. Pour une longueur déterminée de la charge l, ce moment, au point dont il s'agit, considéré comme fixe, sera maximum pour $z = x\left(1 - \frac{l}{a}\right)$

ou pour $x - z = \dfrac{l}{a} x$; c'est-à-dire que, si l'on porte sur une

parallèle quelconque à la poutre AB (*fig.* 172) une lon-

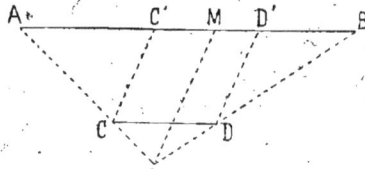

gueur CD, égale à celle de la charge mobile, si l'on mène les droites AC, BD que l'on prolonge jusqu'à leur point d'intersection I, la position de la charge mobile de la longueur CD qui donnera le mo-

FIG. 172.

ment fléchissant maximum en un point M quelconque s'obtiendra en menant par les extrémités de CD des parallèles CC′, DD′ à la ligne IM, joignant le point I au point quelconque M.

Le moment fléchissant au point M, produit par la charge ainsi placée en C′D′, s'obtiendra en mettant dans la valeur ci-dessus de M la valeur de $z = x \left(1 - \dfrac{l}{a} \right)$; ce moment sera ainsi

(8) $$M = pl \left(a - \frac{l}{2} \right) \frac{x}{a} \left(1 - \frac{x}{a} \right).$$

Il est le plus grand possible au milieu de la poutre, ou pour $x = \dfrac{a}{2}$, et atteint en ce point la valeur $\dfrac{pl}{4} \left(a - \dfrac{l}{2} \right)$.

Quant à l'effort tranchant, son maximum est la plus grande, en valeur absolue, des deux réactions

$$X = \frac{pl}{a} \left(a - z - \frac{l}{2} \right), \qquad Y = \frac{pl}{a} \left(z + \frac{l}{2} \right).$$

Pour une valeur donnée de l, X est maximum pour $z = 0$, et comme l est plus petit que a, Y est alors plus petit que X, c'est-à-dire que l'effort tranchant maximum se produit quand la partie chargée commence à l'une des extrémités, et alors c'est sur l'appui correspondant qu'il atteint sa plus grande valeur, laquelle est $\dfrac{pl}{a} \left(a - \dfrac{l}{2} \right)$.

En un point quelconque M, déterminé par son abscisse x,

l'effort tranchant atteint sa plus grande valeur lorsque la charge se termine en ce point, c'est-à-dire lorsque l'on a $z = x - l$. En effet, l'effort tranchant vaut alors $-\dfrac{pl}{a}\left(x - \dfrac{l}{2}\right)$. Si nous donnons à la charge une autre position plus éloignée de l'extrémité A, de manière que z soit égal à $x - l + \alpha$, α étant une longueur positive, le point M se trouvera dans la partie chargée et l'effort tranchant, dont l'expression est alors $\dfrac{pl}{a}\left(a - z - \dfrac{l}{2}\right) - p\,(x - z)$, aura pour valeur $-\dfrac{pl}{a}\left(x - \dfrac{l}{2}\right) + p\alpha\left(1 - \dfrac{l}{a}\right)$, quantité plus petite, en valeur absolue, que $\dfrac{pl}{a}\left(x - \dfrac{l}{2}\right)$. Si la charge est, au contraire, plus rapprochée du point A, de sorte que $z = x - l - \alpha$, le point M se trouve dans la partie non chargée, l'expression de l'effort tranchant est $-\dfrac{pl}{a}\left(z + \dfrac{l}{2}\right)$, c'est-à-dire $-\dfrac{pl}{a}\left(x - \dfrac{l}{2}\right) + \dfrac{pl}{a}\alpha$, quantité plus petite en valeur absolue que $\dfrac{pl}{a}\left(x - \dfrac{l}{2}\right)$; ce qui démontre la proposition énoncée pour l'extrémité de la charge la plus éloignée du point A. On la démontrerait de la même manière pour l'autre extrémité, où l'effort tranchant a sa plus grande valeur pour $z = x$.

On reconnaît, d'ailleurs, facilement que, lorsque la charge se trouve plus rapprochée de l'extrémité A que de l'extrémité B, c'est-à-dire lorsque $z < a - z - l$ ou que $z < \dfrac{a - l}{2}$, on a $X < Y$; et c'est à l'extrémité C de la charge, la plus voisine de A, que se produit la plus grande valeur de l'effort tranchant. Le contraire a lieu lorsque la charge se trouve plus rapprochée de l'extrémité B; c'est donc à celle des deux extrémités de la charge qui est la plus voisine d'une extrémité de la poutre qu'il faut chercher cette valeur maximum, laquelle est toujours exprimée par $-\dfrac{pl}{a}\left(x - \dfrac{l}{2}\right)$ en appelant x la distance, plus petite que $\dfrac{a}{2}$, entre l'extrémité

de la charge et celle de la poutre qui en est la plus rapprochée.

192. Substitution de charges uniformément réparties à des charges isolées.

— Le problème qui
précède, de la détermination des moments fléchissants et
des efforts tranchants dus à une charge voyageuse uniformément répartie sur une portion de la longueur d'une
poutre posée sur deux appuis, ne se présente pas souvent
dans la pratique ; généralement, les charges roulantes portent
sur les poutres par l'intermédiaire de roues et d'essieux qui
les assimilent à des charges isolées. On pourrait tout aussi
facilement, avec un peu plus de complication dans les calculs, trouver les moments fléchissants et les efforts tranchants dus à une charge voyageuse ainsi constituée ; nous
renverrons, pour cette solution, aux traités spéciaux sur la
matière.

Nous ajouterons seulement qu'en général l'assimilation
d'une charge voyageuse répartie sur plusieurs essieux à une
charge uniformément répartie sur la longueur qu'elle occupe
effectivement constitue une approximation par défaut en ce
qui concerne les moments fléchissants maximum. Si l'on se
reporte, en effet, au numéro précédent, on voit que le
moment fléchissant dans la partie AC de la poutre est
$\frac{plx}{a}\left(z + \frac{l}{2}\right)$ et dans la partie DB, $\frac{pl(a-x)}{a}\left(z + \frac{l}{2}\right)$. Si
l'on suppose une charge $P = pl$ appliquée au milieu de la
longueur l, soit au point $z + \frac{l}{2}$, les moments fléchissants
dans ces deux parties de la poutre seront représentées par
les mêmes expressions. La substitution d'une charge répartie
à la charge isolée ne change donc rien, en ce qui concerne
ces deux parties AC et DB. Mais il n'en est pas de même
de la partie CD. Si la charge est isolée et placée au milieu
de CD, les moments fléchissants sont représentés par les
mêmes expressions que plus haut ou figurés par les deux
mêmes droites prolongées jusqu'à leur point d'intersection
sur la verticale de la charge P ; si, au contraire, la charge
est répartie sur la longueur CD, le moment fléchissant est

représenté par l'expression (4) ou figuré par un arc de parabole, remplaçant les deux droites. Le moment fléchissant maximum sera donc moindre dans l'hypothèse de la charge répartie. Mais la différence est d'autant moins grande que la répartition de chaque charge isolée est faite sur une longueur moindre de la poutre, ou que les charges isolées sont plus rapprochées les unes des autres. Lorsqu'il s'agit des roues d'une locomotive ou d'un train de chemin de fer, cette différence peut être regardée comme négligeable.

Mais, s'il s'agit à la fois d'une locomotive et d'un train, comme c'est le cas en pratique, il ne serait pas rationnel de répartir le poids total sur toute la longueur, car les charges moyennes sont très différentes dans la partie occupée par la locomotive et dans celle où se trouvent seulement les wagons. Dans ce cas, M. Collignon a proposé (*Ann. des P. et Ch.*, 1895, 2ᵉ sem., p. 5) de substituer, à la charge réelle, deux charges uniformément réparties, l'une à raison de p par unité de longueur dans la partie correspondant au train, l'autre, de q par unité de longueur dans la partie occupée par la locomotive. En raison de l'importance pratique de la question, je crois devoir donner ici l'indication sommaire du résumé de ce travail.

Soit une poutre AB (*fig.* 173) simplement posée à ses deux extrémités, d'une portée $AB = l$, chargée sur la partie $AC = a$, d'un poids p par unité de longueur, et sur la partie $CB = b$, d'un autre poids q par unité de longueur, de sorte que la charge totale est $pa + qb$. Appelons X, Y les réactions des appuis A, B; nous au-

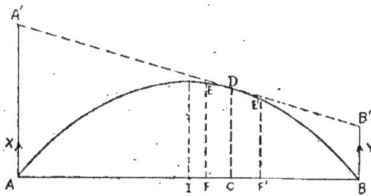

FIG. 173.

rons, pour les déterminer, les deux équations suivantes obtenues en prenant les moments par rapport aux extrémités B et A de la poutre

$$Xl = pa\left(\frac{a}{2} + b\right) + qb \cdot \frac{b}{2}, \qquad Yl = qb\left(\frac{b}{2} + a\right) + pa\frac{a}{2};$$

d'où

$$X = \frac{pl}{2} + (q - p)\frac{b^2}{2l} ; \qquad Y = \frac{pl}{2} - (q - p)\frac{a^2}{2l}.$$

Le moment fléchissant en un point quelconque d'abscisse x, compris entre A et C, sera

$$M = Xx - \frac{px^2}{2} \qquad \text{pour } x < a,$$

et en un autre point, compris entre C et B, l'abscisse x étant plus grande que a :

$$M = Y(l - x) - q\frac{(l - x)^2}{2} \qquad \text{pour } x > a.$$

Le moment fléchissant est, par suite, représenté par les ordonnées de deux paraboles AD, BD, tangentes au point D, sur la verticale du point C. Il est, en effet, facile de vérifier que, pour $x = a$, les deux valeurs du moment fléchissant sont les mêmes, ce qui montre que les paraboles ont même ordonnée CD, et que l'effort tranchant a en ce point une valeur unique $X - pa = qb - Y$ suivant qu'on l'évalue d'un côté ou de l'autre. Les deux paraboles sont donc tangentes à une même droite ADB dont cet effort tranchant mesure le coefficient angulaire. Comme, d'ailleurs, cet effet tranchant dont la valeur est

$$T = X - px \quad \text{pour } x < a, \quad \text{et} \quad T = q(l - x) - Y \quad \text{pour } x > a$$

varie linéairement avec x, la droite qui le représente coupe l'axe horizontal en un seul point F, qui est l'abscisse du point E où la tangente à la courbe des moments fléchissants est horizontale, c'est-à-dire l'abscisse du moment maximum.

Ce point peut, comme dans la figure, se trouver dans la partie AC; il peut aussi se trouver dans la partie CB, quelque part en F.

S'il est dans la partie AC, son abscisse s'obtiendra en faisant $X - px = 0$, ou

$$x_1 = \frac{X}{p} = \frac{l}{2} + \left(\frac{q}{p} - 1\right)\frac{b^2}{2l}, \qquad \text{pour } x < a$$

s'il est dans la partie CB, son abscisse s'obtiendra en faisant $q(l-x) - Y = 0$, ou

$$x_2 = l - \frac{Y}{q} = \frac{l}{2} + \left(1 - \frac{p}{q}\right)\frac{a^2}{2l} \qquad \text{pour } x > a.$$

Si nous supposons $q > p$, nous voyons que dans les deux cas le moment maximum se trouve au-delà du milieu I de la poutre du côté de la plus grande charge. La longueur qui s'ajoute à $\frac{l}{2}$, dans l'une ou l'autre de ces expressions, est l'*excentricité du moment maximum*.

L'ordonnée x_1 ou x_2 de ce moment étant calculée, la grandeur du moment maximum sera, suivant le cas,

$$\frac{1}{2}px_1^2 \qquad \text{ou} \qquad \frac{1}{2}q(l-x_2)^2.$$

Si l'on suppose que la charge la plus grande, q, puisse se trouver alternativement d'un côté ou de l'autre de la poutre, la courbe des moments fléchissants qui présente une forme telle que AEB (*fig.* 174) lorsque la charge la plus forte est du côté de B, présentera une forme symétrique AE_1B si cette charge est du côté de A. Et comme il suffit, en chaque point, de ne s'occuper que du plus grand moment fléchissant, la courbe qui le déterminera sera formée des portions AE_1H et HEB des deux courbes. On peut, au lieu de prendre la portion E_1HE de ces courbes, y substituer la droite horizontale E_1E dont l'ordonnée est celle du moment fléchissant maximum entre les ordonnées des points F et F_1 définies par son excentricité. Cela suffira, en général, avec un ou deux points de la courbe entre E et B, pour la dessiner complètement. Cette

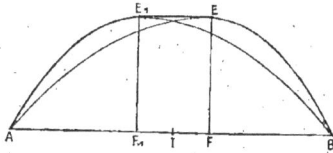

Fig. 174.

courbe est, d'ailleurs, soit un arc de parabole, soit deux arcs de parabole tangents, suivant que le point F est au-delà ou

25

en deçà du point C, et l'on pourra appliquer les règles connues pour le tracé des paraboles.

M. Collignon a remarqué que, pour le train-type défini par le règlement du 29 août 1891, il fallait prendre pour q et p les valeurs

$$q = 5^{ton},32, \qquad p = 2^{ton},66,$$

par mètre courant de simple voie (on voit qu'alors $q = 2p$, ce qui simplifie notablement les formules), et supposer la charge q appliquée sur une longueur de 30 mètres, la charge p étant appliquée au reste de la longueur. Voici, d'après son travail, les résultats du calcul (dans cette hypothèse $b = 30$ mètres), pour des longueurs de poutre variant de 30 à 150 mètres.

PORTÉE de la POUTRE l	ESPACE occupé par LA CHARGE p a	MOMENT FLÉCHISSANT maximum	EXCENTRICITÉ DU MOMENT maximum	EFFORT TRANCHANT au point C	OBSERVATIONS
mètres	mètres	tonnes-mètres	mètres	mètres	
30	0	598,50	0	0	
35	5	803,68	0,178	67,46	
40	10	998,54	0,625	56,54	
45	15	1.201,16	1,250	46,55	moment maximum dans le tronçon CB
50	20	1.407,14	2,000	37,24	
55	25	1.617,59	2,840	28,42	
60	30	1.832,90	3,750	19,95	
65	35	2.054,60	4,711	11,76	
70	40	2.281,40	5,714	3,80	
72,42	42,42	2.394,00	6,210	0,00	moment maximum en C
75	45	2.516,69	6,000	— 3,99	
80	50	2.768,58	5,625	— 11,64	
85	55	3.038,07	5,294	— 19,17	
90	60	3.325,00	5,000	— 26,60	
95	65	3.628,34	4,737	— 33,95	
100	70	3.930,43	4,500	— 41,23	moment maximum dans le tronçon AC
105	75	4.273,84	4,185	— 48,45	
110	80	4.654,67	4,091	— 55,62	
120	90	5.405,20	3,750	— 61,49	
130	100	6.233,58	3,461	— 83,89	
140	110	7.129,21	3,214	— 97,85	
150	120	8.091,72	3,000	— 111,75	

On peut remarquer que, si les charges étaient différentes, leur rapport restant le même, c'est-à-dire avec $q = 2p$, l'excentricité du moment maximum resterait la même, et le moment maximum serait simplement multiplié par le rapport des charges, et il en serait de même de l'effort tranchant.

En ce qui concerne les poutres supportant des voies de terre, sur lesquelles, en raison de la présence de l'attelage, la répartition de la charge, dans l'étendue qu'elle occupe sur la poutre, s'écarte beaucoup de l'uniformité, on n'est autorisé à substituer à la charge effective formée de poids isolés la même charge répartie, qu'autant que la longueur de la poutre n'est pas inférieure à deux ou trois fois au moins celle qui est réellement occupée.

Dans une note insérée aux *Ann. des P. et Ch.* (1877, 2ᵉ sem.), M. Kleitz a calculé les charges uniformément réparties qui produisent, sur une poutre, le même moment fléchissant maximum que des charges discontinues constituées, d'abord par des voitures à deux roues pesant 11 tonnes, ensuite par des voitures à quatre roues pesant 16 tonnes, c'est-à-dire conformes aux hypothèses admises par le règlement du 9 juillet 1877, et attelées les premières de cinq chevaux placés sur une même file, les secondes de huit chevaux sur deux files, chaque cheval étant supposé d'un poids de 500 kilogrammes. La distance d'un attelage au suivant étant (d'axe en axe), d'après les hypothèses admises par M. Kleitz, de 21ᵐ,50 dans le premier cas, et de 19ᵐ,50 dans le second, les charges réelles représentent par mètre courant de longueur occupée par chacune d'elles

$$\frac{11.000 + 5 \times 500}{21,50} = 628 \text{ kilogrammes pour les premières,}$$

et $\dfrac{16.000 + 8 \times 500}{19,50} = 1.069$ kilogrammes pour les secondes.

Mais on comprend que pour des poutres d'une portée inférieure à la longueur totale de la charge, sur lesquelles celle-ci ne peut se placer tout entière, on ne peut avoir aucune exactitude en substituant à la charge réelle, qui porte presque entièrement sur un seul point ou sur deux points très rapprochés, la charge uniformément répartie correspondante. Les charges réparties qu'il faut alors substituer aux charges réelles, pour avoir le même moment fléchissant maximum sont beaucoup plus considérables, et voici les chiffres donnés par M. Kleitz. Pour les portées supérieures à la longueur

totale de la charge, les chiffres sont ceux qui produisent le
même moment fléchissant maximum qu'une suite continue
de charges semblables se succédant sans interruption.

PORTÉE de la POUTRE	VOITURES A DEUX ROUES		VOITURES A QUATRE ROUES	
	MOMENT fléchissant maximum	Charge uniformément répartie qui produirait le même moment.	MOMENT fléchissant maximum	Charge uniformément répartie qui produirait le même moment.
mètres	kilogrammètres	kilogrammes	kilogrammètres	kilogrammes
3	8.250	7.333	7.448	6.656
4	11.000	5.500	10.432	5.210
5	13.750	4.400	13.600	4.352
6	16.500	3.667	16.992	3.760
8	22.000	2.750	24.448	3.056
10	27.720	2.218	32.800	2.624
12	33.429	1.857	41.280	2.293
14	39.457	1.610	50.240	2.051
16	45.716	1.429	59.664	1.864
20	58.850	1.777	80.000	1.600
25	76.538	980	108.096	1.384
30	95.700	851	139.200	1.237
35	123.882	809	182.208	1.190
40	154.000	770	232.000	1.160
50	220.000	704	352.000	1.126
60	»	»	480.000	1.067
70	»	»	640.000	1.045
80	»	»	832.000	1.040

Il faut donc que la longueur de la poutre atteigne et
dépasse deux ou trois fois la longueur de la charge, pour qu'en
substituant à la charge réelle la même charge uniformément
répartie on ne commette qu'une erreur de moins d'un dixième

Pour des charges distribuées d'une manière moins inégale
que celles des voitures et de leur attelage, pour des wagons
de chemins de fer, par exemple, on reconnaîtrait que la
substitution de la charge uniformément répartie peut se
faire dans presque tous les cas, avec une exactitude suffisante.

L'application des charges fixées par le règlement du
29 août 1891 conduirait à des chiffres un peu différents de
ceux qui précèdent, mais ne modifierait pas la conclusion.

193. Charge inégalement répartie. Aiguille supportant une charge d'eau. — Les mêmes principes

s'appliquent évidemment au cas où la charge, au lieu d'être uniformément répartie sur une portion plus ou moins grande de la longueur, serait distribuée suivant une loi quelconque. Comme exemple d'une charge répartie d'une manière non uniforme, nous trai- terons celui d'une aiguille verti- cale supportant une charge d'eau.

Soit AB (*fig*. 175) une aiguille verticale de longueur AB $= a$, appuyée à ses deux extrémités A et B et faisant partie d'un bar- rage qui soutient l'eau à un ni- veau C, à une hauteur BC $= b$ au-dessus du seuil, le niveau de l'eau, de l'autre côté de l'aiguille, étant au point D, à une hauteur BD $= c$. Prenons pour origine des coordonnées le point B, pour axe des x l'axe de l'aiguille, et pour axe des y une horizontale dirigée vers l'amont.

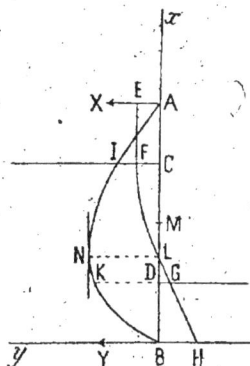

Fig. 175.

Désignons par Π le poids de l'unité de volume de l'eau, par n la largeur de l'aiguille dans le sens perpendiculaire au plan de la figure, et posons, pour abréger, $\Pi n = p$.

Cherchons d'abord les réactions des appuis A et B que nous désignerons respectivement par X, Y. L'eau, dont le niveau est au point C, exerce sur l'aiguille une poussée totale $\frac{pb^2}{2}$ dont le point d'application est au tiers de la hau- teur b à partir du point B; de même, l'eau d'aval exerce, en sens contraire, une poussée $\frac{pc^2}{2}$ dont le point d'application est au tiers de la hauteur c. Nous aurons alors, en écrivant que la somme des moments par rapport au point B est nulle :

$$\mathrm{X}a - \frac{pb^2}{2}\cdot\frac{b}{3} + \frac{pc^2}{2}\cdot\frac{c}{3} = 0 ; \qquad \text{d'où} \qquad \mathrm{X} = \frac{p\,(b^3 - c^3)}{6a}.$$

Nous avons, d'ailleurs,

$$\mathrm{X} + \mathrm{Y} = \frac{pb^2}{2} - \frac{pc^2}{2}.$$

Les deux réactions X et Y sont donc déterminées.

Si nous considérons un point quelconque M, situé à une hauteur BM $= x$ entre C et D, le moment de la réaction X par rapport à ce point est $X(a - x)$. La charge d'eau sur CM a pour valeur $\dfrac{p(b-x)^2}{2}$ et pour bras de levier $\dfrac{b-x}{3}$; son moment, par rapport au même point, est ainsi $\dfrac{p}{6}(b-x)^3$.

Si le point M était compris entre A et C, la seule force agissant sur la partie de poutre comprise entre ce point et l'extrémité A serait la réaction X ayant un moment $X(a-x)$, et si, au contraire, il était situé entre B et D, aux deux forces précédentes il faudrait ajouter la pression provenant de l'eau d'aval et dont le moment, par rapport à ce point, serait $\dfrac{p}{6}(c-x)^3$. En résumé, le moment fléchissant M a les valeurs suivantes, pour les diverses parties de l'aiguille:

Entre A et C, $M = X(a-x)$;

Entre C et D, $M = X(a-x) - \dfrac{p}{6}(b-x)^3$;

Entre D et B, $M = X(a-x) - \dfrac{p}{6}(b-x)^3 + \dfrac{p}{6}(c-x)^3$.

Les efforts tranchants T seront de même

Entre A et C, $T = X$;

Entre C et D, $T = X - \dfrac{p}{2}(b-x)^2$;

Entre D et B, $T = X - \dfrac{p}{2}(b-x)^2 + \dfrac{p}{2}(c-x)^2$.

Le moment fléchissant serait figuré par les ordonnées d'une ligne telle que AIKB, composée d'une ligne droite AI et de deux arcs de paraboles du troisième degré IK et KB, se raccordant tangentiellement.

L'effort tranchant serait représenté par les ordonnées d'une ligne telle que EFLH, composée aussi d'une ligne droite EF, parallèle à AC, et de deux arcs de parabole du second degré FG, GH, se raccordant de la même manière.

Pour avoir le moment fléchissant maximum, il faut chercher la position du point L où l'effort tranchant s'annule. On égalera à zéro l'expression de l'effort tranchant dans la partie CD, et on en déduira une valeur pour l'abscisse x de ce point. Si cette valeur est plus grande que c et plus petite que b, cela indiquera que l'effort tranchant s'annule bien dans la partie CB au point dont on aura déterminé l'abscisse; mais si la valeur de x est plus petite que c, on sera averti que le point cherché ne se trouve pas dans la partie CB, et ce sera alors au moyen de l'autre équation, obtenue en égalant à zéro l'expression de l'effort tranchant dans la partie DB, que l'on devra chercher l'abscisse du point L.

Cette abscisse étant trouvée, on la portera, suivant le cas, dans l'une ou dans l'autre des valeurs du moment fléchissant et l'on aura ainsi le maximum cherché.

La solution présente un certain intérêt dans le cas relativement simple, et cependant usuel, où la poussée d'aval n'existe pas: $c = 0$, et où le niveau d'amont s'élève jusqu'au point d'appui A de l'aiguille : $b = a$. En portant ces valeurs dans les expressions de la réaction de cet appui, du moment fléchissant et de l'effort tranchant, ces expressions deviennent :

$$X = \frac{pa^2}{6}, \quad T = \frac{pa^2}{6} - \frac{p}{2}(a - x)^2, \quad M = \frac{pa^2}{6}(a - x) - \frac{p}{6}(a - x)^3.$$

Alors le moment fléchissant maximum se produit au point dont l'abscisse $x = \frac{a}{\sqrt{3}}(\sqrt{3} - 1) = 0,422x$ soit un peu au-dessous du milieu de l'aiguille, et il a pour valeur $\frac{pa^2}{9\sqrt{3}}$. Si la charge totale $\frac{pa^2}{2}$ supportée par l'aiguille, au lieu d'être répartie suivant la loi hydrostatique, l'était uniformément sur toute la hauteur a, à raison de $p' = \frac{pa^2}{2a} = \frac{pa}{2}$ par unité de longueur, le moment fléchissant maximum aurait pour expression, d'après ce qui a été vu plus haut, $\frac{p'a^2}{8} = \frac{pa^3}{16}$. Si l'on remarque que $9\sqrt{3} = 15,59$, on voit que le maximum est sensiblement le même dans les deux hypothèses :

$$\frac{pa^3}{9\sqrt{3}} = 0,0642pa^3$$

dans le cas de la charge répartie suivant la loi hydrostatique,

$$\frac{pa^3}{16} = 0,0625pa^3$$

dans le cas de la charge uniformément répartie.

La différence est d'un quarantième environ, quantité souvent négligeable.

§ 2

POUTRES ENCASTRÉES

194. Poutre encastrée à une extrémité et libre à l'autre. — On dit qu'une pièce est *encastrée* à l'une de ses extrémités lorsque sa liaison avec l'appui sur lequel elle repose est telle que son axe ne puisse subir en ce point aucune déviation. L'encastrement est *parfait* lorsque toute déviation est absolument impossible; il est *imparfait* lorsque la liaison permet seulement des déviations très petites. Nous supposerons d'abord l'encastrement parfait.

La réaction de l'appui n'est plus alors une simple force égale et opposée à la charge verticale transmise par la pièce. Le maintien d'une direction fixe pour l'axe exige que cette réaction agisse à la manière d'un moment fléchissant, en augmentant ou diminuant la courbure de la pièce fléchie de façon à rendre son axe tangent à la direction déterminée. Cette réaction de l'appui porte le nom de *moment d'encastrement*, et elle agit indépendamment de celle qui, comme dans les pièces simplement posées, fait équilibre aux charges.

Une pièce encastrée à l'une de ses extrémités peut être chargée de poids sans avoir besoin d'un second point d'appui. Il suffit, pour que l'équilibre soit maintenu, que le moment d'encastrement puisse égaler le moment des charges par rapport à l'appui.

Considérons, en effet, une pièce AB (*fig.* 176) encastrée horizontalement en A et chargée, en B, d'un poids P. Si *a* est la longueur de cette pièce, les conditions de l'équilibre statique seront remplies si l'appui A exerce : 1° une réaction verticale égale et opposée à P ; 2° une réaction ou moment d'encastrement faisant équilibre au moment P*a* de la force P par rapport au point A.

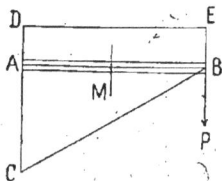

Fig. 176.

Le moment fléchissant M, dans une section M d'une pareille pièce, est, si *x* est l'abscisse AM de cette section, M = — P (*a* — *x*), c'est le moment par rapport au point M de toutes les forces qui agissent depuis ce point jusqu'à l'extrémité B, et nous l'affectons du signe — parce qu'il tend à donner à la pièce une courbure négative. Il est représenté, en chaque point, par les ordonnées d'une droite BC. L'effort tranchant T est constant et égal à P dans toutes les sections ; il est représenté par les ordonnées d'une ligne DE parallèle à AB.

Les équations de la fibre neutre, dans les pièces encastrées, se trouveront toujours par deux intégrations successives de l'équation $EI \dfrac{d^2y}{dx^2} = M$, et les constantes se détermineront par cette condition que, pour une certaine valeur de *x* qui correspond à l'appui, y et $\dfrac{dy}{dx}$ ont des valeurs fixées à l'avance. Ainsi, dans le cas dont il s'agit, nous aurons

$$(1) \qquad EI \frac{d^2y}{dx^2} = - P (a - x),$$

$$(2) \qquad EI \frac{dy}{dx} = - Pax + \frac{1}{2} Px^2,$$

sans constante, puisque pour $x = 0, \dfrac{dy}{dx} = 0$, et

$$(3) \qquad EIy = - \frac{1}{2} Pax^2 + \frac{1}{6} Px^3,$$

également sans constante, puisque pour $x = 0$ on doit avoir

$y = 0$. La flèche f, ou l'abaissement de l'extrémité B, égale à la valeur absolue de y pour $x = a$, sera

$$(4) \qquad f = \frac{Pa^3}{3EI}.$$

Si l'on prend un point quelconque M entre A et B, à une distance b de l'origine, $x = b$, l'abaissement de la poutre en ce point, sous l'action de la charge P appliquée en B sera, en valeur absolue, d'après l'équation (3),

$$\frac{Pb^2}{2EI}\left(a - \frac{b}{3}\right).$$

Supposons maintenant la charge P appliquée à ce point M. L'abaissement de ce point sera, d'après (4), égal à $\frac{Pb^3}{3EI}$, et la poutre, entre ce point et l'extrémité B, n'étant plus soumise à aucune force, restera rectiligne et aura, sur l'horizontale, une inclinaison donnée par l'équation (2) dans laquelle on fait $a = b = x$. Cette inclinaison est ainsi $-\frac{Pb^2}{2EI}$. Le point B sera donc plus bas que le point M du produit de $\frac{Pb^2}{2EI}$ par la longueur $a - b$ soit de $\frac{Pb^2}{2EI}(a - b)$. De sorte qu'en totalité l'abaissement du point B sous la charge P appliquée en M sera : $\frac{Pb^3}{3EI} + \frac{Pb^2}{2EI}(a - b) = \frac{Pb^2}{2EI}\left(a - \frac{b}{3}\right)$, c'est-à-dire égal à l'abaissement du point M sous la charge appliquée en B.

Cela donne, pour cet exemple simple, une première idée et une vérification d'un théorème général de réciprocité que nous établirons plus loin.

Si la charge P, au lieu d'être appliquée entièrement à l'extrémité B, était uniformément répartie sur toute la pièce à raison de $p = \frac{P}{a}$ par unité de longueur, nous aurions eu, pour le moment fléchissant M dans une section quelcoñque, $M = - p (a - x) \dfrac{a - x}{2} = - \dfrac{p}{2} (a - x)^2$. Le mo-

ment d'encastrement μ, qui doit faire équilibre au moment fléchissant sur l'appui, aurait été $\mu = - M_{(x = 0)} = \dfrac{1}{2} pa^2$. L'effort tranchant T serait $p (a - x)$. Le moment fléchissant serait donc représenté par les ordonnées d'un arc de parabole CB (fig. 177) et l'effort tranchant par celles d'une droite in-clinée DB. L'équation de la fibre neutre déformée serait

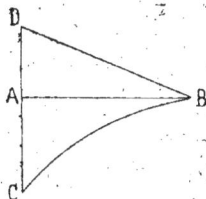

Fig. 177.

$$EI \frac{d^2y}{dx^2} = - \frac{p}{2} (a - x)^2,$$
$$EI \frac{dy}{dx} = - \frac{p}{2} \left(a^2 x - ax^2 + \frac{x^3}{3} \right),$$
$$Ely = - \frac{p}{2} \left(a^2 \frac{x^2}{2} - \frac{ax^3}{3} + \frac{x^4}{12} \right),$$

les deux constantes d'intégration étant encore nulles pour les mêmes raisons. La flèche f, valeur absolue de y pour $x = a$, serait

$$f = \frac{pa^4}{8EI} = \frac{pa \cdot a^3}{8EI}.$$

La concentration de la charge à l'extrémité de la pièce donnait une flèche égale à $\dfrac{Pa^3}{3EI}$, c'est-à-dire plus grande que celle-ci dans le rapport de 8 à 3.

195. Poutre encastrée à ses deux extrémités. — Lorsque la pièce encastrée à une extrémité est, en outre, assujettie à une autre condition, si, par exemple, elle est appuyée ou encastrée en un autre point de sa direction, les conditions de la statique ne suffisent plus à déterminer le moment d'encastrement. C'est alors par l'intégration de la fibre neutre déformée que l'on opère cette détermination. Cette intégration n'introduit que deux constantes arbitraires, et le nombre des équations de condition, qui augmente avec celui des conditions auxquelles la pièce est assujettie, permet de calculer soit les moments d'encastrement, soit les réactions des appuis qui y figurent comme inconnues.

Soit, par exemple, une poutre AB (*fig.* 178) encastrée horizontalement à ses deux extrémités et chargée d'un poids uniformément réparti à raison de p par unité de sa longueur a. Les réactions verticales des appuis sont égales à $\frac{pa}{2}$, et si μ est le moment d'encastrement au point A, lequel est évidemment négatif, le moment fléchissant M, dans une section M quelconque, à une distance x du point A, sera

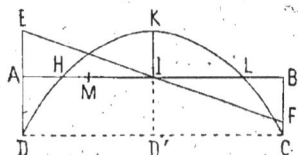

Fig. 178.

$$M = \frac{pa}{2} \cdot x - px \cdot \frac{x}{2} - \mu \, ;$$

et, par conséquent, l'équation de la fibre neutre déformée sera

$$EI \frac{d^2y}{dx^2} = \frac{p}{2}(ax - x^2) - \mu.$$

Intégrant une première fois, on a

$$EI \frac{dy}{dx} = \frac{p}{2}\left(a\frac{x^2}{2} - \frac{x^3}{3}\right) - \mu x + C.$$

La constante C est nulle, puisque pour $x = 0$ on doit avoir $\frac{dy}{dx} = 0$; mais on doit avoir la même valeur $\frac{dy}{dx} = 0$ pour $x = a$, ce qui donne

$$0 = \frac{p}{2}\left(\frac{a^3}{2} - \frac{a^3}{3}\right) - \mu a, \quad \text{d'où} \quad \mu = \frac{pa^2}{12}.$$

Substituant dans l'équation précédente et intégrant, il vient

$$EIy = \frac{p}{2}\left(a\frac{x^3}{6} - \frac{x^4}{12}\right) - \frac{pa^2x^2}{24} = -\frac{p}{24}x^2(a - x)^2.$$

La flèche f, valeur absolue de y pour $x = \frac{a}{2}$, a pour expression

$$f = \frac{1}{384}\,\frac{pa^4}{EI};$$

Elle est cinq fois moindre que lorsque la pièce n'est pas encastrée (n° 185).

La courbe des moments fléchissants $M = \frac{p}{2}\left(ax - x^2 - \frac{a^2}{6}\right)$ est une parabole à axe vertical. Lorsque la pièce était simplement posée sur ses appuis, nous avons trouvé, pour la courbe des moments fléchissants, $M = \frac{p}{2}\,(ax - x^2)$. La parabole précédente ne diffère de celle-ci qu'en ce que toutes les ordonnées sont diminuées de $\frac{pa^2}{12}$. C'est donc la même parabole descendue parallèlement aux y, de $\frac{pa^2}{12}$. L'ordonnée IK du sommet, valeur de M pour $x = \frac{a}{2}$ est égale à $\frac{pa^2}{24}$. Cette ordonnée est donc moitié de celles AD, BC des extrémités de la courbe.

La parabole coupe l'axe des x en deux points H, L, déterminés par l'équation $ax - x^2 - \frac{a^2}{6} = 0$ ou

$$x = \frac{a}{2} \pm \frac{a}{2\sqrt{3}} = a\left(\frac{1}{2} \pm 0{,}29\right),$$

soit $AH = 0{,}21a$, $AL = 0{,}79a$. En ces deux points la courbure de l'axe neutre déformé, qui est proportionnelle au moment fléchissant, s'annule comme lui ; la courbe présente donc des points d'inflexion.

On peut remarquer que, si l'on calcule l'aire comprise entre la parabole des moments et l'axe des x, soit pour la totalité de la courbe, soit pour l'une des moitiés DK ou KC, cette dernière exprimée par $\int_0^{\frac{a}{2}} M dx = \frac{p}{2}\left(a\,\frac{x^2}{2} - \frac{x^3}{3} - \frac{a^2 x}{6}\right)_0^{\frac{a}{2}}$ est identiquement nulle. Cela veut dire que l'aire négative DAH est égale à l'aire positive HKI. Ce résultat n'a rien qui doive surprendre. Nous avons vu que $\dfrac{M dx}{EI}$ représente le petit angle $d\alpha$ dont une section quelconque a tourné par rapport à la section infiniment voisine. Si donc on fait la somme de ces angles entre deux sections qui sont restées parallèles, comme les deux sections extrêmes, ou bien une section extrême et celle du milieu de la poutre, on devra trouver une somme nulle. D'une façon générale, $\displaystyle\int_0^x \dfrac{M dx}{EI}$ est l'angle dont a tourné, par rapport à la section d'origine, la section d'abscisse x.

Les efforts tranchants T, dans cette poutre, sont les mêmes que dans la poutre simplement posée sur ses appuis. Ils sont exprimés par

$$T = p\left(\frac{a}{2} - x\right)$$

et représentés par les ordonnées de la droite inclinée EF, passant par le milieu I de AB.

Dans la poutre encastrée aux deux bouts, le plus grand moment fléchissant a pour valeur absolue $\dfrac{pa^2}{12}$; cette plus grande valeur se produit aux points d'encastrement, et c'est là que la poutre est le plus fatiguée. Dans la poutre simplement posée aux deux bouts, le plus grand moment fléchissant, au milieu de la portée, est $\dfrac{pa^2}{8}$. La comparaison de ces deux quantités montre que, toutes choses égales d'ailleurs, une poutre encastrée aux deux bouts peut supporter, avec la même fatigue, une charge plus forte que lorsqu'elle est simplement posée dans le rapport de 3 à 2.

Si l'on admet que la surface de la section transversale de la poutre soit proportionnelle à la plus grande valeur du moment fléchissant (ce qui, comme nous l'avons vu, est à peu près exact dans les poutres en double T, à la condition que l'âme soit négligeable par rapport aux semelles), la poutre encastrée réaliserait, sur la poutre simplement posée, une économie de matière dans la proportion de 2 à 3.

Si enfin la section des semelles elle-même est partout

proportionnelle à la valeur absolue du moment fléchissant, la surface de l'âme étant toujours négligée, le volume de la matière sera proportionnel à la surface de la courbe des moments fléchissants, c'est-à-dire pour la poutre simplement posée à $\frac{pa}{8} \cdot \frac{2}{3} a$, et, pour la poutre encastrée, à la somme des surfaces ADH, HIK, KIL, LBC. Or, IK étant la moitié de AD, ou le tiers de KD', la surface ADH est égale à HIK. La surface totale est donc égale à quatre fois celle de HIK ou bien

$$\text{à } 4 \times IK \times \frac{2}{3} IH = 4 \cdot \frac{pa^2}{24} \times \frac{2}{3} \frac{a}{2\sqrt{3}} = \frac{pa^2}{8} \cdot \frac{2}{3} a \cdot \times \frac{2}{3\sqrt{3}}.$$

Cette surface est à la précédente dans le rapport de

$$\frac{2}{3\sqrt{3}} = 0,38 \text{ à } 1.$$

Dans cette hypothèse, la quantité de matière à employer pour les semelles dans la poutre encastrée serait donc inférieure aux deux cinquièmes de celle qui serait nécessaire dans la poutre simplement posée.

196. Effet d'un encastrement imparfait. — Dans le cas de la poutre simplement posée, la direction de la tangente à l'axe neutre déformé fait avec l'horizontale, sur les appuis, un angle dont la tangente trigonométrique est égale à la valeur de $\frac{dy}{dx}$ pour $x = 0$. Nous avions pour cette poutre (page 367) :

$$EI \frac{dy}{dx} = \frac{pax^2}{4} - \frac{px^3}{6} - \frac{pa^3}{24} \quad \text{d'où} \quad \left(\frac{dy}{dx}\right)_{x=0} = -\frac{pa^3}{24EI}.$$

Il est intéressant de se rendre compte de l'effet que produirait, sur la poutre, un encastrement imparfait, c'est-à-dire qui, sans la laisser s'infléchir autant que si elle était simplement posée, ne la maintiendrait cependant pas dans une direction absolument horizontale. Supposons, par exemple, que, par suite d'un petit jeu des assemblages, l'encastrement permette à l'axe de la pièce de faire avec l'horizontale, aux points A et B, de petits angles égaux à une fraction $\frac{1}{n}$ de ceux qu'il aurait faits si la pièce avait été simplement posée sur ses appuis. Après la flexion, $\dfrac{dy}{dx}$, aux points A et B, vaudra respectivement $-\dfrac{pa^3}{24n\mathrm{EI}}$ et $\dfrac{pa^3}{24n\mathrm{EI}}$. Introduisons ces conditions dans les équations précédentes. Nous avions, pour l'équation de la fibre neutre déformée, μ étant toujours le moment d'encastrement,

$$\mathrm{EI}\,\frac{d^2y}{dx^2} = \frac{p}{2}\,(ax - x^2) - \mu.$$

La première intégration donne

$$\mathrm{EI}\,\frac{dy}{dx} = \frac{p}{2}\left(a\,\frac{x^2}{2} - \frac{x^3}{3}\right) - \mu x + \mathbf{C}.$$

Pour $x = 0$, $\dfrac{dy}{dx}$ doit, d'après ce que nous venons de dire, être égal à $-\dfrac{pa^3}{24n\mathrm{EI}}$, ce qui donne $\mathrm{C} = \dfrac{-\,pa^3}{24n}$; substituant, et exprimant que, pour $x = a$, $\dfrac{dy}{dx}$ est égal à $\dfrac{pa^3}{24n\mathrm{EI}}$, nous avons

$$\mathrm{EI}.\,\frac{pa^3}{24n\mathrm{EI}} = \frac{p}{2}\left(\frac{a^3}{2} - \frac{a^3}{3}\right) - \mu a - \frac{pa^3}{24n};$$

d'où

$$\mu = \frac{pa^2}{12}\left(1 - \frac{1}{n}\right).$$

Lorsque $n = 1$, c'est-à-dire lorsque l'encastrement laisse la pièce prendre l'inclinaison qu'elle aurait prise si elle avait été simplement posée, on a $\mu = 0$, le moment d'encastrement n'existe pas, et le maximum du moment fléchissant, dans cette pièce qui se comporte absolument comme une pièce simplement posée, est alors $\dfrac{pa^2}{8}$.

Le moment fléchissant, en général, s'exprimera par

$$\mathrm{M} = \frac{p}{2}(ax - x^2) - \frac{pa^2}{12}\left(1 - \frac{1}{n}\right).$$

La courbe dont les ordonnées le représenteront sera toujours la parabole qui représente celui de la pièce posée, descendue parallèlement aux y d'une quantité $\frac{pa^2}{12}\left(1-\frac{1}{n}\right)$ variable avec n depuis 0 pour $n = 1$, jusqu'à $\frac{pa^2}{12}$ pour n infini, cas de l'encastrement parfait.

Le moment d'encastrement vaut précisément $\frac{pa^2}{12}\left(1-\frac{1}{n}\right)$, et le moment fléchissant au milieu de la pièce, obtenu en faisant dans l'expression précédente $x = \frac{a}{2}$, est égal à $\frac{pa^2}{12}\left(\frac{1}{2}+\frac{1}{n}\right)$.

La pièce sera dans les meilleures conditions possibles de résistance lorsque ces deux valeurs seront égales ; la parabole serait alors placée de manière à s'éloigner le moins possible de l'axe des x. Cette condition est réalisée pour

$$1-\frac{1}{n}=\frac{1}{2}+\frac{1}{n}, \qquad \text{d'où} \qquad \frac{1}{n}=\frac{1}{4}.$$

Ainsi, lorsque l'encastrement, sans être parfait, laisse au contraire l'axe de la pièce, au droit des appuis, s'incliner sur l'horizontale d'un angle égal *au quart* de celui dont il se serait incliné si la pièce avait été simplement posée, la pièce sera dans des conditions de résistance meilleures que si l'encastrement était parfait. Le moment fléchissant maximum, qui aura la même valeur aux encastrements et au milieu de la pièce, n'y vaudra que $\frac{pa^2}{16}$, tandis qu'il atteint $\frac{pa^2}{12}$ au point d'encastrement, lorsque l'encastrement est parfait.

Lorsque l'encastrement, encore moins parfait, laisse la fibre neutre s'infléchir, au droit des appuis, d'un angle atteignant la *moitié* de celui qu'elle aurait fait avec l'horizontale si la pièce avait été simplement posée, les conditions de résistance sont encore équivalentes à celles de l'encastrement parfait, c'est-à-dire que le moment fléchissant maximum y atteint la même valeur $\frac{pa^2}{12}$. Seulement, cette plus

26

grande valeur se produit au milieu de la pièce : pour

$$\frac{1}{n} = \frac{1}{2}, \qquad \frac{pa^2}{12}\left(\frac{1}{2} + \frac{1}{n}\right) = \frac{pa^2}{12} ;$$

tandis qu'aux encastrements le moment fléchissant n'est plus que de $\frac{pa^2}{24}$, valeur de $\frac{pa^2}{12}\left(1 - \frac{1}{n}\right)$ pour $n = \frac{1}{2}$, c'est-à-dire qu'il y prend la valeur du moment fléchissant au milieu de la pièce dont l'encastrement est parfait.

En résumé, à moins d'être absolument imparfait, c'est-à-dire de laisser l'axe de la pièce prendre toute l'inclinaison qu'elle aurait prise si elle avait été libre sur ses appuis, l'encastrement a toujours pour effet de diminuer le moment fléchissant maximum dans les pièces fléchies. Et s'il fixe la pièce de manière que cette inclinaison soit réduite de plus de moitié, le moment fléchissant maximum sera diminué dans une proportion plus grande que si l'encastrement était parfait. La diminution serait la plus grande possible si l'encastrement laissait l'axe de la pièce s'incliner sur l'horizontale d'un angle égal au quart de l'inclinaison qu'elle aurait prise si elle avait été libre.

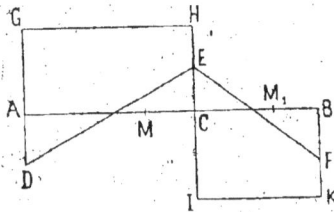

197. Poutre encastrée chargée d'un poids unique. — Si, au lieu d'être chargée uniformément sur la longueur, la poutre AB (*fig.* 179), encastrée horizontalement aux deux bouts, était chargée d'un poids unique P, placé en un point quelconque C, la détermination des moments fléchissants s'opérerait d'une façon analogue. Soit AB $= a$ la longueur totale, AC $= b$, BC $= c$ la longueur des tronçons ; $b + c = a$. Désignons par X, X_1, les réactions inconnues des appuis A, B ; par μ, μ_1 les moments d'encastrement également inconnus ; les règles ordinaires de la statique nous donnent, en écrivant la somme des projections des forces sur

Fig. 179.

une verticale,

$$X + X_1 = P;$$

en prenant les moments de toutes les forces par rapport au point A et observant que μ et μ_1 agissent en sens contraire,

$$Pb - X_1 a - \mu + \mu_1 = 0.$$

cette équation, combinée avec la précédente, donne celle qui suit que l'on obtiendrait directement en prenant les moments par rapport au point B :

$$Pc - Xa - \mu_1 + \mu = 0.$$

Cela posé, le moment fléchissant, M, en un point quelconque M situé à une distance x du point A, plus petite que $AC = b$, sera

$$M = Xx - \mu;$$

celui M_1, en un point quelconque M_1, situé à une distance x_1 du point B, plus petite que c, en comptant les x_1 positifs de B vers C, sera

$$M_1 = X_1 x_1 - \mu_1;$$

et nous aurons alors, pour les deux tronçons de la fibre neutre, les deux équations

$$EI \frac{d^2 y}{dx^2} = Xx - \mu, \qquad EI \frac{d^2 y_1}{dx_1^2} = X_1 x_1 - \mu_1.$$

L'intégration de ces deux équations introduira quatre constantes arbitraires, lesquelles, ajoutées aux quatre quantités X, X_1, μ, μ_1, donneront huit inconnues à déterminer. On aura pour cela, outre les deux équations ci-dessus données par la statique, six équations de conditions, savoir :

$1°$ $y = 0$ pour $x = 0$; $2°$ $y = 0$ pour $x_1 = 0$; $3°$ $\frac{dy}{dx} = 0$ pour

$x = 0$; $4°$ $\frac{dy_1}{dx_1} = 0$ pour $x_1 = 0$; $5°$ y (pour $x = b$) $= y_1$

(pour $x_1 = c$) ; $6°$ $\frac{dy}{dx}$ (pour $x = b$) $= -\frac{dy_1}{dx_1}$ (pour $x_1 = c$).

La résolution de ces équations ne présente aucune difficulté ; en voici quelques résultats.

Les moments d'encastrement ont pour valeurs $\mu = \dfrac{Pbc^2}{a^2}$,

$\mu_1 = \dfrac{Pb^2c}{a^2}$; les réactions des appuis, $X = \dfrac{Pc^2}{a^3}(a + 2b)$,

$X_1 = \dfrac{Pb^2}{a^3}(a + 2c)$. Les moments fléchissants sont représentés par les deux droites inclinées DE, EF, et l'ordonnée CE a pour valeur $\dfrac{2Pb^2c^2}{a^3}$. Les efforts tranchants sont constants sur chacun des tronçons; ils sont représentés par les droites GH, IK, parallèles à AB et distantes de X, X_1.

Si le poids P est placé au milieu de la poutre, la flèche f, ou l'abaissement du point milieu a pour expression

$$f = \frac{Pa^3}{192EI}.$$

Elle est double de celle que produirait sur la même poutre une charge uniformément répartie $pa = P$; et elle n'est que le quart de celle que produirait le même poids P placé au milieu de la même poutre simplement posée à ses extrémités.

Lorsque le poids P est placé en un point quelconque de la poutre encastrée, défini par ses distances b et c aux deux extrémités, l'abaissement du point d'application de cette charge, que nous appellerons, comme plus haut, f_P, aura pour expression :

$$f_P = \frac{Pb^3c^3}{3a^3EI}.$$

Et si nous appelons $2a$ la longueur de la poutre, au lieu de a, et si nous définissons la position de la charge P par sa distance α au milieu de la poutre, nous aurons, entre cet abaissement f_P du point d'application de la charge et la flèche f, produite par une charge Q placée au milieu de la poutre, laquelle est alors $f = \dfrac{Qa^3}{24EI}$, la relation simple :

$$f_P = \frac{P}{Q}\left(1 - \frac{\alpha^2}{a^2}\right)^3 \cdot f,$$

tout à fait analogue à celle que nous avons établie au n° 188 pour la poutre simplement posée aux deux bouts, et qui n'en diffère que par l'exposant de la parenthèse, dans le second membre.

Si, au lieu d'un seul poids isolé, la poutre encastrée en supportait plusieurs, la solution s'obtiendrait évidemment de la même manière sans difficulté, soit, directement, en écrivant les équations de la fibre neutre dans chaque tronçon, soit, plus simplement, en appliquant le principe de la superposition des effets des forces, comme nous l'avons indiqué plus haut.

198. Poutre encastrée à une extrémité et simplement posée à l'autre. — Le problème de la poutre encastrée à une extrémité, posée librement à l'autre et chargée d'un poids uniformément réparti sur sa longueur, se résout aussi facilement par l'application des mêmes principes. Soit toujours $AB = a$ (fig. 180)

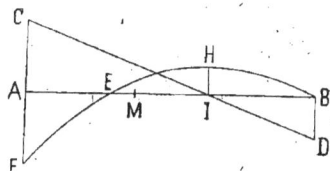

Fig. 180.

la longueur de la poutre, et p le poids dont elle est chargée par unité de longueur.

Si X et X′ sont les réactions des appuis A et B, et μ le moment d'encastrement en A, nous avons, entre ces quantités et le poids pa, réparti sur cette poutre, les relations suivantes données par la statique :

$$X + X' = pa, \quad \mu - pa.\frac{a}{2} + X'a = 0, \quad - \mu - pa.\frac{a}{2} + Xa = 0;$$

d'où

$$\mu = Xa - \frac{pa^2}{2} = \frac{pa^2}{2} - X'a.$$

Le moment fléchissant M en un point M quelconque, à la distance x du point A, sera $M = Xx - px.\frac{x}{2} - \mu$, et, par suite, l'équation de la fibre neutre déformée s'écrira :

$$EI \frac{d^2y}{dx^2} = Xx - p \frac{x^2}{2} - \mu.$$

L'intégration donnera, en tenant compte de ce que $\frac{dy}{dx} = 0$ pour $x = 0$,

$$EI \frac{dy}{dx} = X \frac{x^2}{2} - p \frac{x^3}{6} - \mu x.$$

Intégrant une seconde fois et observant que $y = 0$ pour $x = 0$, on a

$$EIy = X \frac{x^3}{6} - p \frac{x^4}{24} - \mu \frac{x^2}{2}.$$

On doit avoir aussi $y = 0$ pour $x = a$, ce qui donne

$$0 = X \frac{a^3}{6} - p \frac{a^4}{24} - \mu \frac{a^2}{2}; \quad \text{d'où} \quad \mu = \frac{a}{3}\left(X - \frac{pa}{4}\right).$$

Cette équation, combinée avec celle ci-dessus $\mu = Xa - \frac{pa^2}{2}$, donne immédiatement $X = \frac{5}{8}pa$, d'où $\mu = \frac{1}{8}pa^2$ et $X' = \frac{3}{8}pa$.

Ainsi l'encastrement a pour effet de modifier les réactions des appuis qui, au lieu d'être, comme dans la poutre simplement posée, égales chacune à $\frac{pa}{2}$, sont, pour l'appui où a lieu l'encastrement $\frac{5}{8}pa$ et, pour l'autre appui, $\frac{3}{8}pa$.

Le moment fléchissant est figuré par les ordonnées d'une parabole FEHB, dont l'équation est $M = \frac{p}{2}\left(\frac{5}{4}ax - x^2 - \frac{a^2}{4}\right)$, dont l'ordonnée $AF = \frac{1}{8}pa^2$ a précisément la même valeur que le moment fléchissant maximum dans la pièce simplement posée sur ses appuis. Les abscisses des points E et B où le moment fléchissant s'annule sont données par l'équation $\frac{5}{4}ax - x^2 - \frac{a^2}{4} = 0$ ou $(a - x)\left(x - \frac{a}{4}\right) = 0$, satisfaite pour $x = a$ (point B), et $x = \dfrac{a}{4}$ (point E). Ce dernier point se trouve donc au quart de la longueur de la pièce à partir de l'encastrement.

L'effort tranchant est figuré par une droite inclinée CD dont les ordonnées AC et BD sont respectivement égales à $\dfrac{5}{8} pa$ et $\dfrac{3}{8} pa$. Par conséquent, le point I où elle coupe l'axe des x est à une distance AI du point A égale à $\dfrac{5}{8} a$. L'ordonnée IH du sommet, ou la valeur du moment fléchissant pour $x = \dfrac{5}{8} a$, est égale à $\dfrac{9}{128} pa^2$, c'est-à-dire un peu plus de la moitié de celle $\dfrac{1}{8} pa^2 = \dfrac{16}{128} pa^2$ qui correspond à l'encastrement.

En supposant, comme tout à l'heure, l'encastrement imparfait, c'est-à-dire tel que la fibre neutre prenne sur l'horizontale une inclinaison mesurée par la fraction $\dfrac{1}{n}$ de celle qu'elle prendrait si la pièce était simplement posée, on trouve, pour la réaction de l'appui A, $X = \dfrac{pa}{8} \left(5 - \dfrac{1}{n} \right)$, et pour le moment d'encastrement $\mu = \dfrac{pa^2}{8} \left(1 - \dfrac{1}{n} \right)$.

Dans ce cas, d'une pièce encastrée à une extrémité et libre à l'autre, le moment fléchissant maximum est égal à $\dfrac{pa^2}{8}$, aussi bien dans le cas où l'encastrement est parfait que dans celui où il est absolument imparfait et où la pièce se comporte comme s'il n'existe pas; seulement le maximum $\dfrac{pa^2}{8}$ se produit dans le premier cas à la section d'encastrement et, dans le second, au milieu de la poutre. Si l'encastrement est imparfait, pourvu, toutefois, qu'il produise un certain effet en empêchant l'axe de la pièce de s'infléchir autant que si elle était libre, il aura pour conséquence une diminution de ce moment fléchissant maximum. La recherche de l'inclinaison pour laquelle cette diminution est la plus grande n'a, d'ailleurs, aucun intérêt pratique.

199. Comparaison des moments fléchissants dans la poutre encastrée et dans la poutre posée aux deux bouts. — Dans tous les exemples qui précèdent, nous avons trouvé que la courbe des moments fléchissants, dans une poutre encastrée soit aux deux extrémités, soit à l'une seulement, avec encastrement parfait ou imparfait, était toujours la même que celle qui résulterait de la même répartition de la charge sur une poutre simplement posée, mais déplacée d'une certaine quantité. Cette remarque est générale et s'applique à tous les cas possibles. Elle peut se formuler ainsi : quelles que soient les conditions d'appui ou d'encastrement des extrémités d'une poutre chargée d'une manière quelconque, le moment fléchissant, en chaque point, se compose de deux parties : l'une est le moment fléchissant que produiraient, en ce même point, les charges données appliquées à la même poutre simplement posée à ses extrémités, et l'autre est une fonction linéaire de la coordonnée du point.

On peut se rendre compte immédiatement qu'il doit en être ainsi. Si, en effet, nous prenons une poutre simplement posée sur ses appuis et chargée d'une manière quelconque, le moment fléchissant, en un point quelconque M, se compose de la somme des moments, par rapport à ce point de toutes les charges appliquées depuis ce point jusqu'à une des extrémités A, augmenté (algébriquement) du moment par rapport au même point M de la réaction de l'appui A. Or si, à l'autre extrémité B, au lieu du moment fléchissant nul qui se trouve au-dessus de l'appui, nous appliquons un moment d'encastrement quelconque, cette addition aura pour conséquence de modifier la réaction du premier appui A, et le moment fléchissant nouveau, au point M, se composera, comme le premier, de la somme des moments de toutes les charges appliquées jusqu'à l'extrémité, laquelle est restée la même, augmentée (algébriquement) du moment de la nouvelle réaction de l'appui. La différence entre les deux moments sera donc égale à la différence des réactions multipliée par l'abscisse du point, c'est-à-dire une fonction linéaire de la coordonnée du point. On peut faire le même raisonnement pour l'autre extrémité, ce qui démontre le théorème.

En voici une démonstration analytique qui nous fournira des formules que nous aurons à appliquer plus tard.

AB étant la poutre, l sa longueur, désignons par μ_A la somme des moments par rapport à l'appui A de toutes les charges qui agissent sur la poutre, que ces charges soient isolées, continues ou discontinues; et par μ_B la somme des moments des mêmes charges par rapport à l'appui B. Les moments μ_A et μ_B ne dépendent que de la grandeur et de la position des charges appliquées à la poutre.

Appelons X' et Y' les réactions des deux appuis A et B dans l'hypothèse où la poutre serait simplement posée à ses deux extrémités, nous aurons, pour les déterminer, les équations

$$X'.l = \mu_B, \qquad Y'.l = \mu_A$$

Et, pour un point M, d'abscisse x, le moment fléchissant M' sera, en appelant μ_M le moment, par rapport à ce point, de toutes les charges appliquées à la poutre depuis l'extrémité A jusqu'au point M :

$$M' = X'x - \mu_M = \frac{\mu_B}{l} \cdot x - \mu_M.$$

Si, au lieu d'appuis simples, nous supposons qu'il y ait aux deux extrémités, des moments d'encastrement M_A et M_B, positifs ou négatifs, et si nous appelons X, Y et M les réactions des appuis et le moment fléchissant au point M dans la poutre ainsi encastrée, nous aurons, pour déterminer ces quantités, les nouvelles équations :

$$Xl + M_A - M_B = \mu_B, \qquad Yl + M_B - M_A = \mu_A,$$

$$M = Xx + M_A - \mu_M;$$

ce qui donne :

$$(1) \quad X = X' + \frac{M_B - M_A}{l}, \quad Y = Y' + \frac{M_A - M_B}{l},$$

$$(2) \qquad M = M' + \left[M_A + \frac{M_B - M_A}{l} x \right].$$

On voit que les réactions des appuis sont l'une augmentée,

l'autre diminuée d'une même quantité, et que le moment fléchissant se trouve augmenté du moment d'encastrement sur le premier appui, plus du produit par l'abscisse du point considéré de l'augmentation de la réaction sur ce premier appui.

On peut comparer, de même, l'effort tranchant $\bar{T}$ dans la poutre encastrée à l'effort tranchant T' au même point de la poutre simplement posée, on trouvera facilement

$$(3) \qquad\qquad T = T' + \frac{M_B - M_A}{l}.$$

§ 3

POUTRES REPOSANT SUR PLUSIEURS APPUIS

200. Théorème des trois moments. — La détermination des moments fléchissants qui se produisent dans les poutres reposant sur plusieurs appuis s'opère par les mêmes principes : on écrit les équations de la fibre neutre déformée dans chacun des tronçons séparés par les appuis.

L'intégration de ces équations introduit, pour chaque tronçon ou travée, deux constantes arbitraires, soit $2n$ constantes si n est le nombre des travées. Les réactions verticales des appuis sont inconnues, et il y en a $n + 1$, cela fait en tout $3n + 1$ inconnues à déterminer. La statique fournit deux équations entre les forces données et les réactions, et on aura des équations de condition en exprimant que, dans chaque travée, l'axe neutre passe, après la déformation, par les deux points d'appui qui la limitent, ce qui fera $2n$ conditions ; et que cet axe, à l'extrémité de chaque travée, se raccorde tangentiellement avec celui de la travée suivante, ou encore une condition pour chacun des $n - 1$ appuis intermédiaires, soit en tout $3n - 1$ conditions qui, ajoutées aux deux équations de la statique, donneront bien $3n + 1$ équations pour déterminer les $3n + 1$ inconnues.

Toutefois, le problème se simplifie au moyen d'une relation qui existe entre les moments fléchissants au-dessus de trois points d'appui consécutifs, que l'on appelle le théorème des trois moments, ou théorème de Clapeyron, et que nous allons établir.

Soit, pour une travée quelconque AB (*fig.* 181), de longueur l_1, M_1 le moment fléchissant sur l'appui A, M_2 le moment fléchissant sur l'appui B et μ_1 le moment fléchissant au point M, d'abscisse x dans une poutre de longueur l_1 qui porterait les mêmes charges que cette travée et qui serait simplement appuyée aux deux extrémités. Le moment fléchissant M au point M de la travée sera, d'après l'équation (2), du numéro précédent :

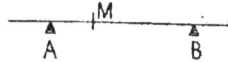

Fig. 181.

$$(1) \qquad M = M_1 + (M_2 - M_1) \frac{x}{l_1} + \mu_1.$$

Remplaçons M par $EI \dfrac{d^2 y}{dx^2}$; intégrons une première fois, appelons φ_1 l'angle que fait en A, après la flexion, la fibre neutre déformée avec l'horizontale, la valeur de $\dfrac{dy}{dx}$ pour $x = 0$ sera $\tang \varphi_1$, et nous aurons

$$(2) \quad EI \left(\frac{dy}{dx} - \tang \varphi_1 \right) = M_1 x + (M_2 - M_1) \frac{x^2}{2 l_1} + \int_0^x \mu_1 dx.$$

Intégrons une seconde fois et remarquons que, pour $x = 0$ on doit avoir $y = 0$, ce qui annule la constante d'intégration; nous obtenons :

$$(3) \quad EI \left(y - x \tang \varphi_1 \right) = M_1 \frac{x^2}{2} + (M_2 - M_1) \frac{x^3}{6 l_1} + \int_0^x dx \int_0^x \mu_1 dx.$$

Appliquons cette équation à la travée entière ou faisons-y $x = l_1$. Si le point B est au même niveau que le point A, son ordonnée y sera nulle et disparaîtra de l'équation. Pour plus de généralité, appelons y_1, y_2 les ordonnées, au-dessus d'une même horizontale de comparaison, des deux points A et B, nous aurons :

$$(4) \; EI \left(y_2 - y_1 - l_1 \tang \varphi_1 \right) = M_1 \frac{l_1^2}{2} + (M_2 - M_1) \frac{l_1^2}{6} + \int_0^{l_1} dx \int_0^x \mu_1 dx.$$

412 RÉSISTANCE DES MATÉRIAUX

Appliquons le même calcul à la travée AC (*fig.* 182) précédant celle dont nous venons de nous occuper ; appelons l_0 sa longueur, y_0 l'ordonnée du point C, M_0 le moment fléchissant en un point d'abscisse x, comptée de A vers C,

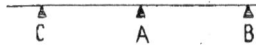

Fig. 182.

dans cette travée. Nous devrons remarquer que l'angle φ_1 devra changer de signe puisque nous comptons les x en sens contraire, mais non de grandeur puisque la courbure de la fibre neutre est continue. Nous écrirons alors

$$(5)\, EI(y_0 - y_1 + l_0 \tan g\,\varphi_1) = M_1 \frac{l_0^2}{2} + (M_0 - M_1)\frac{l_0^2}{6} + \int_0^{l_0} dx \int_0^x \mu_0 dx.$$

Il n'y a plus qu'à éliminer $\tan g\,\varphi_1$ entre ces deux équations pour avoir la relation cherchée entre les trois moments M_0, M_1, M_2 sur les trois appuis consécutifs C, A, B. Cette élimination se fait bien simplement en additionnant les deux équations préalablement divisées la première par l_1, la seconde par l_0. Elle donne, après réduction,

$$(6)\begin{cases} M_0 l_0 + 2M_1 (l_0 + l_1) + M_2 l_1 + \dfrac{6}{l_0}\int_0^{l_0} dx \int_0^x \mu_0 dx \\ + \dfrac{6}{l_1}\int_0^{l_1} dx \int_0^x \mu_1 dx - 6EI \left(\dfrac{y_0 - y_1}{l_0} + \dfrac{y_2 - y_1}{l_1} \right) = 0. \end{cases}$$

Appliquons cette équation au cas simple où les trois appuis sont de niveau et où les charges appliquées à chaque travée consistent simplement en des poids uniformément répartis à raison de p_0 par unité de longueur dans la travée CA et de p_1 par unité de longueur dans la travée AB. Nous aurons

$$\mu_0 = \frac{1}{2} p_0 x (l_0 - x)\,;\, \int_0^x \mu_0 dx = \frac{1}{2} p x^2 \left(\frac{l_0}{2} - \frac{x}{3} \right)\,;\, \int_0^{l_0} dx \int_0^x \mu_0 dx = \frac{1}{24} p_0 l_0^4.$$

et une valeur analogue pour l'autre travée. En substituant ces valeurs, il viendra

$$(7)\quad M_0 l_0 + 2M_1 (l_0 + l_1) + M_2 l_1 + \frac{p_0 l_0^3}{4} + \frac{p_1 l_1^3}{4} = 0.$$

S'il s'agit d'une poutre à deux travées, posée sur trois

appuis de niveau, les moments M_0, M_2 sont nuls, et le moment M_1 sur l'appui intermédiaire est

$$M_1 = -\frac{p_0 l_0^3 + p_0 l_1^3}{8(l_0 + l_1)}$$

et si, en outre, ces deux travées ont même longueur l et même charge p par unité de longueur, on a simplement

$$M_1 = -\frac{pl^2}{8}.$$

Pour ce dernier cas, on peut remarquer que, dans chacune des deux travées séparées par l'appui intermédiaire, la poutre peut être considérée comme encastrée sur cet appui et simplement posée sur l'autre, l'encastrement étant, d'ailleurs, horizontal à cause de la symétrie. Le moment fléchissant sur l'appui est bien égal au moment d'encastrement $-\frac{pl^2}{8}$ que nous avons trouvé plus haut.

Si, au lieu d'avoir une charge uniformément répartie sur chaque travée, on avait, sur la travée l_1, par exemple, un poids unique P appliqué en un point distant de l'origine A de cette travée d'une longueur λl_1, en appelant λ un coefficient numérique inférieur à l'unité, on trouverait facilement, en effectuant le calcul, que l'intégrale $\int_0^{l_1} dx \int_0^x \mu_1 dx$ a alors pour valeur $\frac{P l_1^3}{6} \lambda (1 - \lambda)(2 - \lambda)$, de sorte que le terme correspondant de l'équation générale, égal au produit de cette intégrale par $\frac{6}{l_1}$, vaudrait $P l_1^2 \lambda (1 - \lambda)(2 - \lambda)$. S'il y a plusieurs poids P', P''... dont les abscisses sont définies par des coefficients λ', λ'', ..., ce terme vaudra, par conséquent, la somme de tous les termes semblables, soit

$$l_1^2 \Sigma P \lambda (1 - \lambda)(2 - \lambda).$$

Pour un poids isolé P, placé de la même manière sur la travée l_0 à une distance λl_0 de l'origine C de cette travée, nous devrons remarquer que nous avons compté les x en sens contraire et que, par suite, le poids se trouve placé à une distance l_0 $(1 - \lambda)$ de l'origine des x, en A. Le calcul nous donnera donc le même résultat que le précédent, en y changeant λ en $1 - \lambda$. Et alors le terme provenant du poids P sera $P l_0^2 \lambda$ $(1 - \lambda^2)$; et s'il y a plusieurs poids $l_0^2 \Sigma P \lambda (1 - \lambda^2)$.

Nous devrons donc écrire de la manière suivante l'équation qui résume le théorème des trois moments lorsque les appuis sont de niveau, et que les charges sont discontinues :

$$(8) \quad M_0 l_0 + 2 M_1 (l_0 + l_1) + M_2 l_1 + l_0^2 \Sigma P \lambda (1 - \lambda^2) + l_1^2 \Sigma P \lambda (1 - \lambda)(2 - \lambda) = 0.$$

Si, en même temps que ces charges isolées, il se trouve une charge uniformément répartie, on devra ajouter respectivement aux deux derniers termes ceux que nous avons trouvés plus haut, soit $\dfrac{p_0 l_0^3}{4}$ et $\dfrac{p_1 l_1^3}{4}$.

L'équation s'appliquera ainsi à tous les cas possibles.

Nous désignerons d'une manière générale par la lettre B affectée de l'indice marquant le numéro de l'appui qui sépare les deux travées auxquelles s'applique le théorème des trois moments, l'ensemble de tous ces termes qui dépendent des charges et de leurs positions sur les travées. Avec cette notation, l'équation simplifiée, applicable seulement au cas où les appuis sont de niveau, s'écrira :

$$(9) \qquad M_0 l_0 + 2 M_1 (l_0 + l_1) + M_2 l_1 + B_1 = 0.$$

201. Application au calcul des moments fléchissants au-dessus des appuis. — La relation que nous venons d'établir, entre les moments fléchissants sur trois appuis consécutifs, permet de déterminer ces moments d'une manière plus simple que par l'application de la méthode générale. Celle-ci nous conduirait, en effet, pour une poutre de n travées, à $3n + 1$ équations entre autant d'inconnues, tandis que si nous prenons, pour inconnues, les moments fléchissants au-dessus des appuis intermédiaires, au nombre de $n - 1$, nous n'aurons que $n - 1$ équations à résoudre.

La résolution de ces équations, lorsqu'il s'agit de l'effectuer réellement dans un cas particulier donné, où les lettres sont remplacées par des nombres connus, ne présente aucune difficulté. La solution générale, en conservant aux lettres leur indétermination, et surtout en laissant indéterminé le nombre n des travées est plus compliquée ; mais on peut cependant y arriver d'une façon assez rapide en appliquant la méthode des coefficients indéterminés.

Soit n le nombre des travées ; $l_1, l_2, l_3, \ldots, l_n$ leurs longueurs, et $M_1, M_2, \ldots, M_{n+1}$ les moments fléchissants sur les $n+1$ appuis. Les moments M_1 et M_{n+1} sont nuls, s'il n'y a pas d'encastrement aux extrémités, et il en reste $(n-1)$ à déterminer. Nous pourrons écrire, en appliquant successivement l'équation précédente (9) à la première et à la seconde travée, puis à la seconde et à la troisième, etc., et en supposant, ce qui est la condition essentielle de l'application de l'équation (9), que tous les appuis sont sur une ligne horizontale :

$$(10) \begin{cases} 2\,(l_1 + l_2)\,M_2 + l_2 M_3 = - B_2 \\ l_2 M_2 + 2\,(l_2 + l_3)\,M_3 + l_3 M_4 = - B_3 \\ l_3 M_3 + 2\,(l_3 + l_4)\,M_4 + l_4 M_5 = - B_4 \\ \cdots \\ l_{n-2} M_{n-2} + 2\,(l_{n-2} + l_{n-1}) M_{n-1} + l_{n-1} M_n = - B_{n-1} \\ l_{n-1} M_{n-1} + 2\,(l_{n-1} + l_n)\,M_a = - B_n \end{cases}$$

Multiplions toutes ces équations par des coefficients indéterminés, savoir : la dernière par l'unité, l'avant-dernière par α_1, la précédente par α_2, ainsi de suite jusqu'à la première qui sera multipliée par α_{n-2}.

Additionnons toutes ces équations et égalons à zéro les coefficients de tous les moments M, excepté celui de M_2 ; nous aurons, entre les $n-2$ coefficients α, les $n-2$ équations :

$$(11) \begin{cases} \alpha_{n-2}\,l_2 + 2\alpha_{n-3}\,(l_2 + l_3) + \alpha_{n-4}\,l_3 = 0, \\ \alpha_{n-3} l_3 + 2\alpha_{n-4}\,(l_3 + l_4) + \alpha_{n-5}\,l_4 = 0, \\ \cdots \\ \alpha_3 l_{n-3} + 2\alpha_2\,(l_{n-3} + l_{n-2}) + \alpha_1 l_{n-2} = 0, \\ \alpha_2 l_{n-2} + 2\alpha_1\,(l_{n-2} + l_{n-1}) + 1 . l_{n-1} = 0, \\ \alpha_1 l_{n-1} + 2.1 . (l_{n-1} + l_n) = 0. \end{cases}$$

Quant au coefficient de M_2, il sera $2\alpha_{n-2}\,(l_1 + l_2) + \alpha_{n-3} l_2$, et si nous introduisons un nouveau coefficient α_{n-1} déterminé par une équation semblable,

$$(12) \qquad \alpha_{n-1} l_1 + 2\alpha_{n-2}\,(l_1 + l_2) + \alpha_{n-3} l_2 = 0.$$

nous pourrons écrire de la manière suivante le résultat de l'addition de toutes les équations :

$$(13) \quad -\alpha_{n-1} l_1 M_2 = -B_2 \alpha_{n-2} - B_3 \alpha_{n-3} - \dots - B_{n-1} \alpha_1 - B_n ;$$

et nous aurons, par conséquent,

$$(14) \qquad M_2 = \frac{\Sigma_2^n B_i \alpha_{n-i}}{\alpha_{n-1} l_1}.$$

202. Détermination des coefficients numériques.

— Les coefficients α se déterminent au moyen des équations précédentes (11) qui donnent successivement, en commençant par la dernière :

$$(15) \quad \begin{cases} \alpha_1 = -2.\left(1 + \dfrac{l_n}{l_{n-1}}\right), \\[2mm] \alpha_2 = -2\alpha_1\left(1 + \dfrac{l_{n-1}}{l_{n-2}}\right) - \dfrac{l_{n-1}}{l_{n-2}}, \\[2mm] \alpha_3 = -2\alpha_2\left(1 + \dfrac{l_{n-2}}{l_{n-3}}\right) - \alpha_1 \dfrac{l_{n-2}}{l_{n-3}}. \\[2mm] \cdots \cdots \cdots \cdots \cdots \cdots \cdots \\[1mm] \alpha_{n-2} = -2\alpha_{n-3}\left(1 + \dfrac{l_3}{l_2}\right) - \alpha_{n-1} \dfrac{l_3}{l_2}, \\[2mm] \alpha_{n-1} = -2\alpha_{n-2}\left(1 + \dfrac{l_2}{l_1}\right) - \alpha_{n-3} \dfrac{l_2}{l_1}. \end{cases}$$

On reconnaît facilement que ces coefficients sont alternativement positifs et négatifs et que leurs valeurs absolues vont en croissant à partir de α_1, qui est toujours négatif et plus grand que 2 en valeur absolue.

Au lieu d'éliminer tous les M à l'exception de M_2, on aurait pu ne conserver que M_n, et adopter, pour cela, une autre série de coefficients indéterminés γ par lesquels on aurait multiplié les équations, en commençant par $\gamma_0 = 1$ pour la première jusqu'à γ_{n-2} pour la dernière. En opérant comme pour les α, on aurait trouvé, pour déterminer ces coefficients γ, les équations

$$(16) \quad \begin{cases} \gamma_1 = -2\left(1 + \dfrac{l_1}{l_2}\right), \\[2mm] \gamma_2 = -2\gamma_1\left(1 + \dfrac{l_2}{l_3}\right) - \gamma_0\dfrac{l_2}{l_3}, \\[2mm] \cdots \cdots \cdots \cdots \cdots \cdots \\[2mm] \gamma_{n-1} = -2\gamma_{n-2}\left(1 + \dfrac{l_{n-1}}{l_n}\right) - \gamma_{n-3}\dfrac{l_{n-1}}{l_n}. \end{cases}$$

et le moment fléchissant M_n aurait eu pour valeur

$$(17) \qquad\qquad M_n = \frac{\Sigma_2^n B_i \gamma_{i-2}}{\gamma_{n-1} l_n}.$$

Les γ sont, comme les α, alternativement positifs et négatifs et de valeurs absolues croissantes.

Lorsque les longueurs l_1, l_2, l_n des travées sont toutes égales
entre elles, on a $\alpha_1 = -4$, $\alpha_2 = 15$, $\alpha_3 = -56$, $\alpha_4 = +209$,
$\alpha_5 = -780$, $\alpha_6 = +2911\ldots$ et les mêmes valeurs pour γ_1,
$\gamma_2\ldots$ etc...

Quel que soit le procédé de résolution employé, lorsque
l'on aura trouvé la valeur de M_2, ou de M_n, celles des autres
moments fléchissants, M_3, $M_4\ldots$ se calculeront immédiatement par les équations successives, dans chacune desquelles,
en commençant par la première, et en introduisant les
valeurs déjà trouvées, il ne restera qu'une seule inconnue.

**203. Moment fléchissant et effort tranchant en
un point quelconque de la poutre. Réactions des
appuis.** — Lorsque l'on aura calculé tous ces moments
fléchissants sur les appuis, le moment fléchissant M en un
point quelconque de la poutre se déterminera par l'équation
(2) du n° 199.

$$(18) \qquad M = M_k + (M_{k+1} - M_k)\frac{x}{l_k} + \mu_k$$

l'indice k désignant une travée quelconque et μ_k le moment
fléchissant qui serait produit, au point considéré dans une
poutre de même longueur l_k simplement posée sur deux
appuis à ses extrémités et soumise aux mêmes charges que
la travée. Lorsqu'il s'agit d'une charge uniformément répar-

27

tie sur toute la longueur l_k à raison de p_k par unité de longueur,

$$\mu_k = \frac{1}{2}\, p_k\, (l_k x - x^2).$$

Si, par exemple, ACB (*fig.* 183) est la courbe dont les ordonnées sont en chaque point proportionnelles à μ_k (parabole à axe vertical dans le cas d'une charge uniforme), les moments fléchissants en chaque point dans la travée considérée seront représentés par les ordonnées comprises entre cette courbe et une ligne D′E′ passant par les points D′ ($x = 0$, $M = -M_k$) et E′ ($x = l_k$, $M = -M_{k+1}$).

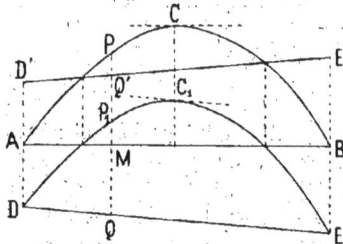

Fig. 183.

Généralement les moments fléchissants sur les appuis sont négatifs, c'est dans cette hypothèse que les points D′ et E′ sont au-dessus de l'axe des x.

Au lieu de tracer la courbe de cette façon, il est plus rationnel de prendre en AD et BE des longueurs proportionnelles aux moments fléchissants, c'est-à-dire au-dessous de AB, si ces moments sont négatifs et de transporter la courbe ABC en DC₁E. Les moments fléchissants en chaque point sont alors représentés par les ordonnées de cette courbe, mesurées à partir de la ligne AB : positifs lorsque la courbe est au-dessus de AB, négatifs lorsqu'elle est au-dessous.

Le point le plus élevé C₁ de cette courbe vient se placer sur l'ordonnée du point C où la tangente à la courbe primitive est parallèle à D′E′.

L'effort tranchant T en un point quelconque s'obtiendra par l'équation (3) du n° 199 qui s'écrira, en appelant τ l'effort tranchant au même point, dans la poutre simplement posée et soumise aux mêmes charges :

$$T = \frac{M_{k+1} - M_k}{l_k} + \tau.$$

Sous la charge uniforme p_k, on a $\tau = p_k \left(\dfrac{l_k}{2} - x \right)$.

Sur chaque appui, l'effort tranchant a deux valeurs, suivant qu'on le prend dans l'une ou dans l'autre des deux travées que sépare cet appui, et la différence de ces deux valeurs de l'effort tranchant est la réaction X_k de l'appui A_k.

Appelons T'_{k-1} l'effort tranchant, dans la travée $k-1$ à l'extrémité de cette travée la plus éloignée de l'origine et T_k l'effort tranchant dans la travée k à son extrémité la plus voisine de l'origine, nous aurons ainsi

$$X_k = T_k - T'_{k-1}.$$

Les valeurs de T_{k-1} et de T_k s'obtiendront, comme toutes les valeurs de l'effort tranchant T en mettant pour les variables dans la formule générale donnant T, les valeurs correspondantes aux points que l'on considère. Si Ξ_{k-1} et Ξ_k représentent les réactions de l'appui A_k dans les poutres de longueur l_{k-1} et l_k qui seraient simplement posées à leurs extrémités, on aura en remarquant que Ξ_k est l'effort tranchant au commencement de la travée l_k et que l'effort tranchant à l'extrémité de la travée l_{k-1} est $-\Xi_{k-1}$.

$$X_k = \Xi_k + \Xi_{k-1} + \frac{M_{k+1} - M_k}{l_k} - \frac{M_k - M_{k-1}}{l_{k-1}}$$

$(\Xi_k + \Xi_{k-1})$ est ce que porterait l'appui A_k, si la poutre était coupée au droit des appuis. Le reste est dû à la continuité.

Lorsque la charge est uniforme dans les travées, l'effort tranchant y est représenté par les ordonnées d'une droite inclinée CD (*fig.* 184) qui coupe l'axe des x, AB, entre les deux points d'appui. La réaction de l'appui B égale à $T_k - T'_{k-1}$ est, en

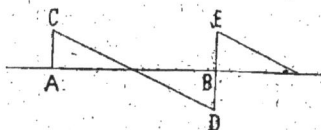

Fig. 184.

réalité, égale à la somme des valeurs absolues de ces deux efforts tranchants, dont le second est négatif. Elle est représentée par la ligne DE (¹).

(¹) Voici les valeurs des réactions des appuis et des moments fléchissants au-dessus des appuis pour une poutre continue formée de plusieurs travées

204. Relation entre les moments fléchissants en deux points correspondants de deux travées consécutives.

— Si l'on prend le moment fléchissant $\mathfrak{M}_k$

égales, de longueur l et chargée uniformément d'un poids p par unité de longueur.

Réactions des appuis. — Coefficients de la charge pl d'une travée :

une travée $\frac{1}{2}$ $\frac{1}{2}$

deux travées $\frac{3}{8}$ $\frac{10}{8}$ $\frac{3}{8}$

trois travées $\frac{4}{10}$ $\frac{11}{10}$ $\frac{11}{10}$ $\frac{4}{10}$

quatre travées $\frac{11}{28}$ $\frac{32}{28}$ $\frac{26}{28}$ $\frac{32}{28}$ $\frac{11}{28}$

cinq travées $\frac{15}{38}$ $\frac{43}{38}$ $\frac{37}{38}$ $\frac{37}{38}$ $\frac{43}{38}$ $\frac{15}{38}$

six travées $\frac{41}{104}$ $\frac{118}{104}$ $\frac{100}{104}$ $\frac{106}{104}$ $\frac{100}{104}$ $\frac{118}{104}$ $\frac{41}{104}$

sept travées $\frac{56}{142}$ $\frac{161}{142}$ $\frac{137}{142}$ $\frac{143}{142}$ $\frac{143}{142}$ $\frac{137}{142}$ $\frac{161}{142}$ $\frac{56}{142}$

Moments fléchissants sur les appuis. — Coefficients de $-pl^2$:

deux travées 0 $\frac{1}{8}$ 0

trois travées 0 $\frac{1}{10}$ $\frac{1}{10}$ 0

quatre travées 0 $\frac{3}{28}$ $\frac{2}{28}$ $\frac{3}{28}$ 0

cinq travées 0 $\frac{4}{38}$ $\frac{3}{38}$ $\frac{3}{38}$ $\frac{4}{38}$ 0

six travées 0 $\frac{11}{104}$ $\frac{8}{104}$ $\frac{9}{104}$ $\frac{8}{104}$ $\frac{11}{104}$ 0

sept travées 0 $\frac{15}{142}$ $\frac{11}{142}$ $\frac{12}{142}$ $\frac{12}{142}$ $\frac{11}{142}$ $\frac{15}{142}$ 0

La loi de formation de ces coefficients est facile à saisir : pour les nombres impairs de travées, chaque coefficient se forme en additionnant, terme à terme, les deux fractions qui se trouvent au-dessus de lui sur chaque ligne oblique ; pour les nombres pairs de travées en additionnant de même ces deux fractions après avoir doublé les deux termes de celle qui précède immédiatement.

Lorsque le nombre des appuis est grand, on aura, en général, une approximation suffisante en prenant, pour les réactions des appuis les chiffres suivants :

$$0{,}40 ; \quad 1{,}14 ; \quad 0{,}96 ; \quad 1{,}00 ; \quad \ldots\ldots \quad 1{,}00 ; \quad 0{,}96 ; \quad 1{,}14 ; \quad 0{,}40$$

et pour les moments :

$$0 ; \quad 0{,}10 ; \quad 0{,}08 ; \quad 0{,}085 ; \quad 0{,}0833 ; \quad \ldots\ldots \quad 0{,}0833 ; \quad 0{,}085 ; \quad 0{,}08 ; \quad 0{,}10 ; \quad 0$$

On voit que le moment sur le second appui est toujours le plus grand. On arrive à une répartition plus égale en diminuant les longueurs des travées extrêmes, qui se trouvent alors plus courtes que toutes les autres que l'on en un point quelconque F_k de la travée de longueur l_k, il existe toujours, dans la travée suivante, de longueur l_{k+1} un point F_{k+1} où le moment de flexion $\mathfrak{M}_{k+1}$ est lié à $\mathfrak{M}_k$ par une relation simple, du premier degré, indépendante des moments fléchissants en tous les autres points.

Désignons, comme nous l'avons fait plus haut, par μ_k, μ_{k+1} les moments fléchissants qui se produiraient aux points F_k, F_{k+1} dans des poutres de longueur l_k, l_{k+1}, simplement posées à leurs extrémités et portant les mêmes charges que

conserve égales. La proportion la plus recommandée, pour cette diminution est celle de 7 à 8.

La poutre à deux travées égales et également chargées donne lieu à une remarque intéressante :

Les réactions des appuis étant celles qui sont données plus haut, le moment fléchissant dans chaque travée s'obtient par l'équation (18) en y faisant

$$M_k = 0, \quad M_{k+1} = -\frac{pl^2}{8} \qquad \text{et} \qquad \mu_k = \frac{p}{2}(lx - x^2)$$

on a ainsi

$$M = \frac{3}{8}plx - \frac{1}{2}px^2 = X_1 x - \frac{1}{2}px^2.$$

Le maximum a lieu pour $x = \frac{3}{8}l = \frac{X_1}{p}$, et il a pour valeur :

$$M_{max} = \frac{9}{128}pl^2 = \frac{X_1^3}{2p}.$$

Si l'appui du milieu était plus bas que les autres d'une hauteur h, on aurait, en appliquant l'équation générale du n° 221,

$$X_1 = X_3 = \frac{3pl}{8} + \frac{3EIh}{l^3}, \qquad X_2 = \frac{5pl}{4} - \frac{6EIh}{l^3}.$$

L'appui du milieu est soulagé et ceux des extrémités supportent davantage. Le moment fléchissant sur l'appui du milieu devient

$$M_2 = -\frac{pl^2}{8} + \frac{3EIh}{l^3},$$

et, si l'on veut que ce moment soit précisément égal au maximum qui vient d'être calculé, il faut que

$$-\frac{pl^2}{8} + \frac{3EIh}{l^2} = \frac{9}{128}pl^2, \quad \text{ou} \quad h = \frac{8\sqrt{2} - 11}{24}\frac{pl^4}{EI} = 0,013\frac{pl^4}{EI}.$$

Cette valeur de h est très sensiblement la flèche que prendrait une poutre de même section de longueur moitié moindre (ou égale à chacune des deux moitiés de la première) simplement posée sur deux appuis et chargée de la même manière. Cette flèche est en effet

$$\frac{5}{384}\frac{pl^4}{EI} = 0,013\frac{pl^4}{EI},$$

valeur égale à celle qui a été trouvée pour h à $\frac{1}{20000}$ près.

les travées considérées. Appelons encore B_{k+1} la somme des intégrales $\dfrac{6}{l_k}\displaystyle\int_0^{l_k}dx\int_0^x \mu_k dx + \dfrac{6}{l_{k+1}}\int_0^{l_{k+1}}dx\int_0^x \mu_{k+1}dx$, qui dépendent de la position et de la répartition des charges et qui figurent dans l'équation exprimant le théorème des trois moments. Nous écrivons cette équation

$$M_k l_k + 2M_{k+1}(l_k + l_{k+1}) + M_{k+1}l_{k+1} + B_{k+1} = 0.$$

D'ailleurs, nous avons, dans chacune des travées, d'après l'équation (18) du n° 203,

$$\mathfrak{M}_k = M_k + (M_{k+1} - M_k)\frac{x_k}{l_k} + \mu_k,$$

$$\mathfrak{M}_{k+1} = M_{k+1} + (M_{k+2} - M_{k+1})\frac{x_{k+1}}{l_{k+1}} + \mu_{k+1}.$$

Dans ces équations, M_k, M_{k+1}, M_{k+2} représentent, comme plus haut, les moments fléchissants au-dessus des appuis, et x_k, x_{k+1}, les distances, à l'origine de chaque travée, des points F_k, F_{k+1} où sont pris les moments $\mathfrak{M}_k$, μ_k, $\mathfrak{M}_{k+1}$, μ_{k+1}. Enfin, pour plus de symétrie dans l'écriture, appelons u_k, u_{k+1} les distances des mêmes points F_k, F_{k+1} à l'extrémité de leurs travées, de telle sorte que $u_k = l_k - x_k$ et $u_{k+1} = l_{k+1} - x_{k+1}$. Éliminons, entre les trois équations précédentes, les deux quantités M_k et M_{k+2}; nous obtiendrons, en tenant compte de ces nouvelles notations,

$$(\mathfrak{M}_k - \mu_k)\frac{l^2_k}{u_k} + (\mathfrak{M}_{k+1} - \mu_{k+1})\frac{l^2_{k+1}}{x_{k+1}}$$
$$+ M_{k+1}\left[3(l_k + l_{k+1}) - \frac{l_k^2}{u_k} - \frac{l^2_{k+1}}{x_{k+1}}\right] + B_{k+1} = 0.$$

Cette équation s'applique quels que soient les points F et F_{k+1} choisis arbitrairement dans les deux travées successives. Si nous les prenons de manière à annuler le coefficient de M_{k+1}, c'est-à-dire tels que

$$(19)\qquad \frac{l^2_k}{u_k} + \frac{l^2_{k+1}}{x_{k+1}} = 3(l_k + l_{k+1}),$$

ce qui laisse encore arbitraire la position de l'un d'eux, l'équation se réduit à

$$(20)\ (\mathfrak{M}_k - \mu_k)\frac{l^2_k}{u_k} + (\mathfrak{M}_{k+1} - \mu_{k+1})\frac{l^2_{k+1}}{x_{k+1}} + B_{k+1} = 0.$$

relation cherchée entre les moments fléchissants $\mathfrak{M}_k$ et $\mathfrak{M}_{k+1}$ aux points F_k, F_{k+1} de deux travées consécutives, dont les positions sont liées entre elles par l'équation (19).

205. Construction graphique des points correspondants. Foyers de travées. — Le calcul de la position du point F_{k+1}, étant donnée celle du point F_k est des plus faciles.

L'équation (19) donne immédiatement x_{k+1}, lorsque u_k et les longueurs l_k, l_{k+1} sont connues. Mais il est commode de pouvoir déterminer graphiquement cette position, ce qui est très simple, comme on va voir.

Soient A_1, A_2, A_3... (*fig.* 185) les appuis de la poutre. Divisons chacune des travées en trois parties égales aux points b_1, c_1; b_2, c_2; b_3, c_3; ... Dans chacun des intervalles $c_1 b_2$, $c_2 b_3$, ..., comprenant le dernier tiers d'une travée et le premier tiers

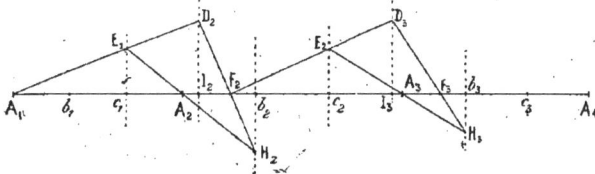

FIG. 185.

de la suivante, prenons des points I_2, I_3, ..., à des distances

$$c_1 I_2 = A_2 b_2 = \frac{l_2}{3}; \quad c_2 I_3 = A_3 b_3 = \frac{l_3}{3}; \quad ..., \text{ ou bien, ce qui est la}$$

même chose, $I_2 b_2 = c_1 A_2 = \frac{l_1}{3}$; $I_3 b_3 = c_2 A_3 = \frac{l_2}{3}$...

Par les points c_1, I_2, b_2, c_2, I_3, b_3, ..., menons des verticales indéfinies. Soit F_2 un point (d'abord quelconque) de la travée $A_2 A_3$. Par ce point F_2 menons une oblique quelconque $F_2 D_3$, qui coupe en E_2 et en D_3 les verticales des points C_2 et I_3; menons la ligne $E_2 A_3$ que nous prolongerons jusqu'à sa rencontre en H_3 avec la verticale de b_3; joignons $H_3 D_3$: cette droite coupe en F_3 l'horizontale $A_1 A_2 A_3$... et le point F_3 ainsi déterminé est le point correspondant du point F_2. En effet, si dans l'équation (19) du numéro précédent, nous remplaçons les indices k et $k+1$ par 2 et 3, et si nous appelons $F_2A_3 = u_2$, et $A_3F_3 = x_3$, nous avons à vérifier l'équation

$$\frac{l_2^3}{u_2} + \frac{l_3^3}{x_3} = 3 (l_2 + l_3),$$

qui, en la divisant par 9, peut se mettre sous la forme

$$\frac{l_2}{3} \left(1 - \frac{l_2}{3u_2}\right) = \frac{l_3}{3} \left(\frac{l_3}{3x_3} - 1\right),$$

ou bien

$$\frac{c_2A_3 \times F_2c_2}{F_2A_3} = \frac{b_3A_3 \times b_3F_3}{A_3F_3}$$

ou, en remplaçant c_2A_3 et b_3A_3 respectivement par b_3I_3 et c_2I_3 qui sont des quantités égales,

$$\frac{b_3I_3 \times F_2c_2 \times A_3F_3}{c_2I_3 \times b_3F_3 \times F_2A_3} = 1.$$

Or, en vertu de la similitude de triangles, on a les égalités

$$\frac{b_3I_3}{b_3F_3} = \frac{H_3D_3}{H_3F_3}, \qquad \text{et} \qquad \frac{F_2c_2}{c_2I_3} = \frac{F_2E_2}{E_2D_3};$$

d'où en substituant:

$$\frac{H_3D_3 \times F_2E_2 \times A_3F_3}{H_3F_3 \times E_2D_2 \times F_2A_3} = 1.$$

Or, cette dernière égalité résulte de ce que le triangle $F_2D_3F_3$ est coupé par la transversale E_2H_3. Elle se trouve donc vérifiée ainsi que les précédentes.

Étant donné un point F_2 quelconque d'une travée, on trouvera donc, par cette construction, le point F_3 correspondant de la travée suivante.

Si, au lieu de partir d'un point quelconque de la première travée, on part de l'origine même de la poutre, ou du premier appui A_1, le point correspondant F_2 de la seconde travée sera le *foyer* de cette travée, et le point F_3 de la troisième travée correspondant au foyer F_2 de la seconde sera le foyer de la troisième, et ainsi de suite. Les foyers ainsi déterminés sont les foyers de gauche des travées. Les foyers de droite se trouvent de la même manière en partant de l'extrémité de droite ou du dernier appui A_{n+1} de la poutre. On voit que, par construction, les foyers de gauche sont nécessairement compris dans le premier tiers de gauche de chaque travée, de même les foyers de droite sont dans le premier tiers de droite.

206. Cas d'une seule travée chargée. — Si l'on a une poutre dont les premières travées, jusqu'à la travée k, ne portent aucune charge, on aura $B_2 = B_3 = \ldots = B_{k-1} = 0$ et $\mu = \mu_2 = \ldots = \mu_{k-1} = 0$; et comme, d'ailleurs, à l'origine, le moment fléchissant est nul, l'équation (20) donnera zéro successivement pour les moments fléchissants aux foyers de gauche de toutes les travées non chargées. D'un autre côté, le moment fléchissant, dans une travée non chargée, varie linéairement avec l'abscisse, c'est-à-dire est représenté par les ordonnées d'une ligne droite qui doit passer par le foyer de la travée, puisque le moment s'annule en ce point. Il en résulte que, si l'on s'écarte d'une travée chargée en marchant vers l'extrémité de la poutre et en parcourant les travées non chargées, si le moment fléchissant M_4, sur l'appui A_4, par exemple,

est représenté par la ligne A_4B_4 (*fig.* 186), le moment fléchissant M_3 sur l'appui précédent A_3 s'obtiendra en joignant B_4 au foyer F_3 et prolongeant jusqu'en B_3. Ce moment sera ainsi

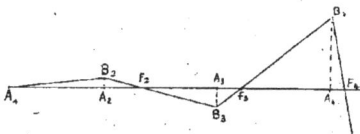

Fig. 186.

de signe contraire au premier et d'une valeur absolue inférieure au tiers du précédent. Il en sera de même du moment M_2 par rapport au précédent M_3, et ainsi de suite jusqu'à l'extrémité de la poutre. On voit combien diminue rapidement, sur les travées non chargées successives, l'influence d'une charge placée sur une travée de la poutre continue.

Le calcul des moments fléchissants dans une poutre continue dont une seule travée est chargée se fait aussi très simplement par les équations générales (10), dans lesquelles tous les seconds membres sont alors nuls, à l'exception de B_k et de B_{k+1}. Si l'on écrit ces équations avec zéro pour second membre, et si l'on se reporte aux significations données, au n° 202, des coefficients α et γ, on reconnaît immédiatement les relations suivantes

$$M_3 = \gamma_1 M_2, \quad M_4 = \gamma_2 M_2, \quad M_5 = \gamma_3 M_2, \ldots \quad M_k = \gamma_{k-2} M_2$$
$$M_{n-1} = \alpha_1 M_n, \ M_{n-2} = \alpha_2 M_n, \ M_{n-3} = \alpha_3 M_n, \ldots \ M_{k+1} = \alpha_{n-k-1} M_n$$

qui déterminent immédiatement tous ces moments fléchissants en fonction des coefficients α, γ et des deux moments M_2 et M_n dont les valeurs sont alors

$$M_2 = \frac{B_k \alpha_{n-k} + B_{k+1} \alpha_{n-k-1}}{\alpha_{n-1} l_1}, \qquad M_n = \frac{B_k \gamma_{k-2} + B_{k+1} \gamma_{k-1}}{\gamma_{n-1} l_n}.$$

207. Moment fléchissant maximum en chaque point. — Quelle que soit la répartition admise pour les travées chargées, on peut toujours, par l'application du principe de la superposition des effets des forces, trouver les moments fléchissants qui se produisent en chaque point en considérant successivement chacune des travées comme isolément chargée. Une seule travée uniformément chargée donne, pour la courbe représentant les moments fléchissants, une parabole dans cette travée et, dans les autres, des droites inclinées successivement dans un sens et dans l'autre et passant, dans chaque travée, par le foyer de cette travée le plus éloigné de la travée chargée. Cette courbe étant construite depuis une extrémité de la poutre jusqu'à l'autre, en supposant successivement chacune des travées chargée, à l'exclusion des autres, il sera facile de construire, en chaque point, l'ordonnée correspondant à l'hypothèse qui donne le plus grand moment fléchissant; cette ordonnée sera, en effet, la plus grande des deux sommes des ordonnées positives et des ordonnées négatives de la parabole et de toutes les droites qui y figurent les moments fléchissants.

Dans une travée quelconque, ces courbes présenteront donc une disposition analogue à celle qui est représentée dans la figure 187 : une parabole EFH représentant les moments fléchissants, dans l'hypothèse où cette travée seule serait chargée, et des droites MN, en nombre égal à celui des autres travées, passant par les deux foyers P et Q, représentant les moments fléchissants, quand chacune des autres est seule chargée (¹). Le moment fléchissant en un point quelconque, correspondant à une hypothèse quelconque sur la répartition de la surcharge, s'obtiendra en additionnant les ordonnées des droites ou de la courbe correspondant à cette hypothèse, et si l'on fait, pour chaque point, la somme de toutes les ordonnées positives et la somme de toutes les ordonnées négatives, la plus grande des deux sommes donnera le plus grand moment fléchissant possible au point considéré, et l'hypothèse correspondante sera définie par les droites ou la courbe dont elle comprendra les ordonnées.

En réunissant par une nouvelle courbe toutes les extrémités de ces ordonnées représentant en chaque point le

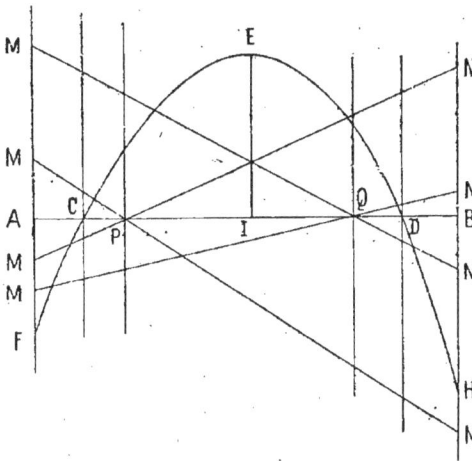

Fig. 187.

(¹) On peut démontrer que, si I est le milieu de AB et E le point de la parabole qui se trouve sur la verticale de ce point, les lignes droites EF, EH passent par les foyers P et Q (Voir Collignon, *Mécanique appliquée: Résistance des matériaux*, 4° édition, pages 418 et suivantes).

moment fléchissant maximum, en valeur absolue, portées, sans distinction de signe, d'un même côté de l'axe des abscisses, on obtiendra une courbe telle que CDEFGH (*fig.* 188), dont on se sert, comme nous le verrons plus loin, pour déterminer les dimensions de la section transversale de la poutre.

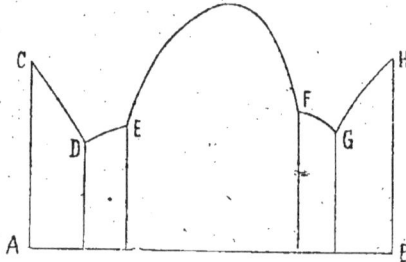

Fig. 188.

Nous n'insisterons pas davantage sur cette étude qui rentre plus spécialement dans celle des ponts métalliques ; il est rare, en effet, que le problème se pose pour des constructions autres que des ponts à plusieurs travées solidaires.

L'emploi des poutres à travées solidaires, bien que théoriquement moins coûteux que celui des poutres à travées indépendantes, semble cependant moins fréquent, surtout à l'étranger. Le tassement d'un des appuis intermédiaires, qui est sans conséquence pour ces dernières, peut devenir, pour une poutre continue, une cause de destruction, et, en tout cas, il a pour conséquence une modification très notable, et souvent inquiétante, des efforts qui s'exercent dans ses différentes parties.

CHAPITRE XIII

CALCUL DES DIMENSIONS TRANSVERSALES DES PIÈCES FLÉCHIES

208. Indétermination du problème. — La connaissance des moments fléchissants et des efforts tranchants en tous les points d'une poutre, sous les diverses charges qui lui sont appliquées, sert à calculer les dimensions de la poutre.

Le problème est le plus souvent indéterminé puisque l'on n'a, en tout, que deux relations exprimant que, d'une part, sous l'action du moment fléchissant, les fibres les plus comprimées ou les plus étendues n'ont pas à supporter d'effort supérieur à la charge de sécurité, et qu'il en est de même des points les plus fatigués sous l'action de l'effort tranchant. Ces conditions ne seraient, à la rigueur, suffisantes que, si la forme de la section transversale étant fixée à l'avance, il n'y avait à déterminer que deux de ses dimensions. Mais, dès que la forme de la section est elle-même indéterminée, le problème n'est plus susceptible d'une solution précise. Nous nous bornerons donc à donner des exemples de la manière dont on le traite dans un certain nombre de cas.

Dans la détermination des valeurs des moments fléchissants, nous avons, à plusieurs reprises, et principalement dans le cas de poutres reposant sur plusieurs appuis, supposé explicitement que la section transversale de la poutre était constante. Les formules et les constructions que nous avons données ne sont donc, en toute rigueur, applicables qu'à des poutres à section constante; cependant on les applique toujours, avec une approximation considérée comme suffisante, à des poutres dont la section est peu ou graduellement variable.

Ce qu'il faut alors chercher, par conséquent, c'est, une fois la forme de la section transversale déterminée, d'en proportionner les dimensions aux efforts qui se produiront en chacun des points de la poutre.

209. Poutre d'égale résistance. — On appelle *poutre d'égale résistance* une poutre dont les dimensions variables sont telles que, dans chacune des sections transversales, les points les plus fatigués subissent un même effort sous une charge déterminée. On ne peut évidemment, comme nous l'avons indiqué (page 251) pour les tiges soumises à l'extension simple, songer à constituer une poutre dont tous les points supporteraient le même effort en cas de flexion ; on doit se borner, comme l'exprime la définition, à réaliser cette égalité pour les points les plus fatigués.

La forme de la poutre d'égale résistance varie nécessairement suivant la répartition de la charge qu'elle doit supporter. Une poutre, d'égale résistance, sous une charge donnée, ne l'est plus lorsque la charge est placée autrement.

Comme, en général, les efforts dus au moment fléchissant sont plus considérables que ceux que produit l'effort tranchant, c'est en considérant ces premiers seulement que l'on détermine la forme des poutres d'égale résistance. On se borne à constater ensuite que l'effort tranchant ne produit nulle part un effort supérieur à la charge de sécurité et, s'il y a lieu, on augmente un peu les sections transversales dans lesquelles cette inégalité ne serait pas satisfaite.

L'effort R, dans la fibre la plus fatiguée, produit par un moment fléchissant M, est, comme nous l'avons vu, si v_1

désigne la distance à l'axe neutre de la section de la fibre qui en est le plus éloignée, et I le moment d'inertie de la section transversale,

$$R = \frac{Mv_1}{I}.$$

Si donc M est exprimé en fonction de x, distance de la section considérée à l'une des extrémités de la poutre, nous aurons, pour déterminer la forme de la poutre d'égale résistance, en attribuant à R une valeur constante, la seule équation

$$\frac{1}{v_1} = \frac{M}{R}.$$

On aperçoit tout de suite une exception nécessaire. Si la répartition de la charge est telle que le moment fléchissant s'annule en un certain point, cette équation donne pour ce point, puisque R est supposé constant, $I = 0$, ou une section transversale nulle, ce qui est impossible. Alors la section doit être calculée pour résister, au moins, à l'effort tranchant.

D'autre part, l'équation $M = \frac{EI}{\rho}$ donne $\frac{E}{\rho} = \frac{R}{v_1}$. Si donc, comme il arrive dans les poutres encastrées ou continues, la fibre neutre présente des points d'inflexion où ρ devient infini, il faudrait que v_1 lui-même, ou la hauteur de la section, devînt infinie en ces mêmes points où la section doit être nulle. La solution ne peut donc être, en général, absolument rigoureuse, et l'on doit se contenter d'une approximation.

210. Exemples de poutres à section circulaire ou rectangulaire. — Considérons, par exemple, une poutre de longueur a posée sur deux appuis et uniformément chargée d'un poids p par unité de longueur, le moment fléchissant est $M = \frac{p}{2}(ax - x^2)$ et, par conséquent, nous devrons avoir, dans chaque section,

$$\frac{1}{v_1} = \frac{p}{2R}(ax - x^2).$$

Cette unique relation ne nous permet que de déterminer une seule des dimensions de la section transversale, et il faut que nous fassions des hypothèses telles qu'il n'y ait qu'une seule indéterminée. Il en sera ainsi, par exemple, si nous supposons la section circulaire de rayon r; nous aurons alors $I = \dfrac{\pi r^4}{4}$, $v_1 = r$, et l'équation deviendra

$$r^3 = \frac{4p}{2\pi R}\,(ax - x^2),$$

et le rayon sera déterminé en chaque point de la poutre. Il en serait de même si l'on posait comme condition que la section transversale doit rester semblable à elle-même, géométriquement, dans toute l'étendue de la poutre; il n'y aurait, en effet, qu'une seule dimension à déterminer pour fixer la grandeur de chaque section. Par exemple, si l'on veut que la section transversale ait toujours la forme d'un rectangle, de côtés b et c avec la condition $\dfrac{b}{c} = m$, m étant une quantité constante, nous aurons $I = \dfrac{bc^3}{12}$ et $v_1 = \dfrac{c}{2}$, en appelant c la dimension verticale du rectangle. L'équation précédente deviendra alors en remplaçant b par mc,

$$c^3 = \frac{9p}{2mR}\,(ax - x^2),$$

qui déterminera c et, par suite, b en tous les points de la poutre.

On peut aussi se donner une section transversale dont toutes les dimensions soient constantes à l'exception d'une seule, variable. La condition exprimée par l'équation suffit à la déterminer.

Par exemple, si l'on a une poutre encastrée à une extrémité, chargée d'un poids unique P à l'autre, et à section rectangulaire, de côtés b (horizontal), c (vertical), en mettant pour I et v_1 leurs valeurs, et remarquant qu'alors $M = Px$, il viendra $\dfrac{bc^2}{6} = \dfrac{Px}{R}$, relation qui déterminera b, en chaque point, si c est constant, ou inversement. Si c'est la largeur qui est constante, on aura, pour déterminer c, $c^2 = \dfrac{6Px}{bR}$; la

hauteur sera proportionnelle aux ordonnées d'une parabole
(*fig.* 189); si c'est, au contraire, la hauteur *c* qui est constante,
on aura $b = \dfrac{6P}{c^2R}\, x$; on pourra donc, si l'on
veut avoir une poutre symétrique par rap-
port à un plan vertical, la limiter par deux
plans verticaux comprenant entre eux les largeurs *b* données par cette expression (*fig.* 190).

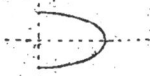

Fig. 189.

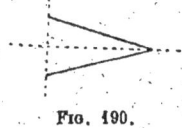

Fig. 190.

Si l'on a, comme précédemment, une
poutre posée à ses deux extrémités,
chargée uniformément d'un poids *p*
par unité de longueur, et ayant encore
la section rectangulaire *bc*, l'équation
fondamentale devient

$$bc^2 = \frac{6p}{2R}\,(ax - x^2),$$

relation qui déterminera *b* en chaque point si *c* est constant,
et inversement.

Dans le premier cas, la hauteur *c* du rectangle étant constante, il vient

$$b = \frac{6p}{2c^2R}\,(ax - x^2),$$

la largeur *b* varie comme les ordonnées d'une parabole; on peut
donc, si l'on veut, en outre,
avoir, une poutre symétrique par rapport à un plan
vertical, la limiter latéralement par deux cylindres pa-
raboliques (*fig.* 191) dont

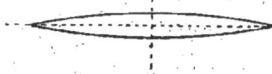

Fig. 191.

les ordonnées seraient, pour chacun, moitié des valeurs de *b*
ci-dessus.

Dans le second cas, la largeur *b* étant constante, la hauteur *c* du rectangle sera donnée par l'équation

$$c^2 = \frac{6p}{2bR}\,(ax - x^2),$$

elle sera donc proportionnelle aux ordonnées d'une demi-
ellipse; et, si l'on veut donner à la poutre une forme symé-

28

trique par rapport à un plan horizontal, on la limitera par
deux cylindres elliptiques (*fig.* 192) dont les ordonnées seront
pour chacun la moitié des valeurs de *c* ainsi trouvées. Les
deux demi-ellipses constituent ensemble une ellipse entière

dont les demi-axes sont $\dfrac{a}{2}$ et $\dfrac{a}{2} \sqrt{\dfrac{6p}{2bR}}$.

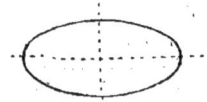

FIG. 192.

Ces exemples suffisent pour montrer comment on déterminera la
forme d'une poutre d'égale résistance
dans les diverses hypothèses que l'on
pourra faire, tant sur la forme de la
section transversale que sur le mode
de répartition de la charge.

211. Considération de l'effort tranchant. — Les
formes que nous venons de déterminer, pour les divers cas
d'une poutre posée sur deux appuis, donnent, aux deux extrémités, des sections transversales nulles, comme le moment
fléchissant lui-même. Dans ces sections, l'effort tranchant
n'est pas nul; il a, pour le cas d'une charge uniformément
répartie, la valeur $\dfrac{pa}{2}$, et il est nécessaire alors de le faire
entrer en ligne de compte dans la détermination de la grandeur de la section. La superficie de cette section rectangulaire étant *bc*, nous avons vu que l'effort maximum au
point le plus chargé est égal aux $\dfrac{3}{2}$ de celui qui se produirait si l'effort tranchant était uniformément réparti sur
toute la section: il a donc pour expression $\dfrac{3}{2} \dfrac{pa}{2bc}$, et il faut
que cet effort soit au plus égal à la charge de sécurité par
cisaillement que nous avons désignée plus haut par S_0. Nous
devons donc avoir

$$\frac{3}{2} \frac{pa}{2bc} \geqq S_0,$$

ce qui impose à chacune des quantités *b* et *c* une limite inférieure au-dessous de laquelle elle ne doit pas descendre.

Lorsque les formules précédentes, qui donnent les dimensions de la section transversale de la poutre d'*égale résis-*

lance, sous l'action du moment fléchissant, donneront pour b ou c une valeur plus petite que celle qui correspond à cette limite, on devra cesser de les appliquer, c'est-à-dire que, vers l'extrémité de la poutre, la section transversale ne devra pas continuer à décroître jusqu'à devenir nulle, mais devra rester constante sur une certaine longueur jusqu'à l'extrémité.

On pourrait même, dans cette partie voisine des extrémités, faire varier la section de manière que la poutre y fût d'égale résistance par rapport à l'effort tranchant. Celui-ci, dans le cas d'une charge uniformément répartie, ayant pour expression $p\left(\dfrac{a}{2}-x\right)$, il suffirait, si S_0 est l'effort par unité de surface que l'on veut faire supporter, dans chaque section, au point le plus fatigué, d'écrire

$$\frac{3}{2}\,p\left(\frac{a}{2}-x\right)\frac{1}{bc}=S_0,\quad\text{ou}\quad bc=\frac{3p}{2S_0}\left(\frac{a}{2}-x\right),$$

ce qui déterminerait b en fonction de c, ou inversement.

212. Poutre en forme de double T (*fig.* 193). — Désignons par b la largeur des semelles et par c leur épaisseur, supposée petite par rapport à la hauteur h de la poutre. Nous avons vu (n° 7) que l'on peut approximativement prendre, pour valeur d'inertie, $I=\dfrac{bch^2}{2}$; on a, d'ailleurs,

$v_1=\dfrac{h}{2}$; de sorte que $\dfrac{I}{v_1}=bch.$

Cela posé, considérons encore une poutre de longueur a, posée sur deux appuis et chargée uniformément d'un poids p par unité de longueur, nous aurons à écrire l'équation

$$bch=\frac{p}{2R}\left(ax-x^2\right),$$

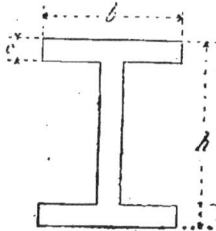

Fig. 193.

qui nous donnera l'une des trois dimensions b, c ou h, lorsque les autres seront données.

Si b et c sont constants, h sera variable et proportionnel aux ordonnées de la parabole $h = \dfrac{p}{2bcR} (ax - x^2)$;

Si b et h sont constants, c sera variable et proportionnel aux ordonnées de la parabole $c = \dfrac{p}{2bhR} (ax - x^2)$.

Les deux poutres ainsi construites seront l'une et l'autre d'*égale résistance*. Nous allons les comparer au point de vue de la quantité de matière qu'exigera la construction de chacune d'elles, en supposant négligeable le poids de l'âme, ou plutôt la différence des poids des âmes des deux poutres.

Pour la première, dans laquelle b et c sont constants, le volume V des semelles sera, pour la longueur a, $V = 2abc$. en ne comptant la longueur de chaque semelle que comme égale à la longueur a de la poutre, c'est-à-dire en négligeant l'augmentation de longueur qui résulte pour elle de la variation de la hauteur h.

Si nous désignons par H la hauteur au milieu de la poutre, nous avons, d'ailleurs, pour $x = \dfrac{a}{2}$,

$$H = \frac{pa^2}{8Rbc}, \quad \text{ou} \quad bc = \frac{pa^2}{8RH}, \quad \text{ou bien} \quad V = \frac{pa^3}{4RH}.$$

Pour la seconde, le volume V' des semelles sera, puisque c est variable

$$V' = 2b \int_0^a c\,dx = 2b \int_0^a \frac{p}{2bhR} (ax - x^2) = \frac{p}{hR} \cdot \frac{a^3}{6}.$$

Les volumes V et V' seront égaux si la hauteur constante h de la seconde poutre est égale aux deux tiers de la hauteur maximum H de la première. Si ces deux hauteurs h et H sont égales, le volume V' de la seconde ne sera, au contraire, que les $\dfrac{2}{3}$ du volume V de la première. Ainsi, à égalité de hauteur maximum, la poutre de hauteur constante n'exigera pour ses semelles qu'un poids égal aux $\dfrac{2}{3}$ de celui qui entrerait dans celles de la poutre dont la hauteur serait diminuée suivant la loi parabolique. Elle présentera donc sur celle-ci une notable économie.

La poutre de hauteur constante présente encore un autre avantage, c'est d'être moins déformable que l'autre, c'est-à-dire de prendre une moindre flèche sous une charge donnée. On pourrait s'en assurer en calculant ces deux flèches, mais il suffit de remarquer que le rayon de courbure ρ de la fibre neutre déformée est lié au moment fléchissant par la relation $M = \dfrac{EI}{\rho}$ et qu'on a aussi $M = \dfrac{RI}{v_1}$, d'où $\rho = \dfrac{E}{R} v_1$. Ce rayon de courbure est donc, puisque R est supposé constant, proportionnel à v_1 ou à la hauteur h de la poutre. La courbure prise par la poutre est d'autant plus grande que cette hauteur est plus petite, c'est-à-dire que la poutre dont la hauteur est décroissante se déformera plus que celle dont la hauteur reste constante.

Ce raisonnement suppose, bien entendu, que la poutre de hauteur variable résiste à la manière d'une poutre droite et ne peut être assimilée à un arc.

213. Solution pratique. — Dans les poutres en fer, l'épaisseur des semelles ne peut pas varier d'une manière graduelle, en suivant exactement la loi donnée par la variation du moment fléchissant. Les semelles sont formées de feuilles de tôle, généralement de même épaisseur, superposées, de telle sorte que l'épaisseur totale ne peut en être qu'un multiple; il faut évidemment, pour n'avoir nulle part un effort supérieur à la charge de sécurité, que cette épaisseur soit partout au moins égale à celle qui serait donnée par le calcul.

Si, par exemple, les épaisseurs des semelles calculées sont représentées en chaque point par les ordonnées d'une courbe telle que AB (*fig*. 194) et si AA$_1$ est l'é-paisseur d'une des feuilles qui servent à les

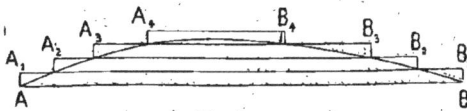

Fig. 194.

former, en menant à AB des parallèles équidistantes, pour

représenter chacune de ses feuilles et en limitant chacune d'elles au point où son plan inférieur rencontre la courbe, on aura, en chaque point, une épaisseur au moins égale à celle qui est strictement nécessaire, et le contour de la semelle, au lieu d'être la ligne courbe AB, sera la ligne brisée $AA_1...A_4B_4...B$ qui lui est constamment extérieure.

214. Calcul de l'épaisseur des semelles. — La courbe des moments fléchissants, supposée construite par des procédés analytiques ou graphiques, peut servir, comme nous allons le voir, à déterminer ces épaisseurs, sans qu'il soit nécessaire de construire une courbe spéciale.

Considérons, en effet, une poutre à double T, en fer, com-

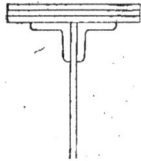

Fig. 195.

posée d'une âme et de deux semelles qui y sont réunies par quatre cornières (*fig.* 195). Supposons que nous ayons calculé le moment d'inertie de la poutre qui serait formée simplement de l'âme et des quatre cornières, abstraction faite des semelles, et soit I_0 ce moment d'inertie. Celui de la poutre dont les semelles auraient chacune une seule épaisseur de tôle pourra, en désignant par b la largeur des semelles, e cette épaisseur, et h la hauteur de la poutre, être considéré comme approximativement égal à I_0 augmenté du produit de la surface $2be$ des deux feuilles de tôle par le carré $\dfrac{h^2}{4}$ de leur distance $\dfrac{h}{2}$ à l'axe neutre, c'est-à-dire égal, à peu près, à $I_0 + \dfrac{bh^2}{2}\, e.$

Pour une poutre dont les semelles auraient chacune deux feuilles, en considérant la hauteur h comme constante, c'est-à-dire en négligeant l'épaisseur e par rapport à la hauteur h, le moment d'inertie serait, de même, $I_0 + \dfrac{bh^2}{2} \cdot 2e$, et ainsi de suite, c'est-à-dire que le moment d'inertie augmente proportionnellement à l'épaisseur des semelles.

D'un autre côté, puisque l'on considère comme constante la hauteur de la poutre, le moment d'inertie nécessaire pour résister à un moment fléchissant donné est proportionnel à ce moment fléchissant à cause de la condition de sécurité $\dfrac{Mv_1}{I} \leqq R_0$ dans laquelle v_1 est constant et égal à $\dfrac{h}{2}$. On peut donc calculer le moment fléchissant M_0, auquel pourrait résister la poutre simplement formée d'une âme et de quatre cornières et dont nous avons désigné le moment d'inertie par I_0, ce sera $M_0 \leqq \dfrac{2R_0I_0}{h}$. La poutre dont les semelles auraient chacune une épaisseur de tôle pourra résister à un moment fléchissant dont la limite supérieure sera $\dfrac{2R_0I_0}{h} + bhR_0e$; celle dont les semelles auraient chacune deux feuilles résistera à un moment fléchissant au plus égal à $\dfrac{2R_0I_0}{h} + bhR_0.2e$ et ainsi de suite.

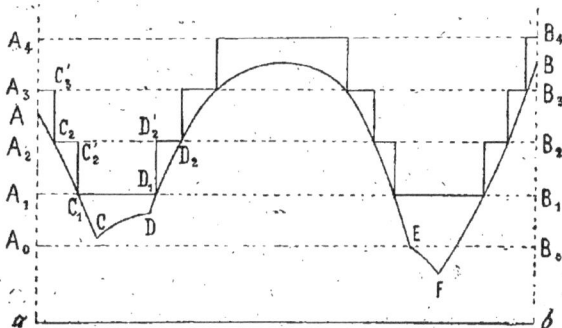

FIG. 196.

La courbe représentant les moments fléchissants, que nous supposerons figurée par la ligne quelconque ABCDEFB (*fig.* 196), ayant donc été construite à une échelle déterminée, on calculera le moment $\dfrac{2R_0I_0}{h}$, et l'on mènera une parallèle à ab à une distance représentant, à la même échelle, la valeur de ce moment ; soit A_0B_0 cette parallèle. Toutes les parties de la poutre, dans lesquelles la courbe des moments fléchissants se trouvera au-dessous de cette ligne, pourraient, à la rigueur, n'être formées que d'une âme et de quatre cornières, mais il n'est pas d'usage d'interrompre complètement les semelles, et on leur conserve au moins une épaisseur de tôle pour la régularité et la facilité du travail, et pour ne pas diminuer la rigidité de la poutre dans le sens transversal. On calculera ensuite la valeur bhR_0e du moment correspondant à une épaisseur de tôle; on la portera de A_0 en A_1, de A_1 en A_2, etc..., en menant par les divers points A_1, A_2,..., des parallèles à ab. Toutes les parties de la poutre dans lesquelles la courbe des moments fléchissants se trouvera au-dessous de la ligne A_1B_1 n'auront besoin, pour résister, que d'avoir des semelles ayant une seule épaisseur de tôle ; toutes celles où elle se trouvera au-dessous de A_2B_2 n'auront besoin que de deux épaisseurs, et ainsi de suite, de sorte que la figure fera connaître immédiatement le nombre de feuilles de tôle nécessaire en chaque point et la longueur des feuilles, le contour de la semelle étant représenté par la ligne brisée $A_3C'_3C_2$.....D_1.....B_4 extérieure à la courbe des moments.

Il est intéressant, à ce propos, d'adopter, pour les moments fléchissants, une échelle qui donne immédiatement, sur l'épure les épaisseurs réelles, en vraie grandeur, que l'on doit donner aux semelles. Il suffit, pour cela, que A_0A_1 soit égal à l'épaisseur e des feuilles de tôle; or, A_0A_1 est égal à $bhR_0.e$, il faut donc que l'échelle de la figure soit $\dfrac{1}{bhR_0}$, c'est-à-dire que l'unité du moment fléchissant (le kilogrammètre) soit représentée par une fraction $\dfrac{1}{bhR_0}$ de l'unité de longueur (du mètre).

Si, par exemple, pour une poutre déterminée, on a $b = 0^m,40$, $h = 3^m,50$ et $R_0 = 6.000.000$ kilogrammes par mètre carré, l'échelle devra être $\dfrac{1}{8.400.000}$, c'est-à-dire que 1 millimètre devra représenter 8.400 kilogrammètres.

215. Calcul de l'épaisseur de l'âme. — On pourrait, par des constructions et des calculs du même genre, déterminer en chaque point l'épaisseur de l'âme qui doit être proportionnelle à l'effort tranchant ; mais, en général, on la

laisse constante, en s'assurant qu'elle présente une superficie suffisante pour résister à cet effort dans la section où
il est le plus grand : si e et h sont les dimensions de l'âme,
eh sa superficie, il faut, si T_m est l'effort tranchant maximum,
que l'on ait $\dfrac{T_m}{eh} = S_0$, ou $e = \dfrac{T_m}{S_0 h}$.

En général, lorsque la hauteur h est assez grande, cette
formule donne pour l'épaisseur e de l'âme une valeur très
petite, que l'on est obligé d'augmenter pour conserver à cette
pièce une rigidité suffisante et s'opposer au gauchissement
de la poutre.

Les charges qui sont appliquées aux poutres n'agissent
pas toujours rigoureusement, comme nous l'avons supposé,
dans le plan vertical de symétrie, elles ont donc une tendance
à faire fléchir la poutre dans le sens de la hauteur.

Pour tenir compte de ces inégalités, qu'il est difficile de
soumettre au calcul, on donne généralement à l'âme des
poutres à double T une épaisseur un peu plus grande que
celle qui serait strictement nécessaire pour résister à l'effort
tranchant. Il est rare que, pour des poutres de $0^m,30$ de
hauteur, on donne à l'âme une épaisseur inférieure à 8 millimètres.

Lorsque le calcul montre que cette épaisseur n'est pas
nécessaire pour résister à l'effort tranchant, on peut, tout
en la conservant, profiter dans une certaine mesure de la
diminution possible du métal, en pratiquant dans l'âme, à
des intervalles réguliers, des évidements de forme circulaire,
rectangulaire ou autre, qui rendent
la poutre plus légère, en même
temps qu'ils peuvent être un motif
de décoration architectonique. L'effort tranchant se transmet alors par
les parties conservées dont la dimension horizontale, sur l'axe, doit
être suffisante pour résister au glis-

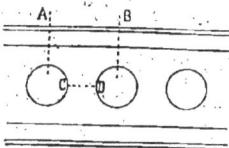

Fig. 197.

sement longitudinal, calculé pour toute l'étendue d'un intervalle tel que AB (*fig.* 197) et supposé réparti sur la section restante CD de l'âme.

Lorsque la hauteur de la poutre est un peu grande, l'âme

est, d'ailleurs, toujours insuffisante pour donner à la poutre
assez de rigidité pour résister efficacement aux causes de
gauchissement et de déformation latérale qui viennent d'être
rappelées. On doit considérer, en outre, que les charges supportées par la poutre, et que les formules des chapitres précédents supposent appliquées sur son axe longitudinal, le
sont, en réalité, sur la semelle supérieure ou sur la semelle
inférieure ; de même, les réactions des appuis ne s'exercent
effectivement que sur la surface de la semelle inférieure.
Tous ces efforts ne peuvent se transmettre soit à l'autre
semelle, soit même à l'axe neutre, que par l'intermédiaire de
l'âme, laquelle doit avoir ainsi une section transversale suffisante pour y résister. On admet généralement que la trans-
mission de ces efforts s'effectue verticalement sur une zone
d'une étendue égale à la longueur de l'assemblage ou du support par lequel ils s'exercent sur la semelle. En d'autres
termes, si l'on considère deux plans verticaux, perpendiculaires à l'axe de la poutre et limitant soit la largeur d'une
entretoise, soit celle d'un support, la portion de l'âme comprise entre ces deux plans verticaux devra avoir une section horizontale d'une étendue suffisante pour que la charge
due à l'entretoise, ou la réaction de l'appui, supposée uniformément répartie sur cette section, ne dépasse pas la charge
de sécurité du métal. On est conduit ainsi à renforcer l'âme,
au droit des entretoises et des supports, en y appliquant des
fers à T, des cornières ou d'autres pièces analogues disposées
verticalement, qui ont en même temps pour effet de s'opposer à la flexion latérale et au gauchissement, aussi bien sous
l'action des causes que nous avons indiquées plus haut que
sous celle des forces qui pourraient agir latéralement sur la
poutre, comme le vent. Ces pièces font partie du contreventement dont nous allons dire quelques mots au n° 219.

216. Détermination de la hauteur. — Nous venons de

voir que, dans une poutre à double T, soit de hauteur constante,
soit de hauteur variable et diminuée du milieu aux extrémités suivant la loi parabolique, le volume des semelles était
inversement proportionnel à la hauteur maximum de la
poutre. Il y aurait donc intérêt à augmenter cette dimension

le plus possible. Mais le poids de l'âme, que nous avons négligé, augmente avec la hauteur, puisque nous admettons que l'épaisseur ne peut descendre au-dessous d'une certaine limite. Il augmente même dans une proportion plus rapide que la hauteur parce que les pièces accessoires latérales, qui servent à renforcer l'âme et que l'on est obligé d'ajouter, doivent avoir d'autant plus d'importance que la hauteur est plus grande. Il s'établit donc, à partir d'une certaine hauteur, une compensation entre la diminution possible du poids des semelles, que l'on obtiendrait en augmentant cette hauteur, et l'augmentation qui en résulterait dans le poids de l'âme et du contreventement ; et c'est cette hauteur, à laquelle la compensation commence, qui donne à la poutre son poids minimum. Il n'est pas possible, généralement, de la déterminer par le calcul. Très souvent, d'abord, la hauteur de la poutre est commandée par des circonstances locales ; et, d'ailleurs, fût-elle absolument indéterminée, que la variété des pièces de contreventement rendrait difficile la solution analytique du problème. Ce ne serait que par tâtonnements que l'on arriverait à peu près à trouver la hauteur qui correspondrait au poids minimum.

En général, du moins en Europe, la hauteur des poutres est comprise entre le huitième et le douzième de la portée ; il y a cependant quelques exemples de poutres dont les hauteurs sont en dehors de ces limites. En Amérique, la hauteur des poutres est généralement un peu plus grande qu'en France. Les poutres de grande hauteur, en dehors de l'économie de poids qu'elles peuvent réaliser, ont l'avantage d'être moins déformables sous l'action des charges passagères ; et cet avantage est très appréciable lorsqu'il s'agit de charges dont la vitesse est assez grande pour que leur inertie doive entrer en ligne de compte dans le calcul de la résistance, ainsi qu'il arrive pour des poutres supportant des voies ferrées.

217. Détermination du poids propre des poutres. — Une poutre destinée à supporter une charge déterminée doit, en même temps, supporter son propre poids, qui est inconnu, lorsque les dimensions ne sont pas encore calculées.

On peut, d'après la forme que l'on veut donner à la poutre, se rendre, préalablement, un compte suffisamment approché de ce que sera son poids propre pour le faire figurer, ensuite, en addition des charges auxquelles elle sera soumise. Nous allons donner l'exemple le plus simple, celui d'une poutre à double T, de hauteur h constante, de longueur l, simplement posée à ses deux extrémités et destinée à porter, outre son poids propre p_1 une charge p_2 uniformément répartie par unité de sa longueur. La charge totale par unité de longueur sera ainsi $p_1 + p_2 = p$. Il s'agit de calculer p_1.

Nous venons de voir que le volume des semelles d'une pareille poutre (n° 212, page 436) avait pour expression $\dfrac{pl^3}{6R_0h}$. Pour ce qui est de l'âme, l'effort tranchant maximum étant $\dfrac{pl}{2}$, si nous supposons que l'épaisseur e de l'âme est constante et qu'elle ait été déterminée pour que sa section he résiste à l'effort tranchant maximum, nous aurons $e = \dfrac{pl}{2S_0h}$, et le volume de l'âme sera $lhe = \dfrac{pl^2}{2S_0}$.

Le volume total, ainsi calculé, de la poutre serait donc $\dfrac{pl^3}{6R_0h} + \dfrac{pl^2}{2S_0}$; mais ce calcul ne tient pas compte de ce que les semelles ne peuvent pas varier rigoureusement comme le moment fléchissant. Elles doivent avoir, partout, une surface un peu plus grande que celle qui serait strictement nécessaire ; en outre, il y a les pièces d'assemblages, couvrejoints, têtes de rivets, goussets, etc., dont le volume ne figure pas dans celui qui précède. Il faut donc multiplier ce volume par un certain coefficient μ plus grand que l'unité pour se rapprocher des conditions réelles. Le volume, ainsi majoré, divisé par la longueur l de la poutre et multiplié par le poids spécifique d du métal donnera le poids p_1 cherché. On trouvera ainsi

$$p_1 = \frac{d}{l} \cdot \mu \left(\frac{pl^3}{6R_0h} + \frac{pl^2}{2S_0} \right) = \mu dpl \left(\frac{l}{6R_0h} + \frac{1}{2S_0} \right).$$

En mettant, dans cette équation, pour p sa valeur $p_1 + p_2$, on en tirera la valeur de p_1

$$p_1 = \frac{\dfrac{p_2}{2}}{\mu dl \left(\dfrac{l}{3hR_0} + \dfrac{1}{S_0}\right) - 1}.$$

Et si, pour simplifier, l'on pose :

$$\frac{\mu d}{2}\left(\frac{l}{3hR_0} + \frac{1}{S_0}\right) = \frac{1}{L},$$

on aura

$$p_1 = \frac{p_2 l}{L - l}.$$

218. Portée limite. Coefficient économique. —

Lorsque la longueur l s'approche de L, le poids propre p_1 acquiert de très grandes valeurs ; la poutre devient pratiquement irréalisable. Cette longueur L s'appelle la portée limite de la poutre. Elle dépend, comme on voit, des coefficients de sécurité R_0 et S_0 à l'extension et au cisaillement, du rapport $\dfrac{l}{h}$ de la longueur à la hauteur de la poutre, et du coefficient de correction μ que nous avons défini plus haut, et dont la valeur peut varier, suivant les circonstances, de 1,5 à 1,9. Le rapport $\dfrac{l}{h}$ varie ordinairement de 8 à 12, les coefficients R_0 et S_0 de 6 à 10 kilogrammes et de 4 à 6 kilogrammes respectivement par millimètre carré, et, enfin, le poids spécifique s'écarte peu de 7.800 kilogrammes par mètre cube. En prenant, par exemple, $\mu = 1,6$, $R_0 = 6^k,00$, $S_0 = 4^k,00$, et $\dfrac{l}{h} = 9$ on trouve $\dfrac{1}{L} = 0,00468$, ou L $= 213$ mètres, portée limite correspondant à cette hypothèse.

La dernière équation du numéro précédent peut être écrite

$$p_j = \frac{(p_1 + p_2)\, l}{L} = \frac{pl}{L}.$$

Elle montre, alors, que le poids propre d'une poutre par unité de longueur est, toutes choses égales, proportionnel à la charge totale pl qu'elle doit supporter. Le rapport $\dfrac{p_1}{pl} = \dfrac{1}{L}$

du poids propre à la charge totale est ce que M. Résal a
appelé le coefficient économique de la poutre. On voit qu'il
est égal à l'inverse de la portée limite. Si l'on représente
par k ce coefficient économique, on peut écrire, pour la
poutre à double T, de hauteur constante, que nous avons
considérée,

$$k = \frac{\mu d}{2} \left(\frac{l}{3 h R_0} + \frac{1}{S_0} \right).$$

Le coefficient économique varie, en réalité, avec le soin
apporté à la construction de la poutre. Il est d'autant moindre
que le métal est mieux employé, que les pièces accessoires
inutiles ou peu utiles ont été plus évitées dans son établissement, en un mot, que le coefficient que nous avons appelé μ
est lui-même plus faible. Dans la plupart des ponts en fer,
bien construits, le coefficient économique est compris entre
$0^m,004$ et $0^m,005$. Lorsqu'il descend à $0^m,004$, c'est que l'ouvrage est très bien étudié, le métal bien employé sans être
surabondant, ou bien que l'on a fait supporter au fer des efforts
dépassant le chiffre de 6 kilogrammes par millimètre carré.
La valeur $0^m,005$ correspond aux conditions ordinaires ; et si
le coefficient atteint $0^m,006$, on peut dire que le métal est mal
employé soit que l'on ait placé des pièces inutiles, soit que
l'on n'ait pas demandé au fer tout l'effort dont il est capable.

M. Résal a vérifié ces résultats sur un grand nombre de
poutres de pont de plus de 25 mètres de portée. Pour les
portées moindres, les mêmes valeurs du coefficient économique s'appliquent à la condition que la hauteur de la poutre
soit comprise entre le huitième et le douzième de la portée.
J'en ai vérifié la concordance avec la pratique pour plusieurs
poutres de 6 à 10 mètres de portée et pour un grand nombre
de fers à double T du commerce, de hauteurs diverses comprises
entre $0^m,08$ et $0^m,35$, correspondant à des portées de $0^m,75$ à
4 mètres environ. Ces vérifications ont été faites dans l'hypothèse où l'effort maximum de traction R_0 est de 6 kilogrammes par millimètre carré. Avec un nombre différent, la
valeur du coefficient économique serait modifiée en conséquence.

219. Contreventement. — Les poutres, avons-nous dit,

ne sont pas toujours simplement soumises, comme le supposent les formules de la flexion, à des forces verticales, c'est-à-dire dirigées dans le plan de flexion, passant par leur axe longitudinal. Indépendamment des irrégularités résultant du mode d'application des forces principales, qui agissent souvent en dehors de ce plan, elles peuvent être soumises à des efforts latéraux accidentels, comme le sont, sur les poutres de pont, les effets du vent.

La pression exercée par le vent sur une surface verticale peut atteindre (voir page 103) 270 kilogrammes par mètre carré, et c'est ce chiffre qu'il convient d'adopter pour des poutres établies à une assez grande hauteur au-dessus du sol, dans des endroits découverts, bien exposés au vent ou dans les gorges où il peut acquérir une grande vitesse. Lorsque les poutres supportent une voie ferrée, il faut ajouter à ce chiffre celui qui représente l'action du vent sur un train de chemin de fer supposé placé sur le pont; la surface du train à compter n'est évidemment que celle qui dépasse la poutre et qui n'est pas garantie par elle, et, de plus, on peut admettre que le train exposé au vent supporte au plus 170 kilogrammes par mètre carré, puisqu'une pression plus grande aurait pour effet de le renverser.

L'action latérale du vent étant ainsi déterminée, voici les moyens que l'on peut adopter pour y résister. Une poutre n'est jamais isolée : un pont est constitué au moins par deux poutres parallèles, et l'on se sert de chacune d'elles pour contreventer l'autre. Entre les semelles inférieures des deux poutres voisines, on établit des pièces AB, A'B' (*fig.* 198), dirigées perpendiculairement, et d'autres, telles que AB', BA', ..., inclinées, formant avec les premières une sorte de poutre à treillis, à âme horizontale, capable de résister à l'action du vent. On fait la même chose, lorsque cela est possible, entre les deux semelles supérieures. On calcule les pièces en supposant qu'elles résistent exclusivement à l'extension, leur grande longueur ne leur permettant pas de résister

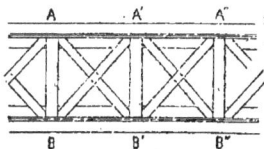

Fig. 198.

efficacement à la compression ; et, comme le vent peut agir alternativement dans un sens et dans le sens opposé, on est obligé, pour cela, d'avoir des pièces inclinées dans les deux directions sur l'axe du pont. Les pièces transversales AB se confondent naturellement avec les entretoises destinées à reporter sur les poutres la charge du pont.

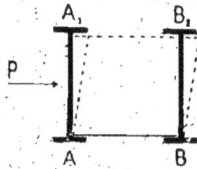

Fig. 199.

Les deux poutres AA_1, BB_1 (*fig.* 199), ainsi réunies par ces sortes de poutres à âme horizontale AB, A_1B_1, résisteront à l'action horizontale du vent ; mais cette action aura pour effet, si les extrémités des semelles supérieures sont libres, de tendre à déformer, comme l'indiquent les lignes ponctuées, l'ensemble des deux poutres verticales et des poutres horizontales.

Pour résister à cet effet, on peut établir, au-dessus de chaque pièce transversale ou entretoise AB (*fig.* 200), deux autres pièces inclinées, en forme de croix de Saint-André. Si P désigne l'action du vent, c'est-à-dire le produit de la superficie de la portion de poutre correspondant à chaque entretoise par le chiffre qui représente cet effort par unité de surface, on déterminera, d'après la forme de la poutre, et d'après les règles de la statique, la façon dont cette action se répartit entre

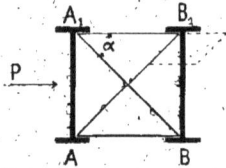

Fig. 200.

les deux points A et A_1. Supposons, par exemple, que l'on puisse admettre qu'elle se répartit également, ce qui a lieu lorsque la poutre est symétrique, on pourra considérer la croix de Saint-André AB_1, A_1B, comme soumise, en ses deux sommets A, A_1 à une force $\frac{P}{2}$. Mais l'une des deux extrémités, par exemple l'extrémité AB étant supposée fixe puisque la poutre repose sur des culées, la force $\frac{P}{2}$ appliquée en A_1 doit être considérée (en supposant que la pièce inclinée A_1B ne puisse pas résister à la compression),

comme transmise en B_1 par la pièce A_1B_1 qui doit résister
à ce genre d'efforts ; puis, décomposée au point B_1 suivant les
deux directions B_1B et B_1A, elle donnera, en appelant α
l'angle B_1A_1B des pièces inclinées avec l'horizontale, sur B_1B
un effort de compression $\dfrac{P}{2}$ tang α qui s'ajoutera à l'effort
tranchant et au moment fléchissant de la poutre BB_1, et sur
B_1A un effort de traction $\dfrac{P}{2\cos\alpha}$ qui servira à déterminer la
section transversale de cette pièce. La pièce A_1B servira de
même à résister à l'effort du vent frappant la poutre BB_1 en
sens contraire de celui dont nous venons de parler.

Cette disposition est possible lorsque l'espace situé entre
les deux poutres peut être, sans inconvénient, occupé par
les pièces du contreventement.

Lorsqu'il n'en est pas ainsi, et que les poutres ne peuvent
pas non plus être réunies à leur partie supérieure, l'effort P,
supposé toujours appliqué à la moitié de la hauteur h de la
poutre AA_1 (*fig.* 201), produit, au point A, un moment fléchissant $P\dfrac{h}{2}$, auquel doit résister l'âme verticale AA_1. Ce

moment servira à déterminer les dimensions des pièces accessoires que
l'on appliquera verticalement, au
droit de l'entretoise AB, sur l'une ou
l'autre des deux faces de l'âme AA_1
pour lui donner une résistance suffisante. On doit considérer ces pièces verticales, y compris l'âme qu'elles ren-

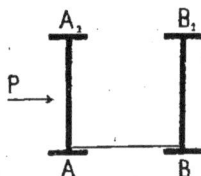

Fig. 201.

forcent, comme une poutre encastrée au point A, libre à son
autre extrémité A_1 et soumise à une charge uniformément
répartie à raison de $\dfrac{P}{h}$ par unité de longueur. La poutre BB_1
devra être consolidée de la même manière pour le cas où le
vent soufflerait du côté opposé. Cette consolidation qui, en
somme, a pour résultat de rendre invariable chacun des
angles A_1AB, B_1BA, s'effectue souvent en partie avec les
pièces mêmes qui servent à réunir les entretoises aux poutres.
Les dispositions à adopter dans ce but sont très variées et

29

dépendent surtout des dimensions relatives des diverses parties. Il suffit, ici, d'avoir indiqué d'après quels principes on peut se rendre compte de leurs dimensions.

On ne doit pas négliger d'observer que le vent qui frappe transversalement un pont formé de deux poutres parallèles peut avoir pour effet de modifier assez notablement la répartition de la charge entre ces deux poutres. Imaginons, en effet, que cette charge soit un poids Q appliqué au milieu de l'intervalle qui les sépare, et que, par suite de contreventements bien construits, le rectangle formé par les deux poutres soit rendu absolument invariable dans sa forme; si P est la pression du vent, et si b désigne la largeur AB (*fig.* 202), et h la hauteur de la poutre, les réactions faisant équilibre à ces forces seront, en A, $\dfrac{Q}{2} - \dfrac{Ph}{2b}$, en B, $\dfrac{Q}{2} + \dfrac{Ph}{2b}$.

Lorsque h est grand par rapport à b, le terme $\dfrac{Ph}{2b}$ peut n'être pas négligeable par rapport à Q et, dans tous les cas, il est prudent d'en tenir compte dans le calcul de la charge appliquée à des poutres de pont. Par exemple, pour un pont formé de deux poutres à âme pleine, distantes de 5 mètres, et ayant 5m,00 de hauteur, on aurait, en supposant que le vent produisît une pression de 300 kilogrammes par mètre carré,

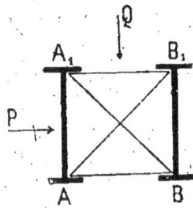

FIG. 202.

$P = 1.500$ kilogrammes par mètre courant, et $\dfrac{Ph}{2b} = 750$ kilogrammes par mètre courant qu'il faudrait ajouter à la charge de chacune des poutres.

220. Poutres en treillis. — Nous avons dit que, lorsque l'âme atteint une certaine hauteur, on peut l'alléger en y pratiquant, de distance en distance, des évidements d'une forme quelconque : si l'on suppose que ces évidements aient la forme de losanges superposés (*fig.* 203), on aura une poutre dont l'aspect extérieur sera absolument celui d'une poutre en treillis. La nature et la direction des efforts

qui s'exerceront aux différents points ne seront sans doute
plus absolument les mêmes que dans la poutre à âme
pleine ; mais, cependant, on peut, par analogie, tirer certaines conclusions intéressantes. Ainsi, dans la poutre à
âme pleine, les points de l'âme si-
tués au milieu de la hauteur sont
soumis à des efforts de cisaillement
dans le sens vertical ou dans le
sens horizontal, ou, ce qui revient
au même, à des efforts de tension
et de compression suivant des directions inclinées à 45° sur la verticale.

Fig. 203.

Ces efforts se produiront encore dans la poutre évidée, et ils
sont absolument assimilables aux efforts de tension et de
compression qui agissent sur les barres de la poutre en
treillis. Si l'on considère un point de l'âme en dehors de
l'axe, en se rapprochant des semelles, la direction des
efforts principaux de tension et de compression y fait avec
la verticale des angles différents de 45°, et d'autant plus
différents que le point considéré est plus rapproché des
semelles. Dans la poutre évidée, les points ainsi considérés
seront soumis à des efforts dont la direction sera différente
de celle des parties restées pleines, entre les évidements. Il
doit en être de même, par analogie, dans la poutre en
treillis, de sorte que ce n'est qu'au milieu de la hauteur que
les barres du treillis sont réellement soumises à des efforts
de tension et de compression dirigés dans le sens de leur
longueur ; partout ailleurs, ces efforts sont obliques sur leur
direction et tendent à les infléchir. Nous devons rappeler,
en effet, que les calculs que nous avons faits pour la poutre
en treillis, dans la première partie, n'étaient qu'une approximation obtenue en supposant que cette poutre pouvait être
assimilée à un système articulé, c'est-à-dire que les différentes barres pouvaient tourner librement autour de leurs
points d'attache. La réunion de toutes les barres à leurs
points d'intersection, qui est incompatible avec cette hypothèse, introduit des efforts nouveaux qui se composent avec
les efforts de tension et de compression, lesquels existeraient
seuls dans le système articulé, et produisent précisément

ces actions obliques tout à fait analogues à celles que nous avons trouvées dans les poutres à âme pleine.

L'analogie entre les deux systèmes de poutre est, d'ailleurs, complète : le treillis, comme l'âme, résiste à l'effort tranchant ; les semelles, dans les deux cas, au moment fléchissant.

Tout ce que nous avons dit, au n° 219, de la nécessité du contreventement, tant pour résister aux efforts latéraux que pour donner à l'âme de la poutre une rigidité suffisante dans le sens transversal, s'applique sans modification aux poutres en treillis, pour lesquelles le contreventement est peut-être encore plus nécessaire que pour celles à âme pleine.

CHAPITRE XIV

PROBLÈMES DIVERS CONCERNANT LA FLEXION DES PIÈCES DROITES

§ 1er

PIÈCES CHARGÉES DEBOUT

221. Équation générale du problème. — Considérons une tige prismatique AB (*fig.* 204), de longueur a, soumise à l'action de deux forces F et — F, égales et directement opposées, agissant à ses deux extrémités dans la direction de son axe longitudinal et l'une vers l'autre, c'est-à-dire soumettant la pièce à un effort de compression. Si cette pièce est rigoureusement rectiligne, et si les efforts appliqués à chaque extrémité sont bien exactement répartis d'une manière uniforme sur les sections transversales extrêmes, elle restera rectiligne, et si Ω est l'étendue de sa section transversale supposée constante, elle sera soumise, dans toute sa longueur, à un effort de compression mesuré par $\dfrac{F}{\Omega}$ par unité superficielle. Mais si, par suite d'une cause accidentelle quelconque, elle a pris une légère courbure, il pourra arriver que, sous l'action des forces appliquées aux extrémités, cette courbure aug-mente, ou bien, au contraire, que celles-ci ne soient pas assez énergi-ques pour la faire subsister, auquel cas la pièce tendra à reprendre sa forme rectiligne. Il y a donc une relation entre la flèche prise par la tige et la force appliquée à ses extrémités, et c'est cette relation que nous allons chercher à déterminer.

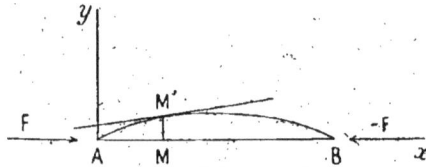

Fig. 204.

Prenons pour axe des x la direction primitive de l'axe de la tige et pour axe des y une perpendiculaire menée, par l'extrémité A, dans le plan dans lequel s'est produite la flexion, et que nous déterminerons plus tard. Soit $MM' = y$ le déplacement, parallèle à l'axe des y, d'un point quel-conque M de l'axe longitudinal ; le moment fléchissant, dans la section M', a pour valeur absolue $F \times MM' = Fy$, mais il doit être affecté du signe — d'après nos conventions, puis-qu'il tend à donner à l'axe une courbure négative ; nous aurons donc, pour l'équation de l'axe neutre déformé,

$$(1) \qquad \mathrm{EI}\, \frac{d^2 y}{dx^2} = -\,Fy,$$

équation différentielle linéaire du second ordre dont l'inté-grale générale avec deux constantes arbitraires A, B est, comme on le sait,

$$y = \mathrm{A} \cos \frac{x}{m} + \mathrm{B} \sin \frac{x}{m},$$

en faisant, pour abréger,

$$(2) \qquad m^2 = \frac{\mathrm{EI}}{\mathrm{F}}, \qquad \text{ou} \qquad m = \sqrt{\frac{\mathrm{EI}}{\mathrm{F}}}.$$

Les constantes A et B doivent être déterminées par les conditions du problème, savoir : que les extrémités de la tige restent sur l'axe des x, ou bien que, pour $x = 0$, ou $x = a$, l'on ait $y = 0$.

La première condition, $x = 0$, $y = 0$, nous donne $A = 0$; l'équation se réduit donc à

$$(3) \qquad\qquad y = B \sin \frac{x}{m}.$$

La seconde condition $x = a$, $y = 0$, donne ou bien $B = 0$, ce qui donnerait en tous points $y = 0$, auquel cas la pièce resterait toujours rectiligne, ou bien $\sin \frac{a}{m} = 0$, c'est-à-dire

$$\frac{a}{m} = k\pi,$$

k étant un nombre entier quelconque. En mettant pour m sa valeur, cette condition devient

$$a \sqrt{\frac{F}{EI}} = k\pi, \qquad \text{ou} \qquad F = EI \frac{k^2 \pi^2}{a^2}.$$

222. Valeur minimum de la force capable de produire la flexion. — On peut y satisfaire d'une infinité de manières répondant à toutes les valeurs de F, données par cette formule, et dont la plus petite, qui correspond à $k = 1$, est

$$(4) \qquad\qquad F_0 = \frac{\pi^2 EI}{a^2}.$$

Si F a cette valeur F_0, la flexion pourra avoir lieu; mais l'équation précédente ne donne plus rien, puisque la constante arbitraire B n'est pas déterminée; tout ce qu'on peut conclure de cette analyse, c'est que, si F a une valeur inférieure à $\frac{\pi^2 EI}{a^2}$, la flexion est impossible, sous l'action de cette force seule, puisque l'équation ne peut être satisfaite que par $B = 0$.

La valeur I du moment d'inertie à introduire dans cette formule est celle qui donne la plus petite valeur de F_0, c'est-à-dire le plus petit moment principal d'inertie de la section transversale. C'est donc dans le plan du plus petit des deux axes principaux d'inertie que la flexion se produit.

Soit r le rayon de giration correspondant à ce plus petit moment d'inertie, Ω la section transversale, et $p = \dfrac{F}{\Omega}$ la charge par unité superficielle de cette section. Pour que la flexion puisse se produire, il faut que F soit plus grand que F_0 ou que $\dfrac{\pi^2 E \Omega r^2}{a^2}$, ce que l'on peut écrire $\dfrac{F}{\Omega} = p > \dfrac{\pi^2 E r^2}{a^2}$ où bien $\left(\dfrac{a}{r}\right)^2 > \dfrac{\pi^2 E}{p}$.

Par exemple, pour l'acier, E vaut environ 20.000 kilogrammes par millimètre carré, et p ne peut pas dépasser la charge de rupture par compression, laquelle est inférieure à 200 kilogrammes.

Il en résulte que la flexion ne peut se produire que si $\dfrac{a}{r}$ dépasse 32 environ. Si $\dfrac{a}{r}$ avait une valeur inférieure, il ne pourrait y avoir flexion que pour une valeur de p supérieure à 200 kilogrammes par millimètre carré, ce qui est impossible, par hypothèse. On déterminera, de la même manière, d'après les valeurs limites de la charge p, les limites du rapport $\dfrac{a}{r}$ à partir desquelles la flexion est possible pour des poutres formées de matériaux différents.

On peut remarquer, en général, que la pièce chargée debout se comprimera sans fléchir, tant que son raccourcissement direct produira un rapprochement de ses deux extrémités plus grand que celui qui serait obtenu par la flexion. Au contraire, elle fléchira si la flexion produit un rapprochement des extrémités plus grand que le raccourcissement dû à la seule compression.

Si, au lieu d'être simplement assujettie à rester sur l'axe des x à ses deux extrémités, la tige était astreinte à la même obligation en certains points de sa longueur, on exprimerait les conditions de la même manière. Par exemple, si le milieu de la tige devait rester sur l'axe des x, on trouverait, en écrivant que $y = 0$, pour $x = \dfrac{a}{2}$,

$$F = EI \frac{4 k^2 \pi^2}{a^2},$$

et la plus petite valeur F serait alors $\frac{4\pi^2 EI}{a^2}$, quadruple de la précédente, résultat facile à prévoir en considérant que l'on aurait pu traiter chaque moitié de la tige comme une tige de longueur $\frac{a}{2}$, et à généraliser si les points assujettis à rester fixes partagent la tige en un nombre quelconque de parties égales.

223. Relation entre la force et la flèche de flexion. — Si l'analyse que nous venons de faire ne nous donne pas la relation cherchée entre la flèche et la force qui agit aux extrémités, la cause en est que nous avons substitué, au rayon de courbure ρ de l'axe neutre déformé, l'inverse de $\frac{d^2y}{dx^2}$, en négligeant $\frac{dy}{dx}$ devant l'unité, alors que nous faisions entrer dans le calcul l'ordonnée y dont la grandeur est sensiblement du même ordre. Il faut donc revenir à l'équation exacte qui doit être écrite

$$(5) \qquad \frac{EI}{\rho} = -Fy.$$

Désignons par θ l'angle formé, avec l'axe des x, par la tangente à la courbe au point M'. Nous avons $\frac{1}{\rho} = \frac{d\theta}{ds}$, si ds est l'élément de l'arc de la courbe, et par suite

$$(6) \qquad EI\frac{d\theta}{ds} = -Fy;$$

d'où, en différentiant par rapport à ds,

$$EI\frac{d^2\theta}{ds^2} = -F\frac{dy}{ds} = -F\sin\theta.$$

Multiplions les deux membres de cette équation par $d\theta$, et intégrons depuis le point A jusqu'au point quelconque M'; nous aurons, en désignant par θ_0 l'angle inconnu que fait au point A l'axe neutre déformé avec l'axe des x,

$$(7) \qquad \frac{EI}{2}\left(\frac{d\theta}{ds}\right)^2 = F(\cos\theta - \cos\theta_0);$$

d'où, en mettant pour $\dfrac{d\theta}{ds}$ sa valeur (6),

$$y^2 = 2\,\frac{EI}{F}\,(\cos\theta - \cos\theta_0).$$

La flèche f est évidemment, en raison de la symétrie, la valeur de y pour $\theta = 0$, c'est-à-dire au milieu de la pièce ; nous avons ainsi

$$f^2 = 2\,\frac{EI}{F}\,(1 - \cos\theta_0),$$

ou bien, d'après la valeur (2) de m,

(8) $$f = 2m\,\sin\frac{\theta_0}{2}.$$

Nous aurons donc la relation cherchée si nous parvenons à exprimer θ_0 en fonction des données du problème. Pour cela, nous allons écrire que la longueur de la tige, après sa déformation, est égale à sa longueur primitive a [1].

De l'équation (7) nous tirons

$$ds = -\,d\theta.\frac{m}{\sqrt{2}}\,\frac{1}{\sqrt{\cos\theta - \cos\theta_0}}\,;$$

nous mettons le signe — au second membre, parce qu'il est facile de voir que θ diminue quand s augmente, ou que $d\theta$ et ds sont de signe contraire.

Intégrons depuis $\theta = \theta_0$ jusqu'à $\theta = 0$, c'est-à-dire pour la moitié de la longueur de la tige ; le premier membre nous donnera $\dfrac{a}{2}$, et nous aurons

$$\frac{a}{2} = -\int_{\theta_0}^{0} \frac{m}{\sqrt{2}}\,\frac{d\theta}{\sqrt{\cos\theta - \cos\theta_0}} = \frac{m}{\sqrt{2}}\int_{0}^{\theta_0}\frac{d\theta}{\sqrt{\cos\theta - \cos\theta_0}}.$$

Lorsque θ et θ_0 sont de petits angles, tels que l'on puisse,

[1] Nous devrions écrire que la longueur de la tige est égale à la longueur primitive diminuée du raccourcissement dû à la compression longitudinale $\dfrac{F}{\Omega}$; c'est-à-dire à $a\left(1 - \dfrac{F}{E\Omega}\right)$; mais cette fraction $\dfrac{F}{E\Omega}$ est généralement négligeable devant l'unité. Nous la négligerons, et cette simplification laisse au calcul une exactitude suffisante.

avec une approximation suffisante, remplacer $\cos \theta_0$ par $1 - \dfrac{\theta_0^2}{2}$, l'intégrale ci-dessus est égale à $\dfrac{\pi}{\sqrt{2}}\left(1 + \dfrac{\theta_0^2}{16}\right)$ [1]; il en résulte

$$\frac{a}{2} = \frac{m}{\sqrt{2}} \cdot \frac{\pi}{\sqrt{2}}\left(1 + \frac{\theta_0^2}{16}\right), \quad \text{ou bien} \quad a = \pi m \left(1 + \frac{\theta_0^2}{16}\right);$$

d'où :

$$\frac{\theta_0}{2} = 2 \sqrt{\frac{a}{m\pi} - 1}.$$

Comme l'angle θ_0 est toujours petit, nous pouvons prendre

---

[1] Voici comment on peut arriver à cette valeur : Posons $1 - \cos\theta = u$. $1 - \cos\theta_0 = u_0$, nous en tirons $\sin\theta = \sqrt{1 - \cos^2\theta} = \sqrt{2u - u^2}$ et

$$d\theta = \frac{du}{\sin\theta} = \frac{du}{\sqrt{(2-u)u}}, \text{ et par suite } \int_0^\theta \frac{d\theta}{\sqrt{\cos\theta - \cos\theta_0}} = \int_0^{u_0} \frac{du}{\sqrt{(2-u)(u_0-u)u}}.$$

La quantité u étant très petite, nous pouvons remplacer $\sqrt{2-u} = \sqrt{2\left(1 - \dfrac{u}{2}\right)}$

par $\dfrac{\sqrt{2}}{1 + \dfrac{u}{4}}$ et écrire $\displaystyle\int_0^\theta \frac{d\theta}{\sqrt{\cos\theta - \cos\theta_0}} = \frac{1}{\sqrt{2}} \int_0^{u_0} \frac{\left(1 + \dfrac{u}{4}\right)du}{\sqrt{u(u_0-u)}}.$

Posons encore $\dfrac{u}{u_0} = z^2$, d'où $du = 2u_0 z\,dz$; nous avons, en substituant et réduisant,

$$\int_0^\theta \frac{d\theta}{\sqrt{\cos\theta - \cos\theta_0}} = \frac{1}{\sqrt{2}} \int_0^1 \frac{2u_0 z\,dz}{\sqrt{u_0^2 z^2 (1-z^2)}} + \frac{1}{4\sqrt{2}} \int_0^1 \frac{2u_0^2 z^3 dz}{\sqrt{u_0^2 z^2 (1-z^2)}}$$

$$= \frac{2}{\sqrt{2}} \int_0^1 \frac{dz}{\sqrt{1-z^2}} + \frac{u_0}{2\sqrt{2}} \int_0^1 \frac{z^2 dz}{\sqrt{1-z^2}}.$$

Ou bien, en intégrant,

$$= \frac{2}{\sqrt{2}} \left(\text{arc}\sin z\right)_0^1 + \frac{u_0}{2\sqrt{2}} \left(\frac{1}{2}\,\text{arc}\sin z - \frac{1}{2} z \sqrt{1-z^2}\right)_0^1$$

$$= \frac{2}{\sqrt{2}} \cdot \frac{\pi}{2} + \frac{u_0}{2\sqrt{2}} \frac{1}{2}\frac{\pi}{2} = \frac{\pi}{\sqrt{2}} \left(1 + \frac{u_0}{8}\right).$$

Et, en mettant pour u_0 sa valeur $1 - \cos\theta_0 = \dfrac{\theta_0^2}{2}$,

$$\int_0^\theta \frac{d\theta}{\sqrt{\cos\theta - \cos\theta_0}} = \frac{\pi}{\sqrt{2}}\left(1 + \frac{\theta_0^2}{16}\right).$$

pour $\sin\frac{\theta_0}{2}$ la valeur de $\frac{\theta_0}{2}$ et écrire la valeur (8) de la flèche f

$$(9) \quad f = 2m\sin\frac{\theta_0}{2} = 4m\sqrt{\frac{a}{m\pi}-1} = 4\sqrt{m\left(\frac{a}{\pi}-m\right)}.$$

relation cherchée entre la flèche f et la force F appliquée aux deux bouts de la tige et qui, en mettant pour m sa valeur $\sqrt{\dfrac{EI}{F}}$, s'écrit

$$f = 4\sqrt{\sqrt{\frac{EI}{F}}\left(\frac{a}{\pi}-\sqrt{\frac{EI}{F}}\right)}.$$

Cette valeur, qui devient imaginaire pour $\sqrt{\dfrac{EI}{F}} > \dfrac{a}{\pi}$ ou pour $F < \dfrac{\pi^2 EI}{a^2}$, confirme ce que nous avons dit plus haut, que les forces inférieures à cette limite ne produisent aucune flexion.

L'équation (9), élevée au carré et résolue par rapport à $\dfrac{1}{m}$, donne facilement :

$$\frac{1}{m} = \frac{8a}{\pi f^2}\left(1 \pm \sqrt{1-\frac{\pi^2 f^2}{4a^2}}\right).$$

En ne prenant que le signe inférieur qui seul répond à la question, et élevant au carré, on a

$$\frac{1}{m^2} = \frac{64a^2}{\pi^2 f^4}\left(1 - \sqrt{1-\frac{\pi^2 f^2}{4a^2}}\right)^2.$$

Effectuant le carré de la parenthèse et développant ensuite $\sqrt{1-\dfrac{\pi^2 f^2}{4a^2}}$ par la formule du binôme en observant que les puissances de $\dfrac{\pi f}{2a}$ supérieures à la quatrième peuvent être négligées en raison de ce que $\dfrac{f}{a}$ est toujours très petit, on trouve

$$\frac{1}{m^2} = \frac{\pi^2}{a^2}\left(1 + \frac{\pi^2 f^2}{8a^2}\right);$$

où bien, en mettant pour $\frac{1}{m^2}$ sa valeur $\frac{F}{EI}$, la relation cherchée entre F et f,

$$F = \frac{\pi^2 EI}{a^2}\left(1 + \frac{\pi^2 f^2}{8a^2}\right) = F_0\left(1 + \frac{\pi^2 f^2}{8a^2}\right),$$

d'où l'on déduit

$$(10) \qquad f^2 = \frac{8a^2}{\pi^2}\cdot\frac{F - F_0}{F_0} = \frac{8a^2}{\pi^2}\cdot\frac{a^2}{\pi^2 EI}\cdot(F - F_0)\,(^1)$$

et

$$f = \frac{2\sqrt{2}\cdot a^2}{\pi^2}\sqrt{\frac{F - F_0}{EI}}.$$

Appelant Δp_0 la différence $\frac{F - F_0}{\Omega}$, avec la limite inférieure pouvant produire la flexion, de la force rapportée à l'unité superficielle de la section transversale qui est appliquée à la poutre, et mettant à la place de I son expression Ωr^2, cette dernière expression s'écrit

$$f = \frac{2\sqrt{2}}{\pi^2}\cdot\frac{a^2}{r}\cdot\sqrt{\frac{\Delta p_0}{E}} = 0,287\,\frac{a^2}{r}\sqrt{\frac{\Delta p_0}{E}}.$$

C'est généralement sous cette forme que l'on exprime la relation entre l'effort et la flèche. Mais de l'équation (10) on

---

$(^1)$ L'intégration de l'équation $\frac{EI}{\rho} = Fy$ ne peut se faire exactement que par l'emploi des fonctions elliptiques, mais on peut, par un développement en série, trouver une solution approximative. Brune, dans son *Cours de Construction* déjà cité, donne la suivante

$$\sqrt{\frac{F}{EI}}\cdot\frac{a}{\pi} = 1 + \left(\frac{1}{2}\right)^2\cdot\frac{Ff^2}{4EI} + \left(\frac{1.3}{2.4}\right)^2\left(\frac{Ff^2}{4EI}\right)^2 + \dots + \left(\frac{1.3.5\dots(2n-1)}{2.4.6\dots 2n}\right)^2\left(\frac{Ff^2}{4EI}\right)^n + \dots$$

et il donne une formule analogue pour calculer la distance a' des deux extrémités de la barre après la flexion. Voici quelques-uns des résultats numériques déduits de ces formules

$F = F_0\ 1,00125$	$f = a\ 0,0318$	
$F = F_0\ 1,032$	$f = a\ 0,1566$	
$F = F_0\ 1,394$	$f = a\ 0,3814$	$a' = a\ 0,436$
$F = F_0\ 2,00$	$f = a\ 0,3989$	$a' = a\ 0,082$
$F = F_0\ 2,183$	$f = a\ 0,3916$	$a' = 0$ (boucle).

On voit que la flèche croît très rapidement: il suffit de doubler la charge initiale pour produire la boucle.

peut déduire aussi

$$f = \frac{2\sqrt{2}}{\pi} a \sqrt{\frac{F - F_0}{F_0}} = \frac{2\sqrt{2}}{\pi} a \sqrt{\frac{\Delta F_0}{F_0}} = 0,90.a.\sqrt{\frac{\Delta F_0}{F_0}}.$$

Sous cette forme on voit qu'aussitôt que la flexion commence elle prend immédiatement une grande importance. Par exemple, sous l'action d'une force dépassant de 1 0/0 seulement la limite inférieure à partir de laquelle la flexion ne se produit pas, ou pour $\frac{\Delta F_0}{F_0} = \frac{1}{100}$, on a $f = 0,09a$, ce qui est considérable.

En raison des hypothèses simplificatives au moyen desquelles elles ont été obtenues, les expressions précédentes ne sont applicables que pour de très petites valeurs du rapport $\frac{l}{a}$ ou pour des valeurs de F dépassant très peu la limite F_0 à partir de laquelle la flexion commence.

Il convient, d'ailleurs, de remarquer que la limite inférieure de la force F_0, à partir de laquelle la pièce chargée debout commence à fléchir, dépasse de beaucoup les forces qui peuvent être appliquées sans danger à la même pièce dans une direction transversale. Une force F_0 appliquée normalement à une pièce de longueur a, posée sur deux appuis, produirait une flèche égale à $\frac{F_0 a^3}{48EI} = \frac{\pi^2}{48} a = $ environ $\frac{1}{5} a$, de beaucoup plus grande que celle qui peut être tolérée sans danger, et qui même, bien souvent, ne pourrait être atteinte sans rupture.

224. Moment fléchissant et effort de compression maximum. — Pour une valeur quelconque de F, dépassant très peu la limite inférieure F_0, le moment fléchissant maximum M_m qui se produit au milieu de la poutre a pour valeur Ff, et pour expression, suivant que l'on prend pour f l'une quelconque des précédentes,

$$M_m = 2F \sqrt{\frac{EI}{F}} \cdot \sin \frac{\theta_0}{2} = \frac{2\sqrt{2}}{\pi^2} \cdot F \frac{a^2}{r} \sqrt{\frac{\Delta p_0}{E}} = \frac{2\sqrt{2}}{\pi} aF \sqrt{\frac{\Delta F_0}{F_0}}.$$

Dans cette expression, comme plus haut, $\Delta F_0 = F - F_0$ et $\Delta p_0 = \dfrac{F - F_0}{\Omega}$.

Lorsque, comme nous le supposons, il n'y a pas d'autres causes qui tendent à produire la flexion, celle-ci s'effectue dans le plan de l'axe du plus petit moment d'inertie de la section transversale, et c'est ce moment d'inertie I qui figure dans la formule, soit explicitement, soit implicitement dans la valeur de F_0. Si l'on désigne par v_1 la distance de la fibre la plus éloignée à l'axe du plus grand moment d'inertie, l'effort le plus grand que fera subir le moment fléchissant ci-dessus sera exprimé par

$$\frac{M_m v_1}{I} = \frac{2\sqrt{2}}{\pi} \cdot \frac{av_1}{I} \cdot F \sqrt{\frac{\Delta F_0}{F_0}},$$

ou bien par une autre des expressions précédentes qui sont identiques.

Cet effort est celui qui est dû au moment fléchissant; il convient d'y ajouter celui qui résulte de la compression longitudinale, qui se produirait alors même que la flexion n'existerait pas et qui a pour valeur $\dfrac{F}{\Omega}$. Du côté des fibres étendues, l'effort maximum est égal à la différence $\dfrac{M_m v_1}{I} - \dfrac{F}{\Omega}$ ou à l'excès de l'extension sur la compression longitudinale. Cet effort est une traction si la différence est positive, et une compression si elle est négative.

Du côté des fibres comprimées l'effort maximum, en valeur absolue, est la somme $\dfrac{M_m v_1}{I} + \dfrac{F}{\Omega}$ et c'est de ce côté qu'il est le plus grand. Si nous le désignons par R'_m, nous aurons

$$R'_m = \frac{F}{\Omega} + \frac{2\sqrt{2}}{\pi} \cdot \frac{F.av_1}{I} \sqrt{\frac{\Delta F}{F_0}} = \frac{F}{\Omega}\left[1 + \frac{2\sqrt{2}}{\pi}\frac{av_1}{r^2}\sqrt{\frac{\Delta F}{F_0}}\right].$$

On peut se rendre compte de l'effort de la flexion. Nous avons vu que, pour l'acier, la flexion ne peut commencer que si $\dfrac{a}{r}$ dépasse 32. Prenons $\dfrac{a}{r} = 40$. Quant à v_1 il est généralement plus grand que r et le rapport $\frac{v_1}{r}$ dépend de la forme de la section transversale ; prenons-le égal à 2, valeur qu'il aurait pour une section circulaire ou elliptique, cette formule deviendra

$$R'_m = \frac{F}{\Omega}\left(1 + 0,90 \times 40 \times 2 \sqrt{\frac{\Delta F}{F_0}}\right) = \frac{F}{\Omega}\left(1 + 72 \sqrt{\frac{\Delta F}{F_0}}\right),$$

et si l'on suppose, comme tout à l'heure, une force F dépassant seulement de 1 0/0 la limite inférieure qui produit la flexion, ou $\frac{\Delta F}{F_0} = \frac{1}{100}$, on aura

$$R'_m = \frac{F}{\Omega}\,(1 + 7,2) = 8,2\,\frac{F}{\Omega}.$$

L'effort maximum est plus de huit fois celui qui serait dû à la compression seule. C'est ce qui explique que les pièces qui fléchissent par compression se rompent presque toujours.

Si, pour abréger, l'on pose

$$k = \frac{2\sqrt{2}}{\pi} \cdot \frac{v_1}{a} \sqrt{\frac{\Delta F_0}{F_0}} = \frac{2\sqrt{2}}{\pi^2} \cdot \frac{v_1}{r} \sqrt{\frac{\Delta p_0}{E}} = \frac{2\sqrt{2}}{\pi^2}\, v_1 \sqrt{\frac{\Delta F_0}{EI}},$$

k désignant ainsi un coefficient qui dépend de la forme de la section transversale et de l'excès de la force qui produit la flexion sur la force limite F_0, l'expression de l'effort maximum R'_m devient

$$(11) \qquad R'_m = \frac{F}{\Omega}\left(1 + k\,\frac{\Omega a^2}{I}\right) = \frac{F}{\Omega}\left(1 + k\,\frac{a^2}{r^2}\right).$$

Sous cette forme, elle est très usitée, comme nous verrons.

225. Pièce encastrée à ses extrémités. — Les calculs qui précèdent sont faits dans l'hypothèse où les sections extrêmes de la pièce fléchie sont libres de pivoter autour de leur centre. Si elles étaient *encastrées*, on pourrait arriver facilement à des résultats analogues.

Considérons, par exemple, une pièce encastrée à l'une de ses extrémités A (*fig.* 205) et entièrement libre à l'autre, c'est-à-dire admettons qu'à cette seconde extrémité B la pièce puisse, non seulement s'infléchir suivant une direction quelconque, mais encore *s'écarter* de la ligne A*x* qui était sa position primitive. Cette pièce AB peut être entièrement assimilée à la moitié d'une pièce semblable à celle que

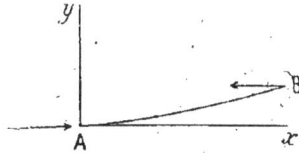

FIG. 205.

nous avons étudiée d'abord. Nous aurons donc les conditions de son équilibre en mettant, dans les formules précédentes, le double de la longueur *a* de la pièce. L'effort minimum capable de produire la flexion est alors $F_0 = \dfrac{\pi^2 EI}{4a^2}$, et la formule (11), qui donne l'effort de compression minimum, devient

$$R'_m = \frac{F}{\Omega}\left(1 + \frac{4k\Omega a^2}{I}\right).$$

Cela suppose, bien entendu, que l'encastrement soit parfait.

Si les deux extrémités sont encastrées et toutes deux astreintes à rester sur la ligne primitivement occupée par

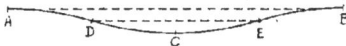

FIG. 206.

l'axe longitudinal, on peut remarquer que la forme AB (*fig.* 206) prise par la poutre fléchie comporte, en raison de la symétrie, un point C, où la tangente est parallèle à cette ligne, et, entre ce point C et chacune des extrémités, un point E ou D où il se trouve une inflexion, c'est-à-dire où le moment fléchissant s'annule. Pour la même raison de symétrie, chacun de ces points d'inflexion doit être très voisin du milieu de la moitié correspondante de la poutre. Alors, si l'on prend la portion ED, de longueur $\dfrac{a}{2}$, aux extrémités de laquelle le moment fléchissant est nul, elle se comportera.

30

très sensiblement comme la poutre de longueur a que nous avons étudiée au n° 222, c'est-à-dire que les formules que nous avons établies pourront être appliquées à la condition d'y remplacer a par $\frac{a}{2}$; cela nous donnera, pour le cas de la poutre encastrée à ses deux extrémités,

$$F_0 = \frac{4\pi^2 EI}{a^2}, \qquad R'_m = \frac{F}{\Omega}\left(1 + k\,\frac{a^2}{4r^2}\right).$$

Enfin, si l'une des extrémités est encastrée et l'autre libre de s'infléchir, bien qu'astreinte à rester sur la ligne Ax, la poutre fléchie pourra être approximativement assimilée à la portion ACD de la poutre précédente, c'est-à-dire que les formules primitives seront encore applicables en y remplaçant a par $\frac{2}{3}a$. On aura ainsi, pour ce dernier cas,

$$F_0 = \frac{9\pi^2 EI}{4a^2}, \qquad R'_m = \frac{F}{\Omega}\left(1 + k\,\frac{4a^2}{9r^2}\right).$$

Ces dernières formules sont approximatives, et il n'y a guère lieu de chercher à en établir de plus exactes, ce qui conduit à des calculs compliqués, car il est bien rare que l'on puisse considérer comme absolument parfaits les encastrements des extrémités. Les formules exactes n'ont alors qu'un intérêt théorique.

226. Cas où la pièce supporte en même temps des efforts transversaux. — Nous avons, dans ce qui précède, négligé le poids propre de la pièce chargée debout, que nous avons supposée soumise exclusivement à deux forces de compression longitudinale, appliquées à ses deux extrémités.

Lorsque le poids de la pièce n'est pas négligeable, par rapport à ces forces, ou bien lorsqu'elle doit en supporter d'autres, appliquées en divers points de sa longueur, les efforts, en chacun de ces points, se déterminent par le principe de la superposition des effets des forces.

Si, par exemple, la pièce AB (*fig.* 207), comprimée par les forces F, est placée horizontalement, et si elle doit supporter en même temps une charge uniformément répartie à raison de p par unité de longueur, cette charge pouvant comprendre son poids propre, ou une surcharge extérieure qui lui serait

$$F \longrightarrow A \qquad B \longleftarrow F$$

FIG. 207.

effectivement appliquée, le moment fléchissant maximum dû à cette charge serait, comme nous l'avons vu, en supposant les extrémités libres ou non encastrées, $\frac{pa^2}{8}$. D'un autre côté, le moment qui provient de la force F a pour expression $\frac{2\sqrt{2}\,a\mathrm{F}}{\pi}\sqrt{\frac{\Delta\mathrm{F}_0}{\mathrm{F}_0}}$ et se produit, comme le précédent, au milieu de la pièce. Si les deux plans de flexion coïncident, c'est-à-dire si la charge p agit dans le plan du plus petit moment d'inertie de la section transversale, ces deux moments s'ajoutent, et le moment fléchissant maximum total est alors $\mathrm{M} = \left(\frac{pa^2}{8} + \frac{2\sqrt{2}\,a\mathrm{F}}{\pi}\sqrt{\frac{\Delta\mathrm{F}_0}{\mathrm{F}_0}}\right)$, et c'est ce moment M qui, multiplié par le rapport $\frac{v_1}{\mathrm{I}_1}$, donnera l'effort supporté par la fibre la plus fatiguée dans la section qui se trouve au milieu de la pièce. L'effort total sera, comme plus haut, la somme ou la différence de cet effort et de celui $\frac{\mathrm{F}}{\Omega}$ de compression exercée par la force F, de sorte que la condition de sécurité pourrait alors s'écrire

$$\mathrm{R}_0' \geqq \frac{\mathrm{F}}{\Omega} + \left(\frac{pa^2}{8} + \frac{2\sqrt{2}\,a\mathrm{F}}{\pi}\sqrt{\frac{\Delta\mathrm{F}_0}{\mathrm{F}_0}}\right)\frac{v_1}{\mathrm{I}_1},$$

Mais il se produit, alors, des conditions nouvelles pour ce qui concerne les effets de la force F.

Tandis que, dans les pièces chargées debout, soumises uniquement à cette force dirigée suivant leur axe, la flexion ne pouvait commencer que lorsqu'elle était supérieure à la limite F_0, elle se produit ici, sous l'action de la charge p, quelle que soit la force F, laquelle produit ainsi toujours une augmentation du moment fléchissant. L'équation du problème serait alors

$$\frac{EI}{\rho} = Fy + \frac{p}{2}(ax - x^2).$$

L'intégration exacte de cette équation serait très difficile. Elle devient relativement simple lorsque l'on y remplace $\frac{1}{\rho}$ par $\frac{d^2y}{dx^2}$, ce qui constitue une approximation suffisante lorsque la flexion reste faible. Le résultat de ce calcul n'a guère qu'un intérêt théorique. Il est rare que les deux forces F et p soient comparables, l'une des deux est presque toujours négligeable par rapport à l'autre. On calcule alors la pièce en ne prenant que l'une de ces deux forces, et on en augmente un peu, empiriquement, les dimensions, pour tenir compte de celle que l'on a négligée.

227. Formule empirique approximative. — La formule la plus usitée pour le calcul des pièces chargées debout est la formule (11) dans laquelle on donne au coefficient k des valeurs déduites de l'expérience. En désignant par R'_0 la charge de sécurité à la compression de la matière dont la pièce est constituée, on écrit l'équation de résistance

$$R'_0 \geqq \frac{F}{\Omega}\left(1 + k\frac{a^2}{r^2}\right),$$

et résolue par rapport à $\frac{F}{\Omega} = p$, cette équation se met sous la forme, alors classique, appelée souvent « formule de Rankine »,

$$p = \frac{F}{\Omega} \leqq \frac{R'_0}{1 + k\dfrac{a^2}{r^2}}.$$

Le coefficient k devrait, à la rigueur, varier suivant la forme de la section transversale; mais, dans les circonstances ordinaires de la pratique, on peut le considérer comme constant pour chaque nature de matériaux. Les divers auteurs sont peu d'accord sur les valeurs à lui attribuer; tandis que les expériences de Hodgkinson tendraient à faire adopter les suivantes

Pour le fer................ $k = 0,00003$
— la fonte............... $0,00045$
— le bois .... $0,00033,$

les premières expériences de Bauschinger l'ont conduit à celles-ci

Pour le fer................ $k = 0,00009$
— la fonte............... $0,0006.$

De nouvelles expériences lui ont donné :

Pour le fer................ $k = 0,0001$
— la fonte.............. , $0,00025.$

Gordon a proposé, pour le fer, le coefficient

$$\frac{1}{36000} = 0,0000277,$$

qui se rapproche de celui qui a été déduit des expériences de Hodgkinson.

Enfin, les ingénieurs américains paraissent, en général, se servir d'une formule qui ressemble à la précédente, et qu'ils écrivent de la manière suivante

$$\frac{F}{\Omega} \leq \frac{R'_0}{1 + k\left(\dfrac{a}{r} - k'\right)^2}.$$

Le nouveau coefficient k' qu'elle contient varie de 33, pour les poutres libres à leurs extrémités, jusqu'à 80, pour celles qui peuvent être considérées comme encastrées, par exemple les colonnes terminées par de larges bases donnant une grande surface d'appui. Le coefficient k varie, dans les mêmes conditions, de $\dfrac{1}{6.000}$ à $\dfrac{1}{18.000}$, soit de $0,000166$ à $0,0000555$.

Pour le bois, comme les pièces que l'on emploie sont généralement de section rectangulaire, on met, dans la formule, au lieu du plus petit rayon de giration r, le plus petit côté du rectangle. Si on le désigne par b, on a $r^2 = \dfrac{b^2}{12}$, et alors la formule s'écrit ordinairement

$$\frac{F}{\Omega} \leqq \frac{R_0'}{1 + 0,004 \dfrac{a^2}{b^2}}.$$

228. Pièce soumise à plusieurs forces longitudinales.

— Si, au lieu d'être placée horizontalement, la pièce chargée debout était verticale, et si son poids p par unité de longueur n'était pas négligeable par rapport à la force F qui la comprime longitudinalement, il faudrait remarquer d'abord que, pour l'équilibre, la force verticale appliquée à l'extrémité inférieure A (*fig.* 208) devrait dépasser celle F, appliquée en B, de tout le poids pa de la pièce, qui se trouverait ainsi comprimée en B par la force F, en A par la force $F + pa$. L'effort de compression dû à cette force supposée uniformément répartie, et, indépendamment de toute flexion, serait donc $\dfrac{F}{\Omega}$ au point B, $\dfrac{F + pa}{\Omega}$ au point A,

et $\dfrac{F + p(a - x)}{\Omega}$ à un point M quelconque situé à une hauteur x au-dessus du point A. En particulier, au milieu de la hauteur de la pièce, l'effort de compression serait $\dfrac{F + \dfrac{pa}{2}}{\Omega}$.

La force F, appliquée au point B, et la portion, égale à F, de la réaction du point A produisent, comme précédemment, une flexion qui donne lieu, au milieu de la pièce, à un effort de compression maximum $\dfrac{F}{\Omega} \cdot k \dfrac{\Omega a^2}{I_1}$, et la somme de ces deux compressions constitue l'effort maximum supporté pas le point le plus comprimé de la section du milieu de la pièce. Cet effort maximum sera ainsi

$$\frac{pa}{2\Omega} + \frac{F}{\Omega}\left(1 + k\frac{\Omega a^2}{I_1}\right).$$

C'est, en général, dans cette section que la fatigue est la plus grande, car, alors même que le poids pa n'est par négligeable par rapport à F, il en est presque toujours une petite fraction, de sorte que la diminution de l'effort dû à la flexion produite par la force F, lorsque l'on s'écarte du milieu de la pièce, dépasse toujours de beaucoup là petite augmentation $\frac{p}{\Omega}\left(\frac{a}{2}-x\right)$ de la compression due au poids p, lorsque l'on considère des sections situées un peu au-dessous de ce milieu.

On opérerait de la même manière si, au lieu d'un poids p uniformément réparti sur la hauteur AB (*fig.* 208), la pièce comprimée aux deux bouts avait à supporter des charges diverses P_1, P_2,..., appliquées en des points déterminés M_1, M_2, ..., de sa longueur.

Pour l'équilibre, l'effort en A devrait alors être égal à $F + P_1 + P_2 + ...$, et l'effort de compression dû à la charge uniformément répartie serait $\frac{F}{\Omega}$ pour la partie BM_1; $\frac{F + P_1}{\Omega}$ dans la partie M_1M_2, et ainsi de suite. En ce qui concerne la flexion, on ne peut plus faire ici que des approximations. Si les points $M_1, M_2, ...$, sont fixes, on considérera chacune des portions de la poutre comme isolée, et on y appliquera les formules précédentes. Si, au contraire, ces points d'application des forces P sont tels que la pièce AB puisse fléchir librement, on pourra supposer transportées à l'extrémité la plus voisine les forces $P_1, P_2, ...$, et traiter la question d'une manière approximative. En modifiant ainsi le point d'application des forces, on se placera, en général, dans des conditions de sécurité plus défavorables.

Fig. 208.

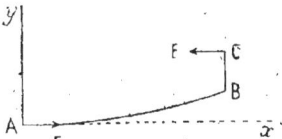

Fig. 209.

229. Cas d'une force excentrique.

— Enfin, il peut arriver que la force appliquée à l'extrémité B (*fig.* 209) n'agisse pas sur l'axe longitudinal, mais à une distance $BC = b$ de cet axe. Le moment fléchissant en un point quel-

conque M est alors $F(b_t + f - y)$, si y est l'ordonnée de ce
point après ce déplacement, et en appelant f la flèche, c'est-
à-dire le déplacement du point B, parallèlement à l'axe
des y. Le moment fléchissant est maximum pour $y = 0$,
c'est-à-dire pour le point A où la pièce doit alors être encastrée. Le moment d'encastrement est égal à $F(b + f)$. L'intégration de l'équation différentielle de la courbe affectée par
la fibre neutre déformée donne alors, avec une approximation suffisante lorsque f reste petit, la forme de cette courbe
et la flèche f. On a, en effet,

$$EI \frac{d^2y}{dx^2} = F(b + f - y).$$

Désignons encore par m la longueur $\sqrt{\dfrac{EI}{F}}$, nous pourrons
écrire cette équation

$$m^2 \frac{d^2y}{dx^2} = -(y - b - f).$$

Et alors nous savons qu'elle a pour intégrale générale

$$y - b - f = A \sin \frac{x}{m} + B \cos \frac{x}{m}.$$

Les constantes A et B doivent être déterminées par les
conditions que, pour $x = 0$, $\dfrac{dy}{dx} = 0$, ce qui donne $A = 0$,
et que pour $x = 0$ on ait $y = 0$, d'où $B = -(b + f)$.
L'équation devient ainsi

$$y = (b + f)\left(1 - \cos \frac{x}{m}\right).$$

La flèche f, valeur de y pour $x = a$, est

$$f = b\left(\frac{1}{\cos \dfrac{a}{m}} - 1\right)$$

et si nous mettons pour $\cos \dfrac{a}{m}$ la valeur approximative
$1 - \dfrac{a^2}{2m^2}$, il vient

$$f = \frac{a^2 b^2}{2m^2 - a^2} = \frac{F a^2 b^2}{2EI - F a^2},$$

ou bien, en divisant les deux termes par Ω et appelant toujours p le rapport $\dfrac{F}{\Omega}$:

$$f = b\,\frac{pa^2}{2Er^2 - pa^2}.$$

Si l'on regarde pa^2 comme négligeable par rapport à $2Er^2$, il vient simplement

$$f = bp\,\frac{a^2}{2Er^2} = bF\,\frac{a^2}{2EI}.$$

La flèche f étant ainsi calculée, on en déduira le moment fléchissant maximum : $F\,(b + f)$.

Supposons qu'en même temps que la force F, parallèle à Ax, il s'exerce en B une force P dirigée perpendiculairement, ou suivant BC; la flèche due à cette force P agissant seule serait, d'après le n° 194, $\dfrac{Pa^3}{3EI}$, et la flèche totale due aux deux forces P et F agissant ensemble sera la somme, ou bien

$$f = \frac{a^2}{EI}\left(\frac{bF}{2} + \frac{Pa}{3}\right).$$

Pour que la flèche f s'annule avec une valeur donnée de b, il faut que

$$P = -\frac{3}{2}\,\frac{b}{a}\,F.$$

Au lieu d'effectuer le calcul comme nous venons de le faire, on pourrait remplacer la force F appliquée en C par une autre force égale appliquée en B et par un couple de moments Fb.

La force appliquée en B produit, dans la section d'encastrement, un effort de compression maximum qui peut être exprimée par $\dfrac{F}{\Omega}\left(1 + 4k\,\dfrac{a^2}{2r}\right)$. Le couple Fb seul imprime à la pièce une flexion simple ou circulaire et dans chaque section à un moment fléchissant Fb auquel correspond un effort de compression maximum $Fb\,\dfrac{v_1}{I}$ ou $\dfrac{F}{\Omega}\,b\,\dfrac{v_1}{r^2}$ qui s'ajoute au précédent, et si l'on écrit que l'effort total est inférieur à la charge de sécurité R'_0, on aura l'équation

$$R'_0 \geqq \frac{F}{\Omega}\left(1 + \frac{4ka^2 + bv_1}{r^2}\right).$$

Sous cette forme, la formule peut s'appliquer, approximativement, aussi bien que la formule (11), à toutes les valeurs de la force F.

Si, au lieu de supposer, comme nous l'avons fait, la pièce encastrée à l'extrémité A, nous la supposons libre à ses deux extrémités, mais pressée longitudinalement, par deux forces égales F, — F, appliquées toutes deux dans un même plan contenant un des axes principaux de ses sections transversales et à des distances égales, b, des centres de gravité de ses sections extrêmes, nous pourrons assimiler ce cas au précédent en considérant chacune des deux moitiés de cette pièce comme encastrée en son milieu, et alors la formule à appliquer sera la précédente dans laquelle on devra remplacer a par $\frac{a}{2}$, si a désigne toujours la longueur totale de la pièce comprimée. La formule de résistance deviendra alors

$$R'_0 \geqq \frac{F}{\Omega}\left[1 + \left(k + \frac{bv_1}{a^2}\right)\frac{a^2}{r^2}\right].$$

On voit que, lorsque la pièce est chargée debout et sollicitée par des forces qui n'agissent pas exactement suivant son axe longitudinal, mais s'en écartent légèrement, ce que l'on doit toujours admettre dans la pratique, il suffit, pour tenir compte des irrégularités de la construction qui ont pour effet d'écarter, du centre de gravité des sections, le point d'application des efforts longitudinaux, d'augmenter dans une certaine mesure la valeur du coefficient k. En effet, la parenthèse $\left(k + \frac{bv_1}{a^2}\right)$, dans laquelle l'écart b est alors inconnu peut se remplacer par un nouveau coefficient k' un deu supérieur à k, et dont la valeur dépend de l'écart possible du point d'application de la charge, par rapport au centre de gravité de la section extrême.

230. Meilleure forme de la section transversale.
— Le moment d'inertie I_1, qui figure dans les formules précédentes, est le plus petit moment d'inertie de la section
transversale de la pièce. Il y a intérêt à ce qu'il soit le plus
grand possible. Les sections transversales les plus convenables, pour des pièces ayant à résister à des compressions
longitudinales, seront donc, d'abord, celles dans lesquelles
tous les moments d'inertie seront égaux et surtout celles
pour lesquelles, à égalité de surface, le moment d'inertie
aura la plus grande valeur, c'est-à-dire celles où la matière
sera le plus éloignée possible du centre.

Toutes les sections transversales ayant plus de deux axes
de symétrie satisfont à la première condition (n° 8). Ainsi
les sections circulaires, en forme de polygones réguliers, en
forme de croix à branches égales, etc., qui ont tous leurs
moments d'inertie égaux, devront être choisies de préférence.
A égalité de matière, les sections creuses, évidées ou annu-
laires seront préférables aux sections pleines.

La comparaison des valeurs des moments d'inertie ne peut
laisser aucun doute sur la préférence à accorder à l'une ou
à l'autre de ces formes. Nous ne nous y arrêterons pas.

Parmi les sections transversales pour lesquelles tous les
moments d'inertie ne sont pas égaux, on devra choisir
celles dans lesquelles le plus petit moment d'inertie s'écarte
le moins possible du plus grand. C'est par des considérations
du même ordre que nous avons motivé (chap. xi, n° 175) la
préférence à donner aux sections à double T sur les sections
rectangulaires de même superficie.

§ 2

PIÈCES SOUMISES A DES FORCES OBLIQUES

231. Considérations générales. — Nous pouvons,
en appliquant le principe de la superposition des effets des
forces, étudier la flexion des pièces soumises à des forces
dirigées obliquement sur leur axe longitudinal. Supposons
toujours, comme nous l'avons fait jusqu'ici, les forces situées

dans un plan contenant cet axe longitudinal et un des axes principaux d'inertie de la section transversale. Décomposons chacune d'elles en deux, suivant l'axe longitudinal, et suivant une direction perpendiculaire. Toutes les composantes perpendiculaires à l'axe produisent la flexion ordinaire que nous avons étudiée d'abord ; toutes celles qui sont dirigées suivant l'axe s'ajoutent pour produire une compression ou une tension longitudinale ; et à l'effort $\frac{Mv}{I}$, produit dans une fibre quelconque par la flexion, il faut ajouter celui $\frac{F}{\Omega}$ que produit la résultante des composantes longitudinales. Ce dernier effort, extension ou compression, s'ajoutera à celui de même sens dû au moment fléchissant, et se retranchera de celui de sens contraire, ce qu'exprime la formule

$$R = \frac{Mv}{I} \pm \frac{F}{\Omega}.$$

Dans le cas où cet effort $\frac{F}{\Omega}$ est une compression, si F dépasse la limite F_0 des forces qui font fléchir, il y a lieu d'ajouter encore au moment fléchissant M celui qui provient de cette flexion spéciale et qui a pour valeur maximum Ff, f étant la flèche dont la valeur, dans les divers cas, a été donnée précédemment. Par exemple, pour le cas d'une pièce dont les deux extrémités sont libres, on aurait

$$R = \left(M + \frac{2\sqrt{2}\,aF}{\pi} \sqrt{\frac{\Delta F_0}{F_0}} \right) \frac{v}{I} \pm \frac{F}{\Omega}.$$

Dans tous les cas, il y aurait lieu d'ajouter au moment fléchissant M le produit Fy, représentant le moment de la force F par rapport au centre de gravité de la section transversale quelconque considérée, lequel s'est déplacé de y sous l'action des forces qui ont produit la flexion. Mais, comme y est généralement petit, ce produit, à moins que F n'ait une très grande valeur par rapport à celles qui entrent dans le moment M, est souvent négligeable, et on le néglige ordinairement dans les applications.

232. Exemple d'un arbalétrier incliné. — Si nous considérons, par exemple, le cas d'un arbalétrier incliné AB (*fig*. 210) posé en A sur le sommet d'un mur et appuyé en B sur un mur vertical ou sur l'extrémité symétrique d'un autre arbalétrier semblable, de telle manière que la réaction X de l'appui B soit horizontale ; si nous désignons par a la longueur AB, par α l'angle BAX formé par l'axe de la pièce avec l'horizontale et si nous supposons que cette pièce supporte, par unité de sa longueur, une charge p, laquelle peut comprendre son poids propre, il faudra, pour l'équi-

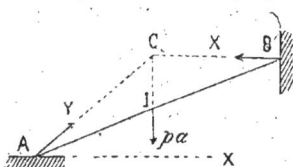

Fig. 210.

libre, que la réaction Y de l'appui A passe au point de concours C des deux autres forces auxquelles est soumis l'arbalétrier, et qui sont la réaction horizontale, X appliquée en B, et le poids pa appliqué au milieu I. Il en résulte, en désignant par θ l'angle CAx, qui est une donnée du problème et qui est lié à α par la relation évidente $\tan \theta = 2 \tan \alpha$, les équations d'équilibre

$$Y \cos \theta = X ; \quad Y \sin \theta = pa ; \quad Xa \sin \alpha = pa . \frac{a}{2} \cos \alpha ;$$

d'où

$$X = \frac{pa}{2 \tan \alpha} = \frac{pa}{\tan \theta} ; \quad Y = \frac{pa}{\sin \theta} .$$

Il est évident que la composante horizontale $Y \cos \theta = X$ de la réaction de l'appui A peut être produite, soit par le mur lui-même, soit par un tirant horizontal dont la tension serait X.

Les réactions X et Y étant ainsi déterminées, décomposons-les ainsi que la charge p elle-même, suivant deux directions, l'une parallèle, l'autre perpendiculaire à l'axe AB. Nous aurons,

Pour la direction perpendiculaire :

en A, $Y \sin (\theta - \alpha) = \frac{1}{2} pa \cos \alpha$,

en B, $X \sin \alpha = \frac{1}{2} pa \cos \alpha$,

Pour la direction parallèle

$Y \cos (\theta - \alpha) = \frac{pa}{2} \left(\frac{1}{\sin \alpha} + \sin \alpha \right)$,

$X \cos \alpha = \frac{pa}{2} \frac{\cos^2 \alpha}{\sin \alpha}$, le long de la pièce par unité de longueur

$$p \cos \alpha, \qquad p \sin \alpha.$$

La pièce se trouve donc soumise à deux systèmes de forces qui sont : 1° perpendiculairement à sa direction, une charge $p \cos \alpha$ par unité de longueur, donnant à ses extrémités des réactions égales chacune à $\frac{1}{2} pa \cos \alpha$; 2° dans le sens de sa longueur une charge $\frac{pa}{2} \frac{\cos^2 \alpha}{\sin \alpha}$ appliquée en B, une charge $p \sin \alpha$ par unité de longueur dirigée de B vers A, ce qui donne pour réaction en A la somme

$$\frac{pa}{2} \frac{\cos^2 \alpha}{\sin \alpha} + pa \sin \alpha = \frac{pa}{2} \left(\frac{1}{\sin \alpha} + \sin \alpha \right).$$

Le premier système donne, en un point M quelconque situé à une distance x du point A, un moment fléchissant M égal, comme nous l'avons vu, à $\frac{p \cos \alpha}{2} (ax - x^2)$; le second donne au même point une compression

$$\frac{pa}{2} \frac{\cos^2 \alpha}{\sin \alpha} + p \sin \alpha (a - x) = \frac{pa}{2} \left(\frac{1}{\sin \alpha} + \sin \alpha \right) - px \sin \alpha$$

que l'on peut, à une première approximation, supposer répartie uniformément sur toute l'étendue Ω de la section transversale.

Le moment fléchissant M donne lieu, dans la section considérée, à un effort de compression $\frac{Mv}{I}$ qui s'ajoute au précédent, et à un effort de tension ayant même valeur absolue et qui s'en retranche. La compression totale est donc

$$R_1' = \frac{p \cos \alpha}{2} (ax - x^2) \frac{v}{I} + \frac{pa}{2\Omega} \left(\frac{1}{\sin \alpha} + \sin \alpha \right) - \frac{px \sin \alpha}{\Omega}.$$

Le moment fléchissant M peut se représenter par les ordonnées d'une parabole ACB (*fig.* 211) dont l'ordonnée maximum CI est égale à $\frac{pa^2 \cos \alpha}{8}$, et la compression qui en résulte peut se représenter par les ordonnées de la même parabole dans laquelle CI serait égale à $\dfrac{pa^2}{8}\dfrac{\cos\alpha}{1}\dfrac{v}{1}$. La compression due aux forces longitudinales est représentée par les ordonnées d'une droite DE, telle que $BE = \dfrac{pa}{2\Omega}\dfrac{\cos^2\alpha}{\sin\alpha}$ et $AD = \dfrac{pa}{2\Omega}\left(\dfrac{1}{\sin\alpha}+\sin\alpha\right)\cdot$ La compression totale en un point

M quelconque est représentée par la somme des deux ordonnées Mm et Mm' de la parabole et de la droite, c'est-à-dire par mm'. Le point F où elle est le plus grande s'obtiendra en menant à la parabole une tangente parallèle à DE. L'abscisse H

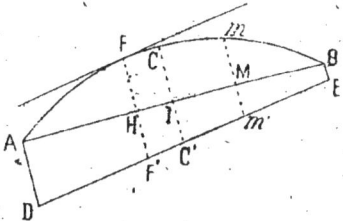

Fig. 211.

de ce point s'obtiendra en égalant les coefficients angulaires des deux lignes, ce qui donnera

$$\frac{p\cos\alpha}{2}(a-2x)\frac{v}{1} = \frac{p}{\Omega}\sin\alpha, \quad \text{d'où} \quad x = \frac{a}{2}-\frac{1\,\mathrm{tg}\,\alpha}{\Omega v_1}.$$

La valeur de la compression totale en ce point s'obtiendra en mettant dans l'expression précédente de R'_1 cette valeur de x.

233. Arbalétrier posé sur plusieurs appuis. — Le

problème se résoudrait de la même manière si, au lieu d'être simplement appuyé à ses deux extrémités, comme nous l'avons supposé, l'arbalétrier incliné était supporté en un ou plusieurs points intermédiaires. On déterminerait, comme précédemment, les composantes des efforts qui s'exercent sur la pièce dans le sens de l'axe longitudinal et dans le sens perpendiculaire. On calculerait séparément, d'après les méthodes qui leur sont applicables, les efforts dus à ces deux systèmes, on les ajouterait dans chacune des sections transversales et on déterminerait celle où la somme est la plus grande.

Ainsi, par exemple, un arbalétrier ABC (*fig.* 212) de longueur AC = 2a, supporté en son milieu B, et chargé d'un poids p par unité de longueur, soumis, d'ailleurs, aux points A et C, à des réactions dirigées comme dans celui que nous venons d'étudier, pourra être considéré comme une poutre reposant sur trois appuis. La charge normale, à raison de $p \cos \alpha$ par unité de longueur, se répartira, entre les trois points d'appui A, B, C, comme il a été trouvé plus haut, c'est-à-dire, en appelant X_1 la réaction normale aux points A ou C, X_2 celle de l'appui du milieu, et M_2 le moment fléchissant sur cet appui

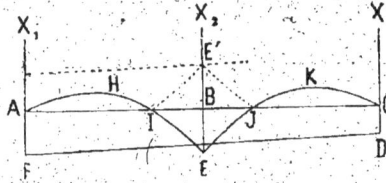

$$X_1 = \frac{3}{8} pa \cos \alpha, \quad X_2 = \frac{5}{4} pa \cos \alpha, \quad \text{et} \quad M_2 = -\frac{pa^2}{8} \cos \alpha.$$

La réaction longitudinale au point C, qui, composée avec la réaction normale X_1, doit avoir, par hypothèse, une résultante horizontale, sera, par suite, égale à $\frac{X_1}{\operatorname{tg} \alpha} = \frac{3}{8} pa \frac{\cos^2 \alpha}{\sin \alpha}$.

La réaction longitudinale au point A sera égale à celle-ci, augmentée de la charge longitudinale $2pa \sin \alpha$; elle aura donc pour valeur $\frac{pa}{8} \left(\frac{3}{\sin \alpha} + 13 \sin \alpha \right)$.

La compression due au moment fléchissant est représentée par les ordonnées des deux paraboles AHE, EKC, passant respectivement par les points A et C et par le point E dont l'ordonnée BE est égale à $\frac{pa^2}{8} \cos \alpha \frac{v_1}{\mathrm{I}}$. Celle qui est due aux forces longitudinales est représentée par les ordonnées de la droite FD, telle que

$$CD = \frac{3pa}{8\Omega} \frac{\cos^2 \alpha}{\sin \alpha} \quad \text{et} \quad AF = \frac{pa}{8\Omega} \left(\frac{3}{\sin \alpha} + 13 \sin \alpha \right).$$

La compression totale est donc égale à la somme des deux ordonnées. Cette somme se trouve figurée par la distance des deux lignes dans les parties AHI, JKC, où les ordonnées des paraboles sont positives; pour la partie intermédiaire IEJ, il faut, pour représenter la somme des ordonnées, retourner la courbe dans une position symétrique IE'J. Les fibres les plus comprimées sont, d'ailleurs, à la partie supérieure de la pièce dans les parties AI, JC, tandis qu'elles se trouvent à la partie inférieure dans la partie intermédiaire IJ. Si, comme cela a lieu sur la figure, l'ordonnée

$$BE' = BE = \frac{pa^2}{8} \cos \alpha \frac{v_1}{I}$$

est assez grande pour que la parallèle à FD, menée par le point E', passe au-dessus de la courbe AHI, c'est au point B que la compression est la plus forte, et elle a pour valeur $BE' + \dfrac{CD + AF}{2} = \dfrac{pa^2 v_1}{8I} \cos \alpha + \dfrac{pa}{8\Omega} \left(\dfrac{3}{\sin \alpha} + 5 \sin \alpha \right)$. Si, au contraire, la parallèle à FD menée par le point E' coupe la branche AHI de la parabole, la plus grande compression se trouvera au point de contact de la tangente menée à cette courbe, parallèlement à FD. Les ordonnées de cette branche ayant pour valeur $\dfrac{p \cos \alpha}{2} \left(\dfrac{3}{4} ax - x^2 \right) \dfrac{v_1}{I}$, l'abscisse du point dont il s'agit se trouvera par l'équation $\dfrac{p \cos \alpha}{2} \left(\dfrac{3}{4} a - 2x \right) \dfrac{v_1}{I} = \dfrac{p}{\Omega} \sin \alpha$, elle aura donc pour valeur $x = \dfrac{3}{8} a - \dfrac{1}{\Omega v_1} \tang \alpha$. On en déduira facilement la grandeur de la compression en ce point.

Nous avons supposé que le point intermédiaire B de l'arbalétrier était absolument fixe. C'est à cette condition seule que la répartition de la charge totale $2pa \cos \alpha$ se fait, entre les trois points d'appui, comme nous l'avons trouvé, c'est-à-dire $\dfrac{5}{8}$ de cette charge totale sur l'appui du milieu, et $\dfrac{3}{16}$

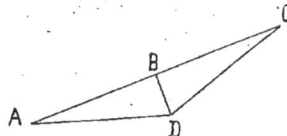

Fig. 213.

sur chacun des appuis extrêmes. Un arbalétrier d'une ferme à la Polonceau (*fig.* 213), c'est-à-dire dont le milieu B est

31

supporté par une contrefiche BD maintenue par des tirants AD, DC, ne peut être que par approximation assimilé à une pièce soutenue dans ces conditions, ou du moins il faut, pour cela, que la tension des tirants soit réglée de manière que, sous l'action de la charge, les trois points A, B, C, restent parfaitement en ligne droite. Lorsqu'il n'en est pas ainsi, on se rend compte de la déformation comme nous le dirons plus loin en parlant des poutres armées.

234. Pièce soumise à des forces quelconques. —

Nous avons étudié la flexion produite par des forces situées dans le plan d'un des axes principaux d'inertie des sections transversales, et nous avons dit que, lorsque les forces qui sont appliquées à une tige prismatique se trouvent dans des plans quelconques, passant par son axe longitudinal, il suffisait, pour ramener la question à celle que nous avons traitée, de décomposer ces forces suivant deux directions situées dans les plans des axes principaux d'inertie. Si les forces sont d'ailleurs dirigées d'une manière quelconque, on devra, en outre, les décomposer dans une direction normale à l'axe longitudinal de la pièce et dans une direction parallèle à cet axe : les composantes normales produisant la flexion et la somme des composantes longitudinales exerçant, suivant le cas, une tension ou une compression longitudinale.

Soit pris pour axe des x l'axe longitudinal de la pièce, et pour axes des y et des z les axes principaux d'inertie de la section transversale située à l'une de ses extrémités. Si nous

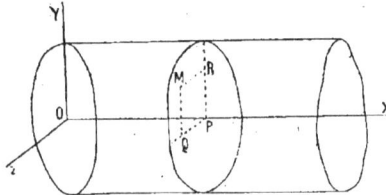

FIG. 214.

avons décomposé ainsi toutes les forces qui agissent sur la pièce en leurs trois composantes dirigées suivant les axes coordonnés, et si nous considérons, dans une section transversale quelconque dont l'abscisse OP $= x$ (fig. 214), un point quelconque M dont les coordonnées sont MQ $= v$, PQ $= u$, nous trouverons facilement l'effort qui s'exerce en ce point. En effet, toutes les composantes parallèles à l'axe des x de toutes les forces appliquées à la pièce, depuis l'extrémité O jusqu'à la section transversale considérée, donnent une somme que nous désignerons par F et qui produit sur cette section, dont la superficie sera représentée par Ω, une tension (ou compression) $\dfrac{F}{\Omega}$; toutes les composantes des mêmes forces, parallèles à l'axe des y, auront, par rapport au point P, un moment total que nous désignerons par M et qui produira, au point M, distant de v de l'axe neutre PQ, une compression (ou une tension) $\dfrac{Mv}{I}$ en désignant par I le moment d'inertie de la section par rapport à l'axe des z. De même, si nous désignons par M_1 la somme des moments, par rapport au point P, de toutes les composantes des mêmes forces parallèles à l'axe des z, ce moment total, si I_1 est le moment d'inertie de la section par rapport à OY, produira au point M, dont la distance au plan XOY est représentée par u, une compression (ou tension) $\dfrac{M_1 u}{I_1}$. De sorte que l'effort total R au point M sera exprimé par la somme

$$R = \frac{Mv}{I} + \frac{M_1 u}{I_1} - \frac{F}{\Omega}.$$

235. Point de chaque section où l'effort est maximum. — Dans l'étendue d'une même section transversale, M, M_1, I, I_1, F et Ω ont des valeurs constantes; l'effort R a donc la même valeur tout le long de la droite représentée par l'équation

$$\frac{Mv}{I} + \frac{M_1 u}{I_1} = \text{une constante, } m.$$

Cette droite coupe les axes des u et des v à des distances $\dfrac{mI}{M}$ et $\dfrac{mI_1}{M_1}$ de l'origine. Les points où R atteint sa valeur maximum sont ceux où m atteint sa plus grande valeur, c'est-à-dire les points où une ligne menée parallèlement à cette droite devient tangente au contour de la section.

Si donc on prend, à partir du centre de gravité de la section, sur les axes principaux d'inertie de cette section, des longueurs proportionnelles aux rapports $\frac{I}{M}$, $\frac{I_1}{M_1}$ des moments d'inertie aux moments fléchissants correspondants, si l'on joint les extrémités de ces longueurs, et si l'on mène, à la ligne ainsi tracée, des parallèles tangentes au contour de la section, les points de contact de ces tangentes seront ceux où s'exercera le plus grand effort, dans la section transversale considérée.

Les points ainsi déterminés dessineront une courbe sur la surface extérieure de la tige, et le maximum absolu de l'effort se trouvera en un certain point de cette courbe que l'on déterminera conformément aux règles du calcul différentiel. Il faut remarquer qu'il ne se présente pas toujours un *maximum* proprement dit, dans le sens analytique du mot ; le plus souvent, au contraire, l'on n'a à considérer que la valeur *la plus grande* de l'effort qui se produit aux extrémités de la tige. Il faudra donc toujours prendre les valeurs du maximum de l'effort dans les sections extrêmes, chercher ensuite s'il existe, dans l'étendue de la tige, un autre maximum, et choisir, entre toutes ces valeurs, la plus grande en valeur absolue.

Dans ce calcul, la somme F des composantes longitudinales ne figure pas dans la valeur du moment fléchissant. L'effet de cette somme est, en réalité, presque toujours négligeable, au point de vue de la flexion, lorsqu'elle n'a qu'une grandeur comparable à celle des autres composantes : le moment de flexion qu'elle produit est égal, en effet, au produit F par l'ordonnée y ou z de la fibre moyenne déformée, et cette ordonnée est toujours négligeable par rapport à l'abscisse qui figure dans la valeur du moment fléchissant des composantes transversales.

Il n'en serait autrement que si la composante longitudinale F avait une grandeur très supérieure aux autres, ou bien si elle dépassait la limite $F_0 = \frac{\pi^2 EI}{a^2}$ des forces longitudinales capables de produire la flexion. On devrait alors augmenter le moment de flexion du moment de cette force

-par rapport au centre de gravité de chacune des sections.

On peut d'ailleurs empiriquement, comme nous l'avons dit, n° 227, tenir compte dans une certaine mesure de la flexion produite par cette force longitudinale F, en substituant, dans l'équation de la page 483, au terme $\dfrac{F}{\Omega}$, l'expression (11) du n° 224, savoir $\dfrac{F}{\Omega}\left(1 + \dfrac{k\Omega a^2}{I_1}\right)$.

CHAPITRE XV

FLEXION D'UN SYSTÈME DE PIÈCES DROITES

§ 1er

PROBLÈME GÉNÉRAL POUR UN SYSTÈME QUELCONQUE

236. Exposé du problème général. — Nous avons, au chapitre IX, nos 128 à 130, indiqué la solution du problème de la déformation d'un système de pièces droites articulées à leurs extrémités. Lorsque les points de liaison de ces pièces se trouvent en des points quelconques de leur longueur, le problème, sans être beaucoup plus difficile en principe, devient alors plus compliqué.

Pour le mettre en équation, on prendra comme inconnues les déplacements des nœuds ou points de liaison des diverses pièces du système, comme nous l'avons fait au chapitre IX ; puis, on exprimera, en fonction de ces déplacements, les efforts produits dans les pièces. Lorsque ces efforts sont simplement exercés dans le sens de la longueur, c'est-à-dire lorsque les pièces ne sont soumises qu'à des forces appliquées à leurs extrémités, ils sont proportionnels aux allongements ou accourcissements des pièces, et c'est alors le problème du chapitre ix ; mais, lorsque les efforts sont appliqués en divers points de la longueur des barres ou poutres, des flexions se produisent, et le problème devient alors celui-ci :

Déterminer les forces qui doivent être appliquées en des points donnés d'une barre pour qu'elle soit fléchie de manière que ses points subissent des déplacements donnés.

Cette question est en quelque sorte l'inverse de celle que nous avons résolue dans le chapitre xi, relatif à la flexion des pièces droites et dans lequel nous avons déterminé les déplacements subis par les divers points d'une pièce fléchie sous l'action de forces données. Elle se résout au moyen des mêmes équations en prenant pour inconnues les forces appliquées à la pièce fléchie, en les exprimant en fonction des déplacements de leurs points d'application qui restent ainsi les seules inconnues du problème.

La solution de ce problème général est souvent facilitée par l'application d'un théorème dit de réciprocité, dont nous avons déjà donné un exemple et que nous allons démontrer.

Ce théorème a été énoncé pour la première fois, sous sa forme la plus générale à ma connaissance, par M. Boussinesq, dans la huitième leçon de son *Cours d'analyse infinitésimale (Calcul différentiel)*, à qui nous allons en emprunter la démonstration.

237. Théorème de réciprocité. — Cette démonstration repose sur une propriété spéciale aux fonctions homogènes et entières du second degré, qui consiste en ce que, si l'on prend leurs dérivées partielles premières par rapport à leurs variables x, y, z, ..., puis qu'on les multiplie respectivement par de nouvelles variables x_1, y_1, z_1, ..., la somme des produits est symétrique en x et x_1, y et y_1, z et z_1, ..., c'est-à-dire identique à celle qu'on aurait en y permutant à la fois x et x_1, y et y_1, ... En d'autres termes, φ_1 désignant ce que devient une telle fonction φ de x, y, z, ..., lorsqu'on remplace les variables par $x_1, y_1, z_1, ...,$ on a

(1) $\quad x_1 \dfrac{d\varphi}{dx} + y_1 \dfrac{d\varphi}{dy} + z_1 \dfrac{d\varphi}{dz} + ... = x \dfrac{d\varphi_1}{dx_1} + y \dfrac{d\varphi_1}{dy_1} + z_1 \dfrac{d\varphi_1}{dz_1} + ...$

Ce théorème, dont il est facile de vérifier l'exactitude, étant admis, considérons un système élastique quelconque, d'abord à l'état naturel, c'est-à-dire libre de toute action extérieure. Appelons M, M′, M″, ..., ses divers points en nombre aussi grand qu'on voudra et x, y, z ; x', y', z' ; $x'', ...,$ les coordonnées par rapport à trois axes rectangulaires de chacun de ces points. Supposons que par l'application, à quelques-uns de ces points, d'un certain nombre de forces extérieures, se faisant équilibre sur l'ensemble du système, on déforme ce système, et appelons X, Y, Z les composantes, suivant les trois axes, de la force appliquée en M, X′, Y′, Z′, celles de la force appliquée en M′, etc. ; u, v, w les projections, sur les trois axes, du déplacement du point M ; u', v', w' celles du déplacement du point M′, etc. La force extérieure appliquée au point M, par exemple, est équilibrée, après la déformation, par une force intérieure égale et directement opposée dont les composantes seront — X, — Y, — Z, et ainsi des autres. Or, en vertu d'une loi physique fondamentale, ces composantes des actions intérieures sont des fonctions homogènes et du premier degré de tous les petits déplacements $u, v, w, u', ...,$ qui leur ont donné naissance, et, si le théorème des forces vives est applicable, c'est-à-dire si la température du système est restée constante, il existe une *fonction des forces*, c'est-à-dire une fonction homogène et entière du second degré, de tous ces déplacements dont les dérivées partielles, par rapport à ces déplacements, sont les valeurs mêmes des composantes des forces intérieures. Nous aurons donc, d'après cela, en appelant φ cette fonction des forces,

(2) $\quad \dfrac{d\varphi}{du} = - X, \quad \dfrac{d\varphi}{dv} = - Y, \quad \dfrac{d\varphi}{dw} = - Z, \quad \dfrac{d\varphi}{du'} = - X' ...$

Si nous supposons appliqué au système élastique un nouveau groupe de forces $X_1, Y_1, Z_1, X'_1, ...,$ auxquelles correspondront de nouveaux déplacements $u_1, v_1, w_1, u'_1, ...,$ nous pourrons répéter le même raisonnement et, en appelant φ_1 ce que devient alors la fonction des forces, nous écrirons de même

$$(3)\quad \frac{d\varphi_1}{du_1}=-X_1,\quad \frac{d\varphi_1}{dv_1}=-Y_1,\quad \frac{d\varphi_1}{dw_1}=-Z_1,\quad \frac{d\varphi_1}{du_1'}=-X_1',\ \ldots$$

Cela posé, la formule (1) appliquée aux fonctions homogènes et entières du second degré φ et φ_1 où les variables sont u, v, w, …, au lieu de x, y, z, …, donne

$$u_1\frac{d\varphi}{du}+v_1\frac{d\varphi}{dv}+w_1\frac{d\varphi}{dw}+u_1'\frac{d\varphi}{du'}+\ldots$$
$$=u\frac{d\varphi_1}{du_1}+v\frac{d\varphi_1}{dv_1}+w\frac{d\varphi_1}{dw_1}+u'\frac{d\varphi_1}{du_1'}+\ldots$$

ou bien, en mettant pour les dérivées partielles de φ et φ_1 leurs valeurs (2) et (3) et changeant les signes,

$$(4)\quad Xu_1+Yv_1+Zw_1+X'u_1'+\ldots=X_1u+Y_1v+Z_1w+X_1'u'+\ldots$$

Or, la somme des produits $(Xu_1+Yv_1+Zw_1)$ des composantes X, Y, Z par les déplacements de même sens, u_1, v_1, w_1, de leurs points d'application, constitue le travail de ces forces pour ces déplacements. L'équation (4) exprime donc que :

Si à un corps élastique quelconque on applique successivement deux systèmes de forces se faisant séparément équilibre sur le corps, le travail total de l'un des systèmes, correspondant aux déplacements que produit l'autre, est le même pour les deux.

Si l'on suppose, par exemple, que dans chaque système les forces extérieures dont le travail n'est pas nul se réduisent à une seule, les autres, qui lui font équilibre, étant les réactions des appuis supposés fixes, il y aura égalité des produits respectifs de chacune de ces deux forces par la projection, sur sa direction, du déplacement de son point d'application sous l'action de l'autre.

238. Autre forme de ce théorème. — Ce théorème peut se traduire par une équation d'une forme différente, donnée pour la première fois, je crois, par M. de Fontviolant, et qui a, sur la précédente, l'avantage de mettre en évidence, non pas les composantes des forces extérieures, suivant les trois axes, mais les moments fléchissants et les efforts tranchants, ce qui la rend souvent plus commode pour les applications.

Voici comment on peut alors l'établir.

Soit une pièce quelconque d'une construction soumise à des forces extérieures quelconques équilibrées par les réactions des appuis. Appelons, pour une section transversale faite en un point quelconque M de cette pièce, M le moment fléchissant, T l'effort tranchant et N l'effort de compression longitudinale dus à ces forces quelconques et aux réactions des appuis.

Appliquons à la même pièce, en un autre point quelconque R, une force Φ (que nous ferons égale à l'unité), et si la pièce repose sur un nombre d'appuis supérieur à celui pour lequel la statique permet de déterminer les réactions, supprimons arbitrairement un nombre d'appuis ou de conditions extérieures telles que les réactions des appuis nécessaires pour équilibrer la force Φ puissent être déterminées par la statique.

Appelons μ le moment de cette force Φ par rapport au point M, τ sa projection sur la normale, et ν sa projection sur la tangente à l'axe de la pièce au point M, ces trois quantités μ, τ, ν seront aussi les résultantes des efforts moléculaires qui s'exerceront dans la section M pour équilibrer une force $- \Phi$ égale et directement opposée à Φ. Le système des forces μ, τ, ν, $- \Phi$ étant en équilibre, la somme des travaux virtuels de ces forces pour tout déplacement est nul. Il est donc nul, en particulier, pour les déplacements causés par les forces réellement appliquées à la pièce. Soit φ la projection, sur la direction de la force Φ, du déplacement du point R où elle est appliquée, le travail de la force $- \Phi$ sera $- \Phi \varphi$ et l'on aura, en appelant $\Sigma \tau$ la somme des travaux virtuels des forces moléculaires,

$$\Sigma \tau - \Phi \varphi = 0.$$

Évaluons cette somme de travaux. Le moment fléchissant M produit, dans la section M, un déplacement angulaire $\dfrac{M ds}{EI}$, le travail des forces moléculaires dont le moment est μ sera pour ce déplacement $\frac{M\mu ds}{EI}$. L'effort normal N produit une compression $\frac{Nds}{E\Omega}$ et, par suite, le travail des efforts normaux dont la somme est ν sera $\frac{N\nu ds}{EI}$. De même le travail de l'effort tranchant τ sera $\frac{T\tau ds}{G\Omega}$. Le travail élémentaire total, pour une longueur ds, sera la somme de ces trois quantités, et la somme de tous les travaux élémentaires, pour toute la longueur AB de la pièce devra, d'après l'équation précédente, être égal au travail de la force Φ, ce qui nous donnera

$$\int_A^B \left(\frac{M\mu}{EI} + \frac{T\tau}{G\Omega} + \frac{N\nu}{E\Omega} \right) ds = \Phi\varphi.$$

Si l'on fait la force Φ égale à l'unité, cette équation donnera la grandeur du déplacement au point R quelconque, ou plutôt la grandeur de la projection φ de ce déplacement sur une direction quelconque, qui sera celle que l'on aura choisie arbitrairement pour la force.

Au lieu d'appliquer au point R une force égale à l'unité, on peut y appliquer un couple de moment Γ (que l'on fera égal à l'unité) et, en appelant γ l'angle dont la section R a tourné dans la déformation due aux forces réellement appliquées, on trouverait de même

$$\int_A^B \left(\frac{M\mu}{EI} + \frac{T\tau}{G\Omega} + \frac{N\nu}{E\Omega} \right) ds = \Gamma\gamma.$$

ce qui déterminera l'angle γ.

Ce théorème de réciprocité, sous l'une ou l'autre des deux formes qui précèdent, permet de déterminer facilement les efforts ou réactions inconnues des appuis lorsque leur nombre est supérieur à celui que la statique seule suffit à calculer. On peut, par exemple, en déduire les réactions des appuis d'une poutre à plusieurs travées chargée d'une manière quelconque ; on peut en déduire le théorème des trois moments, les moments d'encastrement d'une poutre encastrée, etc. Je me bornerai à renvoyer, pour ces applications, aux publications de M. de Fontviolant. Mais, pour un cas particulier, je donnerai, un peu plus loin, un exemple de l'application pratique de ce théorème.

§ 2

POUTRES COMPOSÉES

239. Poutre armée à une seule contrefiche. — Considérons (*fig.* 215) une poutre armée AB placée horizontalement, de longueur AB = 2a, soutenue en son milieu C par une contrefiche de longueur CD = c dont l'extrémité D est réunie aux extrémités de la pièce AB par deux tirants AD, DB dont nous désignerons la longueur par b. Prenons AB pour axe des x et une perpendiculaire élevée au point A pour axe des y. La charge

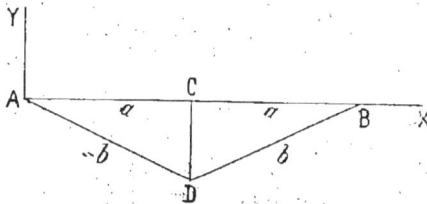

FIG. 215.

totale, à raison de p par unité de longueur, étant 2pa, chacun des appuis A et B supporte la moitié de cette charge, et exerce, par conséquent, une réaction verticale égale à pa. Mais, aux mêmes points A et B s'exercent les efforts des tirants que nous désignerons par T et dont les composantes verticales $T\dfrac{c}{b}$ se retranchent de la réaction de l'appui, et c'est la différence $pa - T\dfrac{c}{b}$ que nous désignerons, pour abréger, par X, qui doit entrer dans l'expression du moment de flexion de la poutre AB. L'équation de la fibre moyenne de cette poutre déformée sera, par conséquent,

$$EI \frac{d^2y}{dx^2} = Xx - p \frac{x^2}{2}.$$

Intégrons et remarquons, pour déterminer la constante, que, en raison de la symétrie, la tangente à la courbe au point C doit rester horizontale, c'est-à-dire que $\frac{dy}{dx} = 0$ pour $x = a$, nous aurons

$$EI \frac{dy}{dx} = p \frac{a^3 - x^3}{6} - X \frac{a^2 - x^2}{2}.$$

Intégrons encore une fois sans ajouter de constante, puisque pour $x = 0$ nous avons $y = 0$; il vient

$$EIy = p \frac{a^3 x}{6} - p \frac{x^4}{24} - X \frac{a^2 x}{2} + X \frac{x^3}{6}.$$

Désignons par u l'abaissement du point C, milieu de la pièce, sous l'action de la charge p, au-dessous de la ligne primitive AB; u est la valeur de $-y$ pour $x = a$; nous avons donc

$$(1) \quad - EIu = \frac{pa^4}{8} - X \frac{a^3}{3}, \quad \text{d'où} \quad X = \frac{3pa}{8} + \frac{3EIu}{a^3}.$$

Cette expression confirme ce que nous savions : lorsque $u = 0$, c'est-à-dire lorsque le point C ne s'abaisse pas, l'effort aux extrémités est $\frac{3pa}{8}$ ou les $\frac{3}{16}$ de la charge totale $2pa$, et si u atteint la valeur $\frac{5pa^4}{24EI}$ qui correspondrait à la flèche de la poutre AB de longueur $2a$, non soutenue en son milieu, l'effort X devient égal à pa.

L'abaissement u du milieu de la poutre est d'ailleurs fonction des dimensions des pièces AD, DB et CD; voici comment on peut le déterminer. Désignons par u_1 l'abaissement du point D. La longueur c, de la pièce CD, sera devenue $c + u_1 - u$; elle se sera allongée de $u_1 - u$, et, par unité de longueur, de $\frac{u_1 - u}{c}$. Cet allongement sera négatif si, comme il arrive généralement, u_1 est $< u$. Si Ω' est la section transversale, et E' le coefficient d'élasticité de cette pièce CD, l'effort correspondant à sa déformation sera $E'\Omega' \dfrac{u_1 - u}{c}$. Cet effort, au point D, fait équilibre aux composantes suivant DC des efforts exercés par les tirants DA, DB, efforts que nous avons désignés par T et dont les composantes verticales sont $T \dfrac{c}{b}$ pour chacun des tirants. Nous avons donc l'équation

$$E'\Omega' \frac{u_1 - u}{c} + 2T \frac{c}{b} = 0.$$

D'un autre côté, nous avons la relation $b^2 - c^2 = a^2$, et si nous négligeons le petit accourcissement de la poutre horizontale AB, nous avons, en appelant Δb l'allongement de l'un des tirants : $b\Delta b = cu_1$, d'où $\Delta b = \dfrac{cu_1}{b}$.

Si E'' et Ω'' sont le coefficient d'élasticité et l'étendue de leur section transversale, on aura, pour l'effort T capable de produire cet allongement : $T = E''\Omega'' \dfrac{u_1 c}{b^2}$. Nous avons donc, entre les quatre inconnues X, T, u_1 et u, les quatre équations

$$(2) \quad \left\{ \begin{array}{ll} X = pa - T \dfrac{c}{b}; & X = \dfrac{3pa}{8} + \dfrac{3EIu}{a^3}; \\[2ex] E'\Omega' \dfrac{u_1 - u}{c} + 2T \dfrac{c}{b} = 0; & T = E''\Omega'' \dfrac{u_1 c}{b^2}. \end{array} \right.$$

T et X s'éliminent immédiatement et il reste, entre u et u_1, deux équations du premier degré dont la résolution ne présente aucune difficulté.

Si l'on désigne par R_0 et R'_0 les charges de sécurité à l'extension et à la compression des tirants et de la contre-fiche respectivement, on aura, en outre, les relations

$$2T \frac{c}{b} = R'_0 \Omega', \qquad \text{et} \qquad T = R_0 \Omega'',$$

qui, rapprochées des deux dernières équations précédentes, donnent

$$\frac{R'_0}{E'} = \frac{u - u_1}{c} \qquad \text{et} \qquad \frac{R_0}{E''} = \frac{u_1 c}{b^2},$$

d'où l'on déduit

$$u_1 = \frac{b^2}{c} \cdot \frac{R_0}{E'} \quad \text{et} \quad u = c\frac{R_0'}{E'} + \frac{b^2}{c} \cdot \frac{R_0}{E'}.$$

D'autre part, les deux premières des équations (2) fournissent, en éliminant X,

$$T\frac{c}{b} = \frac{5pa}{8} - \frac{3EIu}{n^3};$$

et, en mettant dans cette expression la valeur de u qui vient d'être écrite, on aura T et, par suite, $\Omega' = \frac{T}{R_0}$ et $\Omega' = 2\frac{c}{b}\frac{T}{R_0'}$. Les sections Ω' et Ω'' se trouvent ainsi déterminées si l'on suppose donnés R_0 et R_0'.

Pour que u devienne égal à la flèche de flexion $\frac{5pa^4}{24EI}$, qui donne $X = pa$, il faut que l'on ait $T = 0$, c'est-à-dire que les tirants AD, BD n'exercent aucune action, et que la poutre se comporte comme s'ils n'existaient pas.

Pour que $u = 0$, ou que le point C ne s'abaisse pas, c'est-à-dire pour que l'on ait $X = \frac{3pa}{8}$, ce qui donnerait, d'après la première équation, $T = \frac{5pab}{8c}$ et, d'après la troisième, $u_1 = -\frac{5pac}{4E'\Omega'}$, c'est-à-dire un relèvement du point D, au lieu d'un abaissement, il faudrait que les tirants AD, BD, soumis à un effort de traction, diminuassent de longueur au lieu de s'allonger; cet effet est donc impossible tant que les pièces restent dans leur état naturel. On le produit en raccourcissant ces tirants, après la mise en place, au moyen de clavettes, d'écrous ou autres procédés analogues.

Le moment fléchissant maximum, dans la poutre AB, se produit pour $x = \frac{X}{p}$ et il a pour valeur $\frac{X^2}{2p}$. Au point C, le moment fléchissant est $Xa, -\frac{pa^2}{2}$. La poutre sera dans les meilleures conditions de résistance, lorsque ces deux moments seront égaux et de signe contraire, ce qui exige que

$X^2 + 2paX - p^2a^2 = 0$ ou que $X = pa\,(\sqrt{2} - 1)$. Alors, en mettant pour X cette valeur dans l'expression de u, on trouve $u = \dfrac{pa^4}{24\mathrm{EI}}\,(8\sqrt{2} - 11) = \dfrac{pa^4}{24\mathrm{EI}}\,0,312\ldots$ La flèche d'une poutre de longueur a, c'est-à-dire d'une longueur égale à la moitié de AB, chargée de la même manière à raison de p par unité de longueur et posée à ses extrémités, serait

$$\frac{5pa^4}{384\mathrm{EI}} = \frac{pa^4}{24\mathrm{EI}} \cdot 0,312\ldots$$

La poutre armée se trouve donc dans les meilleures conditions de résistance lorsqu'on ne tend les tirants que de manière à permettre à son milieu de s'abaisser un peu, soit d'une quantité égale à la flèche que prendrait, sous la même charge, une poutre ordinaire d'une longueur moitié moindre.

240. Poutre composée quelconque. — C'est en supposant ce résultat obtenu, après la mise en place, par une modification convenable des longueurs de diverses pièces, que l'on peut arriver à aborder, d'une manière simple, le problème de la détermination des efforts dans une poutre composée quelconque. Si l'on considère une poutre armée d'une forme moins simple que celle que nous venons d'examiner : un arbalétrier d'une ferme Polonceau à plusieurs contrefiches ; une pièce longitudinale supposée continue d'une poutre Fink ou Bollmann (*fig.* 113 et 114, p. 199), et si l'on admet qu'après la mise en place et sous l'action de la charge les divers points d'attache des contrefiches avec la poutre fléchie restent sur une même ligne droite, la répartition des efforts entre ces diverses contrefiches sera la même qu'entre les divers appuis, supposés de niveau, d'une poutre à plusieurs travées, et les réactions de ces appuis, c'est-à-dire la répartition de la charge totale, se déterminera comme il a été dit au n° 203, page 419. On aura alors tout ce qu'il faut pour déterminer les efforts dans toutes les barres de l'armature, et la pièce principale elle-même se calculera comme une poutre à plusieurs travées.

Cela ne constitue, le plus souvent, qu'une approximation. Les résultats ne sont exacts que lorsqu'il s'agit de poutres

32

armées supportant des charges constantes sans aucune variation. Si l'on a réglé les pièces de l'armature de manière
que, sous l'action de ces charges, les points d'articulation
soient en ligne droite, ils y resteront indéfiniment. Mais il
n'en est plus de même si les charges sont variables. L'armature étant réglée de manière que les points d'articulation
soient en ligne droite sous l'action de certaines charges (les
charges permanentes, par exemple), ils n'y seront plus lorsqu'il surviendra une surcharge accidentelle, — une couche
de neige, un coup de vent, etc. — et l'on devra, pour savoir
exactement quels efforts supportent alors les diverses pièces,
recourir à la solution générale.

241. Poutre solidaire de ses supports. — Comme

second exemple, nous allons établir les équations servant à
étudier les conditions d'établissement d'une poutre solidaire
de ses supports, comme le sont celles d'un certain nombre
de ponts établis par la Compagnie du chemin de fer de l'Est,
et en particulier celles du pont Stanislas, à Nancy. C'est au
mémoire présenté à l'appui du projet de ce pont par M. Valat,
ingénieur de cette Compagnie, que j'emprunterai ce qui va
suivre, et où l'on trouvera une application du théorème de
réciprocité.

Soit $A'_3 A'_2 A'_1 A_0$ (*fig. 216*) une poutre horizontale, repo-

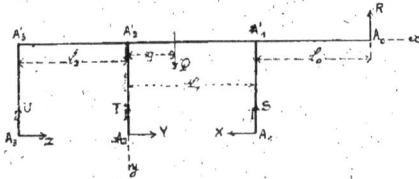

FIG. 216.

sant en A_0 sur un
appui fixe et en
trois points A'_1,
A'_2, A'_3 de laquelle
sont fixés des sup-
ports $A'_1 A_1$, $A'_2 A_2$,
$A'_3 A_3$ de hauteur
h, assemblés à la
poutre de manière

que les angles soient astreints à rester invariables et qui
reposent, par leurs extrémités inférieures A_1, A_2, A_3 sur
des points fixes assimilés à des rotules autour desquelles ils
peuvent pivoter. Appelons l_0, l_1, l_2 les longueurs des trois
parties de la poutre indiquées sur la figure.

Prenons pour origine des coordonnées le point A'_2, l'axe

des x horizontal, dirigé positivement vers A_0, d'axe des y vertical et positif vers le bas. Remplaçons les points d'appui par les composantes horizontales et verticales de leurs réactions et supposons alors la poutre libre, mais simplement encastrée en A'_2 à l'origine des coordonnées. Une charge Q placée sur la poutre en un point quelconque $x = q$ sera équilibrée par des réactions aux points A_0, A_1, A_2, A_3. Appelons R, S, T, U, les réactions verticales de ces appuis, X, Y, Z, les réactions horizontales de A_1, A_2, A_3 que nous compterons positivement lorsqu'elles auront les directions indiquées sur la figure par les flèches. La statique ne nous donnera, entre ces forces, que trois relations, savoir :

$$(1) \quad \begin{cases} X - Y - Z = 0, \qquad R + S + T + U - Q = 0, \\ R(l_0 + l_1) + Sl_1 - Qq - Ul_2 = 0. \end{cases}$$

Et, comme nous avons sept inconnues, il nous faudra quatre autres relations que nous trouverons en écrivant que les distances A_1A_2 et A_2A_3 restent égales respectivement à l_1 et à l_2, et ensuite que les points A_0, A'_2, A'_3 restent en ligne droite et qu'il en est de même des trois points A'_1, A'_2, A'_3.

Pour cela il nous faudra exprimer les déplacements de ces divers points, et les calculer.

Appelons r, s, q, x, y, z, u les déplacements produits par une force égale à l'unité appliquée en R, S, Q, X, Y, Z, U, ces lettres étant accentuées pour exprimer un déplacement vertical et sans accent pour un déplacement horizontal, en leur donnant, en outre, comme indice, celui du point dont elles mesurent le déplacement. Avec cette notation, r'_0, par exemple, sera le déplacement vertical du point A_0 par une force égale à une tonne appliquée suivant la direction R ; y_2 sera le déplacement horizontal du point A_2 par une force égale à une tonne appliquée suivant Y, et ainsi de suite. Alors, sous l'action des forces R, S, T, ..., les déplacements totaux des points sont :

pour A_0,	verticalement	$-r'_0R - s'_0S + x'_0X + q'_0Q,$
pour A_1	horizontalement	$+r_1R + s_1S - x_1X - q_1Q,$
	verticalement	$-r'_1R - s'_1S + x'_1X + q'_1Q,$
pour A_2	horizontalement	$+y_2Y,$
pour A_3	horizontalement	$+z_3Z - u_3U,$
	verticalement	$+z'_3Z - u'_3U$

Et si l'on pose, d'ailleurs, pour abréger,

$$z' = z_3' \frac{l_0 + l_1}{l_2}, \quad z'' = z_3' \frac{l_1}{l_2}; \quad u' = u_3' \frac{l_0 + l_1}{l_2};$$

$$u'' = u_3' \frac{l_1}{l_0}; \quad q' = q_3' \frac{l_0 + l_1}{l_2}; \quad q'' = q_3' \frac{l_1}{l_2};$$

on obtient, pour exprimer les conditions qui viennent d'être énoncées, les équations suivantes

$$(2) \begin{cases} r_1 R + s_1 S - x_1 X - q_1 Q = y_2 Y; \quad z_2 Z - u_2 U = y_2 Y, \\ - r_0' R - s_0' S + x_0 X + q_0' Q = - z' Z + u' U, \\ - r_1' R - s_1' S + x_1' X + q_1' Q = - z'' Z + u'' U. \end{cases}$$

Ces équations jointes aux trois précédentes détermineront les réactions inconnues R, S, X, ..., lorsque l'on aura calculé les déplacements r, s, ...

Si la charge Q était placée entre A'_2 et A'_3, on obtiendrait des équations analogues. Et aussi si, au lieu de supposer une charge Q placée sur la poutre, on suppose que celle-ci a éprouvé des variations de température qui ont modifié toutes les longueurs dans un même rapport. Dans tous les cas, la connaissance des réactions dépend du calcul des déplacements que nous avons appelés r, s, ... C'est pour les calculer qu'on s'appuie sur le théorème de réciprocité, appliqué aux deux cas suivants :

1° Dans une poutre horizontale encastrée en O (*fig.* 217), le déplacement vertical produit en un point M par une charge appliquée en A est égal au déplacement vertical produit en A par la même charge appliquée en M. Cela montre que la ligne élastique de la poutre déformée par la force R donnera q'_0, et que celle de la poutre déformée par la force S donnera q'_1 et que celle de la force U donnera q'_3.

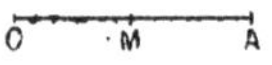

Fig. 217.

Nous aurons ainsi

$$q_0' = q R \int_0^q (l_0 + l_1 - x) \frac{dx}{EI} - R \int_0^q x (l_0 + l_1 - x) \frac{dx}{EI}$$

et

$$q_1' = q S \int_0^q (l_1 - x) \frac{dx}{EI} - S \int_0^q x (l_1 - x) \frac{dx}{EI}, \quad \text{(dans } l_1\text{)}$$

.ou bien

$$q_1' = q S \int_0^{l_1} (l_1 - x) \frac{dx}{EI} - S \int_0^{l_1} x (l_1 - x) \frac{dx}{E}, \quad \text{(dans } l_0)$$

et enfin

$$q_3' = q U \int_0^{q} (l_2 - x) \frac{dx}{EI} - U \int_0^{q} x (l_2 - x) \frac{dx}{EI}.$$

2° Dans une potence telle que OA'A encastrée en O (*fig.* 218), le déplacement vertical produit en un point quelconque M par une force horizontale appliquée en A est égal au déplacement horizontal produit en A par la même force appliquée verticalement en M. Cela montre que la ligne

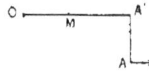

Fig. 218.

élastique de la poutre déformée par la force X ou par la force Z donnera q_1 et q_2.

Nous aurons ainsi

$$q_1 = h X \int_0^{q} (q - x) \frac{dx}{EI}, \quad \text{(dans } l_1)$$

ou bien

$$q_1 = h X \int_0^{l_1} (q - x) \frac{dx}{EI}, \quad \text{(dans } l_0)$$

et

$$q_3 = h Z \int_0^{q} (q - x) \frac{dx}{EI}.$$

D'autre part, la flexion propre des piliers sous l'action des forces X, Y, Z étant respectivement

$$\int_0^{h} (h - y)^2 \frac{X dy}{EI}, \quad \int_0^{h} (h - y)^2 \frac{Y dy}{EI}, \quad \int_0^{h} (h - y)^2 \frac{Z dy}{EI},$$

les déplacements des pieds de ces piliers sont, en somme,

$$x_1 = \int_0^{h} (h - y)^2 \frac{X dy}{EI} + h^2 X \int_0^{l_1} \frac{dx}{EI}, \quad y_2 = \int_0^{h} (h - y)^2 \frac{Y dy}{EI},$$

$$x_3 = \int_0^{h} (h - y)^2 \frac{Z dy}{EI} + h^2 Z \int_0^{l_3} \frac{dx}{EI}.$$

On peut ainsi calculer tous les coefficients des déplacements, pour R, S, ..., = 1 tonne, en plaçant une charge $Q = 1$ tonne successivement en divers points de la poutre. En réalité, le calcul a été fait en plaçant cette charge en des points équidistants de $1^m,03$, toutes les longueurs l_0, l_1, l_2 étant des multiples de 1,03. Les coefficients une fois calculés, les équations précédentes (1) et (2) donnent les réactions dues à la charge Q ainsi placée. On a alors tout ce qu'il faut pour déterminer le moment fléchissant en chaque point et, par suite, calculer les dimensions transversales de la poutre.

Je me bornerai à renvoyer au mémoire de M. Valat pour le détail du calcul, qui est peut-être laborieux, mais qui ne présente aucune difficulté.

§ 3

POUTRES ARC-BOUTÉES

242. Cas d'une charge isolée. — Considérons un système de deux tiges prismatiques AC, CB (*fig*. 219) placées dans un même plan vertical, appuyées l'une sur l'autre à leur extrémité commune C, et reposant, à leurs autres extrémités A, B, sur des points d'appui extérieurs absolument fixes. Négligeons le poids de ces tiges et supposons que l'une d'elles AC soit chargée, en un point quelconque D de sa longueur, d'un poids isolé P. La tige ou poutre AC doit être en équilibre sous l'action des forces extérieures qui agissent sur elle et qui sont, outre le poids P, les réactions inconnues aux extrémités A et C. La réaction au point C, qui provient de la tige CB, ne peut avoir une direction différente de celle de cette tige ; elle est, par conséquent, dirigée suivant son prolongement CE et, par suite, celle de l'appui A doit nécessairement passer par le point d'intersection E de cette direction et de celle de la force P ; elle est donc dirigée suivant AE. Si nous prenons, sur la verticale ED, une longueur EF égale à la force P, et si nous construisons, sur EC, EA, le parallélogramme EHFK, nous aurons, en EH, EK, les grandeurs des réactions qui sont exercées aux extrémités de la poutre AC. Cela nous donne les réactions des appuis A et B et nous permet de déterminer les conditions de résistance des deux tiges. Les réactions des appuis A et B sont évidemment égales, pour l'équilibre du système, aux composantes EH, EK de la force P suivant les deux directions AE, BE. Ces deux réactions ont leurs composantes horizontales égales et opposées, et l'on donne à cette composante horizontale le nom de *poussée horizontale* ou simplement de *poussée*. La tige CB, qui exerce au point C, suivant la direction de son axe longitudinal, une réaction représentée par EK, supporte à son extrémité B, de la part de l'appui fixe, une réaction égale ; elle se trouve dans les conditions d'une pièce chargée debout. Quant à la poutre AC, elle est char-

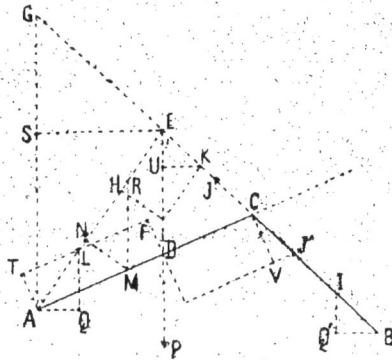

Fig. 219.

gée, au point D, de la force P, oblique sur sa direction, laquelle est équilibrée par les réactions qui sont exercées à ses extrémités suivant CE et AE, et qui sont représentées par EK et EH. Le moment fléchissant, en un point M quelconque de cette poutre, est la somme des moments, par rapport à ce point, de toutes les forces qui agissent sur la poutre depuis ce point jusqu'à une extrémité. Si ce point M est, par exemple, entre A et D, cette somme se réduit au moment de la réaction de l'appui A, qui est représentée par AL = EH. Le moment fléchissant au point M sera donc le produit de cette réaction AL par la perpendiculaire MN abaissée du point M sur la direction AE. Menons au point M la verticale MR jusqu'à la rencontre de AE, et au point L la verticale LQ qui nous donne la *poussée* AQ de l'appui A ; les deux triangles rectangles MNR, AQL, qui ont leurs angles aigus égaux, sont semblables, et nous en déduisons AL $\times$ MN $=$ AQ $\times$ MR. Le moment fléchissant au point M, qui a pour expression AL $\times$ MN, est donc égal au produit de la poussée horizontale AQ, que nous désignerons par Q, par la distance verticale MR comprise entre l'axe de la poutre AC et la ligne AE.

Si le point M était entre D et C, nous trouverions de même que le moment fléchissant en ce point est égal au produit de la poussée Q par la distance verticale des deux lignes AC et EC.

La valeur de la poussée Q a d'ailleurs une expression simple. Elle est représentée sur la figure, par l'horizontale KU $=$ AQ. Si nous menons la verticale AG jusqu'à la rencontre de BC prolongé et l'horizontale ES, nous aurons $\frac{ES}{AG} = \frac{KU}{EF} = \frac{Q}{P}$; d'où

$$Q = P \cdot \frac{ES}{AG}.$$

La longueur AG ne dépend que de la position relative des appuis et de la forme du système des poutres, ES seul varie avec la position de la charge P. On voit que la poussée est, pour un système déterminé, proportionnelle au produit du poids P par sa distance à l'appui A, c'est-à-dire au moment de la charge par rapport à l'appui qui supporte l'extrémité de la poutre sur laquelle elle repose.

L'effort tranchant, entre A et D, est égal à la composante AT, perpendiculaire à AC, de la réaction AL de l'appui A. Entre D et C, il est égal à la composante CV, suivant la même direction, de la réaction CJ $=$ EK du point C. Enfin, à cause de l'obliquité de ces réactions, la poutre AC est soumise, en outre, à une compression longitudinale qui est, entre A et D, égale à la composante LT, suivant son axe, de la réaction AL, et entre D et C égale à la composante VJ', suivant son axe, de la réaction CJ' du point C.

Avec toutes ces données, il sera facile de déterminer les dimensions à donner à la tige pour résister efficacement au poids P dont nous l'avons supposée chargée.

243. Cas de plusieurs charges. — Si, au lieu d'un poids isolé unique, la poutre AC devait en supporter plusieurs

P_1, P_2, ..., P_n (*fig.* 220) placés en des points déterminés de sa longueur, le problème se résoudrait de la même manière. Chacun des poids tel que P_1 décomposé, en E_1, suivant les deux directions AE_1 et E_1CB, donnerait deux composantes E_1H_1 et E_1K_1, qui seraient les réactions des appuis équilibrant ce poids P_1. Toutes les composantes telles que E_1K_1 représentant les réactions de l'appui B ou du point C, étant dirigées suivant la même droite ECB, s'ajouteraient algébri-

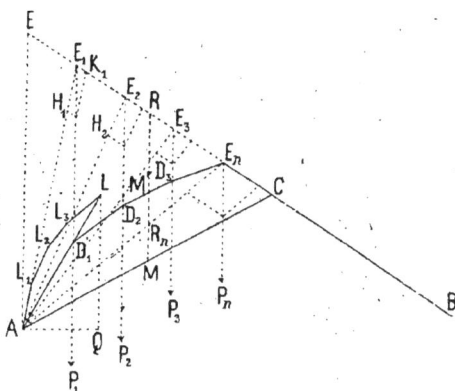

Fig. 220.

quement et donneraient, pour la réaction totale de cet appui, une composante égale à leur somme. Toutes celles, telles que E_1H_1, qui représentent les réactions de l'appui A, ayant des directions différentes, s'additionneraient géométriquement et leur composante serait représentée, en grandeur et en direction, par la ligne AL qui fermerait le polygone AL_1L_2..... formé en les portant successivement, avec leurs directions, à la suite les unes des autres : AL_1 égal et parallèle à E_1H_1 ; L_1L_2 égal et parallèle à E_2H_2, etc. La réaction AL de l'appui A étant ainsi déterminée, en menant la verticale LQ, on aura en AQ la poussée horizontale Q de l'appui A, à laquelle est égale et contraire celle de l'appui B.

Pour avoir le moment fléchissant en un point quelconque M, nous pourrions, en appliquant le principe de la superposition des effets des forces, additionner les moments fléchissants dus à chacune des forces isolées P_1, P_2, P_n. Il faudrait déterminer, pour cela, les fractions Q_1, Q_2, Q_n de la poussée Q qui correspondent à chacune de ces forces et multiplier chacune d'elles par l'ordonnée verticale correspondante, c'est-à-dire par MR pour toutes les forces telles que P_1, P_2, comprises entre A et M, et par MR_n, pour toutes celles telles que P_n qui se trouveraient entre M et C. Mais nous pouvons obtenir le moment fléchissant d'une manière plus simple.

244. Détermination directe du moment fléchissant. Ligne d'équilibre. — Connaissant la réaction AL de l'appui A, dont la direction rencontre en D_1 celle de la première force P_1 appliquée à la poutre, composons en ce point ces deux forces en une seule dont la direction sera, par exemple, D_1D_2, et qui aura évidemment même projection horizontale Q que AL. La direction D_1D_2 étant prolongée jusqu'à la rencontre en D_2 de la direction de la seconde force P_2, et la force résultante appliquée suivant D_1D_2 étant composée en ce point avec la force P_2 donnera un nouveau côté D_2D_3, et ainsi de suite. En continuant ainsi, le dernier côté du polygone funiculaire ainsi construit devra venir passer au point E_n, intersection de la direction de la dernière force P_n avec la ligne BC prolongée.

Chacun des côtés de ce polygone funiculaire, lequel est tout à fait analogue à celui que nous avons construit plus haut, au chapitre VII, pour vérifier la stabilité des voûtes, représente en direction la résultante de toutes les forces qui agissent sur la poutre AC, depuis l'extrémité A jusqu'au point qui correspond verticalement à ce côté. Il en résulte que le moment fléchissant en un point quelconque M de la poutre AC est exprimé par le produit de la poussée horizontale Q par l'ordonnée verticale MM' comprise entre la poutre AC et le polygone funiculaire. En effet, la résultante de toutes les forces qui agissent sur la poutre depuis l'extrémité A jusqu'au point M étant dirigée suivant le côté D_1D_2 de ce polygone, le moment fléchissant en ce point sera le moment de cette résultante par rapport au point M. Décomposons au point M' cette résultante suivant la verticale et suivant une horizontale : la composante verticale, passant par M, donnera un moment nul ; la composante horizontale, toujours égale à Q, aura pour moment $Q \times MM'$, et ce produit sera, par conséquent, l'expression du moment fléchissant au point M.

Ce polygone funiculaire, dont les ordonnées par rapport à AC sont proportionnelles aux moments fléchissants aux divers points de AC, porte le nom de polygone des *pressions* ou d'*équilibre*.

245. Cas d'une charge répartie. — Lorsqu'au lieu de poids isolés la poutre AC doit supporter une charge répartie suivant une loi quelconque, le polygone devient une courbe qu'il est facile de tracer, en décomposant, par des lignes verticales, la charge répartie en un certain nombre de fragments sup-posés concentrés à leurs centres de gravité.

Si, en particulier, la ré-partition de la charge est uniforme suivant l'horizon-tale, la courbe des pressions ou d'équilibre est une pa-rabole du second degré à axe vertical. Lorsque cette charge est répartie sur toute la longueur de la poutre AC (*fig.* 221), la parabole passe par

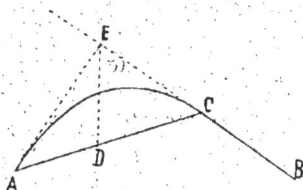

Fig. 221.

les points A et C ; elle est tan-gente en C à la ligne CE, pro-longement de BC, et en A à la ligne AE, obtenue en joignant le point A au point E qui se trouve, sur BC prolongé, verticalement au-dessus du milieu D de AC.

Lorsque la charge est répartie sur une partie seulement MN de la longueur de AC (*fig.* 222), le polygone des pressions se com-pose de deux droites AH, KC, correspondant aux parties non chargées AM, CN, et d'un arc de parabole KH, à axe ver-

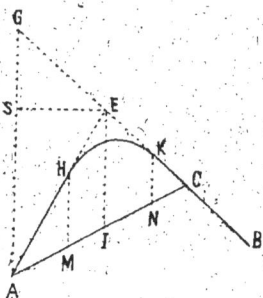

Fig. 222.

chargées AM, CN, et d'un arc de parabole KH, à axe vertical, tangent en H et K à ces deux droites, dont la seconde KC n'est autre chose que le prolongement de BC, et dont l'autre AH s'obtient en joignant le point A au point E, qui se trouve, sur BD prolongé, verticalement au-dessus du point I, au milieu de la partie chargée MN. La poussée Q, dans le cas d'une charge uniformément répartie sur MN, est égale à celle qui serait produite si la charge était concentrée en son milieu I. Elle est donc égale à la charge multipliée, comme ci-dessus, par le rapport $\frac{ES}{AG}$. Il est inutile d'insister sur la démonstration de ces propositions qui sont la consé- quence de ce qui précède.

246. Cas où les deux poutres sont chargées simultanément. — Nous avons supposé jusqu'ici qu'une seule des deux poutres AC, CB était chargée. Ce que nous avons dit s'applique, bien entendu, sans modification, au cas où la charge serait appliquée à la fois aux deux poutres. Alors, la réaction de chaque appui, ainsi que la poussée, doit se déterminer en tenant compte des charges appliquées aux deux poutres que l'on peut consi- dérer d'abord isolé- ment, pour compo- ser ensuite les ré- sultats.

On peut aussi, en partant de l'une ou de l'autre de ces ré- actions, construire, comme plus haut, de proche en proche, le polygone ou la courbe des pres- sions, qui passe nécessairement par le point C (*fig*. 223) de jonction des deux poutres, puisqu'en ce point le moment fléchissant est toujours nul sur l'une et l'autre poutre.

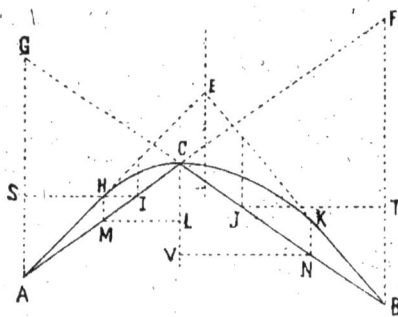

Fig. 223.

Dans le cas particulier d'une charge uniformément ré- partie suivant l'horizontale, depuis le point M jusqu'au point N, par exemple, la courbe des pressions est, comme ci-dessus, une parabole HCK à axe vertical passant par le point C, se terminant aux verticales MH, NK des points M et N, et prolongée par deux droites AH, BK, qui lui sont tangentes à ses extrémités, qui passent par les points d'appui A et B et qui concourent en un point E de la verticale menée à égale distance des points M et N. Le moment fléchissant, en un point quelconque de l'une ou de l'autre poutre, est mesuré par le produit de la poussée horizontale Q par l'ordonnée verticale comprise entre cette courbe et les axes longitudinaux AC, BC de chacune des poutres.

La poussée Q est alors la somme des poussées provenant des charges appliquées aux deux poutres, c'est-à-dire que, si l'on prend les milieux I et J des parties chargées CM et CN, et si p est la charge par unité de longueur horizontale, la charge sur CM étant $p \times \text{ML}$ et la charge sur CN étant $p \times \text{VN}$, la poussée totale Q sera la somme $p \times \text{ML} . \dfrac{\text{IS}}{\text{AG}} + p \times \text{VN} . \dfrac{\text{JT}}{\text{BF}}$.

247. Cas où les deux appuis sont de niveau. — Dans le cas particulier, qui présente un certain intérêt pratique, où les deux appuis A et B (*fig.* 224) sont au même niveau et où les deux poutres sont de même longueur, le point C étant ainsi placé sur la verticale qui passe par le milieu de AB, si nous désignons par 2a la

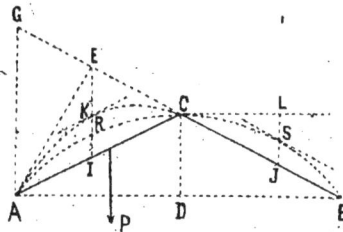

Fig. 224.

distance AB et par b la hauteur CD, nous avons alors AG = 2b et la poussée Q, produite par un poids isolé P, agissant à une distance $x =$ PD de la verticale CD, sera

$$Q = P \frac{a - x}{2b}.$$

Une charge uniformément répartie sur toute la longueur d'une seule des deux poutres, AC, par exemple, à raison de p par unité de longueur horizontale, donnera une poussée

$$Q = pa\ \frac{a - \dfrac{a}{2}}{2b} = \frac{pa^2}{4b}.$$

La courbe des pressions sera alors une parabole CKA à axe vertical, tangente en C à la ligne BCE et en A à la ligne AE qui joint le point A au milieu E de CG. L'ordonnée maximum IK, qui mesure le moment fléchissant maximum, se trouve sur la verticale du point E, et l'on a $IK = \frac{1}{2} EI = \frac{b}{2}$; le moment fléchissant maximum a donc pour expression $Q\,\frac{b}{2} = \frac{pa^2}{8}$.

Si la charge est uniformément répartie sur toute l'étendue des deux poutres, la poussée sera double, ou $Q = \frac{pa^2}{2b}$. La courbe des pressions sera alors une parabole à axe vertical passant par les trois points A, C, B. L'ordonnée maximum se trouverait encore aux points I et J, milieux de AC et de CB; elle aurait pour grandeur $JS = \frac{1}{2} JL = \frac{b}{4}$, et le moment fléchissant maximum exprimé par $Q \times JS$ aurait encore pour valeur $\frac{pa^2}{8}$, comme dans le cas précédent.

248. Arcs à triple articulation. — Tout ce qui

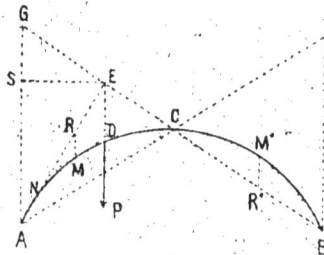

Fig. 225.

vient d'être dit des poutres arc-boutées s'applique sans modification au cas où les deux poutres, au lieu d'être droites, seraient courbes et constitueraient ensemble un arc à triple articulation. Si, par exemple, AC et BC (*fig.* 225) sont ces deux poutres courbes, un poids isolé P, appliqué au point D de la poutre AC, donnera lieu, sur les appuis, à une poussée Q mesurée par le produit du poids P par le rapport $\frac{ES}{AG}$. La courbe des pressions ou d'équilibre, correspondant à ce poids unique P, se réduit à la ligne brisée AEB, et le moment fléchissant en un point quelconque M a pour expression le produit de la poussée Q par l'ordonnée verticale MR comprise entre l'axe longitudinal de la poutre et cette courbe des pressions. Lorsque la poutre CB était rectiligne, elle coïncidait avec la courbe d'équilibre due au poids P qui n'y produisait aucun moment fléchissant, mais maintenant que nous la supposons courbe, c'est-à-dire différente de la ligne droite CB, le moment fléchissant, en un point M' quelconque, est encore mesuré par le produit de la poussée Q par l'ordonnée verticale M'R'.

Il convient de remarquer que le signe de l'ordonnée change en même temps que celui du moment fléchissant. Au point M, la courbe d'équilibre est au-dessus de la poutre, le moment fléchissant tend à la courber vers le haut ; il est donc positif, si nous conservons nos conventions antérieures ; au point M', la courbe d'équilibre est au-dessous de la poutre, le moment fléchissant tend à la courber vers le bas, et il devrait être affecté du signe —. Il pourrait en être de même vers le point A, si la droite AE coupait la courbe AG en un point N en deçà duquel elle se trouverait au dessous ; dans cette partie, la courbure de la poutre vers le bas tendrait à être augmentée par l'action du moment fléchissant et au point d'intersection N, où le moment fléchissant serait nul, la courbure ne serait pas modifiée.

Si, au lieu d'un poids unique P, l'arc en supportait plusieurs, ou bien s'il supportait une charge répartie d'une manière uniforme ou non, la courbe ou polygone d'équilibre se construirait absolument comme nous venons de le dire dans le cas de poutres droites arc-boutées et, en chaque point, le moment fléchissant serait égal au produit de la poussée Q par la distance verticale entre cette courbe et l'axe longitudinal de la pièce.

249. Arcs sans flexion. — La construction de la courbe d'équilibre étant absolument indépendante de la forme des poutres arc-boutées et ne dépendant que des charges et de leur répartition, supposons que, pour des charges données, nous ayons construit cette courbe et que nous la prenions pour axe longitudinal des poutres arc-boutées ; le moment fléchissant sera nul en tous les points, et les poutres seront simplement soumises à des efforts de compression dirigés suivant leur axe, et qui, agissant au centre de gravité de chaque section transversale, se répartiront uniformément sur toute l'étendue de cette section. Les poutres seront donc alors dans les meilleures conditions de résistance, et la matière sera utilisée le mieux possible.

Mais ces conditions ne seront réalisées que pour la répartition des charges qui a servi de point de départ à la construction de la courbe d'équilibre ou pour toute autre répartition proportionnelle, car on doit remarquer que la forme de cette courbe est indépendante de la grandeur absolue des charges, elle ne dépend que de leurs grandeurs relatives, et reste la même si toutes les charges sont augmentées ou diminuées dans un même rapport. Pour toute autre répartition des charges, la courbe d'équilibre ne coïncidant plus avec l'axe longitudinal des poutres, le moment fléchissant ne serait plus nul partout.

Par exemple, si l'on donne aux deux poutres arc-boutées la forme de deux demi-paraboles ayant leur sommet commun au point de jonction C (*fig.* 226), toute charge répartie uniformément suivant l'horizontale sur toute l'étendue AB donnera lieu à une courbe d'équilibre qui coïncidera partout avec l'axe de ces pièces, et cela quelle que soit, d'ailleurs, l'intensité constante ou variable de la charge par unité de longueur, pourvu qu'elle

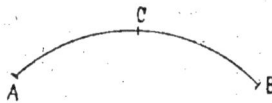

FIG. 226.

soit toujours la même sur chaque unité de longueur horizontale. Il n'y aura donc, alors, aucun moment de flexion en aucun point de ces pièces qui n'auront à résister qu'à des efforts de pression longitudinale.

Mais il n'en sera plus de même si la charge n'est pas répartie uniformément sur toute la longueur, si, par exemple, elle n'est répartie que sur la moitié de la longueur, ou sur

l'étendue correspondant à l'un des demi-arcs. La courbe d'équilibre, représentée alors (*fig.* 227) par la parabole AKC et la droite CB, ne coïnciderait plus avec l'axe longitudinal des poutres supposé être la parabole ARCSB. Le moment flé-chissant en chaque point serait représenté alors par le produit de la poussée

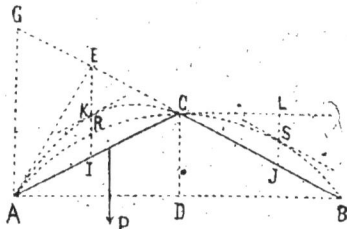

$Q = \dfrac{pa^2}{4b}$ par l'ordonnée

Fig. 227.

verticale mesurant la distance des deux lignes. On voit qu'il est maximum en R, où il est positif, et en S, où il est négatif. En chacun de ces deux points, sa valeur absolue est

$Q \times KR = Q \times JS = Q\,\dfrac{b}{4} = \dfrac{pa^2}{16}$. Si la charge, au lieu

d'être appliquée au demi-arc AC, était appliquée au demi-arc CB, les moments fléchissants maximum se produiraient aux mêmes points, c'est-à-dire au milieu de la longueur horizontale des arcs, et auraient les mêmes valeurs absolues $\dfrac{pa^2}{16}$; mais le maximum négatif remplacerait le maximum positif, et inversement.

On peut évidemment, en appliquant le principe de la superposition des effets des forces, déterminer le moment fléchissant en chaque point de poutres arc-boutées d'une forme quelconque soumises à des charges isolées ou réparties, distribuées d'une manière quelconque, et nous n'ajouterons rien à ce que nous venons de dire à ce sujet.

250. Détermination du moment fléchissant maximum. — Dans tous les cas, quelles que soient la forme de l'axe longitudinal des poutres et la disposition des charges, le moment fléchissant maximum se produira au point M où la tangente à cet axe sera parallèle à la tangente à la courbe d'équilibre au point N, qui correspond verticalement au premier (*fig.* 228). La position de ce point se déterminera analytiquement, si l'on connaît les équations des courbes, ou

33

par tâtonnement, dans le cas le plus ordinaire. La détermination du moment fléchissant maximum doit se faire dans
toutes les hypothèses possibles de la répartition de la charge. On peut, lorsque
celle-ci est répartie uniformément sur
une étendue plus ou moins grande de
l'ouverture horizontale, trouver facilement la position qu'elle doit occuper
pour produire le moment fléchissant

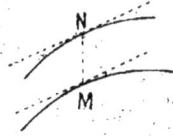

FIG. 228.

maximum en un point donné de la longueur des arcs.

Soient, en effet, les deux poutres arc-boutées AC, CB
(*fig.* 229), et un point M quelconque sur AC. Joignons AM,
que nous prolongerons jusqu'à la rencontre en E de la droite
BC prolongée, et menons la verticale ED. Le moment fléchissant au point M se
compose de deux ter-
mes, le moment de la
réaction de l'appui A et
la somme des moments
des charges comprises
entre A et M. Ce der-
nier terme, soustractif,
est constant à la condi-
tion que la charge uni-
forme soit appliquée

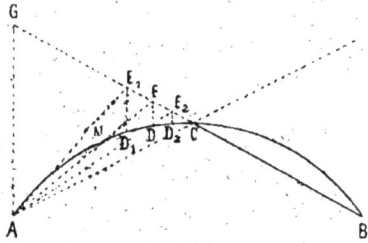

FIG. 229.

à toute l'étendue AM et quel que soit, d'ailleurs, le point
où elle se termine au delà. Le maximum du moment fléchissant correspondra donc au maximum du moment, par
rapport au point M, de la réaction de l'appui A. Or, toute
charge appliquée en un point tel que D_1, situé entre A et D,
augmentera ce moment. Elle donne, en effet, de la part de
l'appui, une réaction dirigée suivant AE_1, laquelle a, par
rapport au point M, un moment de même signe que celles
qui proviennent des charges appliquées entre A et M. Il en
sera de même jusqu'au point D. Mais si la charge dépasse le
point D, le moment de la réaction de l'appui diminuera ; en
effet, une charge placée en un point quelconque D_2, situé au-
delà du point D, donnera, sur l'appui, une réaction AE_2 qui
aura, par rapport au point M, un moment de signe contraire

aux précédents. Le moment de la réaction de l'appui par rapport au point M est donc maximum lorsque la charge uniformément répartie s'arrête à la verticale DE, obtenue comme nous venons de le dire : il en est de même, par conséquent, du moment fléchissant au point M.

Ainsi, par exemple, dans l'arc de forme parabolique que nous venons d'examiner, nous avons trouvé que, lorsque la charge uniformément répartie à raison de p par unité de longueur horizontale couvrait la moitié de l'ouverture entre les appuis, soit la totalité d'un demi-arc, le moment fléchissant maximum se produisait au milieu de la longueur de ce demi-arc et avait pour valeur $\frac{pa^2}{16}$; mais cette disposition de la charge n'est pas celle qui donne le plus grand moment fléchissant au milieu de l'arc. Le maximum se produit, au contraire, en appliquant la règle précédente, lorsque la charge ne couvre, à partir de l'appui, que les $\frac{4}{5}$ de la longueur horizontale de l'arc. La poussée est alors, d'après la construction donnée plus haut, $\frac{4pa}{5} \cdot \frac{\frac{2a}{5}}{2b} = \frac{4pa^2}{25b}$, et la distance verticale de la courbe des pressions au point milieu de l'arc parabolique est, comme on peut s'en assurer facilement, égale à $\frac{15}{32} b$. Le moment fléchissant au milieu de l'arc, dû à cette charge qui couvre les $\frac{4}{5}$ de sa longueur, est donc $\frac{4pa^2}{25b} \cdot \frac{15}{32} b = \frac{3pa^2}{40} = \frac{6}{5} \cdot \frac{pa^2}{16}$, ou bien les $\frac{6}{5}$ de celui $\frac{pa^2}{16}$ qui est produit, au même point, par la charge couvrant la totalité de la longueur de l'arc.

Lorsqu'il s'agit de charges dont la position est variable, on doit donc toujours chercher le moment fléchissant maximum en chaque point, en donnant à la charge la position qui produit cette plus grande valeur.

251. Effort tranchant et compression longitudinale. — Le moment fléchissant n'est pas le seul effort auquel les pièces aient à résister ; il faut déterminer encore

l'effort tranchant et l'effort de compression longitudinale qui,
lorsque l'axe longitudinal des poutres coïncide avec la courbe
d'équilibre, est même le seul effort auquel elles soient soumises. Nous avons bien dit, plus haut, comment la construction même de la courbe d'équilibre donnait, en chaque point,
la résultante de toutes les forces appliquées à la poutre, et
comment on pouvait en déduire ces efforts de cisaillement et
de compression; mais, lorsque la construction de cette courbe
se déduit de considérations géométriques, comme lorsqu'il
s'agit de paraboles déterminées par plusieurs points ou tangentes, on peut encore facilement, connaissant la poussée Q
dont le calcul s'effectue toujours simplement par l'application de la règle du n° 242, déterminer en chaque point les
efforts dont il s'agit. Il suffit, pour cela, de remarquer que, si
l'on considère un point quelconque de l'axe longitudinal des
poutres, la résultante des forces qui agissent sur la poutre
en ce point est représentée en direction par la tangente à la
courbe d'équilibre au point qui est situé
sur la même verticale que le premier,
et que cette résultante a pour projection
horizontale la poussée Q. Si donc MN
(*fig.* 230) est l'axe longitudinal de la
poutre, PRS la courbe d'équilibre, et si
nous prenons un point quelconque M
de la poutre auquel correspond verticalement, sur la courbe d'équilibre, le point
R, en menant au point R la tangente RT

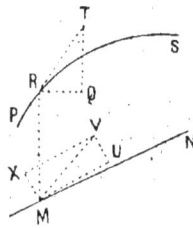

Fig. 230.

à cette courbe et l'horizontale RQ sur laquelle nous prendrons
une longueur RQ = Q, et élevant la verticale QT, la ligne
RT représentera, en grandeur et en direction, l'effort total
exercé sur la section transversale de la poutre au point M,
et il suffira, pour avoir tous les efforts partiels, de transporter cette force RT parallèlement à elle-même en MV, au
centre de gravité M de la section, ce qui peut légitimement se
faire en ajoutant le couple ou moment fléchissant Q×MR,
puis de décomposer MV normalement et tangentiellement à
cette section transversale. La composante normale MU sera
l'effort de compression longitudinale tangentielle, MX = VU
sera l'effort tranchant.

252. Détermination des efforts aux divers points d'une même section transversale. — Dans la plupart des cas, l'effort tranchant est négligeable, et il est rare qu'on ait à en tenir compte. S'il en était autrement, on le supposerait réparti sur la section transversale comme nous l'avons dit précédemment en parlant de la flexion ordinaire des poutres.

L'effort de compression longitudinale se répartit uniformément sur toute l'étendue de la section transversale, et si F représente l'intensité de cet effort, c'est-à-dire la composante MU, et Ω l'aire de la section transversale, l'effort par unité de surface sera, en chaque point, $\dfrac{F}{\Omega}$.

Quant au moment fléchissant, son effet se répartit sur la section transversale comme nous l'avons dit en parlant de la flexion, c'est-à-dire qu'un point situé à une distance v de l'axe neutre supporte, si M est la valeur du moment fléchissant, et I le moment d'inertie de la section transversale, un effort de traction ou de compression exprimé par $\dfrac{Mv}{I}$ et dont le maximum est $\dfrac{Mv_1}{I}$, si v_1 est la plus grande valeur de v.

L'effort total sur la fibre la plus fatiguée est donc $\dfrac{F}{\Omega} \pm \dfrac{Mv_1}{I}$, le signe $+$ s'appliquant aux fibres comprimées, et le signe $-$ aux fibres étendues. Les fibres comprimées sont évidemment celles qui sont situées à la partie inférieure de la section transversale, lorsque le moment fléchissant tend à courber la pièce vers le bas, c'est-à-dire lorsqu'il est négatif, ou qui sont situées vers le haut lorsque le moment fléchissant est positif.

On peut chercher, comme lorsqu'il s'agit d'ouvrages en maçonnerie, à éviter qu'il se produise dans l'arc des efforts d'extension. Ils sont à éviter autant que possible, par exemple, dans les arcs en fonte. Quoi qu'il en soit, voici comment on peut opérer. En général, dans la pratique, les directions RT et MU de la tangente à la courbe d'équilibre et à l'arc sont très peu différentes l'une de l'autre, c'est pourquoi l'effort tranchant VU est souvent négligeable. S'il en est ainsi, et si nous pouvons regarder l'arc et la courbe d'équilibre comme parallèles, la force F_1 composante longitudinale ou MU sera sensiblement égale à la force totale MV $=$ RT qui agit au point M, et le moment fléchissant sera le produit de cette force par la distance, que nous appellerons d du point M à sa direction RT ou à la tangente à la courbe d'équilibre. Alors, mettant pour M cette valeur Fd, et remplaçant I par Ωr^2, l'effort sur les fibres étendues aura pour expression $\frac{F}{\Omega}\left(1 - \frac{v_1 d}{r^2}\right)$. Pour qu'il n'y ait pas, en réalité, d'effort d'extension, il faut que cette expression reste positive ou que d soit plus petit que $\frac{r^2}{v_1}$. Si donc on trace, de part et d'autre de l'axe de l'arc, des lignes à la distance $\frac{r^2}{v_1}$, il n'y aura pas d'effort d'extension tant que la courbe d'équilibre restera à l'intérieur de ces lignes.

Toutes les formules établies dans ce chapitre et dans les précédents s'appliquent à la détermination des efforts produits par la flexion de pièces prismatiques hétérogènes, constituées de deux ou plusieurs matières différentes, comme celles que nous avons définies au n° 124 *bis*, page 253, et en particulier à la flexion des poutres en béton armé, à la condition d'attribuer aux lettres Ω et I les significations données aux n° 182-183, page 359, ou d'appeler Ω une section transversale fictive et I un moment d'inertie fictif, calculés d'après la forme et la constitution de la section transversale du prisme, comme il a été indiqué en ces numéros.

CHAPITRE XVI

FLEXION DES ARCS

253. Équation générale de la flexion des pièces courbes. — Nous venons déjà, à propos des poutres arc-boutées, de dire un mot de la flexion de pièces courbes, mais nous allons en faire une étude plus complète pour le cas où les deux extrémités de la pièce sont assujetties d'une manière quelconque.

Nous considérerons, comme nous l'avons fait dans l'étude de la flexion des pièces droites, des pièces dont l'axe longitudinal ou la fibre moyenne, lieu des centres de gravité des sections transversales, est contenu dans un plan vertical qui renferme à la fois un axe principal d'inertie de chacune des sections et toutes les forces extérieures qui agissent sur la pièce. La flexion s'opère nécessairement dans ce plan. Soient AB (*fig.* 231) cette fibre moyenne, CD, EF les traces, sur le plan vertical, de deux sections infiniment voisines distantes de $GH = ds$ et concourant au centre de courbure O de la fibre moyenne, de manière que GO est le rayon de courbure ρ de cette fibre au point G. Supposons la pièce soumise à l'action d'un moment ou couple fléchissant qui agit dans

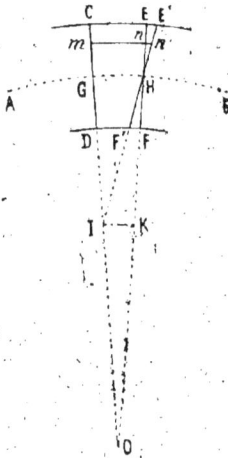

le plan vertical et dont l'effet sera, comme nous l'avons dit à propos de la flexion des pièces droites, de modifier la position relative des deux sections considérées, de telle sorte que l'une d'elles, CD, étant supposée fixe, la seconde, EF, aura tourné autour de son axe principal d'inertie, perpendiculaire au plan de la figure en prenant une position telle que E'F'. En même temps, la fibre GH, dont la longueur n'a pas changé, s'est courbée un peu plus, et le point H est venu en H' (non marqué sur la figure). Soit I le nouveau point de concours de ces deux sections voisines, GI sera le nouveau rayon de courbure ρ' au point G de la fibre neutre déformée.

Fig. 231.

Appelons α l'angle COE, et α' l'angle CIE'; nous aurons, puisque la fibre moyenne n'a pas changé de longueur,
$$ds = \rho\alpha = \rho'\alpha'.$$

Une autre fibre quelconque mn, à la distance $Gm = v$ de la fibre moyenne, avait une longueur $(\rho + v)\,\alpha$, et cette longueur est devenue $(\rho' + v)\,\alpha'$. L'allongement proportionnel est ainsi $\dfrac{\alpha'(\rho' + v) - \alpha(\rho + v)}{\alpha(\rho + v)} = \dfrac{(\rho - \rho')v}{\rho'(\rho + v)}$. Et, si ω est l'aire de sa section transversale, et E le coefficient d'élasticité de la matière, l'effort correspondant sera $E\omega\dfrac{(\rho - \rho')v}{\rho'(\rho + v)}$.

Pour l'équilibre, il faut, puisque tous ces efforts doivent équilibrer un couple, que leur somme algébrique soit nulle, et que la somme de leurs moments par rapport au point G soit égale au moment M du couple fléchissant, ce qui donne les deux équations.

$$\Sigma E\omega \frac{(\rho - \rho')\, v}{\rho'\,(\rho + v)} = 0, \qquad \Sigma E\omega \frac{(\rho - \rho')\, v^2}{\rho'\,(\rho + v)} = M,$$

ce que l'on peut écrire, après réductions,

$$(1)\quad \sum \frac{\omega v}{\rho + v} = 0, \qquad E\,\frac{\rho - \rho'}{\rho'} \sum \frac{\omega v^2}{\rho + v} = E\,\frac{\rho - \rho'}{\rho'}\,\Sigma\omega v = M.$$

La dernière équation montre que $\Sigma\omega v$ ne peut pas être nul sans que M le soit aussi, cela veut dire que, s'il y a flexion, la fibre neutre ne passe jamais par le centre de gravité des sections. La position de cette fibre est déterminée par la première équation.

Si l'on désigne par Z la quantité $\sum \dfrac{\omega v^2}{\rho + v}$ qui ne dépend que de la forme de la section transversale et qui est analogue au moment d'inertie, la dernière équation deviendra :

$$M = EZ\rho \left(\frac{1}{\rho'} - \frac{1}{\rho}\right).$$

Et elle donnera le nouveau rayon de courbure ρ' en fonction du moment fléchissant. On trouvera dans l'ouvrage de Brune (*Cours de Construction*) les valeurs de Z pour les diverses sections rectangulaires et pour les sections circulaires. On devra les employer toutes les fois qu'il s'agira d'étudier la déformation de pièces courbes dont le rayon ρ n'est pas très grand.

Mais, lorsqu'il s'agit d'arcs de ponts ou de fermes métalliques, les dimensions transversales v sont généralement négligeables par rapport aux rayons de courbure ρ ou ρ', et alors, si l'on peut négliger v devant ρ, la première des équations (1) donne $\Sigma\omega v = 0$, c'est-à-dire que la fibre neutre passe par le centre de gravité de chacune des sections transversales. Et la seconde devient de même, en appelant I le moment d'inertie $\Sigma\omega v^2$ de la section transversale :

$$M = E\,\frac{\rho - \rho'}{\rho\rho'}\, I = EI\left(\frac{1}{\rho} - \frac{1}{\rho}\right).$$

Elle n'est, il faut se le rappeler, qu'approximative et suppose

très grand le rayon de courbure ρ. Mais alors elle est tout
à fait analogue à celle $M = \dfrac{EI}{\rho}$ que nous avons trouvé pour
la flexion des pièces droites, et on peut en déduire des conséquences analogues.

Connaissant, en chaque point, le nouveau rayon de courbure ρ' de la pièce fléchie, il serait possible d'en tracer la
forme par une série d'arcs de cercles successifs et, par suite,
de déterminer les déplacements subis par chacun de ses
points ; mais cela suppose connu le moment fléchissant M
en chaque point.

254. Problème de la détermination des réactions des appuis.

— Dans les pièces courbes arc-boutées que
nous avons étudiées dans le chapitre précédent, nous avons
pu, en effet, au moyen des seules considérations de la statique, déterminer ce moment fléchissant, parce que la statique
nous faisait connaître les réactions des appuis. Il n'en est
plus de même lorsqu'il s'agit d'un arc isolé, appuyé ou
encastré d'une manière quelconque à ses extrémités. Quelles
que soient, en effet, les conditions d'appui d'un arc AB
(*fig.* 232) aux deux points A et B, les équations ordinaires
de la statique, traduisant les conditions de l'équilibre entre

FIG. 232.

les charges qu'il supporte et les réactions de ces appuis, seront au
nombre de trois au plus : deux
pour exprimer que les sommes des
projections de toutes ces charges
et des réactions sur deux directions
rectangulaires sont nulles, et une
pour exprimer que la somme des moments de ces mêmes
forces par rapport à un point du plan est également nulle.
Or, nous n'avons plus, dans ce cas, aucune indication sur
la direction des réactions des appuis ; chacune d'elles
doit être trouvée en grandeur et en direction, ce qui comporte deux inconnues, ou, en d'autres termes, les deux
composantes horizontale et verticale de chacune d'elles sont
à trouver isolément; ce qui donne quatre inconnues que les
trois équations sont insuffisantes à déterminer.

Une nouvelle équation nous sera donnée par celle que nous venons de trouver entre le moment fléchissant et les rayons de courbure : $EI \left(\dfrac{1}{\rho'} - \dfrac{1}{\rho} \right) = M$. Le moment fléchissant M comprend, dans son expression, les composantes inconnues des réactions qui entrent ainsi dans cette équation ; et en exprimant soit que les points d'appui sont fixes, soit qu'ils se sont déplacés de quantités données ; d'après les conditions où se trouve placée la pièce courbe considérée, on aura une relation nouvelle entre ces composantes et des quantités données, et, avec les trois qui sont fournies par la statique, elle permettra de calculer les quatre composantes inconnues.

255. Équations générales de la déformation des arcs. — Il faut, pour cela, transformer cette équation et y faire figurer, d'une manière explicite, les déplacements des divers points de la fibre moyenne de l'arc.

Rapportons ces points à deux axes de coordonnées rectangulaires, l'un horizontal, OX, l'autre vertical, OY(*fig.* 233). Soient A (x_0, y_0) et B (x_1, y_1) les deux extrémités de l'arc et M (x, y) un point quelconque de sa fibre moyenne. Abstraction faite de toute autre déformation, si la section transversale MN change de direction en tour-

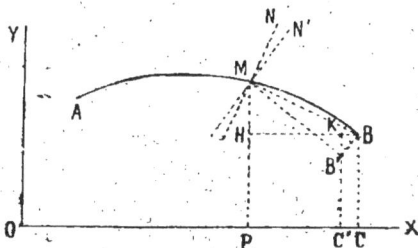
Fig. 233.

nant autour de l'horizontale qui passe par son centre de gravité, de manière à venir en MN', la portion d'arc MB tournera tout entière de la même quantité autour du point M en suivant la section MN, et l'extrémité B viendra en B', l'angle BMB' étant égal à NMN'. Le déplacement BB' de l'extrémité B, correspondant à une rotation infiniment petite de la section MN, mesurée par l'angle NMN' $= d\theta$, modifiera les coordonnées x_1, y_1 du point B, des quantités BK $= dx_1$

et $KB' = dy_1$. Or, les deux triangles semblables B'BK, BMH donnent $\dfrac{BK}{MH} = \dfrac{B'K}{HB} = \dfrac{BB'}{BM} = d\theta$; et l'on a $MH = y - y_1$ et $BH = x_1 - x$; il en résulte

$$(2) \quad dx_1 = -(y_1 - y)\, d\theta \quad \text{et} \quad dy_1 = (x_1 - x)\, d\theta.$$

Si cette rotation $d\theta$ est celle qui correspond à une longueur d'arc ds et à un moment fléchissant M, nous venons de voir qu'elle avait pour valeur $ds\left(\dfrac{1}{\rho'} - \dfrac{1}{\rho}\right) = \dfrac{Mds}{EI}$; remplaçant $d\theta$ par cette valeur, nous aurons

$$dx_1 = -(y_1 - y)\frac{Mds}{EI}, \qquad dy_1 = (x_1 - x)\frac{Mds}{EI}.$$

Additionnons tous les déplacements analogues subis par le point B, pour tous les éléments d'arc ds formant la longueur totale AB, nous aurons, en appelant x'_1 et y'_1 les nouvelles coordonnées du point B et en supposant d'abord que le point A soit resté fixe, ainsi que la direction de la section transversale en ce point,

$$x'_1 - x_1 = -\int_{s_0}^{s_1} \frac{M(y_1 - y)}{EI}\, ds; \quad y'_1 - y_1 = \int_{s_0}^{s_1} \frac{M(x_1 - x)}{EI}\, ds.$$

Si le point A s'est lui-même déplacé de telle sorte que ses coordonnées x_0, y_0, soient devenues x'_0, y'_0, le point B aura subi un déplacement identique, et ses coordonnées nouvelles devront être augmentées des différences $x'_0 - x_0$ et $y'_0 - y_0$.

Si enfin la section transversale au point A a tourné d'un angle $\theta'_0 - \theta_0$, en appelant θ_0 et θ'_0 les angles qu'elle fait avec la verticale avant et après son déplacement, cette rotation a pour conséquence un nouveau déplacement du point B dont les coordonnées suivant les x et les y se trouvent respectivement augmentées, d'après les expressions (2) de dx_1 et dy_1, des quantités

$$-(y_1 - y_0)(\theta'_0 - \theta_0), \qquad (x_1 - x_0)(\theta'_0 - \theta_0).$$

De sorte qu'en faisant la somme de ces divers déplacements, nous aurons

$$(3) \begin{cases} x'_1 - x_1 = x'_0 - x_0 - (y_1 - y_0)(\theta'_0 - \theta_0) - \displaystyle\int_{s_0}^{s_1} \frac{M(y_1 - y)}{EI}\, ds. \\ y'_1 - y_1 = y'_0 - y_0 + (x_1 - x_0)(\theta'_0 - \theta_0) + \displaystyle\int_{s_0}^{s_1} \frac{M(x_1 - x)}{EI}\, ds. \end{cases}$$

Nous n'avons considéré jusqu'ici que l'action du moment fléchissant, qui ne modifie pas la longueur de la fibre moyenne AB de l'arc. Si l'arc est soumis, en chacun de ses points, à un effort de compression longitudinale F, chaque élément ds subira un accourcissement $\dfrac{F ds}{E\Omega}$, en désignant par Ω l'aire de la section transversale. Cette déformation diminuera la longueur des éléments dx, dy correspondants des coordonnées x, y de quantités proportionnelles, c'est-à-dire respectivement de $\dfrac{F dx}{E\Omega}$, $\dfrac{F dy}{E\Omega}$. Les coordonnées du point B, par suite de cette compression, auront donc été diminuées respectivement, par rapport à celles du point A, de

$$\int_{s_0}^{s_1} \frac{F dx}{E\Omega}, \quad \int_{s_0}^{s_1} \frac{F dy}{E\Omega}.$$

Enfin, si la température a changé et s'est élevée, par exemple, de t degrés centigrades, et si α est le coefficient de dilatation de la matière de l'arc, chaque élément ds a subi un allongement $\alpha t ds$, qui a augmenté les éléments dx et dy de $\alpha t dx$ et $\alpha t dy$. Les coordonnées du point B, par suite de cette déformation, auront été augmentées respectivement, par rapport à celles du point A, de $\alpha t (x_1 - x_0)$, $\alpha t (y_1 - y_0)$.

Ajoutant ces nouveaux déplacements du point B à ceux que nous avons évalués plus haut, nous avons les expressions définitives suivantes de ses nouvelles coordonnées

$$(4) \begin{cases} x'_1 - x_1 = x'_0 - x_0 - (y_1 - y_0)(\theta'_0 - \theta_0) - \displaystyle\int_{s_0}^{s_1} \frac{M(y_1 - y)}{EI}\, ds - \displaystyle\int_{s_0}^{s_1} \frac{F}{E\Omega}\, dx + \alpha t (x_1 - x_0). \\ y'_1 - y_1 = y'_0 - y_0 + (x_1 - x_0)(\theta'_0 - \theta_0) + \displaystyle\int_{s_0}^{s_1} \frac{M(x_1 - x)}{EI}\, ds - \displaystyle\int_{s_0}^{s_1} \frac{F}{E\Omega}\, dy + \alpha t (y_1 - y_0). \end{cases}$$

A ces deux formules générales nous joindrons les deux suivantes qui expriment la variation totale de la longueur de l'arc et le changement d'inclinaison des sections transversales extrêmes, et qui résultent immédiatement de ce qui précède,

$$(5) \begin{cases} s'_1 - s_1 = s'_0 - s_0 - \displaystyle\int_{s_0}^{s_1} \frac{F\,ds}{E\Omega} + at\,(z_1 - z_0). \\[2mm] \theta'_1 - \theta_1 = \theta'_0 - \theta_0 + \displaystyle\int_{s_0}^{s_1} \frac{M\,ds}{EI} \end{cases}$$

Les indices 0 des diverses lettres s'appliquent à l'extrémité A, les indices 1 à l'extrémité B. Les lettres sans accents correspondent à la position primitive de ces deux points, et les lettres accentuées à leur position après la déformation.

256. Indication de la solution générale. — L'une ou l'autre de ces quatre formules générales, suivant les conditions imposées aux extrémités de l'arc, fournira une relation dans laquelle entreront, dans M et F, les réactions des appuis, et qui s'ajoutera à celles que donne la statique pour les déterminer.

On peut d'ailleurs les appliquer à une portion définie quelconque d'un arc, car les points A et B ne sont pas nécessairement les extrémités de l'arc entier, ils peuvent être simplement les extrémités d'une portion considérée. Dans tous les cas, toutes les intégrales doivent être prises entre les limites correspondant à ces points.

Les réactions des appuis étant connues, on aura tout ce qu'il faut pour déterminer, en chaque point, les efforts qui agissent sur l'arc : le moment fléchissant, l'effort tranchant et celui de compression longitudinale. On pourra, par exemple, comme nous l'avons fait au chapitre précédent pour les poutres arc-boutées, construire de proche en proche, en partant de l'un des appuis, la courbe des pressions, donnant en chaque point la résultante de toutes les forces qui agissent sur la portion d'arc comprise entre ce point et l'une des extrémités, et ce que nous avons dit à ce propos sera encore applicable. Si l'arc n'est soumis qu'à des forces verticales, la composante horizontale de cette résultante, constante en tous les points, sera égale à la composante horizontale des actions des appuis ou à la *poussée*, et le moment fléchissant en chaque point sera exprimé par le produit de cette poussée par la distance verticale entre la courbe des pressions et l'axe longitudinal de l'arc. La courbe des pressions étant construite, la direction de sa tangente permettra de calculer la grandeur de l'effort de compression longitudinale et de l'effort tranchant en chaque point.

Le problème se réduit donc à déterminer la réaction des appuis, et nous allons donner un exemple de sa solution pour un cas particulier.

257. Cas d'un arc à section constante, articulé sur ses appuis. — Considérons un arc, à section transversale constante, articulé sur des appuis fixes, c'est-à-dire supporté par deux points d'appui, dont la position est invariable, de telle manière que son axe longitudinal puisse s'infléchir suivant une direction quelconque autour de ces points d'appui. Supposons que cet arc, de forme d'ailleurs quelconque, soit symétrique par rapport à la verticale qui passe au milieu de ces deux points, et supposons, en outre, qu'il soit soumis seulement à des charges verticales placées symétriquement par rapport à la même verticale. Les deux moitiés AC, BC (*fig.* 234) de cet arc étant identiques l'une à l'autre et sou-

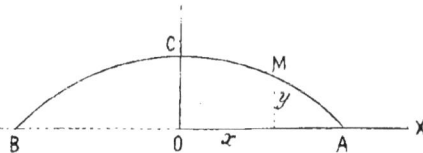

Fig. 234.

mises aux mêmes charges, se déformeront de la même manière et resteront symétriques après la déformation ; la tangente à la fibre moyenne au point C restera horizontale, et le point C se déplacera suivant la verticale CO. Prenons pour axes coordonnées la verticale CO et l'horizontale OA passant par les points d'appui ; appelons $2a$ l'ouverture totale AB de l'arc, et b la hauteur OC qui porte le nom de *montée*, ou *flèche*, et appliquons au demi-arc CA les formules générales ci-dessus. Par suite des hypothèses que nous avons faites, la coordonnée x de chacune des deux extrémités C, A de ce demi-arc n'ayant pas changé, non plus que l'inclinaison θ sur la verticale de la section transversale au point C, nous avons $x'_1 - x_1 = 0$; $x'_0 - x_0 = 0$ et $\theta'_0 - \theta_0 = 0$. Nous connaissons ainsi, dans la première des formules (4), le premier membre et les trois premiers termes du second membre qui sont nuls; nous n'introduirons donc pas, en l'employant, de nouvelle inconnue, et elle nous donnera la relation cherchée entre les réactions inconnues et des quantités données. Il n'en serait pas de même de l'une des trois autres formules : elle contiendrait, outre ces réactions, des quantités telles que y'_0, s'_1, θ'_1, relatives à la position prise par l'arc après sa déformation et qui sont encore inconnues, mais que ces formules serviront, au contraire, à calculer lorsque l'on aura trouvé les valeurs des réactions des appuis. Ce sera donc cette première équation seule que nous emploierons. Elle devient, si nous comptons les longueurs à partir du point C, si nous appelons l la longueur du demi-arc AC, de sorte que $s_0 = 0$ et $s_1 = l$, et si nous remarquons que $y_1 = 0$ et $x_1 - x_0 = a$,

$$0 = \int_o^l \frac{My}{EI}\, ds - \int_o^a \frac{F}{E\Omega}\, dx + \alpha t a.$$

Nous allons y introduire explicitement les valeurs des réactions cherchées.

258. Expression de la poussée. — D'après notre hypothèse, l'arc n'étant soumis qu'à des charges verticales, disposées symétriquement par rapport à OC, les composantes verticales des réactions seront égales, en valeur absolue, à la somme des charges qui sont appliquées à chaque demi-arc. Il ne reste d'inconnue que la composante horizontale, ou *poussée*, que nous désignerons par Q.

Le moment fléchissant M, en un point quelconque M, défini par les ordonnées x et y, se compose : 1° du moment de la poussée horizontale Q, qui a pour valeur $-Qy$; 2° du moment des forces verticales agissant sur l'arc depuis ce point jusqu'à une extrémité, y compris celui de la composante verticale de la réaction de l'appui. Ce moment a identiquement la même valeur que celui qui se produirait au point, défini par la même abscisse x, d'une poutre droite de longueur $2a = $ AB, qui serait appuyée à ses extrémités A et B et qui serait soumise aux mêmes charges que l'arc. Il se calculera, d'après la disposition de ces charges, comme nous l'avons dit à propos des poutres droites, et nous le désignerons par M_1; nous aurons ainsi $M = M_1 - Qy$. Remplaçant, dans l'équation précédente, M par cette valeur, on a

$$\int_o^l \frac{M_1 y ds}{EI} + a\alpha l = \int_o^l \frac{Qy^2 ds}{EI} + \int_o^a \frac{F dx}{E\Omega},$$

équation dans laquelle tout est connu à l'exception de la poussée Q et de l'effort F de compression longitudinale en chaque point.

Cet effort peut, d'une manière approximative, s'exprimer en fonction de la poussée. En un point quelconque M ($fig.235$), la somme des composantes horizontales des efforts qui s'exercent sur une section transversale est nécessairement égale à la poussée Q, et ces efforts sont, à part le couple fléchissant, qui donne une projection nulle, l'effort tranchant que nous désignerons par A, dont la projection horizontale est $-$ A $\sin \theta$ et l'effort de compression longitudinale F, dont la projection est F $\cos \theta$; nous avons donc $Q = F \cos \theta - A \sin \theta$.

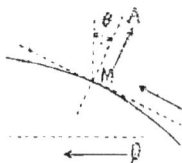

Fig. 235.

L'effort tranchant A est toujours très petit : il est proportionnel, en effet, au sinus de l'angle que forment entre elles les tangentes à la courbe des pressions et à la fibre moyenne de l'arc aux deux points qui se correspondent sur une même verticale, et ces deux courbes sont généralement voisines l'une de l'autre ; de plus, lorsque l'arc est surbaissé, l'angle θ lui-même n'acquiert jamais une grande valeur, et le produit A $\sin \theta$ peut, avec une approximation suffisante, être négligé devant Q.

On a alors simplement $Q = F \cos \theta = F \dfrac{dx}{ds}$. Nous pouvons donc, dans la dernière intégrale, remplacer approximativement Fdx par Qds, et écrire

$$(6) \qquad \int_o^l \frac{M_1yds}{EI} + a\alpha t = \int_o^l \frac{Qy^2ds}{EI} + \int_o^l \frac{Qds}{E\Omega},$$

on en déduit la valeur de la poussée :

$$(7 \qquad Q = \frac{\displaystyle\int_o^l \frac{M_1yds}{EI} + a\alpha t}{\displaystyle\int_o^l \frac{y^2ds}{EI} + \int_o^l \frac{ds}{E\Omega}}.$$

C'est cette équation générale qui devra être appliquée dans les calculs des arcs. Il est difficile de la discuter sous cette forme générale, et on ne peut en tirer de conséquences intéressantes qu'en la simplifiant par l'hypothèse d'une section transversale constante. Alors E, Ω et I sortent des signes d'intégration, et si l'on met à la place du moment d'inertie I sa valeur Ωr^2 en fonction du rayon de giration r, on trouve

$$(8) \qquad Q = \frac{\displaystyle\int_o^l M_1yds + E\Omega r^2 a\alpha t}{\displaystyle\int_o^l y^2ds + lr^2}.$$

Le second terme du numérateur, $E\Omega r^2 a\alpha t$, représente évidemment, dans cette expression, l'influence, sur la valeur de la poussée, des changements de température. Toutes choses égales d'ailleurs, la poussée horizontale augmente, pour une augmentation de température de t degrés centigrades, d'une quantité $Q = \dfrac{E\Omega r^2 a\alpha t}{\displaystyle\int_0^l y^2ds + lr^2}$, qui est indépendante des charges, qui dépend seulement de la forme de l'arc et de sa section transversale, et qu'il sera toujours facile de calculer. Nous la laisserons de côté, provisoirement, en supposant que la température reste constante, et nous nous bornerons à étudier l'autre partie de la poussée, qui dépend des charges

$$(9) \qquad Q = \frac{\int_0^l M_4 y\, ds}{\int_0^l y^2 ds + lr^2}.$$

259. Partie principale de la poussée. — Dési-

gnons par Q_4 le rapport $\dfrac{\int_0^l M_4 y\, ds}{\int_0^l y^2 ds}$ qui serait la valeur de la

poussée si nous n'avions pas tenu compte de la compression longitudinale F, nous pourrons écrire

$$(10) \qquad Q = Q_4 \cdot \frac{4}{1 + \dfrac{lr^2}{\int_0^l y^2 ds}}.$$

La poussée Q est ainsi égale au produit de Q_4, que l'on appelle *partie principale de la poussée*, par un coefficient correctif plus petit que l'unité, et qui est indépendant des charges.

260. Coefficient correctif. — La forme de ce coeffi-

cient que nous désignerons par K et dont la valeur est ainsi

$$(11) \qquad K = \frac{4}{1 + \dfrac{lr^2}{\int_0^l y^2 ds}},$$

peut être légèrement modifiée pour en rendre le calcul plus facile. Le terme $\dfrac{lr^2}{\int_0^l y^2 ds}$ est égal à $\dfrac{r^2}{\int_0^l y^2 \dfrac{ds}{l}}$; lorsque l'arc est surbaissé on peut, sans grande erreur et par une sorte de moyenne, remplacer $\dfrac{ds}{l}$ par $\dfrac{dx}{a}$, et alors l'intégrale du dénominateur se trouve très facilement lorsque l'équation de la courbe affectée par la fibre moyenne de l'axe est donnée.

Si, par exemple, cette courbe est une parabole ayant son axe vertical et son sommet au point C, et dont l'équation serait $y = b \left(1 - \dfrac{x^2}{a^2} \right)$, on aura

$$\int_0^a y^2\, dx = \int_0^a b^2 \left(1 - \frac{x^2}{a^2} \right)^2 dx = b^2 \int_0^a \left(1 - \frac{2x^2}{a^2} + \frac{x^4}{a^4} \right) dx = \frac{8}{15}\, ab^2,$$

et alors le coefficient de correction K est approximativement

$$(11)\ bis \qquad\qquad \mathrm{K} = \frac{1}{1 + \dfrac{15}{8}\dfrac{r^2}{b^2}}.$$

Lorsque l'arc est surbaissé, on peut toujours le considérer comme s'écartant peu de cette parabole, et ce coefficient correctif peut être appliqué, avec une exactitude suffisante, à un arc de forme quelconque. Par exemple, lorsque l'arc est circulaire, M. Bresse a trouvé, pour la valeur du coefficient, $\dfrac{1 - \dfrac{1}{7}\dfrac{b^2}{a^2}}{1 + \dfrac{15}{8}\dfrac{r^2}{b^2}}$; le second terme du numérateur $\dfrac{1}{7}\dfrac{b^2}{a^2}$ ne vaut que $\dfrac{1}{63}$ pour $\dfrac{b}{a} = \dfrac{1}{4}$, et $\dfrac{1}{175}$ pour $\dfrac{b}{a} = \dfrac{1}{5}$; il est donc, en général, négligeable devant l'unité. Quelle que soit la forme de l'arc surbaissé, on peut prendre pour valeurs de ce coefficient celles qui conviennent soit à l'arc parabolique, soit à l'arc circulaire de même ouverture et de même montée, et qui, pour ce dernier, sont données par des tables dressées par M. Bresse, dont voici un extrait destiné à montrer comment il varie dans les limites ordinaires de la pratique. L'un des arguments de ces tables est le carré $\dfrac{r^2}{a^2}$ du rapport du rayon de gyration r de la section transversale à la demi-ouverture a. L'autre est, pour les arcs circulaires, le rapport de la longueur de l'arc à celui de la demi-circonférence à laquelle il appartient, rapport exprimé par $\dfrac{2\varphi}{\pi}$, si φ désigne l'angle formé avec la verticale par le rayon qui joint le centre du cercle à l'un des appuis. On peut y substituer, soit l'angle au centre total 2φ, soit, en vue de l'application à des arcs surbaissés non circulaires, le surbaissement $\dfrac{b}{2a}$, c'est-à-dire le rapport de la montée b à l'ouverture $2a$.

ANGLES au CENTRE 2φ	RAPPORT $\dfrac{2\varphi}{\pi}$	SURBAISSE-MENT $\dfrac{b}{2a}$	VALEURS DU RAPPORT $\dfrac{r^2}{a^2}$				
			0,0005	0,0010	0,0015	0,0020	0,0025
22°,50'	0,13	0,05	0,91	0,84	0,78	0,72	0,68
27°,20'	0,15	0,06	0,94	0,88	0,84	0,79	0,75
31°,50'	0,18	0,07	0,95	0,91	0,87	0,84	0,80
36°,20'	0,20	0,08	0,96	0,93	0,90	0,87	0,84
40°,50'	0,23	0,09	0,97	0,94	0,92	0,89	0,87
45°,15'	0,25	0,10	0,98	0,95	0,93	0,91	0,89
54°,0'	0,30	0,12	0,98	0,97	0,95	0,94	0,92
62°,35'	0,35	0,14	0,99	0,98	0,96	0,95	0,94
71°,0'	0,39	0,16	0,99	0,98	0,97	0,96	0,95
79°,10'	0,44	0,18	0,99	0,99	0,98	0,97	0,96
87°,15'	0,48	0,20	0,99	0,99	0,98	0,98	0,97

La valeur de ce coefficient correctif étant ainsi connue, la poussée sera déterminée si l'on en connaît ce que nous avons appelé la partie principale Q_4 qui a pour expression

$$(12) \qquad Q_4 = \frac{\displaystyle\int_0^l M_4\, y\, ds}{\displaystyle\int_0 y^2\, ds}$$

et qui dépend du mode de répartition des charges, ainsi que de la forme de la courbe affectée par la fibre moyenne de l'arc.

261. Cas d'une charge uniformément répartie sur l'horizontale. — Lorsqu'il s'agit d'un arc surbaissé, qui peut être assimilé à une parabole, on peut, dans le cas d'une charge uniformément répartie sur l'horizontale, déterminer facilement la valeur de Q_4; on a, dans ce cas,

$$M_4 = pa(a-x) - p(a-x)\left(\frac{a-x}{2}\right) = \frac{pa^2}{2}\left(1 - \frac{x^2}{a^2}\right) = \frac{pa^2}{2b}\, y,$$

et par suite

$$\int_0^l M_1 y\, ds = \frac{pa^2}{2b} \int_0^l y^2\, ds,$$

d'où

$$Q_1 = \frac{pa^2}{2b}.$$

Ce résultat pouvait être prévu. La partie principale de la poussée représente ce que serait la poussée si l'on ne tenait pas compte de la compression longitudinale F, ou si l'on supposait nul l'acourcissement de la fibre moyenne, produit par cette compression. D'un autre côté, la fibre moyenne, sous l'action seule du moment fléchissant, ne change pas de longueur ; elle ne pourrait conserver sa longueur primitive que si, par la flexion, elle affectait une forme nouvelle, partie intérieure, partie extérieure à sa courbe primitive, et cela ne pourrait avoir lieu que si sa courbure devenait en certains points plus grande, en d'autres plus petite que sa courbure avant la flexion. Il faudrait, pour cela, que le moment fléchissant fût tantôt positif, tantôt négatif. Or, la courbe des pressions ou d'équilibre, pour une charge également répartie sur l'horizontale, est un arc de parabole à axe vertical qui passe par les deux points d'appui et qui ne peut être que tout entier extérieur, ou tout entier intérieur à l'arc parabolique affecté par la fibre moyenne. Le moment fléchissant a donc le même signe en tous les points de l'arc, et celui-ci ne peut conserver sa longueur primitive que si ce moment est nul partout, c'est-à-dire que si la courbe d'équilibre coïncide avec la fibre moyenne de l'arc; et alors, comme nous l'avons vu au chapitre précédent, la poussée a pour expression $\frac{pa^2}{2b}$. Ce sera donc aussi l'expression de la partie principale Q_1 de la poussée pour un arc parabolique ou, approximativement, pour un arc surbaissé quelconque, chargé d'un poids p uniformément réparti suivant l'horizontale.

Nous avons désigné par K le coefficient de correction dont les valeurs sont données au tableau de la page 533, et nous avons ainsi, pour exprimer la poussée d'un arc dans ces conditions, la formule

(14) $$Q = K. \frac{pa^2}{2b}.$$

262. Cas général. — Lorsqu'il s'agit d'un arc de forme quelconque, chargé d'une manière uniforme ou non, le calcul exact des intégrales $\int_0^l M_1 y\,ds$ et $\int_0^l y^2 ds$ qui entrent dans l'expression de Q_1 ne peut plus, en général, se faire exactement. Dans la pratique, on le fait par la méthode des quadratures, en divisant la longueur l de l'arc en un certain nombre de parties Δs pour le point milieu de chacune desquelles on mesure ou on calcule M_1 et y, et l'on fait les sommes des produits $M_1 y \Delta s$, $y^2 \Delta s$ pour toute l'étendue de l'arc. Lorsqu'il s'agit d'arcs circulaires, ds ainsi que les coordonnées x et y peuvent s'exprimer en fonction de l'angle au centre du rayon, et l'on peut effectuer exactement les intégrations, mais le calcul est extrêmement laborieux. Il a été fait par M. Bresse, à l'ouvrage duquel nous nous bornerons à renvoyer, pour le cas d'une charge uniformément répartie suivant l'horizontale ou suivant la longueur de la fibre moyenne et pour celui d'un poids isolé, placé en un point quelconque de l'arc. M. Bresse a donné des tables numériques qui dispensent de refaire les calculs et qui permettent, en appliquant le principe de la superposition des effets des forces, de calculer la partie principale de la poussée pour le cas d'une charge placée d'une manière quelconque On peut toujours, en effet, quelle que soit la charge, la supposer divisée en un certain nombre de parties que l'on considère comme des poids isolés appliqués chacun au centre de gravité de la partie correspondante et qui donnent lieu à des poussées dont la table donne la valeur. Nous donnons, à titre de renseignement, un extrait de cette table. La partie principale Q_1 de la poussée due à un poids isolé P agissant sur un arc circulaire, à une distance c du sommet de cet arc, est exprimée par $Q_1 = P.B$, le coefficient B étant pris dans la table dont les arguments sont, d'abord, comme dans la table précédente, soit l'angle 2φ, ou $\frac{2\varphi}{\pi}$, ou le surbaissement $\frac{b}{2a}$ et ensuite le rapport $\frac{c}{a}$ à la demi-ouverture a, de la distance c, au sommet de l'arc, du point où est appliqué le poids P.

ANGLES au CENTRE 2φ	RAPPORT $\dfrac{2p}{\pi}$	SURBAISSE-MENT $\dfrac{2a}{b}$	VALEURS DU RAPPORT $\dfrac{c}{a}$					
			0,00	0,25	0,50	0,63	0,80	0,90
22°,50′	0,13	0,05	3,91	3,62	2,79	2,07	1,23	0,63
27°,20′	0,15	0,06	3,25	3,00	2,31	1,72	1,02	0,52
31°,50′	0,18	0,07	2,78	2,58	1,97	1,48	0,88	0,44
36°,30′	0,20	0,08	2,43	2,25	1,73	1,29	0,76	0,39
40°,20′	0,23	0,09	2,16	2,00	1,54	1,15	0,69	0,35
45°,15′	0,25	0,10	1,94	1,80	1,39	1,03	0,61	0,31
54°,0′	0,30	0,12	1,61	1,49	1,15	0,86	0,51	0,26
62°,35′	0,35	0,14	1,37	1,27	0,98	0,73	0,44	0,22
71°,0′	0,39	0,16	1,19	1,11	0,86	0,64	0,38	0,19
79°,10′	0,44	0,18	1,06	0,98	0,76	0,57	0,33	0,17
87°,15′	0,48	0,20	0,94	0,87	0,68	0,51	0,29	0,15

263. Poussée produite par la dilatation. — Nous avons laissé de côté la poussée provenant d'une variation de la température et que nous avons trouvée avoir pour valeur

$$(15) \qquad Q_t = \frac{E\Omega r^2 a\alpha t}{\int_0^l y^2 ds + l r^2}.$$

Nous pouvons, à l'aide des hypothèses que nous avons faites, rendre cette expression plus simple. Nous supposons que l'arc surbaissé peut être assimilé approximativement à la parabole $y = b\left(1 - \dfrac{x^2}{a^2}\right)$ et qu'en raison du surbaisse-ment nous pouvons substituer dx à ds et a à l; l'intégrale $\int_0^l y^2 ds$ peut alors (page 532) être remplacée par $\dfrac{8}{15} ab^2$, et nous avons

$$(16) \qquad Q_t = \frac{E\Omega\alpha t}{1 + \dfrac{8}{15}\dfrac{b^2}{r^2}},$$

expression d'une exactitude très suffisante pour les arcs

surbaissés, qui sont ceux pour lesquels la poussée dont il s'agit doit, en général, être prise en considération. Dans les arcs peu surbaissés, elle est ordinairement négligeable, à l'exception peut-être de ceux de très grande dimension. On trouvera, dans les tables de M. Bresse, les valeurs calculées du coefficient par lequel il faut multiplier $\dfrac{E\Omega r^2}{a^2}$ pour obtenir la grandeur de cette poussée.

Il est bien évident que la poussée Q_t, dont nous venons de donner l'expression, serait la même si la dilatation $\rho a t$, que nous avons attribuée à la température, était due à une autre cause quelconque ; et inversement, un rapprochement $\Delta a = a\alpha t$ des deux points d'appui A et B de l'arc produit par le calage de l'arc, le serrage des coins, produira le même effet que si l'arc s'était allongé de la quantité correspondante, et la poussée Q produite par cette diminution Δa de la distance des points d'appui sera, en remplaçant αt par $\dfrac{\Delta a}{a}$,

$$(17) \qquad Q = \frac{\Delta a}{a} \cdot \frac{E\Omega}{1 + \dfrac{8}{15}\dfrac{b^2}{r^2}}.$$

La poussée totale due aux diverses causes, ayant été ainsi déterminée, nous donnera, comme nous l'avons dit, la valeur, en tous les points, du moment fléchissant, de l'effort de compression longitudinale et de l'effort tranchant, par conséquent tout ce qui est nécessaire pour calculer les dimensions de la section transversale.

264. Formule approximative pour les arcs surbaissés.

— Lorsque l'arc est surbaissé, on peut trouver approximativement la valeur de la partie principale de la poussée correspondant à un poids isolé P de la manière

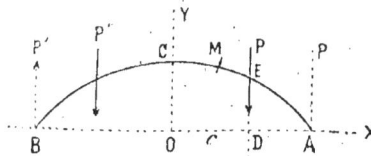

Fig. 236.

suivante : soit ACB (*fig.* 236) l'arc symétrique et P le poids isolé qu'il a à supporter au point E situé à une distance horizontale $OD = c$ de son sommet C. Pour rétablir la symétrie des charges et rendre applicables les formules qui précèdent, faisons supporter à l'autre demi-arc CB un poids P, égal à P et à même distance du sommet. La poussée totale due à ces deux poids sera évidemment double de celle qui serait due à l'un des deux pris isolément; et si nous désignons par Q_1 la partie principale de cette dernière, nous aurons

$$2Q_1 = \frac{\int_0^l M_1 y \, ds}{\int_0^l y^2 \, ds}.$$

Le moment fléchissant M_1 dû aux forces verticales est ici facile à exprimer : l'arc étant symétriquement chargé, ces forces se réduisent, en effet, pour le demi-arc CA à la réaction verticale P de l'appui A et au poids isolé P. Le moment fléchissant M_1 en un point quelconque M dont l'abscisse est x, somme des moments de ces forces par rapport à ce point, a pour expression : $M_1 = P(a - c)$ lorsque l'abscisse du point M est inférieure à c, et $M_1 = P(a - x)$ lorsqu'elle est comprise entre c et a. La somme $\int_0^l$ doit donc se composer de deux parties $\int_0^{CE} P(a - c) \, y \, ds$ et $\int_{CE}^{EA} P(a - x) \, y \, ds$. Supposons maintenant que l'arc surbaissé puisse être assimilé à la parabole $y = b\left(1 - \dfrac{x^2}{a^2}\right)$ et que le surbaissement soit tel que l'on puisse, sans grande erreur, substituer dx à ds tant au numérateur qu'au dénominateur de l'expression précédente, elle deviendra

$$2Q_1 = \frac{\int_0^c P(a - c) \, b\left(1 - \dfrac{x^2}{a^2}\right) dx + \int_0^l P(a - x) \, b\left(1 - \dfrac{x^2}{a^2}\right) dx}{\int^a b^2 \left(1 - \dfrac{x^2}{a^2}\right)^2 dx}.$$

En effectuant les intégrations, on trouve, toutes réductions faites,

$$2Q_1 = \frac{Pb\left(\frac{5}{12}a^2 - \frac{c^2}{2} + \frac{c^4}{12a^2}\right)}{\frac{8}{15}ab^2};$$

d'où

$$(18) \qquad Q_1 = P.\frac{5}{64} \cdot \frac{a}{b}\left(5 - 6\frac{c^2}{a^2} + \frac{c^4}{a^4}\right).$$

Cette expression, donnée par M. Darcel (*Ann. des P. et Ch.*, 1862), fournit, à très peu près, les mêmes résultats que les tables de M. Bresse; elle peut en tenir lieu dans la plupart des cas, et elle est d'autant plus exacte que les arcs sont plus surbaissés.

La partie principale Q_1 de la poussée étant ainsi trouvée soit par cette formule, soit par les tables, soit par le calcul direct des intégrales $\int_0^l M_1 y ds$ et $\int_0^l y^2 ds$, on en déduira la valeur de la poussée Q en la multipliant par le coefficient de correction K dont nous avons indiqué plus haut la valeur et qu'on trouvera également dans les tables.

Désignons par y_1 l'ordonnée DE du point où se trouve appliquée la force P, nous avons $y_1 = b\left(1 - \frac{c^2}{a^2}\right)$. D'autre part, la valeur (18) de la poussée Q_1 peut se mettre sous la forme

$$Q_1 = \frac{5}{64} P.\frac{a}{b}\left(1 - \frac{c^2}{a^2}\right)\left(5 - \frac{c^2}{a^2}\right)$$

ou bien en fonction de y_1 :

$$Q_1 = \frac{5}{64}.P.\frac{a}{b}.\frac{y_1}{b}\left(4 + \frac{y_1}{b}\right) = \frac{5}{16}P\frac{a}{b^2}\left(y_1 + \frac{y_1^2}{4b}\right)$$

Le premier terme de la parenthèse est l'ordonnée DE, (*fig.* 237). Si l'on construit, au-dessous de l'axe des x, une courbe dont l'ordonnée EH en chaque point aurait pour valeur $\frac{y_1^2}{4b} = \frac{DE^2}{4OC}$, on voit que la poussée produite par un poids P appliqué en un point D quelconque aura pour expression $\frac{5}{16}P.\frac{a}{b^2}.$ DH. La courbe BFA peut être facilement construite, le point F est à une distance $OF = \frac{1}{4} OC$, et elle présente la forme de la fibre neutre d'une poutre encastrée

à ses deux extrémités. On peut la remplacer, approximativement, par trois arcs de cercles tangents entre eux et aux horizontales des points A, F, B. Cette courbe étant tracée

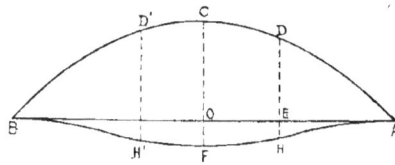

FIG. 237.

exactement ou approximativement, la poussée produite par un nombre quelconque de charges placées en des points quelconques de l'arc sera $\frac{5}{16} \frac{a}{b^2} \Sigma \, P \times DH$. Et celle qui serait due à une charge uniformément répartie sur l'horizontale entre deux ordonnées quelconques DH, D'H' à raison de p par unité de longueur, aura pour mesure

$$\frac{5}{16} \cdot \frac{ap}{b^2} \times \text{surface DHH'D'}.$$

Il ne s'agit que de la partie principale de la poussée, que nous avons désignée par Q_1.

D'une manière générale, le moment fléchissant en un point quelconque M, d'abscisse x, a pour expression $M = M_1 - Qy = M_1 - KQ_1y$. S'il s'agit d'une charge unique P, la première partie M_1 de ce moment fléchissant a pour expression soit $P\,(a - c)$, soit $P\,(a - x)$, suivant la position relative du point M et du point D d'application de la charge. En tout cas, cette partie M_1 ne dépend que de la distance c et nullement de la forme de l'arc. Le produit Q_1y peut s'écrire, en mettant pour Q_1 la valeur que nous venons de trouver,

$$Q_1 y = \frac{5}{16} \, Pa \left(\frac{y}{b} \frac{y_1}{b} + \frac{1}{4} \cdot \frac{y_1^2}{b^2} \frac{y}{b} \right)$$

Si l'on prend un autre arc parabolique de même portée a, mais de montée différente, toutes ses ordonnées seront augmentées ou diminuées dans le même rapport que la montée et comme le produit $Q_1 y$ ne dépend que des rapports $\frac{y}{b}$ ou $\frac{y_1}{b}$, il restera le même pour la même charge P placée de la même manière. Si donc on fait abstraction de la variation du coefficient correctif K, on voit que, pour une même répartition des charges, sur un arc parabolique surbaissé, le moment fléchissant, en un point quelconque, est à peu près indépendant de la montée de l'arc.

265. Comparaison d'un arc surbaissé et d'une poutre droite. — Si cet arc parabolique surbaissé, de montée d'ailleurs quelconque, est uniformément chargé sur l'horizontale, la partie M_1 du moment fléchissant a pour valeur, pour un point d'abscisse x :

$$M_1 = pa\,(a - x) - p\,(a - x)\frac{a - x}{2} = \frac{pa^2}{8}\left(1 - \frac{x^2}{a^2}\right) = \frac{pa^2}{2b}\cdot y.$$

Nous avons, d'autre part, trouvé pour Q_1 la valeur $\frac{pa^2}{2b}$. Le moment fléchissant total M est ainsi

$$M = M_1 - KQ_1 y = (1 - K)\frac{pa^2}{2b}\,y.$$

Il ne dépend (sauf le coefficient K) que du rapport $\frac{y}{b}$ qui reste constant quelle que soit la montée; et pour un arc donné, il est maximum au sommet de l'arc où $y = b$. Il atteint alors la valeur

$$M = (1 - K)\frac{pa^2}{2}.$$

Dans une poutre droite posée sur les mêmes appuis, le moment fléchissant maximum, au milieu de la poutre, serait $\frac{pa^2}{2}$. Il sera donc, dans l'arc, toujours plus petit que dans la poutre droite puisque la fraction $(1 - K)$ est plus petite que 1. Or, si l'on consulte le tableau des valeurs de K, page 533, on verra qu'en général, sauf pour des arcs très surbaissés et dans lesquels le rapport $\frac{r^2}{a^2}$ serait grand, c'est-à-dire dans lesquels la section transversale serait très haute par rapport à l'ouverture, K est en général supérieur à 0,75. On peut même dire que, dans la plupart des cas, il est supérieur à 0,90, de sorte que $1 - K$ est inférieur à $\frac{1}{10}$ et que le moment fléchissant, au sommet d'un arc, est toujours très notablement inférieur à celui qui se produirait dans une poutre droite de même portée.

Pour des arcs d'un surbaissement moyen, d'environ $\frac{1}{7}$ ou $\frac{1}{8}$, et dans lesquels le rapport $\frac{r^2}{a^2}$ a sa valeur la plus ordinaire, de 0,0005 à 0,0010, K ne diffère de l'unité que de deux ou trois centièmes et le moment fléchissant maximum, dans l'arc, s'exprime alors par $0,02 \frac{pa^2}{2}$ ou $0,03 \frac{pa^2}{2}$. Il n'est plus que le quarantième, environ, de ce qu'il serait dans la poutre droite.

La section transversale ne peut cependant pas être réduite dans la même proportion, car la matière de l'arc doit résister, en outre, à l'effort de compression longitudinale qui n'existe pas dans la poutre. Cet effort, à l'inverse du moment fléchissant, est minimum au sommet de l'arc où il a la valeur de la poussée $K \frac{pa^2}{2b}$ et maximum aux naissances. Pour en obtenir la valeur en un point quelconque, on doit construire la courbe des pressions dont la tangente donnera, en direction, la résultante des efforts qui s'exercent en chaque point de la fibre moyenne. Or, la courbe des pressions est facile à déterminer. La distance verticale de chacun de ses points à ceux de la fibre moyenne multipliée par la poussée $K \frac{pa^2}{2b}$ doit donner le moment fléchissant $(1 - K) \frac{pa^2}{2b} y$; cette distance verticale est donc égale à $\frac{1 - K}{K} y$. Elle est proportionnelle aux ordonnées y de la parabole et au rapport $\frac{1 - K}{K}$ que nous venons de trouver très petit. La courbe des pressions diffère donc, en général, très peu de la fibre moyenne et on peut, avec une approximation suffisante, pour ce qui est de la détermination de la compression longitudinale, considérer ces deux courbes comme se confondant. Alors la compression longitudinale, en un point quelconque de la fibre moyenne, s'obtiendra en menant à cette courbe sa tangente sur laquelle on prendra une longueur qui ait pour projection horizontale la poussée $K\dfrac{pa^2}{2b}$, connue. Si θ est l'angle de cette tangente avec l'horizontale, ou de la section transversale avec la verticale, la compression longitudinale F aura ainsi pour expression approximative

$$F = \frac{Q}{\cos\theta} = K\frac{pa^2}{2b\cos\theta}.$$

Aux naissances l'angle θ est maximum, ainsi que F; dans l'arc parabolique on a, en ce point, $\operatorname{tg}\theta = \dfrac{2b}{a}$ ou $\cos\theta = \dfrac{a}{\sqrt{a^2 + 4b^2}}$, et, par suite, la valeur maximum de la compression longitudinale est

$$F = K\frac{pa}{2b}\sqrt{a^2 + 4b^2}.$$

Il est à peine utile de faire remarquer que le moment fléchissant est positif dans toute l'étendue de l'arc, c'est-à-dire qu'il agit dans le même sens que dans une poutre droite placée sur les mêmes appuis. Il est représenté, dans les deux cas, par les ordonnées d'une parabole passant par les points d'appui et ayant son sommet au milieu de la portée.

La courbe des pressions, qui est aussi une parabole, est située tout entière au-dessus de la fibre moyenne.

266. Cas d'une charge isolée. — Si l'arc avait à supporter un poids isolé P, la courbe d'équilibre se composerait de deux droites inclinées, faciles à tracer dès que l'on connaît la poussée Q que nous venons d'apprendre à calculer.

Soient, en effet, ACB l'arc, et P le poids appliqué en E. Ce poids est équilibré par les réactions des appuis dont les directions doivent, par conséquent, concourir en un même point G de la verticale qui le représente. Voici comment on peut, simplement, trouver ce point. Les composantes verticales

AR, BS (*fig.* 238) des réactions des appuis doivent, statiquement, équilibrer la force P, c'est-à-dire que l'on doit avoir
AR + BS = P et $\dfrac{AR}{BS} = \dfrac{DB}{DA}$. Prenons le point D′ symétrique
du point D par rapport au milieu, et, à partir de ce point D′,

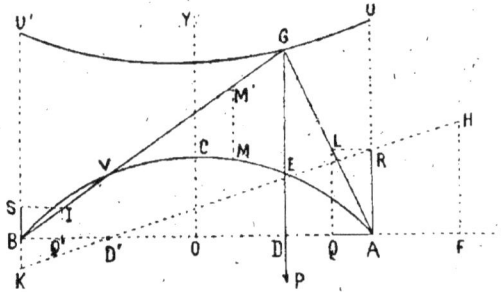

FIG. 238.

portons sur l'horizontale une longueur D′F=AB, puis élevons la verticale FH que nous prendrons égale à la force donnée P. Joignons HD′, que nous prolongerons jusqu'à sa rencontre en K avec la verticale du point B; la longueur AR, interceptée sur la verticale du point A, représentera la composante verticale de la réaction de cet appui, et celle de l'appui D sera de même représentée par la longueur BK que nous aurons à porter en sens inverse, en BS. Ces composantes verticales étant connues, ainsi que la composante horizontale qui est la poussée Q et que nous porterons en BQ′ et en AQ, nous donneront les réactions résultantes BI et AL qui concourront au point G de la direction de la force P.

La courbe des pressions ou d'équilibre est alors formée par l'ensemble des deux droites BG et GA, et le moment fléchissant, en un point quelconque M, a pour valeur le produit de la poussée Q par l'ordonnée verticale MM′ comprise entre ces droites et la fibre moyenne. Dans ce cas, on voit qu'en général le moment fléchissant ne conserve pas le même signe dans toute l'étendue de l'arc; il change de signe en s'annulant au point V où la fibre moyenne est rencontrée par l'une des deux droites; il pourrait y avoir deux changements de signe, si la seconde droite GA coupait aussi la fibre moyenne. Entre les points B et V, où le moment est négatif, la charge a pour effet d'augmenter la courbure de l'arc vers le bas.

Le maximum du moment fléchissant se produit, en général, au point E où la charge est appliquée. Il a pour valeur, en ce point, $Q \times GE$. Si c représente l'abscisse OD du point d'application de la force P, nous avons, par suite du parallélisme de GD et de LQ, $\dfrac{GD}{LQ} = \dfrac{DA}{QA} = \dfrac{a-c}{Q}$; or, LQ ou RA est la composante verticale de la réaction de l'appui A, et nous avons $\dfrac{LQ}{FH} = \dfrac{D'A}{D'F}$ ou bien $\dfrac{LQ}{P} = \dfrac{a+c}{2a}$. D'où $GD = \dfrac{P}{Q} \cdot \dfrac{a^2-c^2}{2a}$ et, par suite, $GE = GD - DE = \dfrac{P}{Q} \cdot \dfrac{a^2-c^2}{2a} - y$.

Le moment fléchissant M au point E a ainsi pour valeur $Q \times GE$, ou

$$M = P \cdot \frac{a^2 - c^2}{2a} - Qy,$$

que nous aurions pu déduire immédiatement de l'application de la formule générale $M = M_1 - Qy$, le moment M_1 des forces verticales se réduisant alors au moment de la composante verticale de la réaction du point A, laquelle a pour valeur $P\dfrac{a+c}{2a}$ et pour bras de levier $a - c$, de sorte que l'on a bien $M_1 = P \dfrac{a^2 - c^2}{2a}$.

267. Courbe enveloppe des courbes de pression. — Le lieu des points G, pour toutes les positions d'un même poids isolé, placé successivement en un point quelconque de l'arc, est une courbe telle que UU', appelée courbe enveloppe des courbes de pression. Considérons un point V quelconque de la fibre moyenne de l'arc, menons les droites AV, BV, qui joignent ce point aux deux appuis, et prolongeons-les jusqu'à leur rencontre en G, G' avec cette courbe enveloppe (la droite AV, qui ne rencontrerait pas cette courbe, n'a pas été tracée, et le point G' n'existe pas sur la

35

figure) ; il est évident que tout poids placé dans la partie U'G donnera, au point V, un moment fléchissant positif, et qu'au contraire tout poids placé dans la partie GU donnera, en ce même point, un moment négatif. Si donc nous considérons une charge répartie uniformément suivant l'horizontale sur une étendue plus ou moins grande de l'arc, cette charge donnera, au point V, le moment fléchissant positif maximum lorsqu'elle s'étendra depuis l'extrémité B jusqu'au point E correspondant au point G. Elle donnera, au même point, le moment fléchissant négatif maximum lorsqu'elle couvrira, au contraire, la partie AE. La courbe enveloppe des courbes de pression sert donc à déterminer, d'une manière très simple, les positions que l'on doit attribuer à la charge supposée mobile pour produire successivement, en chacun des points de l'arc, la plus grande valeur possible du moment fléchissant.

268. Détermination pratique des efforts en chaque point. — Quelle que soit d'ailleurs la répartition des charges, discontinue ou non, qui sont appliquées à un arc, l'application de la formule générale $M = M_1 - Qy$, qui donne le moment fléchissant en chaque point, permet de trouver facilement la valeur de ce moment. Il faut d'abord, et avant tout, calculer la valeur de la poussée Q. On décomposera, pour cela, la charge répartie en un certain nombre de portions que l'on considérera comme concentrées en leur centre de gravité, appliquées suivant les verticales de ces points, et que l'on traitera comme des charges isolées, P_1, P_2, P_3, ... (fig. 239). On calculera, soit au moyen des tables de Bresse, soit par la formule approximative (18), la poussée correspondant à chacune d'elles, et la poussée totale Q sera la somme de toutes ces poussées partielles. Puis, par l'un des procédés indiqués pour les poutres droites, on calculera, en chaque point, le moment fléchissant M_1 qui se produirait

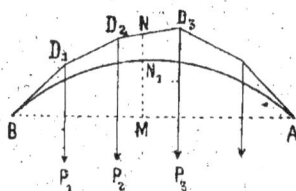

Fig. 239.

dans une poutre soumise aux mêmes charges et appuyée à ses deux extrémités. Ce moment fléchissant pourra être représenté, comme nous l'avons dit alors, par les ordonnées d'une ligne brisée polygonale, telle que $BD_1D_2D_3\ldots A$, dont les sommets se trouveront sur les verticales des charges partielles. Si l'on a choisi, pour construire ce polygone, une échelle telle que le moment fléchissant M_1 soit représenté en chaque point par le produit de la poussée Q par l'ordonnée correspondante MN, le polygone ainsi établi ne sera autre chose que ce que nous avons appelé la courbe d'équilibre et le moment fléchissant, en un point quelconque de l'arc, égal à $M_1 - Qy$ sera représenté par $Q \times MN - Q \times MN_1$, c'est-à-dire par le produit $Q \times NN_1$. On pourra se servir du polygone pour déterminer en chaque point, outre le moment fléchissant, l'effort tranchant et celui de compression longitudinale, comme nous l'avons montré au chapitre précédent.

269. Approximations successives. — On opère, généralement, pour les arcs, comme nous l'avons fait pour les poutres droites : on calcule la poussée en supposant l'arc à section constante, puis on se sert de la valeur trouvée pour calculer les dimensions variables de la section ; de même que, dans les poutres à plusieurs travées solidaires, nous avons calculé les moments fléchissants sur les appuis en supposant constante la section transversale de la poutre et que nous avons, ensuite, appliqué les valeurs trouvées au calcul des sections transversales supposées variables. Ce mode de calcul donne une exactitude suffisante pour les arcs de petites dimensions.

Pour les grands arcs, il faut chercher une approximation plus grande. On l'obtient facilement, lorsque l'on a, par un premier calcul, déterminé provisoirement l'étendue et les dimensions des sections transversales, en recommençant le calcul de la poussée par la formule générale, et en calculant les intégrales définies par la méthode des quadratures. Au lieu de faire sortir, comme plus haut, du signe d'intégration les quantités Ω et I que nous avons considérées comme constantes, on les y laisse, et ayant divisé la longueur de l'arc en un certain nombre de parties Δs, on calcule, pour le point milieu de chacune d'elles, la valeur de la fonction de M_1, y, Ω, I, qui doit être intégrée, et on fait la somme des produits d'une façon presque aussi simple que dans le cas d'une section constante. On trouve ainsi une nouvelle valeur, plus exacte, de la poussée; on en déduit les valeurs correspondantes des efforts dans les diverses sections, et l'on s'assure que les dimensions qui leur ont été attribuées sont convenables, ou bien on les modifie en conséquence. Il est rare, si le premier calcul a été bien conduit, que l'on ait à faire, aux dimensions qu'il a données, des modifications importantes; s'il en était autrement, il serait prudent de recommencer encore une fois le calcul et de déterminer une troisième valeur de la poussée sur laquelle on opérerait comme sur les précédentes.

270. Circonstances principales de la déformation. — La valeur de la poussée, une fois connue, permet, au moyen des formules générales, de déterminer les circonstances principales de la déformation de l'arc. Par exemple, dans le cas que nous avons considéré, d'un arc symétrique et symétriquement chargé, la seconde de ces formules générales (4), page 525, nous donnerait, en fonction de quantités connues, la valeur de $y'_0 - y_0$ qui représente le déplacement vertical du point C, correspondant à la flèche de flexion des poutres droites et que nous représenterons par f, en mesurant f de haut en bas, c'est-à-dire en sens contraire de y, ce qui revient à faire $y'_0 - y_0 = -f$; nous aurons, en remarquant que $y'_1 - y_1 = 0$, $\theta'_0 - \theta_0 = 0$, $x_1 = a$, $y_0 = b$ et $y_1 = 0$,

$$(19) \qquad f = \int_0^l \frac{M(a-x)}{EI}\,ds - \int_0^l \frac{F\,dy}{E\Omega} - \alpha lb.$$

Laissons de côté l'influence de la variation de la température en faisant $t = 0$. Négligeons aussi d'abord la variation de flèche produite par l'effet de la compression longitudinale F, l'expression de la flèche se réduira à $f = \int_0^l \frac{M(a-x)}{EI}\,ds$, laquelle sera, en général, suffisamment exacte. Nous calculerons la flèche en mettant pour M sa valeur $M_1 - Qy$, où M_1 est, comme nous l'avons vu, le moment fléchissant des forces verticales, y compris la réaction verticale des appuis, et Q la valeur trouvée de la poussée.

Appliquons cette formule au cas d'un arc surbaissé, que nous assimilerons à la parabole $y = b\left(1 - \dfrac{x^2}{a^2}\right)$, chargé uniformément suivant l'horizontale à raison de p par unité de longueur. Le moment fléchissant M_1, par rapport à un point dont l'abscisse est x, a pour valeur $M_1 = \dfrac{pa^2}{2b}\,y$; nous avons donc

$$M = M_1 - Qy = \left(\frac{pa^2}{2b} - Q\right)y = \left(\frac{pa^2}{2b} - Q\right)b\left(1 - \frac{x^2}{a^2}\right).$$

Introduisons cette valeur de M dans l'expression de f et intégrons, en remplaçant ds par dx nous obtenons

$$f = \left(\frac{pa^2}{2b} - Q\right)\frac{b}{EI}\int_0^a\left(1 - \frac{x^2}{a^2}\right)(a-x)\,dx = \left(\frac{pa^2}{2b} - Q\right)\frac{b}{EI}\cdot\frac{5}{12}a^2.$$

Or, dans le cas dont il s'agit, d'un arc surbaissé, chargé uniformément suivant l'horizontale, nous avons trouvé, pour la valeur (14) de la poussée Q,

$$Q = K.\frac{pa^2}{2b} = \frac{pa^2}{2b}\left(\frac{1}{1 + \dfrac{15}{8}\dfrac{r^2}{b^2}}\right).$$

en prenant, pour le coefficient correctif K, la valeur (11 bis) approximative que nous avons donnée (page 532). Mettant pour Q cette valeur dans l'expression de f, nous obtenons enfin, en remplaçant aussi I par Ωr^2,

$$f = \frac{5a^2 b}{12EI}\cdot\frac{pa^2}{2b}\cdot\frac{\dfrac{15}{8}\dfrac{r^2}{b^2}}{1 + \dfrac{15}{8}\dfrac{r^2}{b^2}} = \frac{25}{64}\frac{pa^4}{E\Omega b^2}\cdot\frac{1}{1 + \dfrac{15}{8}\dfrac{r^2}{b^2}}.$$

Comme la flèche f est généralement petite, on peut, avec une approximation suffisante, négliger le dernier terme et écrire simplement

$$(20)\qquad\qquad f = \frac{25}{64}\frac{pa^4}{E\Omega b^2};$$

Cette formule n'est plus, au contraire, assez exacte lorsque l'arc n'est pas surbaissé. On doit alors effectuer les intégrations indiquées, soit exactement lorsque cela est possible, soit par la méthode des quadratures. Pour les arcs circulaires, on trouvera les résultats de ces intégrations dans l'ouvrage de M. Bresse.

A la même approximation que nous avons admise jusqu'ici, un arc surbaissé, assimilé à une parabole, qui ne serait soumis à aucune charge, mais aux extrémités A et B duquel on exercerait une poussée horizontale Q, subirait une flexion par suite de laquelle son sommet C se déplacerait d'une quantité f donnée par la formule ci-dessus

$$f = \int_0^l \frac{M(a-x)}{EI}\, ds,$$

dans laquelle on mettrait pour M le moment fléchissant en chaque point, lequel, dans cette hypothèse, se réduit à $-Qy$. On aurait donc alors

$$f = -\frac{Q}{EI}\int_0 (a-x)\, y\, ds,$$

ou bien, en mettant pour y sa valeur $b\left(1 - \frac{x^2}{a^2}\right)$ et dx pour ds,

$$(21) \quad f = -\frac{Qb}{EI}\int_0^a (a-x)\left(1 - \frac{x^2}{a^2}\right) dx = -\frac{Q}{EI}\cdot\frac{5}{12}\, ba^2.$$

Le signe — indique ici un relèvement, puisque nous comptons la flèche f de haut en bas. Le sommet se relève lorsque la poussée Q est positive, c'est-à-dire tend à rapprocher les deux extrémités de l'arc; il s'abaisse dans le cas contraire.

Nous avons laissé de côté la flèche produite par une variation de température. Si l'arc était absolument libre en tous ses points, sans être soumis à aucune action extérieure, une augmentation de température de t degrés centigrades augmenterait toutes ses dimensions de αt par unité de longueur, et la montée $OC = b$ se trouverait augmentée de $b\alpha t$.

Mais, si les extrémités A et B sont fixes, cette variation de température développe, de la part des appuis, une poussée Q dont l'effet s'ajoute à celui de la température pour élever le sommet de la quantité qui vient d'être calculée $\dfrac{5Qba^2}{12EI}$, et le sommet se trouve ainsi déplacé, en totalité, de $bat + \dfrac{5Qba^2}{12EI} = -f$. Or, la poussée Q, produite par la variation t de la température, est égale, d'après (16), à

$$Q = \frac{E\Omega a t}{1 + \dfrac{8}{15}\dfrac{b^2}{r^2}};$$

Substituons dans l'expression de $-f$, il vient

$$-f = bat\left(1 + \frac{5E\Omega a^2}{12EI\left(1 + \dfrac{8}{15}\dfrac{b^2}{r^2}\right)}\right) = bat\left(1 + \frac{25a^2}{32b^2}\cdot\frac{1}{1 + \dfrac{15r^2}{8b^2}}\right).$$

On peut encore ici négliger le dernier terme correctif et écrire simplement

$$-f = bat\left(1 + \frac{25a^2}{32b^2}\right).$$

Cette expression est susceptible de recevoir une forme plus simple. Désignons par ρ le rayon du cercle qui passerait par les trois points A, C, B, c'est-à-dire de l'arc de cercle qui aurait même flèche, $2a$, même montée b que l'arc considéré ; nous aurons $\rho = \dfrac{a^2 + b^2}{2b}$; et, par suite,

$$-f = at\left(\frac{25a^2 + 25b^2 + 7b^2}{32b}\right) = at\left(\frac{25}{16}\rho + \frac{7}{32}b\right).$$

En général, et surtout lorsqu'il s'agit d'arcs surbaissés, ρ est grand par rapport à b, le second terme de la parenthèse n'est donc qu'une petite fraction du premier et en le négligeant encore on arrive à la formule

$$(22) \qquad -f = \frac{25}{16}at\rho,$$

qui est suffisamment exacte pour la pratique lorsqu'on ne considère que des arcs surbaissés. On voit qu'une élévation de température produit un relèvement du sommet de l'arc, et inversement.

La seconde des formules générales (5) donnerait de même

l'angle $\theta'_1 - \theta_1$ dont la fibre moyenne de l'arc s'est inclinée aux naissances, et la précédente, la modification de longueur $s'_1 - s_1$ qu'elle a subie; mais ces résultats n'ont qu'un intérêt médiocre.

271. Arcs encastrés aux naissances. — Au lieu de supposer l'arc simplement posé sur ses points d'appui, et pouvant pivoter librement sur eux, nous aurions pu le supposer encastré aux naissances. Les appuis, par analogie avec ce que nous avons dit de l'encastrement des poutres, donnent lieu alors, non seulement à des réactions qui passent par ces points, mais encore à des couples agissant sur la fibre moyenne à la manière du moment fléchissant et qui ont pour effet de maintenir sa direction absolument invariable.

La solution du problème, dans ce cas, ne serait pas plus difficile que dans celui où l'arc est simplement posé sur ses appuis, et elle serait encore donnée par les mêmes formules générales. Nous allons en indiquer les résultats principaux, pour le cas d'un arc symétrique et symétriquement chargé, de section constante, dont nous assimilerons (pour faciliter les intégrations) la fibre moyenne à un arc de parabole, et assez surbaissé pour que nous soyons autorisé à remplacer ds par dx comme nous l'avons fait dans ce qui précède. Nous suivrons la même marche et les mêmes raisonnements, dont nous ne répéterons que ce qui sera strictement nécessaire.

La première des formules générales (4) et la seconde des formules (5) appliquées aux cas dont il s'agit, c'est-à-dire en y faisant $x'_1 - x_1 = 0$, $x'_0 - x_0 = 0$, $\theta'_0 - \theta_0 = 0$, $\theta'_1 - \theta_1 = 0$, $y_1 = 0$, $x_1 = a$, $x_0 = 0$, $s_0 = 0$, $s_1 = l$, deviennent

$$(23) \quad \int_0^l \frac{\mathrm{M}y\,ds}{\mathrm{EI}} - \int_0^a \frac{\mathrm{F}}{\mathrm{E}\Omega}\,dx + a\alpha t = 0; \quad \int_0^l \frac{\mathrm{M}ds}{\mathrm{EI}} = 0.$$

La réaction de chaque appui étant une force et un couple, si nous décomposons la force, passant par le point d'appui, suivant les deux directions horizontale et verticale, la composante verticale A devra, comme dans le cas de l'arc appuyé, être égale, en valeur absolue, à la somme des charges qui agissent sur chacun des demi-arcs; nous devons donc la considérer comme connue. La composante horizontale, Q, composée avec le couple, donnera une résultante horizontale de même grandeur Q, mais située à une distance verticale $z = AD$ (*fig.* 240) du point d'appui, telle que le produit Qz soit égal au moment du cou-

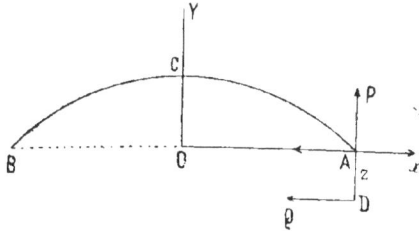

FIG. 240.

ple. Ces deux quantités Q et z sont les deux inconnues du problème; et nous avons, pour les déterminer, les deux équations que nous venons d'écrire et où nous allons les introduire explicitement. Nous compterons les z positifs de haut en bas, en sens inverse des y.

Substituons, dans ces équations (23), $M_1 - Q(z + y)$ à M et Qds à Fdx; elles deviennent

$$(24) \begin{cases} \displaystyle\int_0^l \frac{M_1 y ds}{EI} + a\alpha t = Qz \int_0^l \frac{y ds}{EI} + \frac{Q}{EI} \int_0^l \frac{y^2 ds}{EI} + Q \int_0^l \frac{ds}{E\Omega}, \\[3mm] \displaystyle\int_0^l \frac{M_1 ds}{EI} = Qz \int_0^l \frac{ds}{EI} + Q \int_0^l \frac{y ds}{EI}. \end{cases}$$

Ω et I étant regardés comme constants, y remplacé par $b\left(1 - \dfrac{x^2}{a^2}\right)$ et ds par dx, on a : $\displaystyle\int_0^l y\, ds = \frac{2}{3}\, ab$, $\displaystyle\int_0^l y^2 ds = \frac{8}{15}\, ab^2$, et $\displaystyle\int_0^l ds = a$, et par suite,

$$\frac{1}{EI} \int_0^a M_1 y\, dx + a\alpha t = \frac{Qz}{EI} \cdot \frac{2}{3}\, ab + \frac{Q}{EI} \cdot \frac{8}{15}\, ab^2 + \frac{Qa}{E\Omega},$$

$$\frac{1}{EI} \int_0^a M_1 dx = \frac{Qz}{EI}\, a + \frac{Q}{EI} \cdot \frac{2}{3}\, ab.$$

Posant encore $I = \Omega r^2$, r étant le rayon de giration de la section transversale, il vient

$$(25) \quad \begin{cases} \dfrac{1}{a}\displaystyle\int_0^a M_1 y\,dx + E\Omega r^2 \alpha t = \dfrac{2}{3}\,Qzb + \dfrac{8}{15}\,Qb^3 + Qr^2, \\[2mm] \dfrac{1}{a}\displaystyle\int M_1 dx = Qz + \dfrac{2}{3}\,Qb. \end{cases}$$

Éliminant z, il reste, pour déterminer Q, l'équation

$$\frac{1}{a}\int_0^a M_1 y\,dx - \frac{2b}{3a}\int_0^a M_1 dx + E\Omega r^2 \alpha t = Q\left(\frac{4}{45}\,b^2 + r^2\right).$$

Le dernier terme du premier membre nous donne immédiatement la valeur de la poussée due à une variation de la température, et que nous avons désignée plus haut par Q_t; nous avons ici

$$(26) \quad Q_t = \frac{E\Omega\alpha t}{1 + \dfrac{4}{45}\dfrac{b^2}{r^2}}.$$

Laissons de côté cette partie de la poussée, en supposant la température constante, nous avons alors

$$(27) \quad Q = \frac{3\displaystyle\int_0^a M_1 y\,dx - 2b\displaystyle\int_0^a M_1 dx}{\dfrac{4ab^2}{15}\left(1 + \dfrac{45}{4}\dfrac{r^2}{b^2}\right)}.$$

La poussée se présente donc encore comme formée d'une partie principale Q_1 qui aurait pour expression

$$(28) \quad Q_1 = \frac{3\displaystyle\int_0^a M_1 y\,dx - 2b\displaystyle\int_0^a M_1 dx}{\dfrac{4ab^2}{15}}.$$

et qui devrait être multipliée, pour donner la poussée totale, par un coefficient correctif K' plus petit que l'unité, et ayant pour valeur

$$K' = \frac{1}{1 + \dfrac{45}{4}\dfrac{r^2}{b^2}}.$$

Nous allons, comme nous l'avons fait pour le cas d'un arc appuyé, calculer la partie principale de la poussée pour le cas d'une charge également répartie suivant l'horizontale. On a alors

$$M_i = \frac{pa^2}{2}\left(1 - \frac{x^2}{a^2}\right), \quad \int_0^a M_i\, y\, dx = \frac{4pa^3 b}{15}, \quad \text{et} \quad \int_0^a M_i\, dx = \frac{pa^3}{3}.$$

Il en résulte, toutes réductions faites,

$$Q_i = \frac{pa^2}{2b},$$

comme dans le cas d'un arc appuyé. Seulement le coefficient correctif K′ est plus petit que celui K qui correspond à l'arc reposant simplement sur ses appuis.

Le bras de levier z de la poussée est donné par la seconde équation (25), d'où l'on tire

$$z = -\frac{2}{3}b + \frac{1}{aQ}\int_0^a M_i\, dx = \frac{2b}{3}\cdot\frac{45}{4}\frac{r^2}{b^2},$$

et, par conséquent, le moment d'encastrement Qz a pour valeur

$$(30)\quad Qz = \frac{pa^2}{2b}\cdot\frac{2b}{3}\cdot\frac{45}{4}\frac{r^2}{b^2}\cdot\frac{1}{1 + \frac{45}{4}\frac{r^2}{b^2}} = \frac{15pa^2 r^2}{4b^2}\cdot\frac{1}{1 + \frac{45}{4}\frac{r^2}{b^2}} = K'\frac{15pa^2 r^2}{4b^2}.$$

Le point où le moment fléchissant s'annulera sera donné par l'équation

$$M_i = Q(z + y). \quad \text{Or} \quad M_i = \frac{pa^2}{2b}y, \quad \text{et} \quad Q = K'\frac{pa^2}{2b};$$

on en déduit

$$y = K'(z + y), \quad \text{ou} \quad y = z\frac{K'}{1 - K'} = z\cdot\frac{1}{\dfrac{45r^2}{4b^2}} = \frac{2b}{3}.$$

L'ordonnée du point où le moment fléchissant s'annule est donc les $\frac{2}{3}$ de l'ordonnée b du sommet de l'arc, et, par suite, l'abscisse x est égale à $\frac{a}{\sqrt{3}}$ ou à peu près $\frac{4}{7}a$.

La partie principale Q_i de la poussée due à un poids isolé P appliqué à une distance horizontale c du sommet sera, comme ci-dessus, la moitié de la partie principale $2Q_i$ de la poussée due à ce poids et à un autre placé symétriquement, et l'on aura, en appliquant la formule générale,

$$2Q_i = \frac{3\int_0^a M_i\, y dx - 2b \int_0^a M_i dx}{\frac{4ab^2}{15}}.$$

Et en mettant pour M_i sa valeur qui est $P(a-c)$ pour x compris entre 0 et c, et $P(a-x)$ pour x compris entre c et a, on aura

$$2Q_i = \frac{3\int_0^c P(a-c)ydx + 3\int_c^a P(a-x)ydx - 2b\int_a^c P(a-x)dx - 2b\int_c^a P(a-x)dx}{\frac{4ab^2}{15}}$$

En faisant les intégrations et réduisant, il viendra

$$(31) \qquad Q_i = P.\frac{15a}{32b}\left(1 - \frac{c^2}{a^2}\right)^2 = P\frac{15a}{32b}\frac{y_1^2}{b^2},$$

en appelant, comme plus haut, y_i l'ordonnée du point d'application de la charge. On voit que la poussée varie, dans les arcs encastrés, proportionnellement au carré de cette ordonnée ; son moment $Q_i y$ est, d'ailleurs, comme dans les arcs articulés, indépendant de la montée de l'arc, puisqu'il ne dépend que du rapport $\frac{y}{b}$.

Nous avons trouvé pour la poussée due à une élévation de température de t degrés centigrades

$$(32) \qquad Q_t = \frac{E\Omega z t}{1 + \frac{4}{45}\frac{b^2}{r^2}}.$$

L'ordonnée z du point d'application de cette poussée se trouve d'après la seconde équation (25), dans laquelle on fait $M_i = 0$, puisque l'on suppose l'arc soustrait à toute autre influence que celle de la température. On en déduit

$z = -\dfrac{2}{3} b$, c'est-à-dire que l'ordonnée de la poussée est égale aux $\dfrac{2}{3}$ de celle du sommet de la parabole, et située du même côté que ce sommet (puisque nous comptons les z en sens inverse des y). Dans ce cas, la courbe des pressions se réduit à la droite horizontale $y = \dfrac{2}{3} b$, et le moment fléchissant est nul aux points de l'arc situés sur cette droite, c'est-à-dire précisément aux mêmes points où il s'annule sous l'action d'une charge uniformément répartie suivant l'horizontale.

Tous ces résultats, que nous trouvons approximativement pour des arcs surbaissés assimilables à une parabole, s'appliquent avec une exactitude très suffisante dans la pratique aux arcs circulaires encastrés, ainsi que M. Résal l'a établi dans son traité des *Ponts métalliques* par des calculs laborieux, analogues à ceux qu'avait faits M. Bresse pour les arcs simplement appuyés.

Nous pouvons en déduire la valeur du moment fléchissant M en un point quelconque.

Nous avons, dans ce cas, $M = M_1 - Q (z + y)$. Or, pour une charge uniformément répartie suivant l'horizontale,

$$M_1 = \frac{pa^2}{2b} y \quad \text{et} \quad Q = K' \frac{pa^2}{2b}.$$

Par conséquent

$$M = \frac{pa^2}{2b} y - K' \frac{pa^2}{2b} (z + y) = \frac{pa^2}{2b} [y (1 - K') - K'z],$$

ou bien, en remplaçant K' et z par leurs valeurs,

$$K' = \frac{1}{1 + \dfrac{45}{4} \dfrac{r^2}{b^2}} \quad \text{et} \quad z = \frac{2b}{3} \cdot \frac{45}{4} \frac{r^2}{b^2}.$$

$$(33) \qquad M = \frac{pa^2}{2b} \left(y - \frac{2}{3} b \right) \frac{1}{1 + \dfrac{4}{45} \dfrac{b^2}{r^2}}.$$

Le moment fléchissant, en chaque point, est proportionnel

à $(y - \frac{2}{3}b)$, c'est-à-dire aux ordonnées MN (*fig.* 241) de la fibre moyenne, mesurées à partir de la droite DE menée parallèlement à l'axe des x, à une distance $AE = \frac{2}{3}$ OC. Le

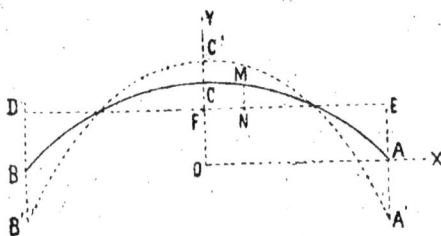

moment fléchissant sera donc représenté par une courbe telle que B′C′A′ dont les ordonnées par rapport à cette ligne DE seront celles de la fibre

Fig. 241.

moyenne amplifiée dans une certaine proportion. Le moment fléchissant aux naissances sera, par conséquent, double de ce qu'il sera au sommet, puisque AE = 2CF. Sa valeur au sommet sera, en faisant $y = b$,

$$34) \qquad M = \frac{pa^2}{6} \cdot \frac{1}{1 + \frac{4}{45}\frac{b^2}{r^2}};$$

et aux naissances, ou pour $y = 0$,

$$(35) \qquad M = -\frac{pa^2}{3} \cdot \frac{1}{1 + \frac{4}{45}\frac{b^2}{r^2}},$$

valeur double de la précédente, et égale (bien qu'exprimée sous une autre forme) à celle (30) que nous avons donnée plus haut du moment d'encastrement.

Lorsque, dans l'une ou l'autre de ces expressions, on fait $b = 0$, ce qui transforme l'arc en une poutre droite encastrée, on trouve, pour le moment fléchissant au milieu de la poutre $M = \frac{pa^2}{6}$, et aux extrémités $M = \frac{pa^2}{3}$, ce qui concorde bien avec ce que nous avons trouvé pour la poutre droite.

Si l'on fait abstraction du coefficient correctif $\dfrac{1}{1 + \frac{4}{45}\frac{b^2}{r^2}}$

qui, à la vérité, n'est pas toujours négligeable, on remarque que le moment fléchissant a pour valeur approchée

$$M = \frac{pa^2}{2}\left(\frac{y}{b} - \frac{2}{3}\right),$$

c'est-à-dire qu'il est, approximativement, indépendant de la montée de l'arc.

272. Comparaison des arcs encastrés et des arcs articulés. — Dans l'arc appuyé à ses deux extrémités, nous avons trouvé que le moment fléchissant maximum, au sommet, avait pour valeur

$$M = (1 - K)\frac{pa^2}{2} = \frac{pa^2}{2}\cdot\frac{1}{1 + \frac{8b^2}{15r^2}};$$

nous trouvons, pour l'arc encastré,

$$M = \frac{pa^2}{6}\cdot\frac{1}{1 + \frac{4b^2}{45r^2}};$$

ces deux quantités sont égales pour $2 + \frac{16}{15}\frac{b^2}{r^2} = 6 + \frac{24}{45}\frac{b^2}{r^2}$ ou pour $\frac{b^2}{r^2} = 7,5$, soit $\frac{b}{r} = 2,74$. Cette valeur exceptionnellement faible du rapport $\frac{b^2}{r^2}$ ne pourrait être réalisée que dans un arc extrêmement surbaissé. En général, ce rapport est beaucoup plus grand, et le moment fléchissant, dans l'arc simplement appuyé, est plus faible que dans l'arc encastré. Par exemple, si l'on a seulement $\frac{b}{r} = 6$, ou $\frac{b^2}{r^2} = 36$, ce qui se rapproche davantage de la pratique, on aura pour l'arc simplement appuyé $M = \frac{5}{202}\,pa^2$, et pour l'arc encastré $M = \frac{5}{46}\,pa^2$, soit une valeur près de quatre fois et demie plus grande que dans l'autre cas. Aux naissances, où le moment fléchissant est double de ce qu'il est au sommet, il atteindrait, dans l'arc encastré, une valeur près de neuf fois plus grande que son maximum au sommet de l'arc simplement appuyé.

L'encastrement des arcs est donc une disposition qu'il faut soigneusement éviter. Rien n'est plus facile d'ailleurs, et l'expérience des grands arcs du Douro, de Garabit, de Szegedin le démontre, que d'établir aux extrémités des arcs des articulations qui permettent à la fibre moyenne de s'infléchir sans obstacle dans toutes les directions. Lorsqu'un arc doit supporter un longeron horizontal et que ces deux pièces sont réunies par un tympan rigide, la direction de la fibre moyenne de chacune d'elles se trouve maintenue d'une manière à peu près invariable. Cette disposition, représentée par la figure 242, ne constitue pas cependant un encastrement parfait, puisque cette direction n'est pas absolument fixe, mais elle s'en rapproche beaucoup. Elle présente donc, un peu atténués peut-être, les inconvénients de l'encastrement, et les obstacles apportés par la rigidité des tympans à l'inflexion de la fibre moyenne doivent avoir pour conséquence d'accroître, dans une proportion moindre que si l'encastrement était parfait, mais encore fort appréciable, les moments fléchissants au sommet de l'arc et aux naissances.

Fig. 242.

Ce mode de construction n'est donc pas à recommander. Lorsque l'arc doit supporter un longeron horizontal, les pièces qui servent à reporter sur lui le poids de ce longeron doivent être aussi peu nombreuses que possible, et établies de manière à ne pas s'opposer aux changements de direction de la fibre moyenne de l'arc (*fig.* 243). Dans les grands arcs du Douro et de Garabit il n'y a, entre les naissances et le sommet, qu'un seul point d'appui formé par une sorte de pile verticale, intermédiaire, et ce support n'est pas fixé d'une manière invariable au longeron sur lequel il peut s'infléchir.

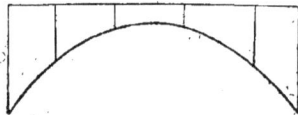

Fig. 243.

Beaucoup d'arcs métalliques, au lieu d'être terminés

aux naissances par de véritables articulations, reposent sur leurs appuis par l'intermédiaire de surfaces planes, plus ou moins étendues, et de coins ou cales que l'on peut serrer à volonté (*fig.* 244). Cette disposition n'est pas, à proprement parler, un encastrement : elle ne peut y être assimilée que pour les efforts qui donneraient aux naissances un moment fléchissant tel que le point d'application de la poussée restât dans l'étendue de la surface d'appui. Si l'ordonnée z de ce point d'application, calculée d'après les formules (25), était trouvée plus grande que la demi-hauteur verticale CD de

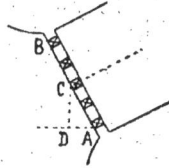

FIG. 244.

cette surface, l'arc ne pourrait plus être considéré comme encastré, car, évidemment, le bras de levier de la poussée ne peut dépasser cette dimension. Les limites inférieure et supérieure des points d'application de la poussée sont données par les points extrêmes A et B de la base d'appui; ou, en d'autres termes, le moment d'encastrement ne peut avoir une valeur supérieure à $\pm Q \times CD$. Tant qu'il reste au-dessous de cette limite, l'arc ne cesse pas de s'appuyer sur toutes les cales, et la répartition des efforts qu'il exerce sur chacune d'elles se détermine d'après la loi du plan (n° 17). Au contraire, si le moment fléchissant aux naissances, calculé par les formules (25) était trouvé avoir une valeur supérieure, cela voudrait dire que l'arc n'est plus encastré, mais qu'il repose sur sa culée par un seul point A ou B, autour duquel il doit être considéré comme articulé. Un arc ainsi appuyé n'a donc pas les graves inconvénients de l'arc encastré, puisque son moment d'encastrement, aux naissances, ne peut dépasser une limite généralement assez faible, et toujours fort inférieure à la valeur qu'il atteindrait si l'encastrement était parfait. M. Résal donne à ces arcs le nom de *demi-encastrés*.

CHAPITRE XVII

FLEXION DES SURFACES

§ 1er

PLAQUES MINCES

273. Équation générale de la flexion des plaques minces. — La théorie de la flexion des surfaces planes ne peut être abordée rigoureusement qu'au moyen des équations générales de l'élasticité.

Elle dépend d'une équation différentielle du quatrième ordre, analogue à celle du deuxième ordre qui fournit les résultats de la flexion des tiges. C'est cette équation que nous allons essayer d'établir en partant de celles que nous avons démontrées au chapitre III. Prenons donc les équations d'équilibre d'un élément d'un corps élastique sous la forme :

$$\frac{dN_1}{dx} + \frac{dT_3}{dy} + \frac{dT_2}{dz} + \rho X_0 = 0$$

$$\frac{dT_3}{dx} + \frac{dN_2}{dy} + \frac{dT_1}{dz} + \rho Y_0 = 0$$

$$\frac{dT_2}{dx} + \frac{dT_1}{dy} + \frac{dN_3}{dz} + \rho Z_0 = 0$$

Supposons qu'il s'agisse d'une plaque horizontale, soumise à l'action de forces verticales; prenons le plan moyen, que nous appellerons feuillet moyen, de la plaque, pour plan des xy, l'axe des z vertical et dirigé de haut en bas. Alors $X_0 = 0$ et $Y_0 = 0$, et pour abréger nous poserons $\rho Z_0 = Z$. Ce sera la force verticale appliquée à l'unité de volume de chaque élément, et comprenant au besoin le poids propre de cet élément. Différentions les deux premières équations par rapport à x et y respectivement, multiplions-les par z et additionnons-les ensemble et avec la troisième, nous obtenons la somme

$$\left(\frac{d^2N_1}{dx^2} + \frac{d^2T_3}{dydx} + \frac{d^2T_3}{dxdy} + \frac{d^2N_2}{dy^2} + \frac{d^2T_2}{dzdx} + \frac{d^2T_1}{dzdy}\right) z$$
$$+ \frac{dT_2}{dx} + \frac{dT_1}{dy} + \frac{dN_3}{dz} + Z = 0.$$

Or

$$\frac{dT_1}{dy} + z\frac{d^2T_1}{dzdy} = \frac{d^2(zT_1)}{dzdy} = \frac{d}{dy} \cdot \frac{d(zT_1)}{dz},$$

et

$$\frac{dT_2}{dx} + z\frac{d^2T_2}{dzdx} = \frac{d^2(zT_2)}{dzdx} = \frac{d}{dx} \cdot \frac{d(zT_2)}{dz}$$

L'expression précédente prend ainsi la forme

$$\left(\frac{d^2N_1}{dx^2} + \frac{2d^2T_3}{dxdy} + \frac{d^2N_2}{dy^2}\right) z + \frac{d}{dx} \cdot \frac{d(zT_1)}{dz} + \frac{d}{dy} \cdot \frac{d(zT_2)}{dz} + \frac{dN_3}{dz} + Z = 0.$$

Appelons 2ε l'épaisseur de la plaque; multiplions tous les termes de cette expression par dz et intégrons les de $z = -\varepsilon$ à $z = +\varepsilon$. Les termes qui contiennent T_1 et T_2 donneront, par l'intégration, les différences des efforts tangentiels sur les faces supérieure et inférieure. Nous considérerons ces différences comme négligeables, et nous effacerons, en conséquence, les termes dont il s'agit. Les deux derniers termes $\int_{-\varepsilon}^{\varepsilon}\frac{dN_3}{dz}\,dz$ et $\int_{-\varepsilon}^{\varepsilon}Z\,dz$ donneront, le premier, la différence des efforts verticaux exercés sur les deux faces de la plaque, ou la charge supportée par la face supérieure, le second la somme des forces verticales appliquées aux divers éléments, ou le poids propre de la plaque. La somme

de ces deux termes sera le poids total, y compris les surcharges, qui agira sur les divers points de la plaque. Ce
seront ou bien des charges P_1, P_2, ... appliquées en divers
points définis par leurs coordonnées x_1, y_1 ; x_2 y_2, ... ou
bien une charge p répartie suivant une loi quelconque fonction de x et de y.

En tout cas, ce sera une des données du problème, et nous
représenterons, comme on le fait d'habitude, le résultat de
l'intégration de ces deux derniers termes par $f(x, y)$, en
désignant ainsi une fonction supposée connue des coordonnées x et y. Nous aurons ainsi

$$(1) \quad \int_{-\varepsilon}^{\varepsilon} \left(\frac{d^2 N_1}{dx^2} + 2 \frac{d^2 T_3}{dxdy} + \frac{d^2 N_2}{dz^2} \right) z\, dz + f(x, y) = 0.$$

Nous allons exprimer les trois premiers termes en fonction du déplacement vertical w des points du feuillet
moyen de la plaque. Pour cela, nous ferons une hypothèse
analogue à celle de la conservation de la forme plane des
sections dans la flexion des poutres, nous supposerons que
les lignes droites, primitivement perpendiculaires au feuillet
moyen de la plaque, avant la flexion, restent droites et perpendiculaires à ce feuillet moyen déformé. Cette hypothèse
sera suffisamment exacte si les déformations restent très
petites. Cela étant, les dilatations ∂_1 et ∂_2 des lignes droites
parallèles aux x et aux y sont proportionnelles aux distances
z de ces lignes au feuillet moyen et à la courbure $\frac{d^2 w}{dx^2}$ ou
$\frac{d^2 w}{dy^2}$ qu'affecte ce feuillet après la déformation. Ces dilatations sont d'ailleurs exprimées respectivement par $\frac{du}{dx}$ et
$\frac{dv}{dy}$. Nous écrirons donc

$$\partial_1 = \frac{du}{dx} = -z \frac{d^2 w}{dx^2}, \quad \text{et} \quad \partial_2 = \frac{dv}{dy} = -z \frac{d^2 w}{dy^2}.$$

D'autre part, nous avons établi les équations

$$N_1 = \lambda\,(\partial_1 + \partial_2 + \partial_3) + 2\mu\partial_1,$$
$$N_2 = \lambda\,(\partial_1 + \partial_2 + \partial_3) + 2\mu\partial_2,$$
$$N_3 = \lambda\,(\partial_1 + \partial_2 + \partial_3) + 2\mu\partial_3,$$
$$T_1 = \mu\left(\frac{dv}{dz} + \frac{dw}{dy}\right), \quad T_2 = \mu\left(\frac{dw}{dx} + \frac{du}{dz}\right), \quad T_3 = \mu\left(\frac{du}{dy} + \frac{dv}{dx}\right).$$

Supposons, enfin, et c'est hypothèse qui a été faite par tous les auteurs qui se sont occupés de cette question, que l'on ait, en tous les points de la plaque

$$N_3 = 0, \qquad T_1 = 0, \qquad T_2 = 0.$$

Les deux dernières de ces équations sont la conséquence de l'hypothèse que nous avons faite de la conservation des angles droits entre les lignes primitivement verticales et les feuillets auxquels elles ne cessent pas d'être perpendiculaires, la première exprime simplement que la répartition des efforts, sur les divers éléments de la plaque, se fait exactement comme s'il ne s'exerçait, entre les différents feuillets, aucune action normale verticale. Dans cette hypothèse, dont on trouvera la justification détaillée aux pages 696 et suivantes de la traduction française de *la Théorie de l'Élasticité* de Clebsch, on a, si $N_3 = 0$,

$$\partial_3 = -\frac{\lambda}{\lambda + 2\mu}\,(\partial_1 + \partial_2)$$

Substituant dans les expressions de N_1 et de N_2, elles deviennent

$$N_1 = \frac{2\mu}{\lambda + 2\mu}\,[2\,(\lambda + \mu)\,\partial_1 + \lambda\partial_2], \; N_2 = \frac{2\mu}{\lambda + 2\mu}\,[2\,(\lambda + \mu)\,\partial_2 + \lambda\partial_1.]$$

Et, en les différentiant, ainsi que la valeur de T_3 et en y mettant pour ∂_1, ∂_2 leurs valeurs en fonction de w, on obtient facilement,

$$\frac{d^2N_1}{dx^2} = -\frac{2\mu z}{\lambda + 2\mu}\left[2\,(\lambda + \mu)\frac{d^4w}{dx^4} + \lambda\frac{d^4w}{dx^2dy^2}\right]$$
$$\frac{d^2N_2}{dy^2} = -\frac{2\mu z}{\lambda + 2\mu}\left[2\,(\lambda + \mu)\frac{d^4w}{dx^4} + \lambda\frac{d^4w}{dx^2dy^2}\right]$$
$$\frac{d^2T_3}{dxdy} = -2\mu z\,\frac{d^4w}{dx^2dy^2}.$$

Alors ces trois différentielles sont exprimées en fonction de w, déplacement vertical des points du feuillet moyen, lequel est indépendant de z. Elles vont donc sortir du signe d'intégration, et l'équation (1) deviendra ainsi, après réduction,

$$- \frac{4\mu\,(\lambda + \mu)}{\lambda + 2\mu} \left(\frac{d^4w}{dx^4} + 2\,\frac{d^4w}{dx^2dy^2} + \frac{d^4w}{dy^4} \right) \int_{-\varepsilon}^{\varepsilon} z^2 dz + f(x,y) = 0$$

Or, $\int_{-\varepsilon}^{\varepsilon} z^2 dz = \dfrac{2\varepsilon^3}{2}$. Si l'on pose d'ailleurs, pour abréger,

$$\frac{4\mu\,(\lambda + \mu)}{\lambda + 2\mu} = A_1.$$

A_1 étant un coefficient d'élasticité propre aux plaques, on obtient l'équation

$$(2) \qquad \frac{d^4w}{dx^4} + 2\,\frac{d^4w}{dx^2dy^2} + \frac{d^4w}{dy^4} = \frac{3}{2A_1\varepsilon^3}\,f(x, y).$$

C'est l'équation différentielle cherchée. Lorsque $\lambda = \mu$, c'est-à-dire pour les corps dont l'isotropie est parfaite, $A_1 = \dfrac{16}{15}\,E$. Nous laisserons A_1 dans la formule, comme nous avons laissé plus haut le coefficient G après avoir montré son rapport avec celui E de l'extension longitudinale.

À cette équation différentielle générale, il faudra ajouter des équations définies destinées à exprimer les conditions qui doivent être satisfaites en des points déterminés de la plaque. Si, par exemple, la plaque est encastrée horizontalement en un certain point, on devra avoir, pour ce point, $\dfrac{dw}{dx} = 0$, et $\dfrac{dw}{dy} = 0$. Si elle est posée sur un cadre horizontal, on devra en tous les points de ce cadre, avoir $w = 0$ et, en outre, le moment fléchissant devra y être nul. Or, ce moment fléchissant, ou couple de flexion, peut, en chaque point, se décomposer en deux couples parallèles, l'un aux x, l'autre aux y, et ces deux couples ont pour expressions respectivement

$$M_x = \int_{-\varepsilon}^{\varepsilon} N_1 z\,dz, \qquad M_y = \int_{-\varepsilon}^{\varepsilon} N_2 z\,dz$$

ou bien, en mettant pour N_1 et N_2 leurs expressions précédentes et effectuant l'intégration

$$M_x = -\frac{2\varepsilon^3}{3}\left[A_1\frac{d^2w}{dx^2} + B_1\frac{d^2w}{dy^2}\right], \quad M_y = -\frac{2\varepsilon^3}{3}\left[A_1\frac{d^2w}{dy^2} + B_1\frac{d^2w}{dx^2}\right]$$

en appelant B_1 un nouveau coefficient $B_1 = \dfrac{2\mu\lambda}{\lambda + 2\mu}$. Pour les corps isotropes, ce coefficient $B_1 = \dfrac{4}{15}E = \dfrac{1}{4}A_1$.

274. Application aux plaques circulaires. — L'équation différentielle générale (2) peut se mettre sous la forme

$$\frac{d^2}{dx^2}\left(\frac{d^2w}{dx^2} + \frac{d^2w}{dy^2}\right) + \frac{d^2}{dy^2}\left(\frac{d^2w}{dx^2} + \frac{d^2w}{dy^2}\right) = \frac{3}{2A_1\varepsilon^3}f(x,y).$$

Si nous supposons la plaque soumise à une charge uniformément répartie sur sa face supérieure horizontale, $f(x, y)$ sera une constante égale à la charge p par unité superficielle. Si la plaque est circulaire de rayon a, l'intégration devient facile, parce que tous les points situés à une même distance r du centre se trouvent dans les mêmes conditions, c'est-à-dire que toutes les quantités variables sont indépendantes de l'angle α qui peut définir, avec r, la position d'un point quelconque de la plaque. On peut alors, en adoptant, dans le plan horizontal, les coordonnées polaires r, α, n'avoir plus, en réalité, qu'une seule variable à considérer.

Les équations de transformation de coordonnées

$$x = r\cos\alpha, \qquad y = r\sin\alpha,$$

donnent, en tenant compte de ce que les dérivées par rapport à α sont nulles,

$$\frac{dw}{dx} = \frac{dw}{dr}\cdot\frac{dr}{dx} = \frac{dw}{dr}\cos\alpha, \qquad \frac{dw}{dy} = \frac{dw}{dr}\cdot\frac{dr}{dy} = \frac{dw}{dr}\sin\alpha,$$

et

$$\frac{d^2w}{dx^2} = \frac{d^2w}{dr^2}\cos^2\alpha + \frac{dw}{dr}\cdot\frac{\sin^2\alpha}{r} \qquad \frac{d^2w}{dy^2} = \frac{d^2w}{dr^2}\sin^2\alpha + \frac{dw}{dr}\frac{\cos^2\alpha}{r}$$

et par suite

$$\frac{d^2w}{dx^2} + \frac{d^2w}{dy^2} = \frac{d^2w}{dr^2} + \frac{1}{r}\frac{dw}{dr} = \frac{1}{r}\frac{d}{dr}\left(\frac{rdw}{dr}\right).$$

L'équation différentielle générale prend alors la forme

$$\frac{1}{r}\frac{d}{dr}\left\{ r\frac{d}{dr}\left[\frac{1}{r}\frac{d}{dr}\left(\frac{rdw}{dr}\right)\right]\right\} = \frac{3p}{2A_1\varepsilon^3},$$

et son intégration devient des plus faciles. Les deux membres, multipliés par rdr et intégrés, donnent, en appelant C′ une constante à déterminer

$$r\frac{d}{dr}\left[\frac{1}{r}\frac{d}{dr}\cdot\left(\frac{rdw}{dr}\right)\right] = \frac{3pr^2}{4A_1\varepsilon^3} + C'.$$

De même, en divisant par r les deux termes et intégrant de nouveau

$$\frac{1}{r}\frac{d}{dr}\left(\frac{rdw}{dr}\right) = \frac{3pr^2}{8A_1\varepsilon^3} + C'\log\frac{r}{a} + C,$$

en appelant C une nouvelle constante. Il est facile de voir que, le premier membre étant la somme des courbures $\frac{d^2w}{dx^2} + \frac{d^2w}{dy^2}$ prises par la plaque dans deux sens rectangulaires, cette somme ne peut nulle part devenir infinie, ce qui correspondrait à un rayon de courbure nul, et qu'aussi la constante C′ doit être nulle, car, si elle subsistait, le second membre deviendrait infini pour $r = 0$. En l'effaçant, multipliant les deux membres par rdr et intégrant de nouveau, on obtient

$$r\frac{dw}{dr} = \frac{3pr^4}{32A_1\varepsilon^3} + \frac{Cr^2}{2},$$

sans qu'il y ait besoin d'ajouter de nouvelle constante qui donnerait $\frac{dw}{dr}$ infini pour $r = 0$. Divisant par r, intégrant de nouveau et déterminant la constante de manière que pour $r = a$, ou sur le contour de la plaque, on ait $w = 0$, on trouve enfin

$$(3) \qquad w = \frac{3p}{128A_1\varepsilon^3}(r^4 - a^4) + \frac{C}{4}(r^2 - a^2)$$

C'est l'équation de la surface de révolution affectée, après la déformation, par le feuillet moyen. Il reste à déterminer la constante C. Nous le ferons par l'application d'une des conditions rappelées plus haut, savoir que pour $r = a$, c'est-à-dire au contour, on ait,

Si la plaque est simplement posée, $M_x = 0$ et $M_y = 0$,

Si elle est encastrée $\quad\quad\quad\quad\quad \dfrac{dw}{dr} = 0$.

Dans la plaque circulaire les rayons de toutes les directions se trouvent dans les mêmes conditions, nous pouvons donc prendre comme axe des x un rayon quelconque et, si nous appelons M_r le moment de flexion parallèle à cet axe en un point quelconque, nous aurons son expression en mettant dans celle de M_x les valeurs des dérivées de w en fonction de r au lieu des dérivées en x et y; nous aurons ainsi

$$(4) \quad\quad M_r = -\frac{2\varepsilon^3}{3}\left[A_i\frac{d^2w}{dr^2} + B_i\frac{1}{r}\frac{dw}{dr}\right]$$

pour la valeur de ce moment en un point quelconque. Pour exprimer qu'il est nul au bord de la plaque, il suffira d'écrire

$$A_i\frac{d^2w}{dr^2} + B_i\frac{1}{r}\frac{dw}{dr} = 0, \quad \text{pour } r = a$$

Or, nous venons de trouver

$$\frac{dw}{dr} = \frac{3pr^3}{32A_i\varepsilon^3} + \frac{Cr}{2};$$

ous en déduisons

$$\frac{d^2w}{dr^2} = \frac{9pr^2}{32A_i\varepsilon^3} + \frac{C}{2}.$$

Par suite, l'équation qui nous donnera la constante C pour la plaque simplement posée sera

$$A_i\left(\frac{9pa^2}{32A_i\varepsilon^3} + \frac{C}{2}\right) + B_i\left(\frac{3pa^2}{32A_i\varepsilon^3} + \frac{C}{2}\right) = 0;$$

d'où nous tirerons

$$C = -\frac{3A_i + B_i}{A_i + B_i}\cdot\frac{3pa^2}{16A_i\varepsilon^3}.$$

Si la plaque est encastrée, la condition $\dfrac{dw}{dr} = 0$ pour $r = a$ nous donne

$$C = -\frac{3pa^2}{16A_1 \varepsilon^3}.$$

Substituant dans l'équation (3) nous obtenons : pour la plaque simplement posée :

$$(5) \quad w = \frac{3p}{64A_1\varepsilon^3}\left[\frac{r^4 - a^4}{2} - \frac{3A_1 + B_1}{A_1 + B_1}\cdot a^2(r^2 - a^2)\right]$$

et pour la plaque encastrée :

$$(6) \quad w = \frac{3p}{64A_1\varepsilon^3}\left[\frac{r^4 - a^4}{2} - a^2(r^2 - a^2)\right] = \frac{3pa^4}{128A_1\varepsilon^3}\left(1 - \frac{r^2}{a^2}\right)^2.$$

Si nous supposons la matière isotrope, c'est-à-dire $\lambda = \mu$, ou bien, comme il a été dit plus haut, $A_1 = \dfrac{16}{15}\, E$ et $B_1 = \dfrac{A_1}{4} = \dfrac{4}{15}\, E$, ces expressions deviennent pour la plaque simplement posée :

$$(7) \quad w = \frac{189pa^4}{2048E\varepsilon^3}\left(1 - \frac{26}{21}\frac{r^2}{a^2} + \frac{5}{21}\frac{r^4}{a^4}\right);$$

et pour la plaque encastrée :

$$(8) \quad w = \frac{45pa^4}{2048E\varepsilon^3}\left(1 - \frac{r^2}{a^2}\right)^2.$$

On doit remarquer que ε représente seulement la moitié de l'épaisseur de la plaque. Si on désigne par e cette épaisseur en posant $e = 2\varepsilon$, le dénominateur de chacune de ces expressions devient $256Ee^3$, au lieu de $2048E\varepsilon^3$.

Il est surtout intéressant de connaître la flèche prise par la plaque, ou la valeur de w pour $r = 0$. Si l'on représente par f et f_1 la valeur de la flèche dans la plaque posée et dans la plaque encastrée respectivement, on obtient :

$$(9) \quad f = \frac{189pa^4}{256Ee^3} \qquad\qquad f_1 = \frac{45pa^4}{256Ee^3}$$

et $\dfrac{f_1}{f} = \dfrac{45}{189} = \dfrac{5}{21}$. L'encastrement de la plaque diminue la flèche dans la proportion de 21 à 5.

Mais ce qu'il est plus intéressant de calculer, ce sont les conditions de résistance de la plaque. Si nous prenons la coupe méridienne de son feuillet moyen après la déformation et deux petites lignes perpendiculaires à ce feuillet, à l'unité de distance, leurs extrémités, aux faces supérieure ou inférieure de la plaque se seront rapprochées ou écartées d'une quantité mesurée par le produit de la demi-épaisseur ε par la courbure prise par la plaque en ce point, c'est-à-dire $\pm \varepsilon \dfrac{d^2 w}{dr^2}$. Et si R_0 représente la plus petite des deux charges de sécurité à l'extension ou à la compression de la matière qui forme la plaque, comme $\dfrac{R_0}{E}$ représente alors l'extension ou la compression produite par l'application de cette charge, on exprimera la condition de sécurité en posant l'inégalité

$$(10) \qquad \text{Maximum de } \pm \varepsilon \frac{d^2 w}{dr^2} < \frac{R_0}{E}.$$

Le maximum dont il s'agit est le maximum numérique.

Si nous mettons dans cette formule les valeurs de $\dfrac{d^2 w}{dr^2}$ que nous avons trouvées, nous aurons, pour la plaque simplement posée

$$(11) \qquad - \varepsilon \frac{d^2 w}{dr^2} = \frac{3p}{32 A_1 \varepsilon^2} \left[\frac{3 A_1 + B_1}{A_1 + B_1} a^2 - 3r^2 \right],$$

expression qui a son maximum numérique pour $r = 0$, c'est-à-dire au centre de la plaque. Si nous faisons pour A_1, B_1 les hypothèses relatives aux corps isotropes, nous avons alors pour l'équation de sécurité

$$(12) \qquad \frac{R_0}{E} > \frac{117}{512} \frac{pa^2}{E \varepsilon^2} \qquad \text{ou} \qquad \frac{117}{128} \frac{pa^2}{e^2} < R_0.$$

Pour la plaque encastrée, nous avons de même

$$(13) \qquad - \varepsilon \frac{d^2 w}{dr^2} = \frac{3p}{32 A_1 \varepsilon^2} \left[a^2 - 3r^2 \right].$$

Le maximum numérique du second membre se produit pour $r = a$, c'est-à-dire au pourtour de la plaque. L'équation de sécurité est alors

$$(14) \qquad \frac{R_0}{E} < \frac{45pa^2}{256E\epsilon^2}, \qquad\qquad \text{ou} \quad \frac{90}{128}\frac{pa^2}{e^2} < R_0.$$

On voit que l'encastrement des plaques permet d'augmenter, dans la proportion de 117 à 90 ou de 13 à 10, la charge uniformément répartie que peut supporter une plaque circulaire.

Les formules précédentes permettent de calculer l'épaisseur e de la plaque circulaire qui doit porter une charge p par unité superficielle. On a ainsi

$$(15) \quad \begin{cases} \text{Pour la plaque posée :} \ e > \sqrt{\dfrac{117}{128}}\, a \sqrt{\dfrac{p}{R_0}} = 0{,}956a\sqrt{\dfrac{p}{R_0}}, \\[2mm] \text{Pour la plaque encastrée :} \ e > \sqrt{\dfrac{90}{128}}\, a\sqrt{\dfrac{p}{R_0}} = 0{,}703a\sqrt{\dfrac{p}{R_0}}. \end{cases}$$

Dans les deux cas, l'épaisseur e ne dépend que du produit $a\sqrt{p}$ ou $\sqrt{pa^2}$, c'est-à-dire de la charge totale $p.\pi a^2$. Cela montre que la charge totale uniformément répartie que peut supporter une plaque circulaire est indépendante de son rayon.

Nous ne traiterons pas le cas de plaques portant une charge concentrée en un point unique. Ce problème, qui a été résolu pour des plaques d'épaisseur quelconque par Saint-Venant (voir traduction de *l'Élasticité des corps solides* de Clebsch, note du § 45), exige une analyse délicate qui a peu d'utilité pratique. Je me bornerai à en donner les résultats.

Si l'on désigne par P la charge unique placée au centre de la plaque circulaire, on trouve les formules suivantes pour le cas d'une plaque isotrope, c'est-à-dire en faisant $A_1 = \frac{16}{15} E$ et $B_1 = \frac{4}{15} E$.

Plaque simplement posée :

$$(16) \qquad w = \frac{117}{64}\frac{Pa^2}{\pi E e^3}\left(1 - \frac{r^2}{a^2} + \frac{10}{13}\frac{r}{a^2}\log\frac{r}{a}\right), \quad f = \frac{117Pa^2}{64\pi E e^3}$$

Plaque encastrée :

$$(17) \quad w = \frac{45}{64} \frac{Pa^2}{\pi E e^3}\left(1 - \frac{r^2}{a^2} + 2\frac{r^2}{a^2}\log\frac{r}{a}\right), \quad f = \frac{45Pa^2}{64\pi E e^3}$$

La comparaison de ces valeurs avec celles qui ont été trouvées plus haut pour une charge répartie montre que, pour une même charge totale $P = p.\pi a^2$, la concentration de la charge au centre de la plaque augmente la flèche dans la proposition de 21 à 52, lorsque la plaque est simplement posée, et dans la proportion de 1 à 4 lorsqu'elle est encastrée.

275. Plaques rectangulaires. — Pour les plaques rectangulaires, Navier a donné l'intégrale sous la forme d'une série double. Si l'on prend pour origine des coordonnées l'un des angles de la plaque, pour axe des x le côté de longueur a, et pour axe des y l'autre côté de longueur b, et si l'on suppose la plaque chargée uniformément sur toute son étendue d'un poids p par unité de surface, on a

$$(18) \quad z = \frac{24p}{\pi^6 A_1 \varepsilon^3} \sum_{m=1}^{m=\infty} \sum_{n=1}^{n=\infty} \frac{1}{mn} \frac{\sin\dfrac{m\pi x}{a}\sin\dfrac{n\pi y}{b}}{\left(\dfrac{m^2}{a^2}+\dfrac{n^2}{b^2}\right)^2},$$

m et n étant la série des nombres impairs $1, 3, 5, \ldots$, jusqu'à l'infini.

La flèche centrale f, ou la valeur de z pour $x = \dfrac{a}{2}$ et $y = \dfrac{b}{2}$, a pour expression

$$(19) \quad f = \frac{24p}{\pi^4 A_1 \varepsilon^2} \sum_{m=1}^{m=\infty} \sum_{n=1}^{n=\infty} \frac{1}{mn\left(\dfrac{m^2}{a^2}+\dfrac{n^2}{a^2}\right)^2}.$$

La plus grande courbure se produit au centre de la plaque et dans une direction parallèle au plus petit côté, à l'axe des x, par exemple, si nous supposons $a < b$. Elle a pour valeur

$$(20) \quad -\frac{d^2 z}{dx^2} = \frac{24p}{\pi^4 A_1 \varepsilon^3} \sum_{m=1}^{m=\infty} \sum_{n=1}^{n=\infty} \frac{m}{a^2 n} \frac{(-1)^{\frac{m-1}{2}}(-1)^{\frac{n-1}{2}}}{\left(\dfrac{m^2}{a^2}+\dfrac{n^2}{b^2}\right)^2}.$$

Ces séries sont heureusement très convergentes : par exemple, dans celle qui donne la flèche f, le second terme, correspondant à $m = 3$, $n = 1$, et le troisième, correspondant à $m = 1$, $n = 3$, ne sont que le $\dfrac{1}{75}$ du premier lorsque $a = b$; et le quatrième, correspondant à $m = 3$, $n = 3$ n'en est que le $\dfrac{1}{729}$. On peut donc, pour les applications pratiques, se borner au premier terme de chacune d'elles.

La surface affectée par le feuillet moyen fléchi aura donc approximativement pour équation

$$(21) \qquad z = \frac{24p}{\pi^6 A_1 \varepsilon^3} \frac{a^4 b^4}{(a^2 + b^2)^2} \sin \frac{\pi x}{a} \sin \frac{\pi y}{b}.$$

La flèche centrale, ou la valeur de z pour $x = \dfrac{a}{2}$, $y = \dfrac{b}{2}$ sera

$$(22) \qquad f = \frac{24}{\pi^6 A_1 \varepsilon^3} \cdot \frac{a^3 b^3}{(a^2 + b^2)^2} \cdot pab.$$

La plus grande courbure, au centre de la plaque et parallèlement à son plus petit côté a, aura pour expression

$$(23) \qquad -\frac{d^2 z}{dx^2} = \frac{24}{\pi^4 A_1 \varepsilon^3} \cdot \frac{ab^3}{(a^2 + b^2)^2} \cdot pab.$$

Cette plus grande courbure, étant multipliée par la demi-épaisseur ε de la plaque, donne la dilatation maximum au point le plus fatigué, et c'est cette dilatation maximum qui doit, pour la sécurité, rester inférieure au rapport $\dfrac{R_0}{E}$ de la charge limite R_0 au coefficient d'élasticité E de la matière. Nous aurons donc, pour l'équation de résistance de la plaque rectangulaire de côtés a, b, a étant $< b$,

$$(24) \qquad \frac{24}{\pi^4 A_1 \varepsilon^2} \frac{ab^3}{(a^2 + b^2)^2} \cdot pab \leqq \frac{R_0}{E}.$$

Lorsque $A_1 = \dfrac{16}{15} E$, ou que le corps est isotrope, cette équation devient

$$(25) \qquad \frac{90}{\pi^4 (2\varepsilon)^2} \frac{ab^3}{(a^2 + b^2)^2} \cdot pab \leqq R_0;$$

d'où, pour l'épaisseur $e = 2\varepsilon$ de la plaque,

$$(26) \quad e \geqq \frac{3\sqrt{10}}{\pi^2}\, b \cdot \frac{ab}{a^2 + b^2}\sqrt{\frac{p}{R_0}} = 0,96\, b \cdot \frac{ab}{a_2 + b^2}\sqrt{\frac{p}{R_0}}.$$

L'équation de résistance (24) peut se mettre sous la forme

$$(27) \qquad \frac{24}{\pi^4 A_1 \varepsilon^2}\, \frac{\dfrac{b^3}{a^3}}{\left(1 + \dfrac{b^2}{a^2}\right)^2} \cdot pab \leqq \frac{R_0}{E}.$$

On voit alors que la charge totale pab, que peut supporter avec sécurité une plaque rectangulaire, ne dépend que du rapport $\dfrac{b}{a}$ de ses côtés et nullement de leur grandeur absolue.

Cette remarque, analogue à celle que nous avons faite plus haut pour les plaques circulaires, avait été énoncée par Mariotte dès 1686 ([1]), pour les plaques carrées.

Si, au lieu d'une charge uniformément répartie sur toute l'étendue de la plaque rectangulaire, celle-ci n'a à supporter qu'un poids unique P, placé en son centre, les conditions de la flexion se déterminent de même par des séries doubles très convergentes dont on peut se borner généralement à conserver les premiers termes.

Voici les principaux résultats approximatifs que l'on obtient ainsi :

[1] Le même poids, dit Mariotte (*Œuvres complètes*, édition de la Haye, 1740, p. 467), distribué sur toute l'étendue d'un carré plat de bois sec ou de verre, posé sur un cadre, et qui le rompra, rompra tout autre carré de même épaisseur, de quelque largeur qu'il soit.

Il le démontre par ce théorème que les poids uniformément distribués capables de rompre deux tringles ou règles de même matière, largeur et épaisseur, posées à leurs extrémités, sont en raison inverse de leurs longueurs. D'où il suit que, si l'on a deux plaques carrées dont l'une ait son côté double de celui de l'autre, et si l'on y taille, vers le milieu, des bandes d'égale largeur, la bande du plus grand rompra sous un poids moitié moindre que ne fera celle du plus petit ; mais si, par compensation, la bande du plus grand a une largeur double, elles rompront toutes deux sous la même charge totale. Il en sera de même, ajoute-t-il, si, au lieu d'une seule bande dans chaque plaque, il y en a deux qui se croisent à angles droits et si dans les deux sens, on en ajoute d'autres de part et d'autre de celles-là, etc. D'où le théorème énoncé, ou ce qu'il fallait démontrer.

L'assimilation d'une plaque à deux systèmes croisés de règles jointives manque sans doute d'exactitude, mais on comprend que néanmoins la conclusion puisse être juste.

La surface affectée par le feuillet moyen a pour équation

$$z = \frac{6P}{\pi^4 A_1 abe^3} \frac{a^4 b^4}{(a^2 + {}^2b^2)^2} \cdot \sin \frac{\pi x}{a} \sin \frac{\pi y}{b}.$$

La flèche centrale f' a pour valeur

$$(28) \qquad f' = \frac{6(1 - \eta^2)}{\pi^4 A_1 \varepsilon^3} \cdot \frac{a^3 b^3}{(a^2 + b^2)^2} \cdot P.$$

Pour une même charge $P = pab$, on voit que la flèche est augmentée, par la concentration de la charge, dans la proportion de 4 à π^2 ou sensiblement de 2 à 5.

Enfin, l'équation de résistance est, en supposant toujours $a < b$,

$$(29) \qquad \frac{6}{\pi^2 A_1 \varepsilon^2} \cdot \frac{ab^3}{(a^2 + b^2)^2} \cdot P \leq \frac{R_0}{E}.$$

Comme dans le cas de la charge répartie, le poids total que peut supporter, en son centre, une plaque rectangulaire, ne dépend que du rapport de ses côtés et non pas de la grandeur absolue de leurs dimensions. Cette équation, lorsqu'on suppose le corps isotrope, donne, pour l'épaisseur $e = 2\varepsilon$ à adopter pour une plaque rectangulaire chargée en son centre d'un poids P

$$(30) \qquad e \geq \frac{3\sqrt{10}}{2\pi} \frac{b\sqrt{ab}}{a^2 + b^2} \sqrt{\frac{P}{R_0}} = 1{,}51 \sqrt{\frac{a}{b}} \frac{1}{\frac{a^2}{b^2} + 1} \sqrt{\frac{P}{R_0}}.$$

Toutes ces formules s'appliquent, bien entendu, aux plaques carrées : il suffit d'y faire $a = b$.

276. Résultats expérimentaux.

— Des expériences sur la flexion des plaques minces ont été poursuivies, depuis 1889, par M. Bach, professeur à l'École supérieure technique de Stuttgart. Il a opéré sur des plaques à contour circulaire, elliptique et rectangulaire en fonte ou en acier fondu. Il a trouvé pour les flèches correspondant à des charges variables, des grandeurs comprises entre celles que donneraient les formules relatives à la simple pose et celles relatives à l'encastrement ; ces résultats, dit M. Walkenaer, à qui j'emprunte ce compte rendu, n'ont rien que de très naturel, car on conçoit que le serrage de la plaque sur ses bords, eu égard au dispositif adopté, n'ait pour effet ni de maintenir invariablement horizontales les tangentes aux méridiennes des feuillets de la plaque, ni de les laisser absolument libres de s'incliner.

La courbe représentant les flèches présente, dans le voisinage de l'origine, une concavité notable, c'est-à-dire que les flèches ont, presque immédiatement, un accroissement beaucoup plus rapide que les charges auxquelles elles redeviennent, un peu plus tard, à peu près proportionnelles. Cela tiendrait sans doute, d'après M. Walkenaer, à ce que la résistance partielle opposée par l'assemblage de la plaque au mouvement angulaire de son feuillet moyen sur les bords a d'autant moins d'influence sur la flèche centrale que la pression est plus forte.

Quoi qu'il en soit, on peut regarder ces expériences comme donnant des résultats qui ne présentent pas de désaccord notable avec les formules théoriques, avec lesquelles, au contraire, elles paraissent s'accorder assez bien tout à fait au commencement de la flexion, c'est-à-dire quand les déformations sont encore très petites.

Il ne faut pas perdre de vue, en effet, que les inductions fondées sur la théorie, quelles qu'elles soient, ne s'appliquent que dans le régime des très petites déformations pour lesquelles les tensions maxima restent franchement en deçà de la limite de l'élasticité. Elles sont, à plus forte raison, inapplicables au cas de la rupture, et il n'y a rien à conclure contre elles des valeurs inadmissibles qu'on trouverait en les résolvant pour ce cas [1].

---

[1] Par des considérations ingénieuses qu'il a développées dans les *Annales des Ponts et Chaussées*, 1887, 2ᵉ semestre, page 704, M. Galliot a trouvé la relation approximative suivante entre la charge p par unité superficielle d'une plaque d'épaisseur e, de dimensions a et b, $(a < b)$, et la flèche f prise par cette plaque :

$$p = 32 E e f \left(\frac{1}{a^4} + \frac{1}{b^4} \right) \left(e^2 + \frac{8}{27} f^2 \right),$$

et la suivante qui donne l'effort moléculaire maximum R_m au point le plus chargé

$$R_m = \frac{4 E f}{a^2} \left(\frac{2}{3} f + e \right).$$

L'analyse de M. Galliot peut prêter à la critique et les coefficients qui

§ 2

PORTES D'ÉCLUSES

277. Indication de la méthode approximative ordinaire. — Les portes d'écluses sont généralement constituées par des entretoises horizontales, appuyées à leurs deux extrémités soit sur le chardonnet et l'enclave, lorsqu'il n'y a qu'un seul vantail, soit sur le chardonnet et le poteau busqué, lorsqu'il y a deux vantaux busqués. Ces entretoises, plus ou moins espacées, sont recouvertes, du côté d'amont, par un bordage que nous supposerons constitué par des aiguilles ou pièces verticales jointives.

Lorsque l'on fait abstraction de la résistance du bordage à la flexion, ce qui est suffisamment approximatif dans les portes de petite dimension, ou dans celles où le bordage est formé par une tôle mince, on peut regarder chaque entretoise comme supportant la pression de l'eau correspondant à la hauteur comprise entre les deux lignes horizontales qui divisent, en deux parties égales, les distances aux entretoises voisines. Cette pièce est alors assimilable à une poutre appuyée ou encastrée à ses deux extrémités, suivant le mode d'assemblage adopté, et soumise à une charge uniformément répartie suivant sa longueur. Le calcul de ses dimensions

figurent dans ses formules sont très discutables. Sans modifier beaucoup ses raisonnements, on arrive à trouver que l'on peut substituer au terme $\frac{8}{27} f^2$ de la première formule, celui, plus simple, de $\frac{f^2}{4}$ et au terme $\frac{2}{3} f$ de la seconde, le terme $\frac{1}{2} f$. Les formules peuvent alors s'écrire

$$p = 32 Eef \left(\frac{1}{a^4} + \frac{1}{b^4} \right) \left(e^2 + \frac{f^2}{4} \right), \qquad R_m = \frac{4Ef}{a^2} \left(e + \frac{f}{2} \right),$$

et sous cette forme plus simple elles paraissent s'accorder mieux que les précédentes avec les résultats des expériences de M. Galliot. Peut-être même y aurait-il avantage, à ce point de vue, à adopter $\frac{1}{5}$ au lieu de $\frac{1}{4}$ pour le coefficient de f^2 de la première formule.

On peut, avec ces formules, calculer l'épaisseur e que doit avoir une plaque de dimensions a, b, données pour supporter une charge p, avec un effort maximum R au point le plus chargé. Le calcul est laborieux, le lecteur en trouvera un exemple dans le mémoire cité de M. Galliot.

ne présente alors rien de particulier, non plus que celui du bordage, dont l'épaisseur se règle alors plutôt par des considérations relatives à l'usure des matériaux employés qu'à la résistance proprement dite à la pression exercée par l'eau.

Mais ce procédé simple de calcul n'est plus suffisant lorsque la résistance du bordage à la flexion n'est pas négligeable. La question devient alors beaucoup plus compliquée. Nous allons indiquer, d'après M. Lavoinne (*Ann. des P. et Ch.*, 1867, 1ᵉʳ sem.), comment on peut la traiter. Nous résumerons son remarquable travail en n'en conservant que les parties indispensables et en y renvoyant pour tout ce qui n'aura pas trouvé place ici.

278. Équations différentielles générales de la flexion, dans l'hypothèse de Lavoinne. —

Supposons que les entretoises soient, comme le bordage, formées de pièces jointives. Admettons que ces pièces, verticales dans le bordage, horizontales dans les entretoises, soient en nombre infini et infiniment étroites dans le sens perpendiculaire à leur longueur, de manière que leur flexion puisse s'opérer isolément et indépendamment les unes des autres.

Prenons pour origine des coordonnées l'un des angles supérieurs de la porte, pour axe des x son côté supérieur OA

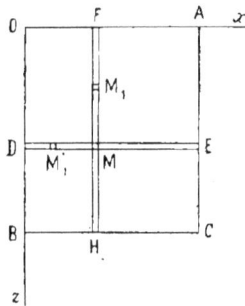

Fig. 245.

et pour axe des z l'un de ses côtés latéraux OB (*fig.* 245). Soit $2a = $ OA la longueur commune de toutes les entretoises et $b = $ OB la hauteur de la porte. Nous négligeons le poids de toutes les pièces et nous supposons que la porte est exclusivement soumise à une charge produite par la pression de l'eau agissant sur toute la hauteur et d'un seul côté.

Appelons :

x et z les coordonnées DM, FM d'un point quelconque M;

y la flèche commune du bordage et de l'entretoise en ce

point, c'est-à-dire la quantité dont il s'est déplacé horizontalement sous l'action de la charge;

π la réaction qui s'exerce en ce point entre l'entretoise et le bordage rapportée à l'unité de surface;

i_a le moment d'inertie des entretoises, pour l'unité de hauteur;

i_b celui du bordage, pour l'unité de largeur;

E_a, E_b les coefficients d'élasticité de la matière constituant respectivement les entretoises et le bordage;

p le poids spécifique de l'eau qui produit la pression sur la porte, de sorte que la pression au point M, par unité de surface, soit pz.

Considérons l'élément d'entretoise DE de hauteur dz; nous pouvons l'assimiler à une poutre de longueur $2a$, appuyée à ses deux extrémités et supportant, aux divers points de sa longueur, une charge πdz par unité de longueur, π étant une fonction encore inconnue de x. Cette poutre étant d'ailleurs symétriquement chargée, chacun des appuis D et E exerce une réaction égale à la moitié de la charge totale, soit à $dz \int^a \pi dx$.

Sur un élément M'$_1$ quelconque de cette entretoise, dont l'abscisse DM'$_1 = x_1$ et dont la longueur est dx_1, la charge sera $\pi dz dx_1$, et le moment de cette charge par rapport au point M dont l'abscisse est x sera $\pi (x - x_1) dz dx_1$; la somme de tous les moments analogues pour tous les éléments compris entre D et M sera $\int_0^x \pi (x - x_1) dz dx_1$, et le moment fléchissant au point M, qui est la différence entre cette somme et le moment de la réaction de l'appui D, dont le bras de levier est x, aura pour expression

$$dz \int_0^x \pi (x - x_1) \, dx_1 - x dz \int_0^a \pi dx.$$

D'un autre côté, le moment d'inertie de cet élément d'entretoise est $i_a dz$; on a donc, pour l'équation différentielle de la courbe affectée par sa fibre neutre déformée

$$(1) \quad E_a i_a dz \frac{d^2y}{dx^2} = dz \int_0^x \pi (x - x_1) \, dx_1 - x dz \int_0^a \pi dx.$$

dx, facteur commun à tous les termes, peut être supprimé, mais nous pouvons faire subir, à cette équation, une autre transformation. Nous avons identiquement

$$\int_0^x \pi (x - x_1) \, dx_1 = \int_0^x \pi x \, dx_1 - \int_0^x \pi x_1 \, dx_1 = x \int_0^x \pi \, dx - \int_0^x \pi x \, dx,$$

$$\int_0^x \pi x \, dx = x \int_0^x \pi \, dx - \int_0^x dx \int_0^x \pi \, dx;$$

donc

$$(2) \qquad \int_0^x \pi (x - x_1) \, dx_1 = \int_0^x dx \int_0^x \pi \, dx.$$

L'équation différentielle ci-dessus peut ainsi s'écrire :

$$(3) \quad E_a i_a \frac{d^2 y'}{dx^2} = \int_0^x dx \int_0^x \pi \, dx - x \int_0^a \pi \, dx = \int_0^x dx \int_a^x \pi \, dx.$$

En l'intégrant deux fois et remarquant que, pour $x = a$, on doit avoir $\frac{dy}{dx} = 0$ et que pour $x = 0$, $y = 0$, on a

$$(4) \qquad y = \frac{1}{E_a i_a} \int_0^x dx \int_a^x dx \int_0^x dx \int_a^x \pi \, dx.$$

Considérons maintenant l'élément de bordage FH de largeur dx. C'est une poutre dont le moment d'inertie est $i_0 dx$ et qui supporte, par unité de surface, d'un côté la pression de l'eau pz, de l'autre la réaction des entretoises π. Sur un élément quelconque M_1 compris entre F et M, ayant une ordonnée $FM_1 = z_1$ et une superficie $dx dz_1$, la charge supportée par le bordage sera la différence $(pz - \pi) \, dx dz_1$. Le moment de cette pression par rapport au point M s'obtiendra en la multipliant par son bras de levier $(z - z_1) = MM_1$, et la somme de tous les moments des forces analogues, s'exerçant sur les éléments compris entre F et M, sera

$$\int_0^z (pz - \pi) \, (z - z_1) \, dx dz_1.$$

Cette somme sera le moment fléchissant au point M, car les extrémités F et H de cette sorte de poutre ne supportent pas d'autre réaction que celle π des entretoises ;

nous aurons donc, pour l'équation différentielle définissant la flexion de ce bordage,

$$E_b i_b dx \frac{d^2 y}{dz^2} = dx \int_0^z (pz - \pi)(z - z_1) dz_1.$$

Supprimant le facteur commun dx, et faisant subir à l'intégrale du second membre la même transformation que celle que nous venons d'opérer pour l'entretoise, et qui est résumée par l'équation (2), nous obtenons

$$(5) \qquad E_b i_b \frac{d^2 y}{dz^2} = \int_0^z dz \int_0^z (pz - \pi) dz.$$

Intégrant deux fois, ayant égard à ce que, pour $z = b$, y doit être égal à zéro, et désignant par $\varphi(x)$ une fonction de x, indépendante de z, nous avons

$$(6) \qquad y = \frac{1}{E_b i_b} \left[\int_b^z dz \int_0^z dz \int_0^z dz \int_0^z (pz - \pi) dz + (z - b) \varphi(x) \right].$$

En égalant ce déplacement horizontal du point quelconque M du bordage à celui que nous avons trouvé plus haut pour le même point de l'entretoise, nous aurons l'équation générale du problème

$$(7) \qquad \frac{1}{E_a i_a} \int_0^x dx \int_0^x dx \int_0^z dx \int_0^x \pi dx$$
$$= \frac{1}{E_b i_b} \left[\int_b^z dz \int_0^z dz \int_0^z dz \int_0^z (pz - \pi) dz + (z - b) \varphi(x) \right].$$

Différentions deux fois par rapport à x et deux fois par rapport à z chacun des deux membres de cette équation, puis trois fois, puis quatre fois; nous aurons, en posant pour abréger $\frac{E_a i_a}{E_b i_b} = \tau$, τ étant un nombre abstrait mesurant le rapport de la résistance à la flexion, ou de la raideur du système horizontal des entretoises au système vertical du bordage

$$(8) \qquad \int_0^x dx \int_a^x \frac{d^2 \pi}{dz^2} dx = - \tau \int_0^z dz \int_0^z \frac{d^2 \pi}{dx^2} dz,$$

$$(9) \qquad \int_a^{z} \frac{d^3\pi}{dz^3}\, dx = -\,\tau \int_0^{x} \frac{d^3\pi}{dx^3}\, dz,$$

$$(10) \qquad \frac{d^4\pi}{dz^4} = -\,\tau \frac{d^4\pi}{dx^4}.$$

A ces équations il faut joindre celle qui exprime que la somme des moments de toutes les forces qui agissent sur un élément de bordage, pris par rapport au seuil, est nulle, c'est-à-dire

$$dx \int_0^{b} (pz - \pi)\,(b - z)\, dz = 0,$$

ou bien

$$(11) \qquad \int_0^{b} \pi\,(b - z)\, dz = \int_0^{b} pz\,(b - z)\, dz = \frac{1}{6}\, pb^3.$$

279. Intégration de ces équations. — Pour satisfaire à l'équation aux dérivées partielles (10), M. Lavoinne pose

$$\pi = \chi\,(z) + \Sigma F\,(\alpha x)\, f\,(\beta z),$$

$\chi\,(z)$ étant une fonction de z à déterminer, $F\,(\alpha x)$ et $f\,(\beta z)$ étant les fonctions suivantes

$$(12)\ F(\alpha x) = 2\, \frac{\cos\alpha\coh\alpha\cos\alpha\dfrac{x-a}{a}\coh\alpha\dfrac{x-a}{a} - \sin\alpha\sih\alpha\sin\alpha\dfrac{x-a}{a}\sih\alpha\dfrac{x-a}{a}}{\cos 2\alpha + \coh 2\alpha},$$

$$(13)\quad f\,(\beta z) = A \cos\beta\,\frac{z}{b} + B \sin\beta\,\frac{z}{b} + C \coh\beta\,\frac{z}{b} + D \sih\beta\,\frac{z}{b};\ (1)$$

et la somme Σ étant celle de tous les produits, en nombre infini, des valeurs que prennent les fonctions F et f pour les valeurs des arguments α et β que nous définirons plus loin.

---

(1) Nous avons substitué, aux exponentielles employées par M. Lavoinne, les sinus, cosinus et tangente hyperboliques, définis, comme on le sait, par les équations $\sih u = \dfrac{e^u - e^{-u}}{2}$; $\coh u = \dfrac{e^u + e^{-u}}{2}$, $\tah u = \dfrac{e^u - e^{-u}}{e^u + e^{-u}}$.

Cette modification donne plus de symétrie aux formules. Nous avons substitué aussi, aux arguments α et β de M. Lavoinne, les quantités $\dfrac{\alpha}{a}$ et $\dfrac{\beta}{b}$, ce qui rend, comme on verra, β indépendant de b.

A, B, C, D sont des constantes, c'est-à-dire des nombres indépendants de x et de z et qui ne dépendent que de l'argument β.

On vérifie facilement que, pour satisfaire aux équations (8), (9), 10) et (11), il faut poser

(14) $\chi(z) = P + Qz$, (15) $\dfrac{P}{2} + \dfrac{Qb}{6} = \dfrac{1}{6} pb$, (16) $a^4\beta^4 = 4\tau\alpha^4 b^4$,

(17) $\quad -A\cos\beta - B\sin\beta + C\coh\beta + D\sih\beta = 0$,

(18) $\quad -B + D = 0$, (19) $\quad -A + C = 0$.

Enfin, on vérifie aussi que l'équation fondamentale (7) est satisfaite si l'on pose, outre ces conditions, les suivantes

(20) $\qquad\qquad P + Qb = 0$,

(21) $\quad \varphi(x) = -\dfrac{P}{b\tau}\left[\dfrac{(x-a)^4 - a^4}{1.2.3.4.} - \dfrac{a^2(x-a)^2 - a^4}{1.2.1.2.}\right]$,

(22) $\quad A\cos\beta + B\sin\beta + C\coh\beta + D\sih\beta = 0$,

(23) $\displaystyle\sum\int_0^z dz \int_0^x dz \int_0^x dz \int_0^z f(\beta z) = (p - Q)\dfrac{z^5 - b^5}{1.2.3.4.5} - P\dfrac{z^4 - b^4}{1.2.3.4}.$

Les équations (15) et (20) donnent immédiatement

$$P - \frac{1}{2} pb, \qquad Q = -\frac{1}{2} p;$$

ce qui définit la fonction $\chi(z)$, laquelle est ainsi

(24) $\qquad\qquad \chi(z) = \dfrac{1}{2} p(b - z).$

Il s'agit de déterminer maintenant les arguments α et β ou plutôt l'un des deux, puisque l'autre s'en déduira par l'équation (16). Les équations (17) et (22) conduisent à

(25) $\qquad\qquad \tan\beta = \tah\beta$,

équation transcendante qui nous donnera toutes les valeurs de β, en nombre infini. Nous allons les déterminer.

Comme la tangente hyperbolique $\tah\beta$ est toujours positive et comprise entre 0 et 1, cette équation ne peut être satisfaite que par des valeurs de β dont la tangente trigonométrique, $\tan\beta$ est positive et au plus égal à 1, c'est-à-dire par β compris entre 0 et $\frac{\pi}{4}$, entre π et $\frac{5\pi}{4}$, entre 2π et $\frac{9\pi}{4}$, ... entre $n\pi$ et $\frac{(4n+1)\pi}{4}$. Dans le premier intervalle on n'a tang β = tah β que pour $\beta = 0$, car, pour toute autre valeur de β, la tangente circulaire est supérieure à la tangente hyperbolique.

Dans le deuxième intervalle on a tang $\frac{5\pi}{4} = 1$, tah $\frac{5\pi}{4} = 0,99922$,

Dans le troisième . . . . . tang $\frac{9\pi}{4} = 1$, tah $\frac{9\pi}{4} = 0,999998$,

etc.; d'où il suit que l'on peut prendre pour racines, avec un degré suffisant d'approximation,

$$(26) \quad \begin{cases} \beta_1 = \frac{5\pi}{4} = 3,927 \;; \; \beta_2 = \frac{9\pi}{4} = 7,069 \;; \; \beta_3 = \frac{13\pi}{4} = 10,210 \;; \\ \beta_4 = \frac{27\pi}{4} = 133,52, \text{ etc.} \\ \text{et, par suite,} \quad \text{tang }\beta_1 = \text{tang }\beta_2 = \text{tang }\beta_3 = \dots = 1. \end{cases}$$

Ces valeurs de β donnent les valeurs correspondantes de α, au moyen de l'équation (16) $\alpha = \frac{a}{b}\beta\sqrt[4]{\frac{1}{4\tau}}$. On calculera ainsi α_1, α_2, α_3, ...

Il ne reste plus, pour avoir complètement déterminé la valeur de π, qu'à trouver les valeurs des quatre coefficients A, B, C, D. Les équations (18 et (19) qui donnent C = A et D = B réduisent à deux le nombre des inconnues. Les équations (17 et (22) donnent

$$\frac{B}{A} = -\frac{1}{\text{tang }\beta},$$

soit, en tenant compte des valeurs, (26)

$$B = -A, \quad C = A, \quad D = B = -A.$$

La fonction $f(\beta z)$ n'a donc plus qu'un seul coefficient indéterminé et peut s'écrire

$$f(\beta z) = A\left[\cos\beta\,\frac{z}{b} - \sin\beta\,\frac{z}{b} + \text{coh}\,\beta\,\frac{z}{b} - \text{sih}\,\beta\,\frac{z}{b}\right].$$

Pour déterminer les valeurs de ce coefficient A, différentions quatre fois de suite par rapport à z les deux membres de l'équation (23) : nous aurons

$$\Sigma f(\beta z) = (p - Q) z - P = \frac{1}{2} p (3z - b),$$

équation qui, en désignant par A_1, A_2, A_3, ..., les valeurs successives de A, équivaut à

$$A_1 \left(\cos \beta_1 \frac{z}{b} - \sin \beta_1 \frac{z}{b} + \coh \beta_1 \frac{z}{b} - \sih \beta_1 \frac{z}{b} \right) +$$

$$+ A_2 \left(\cos \beta_2 \frac{z}{b} - \sin \beta_2 \frac{z}{b} + \coh \beta_2 \frac{z}{b} - \sih \beta_2 \frac{z}{b} \right) +$$

$$+ A_3 \left(\cos \beta_3 \frac{z}{b} - \sin \beta_3 \frac{z}{b} + \coh \beta_3 \frac{z}{b} - \sih \beta_3 \frac{z}{3} \right) + ... = \frac{1}{2} p (3z - b).$$

Les valeurs inconnues A_1, A_2, ..., doivent être telles que cette équation soit satisfaite pour toutes les valeurs de z.

Si nous supposons que le premier membre de cette équation soit développé suivant les puissances croissantes de z, d'après la formule connue de Mac-Laurin, les coefficients de ces puissances successives, à un facteur numérique près, ne seront autres que les dérivées successives du premier membre où l'on aura fait $z = 0$. Si donc les coefficients A_1, A_2, ..., sont tels que, pour $z = 0$, ces dérivées successives du premier membre soient égales à celles du second membre, on sera assuré que l'équation sera identiquement satisfaite pour les valeurs de z.

Or, pour $z = 0$, chaque parenthèse de l'équation ci-dessus devient égal à 2, et le second membre à $-\frac{1}{2} pb$.

En la différentiant une première fois par rapport à z, chaque parenthèse du premier membre, affectant alors les coefficients $A_1 \frac{\beta_1}{b}$, $A_2 \frac{\beta_2}{b}$, ... est, pour $z = 0$, égale à -2, et le second membre à $\frac{3}{2} p$.

Toutes les dérivées suivantes du second membre sont identiquement nulles ; les parenthèses du premier membre deviennent aussi zéro, pour la deuxième et la troisième dérivée. La quatrième et la cinquième donnent respectivement $+2$ et -2, et ainsi de suite, et l'on a ainsi, en divisant par 2 et multipliant par b, b^4, b^3, ...,

$$A_1 + A_2 + A_3 + A_4 + \ldots = -\frac{1}{4}\,pb,$$

$$A_1\beta_1 + A_2\beta_2 + A_3\beta_3 + A_4\beta_4 + \ldots = -\frac{3}{4}\,pb,$$

$$A_1\beta_1^4 + A_2\beta_2^4 + A_3\beta_3^4 + A_4\beta_4^4 + \ldots = 0,$$

$$A_1\beta_1^5 + A_2\beta_2^5 + A_3\beta_3^5 + A_4\beta_4^5 + \ldots = 0,$$

$$A_1\beta_1^8 + A_2\beta_2^8 + A_3\beta_3^8 + A_4\beta_4^8 + \ldots = 0,$$

$$A_1\beta_1^9 + A_2\beta_2^9 + A_3\beta_3^9 + A_4\beta_4^9 + \ldots = 0,$$

système d'équations du premier degré, en nombre infini, servant à déterminer les coefficients A_1, A_2, A_3, ..., etc.

La résolution de ces équations ne peut évidemment se faire que par approximations successives ; on peut, par exemple, prendre d'abord les deux premières équations en n'y conservant que les inconnues A_1, A_2, puis les quatre premières équations avec des inconnues A_1, A_2, A_3, et ainsi de suite.

On reconnaîtra que l'approximation est suffisante lorsque, en prenant deux équations de plus, les valeurs trouvées pour les inconnues ne diffèrent pas sensiblement de celles que l'on avait calculées d'abord. Nous n'effectuerons pas ce calcul, et nous nous bornerons à donner, sans les vérifier, les valeurs trouvées par M. Lavoinne pour les quatre premiers coefficients :

$$A_1 = -0,353\,pb, \quad A_2 = 0,135\,pb, \quad A_3 = -0,044\,pb, \quad A_4 = 0,009\,pb.$$

Les valeurs de A_1, A_2, A_3, ... sont alternativement positives et négatives et indéfiniment décroissantes ; elles forment donc une série convergente.

Tout est connu maintenant, dans l'expression de π, et si nous représentons, pour abréger, par $f_1(\beta z)$ la fonction

$$f_1(\beta z) = \cos\beta\frac{z}{b} - \sin\beta\frac{z}{b} + \coh\beta\frac{z}{b} - \sih\beta\frac{z}{b}.$$

la fonction $F(\alpha x)$ ayant la signification définie par l'équation (12), nous aurons :

$$(27)\quad \pi = \frac{1}{2}p(b-z) - pb\left[\begin{array}{l} 0,353F(\alpha_1 x)f_1(\beta_1 z) - 0,135F(\alpha_2 x)f_1(\beta_2 z) \\ +0,044F(\alpha_3 x)f_1(\beta_3 z) - 0,009F(\alpha_4 x)f_1(\beta_4 z) \end{array}\right].$$

β_1, β_2, β_3, β_4, ayant les valeurs (26), et les α étant

$$\alpha_1 = 3{,}927 \frac{a}{b} \sqrt[4]{\frac{1}{4\tau}}, \qquad \alpha_2 = 7{,}069 \frac{a}{b} \sqrt[4]{\frac{1}{4\tau}},$$

$$\alpha_3 = 10{,}210 \frac{a}{b} \sqrt[4]{\frac{1}{4\tau}}, \qquad \alpha_4 = 13{,}352 \frac{a}{b} \sqrt[4]{\frac{1}{4\tau}}.$$

Remarquons, d'ailleurs, que a, b et τ étant constants pour une porte donnée, les α sont proportionnels aux β et que chacun d'eux s'exprime en fonction du premier de sa série, de la manière suivante

$$\beta_1 = \frac{5\pi}{4}, \quad \beta_2 = \frac{9}{5}\beta_1, \quad \beta_3 = \frac{13}{5}\beta_1, \quad \beta_4 = \frac{17}{5}\beta_1, \ldots$$

$$\alpha_1 = \alpha_1, \quad \alpha_2 = \frac{9}{5}\alpha_1, \quad \alpha_3 = \frac{13}{5}\alpha_1, \quad \alpha_4 = \frac{17}{5}\alpha_1, \ldots$$

Les nombres β sont les mêmes pour toutes les portes d'écluses; les nombres α dépendent, au contraire, des dimensions de la porte.

Le coefficient α_1 duquel dépendent tous les autres α, et dont la valeur définit en quelque sorte une porte donnée, a pour expression

$$\alpha_1 = 3{,}927 \frac{a}{b} \sqrt[4]{\frac{E_b i_b}{4 E_a i_a}}.$$

Les valeurs de $f(\beta z)$, pour les valeurs croissantes de β, restent toujours finies, tandis que celles de $F(\alpha x)$, pour les valeurs croissantes de α, décroissent indéfiniment; comme il en est de même des coefficients numériques A_1, A_2, ..., la série qui exprime π est rapidement convergente et donnera la valeur de π avec une approximation aussi grande qu'on le voudra.

280. Calcul du moment fléchissant dans le bordage.

— Cette expression générale de π permet de calculer le moment fléchissant maximum soit dans le bordage, soit dans les entretoises.

Nous avons vu plus haut que le moment fléchissant, en un point quelconque du bordage, avait pour expression

$$\int_{\bullet}^{z} dx \int_{0}^{z} (px - \pi)\, dx.$$

Remplaçons π par sa valeur (27) et désignons ce moment par m, nous aurons

$$m = \int_0^z dz \int_0^z dz \left(\frac{3}{2}pz - \frac{1}{2}pb + pb \left[0,353F(\alpha_1 x) f_1(\beta_1 x) \right. \right.$$
$$\left. \left. - 0,135F(\alpha_2 x) f_1 \beta_2 x) + \ldots \right] \right).$$

Effectuons l'intégration et désignons par $f_2(\beta z)$ la fonction

$$f_2(\beta z) = \frac{1}{\beta^2} \left(\cos \frac{\beta z}{b} - \sin \frac{\beta z}{b} - \coh \frac{\beta z}{b} + \sih \frac{\beta z}{b} \right),$$

nous obtenons

$$m = \frac{1}{4}pz^2(z-b) - pb^3[0,353F(\alpha_1 x)f_2(\beta_1 z) - 0,135F(\alpha_2 x)f_2(\beta_2 z) + \ldots]$$

La recherche analytique du maximum de m serait sans doute impraticable ; on peut y suppléer en calculant les valeurs de ce moment pour un certain nombre de valeurs de z, correspondant aux points de division de la hauteur b de la porte en un certain nombre de parties égales. On a ainsi, en fonction de x, la valeur du moment fléchissant m dans le bordage, sur chacune des lignes horizontales de division; on peut, sur chacune d'elles, trouver le point où ce moment atteint sa plus grande valeur et voir quelle est la plus grande de toutes ces valeurs maximum.

M. Lavoinne a calculé les valeurs de la fonction $f_2(\beta z)$ pour les valeurs de $z = 0, \frac{b}{10}, \frac{2b}{10}, \ldots, \frac{9b}{10}$. Voici, par exemple, la valeur qu'il a trouvée pour le moment m, tout le long de la ligne horizontale située à une distance $x = \frac{b}{10}$ du sommet de la porte,

$$m_1 = pb^3 - [0,00225 + 0,00307F(\alpha_1 x) - 0,00103F(\alpha_2 x)\ldots].$$

Il donne neuf équations analogues pour les autres lignes horizontales de division. On les trouvera dans son mémoire.

$F(\alpha x)$ est toujours compris entre $F(0) = 1$ et $F(\alpha a)$ qui est plus petit que l'unité ; il en résulte, dit M. Lavoinne, que, les termes du développement de chaque valeur de m étant d'ailleurs de plus en plus petits, c'est pour $x = a$ que chacune des valeurs de m données ci-dessus, où l'on peut généralement négliger tous les termes à partir du second, sera maxima en valeur absolue.

Pour avoir, en conséquence, la plus grande valeur de chacun des moments m, il suffira, dans les expressions qui précèdent, de faire $x = a$, c'est-à-dire de substituer à $F(\alpha x)$ les valeurs de $F(\alpha a) = \dfrac{2 \cos \alpha \operatorname{coh} \alpha}{\cos 2\alpha + \operatorname{coh} 2\alpha}$. Cette substitution faite, on verra quel est le plus grand des neuf coefficients de pb^3 et l'on aura ainsi le plus grand moment fléchissant. M. Lavoinne a fait ce calcul et voici, pour diverses valeurs de α_1, le plus grand des coefficients de pb^3 dans l'expression du moment fléchissant du bordage, rapporté à l'unité de largeur:

Valeurs de α_1	Coefficient maximum q_b	Numéro de la division correspondante.	Valeurs de α_1	Coefficient maximum q_b	Numéro de la division correspondante.	Valeurs de α_1	Coefficient maximum q_b	Numéro de la division correspondante.
0,6	0,0104	8	1,1	0,0252	7	1,6	0,0373	7
0,7	0,0135	8	1,2	0,0286	7	1,7	0,0386	7
0,8	0,0150	8	1,3	0,0316	7	1,8	0,0394	7
0,9	0,0180	8	1,4	0,0341	7	1,9	0,0401	7
1,0	0,0214	7	1,5	0,0359	7	2,0	0,0405	7

Ce coefficient maximum, désigné par q_b, étant ainsi connu pour toute valeur de α, c'est-à-dire pour une porte quelconque, il suffira de le multiplier par pb^3 pour avoir le moment fléchissant maximum du bordage, par unité de largeur.

281. Calcul du moment fléchissant dans les entretoises. — On déterminera, de la même manière, le moment fléchissant maximum par mètre de hauteur en chaque point du système horizontal constituant les entretoises.

Le moment fléchissant en un point quelconque de ce système a pour expression $\int_a^y dx \int_a^y \pi\, dx$. Substituons à π sa valeur (27), effectuons les intégrations et désignons par $F_1(\alpha x)$ la fonction

$$F_1(\alpha x) = \frac{1}{\alpha^2}\frac{\cos\alpha\coh\alpha\sin\alpha\frac{x-a}{a}\sih\alpha\frac{x-a}{a} - \sin\alpha\sih\alpha\cos\alpha\frac{x-a}{a}\coh\alpha\frac{x-a}{a}}{\cos 2\alpha + \coh 2\alpha};$$

nous aurons, pour la valeur de ce moment fléchissant,

$$-\frac{1}{4}p(b-x)(x^2-ax) + pba^2\,(0{,}353 F_1(\alpha_1 x) f_1(\beta_1 z)$$
$$- 0{,}135 F_1(\alpha_2 x) f_1(\beta_2 z) + 0{,}044 F_1(\alpha_3 x) f_1(\beta_3 z) \ldots].$$

Si l'on introduit, dans cette formule, les valeurs calculées de $f_1(\beta z)$ pour les valeurs $z = 0, \frac{b}{10}, \frac{2b}{10}, \cdots \frac{9b}{10}$, on aura, pour déterminer le moment fléchissant sur chacune des lignes horizontales, des équations, analogues à celles que nous avons écrites plus haut pour le bordage, où le moment fléchissant sera exprimé par $\frac{pa^2b}{4}$ multiplié par une suite de termes en $F_1(\alpha_1 x)$, $F_1(\alpha_2 x), \ldots$, affectés de coefficients numériques qui sont, comme $f_1(\beta z)$, les mêmes pour toutes les portes d'écluses, et que l'on trouvera dans le mémoire de M. Lavoinne.

Le maximum a toujours lieu pour $x = a$; il suffira donc, pour avoir le moment fléchissant maximum, de faire, dans ces équations, $x = a$, c'est-à-dire de remplacer les $F_1(\alpha x)$ par $F_1(\alpha a)$, laquelle a pour valeur

$$F_1(\alpha a) = -\frac{1}{\alpha^2}\frac{\sin\alpha\,\sih\alpha}{\cos 2\alpha + \coh 2\alpha}.$$

Le tableau suivant donne, pour diverses valeurs de α_i, les valeurs des coefficients q_a ainsi obtenus, et par lesquels il faut multiplier $\frac{p'ab}{4}$ pour avoir le maximum du moment fléchissant sur chacune des lignes horizontales de division, le maximum ayant toujours lieu au milieu de la longueur des entretoises.

VALEURS de α_1	VALEURS DU COEFFICIENT q_a POUR $z =$									
	0	$\dfrac{b}{10}$	$\dfrac{2b}{10}$	$\dfrac{3b}{10}$	$\dfrac{4b}{10}$	$\dfrac{5b}{10}$	$\dfrac{6b}{10}$	$\dfrac{7b}{10}$	$\dfrac{8b}{10}$	$\dfrac{9b}{10}$
0,50	— 0,039	0,177	0,412	0,650	0,917	1,152	1,343	1,347	1,164	0,673
0,60	— 0,051	0,191	0,439	0,692	0,951	1,162	1,301	1,264	1,050	0,593
0,70	— 0,035	0,217	0,474	0,727	0,967	1,146	1,236	1,169	0,942	0,525
0,80	0,018	0,265	0,515	0,752	0,962	1,104	1,152	1,063	0,834	0,458
0,90	0,108	0,331	0,556	0,763	0,937	1,042	1,058	0,955	0,736	0,400
1,00	0,219	0,406	0,594	0,765	0,900	0,972	0,962	0,853	0,646	0,348
1,05	0,277	0,445	0,613	0,764	0,880	0,934	0,914	0,803	0,605	0,324
1,10	0,335	0,482	0,631	0,762	0,859	0,899	0,870	0,756	0,566	0,302
1,15	0,395	0,521	0,647	0,758	0,836	0,862	0,825	0,712	0,528	0,281
1,20	0,449	0,556	0,663	0,754	0,815	0,829	0,784	0,671	0,495	0,256
1,25	0,496	0,586	0,676	0,751	0,798	0,800	0,749	0,636	0,466	0,246
1,30	0,551	0,621	0,690	0,746	0,777	0,768	0,708	0,597	0,434	0,228
1,35	0,594	0,648	0,702	0,742	0,760	0,740	0,677	0,566	0,410	0,215
1,40	0,638	0,676	0,714	0,739	0,743	0,714	0,646	0,536	0,386	0,201
1,50	0,710	0,722	0,732	0,732	0,715	0,671	0,595	0,480	0,347	0,180
1,60	0,769	0,759	0,746	0,727	0,692	0,635	0,554	0,446	0,315	0,163
1,80	0,857	0,812	0,767	0,717	0,657	0,584	0,495	0,389	0,270	0,138
2,00	0,917	0,849	0,781	0,710	0,633	0,548	0,456	0,352	0,240	0,123

A l'inspection de ce tableau on voit :

1° Que, quelle que soit la valeur de α_1, c'est-à-dire le rapport de la raideur du système vertical à celle du système horizontal, les entretoises qui sont placées aux environs des $\frac{3}{10}$ de la hauteur de la porte à partir du sommet supportent toujours à peu près le même moment fléchissant maximum, lequel a, en ce point, une valeur qui s'écarte peu de $0,75\dfrac{pa^2b}{4}$.

2° Que, pour de très faibles valeurs de α_1, c'est-à-dire lorsque le bordage a peu de raideur, le maximum maximorum du moment fléchissant se produit sur les entretoises inférieures aux $\frac{2}{3}$ environ de la hauteur de la porte à partir du sommet. Les maxima correspondant aux entretoises du haut de la porte sont très faibles, et même, au sommet de la porte, le moment fléchissant au milieu de l'entretoise supérieure devient négatif, ce qui indique une courbure, très faible il est vrai, de cette entretoise vers l'amont. La valeur de π est elle-même alors négative, c'est-à-dire que le bordage exerce sur l'entretoise supérieure une traction au lieu d'une pression.

3° Qu'au contraire, lorsque α_1 augmente, c'est-à-dire

38

lorsque le bordage a une grande raideur par rapport à celle
du système horizontal, ce sont les entretoises du haut de la
porte qui supportent le moment fléchissant maximum.

4° Enfin, que la valeur la plus petite que puisse avoir le
coefficient du moment fléchissant maximum est d'environ
0,732 et qu'elle correspond à la valeur $\alpha_1 = 1,50$ environ ;
de sorte que, au point de vue de la flexion des entretoises,
c'est cette valeur de α_1 qui est la plus avantageuse.

Nous verrons plus loin comment on peut se servir des
valeurs de q_a données par le tableau précédent.

282. Réaction réciproque des vantaux. — Lorsque
la porte d'écluse se compose de deux vantaux busqués, il

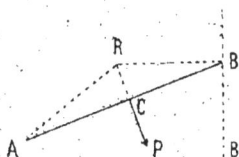

Fig. 246.

faut ajouter à l'effort provenant
de la flexion et que nous venons
de calculer, celui qui est produit
par la réaction réciproque des
vantaux. Soit AB (*fig.* 246) une
entretoise, BB′ l'axe de l'écluse
et A le poteau-tourillon. L'en-
semble des forces π appliquées aux divers points de cette
entretoise peut se composer en une résultante $P = \int_0^{lz} \pi\, dx$

appliquée au milieu C de AB, puisque les deux moitiés
AC et CB sont soumises à des actions égales et symétriques
par rapport au point C. Cette force résultante P est équilibrée par la réaction de l'entretoise correspondante du
second vantail, laquelle, par raison de symétrie, ne peut être
dirigée autrement que suivant la perpendiculaire BR à l'axe
de l'écluse, et par la réaction du tourillon qui, devant avec
ces deux autres forces constituer un système en équilibre,
doit passer par leur point de concours R et, par suite, être
dirigée suivant AR.

Si nous désignons par θ l'angle ABR du busc avec la normale à l'axe de l'écluse, et par R la réaction dirigée suivant
BR, nous aurons, en prenant les moments par rapport au
point A,

$$Pa = R2a \sin\theta \qquad \text{ou} \qquad R = \frac{P}{2\sin\theta}$$

Cette réaction R, ainsi que celle qui provient du tourillon, qui est dirigée suivant AR et qui est aussi égale à R, se décompose en deux, une composante normale à AB égale à R sin θ ou à $\dfrac{P}{2}$ qui équilibre l'ensemble des efforts π et dont nous avons tenu compte dans le calcul des moments fléchissants de l'entretoise, et une composante dirigée suivant AB qui a pour valeur R cos θ ou $\dfrac{P \cos θ}{2 \sin θ}$ qui exerce une pression normale sur l'entretoise en agissant suivant son axe longitudinal. Cet effort normal $\dfrac{P}{2}\dfrac{\cos θ}{\sin θ} = \cot θ \int^a \pi dx$ ne se répartit pas simplement sur la section transversale de l'entretoise, il augmente, en outre, le moment fléchissant de la quantité $y \cdot \cot θ \int^a \pi dx$. Or, y a pour valeur

$$y = \frac{1}{E_a i_a} \int_0^x dx \int_a^x dx \int_0^x dx \int_a^x \pi dx,$$

ou bien, en mettant pour π sa valeur (27) et intégrant quatre fois,

$$y = \frac{1}{E_a i_a}\left[\frac{1}{2}p(b-x)\cdot\frac{1}{12}(x^4-6ax^3+6a^2x^2-10a^3x)+\frac{pba^4}{4}\left\{\frac{0,353}{\alpha_1^4}F(\alpha_1 x)f_1(\beta_1 x)\right.\right.$$
$$\left.\left.-\frac{0,135}{\alpha_2^4}F(\alpha_2 x)f_1(\beta_2 x)+\frac{0,044}{\alpha_3^4}F(\alpha_3 x)f_1(\beta_3 x)-\dots\right\}\right];$$

La flèche maximum f, ou la valeur de y pour $x = a$, est

$$f = \frac{1}{E_a i_a}\frac{a^4 p}{4}\left[\frac{3}{2}(b-x)-b\left\{\frac{0,353}{\alpha_1^4}F(\alpha_1 a)f_1(\beta_1 x)-\frac{0,135}{\alpha_2^4}f(\alpha_2 a)f_1(\beta_2 x)+\dots\right\}\right];$$

les F(αa) ayant pour valeur l'expression donnée (page 587)

$$F(\alpha a) = \frac{2\cos\alpha\,\cosh\alpha}{\cos 2\alpha + \cosh 2\alpha}.$$

Le moment fléchissant maximum se trouve augmenté, par le fait de la réaction des vantaux, de la quantité

$$f \cot θ \int_0^a \pi dx.$$

Si, pour abréger, on désigne, comme nous l'avons déjà fait en commençant, par $\Sigma F(\alpha x) f(\beta z)$, la somme que nous avons plusieurs fois écrite, de termes tels que $F(\alpha x) f(\beta z)$ affectés des coefficients numériques calculés plus haut : 0,353, — 0,135, + 0,044, — 0,009... et par $F_2(\alpha a)$ l'expression

$$F_2(\alpha a) = \frac{1}{\alpha} \frac{\sin 2\alpha + \sinh 2\alpha}{\cos 2\alpha + \cosh 2\alpha},$$

on aura, pour l'expression de cette quantité dont le moment fléchissant maximum est augmenté

$$f \cot \theta \int_b^a \pi dx = \frac{\cot \theta}{E_a i_a} \cdot \frac{pa^4}{4} \left[\frac{3}{2}(b - z) - b\Sigma F(\alpha a) f_1(\beta z) \right]$$

$$\left[\frac{1}{2} p(b - z) a + pba\Sigma F_2(\alpha a) f_1(\beta z) \right]$$

$$= \frac{p^2 a^3 b^2 \cot \theta}{4 E_a i_a} \left[\frac{3}{2}\left(1 - \frac{z}{b}\right) - \Sigma F(\alpha a) f_1(\beta z) \right] \left[\frac{1}{2}\left(1 - \frac{z}{b}\right) + \Sigma F_2(\alpha a) f_1(\beta z) \right].$$

Le calcul de ce produit de deux séries serait assez laborieux et il n'a, d'ailleurs, qu'un médiocre intérêt : la flèche f est toujours fort petite, de sorte que le produit $f \cot \theta \int_o^a \pi dx$ est toujours une petite fraction du moment fléchissant précédemment calculé. On peut, dans la plupart des cas, le négliger. La composante longitudinale de la réaction des vantaux exerce, sur chaque unité de hauteur d'entretoise, une compression mesurée par sa valeur

$$\cot \theta \int_o^a \pi dx = \cot \theta \cdot \frac{pab}{2} \left[\left(1 - \frac{z}{b}\right) + 2\Sigma F_2(\alpha a) f_1(\beta z) \right].$$

M. Lavoinne admet, pour simplifier les calculs, que le coefficient qui, dans cette expression, multiplie $\frac{pab}{2} \cot \theta$ est sensiblement le même, pour les mêmes valeurs de α_1 et de z, que le coefficient q_a, dont nous avons donné plus haut le tableau. La différence est négligeable surtout si l'on tient compte de ce que l'effort de compression qu'il s'agit d'évaluer est généralement faible par rapport aux effets du moment fléchissant.

283. Équations de résistance. — Tous les efforts et moments étant ainsi déterminés, on peut écrire les équations de résistance, tant du bordage que des entretoises, afin de s'assurer que leurs dimensions sont suffisantes pour qu'en aucun point l'effort moléculaire ne dépasse la limite de sécurité admise pour la matière qui les constitue.

Soit, par exemple :

R_a la charge de sécurité, par unité de surface, **pour la** matière qui constitue les entretoises ;

R_b la même charge pour le bordage ;

v_a la distance à l'axe neutre du point de la section transversale des entretoises qui en est le plus éloigné ;

v_b la distance analogue pour le bordage ;

ω_a la section transversale des entretoises, par unité de hauteur.

Le moment fléchissant maximum étant, pour le bordage, $m = pb^3.q_b$, le point le plus fatigué supportera un effort $\frac{mv_b}{i_b}$ et, par conséquent, l'équation de résistance s'écrira

$$\frac{pb^3v_b}{i_b} \cdot q_b \leqq R_b.$$

Le moment fléchissant maximum, pour le système horizontal constituant les entretoises, est $M = \frac{pa^2b}{4} \cdot q_a$. Le point le plus fatigué de ce système supporte un effort $\frac{Mv_a}{i_a}$, auquel il faut ajouter, du côté des fibres comprimées, l'effort $q_a \frac{pab}{2\omega_a}$ cot α provenant de la réaction des vantaux. L'équation de résistance sera donc

$$\left(\frac{pa^2bv_a}{4i_a} + \frac{pab}{2\omega_a} \cot \alpha\right) q_a \leqq R_a,$$

ou bien

$$q_a \cdot \frac{pab}{2} \left(\frac{av_a}{2i_a} + \frac{\cot \alpha}{\omega_a}\right) \leqq R_a.$$

284. Extension des formules au cas d'entretoises non jointives et de bordage renforcé. — Toute l'analyse qui précède s'applique à l'hypothèse que nous avons admise où les entretoises, comme le bordage, seraient formées d'un nombre infini de pièces infiniment minces dont la flexion s'opérerait indépendamment les unes des autres. On comprend que, si l'on partage la hauteur de la porte en un nombre assez grand de parties égales, on puisse, avec une approximation suffisante, remplacer toutes les entretoises infiniment minces, comprises dans chacun de ces intervalles et distinctes les unes des autres, par une entretoise unique dont la hauteur serait celle de l'intervalle. Cette substitution aura simplement pour effet de rendre solidaires, dans chaque intervalle, les entretoises infiniment étroites qui le composaient, et, si le nombre des intervalles est assez grand, l'effet sera absolument négligeable. Allant plus loin, on pourra supposer encore, sans erreur sensible, que toutes ces entretoises jointives, en nombre égal à celui des intervalles, sont relevées d'une quantité égale à la demi-hauteur d'un de ces intervalles, de manière que leur axe coïncide avec les lignes horizontales de division, au lieu de passer à mi-distance de chacune d'elles. Si le nombre des intervalles est assez grand, de dix par exemple, le déplacement de chacune de ces entretoises ne sera que d'un vingtième de la hauteur de la porte, ce qui ne modifiera pas d'une manière appréciable les efforts auxquels elle sera soumise, surtout s'il s'agit des entretoises intermédiaires : il ne pourrait y avoir quelque différence que pour les entretoises extrêmes.

Enfin, au lieu d'entretoises toujours jointives et égales chacune en hauteur aux intervalles de division de la porte, on peut admettre que l'on ait des entretoises ayant même axe, même moment d'inertie, même section transversale que ces entretoises jointives, et l'on se trouve alors avoir des entretoises égales et également espacées.

Dans ces conditions, si I_a est le moment d'inertie de chacune des entretoises égales et également espacées, n leur nombre, le moment d'inertie total du système horizontal pour la hauteur b sera nI_a, et nous aurons, par conséquent,

$$i_a = \frac{nI_a}{b}.$$

Si, de même, Ω_a est la section transversale de chacune des entretoises isolées que nous considérons maintenant, nous aurons

$$\omega_a = \frac{n\Omega_a}{b},$$

et, en substituant ces valeurs dans les expressions précédentes, les formules seront applicables au système de ces entretoises isolées.

Il en sera de même pour le bordage.

Si le bordage, au lieu d'être formé uniquement de pièces verticales de même épaisseur, présente, à des intervalles réguliers, des renforts qui augmentent sa rigidité, on considérera l'un de ces renforts et les deux portions de bordage qui le joignent, jusqu'aux verticales qui divisent en deux parties égales les distances mutuelles des renforts voisins. Si I_b est le moment d'inertie de l'un de ces systèmes et n' leur nombre, on aura

$$i_b = \frac{n'I_b}{2a},$$

et en mettant, au lieu de i_b, cette valeur dans les formules qui précèdent, elles seront applicables au cas du bordage ainsi renforcé.

Ces substitutions transforment de la manière suivante les deux équations de résistance que nous venons d'écrire :

$$(28) \qquad q_a. \frac{pa^2b}{4} \cdot \frac{v_a}{I_a} \cdot \frac{b}{n}\left(1 + \frac{2I_a \cot\alpha}{av_a\Omega_a}\right) \leqq R_a,$$

$$(29) \qquad q_b. \, pb^3 \cdot \frac{v_b}{I_b} \cdot \frac{2a}{n'} \leqq R_b.$$

L'argument α_1, par lequel nous avons défini la porte que nous considérions, a alors pour expression

$$\alpha_1 = 3{,}927 \frac{a}{b} \sqrt[4]{\frac{n'bE_bI_b}{8naE_aI_a}} = 2{,}335 \frac{a}{b} \sqrt[4]{\frac{n'bE_bI_b}{naE_aI_a}},$$

ou bien

$$(30) \qquad \alpha_1^4 = 29{,}75 \frac{a^3}{b^3} \cdot \frac{E_b}{E_a} \cdot \frac{n'I_b}{nI_a}.$$

Voici, alors, comment on devra, d'après M. Lavoinne, faire usage de ces formules.

S'il n'y a pas de raison déterminante de donner à l'un des deux systèmes, vertical et horizontal, une résistance prépondérante, on prendra d'abord $\alpha_1 = 1{,}50$, valeur qui correspond à la moindre charge des entretoises et, au moyen de cette expression (30), on déterminera le rapport $\dfrac{n'I_b}{nI_a}$ du moment d'inertie du bordage à celui des entretoises.

Puis on calculera, au moyen de l'équation (28), les dimensions à donner aux entretoises, comme on le ferait pour une poutre quelconque. On prendra pour cela, dans le tableau de la page 593, la valeur $q_a = 0{,}732$, maximum correspondant à $\alpha_1 = 1{,}50$.

Ces dimensions détermineront le moment d'inertie I_a des entretoises, et, par suite, celui I_b du bordage, en admettant toujours $\alpha_1 = 1{,}50$.

On cherchera ensuite si, avec un bordage ayant ce moment d'inertie, on peut satisfaire à l'équation (29), q_b ayant la valeur donnée par le tableau de la page 591, c'est-à-dire 0,036 pour $\alpha_1 = 1{,}50$. Si cela n'est pas possible, on devra modifier les dimensions et, par suite, le moment d'inertie I_a des entretoises ; cela entraînera une modification correspondante dans le moment d'inertie du bordage, de telle sorte que cette équation (29) puisse être aussi satisfaite.

Si cela n'est pas possible, on sera amené à prendre pour α_1 une valeur différente de 1,50, et l'on opérera alors de la même manière, jusqu'à ce que l'on arrive à satisfaire à la fois aux deux conditions de résistance (28) et (29).

285. Conclusions pratiques. — L'équation (28) de la résistance des entretoises donne lieu à la remarque suivante:

Si l'on fait abstraction de la résistance du bordage, et si l'on calcule les entretoises par le procédé approximatif que nous avons indiqué au commencement, une entretoise aura à supporter une charge d'eau correspondant à une hauteur $\dfrac{b}{n}$ de la porte, et si z est la profondeur de son axe au-dessous du sommet, la pression qu'elle aura à supporter, par unité de sa longueur, sera $p\,\dfrac{bz}{n}$. Cette pression, uniformément répartie, donnera lieu à un moment fléchissant maximum $\dfrac{pbz}{n} \cdot \dfrac{a^2}{2}$.

En tenant compte de la résistance du bordage, ce moment fléchissant maximum est $q_a \dfrac{pa^2 b}{4} \cdot \dfrac{b}{n}$; dans les conditions les plus favorables pour l'entretoise, c'est-à-dire dans le cas où $\alpha_i = 1,50$, ce maximum est $0,732 \dfrac{pa^2 b^2}{4n}$; et il se produit sur l'entretoise située entre les 0,2 et les 0,3 de la hauteur de la porte. Ces deux quantités sont égales pour $z = 0,366 b =$ environ $\dfrac{3}{8} b$.

Ainsi, la résistance du bordage a pour effet de réduire le moment fléchissant maximum des entretoises à ce qu'il serait pour une entretoise placée aux $\dfrac{3}{8}$ de la hauteur de la porte, et l'entretoise qui supporte cet effort maximum est celle qui se trouve un peu au-dessus des 0,3 de la hauteur à partir du sommet.

Si l'on observe qu'en négligeant le bordage on aurait, pour l'entretoise inférieure, un moment fléchissant

$$\frac{pb}{n} \cdot \frac{(n-1)\,b}{n} \cdot \frac{a^2}{2},$$

on verra que le bordage réduit la charge de l'entretoise la plus fatiguée à la fraction $\dfrac{0,366 n}{n-1}$ de ce qu'elle serait si l'on ne tenait pas compte du bordage.

Le tableau des valeurs de q_a (page 593) nous montre encore que, lorsque la résistance du bordage, sans être négligeable, est cependant plus faible que celle qui donnerait la charge minimum aux entretoises (c'est-à-dire pour des valeurs de α_i comprises entre 1 et 1,25), c'est l'entretoise du milieu de la hauteur de la porte qui supporte la charge maximum, et que même, lorsque la résistance du bordage diminue beaucoup (jusqu'à la valeur de $\alpha_i = 0,60$ environ), l'entretoise la plus chargée se trouve aux 0,6 de la hauteur de la porte à partir du sommet. Cela justifie la recommandation formulée par M. Guillemain, inspecteur général des Ponts et Chaussées, dans son *Traité de Navigation intérieure*, pour les portes des écluses des canaux où la résistance du bordage est généralement faible, de *renforcer le milieu de la porte*.

Lorsqu'au contraire la résistance du bordage augmente et dépasse, même légèrement, celle qui correspond à la moindre fatigue des entretoises (c'est-à-dire pour des valeurs de α_1 supérieures à 1,50), c'est l'entretoise supérieure qui supporte la plus grande charge.

Ajoutons qu'il nous semble que les formules et tableaux précédents, bien qu'établis dans l'hypothèse d'entretoises jointives infiniment minces et d'égale résistance sur toute la hauteur de la porte, et que nous avons appliquées, par extension, au cas d'entretoises égales et également espacées, nous paraissent, par une nouvelle extension, pouvoir être appliquées avec une approximation suffisante au calcul d'entretoises également espacées, mais de section différente, à la condition que les différences ne soient pas trop considérables.

Pour le moment d'inertie I_a qui sert à déterminer α_1 on prendrait alors, ou bien la moyenne des moments d'inertie de toutes les entretoises, ou bien, ce qui serait plus exact, on prendrait, pour chaque entretoise ayant un moment d'inertie différent, la valeur correspondante de α_1 qui, ainsi, ne serait pas la même pour les diverses entretoises et qui donnerait pour chacune, eu égard à sa distance au sommet, la valeur de q_a destinée à calculer le moment fléchissant maximum.

La valeur de q_b, servant à calculer le moment fléchissant maximum du bordage, serait ou bien celle qui correspondrait à la valeur moyenne de α_1, ou mieux celle qui correspondrait à la plus grande des valeurs de ce coefficient pour les diverses entretoises.

CHAPITRE XVIII

FLEXION DES RESSORTS. — EFFETS DES CHOCS ET DES CHARGES ROULANTES

§ 1er

FLEXION DES RESSORTS

286. Définitions et formule générale. — La théorie de la flexion des ressorts de suspension des voitures a été faite par M. Phillips, ingénieur des Mines, dans un mémoire inséré aux *Annales des Mines*, 5ᵉ série, tome Iᵉʳ, 1852, page 195, auquel nous emprunterons tout ce qui va suivre.

Un ressort présente toujours deux qualités qui dominent

toutes les autres et qui lui sont demandées à des degrés très divers suivant les différents cas.

La première est la *flexibilité*, c'est-à-dire la flexion ou diminution de flèche que le ressort éprouve sous un effort déterminé. La *raideur* est la propriété inverse.

La seconde est la *résistance propre* du ressort, c'est-à-dire la plus grande charge ou le plus grand choc que celui-ci puisse supporter sans que son élasticité soit altérée.

Soit $LL_1L_2L_3...$ (*fig.* 247) un ressort composé d'un nombre quelconque de feuilles étagées entre elles d'une manière quelconque. Soient L, L_1, L_2, L_3, ..., les demi-lon-

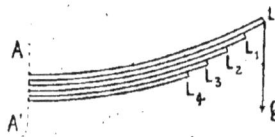

gueurs de ces feuilles; r, r_1, r_2, r_3, ..., leurs rayons de courbure de fabrication, rayons qui peuvent être variables d'un point à l'autre de la même feuille; E le coefficient d'élasticité de la ma-

Fig. 247.

tière qui les compose, et I, I_1, I_2, I_3, ..., les moments d'inertie des sections transversales de chacune de ces feuilles autour d'un axe horizontal passant par leur centre de gravité, moments qui peuvent aussi varier dans l'étendue d'une même feuille.

En admettant que chaque feuille se comporte dans sa flexion comme une lame prismatique, si le rayon de courbure en un point quelconque au lieu de r est devenu ρ, l'allongement ou le raccourcissement proportionnel α d'un élément situé à une distance v du cylindre de ses fibres neutres sera, comme nous l'avons vu dans la théorie des pièces courbes,

$$(1) \qquad \alpha = v \left(\frac{1}{\rho} - \frac{1}{r} \right) \quad \text{ou} \quad \alpha = v \left(\frac{1}{r} - \frac{1}{\rho} \right),$$

suivant qu'il y a raccourcissement ou allongement.

287. Variation du rayon de courbure. — Cherchons maintenant la manière dont varie le rayon de courbure sous l'action d'un poids donné Q appliqué à chacune des extrémités du ressort. Considérons d'abord la partie LL_1 de la maîtresse feuille au-delà de la seconde. Si λ désigne la longueur de cette feuille comprise entre le milieu AA' et une section quelconque, le moment de la force Q sera, par rapport à cette section, $Q(L - \lambda)$, et l'on aura

$$Q(L - \lambda) = EI\left(\frac{1}{r} - \frac{1}{\rho}\right)\lambda,$$

d'où

$$\frac{1}{\rho} = \frac{1}{r} - \frac{QL}{EI} + \frac{Q}{EI}\lambda.$$

Posons, pour abréger,

$$A = \frac{1}{r} - \frac{QL}{EI} \quad \text{et} \quad B = \frac{Q}{EI},$$

nous aurons simplement

(2) $$\frac{1}{\rho} = A + B\lambda.$$

Cette formule n'est applicable qu'à la partie LL_1 de la maîtresse feuille. Pour les autres points de cette même feuille, il faut tenir compte des pressions qui lui sont transmises par les feuilles qui sont au-dessous d'elle. Nous supposons que ces feuilles ne bâillent pas, c'est-à-dire qu'elles soient, en tous leurs points, exactement appliquées les unes sur les autres.

Cela posé, considérons la partie de la première feuille comprise entre L_1 et L_2, c'est-à-dire au-dessous de laquelle se trouve une seule autre feuille, et une section quelconque située à une distance λ du milieu AA' du ressort. Le moment fléchissant sur cette section se composera du moment de la force Q, qui a pour valeur $Q(L - \lambda)$, diminué de la somme des moments des pressions provenant de la feuille inférieure pour la partie comprise entre λ et L_1. Si nous désignons par p l'intensité de cette pression en un point dont la distance au milieu est représentée par l, la pression sur un élément dl sera pdl, et le moment de cette pression élémentaire par rapport à la section λ sera $p(l - \lambda)\,dl$, de sorte que la somme des moments de toutes ces pressions élémentaires, depuis L_1 jusqu'à la section λ, sera $\int_\lambda^{L_1} p(l - \lambda)\,dl$. Nous aurons ainsi l'équation :

$$EI\left(\frac{1}{r} - \frac{1}{\rho}\right) = Q(L - \lambda) - \int_\lambda^{L_1} p(l - \lambda)\,dl.$$

Si, ensuite, nous considérons la partie de la seconde feuille comprise entre L_1 et L_2, le moment fléchissant dans une section située à une distance λ du milieu de la feuille sera $\int_\lambda^{L_1} p\,(l - \lambda)\,dl$. Le rayon de courbure de cette feuille, après la flexion, sera celui ρ de la première augmenté de la distance des axes neutres des deux feuilles, que nous pouvons, avec une approximation suffisante, négliger par rapport à ρ. Nous aurons ainsi, pour cette partie de la seconde feuille, l'équation

$$EI_1\left(\frac{1}{r_1} - \frac{1}{\rho}\right) = \int_\lambda^{L_1} p\,(l - \lambda)\,dl.$$

Ajoutant membre à membre ces deux équations, il vient

$$EI\left(\frac{1}{r} - \frac{1}{\rho}\right) + EI_1\left(\frac{1}{r_1} - \frac{1}{\rho}\right) = Q\,(L - \lambda);$$

et, en posant, pour abréger,

$$\frac{\dfrac{EI}{r} + \dfrac{EI_1}{r_1} - QL}{EI + EI_1} = A_1, \qquad \text{et} \qquad \frac{Q}{EI + EI_1} = B_1,$$

on a simplement

$$(3) \qquad \frac{1}{\rho} = A_1 + B_1\lambda.$$

En continuant de la même manière, de proche en proche, on trouvera que le rayon de courbure ρ de la maîtresse feuille, en un point situé à une distance λ du milieu, et compris entre L_2 et L_3, c'est-à-dire dans la partie où cette feuille en recouvre deux autres, est exprimé par

$$\frac{1}{\rho} = A_2 + B_2\lambda,$$

et, en général, si la distance λ du point considéré au milieu de la feuille correspond à une partie où la maîtresse feuille en recouvre k autres situées au-dessous d'elles, on aura

$$(4) \qquad \frac{1}{\rho} = A_k + B_k\lambda;$$

avec

$$A_k = \frac{\dfrac{EI}{r} + \dfrac{EI_1}{r_1} + \ldots + \dfrac{EI_k}{r_k} - QL_1}{EI + EI_1 + \ldots + EI_k} \quad \text{et} \quad B_k = \frac{Q}{EI + EI_1 + \ldots + EI_k}.$$

Par conséquent, lorsque, dans un ressort, l'épaisseur d'une feuille et son rayon de courbure de fabrication ne varient pas d'un point à l'autre, le rayon de courbure, après la flexion, varie en sens inverse de λ, c'est-à-dire va en augmentant à mesure qu'on se rapproche du milieu du ressort, dans chacun des intervalles correspondant à l'étagement des feuilles. De plus, si dans les formules (1) et (2) on fait $\lambda = L_1$, de manière à comparer les rayons de courbure dans les deux parties de la feuille qui se réunissent en L_1, on a, en appelant ρ_0 le rayon de courbure en deçà du point L_1 et ρ_1 celui de la même feuille au-delà du même point, et en retranchant l'une de l'autre les équations ainsi obtenues,

$$\frac{1}{\rho_1} - \frac{1}{\rho_0} = \frac{EI}{EI (EI + EI_1)} \left[EI \left(\frac{1}{r_1} - \frac{1}{r} \right) + Q (L - L_1) \right].$$

En général, r_1 n'est pas inférieur à r, donc $\rho_1 < \rho_0$.

Ainsi la courbure augmente brusquement à l'instant où l'on passe du premier intervalle au second. L'expression précédente montre qu'on atténue cet effet en faisant, en ce point, EI_1 très petit par rapport à EI, c'est-à-dire en aiguisant la seconde feuille et en réduisant son épaisseur. Le même raisonnement se continue pour toute l'étendue de la maîtresse feuille, et l'on vérifie ainsi l'utilité de ce fait pratique que tous les bons ressorts ont les extrémités de leurs feuilles aiguisées et amincies.

La connaissance des rayons de courbure après la flexion donne les allongements ou accourcissements qui ont lieu en des points quelconques et qui sont exprimés par la formule (1).

Le maximum de α correspond au maximum de v, c'est-à-dire à la surface de chaque feuille. On voit aussi que l'allongement ou l'accourcissement va en croissant, dans chaque étage, à mesure qu'on se rapproche du milieu de la feuille, lorsque, bien entendu, l'épaisseur et le rayon primitif de fabrication sont constants dans une même feuille.

288. Calcul de la flèche. — On pourrait déduire la flèche sous charge de la connaissance des rayons de courbure en chaque point, en traçant par arcs de cercle successifs la forme prise, après la flexion, par la maîtresse feuille ; mais on peut en trouver l'expression analytique qui est assez compliquée et pour la démonstration de laquelle je me bornerai à renvoyer au mémoire de M. Phillips. On trouve que l'abaissement i produit par un poids Q placé sur un ressort composé de n lames d'égale épaisseur dont la plus grande a une longueur 2L, et dont l'étagement est l, a pour valeur :

$$i = \frac{Q}{3EI} \left[\frac{L^3}{n} + l^3 \left\{ \frac{(n-1)(n-2)}{2} + \frac{1}{2} + \frac{1}{3} + \frac{1}{4} + \dots + \frac{1}{n} \right\} \right].$$

Cette formule ne tient pas compte des amincissements des extrémités des feuilles qui ont, en général, peu d'influence.

En tenant compte de ces amincissements, M. Phillips a trouvé que le coefficient qui, dans la formule précédente, affecte le facteur l^3, peut être pris égal à $\frac{n^2}{2}$ et qu'alors

$$i = \frac{Q}{6nEI} [2L^3 + (nl)^3].$$

Si le ressort est *complet*, ou si le nombre des lames est tel que la dernière n'ait qu'une longueur $2l$ égale au double de l'étagement, on a alors $nl = L$ et cette formule devient

$$i = \frac{Q}{2EI} L^2 l.$$

289. Expression de l'allongement maximum. — Dans ce cas, où toutes les feuilles sont de même épaisseur, et où la courbure de fabrication de la maîtresse feuille est la même pour tous les points, la valeur du rayon de courbure ρ au milieu de la maîtresse feuille, soit pour $k = n$ et pour $\lambda = 0$, devient

$$\frac{1}{\rho} = \frac{n \frac{EI}{r} - QL}{nEI} = \frac{1}{r} - \frac{QL}{nEI};$$

et l'allongement proportionnel au milieu du ressort, sur la face supérieure de la maîtresse feuille, s'obtiendra en faisant dans la formule (1) $v = \dfrac{e}{2}$, si e désigne l'épaisseur de cette feuille, et en mettant pour $\dfrac{1}{\rho}$ la valeur qui précède. On a alors simplement

$$\alpha = \frac{e}{2} \cdot \frac{QL}{n EI}.$$

Pour qu'un ressort soit bien construit, il faut qu'il puisse être aplati complètement, c'est-à-dire que, sous l'action d'une charge P appliquée à chacune de ses extrémités, les rayons de courbure de la maîtresse feuille deviennent infinis. Si cette condition est réalisée, l'allongement proportionnel sera le même en tous les points de la maîtresse feuille, dont toutes les sections seront ainsi soumises à un même effort. En effet on a

$$\alpha = \frac{e}{2} \left(\frac{1}{r} - \frac{1}{\rho} \right)$$

et si ρ est infini en tous les points on a partout $\alpha = \dfrac{e}{2r} = C^{te}$.

On voit, pour la même raison, que, si les autres lames n'ont pas de bande initiale, $\dfrac{1}{r} - \dfrac{1}{\rho}$ sera sensiblement le même pour elles que pour la maîtresse feuille; et si l'on veut que l'allongement proportionnel y soit le même, il faut que l'épaisseur e soit la même pour toutes. Si, au contraire, quelques-unes ont une bande initiale, $\dfrac{1}{r} - \dfrac{1}{\rho}$ y étant plus grand que dans la maîtresse feuille, il faudra, pour que l'allongement proportionnel α y soit le même que dans la maîtresse feuille lorsque le ressort est complètement aplati, c'est-à-dire lorsque ρ devient infini, que l'on ait $e = 2r\alpha$, c'est-à-dire que son épaisseur soit proportionnelle à son rayon de fabrication.

C'est cet allongement proportionnel α qui, pour la sécurité, doit rester inférieur au rapport $\dfrac{R_0}{E}$ de la charge de sécu-

39

rité R_0 au coefficient d'élasticité E de la matière dont le ressort est formé. Il n'est pas rare de trouver des aciers trempés pour lesquels on élève R_0 jusqu'à 100 kilogrammes par millimètre carré, ce qui avec E $= 20.000$ kilogrammes revient à écrire $\alpha < \frac{1}{200}$.

En tout cas, si l'on représente par R la tension de la fibre la plus fatiguée de la maîtresse feuille du ressort, on a toujours, entre α et R, la relation R $= $ Eα.

290. Condition nécessaire pour que le ressort puisse s'aplatir complètement. — Cherchons la condition pour que le rayon de courbure de la maîtresse feuille puisse devenir infini en tous ses points sous l'action d'une charge P appliquée à chacune de ses extrémités. Si nous prenons d'abord les expressions du rayon de courbure ρ aux points $L_1, L_2, L_3, \dots,$ correspondant aux divers étagements, et si nous égalons à zéro les inverses de ces rayons, nous aurons successivement

$$\frac{EI}{r} - P(L - L_1) = 0,$$

$$\frac{EI}{r} + \frac{EI}{r_1} - P(L - L_2) = 0,$$

$$\frac{EI}{r} + \frac{EI}{r_1} + \frac{EI}{r_2} - P(L - L_3) = 0, \text{ etc.};$$

D'où nous tirons :

$$L - L_1 = \frac{EI}{Pr}, \quad L_1 - L_2 = \frac{EI_1}{Pr_1}, \quad L_2 - L_3 = \frac{EI_2}{Pr_2}, \text{ etc...}$$

si toutes les feuilles ont la même épaisseur et si elles n'ont pas de bande initiale, on a $I = I_1 = I_2 \dots, r = r_1 = r_2 \dots$; il en résulte $L - L_1 = L_1 - L_2 = L_2 - L_3 = $ etc. $= \frac{EI}{Pr}$.

Tous les étagements sont égaux à $\frac{EI}{Pr}$.

Pour que le rayon de courbure devienne infini aux points intermédiaires entre deux étagements, il faut que l'on ait, de même, pour une section quelconque dont la distance au milieu est représentée par λ, dans chacun des intervalles successifs,

$$\frac{EI}{r} - P(L - \lambda) = 0,$$

$$\frac{EI}{r} + \frac{EI}{r_1} - P(L - \lambda) = 0,$$

$$\frac{EI}{r} + \frac{EI}{r_1} + \frac{EI}{r_2} - P(L - \lambda) = 0, \text{ etc.},$$

Nous en déduisons

$$\frac{EI}{L - \lambda} = Pr, \quad \frac{EI_1}{L_1 - \lambda} = Pr_1, \quad \frac{EI_2}{L_2 - \lambda} = Pr_2, \text{ etc.}$$

ce qui donne la loi suivant laquelle il faut faire varier les moments d'inertie I de la section transversale de chaque lame, en fonction de la distance λ au milieu de la feuille. Si les lames sont rectangulaires et si l'on conserve cette forme aux sections transversales dans les parties amincies, on a $I = \frac{ae^3}{12}$, en appelant a la largeur de cette section. Et si l'on désigne par x la distance $L - \lambda$ d'une section quelconque à l'extrémité de la feuille, on a, pour chacune d'elles, $\frac{Eae^3}{12x} = Pr$ ou bien $\frac{ae^3}{x} = C^{te}$. Telle est la loi qui devra être suivie dans les amincissements des extrémités des feuilles.

291. Relation entre la flexibilité d'un ressort et son poids. — Considérons un ressort à feuilles d'égale épaisseur, et soit, avec les notations précédentes, H sa hauteur totale; nous avons $H = ne$. Mais, d'autre part, $L = nl$, et nous avons vu que l'étagement l devait être égal à $\frac{EI}{Pr}$. Il en résulte $\frac{L}{n} = \frac{EI}{Pr}$; ou, en remplaçant I par $\frac{ae^3}{12}$,

$$H = \frac{12PLr}{Eae^3}.$$

D'un autre côté, l'allongement proportionnel α, subi par le ressort lorsqu'il est complètement aplati, est $\alpha = \frac{e}{2r}$;

et si f est la flèche de fabrication, on a $f = \dfrac{L^2}{2r}$. Introduisons ces nouvelles notations en éliminant r et e, nous aurons

$$H = \frac{6Pf}{E\alpha^2 aL}.$$

Le ressort ayant une flèche f sous une charge nulle et une flèche réduite à zéro sous la charge 2P, la diminution de flèche qu'il éprouve sous chaque unité de poids, sous chaque kilogramme par exemple composant la charge 2P, est le rapport $\dfrac{f}{2P}$. Désignons-le par k; ce rapport est la mesure de la flexibilité du ressort. Remplaçons, dans l'expression précédente, f par $2kP$; elle devient

$$H = \frac{12P^2 k}{E x^2 aL}.$$

On voit qu'il y a avantage, pour diminuer l'épaisseur d'un ressort, à rendre la longueur et la largeur de la maîtresse feuille les plus grandes possibles.

Le volume V d'un ressort est HLa, par conséquent

$$V = \frac{12P^2 k}{E\alpha^2}.$$

On voit que cette expression ne dépend nullement des dimensions du ressort: *Tous les ressorts ayant même flexibilité k et même résistance 2P ont sensiblement le même volume et, par suite, le même poids.*

Si l'on désigne par $\mathfrak{E}$ le travail de la charge 2P, aplatissant le ressort et supprimant la flèche f, on a $\mathfrak{E} = 2Pf$, cette expression du volume du ressort donnera, en remplaçant, d'ailleurs, α par sa valeur en fonction de R, charge supportée par la fibre la plus fatiguée

$$\mathfrak{E} = \frac{1}{3} V . \frac{R^2}{E},$$

ou, en mettant la charge de sécurité R_0,

$$\mathfrak{E} \leq \frac{1}{3} V \frac{R_0^2}{E}.$$

Il n'est pas inutile de faire remarquer que le travail de la force P, que nous appelons τ, n'est nullement le travail des actions moléculaires résistantes. Ce dernier, comme il est facile de s'en assurer, n'est que la moitié de τ.

292. Effets des chocs sur les ressorts. — Considé-

rons un ressort ayant un coefficient de flexibilité k et se déformant sous l'action d'un choc ; soit, à un instant quelconque φ sa flexion et q la charge qui, appliquée à chacune de ses extrémités, produirait la flexion φ. Nous aurons

$$\varphi = 2kq,$$

Le travail résistant élémentaire de chacune des deux moitiés du ressort, pour un accroissement $d\varphi$ de la flexion, sera donc

$$q d\varphi = 2kq dq.$$

Supposons que, sous l'action du choc, le ressort prenne une flexion totale i, et soit $2Q$ la charge totale statique capable de produire cette flexion ou

$$i = 2kQ.$$

Le travail résistant développé pendant la compression est, pour chacune des moitiés du ressort, la somme des travaux élémentaires $q d\varphi$ pour toutes les valeurs de φ comprises entre 0 et i, c'est-à-dire

$$\int_0^i q d\varphi = \int_0^Q 2kq dq = 2k\frac{Q^2}{2} = \frac{i}{2}Q,$$

ou iQ pour les deux moitiés ensemble.

Si le produit Fh représente le travail moteur servant de mesure au choc qui a comprimé le ressort, on aura ainsi

$$Fh = iQ = 2kQ^2; \quad \text{d'où} \quad 2Q = \sqrt{\frac{2Fh}{k}}.$$

D'un autre côté, si $2P$ est la charge limite du ressort, qui en produit l'aplatissement complet, nous avons, entre cette charge et la flèche f de fabrication, la relation

$$f = 2kP.$$

En éliminant k au moyen de cette expression, il vient

$$2Q = 2 \sqrt{\frac{PFh}{f}}.$$

L'une ou l'autre de ces relations donnera la valeur de la charge statique 2Q qui, placée en équilibre sur le ressort, produirait la même flexion qu'un choc mesuré par Fh ; et cette flexion aura pour expression

$$i = 2kQ = \sqrt{2kFh} = \sqrt{\frac{Fhf}{P}}.$$

Ces relations permettront de transformer les effets des chocs en effets statiques, ou inversement.

293. Formules pratiques pour le calcul d'un ressort. — Lorsqu'il s'agit de calculer un ressort, on se donne ordinairement.

1° La largeur des feuilles $= a$;

2° La flexibilité ou flexion par unité de poids $= k$;

3° La charge normale, ou habituelle $= 2Q$;

4° L'allongement correspondant à la charge normale $= \alpha$;

5° La longueur de la première feuille entre les points d'appui $= 2L$.

On fait en sorte que, lorsque le ressort est entièrement aplati, l'allongement proportionnel maximum ne dépasse pas une certaine proportion, ordinairement, pour l'acier, 0,005. Les charges étant proportionnelles aux allongements, il en résulte que la charge 2P capable de produire l'aplatissement complet est

$$2P = 2Q. \frac{0,005}{\alpha}.$$

L'allongement α correspondant à la charge normale est ordinairement choisi entre 0,002 et 0,003 et presque toujours aux environs de 0,0022.

La charge maximum 2P produisant l'aplatissement étant déterminée, on en déduit la flèche de fabrication

$$f = 2kP;$$

d'où le rayon moyen des feuilles

$$r = \frac{L^2}{2f} = \frac{L^2}{4kP};$$

et, enfin, leur épaisseur au moyen de l'allongement maximum supposé égal à 0,005

$$e = 2r \times 0,005 = 0,005 \times \frac{L^2}{2kP} = \frac{\alpha L^2}{2kQ}.$$

L'étagement l se détermine ensuite par la formule

$$l = \frac{EI}{Pr} = \frac{Eae^3}{12Pr},$$

où tout est connu. On adopte ordinairement pour E la valeur 2×10^{10}. Enfin, le nombre de feuilles sera

$$n = \frac{L}{l}.$$

On ne peut, dans la pratique, prendre pour n qu'un nombre entier. Si la valeur ci-dessus est fractionnaire, on prend le nombre entier immédiatement inférieur, et quelquefois même il n'y a aucun inconvénient à le diminuer encore d'une unité, les dernières feuilles n'ayant sur la flexibilité et la résistance du ressort qu'une influence tout à fait négligeable. Il est beaucoup plus important d'avoir pour e une valeur exprimée par un nombre entier de millimètres, sans aucune fraction, afin de faciliter la fabrication. On peut toujours y arriver en faisant varier légèrement la flexibilité k qui, bien que donnée, peut généralement être modifiée un peu, sans inconvénient, à moins qu'il ne s'agisse de ressorts de précision.

On opère de la même manière lorsqu'il s'agit d'employer les feuilles d'une épaisseur donnée e, pour faire un ressort ayant alors une résistance et une flexibilité données, et que l'on prend alors pour inconnue la longueur 2L de la maîtresse feuille.

294. Ressort à boudin. — Prenons une tige élastique rectiligne AB (*fig.* 248), de longueur l, invariablement fixée à

l'une de ses extrémités A et à section circulaire de rayon a.
Appliquons, à son extrémité libre B et au bout d'un levier BC
perpendiculaire à sa direction, et de longueur b, une force P,

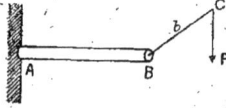

tendant à produire une torsion de
cette tige. Le moment de torsion
étant ainsi Pb, si nous appelons,
comme au chapitre x, G le coefficient
d'élasticité de glissement, S l'effort
de cisaillement sur la fibre la plus
fatiguée, et S_o sa limite ou la charge
de sécurité par cisaillement, nous aurons, entre ces diverses
quantités et l'angle de torsion θ par unité de longueur, les
relations suivantes

FIG. 248.

$$P b = S . \frac{\pi a^3}{2} \qquad \text{et} \qquad P b = G \theta . \frac{\pi a^4}{2}.$$

Le chemin parcouru par le point C, où se trouve appliquée
la force P sera $\theta l b$, et le travail de cette force supposée
toujours appliquée perpendiculairement au bras de levier
BC sera P$\theta l b = \tau$. En élevant au carré la première des
équations précédentes et la divisant par la seconde, on
obtient $P b = \frac{S^2 \pi a^2}{2 G \theta}$ et, par suite, P$\theta l b$ ou $\tau = \frac{S^2 \pi a^2 l}{2 G}$. Or, $\pi a^2 l$
n'est autre chose que le volume V de la tige; nous avons
ainsi

$$\tau = \frac{1}{2} V . \frac{S^2}{G},$$

Et si, au lieu de S, on met la charge de sécurité S_o, on
pourra exprimer ainsi une limite du travail qui pourra être
demandée à la tige pour résister à la torsion

$$\tau \leqq \frac{1}{2} V \frac{S_o^2}{G}.$$

Si nous supposons que la tige, au lieu d'être rectiligne,
soit courbée suivant une hélice et que des forces appliquées
à ses extrémités tendent à les rapprocher ou à les éloigner,
il est facile de voir que la déformation qui en résultera,
pour chaque élément de la tige, ne sera pas autre chose

qu'une torsion. Il y a bien aussi une flexion, mais elle est tout à fait négligeable par rapport à la torsion. Et alors la formule ci-dessus pourra servir à calculer le volume et, par suite, le poids d'un ressort pouvant résister à un travail donné ε, c'est-à-dire supporter un poids donné P en subissant une déformation telle que ses extrémités se rapprochent ou s'éloignent d'une quantité donnée $d = \dfrac{\varepsilon}{P}$.

Par exemple, un ressort d'acier dont la qualité sera définie par G = 6.000 kilogrammes, S_0 = 30 kilogrammes par millimètre carré, qui sera destiné à porter un poids maximum de 5.000 kilogrammes en fléchissant de $0^m,06$, devra avoir un volume de 4 décimètres cubes et peser 31 kilogrammes.

295. Ressort spiral. — Le ressort spiral est formé d'une lame élastique, dont nous supposerons la section constante, enroulée autour d'un axe, soit dans un plan sous forme de courbe spirale proprement dite, soit sur un cylindre en forme d'hélice, comme un ressort à boudin. Mais, tandis que ce dernier a pour but de s'opposer au rapprochement des deux bases du cylindre, le ressort spiral héliçoïde résiste au déplacement angulaire de l'axe du cylindre auquel il est fixé par une de ses extrémités.

La théorie est la même pour ces deux sortes de ressort spiral, qui se trouvent manifestement dans les mêmes conditions de résistance. L'effort qui tend à entraîner l'axe du cylindre dans un mouvement de rotation est dû à un couple agissant sur cet axe et dont le moment M peut être figuré par un poids P agissant tangentiellement à la circonférence de rayon b décrite par son point d'application ; M = Pb. Ce moment produit une flexion du ressort, et cette flexion est la même en tous les points puisque le moment fléchissant a lui-même une valeur constante. Alors, si I est le moment d'inertie de la section transversale du ressort, v_t la distance à l'axe neutre de la fibre qui en est la plus éloignée, E le coefficient d'élasticité, R l'effort sur cette fibre et R_0 la charge de sécurité, le moment fléchissant M, sur une longueur ds du ressort, produit une flexion qui a pour effet de faire tourner de l'angle $\frac{M\,ds}{EI}$ l'une des sections transversales par rapport à l'autre, et si l est la longueur du ressort, la section extrême aura tourné, par rapport à la section d'origine supposée fixe, d'un angle $\frac{Ml}{EI}$; et le travail effectué par la force P pour cet angle sera $\mathfrak{r} = \frac{Ml}{EI}\,Pb = \frac{M^2 l}{EI}$.

Nous avons, d'autre part, la relation connue $\frac{Mv_1}{I} = R$. Éliminant M, remplaçant I par Ωr^2 et désignant encore par V le volume Ωl du ressort, nous obtenons

$$\mathfrak{r} = \frac{r^2}{v_1^2} \cdot V \cdot \frac{R^2}{E},$$

et si, au lieu de R, on met la charge de sécurité R_0, on aura comme limite du travail qui peut être demandé au ressort

$$\mathfrak{r} \leq \frac{r^2}{v_1^2} \cdot V \cdot \frac{R_0^2}{E}.$$

Si la section du ressort est rectangulaire, de hauteur h, on a $r^2 = \frac{h^2}{12}$, $v_1^2 = \frac{h^2}{4}$, $\frac{r^2}{v_1^2} = \frac{1}{3}$. Si la section est circulaire, de rayon a, $r^2 = \frac{a^2}{4}$, $v_1 = a$, $\frac{r^2}{v_1^2} = \frac{1}{4}$. Et ainsi de suite.

En appelant, comme plus haut, d le déplacement total du poids P, c'est-à-dire le quotient $\frac{\mathfrak{r}}{P} = d$, il est facile de reconnaître que, pour un ressort donné, $\mathfrak{r}$ étant proportionnel à R^2 et, par conséquent, à M^2 ou à P^2, le quotient $\frac{\mathfrak{r}}{P}$ ou d est proportionnel à P. On peut donc regarder l'extrémité libre du ressort comme soumis à une force P proportionnelle à sa distance d à un point fixe. On sait qu'alors ce point mobile exécute des oscillations pendulaires (mouvement harmonique) dont la demi-période ou oscillation simple a une durée $t = \pi \sqrt{\dfrac{d}{g}}$. Ce sera la durée des oscillations du ressort spiral.

§ 2

CHOC LONGITUDINAL

296. Importance de la question. — Les barres, tiges, poutres et pièces prismatiques en général, qui entrent dans les constructions, y éprouvent non seulement des actions constantes, produites par exemple par le poids de corps solides au repos, mais encore des actions ou *impulsions* variables qui tendent, comme les premières, à les déformer, à altérer leur contexture et à les rompre, et que nous allons étudier.

Nous examinerons d'abord l'effet d'un choc longitudinal produit sur une barre prismatique par un corps solide qui vient heurter l'une de ses extrémités avec une certaine vitesse dirigée suivant son axe. Ce problème a une grande importance pratique, les constructions nombreuses que l'on peut considérer comme des systèmes articulés étant disposées de manière que leurs pièces ne supportent des actions que dans le sens de leur longueur.

297. Solution approximative en négligeant l'inertie de la barre heurtée. — Considérons une tige prismatique AB (*fig.* 249), de section transversale constante, fixée d'une manière invariable à l'une de ses extrémités B, heurtée à son autre extrémité libre A par un corps Q, animé d'une vitesse V parallèle à son axe longitudinal. Nous compterons cette vitesse positivement lorsqu'elle sera dirigée de B vers A, c'est-à-dire lorsque le choc longitudinal aura pour premier effet d'allonger la barre. Le choc peut avoir lieu de cette façon si, par exemple, le corps heurtant Q a la forme d'un collier ou d'un manchon embrassant la barre, et exerce son impulsion sur un bourrelet ou arrêt saillant à son extrémité libre. La vitesse serait considérée comme négative si le corps Q venait heurter l'extrémité libre en sens contraire, ou si elle était dirigée de A vers B.

Fig. 249.

Soient a la longueur AB de la barre, Ω l'aire de sa section transversale, ρ sa densité, et P son poids égal à $\rho g a \Omega$.

Désignons par u l'allongement (ou accourcissement si V est négatif) inconnu produit par le choc. Si nous ne tenons pas compte de l'inertie de la barre, c'est-à-dire si nous supposons qu'à un instant quelconque l'allongement u, produit à son extrémité libre, s'est propagé proportionnellement sur toute son étendue, comme s'il avait été produit par une charge statique, la réaction élastique de la barre, provenant de cet allongement $\dfrac{u}{a}$ par unité de longueur, aura pour expression $E\Omega\,\dfrac{u}{a}$. Elle était nulle au commencement du choc, elle a crû proportionnellement à l'allongement, de sorte que son travail total, correspondant à l'allongement total u, est égal à $\dfrac{1}{2}\,E\Omega\,\dfrac{u^2}{a}$. Puisque nous négligeons l'inertie de la barre, c'est-à-dire que nous ne tenons pas compte de la force vive correspondant aux vitesses de ses différents points, il doit y avoir égalité entre ce travail et la demi-force vive $\dfrac{Q}{g}\,\dfrac{V^2}{2}$ que possédait le corps heurtant et qui a été entièrement dépensée lorsque, à la fin de la période correspondant à l'allongement u, sa vitesse s'est annulée. A cette demi-force vive, il faut cependant ajouter, lorsque la barre est disposée verticalement comme dans la figure, le travail Qu, produit par le corps Q descendant de la hauteur u, travail qui, au contraire, ne doit pas entrer en ligne de compte lorsque la barre est horizontale.

Désignons par u_s l'allongement *statique* correspondant au poids Q, c'est-à-dire l'allongement qui donne lieu, dans la barre, à une réaction élastique faisant équilibre au poids Q supposé immobile; nous avons

$$\frac{u_s}{a} = \frac{Q}{E\Omega}, \qquad \text{ou} \qquad u_s = \frac{Qa}{E\Omega}.$$

Nous écrirons alors, pour déterminer l'allongement u, les équations :

Dans le cas de la barre horizontale :

$$\frac{1}{2}\,E\Omega\,\frac{u^2}{a} = \frac{Q}{g}\,\frac{V^2}{2}. \quad \text{d'où :} \quad u = V\sqrt{\frac{1}{g}\cdot\frac{Qa}{E\Omega}} = V\sqrt{\frac{u_s}{g}}.$$

Dans le cas de la barre verticale :

$$\frac{1}{2}E\Omega\frac{u^2}{a} = \frac{Q}{g}\frac{V^2}{2} + Qu ; \quad \text{d'où :} \quad u = u_s + \sqrt{u_s^2 + V^2\frac{u_s}{g}}.$$

Si, dans ce dernier cas (barre verticale), $V = 0$, c'est-à-dire si le corps Q est posé, sans vitesse à l'extrémité A, on a

$$u = 2u_s$$

c'est-à-dire que l'allongement est double de l'allongement statique ; c'est ce que nous avons déjà constaté plus haut (page 229).

Nous avons en même temps exprimé la *résistance vive* ou la force vive à laquelle peut résister une barre prismatique en écrivant que l'allongement par unité de longueur $\frac{u}{a}$ doit être inférieur ou au plus égal à celui qui correspond à la charge de sécurité R_0 et qui a pour expression $\frac{R_0}{E}$. Nous avons ainsi $\frac{u}{a} \leqq \frac{R_0}{E}$, et, par conséquent, dans le cas de la barre horizontale, par exemple, il vient

$$\frac{1}{2}E\Omega a \frac{R_0^2}{E^2} \geqq \frac{Q}{g}\frac{V^2}{2} \quad \text{ou} \quad \frac{Q}{g}\frac{V^2}{2} \leqq \frac{\Omega a}{2} \cdot \frac{R_0^2}{E}.$$

La résistance vive est égale à la moitié du volume Ωa de la barre, multipliée par le coefficient $\frac{R_0^2}{E}$ qui dépend de la matière dont elle est formée et que nous avons appelé *coefficient de résistance vive*.

Cela suppose que l'on néglige l'inertie de la barre. On peut, dans la même hypothèse, étudier les vibrations de l'extrémité A. Les efforts élastiques étant, à chaque instant, supposés proportionnels aux allongements, positifs ou négatifs, de la barre, cette extrémité se trouve sollicitée par une force dont la valeur, à chaque instant, est proportionnelle à la distance où elle se trouve de sa position initiale. Son mouvement est alors celui d'un point matériel astreint à se mouvoir sur une droite et soumis à une force proportionnelle à sa distance à un point fixe. On sait (ce problème est traité dans la plupart des cours de Mécanique) que le point matériel exécute, autour du point fixe, des oscillations d'égale amplitude de part et d'autre, et qu'il se meut sur la droite comme le ferait la projection d'un point assujetti à parcourir d'un mouvement uniforme une circonférence ayant son centre au point fixe. Nous ne nous arrêterons pas plus longtemps à cette hypothèse, qui s'écarte beaucoup de la réalité, lorsque le poids de la barre n'est pas négligeable par rapport à celui du corps qui vient la heurter.

298. Loi de la propagation des ébranlements. Vitesse du son. — Quand cette condition n'est pas remplie, l'inertie de la barre ne peut plus être négligée. Le mouvement imprimé à son extrémité libre ne se transmet pas instantanément à toute son étendue, sa propagation d'une section transversale à une section voisine exige un certain temps, nécessaire pour vaincre l'inertie de la masse qui les sépare.

Désignons par ω la *célérité* de cette propagation [1]. Une force, que nous représentons par $E\Omega \dfrac{u}{a}$, étant appliquée à l'extrémité libre de la barre, allongera d'abord le premier élément d'une proportion $\dfrac{u}{a}$ de sa longueur ; cet allongement se transmettra au suivant, et ainsi de suite, de manière qu'au bout d'un temps t la longueur sur laquelle l'action se fera sentir sera ωt, et l'allongement de cette partie, à raison de $\dfrac{u}{a}$ par unité de longueur de chacun de ses éléments, sera en totalité $\omega t \dfrac{u}{a}$. L'extrémité de la barre s'étant déplacée de cette quantité pendant le temps t a une vitesse $\omega \dfrac{u}{a}$. La masse mise en mouvement au bout du temps t est $\rho \Omega \omega t$;

[1] Nous employons, avec M. de Saint-Venant, aux travaux duquel est empruntée toute cette étude, le mot *célérité* pour désigner la vitesse apparente de propagation des actions moléculaires, réservant le mot *vitesse* pour les mouvements vrais des molécules ou particules solides.

la quantité de mouvement, correspondant à la vitesse $\omega \dfrac{u}{a}$, sera $\rho\Omega\omega t . \omega \dfrac{u}{a}$, et cette quantité doit être égale à l'impulsion, pendant le temps t, de la force qui l'a produite et qui est $EQ\dfrac{u}{a}$. On a donc

$$(1) \qquad \rho\Omega\omega t . \omega \dfrac{u}{a} = EQ \dfrac{u}{a} \cdot t ; \quad \text{d'où:} \quad \omega = \sqrt{\dfrac{E}{\rho}}.$$

Telle est la valeur de la *célérité* de la propagation des actions moléculaires. C'est la formule bien connue, dite *newtonienne*, de la vitesse du son; le son n'est autre chose, en effet, qu'une succession de petits ébranlements, se composant alternativement de compressions et de dilatations, qui se propagent de proche en proche, comme la déformation que nous venons d'examiner.

Si la vitesse de l'extrémité de la barre est, au premier instant, supposée égale à celle V du corps heurtant Q, on a alors $V = \omega \dfrac{u}{a}$, et si l'on veut que l'allongement proportionnel, à l'extrémité, reste au-dessous de la limite de sécurité, il faut que l'on ait $\dfrac{u}{a} \leqq \dfrac{R_0}{E}$ ou bien $\dfrac{V}{\omega} \leqq \dfrac{R_0}{E}$, que l'on peut écrire

$$(2) \qquad V \leqq \omega . \dfrac{R_0}{E}, \qquad \text{ou bien:} \qquad V^2 = \dfrac{1}{\rho} . \dfrac{R_0^2}{E}.$$

Si la vitesse du corps heurtant est supérieure à cette limite, quelle que soit la masse de ce corps par rapport à celle de la barre, la limite des déformations non dangereuses sera dépassée. On doit remarquer toutefois que, pour que cette formule soit applicable, il faut que le choc se produise de telle sorte que la totalité de la section transversale extrême de la barre acquière la même vitesse que le corps qui vient la heurter. Il n'en serait pas ainsi si ce corps était assez petit pour ne mettre en mouvement qu'une partie des molécules de cette section extrême.

299. Mise en compte de l'inertie de la barre heurtée. — Mais la vitesse V du corps heurtant ne se transmet pas intégralement à l'extrémité de la barre; cela n'aurait lieu que si cette extrémité seule, de masse supposée négligeable, se mettait en mouvement; et comme elle entraîne avec elle, dans une certaine mesure, toute la masse de la barre dont il faut vaincre l'inertie, ce n'est qu'à la fin d'un temps très court, imperceptible, pendant lequel dure l'*acte du choc*, que l'extrémité de la barre a pris la même vitesse que celle, diminuée pendant ce même temps, du corps qui est venu la heurter.

Soit V_1 cette vitesse à la fin de l'*acte* du choc. Nous pouvons la déterminer en appliquant, à l'ensemble du système formé par le corps Q et la barre, le théorème des vitesses ou des travaux virtuels. Nous exprimerons l'*équilibre* entre la quantité de mouvement $\frac{Q}{g} V$ du commencement de cet acte, et celle de sa fin, prise en signe contraire, en choisissant, pour déplacements virtuels, ceux de la fin de cet acte, comme il faut toujours le faire pour que ce principe soit applicable

La quantité de mouvement du corps Q, à ce moment, sera $\frac{Q}{g} V_1$.

Désignons par v_1 la vitesse, à ce même instant, d'un élément quelconque dP de la barre, sa quantité de mouvement sera $\frac{dP}{g} v_1$, et si nous exprimons la nullité de la somme des produits, par les déplacements virtuels de la fin de l'acte du choc, des quantités de mouvement au commencement et à la fin de ce même acte, celles de la fin étant prises en signe contraire, nous aurons, en désignant par $\int_P$ une intégrale étendue à toute la barre de poids P,

$$\frac{Q}{g} V . V_1 dt - \frac{Q}{g} V_1 V_1 dt - \int_P \frac{dP}{g} v_1 . v_1 dt = 0.$$

Divisant par $\frac{V_1 dt}{g}$, il vient

$$(3) \qquad QV = V_1 \left[Q + P \int_P \left(\frac{v_1}{V_1} \right)^2 \frac{dP}{P} \right];$$

ou, en désignant par k l'intégrale du second membre, c'est-à-dire en posant

(4)
$$k = \int_P \left(\frac{v_1}{V_1}\right)^2 \frac{dP}{P},$$

(5) $QV = V_1 (Q + kP)\,(^1)$,   d'où: $V_1 = V \cdot \dfrac{1}{1 + k\dfrac{P}{Q}}$.

Le coefficient k est inconnu et, pour en trouver la valeur, il faudrait connaître les vitesses v_1, à la fin de l'acte du choc, des divers éléments dP de la barre, ou les rapports $\dfrac{v_1}{V_1}$ de ces vitesses à celle du point qui a été heurté. Ces rapports sont les mêmes que ceux des déplacements simultanés des divers points de la barre au déplacement de son extrémité. En l'absence de toute indication sur ce que peuvent être ces déplacements, nous ne pouvons que faire une hypothèse. Supposons que ces déplacements soient ceux qui se produiraient dans l'état statique, c'est-à-dire que, si x désigne l'abscisse d'un point quelconque, mesurée à partir de l'extré-

---

(^{1}) Cette équation peut être obtenue, un peu moins simplement, si l'on ne veut pas faire usage du principe des travaux virtuels, par l'application du théorème dit de Carnot exprimant qu'il y a égalité entre la perte de force vive, pendant le choc, et la force vive due aux vitesses perdues.

La demi-force vive avant le choc est $\dfrac{Q}{g}\dfrac{V^2}{2}$.

Après le choc elle est $\dfrac{Q}{g}\dfrac{V_1^2}{2} + \int_P \dfrac{dP}{g} \cdot \dfrac{v_1^2}{2}$, ou bien, eu égard à la signification ci-dessus du coefficient k, $\dfrac{Q}{g}\dfrac{V_1^2}{2} + \dfrac{kP}{g}\dfrac{V_1^2}{2}$.

La demi-force vive perdue pendant le choc a donc pour expression

$$\frac{Q}{g}\frac{V^2}{2} - \frac{Q}{g}\frac{V_1^2}{2} - \frac{kP}{g}\frac{V_1^2}{2}.$$

Les vitesses perdues sont $V - V_1$ pour le corps Q, et $- v_1$ pour l'élément dP; la demi-force vive correspondant aux vitesses perdues est donc

$$\frac{Q}{g}\frac{(V - V_1)^2}{2} + \int_P \frac{dP}{g}\frac{(- v_1)^2}{2} = \frac{Q}{g}\frac{(V - V_1)^2}{2} + \frac{kP}{h}\frac{V_1^2}{2}.$$

Égalons cette expression à la précédente, nous aurons

$$\frac{Q}{g}\frac{V^2}{2} - \frac{Q}{g}\frac{V_1^2}{2} - k\frac{P}{g}\frac{V_1^2}{2} = \frac{Q}{g}\frac{(V - V_1)^2}{2} + \frac{kP}{g}\frac{V_1^2}{2};$$

et après réduction

$QV = V_1 (Q + kP)$, comme plus haut.

40

mité fixe B, le déplacement de ce point soit proportionnel à x. Nous aurons alors $\dfrac{v_1}{V_1} = \dfrac{x}{a}$ et, comme $\dfrac{dP}{P}$ est égal à $\dfrac{dx}{a}$, nous trouverons, pour le coefficient k,

$$k = \int_P \left(\frac{v_1}{V_1}\right)^2 \frac{dP}{P} = \int_0^a \frac{x^2}{a^2} \frac{dx}{a} = \frac{1}{a^3} \int_0^a x^2 dx = \frac{1}{3}.$$

Nous aurons donc alors

$$V_1 = V \frac{1}{1 + \frac{1}{3} \frac{P}{Q}}.$$

La quantité de mouvement primitive $\dfrac{Q}{g}$ et la force vive primitive $\dfrac{Q}{g} \cdot \dfrac{V^2}{2}$, qui sont respectivement après le choc $\left(\dfrac{Q}{g} + \dfrac{1}{3} \dfrac{P}{g}\right) V_1$ et $\dfrac{V_1^2}{2g} \left(Q + \dfrac{1}{3} P\right)$, se partagent alors, entre le corps heurtant et la barre heurtée, comme si la masse de la barre était réduite au tiers de sa valeur.

Quelle que soit d'ailleurs la valeur, que nous laisserons indéterminée, du coefficient k, nous pouvons, connaissant la force vive après le choc $\dfrac{V_1^2}{2g} (Q + kP)$, revenir sur les résultats que nous avions trouvés au commencement, en négligeant l'inertie de la barre.

La force vive après le choc, augmentée, s'il y a lieu, de Qu, lorsque la barre est verticale, doit être égalée à $\dfrac{1}{2} E\Omega \dfrac{u_d^2}{a}$ travail des actions moléculaires ou des forces élastiques pour un allongement dynamique représenté par u_d. On a ainsi, pour le cas d'une barre horizontale :

$$\frac{1}{2} E\Omega \frac{u_d^2}{a} = \frac{V_1^2}{2g} (Q + kP) = \frac{V^2}{2g} \frac{1}{\left(1 + k \frac{P}{Q}\right)^2} \cdot (Q + kP);$$

d'où

$$u_d = V \sqrt{\frac{1}{g} \cdot \frac{Qa}{E\Omega}} \sqrt{\frac{1}{1 + k \frac{P}{Q}}} = V \sqrt{\frac{u_1}{g} \cdot \frac{1}{1 + k \frac{P}{Q}}};$$

ou bien, en introduisant la valeur de la célérité ω de la propagation des actions moléculaires, $\omega = \sqrt{\dfrac{E}{\rho}}$, et remarquant que $P = \rho g a \Omega$,

$$\frac{u_d}{a} = \frac{V}{\omega} \sqrt{\frac{Q}{P}} \cdot \sqrt{\frac{1}{1 + k\dfrac{P}{Q}}}.$$

C'est cette valeur de l'allongement proportionnel $\dfrac{u_d}{a}$ qui doit, pour la sécurité, rester inférieure à la limite $\dfrac{R_0}{E}$. On en déduit la condition

$$\frac{QV^2}{2g} \leqq \left(1 + k\frac{P}{Q}\right) \frac{a\Omega}{2} \cdot \frac{R_0^2}{E}.$$

300. Vibrations de l'extrémité libre. — Nous pouvons aussi calculer approximativement l'amplitude et la durée des vibrations de l'extrémité libre de la barre. Désignons par u son allongement à un instant quelconque du temps qui suit l'acte du choc, c'est-à-dire de la période pendant laquelle l'extrémité de la barre, ayant acquis la vitesse V_1, la perd peu à peu et acquiert l'allongement dynamique u_d. Si nous supposons que, pendant cette période, les réactions élastiques exercées par l'extrémité de la barre soient les mêmes, pour des allongements déterminés, que pour les mêmes allongements statiques, à l'allongement u, ou $\dfrac{u}{a}$ par unité de longueur, correspondra un effort moléculaire $E\Omega \dfrac{u}{a}$.

La vitesse de l'extrémité est, d'ailleurs, $\dfrac{du}{dt}$, et son déplacement pendant le temps dt est $\dfrac{du}{dt} dt$. La barre, étant supposée horizontale, pour n'avoir pas à tenir compte du travail dû au déplacement du poids Q, nous pourrons égaler à zéro la somme des travaux de toutes les forces, y compris les inerties qui agissent sur les différents éléments de la barre.

A l'extrémité libre les forces sont d'abord l'effort moléculaire $E\Omega \dfrac{u}{a}$ et l'inertie du corps Q, laquelle a pour expression $\dfrac{Q}{y} \dfrac{d^2u}{dt^2}$. Ces deux forces agissent dans le même sens, et leur travail, pour le déplacement $\dfrac{du}{dt} dt$, est $\left(E\Omega \dfrac{u}{a} + \dfrac{Q}{g} \dfrac{d^2u}{dt^2} \right) \dfrac{du}{dt} dt$.

A ce travail il faut ajouter celui des inerties des divers éléments dP de la barre qui sont animées de vitesses v_1 et dont les déplacements, proportionnels aux rapports $\dfrac{v_l}{V_1}$ de ces vitesses à celle de l'extrémité, sont, par conséquent, $\dfrac{v_1}{V_1} u$. Leur accélération est $\dfrac{d^2}{dt^2} \left(\dfrac{v_1}{V_1} u \right) = \dfrac{v_1}{V_1} \dfrac{d^2u}{dt^2}$, et leur déplacement pendant le temps dt est $\dfrac{d}{dt} \left(\dfrac{v_1}{V_1} u \right) dt = \dfrac{v_1}{V_1} \dfrac{du}{dt} dt$. Le travail de leur inertie sera donc, en totalité,

$$\int_P \frac{d\mathrm{P}}{g} \cdot \frac{v_1}{V_1} \frac{d^2u}{dt^2} \cdot \frac{v_1}{V_1} \cdot \frac{du}{dt} dt = \frac{k\mathrm{P}}{g} \frac{d^2u}{dt^2} \frac{du}{dt} dt.$$

Ajoutons ce travail au précédent et égalons la somme à zéro, nous aurons, en supprimant le facteur commun $\dfrac{du}{dt} dt$,

$$E\Omega \frac{u}{a} + \left(\frac{Q}{g} + \frac{k\mathrm{P}}{g} \right) \frac{d^2u}{dt^2} = 0,$$

ou, en remplaçant $\dfrac{Qa}{E\Omega}$ par l'allongement statique u_s,

$$\frac{d^2u}{dt^2} \left(1 + k \frac{\mathrm{P}}{Q} \right) + g \frac{u}{u_s} = 0.$$

L'intégrale de cette équation est, comme on sait, de la forme $u = A \sin Bt$, puisque pour $t = 0$ on doit avoir $u = 0$.

La constante B a pour valeur $B = \sqrt{\dfrac{g}{u_s} \cdot \dfrac{1}{1 + k\dfrac{\mathrm{P}}{Q}}}$, et la constante A se détermine par la condition que pour $t = 0$

la vitesse $\dfrac{du}{dt} = AB \cos Bt$ soit égale à V_1, ce qui donne

$$AB = V_1 = \frac{V}{1 + k\dfrac{P}{Q}}, \text{ ou bien } A = V\sqrt{\frac{u_s}{g} \cdot \frac{1}{1 + k\dfrac{P}{Q}}}. \text{ L'ex-}$$

pression de u est ainsi

$$u = V\sqrt{\frac{u_s}{g} \cdot \frac{1}{1 + k\dfrac{P}{Q}}} \sin t. \sqrt{\frac{g}{u_s} \frac{1}{1 + k\dfrac{P}{Q}}}.$$

$$= a\frac{V}{\omega}\sqrt{\frac{Q}{P}}\sqrt{\frac{1}{1 + k\dfrac{P}{Q}}} \sin \frac{\omega t}{a} \sqrt{\frac{P}{Q}}\sqrt{\frac{1}{1 + k\dfrac{P}{Q}}}.$$

La valeur maximum de u est bien égale à celle qui a été trouvée plus haut pour l'allongement dynamique appelé u_d.

Il en résulte, pour la durée T de la période du mouvement vibratoire,

$$T = 2\pi \sqrt{\frac{u_s}{g}}\sqrt{1 + k\frac{P}{Q}} = 2\pi \frac{a}{\omega}\sqrt{\frac{Q}{P}}\sqrt{1 + k\frac{P}{Q}}.$$

301. Indication des résultats de l'analyse exacte du phénomène. — Ces résultats ne sont qu'approximatifs; nous avons dû, en effet, pour les obtenir, supposer que les réactions élastiques de la barre étaient les mêmes dans l'état de mouvement que dans l'état statique, ce qui n'est certainement pas exact. Ils sont cependant plus rapprochés de la réalité que ceux que nous avions obtenus d'abord en négligeant tout à fait l'inertie de la barre heurtée.

Pour aller plus loin et traiter la question dans toute sa rigueur, il faut, abstraction faite de toute hypothèse, écrire l'équation d'équilibre d'un élément quelconque de la barre. On arrive alors à une équation aux dérivées partielles de second ordre, que M. Boussinesq a intégrée en termes finis; mais les calculs auxquels donne lieu cette intégration sont compliqués; nous nous bornerons à en faire connaître les principaux résultats.

On trouve que, dans le cas de la barre fixée à un bout, c'est toujours à l'extrémité fixe que se produit l'allongement maximum ∂_m qui, pour la sécurité, doit rester inférieur à

$\frac{R_0}{E}$. Son expression varie suivant la grandeur du rapport $\frac{Q}{P}$ des poids des corps heurtant et heurté. Par exemple, lorsque ce rapport est plus petit que 5,686, on trouve

$$\partial_m = 2\,\frac{V}{\omega}\left(1 + e^{-\frac{2P}{Q}}\right).$$

ce qui donne approximativement $\partial_m = 2\,\frac{V}{\omega}$, si $\frac{Q}{P}$ est très petit.

L'expression de ∂_m devient beaucoup plus compliquée pour les valeurs supérieures du rapport $\frac{Q}{P}$; mais, fort heureusement, lorsque ce rapport dépasse 4 ou 5, on peut substituer à la valeur exacte de ∂_m la suivante, qui en diffère très peu et qui est d'un calcul facile,

$$\partial_m = \frac{V}{\omega}\left(\sqrt{\frac{Q}{P}} + 1\right).$$

Le lecteur trouvera, aux *Comptes Rendus des séances de l'Académie des Sciences*, des 16, 23, 30 juillet et 6 août 1883, la démonstration complète de ces formules et l'étude détaillée des phénomènes qui se produisent dans la barre heurtée.

§ 3

CHOC TRANSVERSAL

302. Solution approximative, en négligeant l'inertie de la barre heurtée. — Considérons une poutre horizontale AB (*fig.* 250),

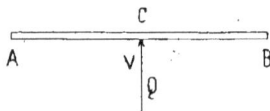

Fig. 250.

de longueur 2*a*, reposant à ses deux extrémités sur deux appuis fixes autour desquels elle puisse s'infléchir sans pouvoir s'en écarter, heurtée en son milieu C par un corps Q, animé d'une vitesse V, perpendiculaire à sa direction et que nous supposerons aussi horizontale, afin de n'avoir pas à tenir compte du travail du poids Q pendant la flexion de la barre.

Nous savons que, si nous prenons une des extrémités A pour origine des abscisses et si nous comptons les y dans le sens dans lequel agirait une force statique égale à Q, appliquée en son milieu, la déformation statique s'obtient en intégrant deux fois l'équation différentielle $EI \dfrac{d^2y}{dx^2} = -\dfrac{Q}{2}\,x$, ce qui donne, eu égard à ce que, en raison de la symétrie, on doit avoir, pour $x = a$, $\dfrac{dy}{dx} = 0$: $EI \dfrac{dy}{dx} = \dfrac{Q}{2} \cdot \dfrac{a^2 - x^2}{2}$ et $EIy = \dfrac{Q}{2}\left(\dfrac{a^2x}{2} - \dfrac{x^3}{6}\right)$ sans addition de constante, puisque pour $x = 0$, on a $y = 0$. Cette expression peut se mettre sous la forme

$$y = \frac{Qa^3}{6EI}\left(\frac{3}{2}\frac{x}{a} - \frac{1}{2}\frac{x^3}{a^3}\right);$$

ou bien, en désignant par f_s la flèche statique produite par la force Q, c'est-à-dire en posant $f_s = \dfrac{Qa^3}{6EI}$,

(1) $$y = f_s\left(\frac{3}{2}\frac{x}{a} - \frac{1}{2}\frac{x^3}{a^3}\right).$$

Remarquons que le rapport de la force Q à la flèche qu'elle a produite est constant pour une poutre donnée et a pour valeur

$$\frac{Q}{f} = \frac{6EI}{a^3}.$$

Négligeons d'abord, comme nous l'avons fait dans le cas du choc longitudinal, l'inertie de la poutre. Pour une flèche quelconque f, l'effort sera $\dfrac{6EI}{a^3} \cdot f$ et, pour une augmentation df de cette flèche, le travail de cet effort sera $\dfrac{6EI}{a^3} f\,df$. La somme de tous ces travaux élémentaires, depuis l'origine de la déformation ($f = 0$) jusqu'au moment où la flèche a acquis la valeur f_D que nous appellerons flèche dynamique, qui correspond au moment où la vitesse V est entièrement détruite, c'est-à-dire où toute la force vive $\dfrac{Q}{g}\dfrac{V^2}{2}$.

du corps heurtant est absorbée, sera $\displaystyle\int_0^{f_{\mathrm{D}}} \frac{6\mathrm{EI}}{a^3}\, f\, df = \frac{6\mathrm{EI}}{a^3}\cdot\frac{f_{\mathrm{D}}^2}{2}$.

Égalant ce travail à la demi-force vive du corps heurtant, nous savon

$$\frac{6\mathrm{EI}}{a^3}\,\frac{f_{\mathrm{D}}^2}{2}\cdot = \frac{\mathrm{Q}}{g}\,\frac{\mathrm{V}^2}{2}\,;\quad \text{d'où:}\quad f_{\mathrm{D}} = \mathrm{V}\sqrt{\frac{a^3\mathrm{Q}}{6g\mathrm{EI}}} = \mathrm{V}\sqrt{\frac{f_s}{g}}.$$

Le moment fléchissant maximum M, au milieu de la poutre, est mesuré par le produit, par $\dfrac{a}{2}$, de l'effort qui correspond à une flèche déterminée ; il sera donc, pour la flèche f_{D},

$$\mathrm{M} = \frac{a}{2}\cdot\frac{6\mathrm{EI}}{a^3}\,f_{\mathrm{D}}.$$

Or, ce moment M donne lieu, sur la fibre la plus fatiguée, à un effort $\mathrm{R} = \dfrac{\mathrm{M}h}{2\mathrm{I}}$, si h est la hauteur de la poutre supposée symétrique ; et cet effort doit, pour la sécurité, rester inférieur à la limite R_0 dépendant de la matière de la poutre. Nous avons donc, pour la condition de sécurité,

$$\frac{a}{2}\cdot\frac{6\mathrm{EI}}{a^3}\,f_{\mathrm{D}}\cdot\frac{h}{2\mathrm{I}} \leqq \mathrm{R}_0.$$

Remplaçons f par sa valeur ci-dessus, réduisons et élevons les deux membres au carré, il viendra

$$\frac{3h^2\mathrm{E}}{4a\mathrm{I}}\cdot\frac{\mathrm{Q}\mathrm{V}^2}{2g} \leqq \mathrm{R}_0^2\,;$$

ou bien, en remplaçant I par Ωr^2, Ω désignant l'aire de la section transversale, et r son rayon de giration,

$$\frac{\mathrm{Q}\mathrm{V}^2}{2g} \leqq \frac{2}{3}\frac{r^2}{h^2}\cdot 2a\Omega.\,\frac{\mathrm{R}_0^2}{\mathrm{E}}.$$

La *résistance vive* de la poutre est égale au produit du coefficient de résistance vive, $\dfrac{\mathrm{R}_0^2}{\mathrm{E}}$, par le volume de la poutre, $2a\Omega$, et par un coefficient $\dfrac{2r^2}{3h^2}$ qui dépend de la forme de la section transversale. Comme dans le choc longitudinal, la résistance vive du corps heurté est proportionnelle à son *volume*.

303. Propagation des ébranlements. — Supposons maintenant que, sous l'action du choc, le point C, milieu de la barre, se soit trouvé animé d'une vitesse V′ dans le sens de l'impulsion qui lui est donnée par le corps Q; il aura parcouru, pendant un temps t très court, un espace V′t.

Pendant ce temps, que nous supposerons assez faible pour que l'ébranlement moléculaire ne soit pas encore parvenu jusqu'aux extrémités de la barre, cet ébranlement se sera étendu, de chaque côté du point heurté, sur une longueur ωt. Abstraction faite des deux parties de la barre qui n'en ont pas encore ressenti l'effet, la partie infléchie peut donc être assimilée à une poutre de longueur $2\omega t$, qui aurait pris, sous l'action d'une force appliquée en son milieu, une flèche V′t; mais cette portion de poutre, faisant suite à ces deux autres, entre lesquelles elle est comprise et qui n'ont encore pris aucun mouvement, doit être considérée comme encastrée à ses deux extrémités, et alors, pour une pareille poutre, de longueur $2\omega t$, l'effort capable de produire une flèche V′t a pour expression (1)

$$\frac{24EI}{\omega^3 t^3} V't = \frac{24V'EI}{\omega^3 t^2}.$$

En appliquant le principe des quantités de mouvement, nous aurons, pour l'impulsion de cet effort pendant le temps t: $\frac{24V'EI}{\omega^3 t^2} \cdot t = \frac{24V'EI}{\omega^3 t}$, et cette impulsion doit être

---

(1) Soit $2a$ la longueur d'une poutre encastrée à ses deux extrémités, P la charge unique qu'elle supporte en son milieu; on a, en appelant μ le moment d'encastrement, $- EI \frac{d^2y}{dx^2} = \frac{Px}{2} - \mu$; $- EI \frac{dy}{dx} = \frac{Px^2}{4} - \mu x$, d'où, puisque l'on a $\frac{dy}{dx} = 0$ pour $x = a$, $\mu = \frac{Pa}{4}$ ou $- EI \frac{dy}{dx} = \frac{P}{4}(x^2 - ax)$ et, enfin, $- EIy = \frac{P}{4}\left(\frac{x^3}{3} - a\frac{x^2}{2}\right)$. La flèche f a donc pour expression $f = \frac{Pa^3}{24EI}$ et y peut se mettre sous la forme $- y = f\left(\frac{2x^3}{a^3} - \frac{3x^2}{a^2}\right)$, ou $y = f\left(\frac{3x^2}{a^2} - \frac{2x^3}{a^3}\right)$. Le moment fléchissant maximum est $\frac{Pa}{4}$.

égale à la somme des produits, par leurs vitesses, des masses des éléments déplacés. Les vitesses v prises par chacun de ces éléments sont inconnues et nous ne pouvons que supposer qu'elles sont proportionnelles aux déplacements vt qu'ils ont acquis au bout du temps t, c'est-à-dire que les rapports de ces vitesses v à celle V' du point heurté sont égaux aux rapports des déplacements y à la flèche $V't$. Or, si nous comptons les x à partir de l'origine de cette sorte de poutre encastrée, nous aurons

$$\frac{y}{V't} = \frac{3x^2}{\omega^2 t^2} - \frac{2x^3}{\omega^3 t^3}.$$

La masse d'un élément dx est $\rho\Omega dx$ et sa quantité de mouvement est $\rho\Omega v dx = \rho\Omega V' \cdot \frac{v}{V'} \, dx$; si nous mettons pour $\frac{v}{V'}$ la valeur ci-dessus de $\frac{y}{V't}$ que nous lui supposons égale, nous aurons, pour la somme des quantités de mouvement des deux moitiés de la portion de poutre assimilée à une poutre encastrée,

$$2. \rho\Omega V' \int_0^{\omega t} \frac{v}{V'} \, dx = 2\rho\Omega V' \int_0^{\omega t} \left(\frac{3x^2}{\omega^2 t^2} - \frac{2x^3}{\omega^3 t^3} \right) dx = \rho\Omega V' \cdot \omega t.$$

Égalons cette quantité de mouvement à l'impulsion de l'effort qui l'a produite, nous aurons

$$\frac{24 V' EI}{\omega^3 t} = \rho\Omega V' \omega t,$$

ou bien

$$\omega^4 t^3 = 24 \frac{EI}{\rho\Omega}, \quad \text{ou} \quad \omega^2 t = \sqrt{24} \sqrt{\frac{EI}{\rho\Omega}}.$$

Le moment fléchissant maximum, dans la poutre encastrée que nous considérons, a pour valeur $\frac{1}{4} \cdot \frac{24 V' EI}{\omega^3 t^2} \cdot \omega t = M$. Si $\frac{h}{2}$ est la distance de la fibre la plus éloignée de l'axe neutre, ce moment fléchissant y produit un effort $\frac{M}{I} \cdot \frac{h}{2}$ qui se traduit par un allongement $\partial = \dfrac{M}{EI} \cdot \dfrac{h}{2}$, soit

$$\partial = \frac{1}{4} \cdot \frac{24 V'EI}{\omega^3 t^2} \cdot \omega t \cdot \frac{1}{EI} \cdot \frac{h}{2} = \frac{3V'h}{\omega^2 t},$$

ou bien, en mettant pour $\omega^2 t$ sa valeur ci-dessus, remplaçant $\sqrt{\dfrac{E}{\rho}}$ par ω et $\sqrt{\dfrac{I}{\Omega}}$ par le rayon de giration r,

$$\partial = \frac{3V'h}{\sqrt{24} \cdot \omega r} = \frac{1}{1,63} \cdot \frac{V'}{\omega} \cdot \frac{h}{r}.$$

La vitesse V', prise par le point C, est nécessairement inférieure à celle V du corps heurtant Q, surtout dans le premier instant du choc. M. Boussinesq, par une analyse exacte, a trouvé pour l'allongement maximum produit par le choc

$$\partial = \frac{1}{2} \frac{V}{\omega} \cdot \frac{h}{r},$$

de sorte qu'on aurait approximativement $\dfrac{V'}{1,63} = \dfrac{V}{2}$ ou $V' = 0,81 V$.

Quelle que soit la masse du corps heurtant Q (à la condition que toute la section transversale du milieu de la barre acquière, sous son impulsion, une même vitesse), si la vitesse V de ce corps est telle que $\dfrac{1}{2} \dfrac{V}{\omega} \dfrac{h}{r}$ soit plus grand que la limite $\dfrac{R_0}{E}$ des allongements compatibles avec la sécurité de la matière, cette limite sera dépassée au point heurté et la barre y subira des déformations permanentes avant que les parties voisines se soient mises en mouvement. On comprend, pour la même raison, qu'une vitesse suffisante du corps heurtant produise la rupture de la barre, au point heurté, sans que les autres parties subissent aucun ébranlement par l'effet du choc.

304. Mise en compte de l'inertie de la barre heurtée.

— Nous pouvons, d'ailleurs, en opérant exactement de la même manière que dans le cas du choc longitudinal, par les mêmes raisonnements, et les *mêmes équations*, déterminer la vitesse V_1 prise par le point heurté et le corps heurtant, à la fin de l'acte du choc. Appliquons encore le principe des travaux virtuels, en égalant à zéro la somme des produits, par les déplacements à la fin de l'acte du choc, des quantités de mouvement au commencement et à la fin de cet acte, ces dernières étant prises en signe contraire, nous aurons

$$\frac{Q}{g} V.V_1 dt - \frac{Q}{g} V_1.V_1 dt - \int_P \frac{dP}{g} v_1.v_1 dt = 0 \, ;$$

ou, en désignant par k la somme

$$k = \int_P \left(\frac{v_1}{V_1}\right)^2 dP,$$

nous obtiendrons, toutes réductions faites,

$$(2) \qquad V_1 = V . \frac{1}{1 + k \frac{P}{Q}} .$$

Mais la valeur du coefficient k n'est pas la même que dans le cas du choc longitudinal. Supposons que les vitesses v_1 des divers points soient proportionnelles à leurs déplacements y, c'est-à-dire que l'on ait $\frac{v_1}{V_1} = \frac{y}{f} = \frac{3}{2}\frac{x}{a} - \frac{1}{2}\frac{x^3}{a^3}$ lorsque la poutre est simplement appuyée à ses deux extrémités; nous aurons, en remarquant que $\frac{dP}{P} = \frac{dx}{2a}$ et que l'intégrale $\int_P$ doit être étendue à toute la barre, de longueur $2a$,

$$k = \int_P \left(\frac{v_1}{V_1}\right)^2 \frac{dP}{P} = 2 \int_0^a \left(\frac{3}{2}\frac{x}{a} - \frac{1}{2}\frac{x^3}{a^3}\right)^2 \frac{dx}{2a} = \frac{17}{35}.$$

Pour une barre encastrée à ses deux extrémités, on aurait

$$\frac{v_1}{V_1} = \frac{y}{f} = \frac{3x^2}{a^2} - \frac{2x^3}{a^3}, \quad \text{et} \quad k = 2 \int_0^a \left(\frac{3x^2}{a^2} - \frac{2x^3}{a^3}\right)^2 \frac{dx}{2a} = \frac{13}{35}.$$

Pour une barre de longueur $(b + c)$, simplement posée à ses deux extrémités et heurtée ailleurs qu'au milieu, en un point C distant de b de l'une d'elles et de c de l'autre, nous aurions de même, en appliquant les équations des deux courbes affectées, sous une charge statique, par les deux portions de la barre, et que nous avons données (page 374), en y mettant en évidence la flèche au point chargé qui est $\dfrac{Pb^2c^2}{3(b+c)EI}$ et opérant les intégrations de la même manière que ci-dessus,

$$k = \frac{1}{105}\left[1 + 2\left(1 + \frac{(b+c)^2}{bc}\right)^2\right]^{(1)}.$$

Quelle que soit la valeur de k, la force vive après le choc, comme la quantité de mouvement, se répartit entre les deux corps, comme si la barre heurtée était réduite à la fraction $k\,\dfrac{P}{g}$ de sa masse. La demi-force vive après le choc est égale, en effet, à

$$\frac{Q}{g}\frac{V_1^2}{2} + \int \frac{dP}{g}\frac{v_1^2}{2} = \frac{Q}{g}\frac{V_1^2}{2} + k\frac{P}{g}\frac{V_1^2}{2} = \frac{V_1^2}{2g}(Q + kP).$$

En mettant pour V_1 sa valeur en fonction de la vitesse V du corps heurtant, elle a pour expression :

$$\frac{QV^2}{2g} \cdot \frac{1}{1 + k\dfrac{P}{Q}};$$

nous devons l'égaler au travail des actions moléculaires qui, pour produire la flèche dynamique f_D, a pour valeur $\dfrac{6EI}{a^3}\dfrac{f_D^2}{2}$. Nous en déduisons

$$f_D = V\sqrt{\frac{Qa^3}{6gEI}}\frac{1}{\sqrt{1 + k\dfrac{P}{Q}}} = V\sqrt{\frac{f_s}{g}} \cdot \frac{1}{\sqrt{1 + k\dfrac{Q}{P}}},$$

---

(1) On voit que, dans ce cas, le coefficient k n'est pas toujours plus petit que l'unité. Pour $\dfrac{b}{b+c} = \dfrac{1}{10}$ on trouverait $k = 2{,}803$. La barre heurtée entre alors, dans le partage de la force vive et la quantité de mouvement, pour une masse plus grande que sa masse réelle. Cela s'explique par le voisinage du point d'appui qui amortit une grande partie de l'effet du choc.

ou

$$\frac{f_D}{2a} = \frac{1}{\sqrt{24}} \frac{V}{\omega} \frac{a}{r} \sqrt{\frac{Q}{P}} \frac{1}{\sqrt{1 + k\frac{P}{Q}}}.$$

Si, au lieu de supposer horizontale la vitesse V du corps heurtant Q, nous l'avions supposée verticale, dirigée de haut en bas, et si, après le choc, le corps pesant Q continuait à s'appuyer sur la barre, la flèche serait plus grande que celle que nous venons de calculer. Désignons-la, alors, sous le nom de flèche totale et représentons-la par f_T, nous devrons, pour la trouver, ajouter à la force vive après le choc le travail du poids Q, descendant de f_T. Nous aurons l'équation

$$\frac{QV^2}{2g} \frac{1}{1 + k\frac{P}{Q}} + Q.f_T = \int_0^{f_T} \frac{6EI}{a^3} f df = \frac{6EI}{a^3} \frac{f_T^2}{2}.$$

Mais la demi-force vive après le choc, que représente le premier terme de cette équation, peut être exprimée en fonction de la flèche dynamique f_D que nous venons de déterminer, elle est égale à $\frac{6EI}{a^3} \frac{f_D^2}{2}$. Substituons cette expression, et remplaçons $\frac{6EI}{a^3}$ par $\frac{Q}{f_s}$; nous aurons, en multipliant tous les termes par $\frac{f_s}{Q}$,

$$f_T^2 - 2f_s f_T - f_D^2 = 0,$$

d'où

$$f_T = f_s + \sqrt{f_s^2 + f_D^2};$$

expression où l'on doit faire

$$f_s = \frac{Qa^3}{6EI} \quad \text{et} \quad f_D = V\sqrt{\frac{Qa^3}{6gEI}} \cdot \frac{1}{\sqrt{1 + k\frac{P}{Q}}}.$$

On voit que, dans le cas particulier où $V = 0$, le corps Q étant posé sans vitesse sur le milieu de la barre, $f_D = 0$, et $f_T = 2f_s$. La flèche totale prise par la poutre est double de la flèche statique. Ce résultat est identique à celui que nous avons trouvé dans le cas du choc longitudinal, et il s'explique de la même manière.

305. Moment fléchissant et effort maximum. —

Ayant calculé la flèche f prise par la poutre, qui, suivant les cas, sera f_S, f_D, f_T, nous pouvons déterminer l'effort maximum qui en résulte dans la poutre, sur la fibre la plus fatiguée. Cette flèche correspond en effet à un effort statique proportionnel qui sera, par exemple, $\dfrac{6EI}{a^3} f$, si la poutre est appuyée aux deux bouts; $\dfrac{24EI}{a^3} f$ si elle est encastrée à ses deux extrémités, etc. L'effort statique correspondant à la flèche considéré comme une charge appliquée au point heurté, donne le moment fléchissant en chaque point de la poutre, par conséquent, le moment fléchissant maximum M et l'effort de la fibre la plus fatiguée, $\dfrac{Mv}{I}$, si v est la distance de cette fibre à l'axe neutre. Il sera donc toujours possible de calculer les conséquences, pour une poutre déterminée, du choc transversal d'un corps solide quelconque.

Le moment fléchissant maximum M ainsi calculé a, pour une flèche f, les valeurs suivantes :

1° Pour une poutre de longueur $2a$, posée aux deux bouts, heurtée au milieu,

$$M = \frac{3EI}{a^2} \cdot f;$$

2° Pour une poutre de longueur $2a$, encastrée aux deux bouts, heurtée au milieu,

$$M = \frac{6EI}{a^2} \cdot f;$$

3° Pour une poutre de longueur a, encastrée à un bout, heurtée à l'autre,

$$M = \frac{3EI}{a^2} \cdot f;$$

4° Pour une poutre de longueur $(b + c)$, posée aux deux

bouts, heurtée en un point distant de b et de c de ses extrémités,

$$M = \frac{3EI}{bc} \cdot f;$$

etc.

Il n'est pas inutile de faire remarquer que, si la poutre
heurtée doit entraîner dans son mouvement des pièces avec
lesquelles elle est reliée, comme un plancher, un tablier de
pont, etc., c'est la masse mise en mouvement qui doit figurer, multipliée par le coefficient k, dans le partage de la
force vive et de la quantité de mouvement après le choc.
P doit représenter alors le poids de la poutre et le poids de
toutes les parties accessoires qui y sont reliées et se
déplacent avec elle.

Les résultats de l'analyse qui précède, bien qu'étant simplement approximatifs, ont été confirmés par l'expérience.

Un très grand nombre d'expériences de flexion par impulsion brusque, ou choc transversal, ont été faites sous la
direction de M. Eaton Hodgkinson [1]. Les précautions les
plus minutieuses ont été prises pour placer les barres dans
les conditions que suppose la théorie; les flèches ont été
mesurées, ainsi que les vitesses du corps heurtant, avec le
plus grand soin; les résultats de tous les mesurages ont été
remarquablement concordants entre eux, et leur moyenne,
pour les barres simplement appuyées aux deux bouts,
s'accorde avec ceux que donneraient les formules ci-dessus
en attribuant au coefficient k la valeur 0,47. La théorie nous
a indiqué la valeur $k = \frac{17}{35} = 0,4857$. Il est difficile d'obtenir
une vérification plus parfaite.

306. Vibrations transversales. — La barre heurtée

transversalement exécute des vibrations comme celle qui
reçoit un choc longitudinal. La mise en équation de ces mouvements se fait exactement de la même manière et *par les
mêmes équations* que dans cet autre cas, en remplaçant, bien

[1] *Report of the Commissioners appointed to inquire into the application of
Iron to Railway Structures*. London, 1849. Voir surtout l'appendice 4.

entendu, u_s, l'allongement statique. par f_s, flèche statique.
L'équation différentielle du mouvement serait, en appelant f
la flèche à un instant t quelconque,

$$\frac{d^2f}{dt^2}\left(1 + k\frac{P}{Q}\right) + g\frac{f}{f_s} = 0;$$

l'équation finie est

$$f = V\sqrt{\frac{f_s}{g}\frac{1}{1 + k\frac{P}{Q}}}\sin t.\sqrt{\frac{g}{f_s}\frac{1}{1 + k\frac{P}{Q}}};$$

et la durée de l'oscillation complète est

$$T = 2\pi\sqrt{\frac{f_s}{g}\cdot\left(1 + k\frac{P}{Q}\right)}.$$

307. Indication des résultats de l'analyse exacte. — La solution exacte du problème du choc transversal d'une barre ne peut être obtenue : l'intégration de l'équation aux dérivées partielles à laquelle il conduit ne peut être effectuée en termes finis, elle ne peut se faire que par des séries, sommes de termes en nombre infini dont chacun est une fonction, généralement compliquée, d'un paramètre qui doit recevoir successivement toutes les valeurs, racines d'une équation transcendante.

Chacun des termes de ces séries représente une des vibrations qui se superposent et dont l'ensemble constitue le mouvement des divers points de la barre. On ne peut rien conclure, analytiquement, de cette forme très compliquée de la fonction qui représente le mouvement, et si M. de Saint-Venant a pu, dans un cas simple, arriver à quelques résultats, ce n'est qu'au prix d'un travail considérable et de calculs laborieux dont il a traduit les résultats graphiquement.

Nous nous bornerons à renvoyer à son travail et surtout à la Note très étendue qu'il a insérée sur ce sujet dans la traduction annotée de Clebsch (Note du § 61, pages 490 à 627).

L'approximation au moyen de laquelle nous avons déduit de la flèche prise par la barre sous l'action d'un choc l'effort maximum supporté par la fibre la plus fatiguée, suppose que la barre se courbe sous l'action du choc, exactement comme elle le ferait sous une charge statique ; or, il n'en est pas ainsi. A cette déformation principale se superposent des vibrations secondaires qui ont pour effet, sans modifier d'une manière appréciable la flèche totale, de donner à la fibre moyenne des courbures bien différentes de celles qu'elle prendrait sous le seul effet d'une charge immobile. Ces courbures, dues à des vibrations secondaires extrêmement rapides et d'une durée presque inappréciable, ont-elles, au point de vue de la résistance de la matière, les mêmes dangers que si elles étaient dues à la vibration principale, beaucoup plus lente ? c'est ce que l'expérience seule pourrait apprendre.

Pour une flèche donnée f la courbure maximum est ainsi notablement supérieure à celle qui résulte du calcul du moment fléchissant que nous avons indiqué plus haut, et il en est de même de l'effort supporté par la fibre la plus fatiguée ; mais, par une heureuse compensation empirique, qui a été constatée par M. de Saint-Venant dans le cas de la poutre posée aux deux bouts et heurtée au milieu, pour les valeurs de $\dfrac{P}{Q} = \dfrac{1}{2}$, 1, 2, et qui se vérifierait sans doute avec une certaine approximation dans les autres cas, on peut avoir une expression à peu près exacte de l'effort supporté par la fibre la plus fatiguée en mettant, dans les expressions précédentes du moment fléchissant maximum (page 639), pour la flèche dynamique f_D au lieu de sa valeur

$$f_D = V \sqrt{\frac{f_S}{g} \cdot \frac{1}{1 + h\frac{P}{Q}}},$$

celle qu'on lui attribuerait en négligeant l'inertie de la barre heurtée, c'est-à-dire $f_D = \sqrt{\dfrac{f_S}{g}}$. On introduit ainsi, dans la formule, une valeur de f_D trop forte, qui compense à peu près ce qui lui manque pour donner la véritable grandeur de l'effort dans la fibre la plus fatiguée.

§ 4

CHARGE ROULANTE

308. Cas d'une charge roulante isolée. — Considérons une poutre horizontale AA_1 (*fig.* 251) reposant à ses deux extrémités sur deux appuis fixes, sur laquelle une charge Q se déplace de A vers A_1 avec une vitesse horizontale V. Désignons par P le poids de la poutre, y compris la charge permanente qui se met en mouvement avec elle, par $2a$ sa longueur AA_1 et par $x = Vt$ l'abscisse du point où se trouve appliquée la charge Q à l'époque t; appelons z l'abscisse AM d'un point quelconque M de la partie AQ, u le déplacement vertical du point M sous l'action de la charge en mouvement, u' le déplacement statique de ce même point M, c'est-à-dire la valeur du déplacement u si la charge Q était immobile, y le déplacement vertical du point Q, c'est-à-dire la valeur de u pour $z = x$; enfin, appliquons les mêmes lettres affectées de l'indice 1 aux déplacements d'un point quelconque M_1 de la partie A_1Q, les abscisses z_1 des points M_1 étant comptées à partir de l'extrémité A_1 comme les abscisses z des points M le sont à partir de l'extrémité A.

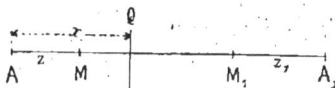

Fig. 251.

Nous allons d'abord déterminer les déplacements u', u'_1, des points M, M_1 en supposant la charge Q immobile. Nous suivrons, pour cela, la marche indiquée au chapitre de la *flexion*. Les réactions verticales des appuis sont, dans cette hypothèse,

Pour l'appui A, $\dfrac{P}{2} + Q\dfrac{2a-x}{2a}$; pour l'appui A_1, $\dfrac{P}{2} + Q\dfrac{x}{2a}$.

Alors, les moments fléchissants au point M et au point M_1 auront pour valeurs les seconds membres des équations suivantes, qui serviront à déterminer les déplacements statiques u', u'_1, comptés positivement de haut en bas,

$$-EI\frac{d^2u'}{dz^2}=\left(\frac{P}{2}+Q\frac{2a-x}{2a}\right)z-\frac{Pz}{2a}\cdot\frac{z}{2};\; -EI\frac{d^2u'_1}{dz_1^2}=\left(\frac{P}{2}+\frac{Qx}{2a}\right)z_1-\frac{Pz_1}{2a}\cdot\frac{z_1}{2}$$

Intégrons une première fois et désignons par C, C_1 deux constantes, nous avons

$$- EI \frac{du'}{dz} = \left(\frac{P}{2} + Q\frac{2a-x}{2a}\right)\frac{z^2}{2} - \frac{P}{4a}\cdot\frac{z^3}{3} + C;$$

$$- EI \frac{du'_1}{dz_1} = \left(\frac{P}{2} + \frac{Qx}{2a}\right)\frac{z_1^2}{2} - \frac{P}{4a}\cdot\frac{z_1^3}{3} + C_1.$$

En exprimant qu'au point Q les deux portions de la poutre se raccordent tangentiellement, c'est-à-dire que, pour $z = x$, $\frac{du'}{dz}$ a la même valeur que $\frac{du'_1}{dz_1}$ pour $z_1 = 2a - x$, mais avec un signe contraire, nous aurons l'équation

$$\left(\frac{P}{2}+Q\frac{2a-x}{2a}\right)\frac{x^2}{2}-\frac{P}{4a}\frac{x^3}{3}+C+\left(\frac{P}{2}+\frac{Qx}{2a}\right)\frac{(2a-x)^2}{2}-\frac{P}{4a}\frac{(2a-x)^3}{3}+C_1=0.$$

Intégrons une seconde fois, en observant qu'il n'y a pas lieu d'ajouter de constante, puisque u' s'annule pour $z = 0$, et u'_1 pour $z_1 = 0$, il vient

$$- EIu' = \left(\frac{P}{2} + Q\frac{2a-x}{2a}\right)\frac{z^3}{6} - \frac{4a}{P}\cdot\frac{z^4}{12} + Cz;$$

$$- EIu'_1 = \left(\frac{P}{2} + \frac{Qx}{2a}\right)\frac{z_1^3}{6} - \frac{P}{4a}\cdot\frac{z_1^4}{12} + C_1 z_1.$$

Exprimons que, pour $z = x$, u' a la même valeur que u'_1 pour $z_1 = 2a - x$,

$$\left(\frac{P}{2}+Q\frac{2a-x}{2a}\right)\frac{x^3}{6}-\frac{P}{4a}\frac{x^4}{12}+Cx=\left(\frac{P}{2}+\frac{Qx}{2a}\right)\frac{(2a-x)^3}{6}-\frac{P}{4a}\frac{(2a-x)^4}{12}+C_1(2a-x).$$

Nous avons ainsi deux équations du premier degré qui nous permettront de déterminer les valeurs des constantes C et C_1. En les résolvant et substituant les valeurs trouvées à C et C_1 dans les équations précédentes, nous aurons, toutes réductions faites, les valeurs suivantes de u' et u'_1

$$(1)\ u' = Q\frac{2a-x}{12aEI}[(4ax - x^2)z - z^3] + P.\frac{8a^3z - 4az^3 + z^4}{48aEI}.$$

$$(2)\ u'_1 = Q\frac{x}{12aEI}[(4a^2 - x^2)z_1 - z_1^3] + P.\frac{8a^3z_1 - 4az_1^3 + z_1^4}{48aEI}$$

La seconde de ces équations devient, évidemment, identique à la première lorsqu'on y remplace x par $2a - x$.

La flèche statique f_s, lorsque le poids Q se trouve au milieu de la poutre, s'obtient en faisant d'abord $x = a$, puis z ou $z_1 = a$ dans ces équations,

$$f_s = \frac{Qa^3}{6EI} + P.\frac{5a^3}{48EI} = \frac{a^3}{6EI}\left(Q + \frac{5}{8}P\right).$$

Si, dans la première de ces équations, on fait $z = x$, ou si, dans la seconde, on fait $z_1 = 2a - x$, on a u' ou $u'_1 = y$, déplacement du point Q. Le lieu des positions occupées par ce point, en supposant la charge placée successivement aux divers points de la poutre, sans tenir compte d'aucune vitesse, est ainsi la courbe représentée par l'équation

$$(4) \quad y = Q\,\frac{2a - x}{12aEI}\left[(4ax - x^2)\,x - x^3\right] + P\,\frac{8a^3x - 4a.c^3 + x^4}{48aEI}.$$

309. Première approximation, d'après M. Phillips.

— Comme approximation, et pour faire entrer en ligne de compte l'influence du mouvement de la charge, nous supposerons, avec M. Phillips, que, dans son mouvement, elle parcourt précisément cette courbe, c'est-à-dire qu'à chaque instant le point où elle est appliquée s'abaisse, au moment où elle y passe, de la même quantité qu'il ferait si elle y était placée statiquement et immobile.

Cela posé, pour avoir le déplacement dynamique u, nous devrons égaler $EI.\dfrac{d^2u}{dz^2}$ à la somme des moments fléchissants qui se produisent pendant le mouvement et qui sont :

1° Le moment fléchissant M dû aux charges statiques, et que nous avons évalué plus haut ;

2° Le moment fléchissant M′ dû à l'inertie de la charge roulante ;

3° Le moment fléchissant M″ dû à l'inertie de la poutre.

Ces deux derniers moments, que nous allons calculer, étant trouvés, nous aurons ainsi, pour déterminer u, l'équation

$$(5) \qquad EI\,\frac{d^2u}{dz^2} = M + M' + M''.$$

La charge roulante Q parcourt, par hypothèse, avec une vitesse V, la courbe dont nous venons de donner l'équation. En chacun des points de sa trajectoire, son inertie, qui n'est autre que la force centrifuge due à ce mouvement, a pour expression, si ρ est le rayon de courbure de la courbe, $-\dfrac{Q}{g} \cdot \dfrac{V^2}{\rho}$. Nous pouvons admettre, avec une approximation suffisante, que cette force, normale à la courbe, est verticale. Elle se répartit alors, entre les appuis, comme le ferait une force verticale isolée appliquée au point Q, à raison de $-\dfrac{Q}{g} \cdot \dfrac{V^2}{\rho} \cdot \dfrac{2a - x}{2a}$ pour l'appui A et $-\dfrac{Q}{g} \cdot \dfrac{V^2}{\rho} \cdot \dfrac{x}{2a}$ pour l'appui A_1. La réaction de l'appui A donne, au point M quelconque, dont l'abscisse est z, un moment fléchissant qui a pour expression

$$M' = -\frac{Q}{g} \cdot \frac{V^2}{\rho} \frac{2a - x}{2a} \cdot z.$$

Ou bien, en mettant pour $\dfrac{1}{\rho}$ la valeur de $\dfrac{d^2y}{dx^2}$ déduite de l'équation ci-dessus de la trajectoire et qui est

$$\frac{d^2y}{dx^2} = Q \frac{4a^2 - 12ax + 6x^2}{3aEI} + P \frac{x^2 - 2ax}{4aEI},$$

$$M' = \frac{QV^2}{g} \left(\frac{2a - x}{2a} \right) z \left[\frac{12ax - 4a^2 - 6x^2}{3aEI} \cdot Q + \frac{2ax - x^2}{4aEI} \cdot P \right].$$

Pour avoir le moment fléchissant M'' dû à l'inertie de la poutre, appelons $i\,dz$ l'inertie d'un élément dz situé au point M et $i_1 dz_1$ l'inertie d'un élément dz_1, au point M_1; u étant le déplacement vertical de l'élément dz, son accélération est $\dfrac{d^2u}{dt^2}$, sa masse est $\dfrac{Pdz}{2ag}$, nous avons donc

$$i\,dz = -\frac{Pdz}{2ag} \cdot \frac{d^2u}{dt^2}, \text{ et de même } i_1 dz_1 = -\frac{Pdz}{2ag} \frac{d^2u_1}{dt^2}.$$

Les dérivées secondes de u ou de u_1, qui figurent dans ces expressions, sont prises par rapport au temps t qui est la seule variable indépendante; nous considérons, en effet, ce qui se passe aux points M et M_1 pour des valeurs données, fixes, de z et de z_1 qui doivent être regardées comme des constantes. Ces dérivées secondes ne sont donc pas des dérivées partielles, mais bien des dérivées totales de u et u_1. Dans ces conditions, la différentielle dt de la variable peut être remplacée, en fonction de x, par $dt = \dfrac{dx}{V}$; nous avons donc

$$i\,dz = -\frac{P\,dz}{2ag}\,V^2\,\frac{d^2u}{dx^2}; \qquad i_1\,dz_1 = -\frac{P\,dz_1}{2ag}\,V^2\,\frac{d^2u_1}{dx^2}.$$

Au lieu de $\dfrac{d^2u}{dx^2}$ et $\dfrac{d^2u_1}{dx^2}$ nous pouvons, approximativement, mettre $\dfrac{d^2u'}{dx^2}$ et $\dfrac{d^2u'_1}{dx^2}$, ce qui revient à remplacer les déplacements dynamiques inconnus u, u_1 par les déplacements statiques u', u'_1 que nous avons déterminés. La différence, ou l'erreur commise, ne peut être bien considérable.

Différentions donc deux fois, par rapport à x, en considérant z ou z_1 comme constantes, les valeurs de u et u'_1 données plus haut, nous aurons

$$\frac{d^2u'}{dx^2} = \frac{Q}{2aEI}\,(-2a+x)\,z, \qquad \frac{d^2u'_1}{dx^2} = \frac{Q}{2aEI}\,(-x)\,z_1;$$

par conséquent

$$i\,dz = \frac{PV^2}{2ag}\cdot\frac{Q}{2aEI}\,(2a-x)\,z\,dz; \qquad i_1\,dz_1 = \frac{PV^2}{2og}\cdot\frac{Q}{2aEI}\,x z_1\,dz_1.$$

Ces inerties doivent être considérées comme des charges appliquées à la poutre et variant proportionnellement aux distances z, z_1 de chacun des points aux extrémités A, A$_1$ de la poutre. Pour déterminer le moment fléchissant auquel elles donnent lieu, il faut d'abord trouver les réactions des appuis, résultant de ces charges. Soit R la réaction de l'appui A; en égalant à zéro la somme des moments de cette réaction et de toutes les charges élémentaires par rapport à l'autre appui A, nous aurons l'équation

$$R.2a - \int_0^x i\,dz.(2a-z) - \int_0^{2a-x} i_1\,dz_1.z_1 = 0;$$

ou bien, en divisant par $2a$ et mettant pour $i\,dz$, $i_1\,dz_1$ leurs valeurs,

$$R = \frac{PQV^2}{8a^3 g EI}\left[\int_0^x (2a - x)(2a - z)\, z\, dz + \int_0^{2a-x} x z_1^2\, dz_1\right];$$

ou encore, en effectuant les intégrations et réduisant,

$$R = \frac{PQV^2}{24a^2 g EI}\, x(2a - x)(4a - x).$$

Cette réaction de l'appui **A**, due à l'inertie de la poutre, étant connue, nous aurons, pour le moment fléchissant M'' dû à cette inertie, le moment Rz de cette réaction par rapport au point M, diminué de la somme des moments, par rapport à ce même point, des charges ou inerties de tous les éléments compris entre l'extrémité A et le point M. Si nous désignons par z' l'abscisse d'un quelconque de ces éléments dz', le moment fléchissant M'' sera

$$M'' = Rz - \int_0^z i\, dz'\,(z - z') = Rz - \int_0^z \frac{4a^2 g EI}{PQV^2}(2a - x)\, z'(z - z')\, dz'.$$

Effectuant l'intégration, mettant pour R sa valeur et réduisant il vient enfin

$$M'' = \frac{PQV^2}{24a^2 g EI}\cdot z\,(2a - x)(4ax - x^2 - z^2).$$

Et, par conséquent, l'équation différentielle du déplacement u d'un point quelconque, sous l'action de la charge en mouvement, sera, en portant dans l'équation (5) les valeurs de M, M' et M'',

$$(6)\quad -EI\frac{d^2 u}{dz^2} = \left(\frac{P}{2} + Q\frac{2a - x}{2a}\right)z - \frac{Pz^2}{4a} + \frac{QV^2(2a - x)}{g\ 2a}\cdot z\left[\frac{12ax - 4a^2 - 6x^2}{3aEI}\cdot Q\right.$$
$$\left. + P\frac{2ax - x^2}{4aEI}\right] + \frac{PQV^2}{24a^2 g EI}\cdot z\,(2a - x)(4ax - x^2 - z^2).$$

Cette équation, et une semblable que l'on trouverait pour $\frac{d^2 u_1}{dz'^2}$, déterminent la forme prise par la fibre neutre pour chacune des valeurs x correspondant à toutes les positions de la charge Q dans son mouvement.

On intégrera ces deux équations différentielles comme nous l'avons fait plus haut pour celles qui déterminent les déplacements statiques, et on calculera les constantes d'intégration de la même manière. Le calcul est un peu long, mais il n'a rien de difficile; en voici les résultats :

$$u = \frac{Qz}{12aEI}(2a-x)[x(4a-x)-z^2]\left\{1+\frac{2QV^2}{3agEI}[3x(2a-x)-2a^2]\right\}$$
$$+ \frac{Pz}{48aEI}\left[(8a^3-4ax^2+x^3+\frac{1}{20}\cdot\frac{2QV^2}{3agEI}(2a-x)\left\{3x^4+x\left(64a^3\right.\right.\right.$$
$$\left.\left.\left.+ x[(24a-11x)(12a-3x)-16a^2]-20z^2(5a-2x))\right\}\right]\right],$$
$$u_1 = \frac{Qz_1}{12aEI}x[(2a-x)(2a+x)-z_1^2]\left\{1+\frac{2QV^2}{3agEI}\left[3x(2a-x)-2a^2\right]\right\}$$
$$+ \frac{Pz_1}{48aEI}\left[(8a^3-4az_1^2+z_1^3)+\frac{1}{20}\cdot\frac{2QV^2}{3agEI}x\left\{3z_1^4+(2a-x)\left(64a^3\right.\right.\right.$$
$$\left.\left.\left.+ (2a-x)[(2a+11x)(6a+3x)-16a^2]-20z_1^2(a+2x))\right\}\right].$$

310. Expression de la flèche maximum. — La flèche dynamique f_D qui se produit au milieu de la poutre, ou pour $z = z_1 = a$, lorsque la charge Q y passe, c'est-à-dire lorsqu'on a aussi $x = a$, a pour expression

$$f_D = \frac{Qa^3}{6EI}\left(1+\frac{2QV^2a}{3gEI}\right)+\frac{5Pa^3}{48EI}\left(1+\frac{118}{100}\cdot\frac{2QV^2a}{3gEI}\right);$$

ou bien, si nous posons, pour abréger,

$$\frac{2QV^2a}{3gEI} = 2\cdot\frac{4}{a^2}\frac{Qa^3}{6EI}\cdot\frac{V^2}{2g} = \frac{1}{\beta}\ (^1),$$

la flèche dynamique s'exprime par

$$(7)\qquad f_D = \frac{Qa^3}{6EI}\left(1+\frac{1}{\beta}\right)+\frac{5Pa^3}{48EI}\left(1+\frac{118}{100}\frac{1}{\beta}\right)$$

(^{1}) Le nombre que nous désignons par $\frac{1}{\beta}$ est le double du rapport au carré $\frac{a^2}{4}$ du quart $\frac{a}{2}$ de la longueur de la poutre, du produit de la flèche statique $\frac{Qa^3}{6EI}$ qui serait occasionnée par la seule charge Q appliquée au milieu, par la hauteur $\frac{V^2}{2g}$ due à la vitesse V avec laquelle elle se meut.

Il en résulte que, dans la pratique, $\frac{1}{\beta}$ est toujours plus petit et souvent beaucoup plus petit que l'unité. Il dépasse rarement $\frac{1}{20}$.

Les formules précédentes donnent u et u_1, en fonction de x, c'est-à-dire, puisque $x = Vt$, en fonction du temps. Elles expriment donc la loi du mouvement vertical de chacun des points de la poutre. Toutefois, il convient de se rappeler qu'elles ne sont qu'approximatives : elles ont été obtenues, en effet, en supposant que la trajectoire de la charge était la courbe exprimée par l'équation (4), lieu des positions statiques qu'elle occuperait si elle était placée successivement aux divers points de la poutre, sans tenir compte d'aucune vitesse. On pourrait, si on le voulait, obtenir une seconde approximation en adoptant, comme trajectoire, celle qui serait définie par les équations de la page 649 dans lesquelles on ferait u ou $u_1 = y$ et $z = x$, ou bien $z_1 = 2a - x$. Cette nouvelle hypothèse donnerait lieu à des calculs fort laborieux et n'aurait pas pour effet de modifier sensiblement les résultats obtenus par la première, qui donne une approximation suffisante.

311. Moment fléchissant maximum. — Ce qu'il est intéressant de connaître, c'est, outre la flèche dynamique, dont nous venons de donner la valeur, le maximum du moment fléchissant. Nous l'obtiendrons facilement en cherchant successivement le maximum des trois parties dont il se compose, car, pour chacune d'elles, la plus grande valeur a lieu pour $x = a$, c'est-à-dire lorsque la charge passe au milieu de la poutre, et aussi pour z ou $z_1 = a$, c'est-à-dire au milieu même de la poutre.

En effet, le mouvement fléchissant statique

$$M = \left(\frac{P}{2} + Q\,\frac{2a - x}{2a}\right) z - \frac{Pz^2}{4a}$$

a son maximum pour $z = x$ et pour $x = a$, et sa plus grande valeur est alors,

$$\text{max. } M = \frac{Qa}{2} + \frac{Pa}{4}.$$

Le moment fléchissant dû à l'inertie de la charge Q qui a pour expression

$$M' = \frac{QV^2}{g} \cdot \frac{2a - x}{2a}\, z \left[\frac{12ax - 4a^2 - 6x^2}{3aEI}\, Q + P\,\frac{2ax - x^2}{4aEI}\right]$$

a aussi son maximum pour $z = x$ et pour $x = a$. Sa plus grande valeur est

$$(8) \quad \max M' = \left(\frac{Qa}{2} + \frac{3}{4} \cdot \frac{Pa}{4}\right) \cdot \frac{2QV^2 a}{3g EI} = \frac{1}{\beta}\left(\frac{Qa}{2} + \frac{3}{4}\frac{Pa}{4}\right).$$

Le moment fléchissant M'' dû à l'inertie de la poutre est

$$M'' = \frac{PQV^2}{24a^2 g EI} z\,(2a - x)\,(4ax - x^2 - z^2).$$

Pour une valeur donnée de x, sa plus grande valeur s'obtiendra en différentiant par rapport à z le produit $z(4ax - x^2 - z^2)$ et en égalant la dérivée à zéro. On a ainsi

$$4ax - x^2 - z^2 - 2z^2 = 0, \quad \text{ou bien} \quad z = \sqrt{\frac{4ax - x^2}{3}}.$$

Par conséquent, pour une valeur donnée de x, le moment fléchissant maximum M'' a pour expression

$$\frac{PQV^2}{24a^2 g EI} \sqrt{\frac{4ax - x^2}{3}}\,(2a - x)\left(4ax - x^2 - \frac{4ax - x^2}{3}\right);$$

et pour avoir la valeur de x qui la rendra maximum, il faut différentier par rapport à x et égaler la dérivée à zéro, ce qui donne

$$4\sqrt{4ax - x^2}\,(3a - x)\,(a - x) = 0,$$

équation satisfaite par $x = 0$, $x = a$, $x = 3a$, $x = 4a$. La seule valeur admissible est $x = a$, et alors le maximum du moment fléchissant M'' est

$$\max M'' = \frac{PQV^2}{24a^2 g EI} \cdot 2a^4 = \frac{2QV^2 a}{3g EI} \cdot \frac{Pa}{8} = \frac{1}{\beta} \cdot \frac{Pa}{8}.$$

La plus grande valeur du moment fléchissant total s'obtiendra en ajoutant les maximum des trois parties dont il se compose, puisque ces maximum se produisent au même point $z = a$ et au même instant $x = a$. Elle sera ainsi

$$(9) \quad \frac{Qa}{2}\left(1 + \frac{1}{\beta}\right) + \frac{Pa}{4}\left(1 + \frac{3}{4}\frac{1}{\beta} + \frac{1}{2}\frac{1}{\beta}\right) = \frac{Qa}{2}\left(1 + \frac{1}{\beta}\right) + \frac{Pa}{4}\left(1 + \frac{5}{4}\frac{1}{\beta}\right).$$

312. Solution plus complète d'après MM. Stokes et Boussinesq. — Bien que la solution précédente due à

MM. Phillips et de Saint-Venant, mette en compte, dans une certaine mesure, l'inertie de la poutre, il convient de remarquer qu'elle suppose néanmoins que les divers éléments de cette poutre acquièrent, au moment où la charge mobile les atteint, des vitesses sensiblement égales à celles qu'elles produisent, en effet, si leur inertie était négligeable. Cette solution n'est donc, comme nous l'avons dit, qu'une sorte de première approximation. On peut voir, d'ailleurs, qu'elle est incomplète en ce sens que l'équation exprimant la forme de la poutre ne renferme aucun terme périodique qui puisse représenter les vibrations ou oscillations d'ordres divers, que l'observation la plus élémentaire permet de constater dans une poutre sur laquelle se déplace un poids mobile avec une certaine vitesse.

M. Stokes avait résolu le problème en 1849 [1], mais la solution qu'il en a donnée est très compliquée; M. Boussinesq a pu, dans son ouvrage sur l'*application des potentiels*, simplifier considérablement l'intégration de l'équation différentielle, ce qui lui a permis d'en présenter le résultat sous une forme intuitive. C'est cette solution que nous allons résumer. [2].

Prenant pour origine des abscisses horizontales x le milieu de la longueur $2a$ de la barre, il appelle y le déplacement vertical, au-dessous de ce niveau, du point où se trouve la charge roulante Q à l'époque t où son abscisse est $x = Vt$. La pression normale qu'elle exerce alors, tant par son poids que par son inertie, sur la barre est, en l'appelant F :

$$F = Q - \frac{Q}{g}\frac{d^2y}{dt^2}.$$

Et, d'après la dernière équation du n° 188, l'ordonnée y du point d'application de cette force F sera, en appelant d'ailleurs f la flèche statique produite par la charge Q placée sans vitesse au milieu de la barre, ou en posant $f = \frac{Qa^3}{6EI}$,

$$y = \frac{F}{Q}\left(1 - \frac{x^2}{a^2}\right)^2 \cdot f.$$

[1] *Philosophical Transactions of Cambridge*, t. VIII, 1849.
[2] Elle se trouve aux pages 560-577 de l'ouvrage cité.

ce qui, en mettant pour F sa valeur et remarquant que $dx = V dt$ donne l'équation différentielle de la trajectoire du poids Q

$$(1) \qquad \frac{y}{f} = \left(1 - \frac{x^2}{a^2}\right)^2 \left(1 - \frac{V^2}{g} \cdot \frac{d^2 y}{dx^2}\right).$$

Pour l'intégrer, M. Boussinesq pose, en appelant τ une nouvelle variable, destinée à remplacer x, et η une nouvelle fonction à substituer à y,

$$\frac{x}{a} = \operatorname{tah} \tau, \qquad \text{ou} \qquad \tau = \frac{1}{2} \log \frac{a+x}{a-x},$$

et

$$y = \frac{ga^2}{2V^2} \frac{\eta}{\operatorname{coh} \tau}, \qquad \text{ou} \qquad \eta = \frac{2V^2}{ga \sqrt{a^2 - x^2}} \cdot y.$$

Enfin, en vue de simplifier l'écriture, il désigne par $\pm k^2$ (avec k positif) la différence $\frac{ga^2}{fV^2} - 1$, la solution étant différente suivant le signe de cette quantité. Avec ces notations l'équation (1) devient

$$(2) \qquad \frac{d^2 \eta}{d\tau^2} \pm k^2 \eta = \frac{2}{\operatorname{coh}^3 \tau}.$$

Or celle-ci, linéaire à coefficients constants, s'intègre par la méthode classique, et, en tenant compte des conditions initiales, savoir $y = 0$ et $\frac{dy}{dx} = 0$ pour $x = -a$ ou pour $\tau = -\infty$, elle donne :

$$(3) \qquad \eta = \frac{2}{k} \int_{-\infty}^{\tau} \frac{\varphi(\alpha) \, d\alpha}{\operatorname{coh}^3 \alpha},$$

en désignant, pour abréger, par $\varphi(\alpha)$ la fonction $\sin(k\tau - k\alpha)$ quand on prend le signe supérieur ou que $\frac{fV^2}{ga^2}$ est plus petit que 1, et la fonction $\operatorname{sih}(k\tau - k\alpha)$ quand, au contraire, on prend le signe inférieur ou que $\frac{fV^2}{ga^2}$ est plus grand que 1. Il ne reste donc qu'à évaluer l'intégrale définie qui figure dans (3). Pour cela, M. Boussinesq établit d'abord la relation, qui peut se vérifier immédiatement, pour les deux valeurs de $\varphi(\alpha)$,

$$\frac{2}{k} \int_{-\infty}^{\tau} \frac{\varphi(\alpha)\, d\alpha}{\coh^3 \alpha} = \frac{1 \pm k^2}{k} \int_{-\infty}^{\tau} \frac{\varphi(\alpha)\, d\alpha}{\coh \alpha} - \frac{1}{\coh \tau},$$

et il trouve, pour la nouvelle intégrale définie, qui figure dans le second membre, l'expression

$$\int_{-\infty}^{\tau} \frac{\varphi(\alpha)\, d\alpha}{\coh \alpha} = R + \frac{k}{(1 \pm k^2)\coh \tau} + \frac{1.2}{(1 \pm k^2)} \cdot \frac{k}{(9 \pm k^2)\coh^3 \tau}$$
$$+ \frac{1.2}{(1 \pm k^2)} \cdot \frac{3.4}{(9 \pm k^2)} \cdot \frac{k}{(25 \pm k^2)\coh^5 \tau} + \cdots$$

dans laquelle la quantité R est nulle pour $\tau < 0$ et vaut, pour $\tau > 0$,

$$R = \frac{\pi\,(\sin k\tau,\ \text{ou}\ \sih k\tau)}{\left(\coh \dfrac{k\pi}{2}\ \text{ou}\ \cos \dfrac{k\pi}{2}\right)}.$$

Au moyen de cette valeur de l'intégrale définie, en rétablissant les variables primitives x et y liées à τ et à η par les relations précédentes, on obtient de suite l'équation suivante de la trajectoire de la charge roulante

$$(4) \quad \frac{2V^2}{ga^2} \cdot y = T + \frac{1.2}{9 \pm k^2}\left(1 - \frac{x^2}{a^2}\right)^2 + \frac{1.2}{9 \pm k^2} \cdot \frac{3.4}{25 \pm k^2}\left(1 - \frac{x^2}{a^2}\right)^3 + \cdots$$
$$+ \frac{1.2}{9 \pm k^2} \cdot \frac{3.4}{25 \pm k^2} \cdots \frac{(2m-1)(2m)}{(2m+1)^2 \pm k^2}\left(1 - \frac{x^2}{a^2}\right)^{m+1} + \cdots$$

où, pour $x < 0$, $T = 0$ et, pour $x > 0$,

$$(5) \quad T = \pi \frac{1 \pm k^2}{k} \frac{(\sin\ \text{ou}\ \sih)\left(\dfrac{k}{2} \log \dfrac{a+x}{a-x}\right)}{(\coh,\ \text{ou}\ \cos) \dfrac{k\pi}{2}} \sqrt{1 - \frac{x^2}{a^2}}.$$

C'est quand on prend les signes supérieurs, ou quand $\dfrac{fV^2}{ga^2}$ est plus petit que 1, que l'expression de T contient au numérateur un sinus ordinaire et au dénominateur un cosinus hyperbolique, tandis que, lorsque l'on prend les signes inférieurs ou que $\dfrac{fV^2}{ga^2}$ est plus grand que 1, elle contient au numérateur un sinus hyperbolique et au dénominateur un cosinus ordinaire.

On peut remarquer d'abord que, sans le terme T, les deux parties de la trajectoire entre $x = 0$ et $x = \pm a$ seraient symétriques et que, y décroissant dans chacune d'elles depuis le milieu jusqu'à l'extrémité, le point le plus bas de la trajectoire se trouverait au milieu. Mais le terme T vient augmenter les ordonnées de la seconde partie comprise entre $x = 0$ et $x = + a$; c'est donc toujours dans cette seconde partie que se trouvera l'ordonnée maxima ou le point le plus bas de la courbe. En effet, la pente de la trajectoire au point $x = 0$, ou au milieu, a pour valeur $\dfrac{ga}{4V^2} \cdot \dfrac{\pi (1 \pm k^2)}{(\text{coh ou cos}) \dfrac{k\pi}{2}}$. Elle est toujours positive, c'est-à-dire que la trajectoire continue à s'abaisser, ou son ordonnée à croître au-delà du point milieu.

Dans le cas particulier où $fV^2 = ga^2$, qui fait $k = 0$, le terme complémentaire T se réduit à $\dfrac{\pi}{2} \left(\log \dfrac{a+x}{a-x} \right) \sqrt{1 - \dfrac{x^2}{a^2}}$. Il est toujours positif et, nul aux deux limites $x = 0$, $x = a$, il n'a, dans l'intervalle, qu'un seul maximum; et comme ses variations sont plus rapides que celle des autres termes de (4), l'ordonnée y ne présente aussi qu'un seul maximum, au point dont l'abscisse est $x = 0,818...a$, c'est-à-dire vers les 91 centièmes de la longueur totale $2a$ de la barre. La valeur de l'ordonnée maximum est environ $1,0544f$, soit un peu plus grande que la flèche statique f.

Ainsi, la trajectoire du poids Q, horizontale au départ, $x = -a$, s'abaisse jusque tout près de la seconde extrémité $x = a$, pour se relever ensuite rapidement.

Ces caractères persistent, en s'exagérant, lorsque fV^2 étant plus grand que ga^2, le second membre de (4) doit être pris avec les signes inférieurs. L'ordonnée maximum s'approche autant qu'on veut de la seconde extrémité $x = a$, lorsque k tend vers l'unité ou que fV^2 augmente infiniment [1].

[1] Le rapport $\dfrac{fV^2}{ga^2}$ est le quart du nombre que, d'après M. Phillips, nous avons appelé $\dfrac{1}{\beta}$. C'est dire que, dans la pratique, fV^2 est toujours plus petit que ga^2. Les considérations qui précèdent n'en sont pas moins intéressantes au point de vue théorique.

Au contraire, lorsque $f\mathrm{V}^2$ est plus petit que ga^2, ce qui comprend les cas les plus usuels, et où il faut prendre, dans (4) et (5) les signes supérieurs, le point le plus bas, auquel correspond l'ordonnée maximum, se rapproche du milieu de la barre. De plus, la présence, au numérateur de T, du sinus de $\dfrac{k}{2}\log\dfrac{a+x}{a-x}$, indique une infinité d'oscillations de plus en plus rapprochées à mesure que x grandit, mais rendues de plus en plus faibles par le facteur décroissant $\sqrt{1-\dfrac{x^2}{a^2}}.$

Dans le cas le plus ordinaire où $\dfrac{f\mathrm{V}^2}{ga^2}$ est très petit et où, par suite, $k^2+1=\dfrac{ga^2}{f\mathrm{V}^2}$ est très grand, le terme T, sauf pour les valeurs de x très voisines de a, s'efface devant les autres, et ceux-ci peuvent se borner aux deux premiers, en négligeant les puissances, supérieures à la seconde, de l'inverse de k^2+1. Alors, avec cette approximation, le coefficient $\dfrac{1}{9+k^2}$ peut s'écrire $\dfrac{1}{k^2+1}\left(1-\dfrac{8}{k^2+1}\right)$ et le suivant, $\dfrac{1}{(9+k^2)(25+k^2)}$, se réduit à $\dfrac{1}{(k^2+1)^2}$. Avec ces simplifications et en mettant pour k^2+1 sa valeur $\dfrac{ga^2}{f\mathrm{V}^2}$, l'expression de y devient

$$(6)\qquad y=f\left(1-\frac{x^2}{a^2}\right)^2\left[1+4\frac{f\mathrm{V}^2}{ga^2}\left(1-3\frac{x^2}{a^2}\right)\right].$$

Le premier facteur, $f\left(1-\dfrac{x^2}{a^2}\right)$, est ce que serait l'ordonnée y à l'état statique, ou si l'abscisse du poids Q ne changeait pas. Le coefficient $4\dfrac{f\mathrm{V}^2}{ga^2}$ est ce que nous avons appelé plus haut $\dfrac{1}{\beta}$. L'expression ainsi trouvée pour y concorde donc, lorsqu'on y fait $x=0$, avec celle qui résulte du calcul de M. Phillips, dans laquelle on néglige le poids P ou l'inertie de la poutre.

313. Cas d'une charge continue, indéfinie. — Lorsqu'au lieu d'une charge isolée c'est une charge uniformément répartie sur toute la longueur de la poutre qui se meut avec une vitesse V, le problème se simplifie beaucoup. Il n'y a plus alors, en effet, à tenir compte de l'abscisse x de la charge, puisque celle-ci recouvre constamment la totalité de la longueur de la poutre.

Considérons (*fig*. 252) une poutre horizontale AB, de longueur $2a$, d'un poids p

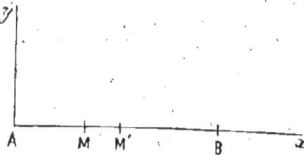

FIG. 252.

par unité de longueur, sur laquelle se meut, avec une vitesse V, une charge uniformément répartie à raison de q par unité de longueur.

Prenons AB pour axe des x, A pour origine des coordonnées et la verticale dirigée de bas en haut pour axe des y. En un point M dont l'abscisse est x, l'effort tranchant étant représenté par T, il sera, au point M′ infiniment voisin, à l'autre extrémité de l'élément MM′ $= dx$, T $+ \dfrac{dT}{dx} dx$. Si nous écrivons l'équilibre de cet élément sous l'action des forces verticales qui agissent sur lui, nous devrons égaler à zéro la somme de toutes ces forces qui sont, outre ces efforts tranchants aux deux extrémités, le poids de la poutre pdx, et celui de la charge mobile qdx, et enfin l'inertie de cette dernière dont la masse est $\dfrac{qdx}{g}$, la vitesse V, et qui parcourt une courbe dont le rayon de courbure peut être désigné par ρ. Cette inertie est alors $\dfrac{qdx}{g} \dfrac{V^2}{\rho}$. On peut la considérer, approximativement, comme étant dirigée suivant la verticale. Nous aurons ainsi, en attribuant à ces diverses forces les signes convenables, l'équation

$$(1) \quad T - \left(T + \frac{dT}{dx} dx \right) - pdx - qdx - \frac{qdx}{g} \frac{V^2}{\rho} = 0.$$

Si nous désignons par M le moment fléchissant au point

42

M, nous savons que l'effort tranchant T est égal à la dérivée, par rapport à x, de ce moment fléchissant, $T = \dfrac{dM}{dx}$, et par suite $\dfrac{dT}{dx} = \dfrac{d^2M}{dx^2}$. D'un autre côté, si I est le moment d'inertie de la section transversale de la poutre et E son coefficient d'élasticité, on a, entre le moment fléchissant M et le rayon de courbure ρ, la relation connue $\dfrac{EI}{\rho} = M$. Substituant ces valeurs dans l'équation précédente, réduisant, et divisant par dx, elle devient

$$(2) \qquad -\frac{d^2M}{dx^2} = p + q + M\frac{qV^2}{gEI};$$

ou bien, si nous posons, pour simplifier,

$$(3) \qquad \frac{qa^2V^2}{gEI} = \alpha^2,$$

α^2 étant un nombre généralement beaucoup plus petit que l'unité, nous pourrons l'écrire,

$$-\frac{d^2M}{dx^2} = p + q + \frac{\alpha^2}{a^2} M.$$

Cette équation s'intègre facilement. Si nous posons

$$u = 1 + \frac{\alpha^2 M}{a^2(p+q)}, \qquad \text{et} \qquad z = \frac{\alpha}{a}x,$$

elle devient

$$\frac{d^2u}{dz^2} = -u,$$

dont l'intégrale générale est, B et C étant des constantes à déterminer,

$$u = B\cos z + C\sin z;$$

ou bien, en remplaçant u et z par leur valeur,

$$(4) \qquad 1 + \frac{\alpha^2 M}{a^2(p+q)} = B\cos\frac{\alpha}{a}x + C\sin\frac{\alpha}{a}x.$$

Les constantes B et C se déterminent par la condition que

le moment fléchissant M s'annule aux extrémités de la poutre, c'est-à-dire pour $x = 0$ et pour $x = 2a$, ce qui donne

$$B = 1, \qquad \text{et} \qquad 1 = B \cos 2\alpha + C \sin 2\alpha;$$
$$\text{d'où} \quad C = \frac{\sin \alpha}{\cos \alpha},$$

et, par suite, après substitution et réduction,

$$(5) \qquad M = \frac{(p+q)a^2}{\alpha^2} \left\{ \frac{\cos\left(\alpha \dfrac{x-a}{a}\right)}{\cos \alpha} - 1 \right\}.$$

La plus grande valeur absolue de ce moment fléchissant se produit pour $x = a$, et elle est

$$\max. (M) = (p+q) \frac{a^2}{\alpha^2} \left(\frac{1}{\cos \alpha} - 1 \right);$$

ou bien, en développant $\dfrac{1}{\cos \alpha}$ suivant les puissances de α et s'arrêtant aux premiers termes, ce qui est suffisamment approché puisque α est toujours petit,

$$\max. (M) = (p+q) \frac{a^2}{\alpha^2} \left(1 + \frac{\alpha^2}{2} + \frac{5}{24} \alpha^4 + \dots - 1 \right)$$
$$= \left(\frac{p+q}{2} \right) a^2 \left(1 + \frac{5}{12} \alpha^2 + \dots \right).$$

Si la charge était immobile, le moment fléchissant maximum, pour $x = a$, serait $\dfrac{(p+q)a^2}{2}$; l'influence du mouvement se traduit donc par le terme suivant : $\dfrac{5}{12} \alpha^2 = \dfrac{5}{12} . \dfrac{qa^2V^2}{gEI}$.

314. Courbe affectée par la poutre déformée. —
La connaissance du moment fléchissant maximum suffit généralement dans les applications, cependant on peut encore se proposer de trouver la forme de la courbe affectée par la fibre neutre de la poutre. Le moment fléchissant M étant connu en fonction de x, il suffit d'en égaler la valeur à $EI \dfrac{d^2y}{dx^2}$ pour avoir l'équation différentielle de cette courbe

qui est ainsi

$$\text{El } \frac{d^2y}{dx^2} = \frac{(p+q)}{\alpha^2} a^2 \left\{ \frac{\cos\left(\alpha\,\dfrac{x-a}{a}\right)}{\cos\alpha} - 1 \right\};$$

et, en l'intégrant deux fois, ce qui est très facile, et en déterminant les constantes, de manière que pour $x = 0$, et pour $x = 2a$, y soit égal à zéro, on trouverait, en termes finis, l'équation de cette courbe. Elle ne présente aucun intérêt, et la présence, au dénominateur, de la quantité α^2, toujours très petite et qui ne se réduit pas avec les autres termes, en rend la discussion difficile.

On peut, au contraire, donner à l'équation différentielle une autre forme intéressante.

Reprenons l'équation (1) (page 657), réduite et divisée par dx,

$$\frac{dT}{dx} + p + q + \frac{V^2}{\rho} \cdot \frac{q}{g} = 0\,;$$

remplaçons $\dfrac{dT}{dx}$ par $\dfrac{d^2M}{dx^2}$ et $\dfrac{1}{\rho}$ par $\dfrac{d^2y}{dx^2}$, elle devient

$$\frac{d^2M}{dx^2} + (p+q) + \frac{qV^2}{g}\frac{d^2y}{dx^2} = 0.$$

Intégrons deux fois, nous avons successivement, en désignant par C et C′ deux constantes,

$$\frac{dM}{dx} + (p+q)x + \frac{qV^2}{g}\cdot\frac{dy}{dx} = C.$$

$$M + (p+q)\frac{x^2}{2} + \frac{qV^2}{g}\cdot y = Cx + C'.$$

Or, pour $x = 0$, on a $y = 0$, et $M = 0$, on a donc $C' = 0$, Pour $x = 2a$, on a aussi $y = 0$ et $M = 0$; donc

$$C = (p+q)\,a$$

et, par suite, cette dernière équation devient

$$M = \frac{p+q}{2}(2ax - x^2) - \frac{qV^2}{g}\cdot y.$$

Le moment fléchissant se compose ainsi de deux parties :

la première $\dfrac{p+q}{2}(2ax-x^2)$ due au poids de la poutre et à la charge supposée immobile, et la seconde $-\dfrac{q\mathrm{V}^2}{g}y$ due au mouvement fléchissant qui serait produit par deux forces dirigées suivant l'axe de la poutre, agissant à ses deux extrémités, égales chacune à $\dfrac{q\mathrm{V}^2}{g}$ et tendant à la comprimer, à la manière d'une poutre chargée debout. Nous avons vu que, pour une poutre de longueur $2a$, ainsi chargée, la plus petite force produisant la flexion a pour valeur $\dfrac{\mathrm{EI}\pi^2}{4a^2}$. Nous aurions donc alors

$$\frac{q\mathrm{V}^2}{g}=\frac{\mathrm{EI}\pi^2}{4a^2}\quad\text{ou}\quad\frac{\mathrm{V}^2qa^2}{g\mathrm{EI}}=x^2=\frac{\pi^2}{4},$$

soit

$$\alpha=\frac{\pi}{2};$$

mais cette valeur de α, portée dans l'expression (5) du moment fléchissant, la rend infinie, en annulant $\cos\alpha$ qui est au dénominateur. La vitesse V de la charge en mouvement doit donc rester inférieure à la valeur correspondant à celle de la force longitudinale capable de produire la flexion, c'est-à-dire que l'on doit toujours avoir

$$\mathrm{V}<\frac{\pi}{2a}\sqrt{\frac{g\mathrm{EI}}{q}}.$$

Cette limite n'est jamais atteinte dans la pratique ; en effet la flèche des poutres, sous l'action de la charge immobile, est presque toujours au-dessous du $\dfrac{1}{800}$ de leur longueur $2a$, et cette flèche, pour une charge q est $\dfrac{5}{8}\dfrac{qa^3}{\mathrm{EI}}$; on a donc toujours $\dfrac{5}{8}\dfrac{qa^3}{\mathrm{EI}}<\dfrac{2a}{800}$, soit $\dfrac{1}{a}\sqrt{\dfrac{\mathrm{EI}}{q}}>15,8$ et, par suite, $\dfrac{\pi}{2a}\sqrt{\dfrac{g\mathrm{EI}}{q}}>76,1$. Or, les vitesses des trains de chemin de fer les plus rapides, assez longs pour couvrir toute l'étendue d'une poutre, ne dépassent pas 25 à 30 mètres par seconde.

En général, comme nous l'avons dit, le nombre α est notablement plus petit que l'unité et l'on peut, pour calculer le moment fléchissant maximum, se servir du développement que nous avons donné, limité à la seconde puissance de α,

$$\text{max. } M = \left(\frac{p+q}{2}\right)a^2\left(1 + \frac{5}{12}\,\alpha^2\right),$$

et cela permet de calculer l'effort maximum au point le plus chargé, et par suite, de limiter efficacement la vitesse V en fonction des dimensions de la poutre pour que cet effort ne dépasse pas la limite de sécurité.

Tout ce qui vient d'être dit sur les charges mobiles, soit isolées, soit réparties, suppose que la poutre est primitivement droite et horizontale. Si, comme on le fait généralement, on lui avait donné une contre-flèche, et si la charge mobile était astreinte à suivre exactement la direction de l'axe longitudinal, il arriverait que la courbure de la trajectoire, au lieu d'être dirigée vers le haut, comme nous l'avons supposé, serait dirigée vers le bas, et l'inertie de la charge agirait en sens inverse, c'est-à-dire qu'au lieu de s'ajouter au poids pour augmenter le moment fléchissant elle s'en retrancherait : l'effet de la charge mobile serait moindre que celui de la charge au repos.

Mais ordinairement, surtout pour les ponts de chemins de fer, lors même que l'on aurait donné à la poutre une contre-flèche, on dispose la voie horizontalement ou suivant la pente uniforme qui résulte du profil en long, et alors, sous l'influence de la charge, mobile ou non, quand même la flexion de la poutre ne suffirait pas à faire disparaître la contre-flèche, la voie, primitivement rectiligne, se courbe vers le haut, et l'inertie de la charge qui la parcourt est bien dirigée vers le bas, comme nous l'avons admis pour établir les formules qui précèdent.

On peut remarquer que les équations qui expriment la valeur du moment fléchissant ou la forme de la courbe affectée par la fibre neutre sous l'action d'une charge roulante continue ne renferment pas de termes fonctions périodiques du temps t. Elles ne peuvent donc rien apprendre sur les vibrations transversales qui se produisent au passage d'une pareille charge.

315. Action des chocs rythmés. — Dans une note publiée aux *Annales des Ponts et Chaussées*, 1892, 2° semestre, page 765, M. Deslandres, ingénieur des ponts et chaussées, a étudié l'effet, sur les poutres métalliques, des chocs rythmés. Il a constaté que de pareils chocs, même légers, mais bien rythmés, peuvent avoir une action très énergique sur certaines travées à poutre droite. En raison de l'importance de cette question, je crois devoir donner ici un résumé de son très intéressant travail.

M. Deslandres rappelle que, lorsqu'une barre métallique, reposant sur deux appuis, est écartée de sa position d'équilibre, elle exécute une série de vibrations dont la durée est à peu près indépendante de l'amplitude. Si une charge mobile, passant sur cette barre, donne lieu à des impulsions ayant la même période que le mouvement oscillatoire, elle aura une action tout autre qu'une charge égale dont les impulsions auraient une période différente.

Il a constaté expérimentalement que sur un pont à poutres d'acier, de $37^m,30$ de portée, le passage d'une voiture vide, pesant 800 kilogrammes, attelée d'un seul cheval pesant 700 kilogrammes, le cheval marchant au trot, à une allure telle que la durée de chacun de ses pas, soit environ un tiers de seconde, était sensiblement égale à celle des oscillations de la travée après une impulsion quelconque, produisait une flèche maxima de $2^{mm},5$, alors qu'une charge de 39,000 kilogrammes, placée en repos sur le pont, n'avait produit qu'une flèche de $4^{mm},8$. Dans cette observation, l'action des chocs rythmés a donc eu pour résultat de multiplier par 13 l'effet de la surcharge.

D'autres observations du même genre établissent d'une façon indiscutable l'importance de la périodicité des chocs relativement légers auxquels une travée peut être soumise et montrent bien que cette périodicité n'a d'effet que si le mouvement vibratoire propre de la travée présente une période égale à l'intervalle de temps séparant deux chocs successifs.

Alors, M. Deslandres calcule de la manière suivante la durée de la période d'oscillation d'une travée donnée :

Prenant pour origine des coordonnées le milieu de la travée, pour axe des x une horizontale représentant la fibre neutre dans sa position d'équilibre, appelant $2a$ la portée de la travée, p la fonction connue de x représentant la charge en chaque point et conservant aux lettres E, I, g, ρ, y, leurs significations ordinaires, la force vive de la travée, dont chaque élément de poids pdx est supposé exécuter des vibrations verticales dont la vitesse est $\dfrac{dy}{dt}$, sera

$$2 \int_0^a \frac{1}{2} \frac{p}{g} \cdot \left(\frac{dy}{dt}\right)^2 \cdot dx = \int_0^a \frac{p}{g} \left(\frac{dy}{dt}\right)^2 \cdot dx.$$

D'autre part, l'énergie potentielle acquise par la poutre dans sa flexion est, d'après la formule établie plus haut, à la page 336,

$$2 \times \frac{1}{2} \int_0^a \frac{EI}{\rho^2} dx = \int_0^a EI \left(\frac{d^2y}{dx^2}\right)^2 \cdot dx,$$

en mettant au lieu de $\dfrac{1}{\rho}$ sa valeur approximative $\dfrac{d^2y}{dx^2}$.

Admettant que deux vibrations successives ont sensiblement même amplitude, et qu'il y a peu d'énergie dissipée, l'énergie totale de la travée, somme de la force vive et de l'énergie potentielle, devra être constante. On pourra donc écrire

$$(1) \qquad \int_0^a \frac{p}{g} \left(\frac{dy}{dt}\right)^2 dx + \int_0^a EI \left(\frac{d^2y}{dx^2}\right)^2 dx = C^{te}.$$

Si l'on connaissait la courbe de la fibre neutre à un instant quelconque, en mettant, dans cette équation, les valeurs qui en résulteraient pour $\dfrac{dy}{dt}$ et pour $\dfrac{d^2y}{dx^2}$, on résoudrait le problème.

M. Deslandres admet, dans un but de simplification, que toute la travée exécute un mouvement vibratoire pendulaire tel que, si $y = f(x)$ est l'équation de la courbe de la fibre neutre au moment où la flèche est maxima, l'équation de cette même courbe, à une époque t quelconque, sera

$$y = f(x) \sin \frac{2\pi}{T} t.$$

en appelant T la période inconnue de l'oscillation.

Cette hypothèse lui donne

$$\frac{dy}{dt} = \frac{2\pi}{T} f(x) \cos \frac{2\pi}{T} t,$$

et

$$\frac{d^2y}{dx^2} = f''(x) \sin \frac{2\pi}{T} t.$$

Substituant dans l'équation (1) et remarquant alors que, pour qu'elle soit satisfaite, il est nécessaire que les coefficients des termes périodiques soient égaux, il en déduit

$$(2) \qquad \frac{4\pi^2}{gT^2} \int_0^a p\,[f(x)]^2\, dx = E \int_0^a I\,[f''(x)]^2\, dx$$

ce qui lui permet de calculer la valeur de T, lorsqu'il connaît la courbe $y = f(x)$. Il prend, pour la forme de cette courbe, celle qui est déterminée par l'équation

$$(3) \qquad y = b\left(1 - \frac{6}{5}\frac{x^2}{a^2} + \frac{1}{5}\frac{x^4}{a^4}\right)$$

laquelle satisfait aux conditions suivantes : elle est symétrique par rapport à l'origine, et la courbure, comme le moment fléchissant, s'y annule au-dessus de chacun des appuis. Admettant d'ailleurs que le moment d'inertie d'une poutre formant travée indépendante est ordinairement maximum au milieu de la portée et va en diminuant à mesure qu'on se rapproche des extrémités, il exprime le moment d'inertie par une fonction de x à deux termes équivalente à

$$I = I_0\left(1 - \alpha\frac{x^2}{a^2}\right),$$

I_0 étant le moment d'inertie maximum, et α un coefficient qui s'annule dans les poutres à section constante, mais qui peut théoriquement atteindre la valeur 1 dans les poutres d'égale résistance. Supposant aussi que la charge est uniformément répartie sur toute la longueur, ou que p est constant, on trouve facilement, en mettant dans l'équation (2) pour $f(x)$ la valeur ci-dessus de y,

$$(4) \qquad T^2 = 6,5 \frac{pa^4}{g\mathrm{EI}_0 \left(1 - \frac{\alpha}{7}\right)}.$$

Dans une poutre à section constante, où $\alpha = 0$, cette expression devient

$$(5) \qquad T^2 = 6,5 \frac{pa^4}{g\mathrm{EI}_0}, \qquad \text{ou} \qquad T = 2,55\, a^2 \sqrt{\frac{p}{g\mathrm{EI}_0}};$$

et dans une poutre d'égale résistance, où l'on aurait $\alpha = 1$,

$$(6) \qquad T^2 = 7,6 \frac{pa^4}{g\mathrm{EI}_0}, \qquad \text{ou} \qquad T = 2,76\, a^2 \sqrt{\frac{p}{g\mathrm{EI}_0}}.$$

Ces deux formules ne donnent pas de résultats très différents les uns des autres et la durée de l'oscillation d'une travée sera toujours comprise entre ces deux limites extrêmes.

Il est intéressant de rapprocher la formule (5), applicable à une poutre à section constante, de celle que nous avons établie plus haut, au n° 306, pour les vibrations transversales d'une barre de poids $P = 2pa$, heurtée transversalement par un corps de poids Q, que, pour nous placer dans la même hypothèse que M. Deslandres, nous devrons supposer très petit par rapport à P. Cette formule, la dernière du n° 306, page 641, peut s'écrire

$$T^2 = \frac{4\pi^2}{g} \cdot f_s \left(1 + k \frac{P}{Q}\right).$$

Nous devons y faire $P = 2pa$, $k = \frac{17}{35}$ et $f_s = \frac{Qa^3}{6\mathrm{EI}}$; elle devient alors

$$T^2 = \frac{4\pi^2}{g} \cdot \frac{Qa^3}{6\mathrm{EI}} \left(1 + \frac{17}{35} \cdot \frac{2pa}{Q}\right) = \frac{4\pi^2}{g} \left[\frac{17}{35} \cdot \frac{pa^4}{3\mathrm{EI}} + \frac{Qa^3}{6\mathrm{EI}}\right].$$

Si Q est petit et que l'on puisse négliger le dernier terme, elle se réduit à

$$T^2 = \frac{4\pi^2 \times 17}{3 \times 35} \cdot \frac{pa^4}{gEI} = 6{,}67 \frac{pa^4}{gEI}, \quad \text{ou} \quad T = 2{,}58 \, a^2 \sqrt{\frac{p}{gEI}}.$$

Les déductions de M. Deslandres concordent donc très exactement avec celle de la théorie qui a été développée plus haut. Je renvoie à son travail pour toutes les vérifications qu'il en a faites par l'observation et qui les ont remarquablement confirmées.

FIN

TABLE ALPHABÉTIQUE

43

Tours, imprimerie Deslis Frères, 6, rue Gambetta.

www.ingramcontent.com/pod-product-compliance
Lightning Source LLC
Chambersburg PA
CBHW031445210326
41599CB00016B/2114